网络信息安全

原理与技术研究

主 编　龚　捷　曾兆敏　谈潘攀
副主编　林明涛　陈　舵　姜明洋　王　冬

中国水利水电出版社
www.waterpub.com.cn

内 容 提 要

  本书对网络信息安全技术发展的方向与规律进行了探索,内容涉及网络信息安全的基本知识、网络安全协议理论、数字加密技术、数字签名与信息认证技术、计算机病毒与反病毒技术、网络攻击与防范技术、防火墙技术、入侵检测技术、信息隐藏与数字水印技术、访问控制与安全审计技术、网络操作系统安全原理与技术、数据库与数据安全技术、IP安全与VPN技术等。

  本书内容安排合理、逻辑性强、语言通俗易懂,并包括信息安全方面的一些最新成果,是计算机爱好者的首选,同时也可供从事计算机网络信息安全维护及管理工程技术人员参考阅读。

图书在版编目(CIP)数据

网络信息安全原理与技术研究 / 龚捷,曾兆敏,谈
潘攀主编. —— 北京 : 中国水利水电出版社,2015.2(2022.10重印)
 ISBN 978-7-5170-2946-5

 Ⅰ. ①网… Ⅱ. ①龚… ②曾… ③谈… Ⅲ. ①计算机
网络—安全技术—研究 Ⅳ. ①TP393.08

中国版本图书馆CIP数据核字(2015)第030175号

策划编辑:杨庆川 责任编辑:陈 洁 封面设计:崔 蕾

书　　名	网络信息安全原理与技术研究
作　　者	主　编　龚 捷　曾兆敏　谈潘攀
	副主编　林明涛　陈 舵　姜明洋　王 冬
出版发行	中国水利水电出版社
	(北京市海淀区玉渊潭南路 1 号 D 座 100038)
	网址:www.waterpub.com.cn
	E-mail:mchannel@263.net(万水)
	sales@mwr.gov.cn
	电话:(010)68545888(营销中心)、82562819(万水)
经　　售	北京科水图书销售有限公司
	电话:(010)63202643、68545874
	全国各地新华书店和相关出版物销售网点
排　　版	北京鑫海胜蓝数码科技有限公司
印　　刷	三河市人民印务有限公司
规　　格	184mm×260mm　16 开本　26.25 印张　672 千字
版　　次	2015年6月第1版　2022年10月第2次印刷
印　　数	3001—4001册
定　　价	89.00 元

前　言

在国民经济信息化进程不断推进的影响下,各行各业对计算机网络的依赖程度日益增强,这种高度的依赖性导致社会关系变得十分脆弱,一旦计算机网络受到攻击,则整个社会将陷入危机之中。从某种意义上说,"网络社会"越发达,它遭受攻击的危险也就越大,攻击、入侵行为和木马、病毒的传播严重地威胁着网络中各种资源的安全性,极大地损害了网友们的利益,同时,也为网络应用的健康发展带来了巨大的阻碍。基于上述因素,加速计算机网络信息安全的研究和发展,加强计算机网络的安全保障能力,提高全民的网络安全意识已成为我国信息化发展的当务之急。

从学科研究的角度来看,信息安全是一门具有很强综合性和广泛交叉性的学科领域,它涵盖的内容非常丰富,包括数论、密码编码、信息论、通信、网络、编程等,无论用户是从事技术研发、管理,还是单纯的应用,都需要从不同的层次和角度了解其相关信息和最新动态。同时,信息安全技术也是一门实践性较强的学科,其许多技能都是从实践中得来的。因此,系统地掌握信息安全原理与技术就显得尤为重要,当然,这也就成为了编者编写本书的初衷。

在编写本书的过程中,编者从研究信息安全基本理论、安全技术、安全策略及相关政策等方面出发,探索网络信息安全技术发展的方向与规律。本书分 14 个章节,依次对网络信息安全的原理及技术展开描述,内容涉及网络信息安全的基本知识、网络安全协议理论、数字加密技术、数字签名与信息认证技术、计算机病毒与反病毒技术、网络攻击与防范技术、防火墙技术、入侵检测技术、信息隐藏与数字水印技术、访问控制与安全审计技术、网络操作系统安全原理与技术、数据库与数据安全技术、IP 安全与 VPN 技术,最后一章中还就一些其他网络安全技术如蜜网技术、蜜罐技术、安全隔离技术、安全扫描技术、无线局域网安全技术、电磁防泄漏技术进行了简要介绍。本书整体结构完整,理论体系之间平滑过渡,融入学科独有的思想理念与方法,反映信息安全技术的发展要求,力求用最简洁的文字来阐明观点和结论。

全书由龚捷、曾兆敏、谈潘攀担任主编,林明涛、陈舵、姜明洋、王冬担任副主编,并由龚捷、曾兆敏、谈潘攀负责统稿,具体分工如下:

第 3 章、第 10 章～第 12 章:龚捷(西南石油大学计算机学院);

第 1 章、第 4 章、第 7 章:曾兆敏(四川信息职业技术学院);

第 2 章、第 14 章:谈潘攀(成都师范学院);

第 5 章、第 6 章:林明涛(海南软件职业技术学院);

第 8 章:陈舵(唐山学院);

第 9 章:姜明洋(内蒙古民族大学);

第 13 章:王冬(琼州学院)。

本书在编写过程中,参考了大量有价值的文献与资料,在此向这些文献的作者表示敬意。由于信息安全技术发展的日新月异,加之编者的学识和水平有限,书中难免有错误和疏漏之处,恳请各位专家和读者给予批评指正。

编者

2014 年 11 月

目　　录

第1章 网络信息安全导论

1.1 信息与信息安全

21世纪是信息的世纪,随着信息量的急剧增加和各种信息词汇的不断涌现,人类仿佛置身于信息的海洋当中。信息、信息时代、信息技术、信息化、信息系统、信息资源、信息管理、经济信息、市场信息、价格信息等各类名词术语,随时随地向我们迎面扑来。

随着信息的应用与共享日益广泛。各种信息化系统已成为国家基础设施,支撑着电子政务、电子商务、电子金融、科学研究、网络教育、能源、通信、交通和社会保障等方方面面,信息成为人类社会必需的重要资源。与此同时,信息的安全问题日渐突出,情况也越来越复杂。

1.1.1 信息

要了解信息安全,首先要了解什么叫信息。信息是一种以特殊的物质形态存在的实体。

1928年,L. V. R. Hartley在《贝尔系统技术杂志》(BSTJ)上发表了一篇题为"信息传输"的论文,将信息理解为选择通信符号的方式,并用选择的自由度来计量这种信息的大小。在该论文中,他所给出的定义没有涉及信息的内容、价值和统计性质。

1948年,信息论的创始人美国数学家C. E. Shannon发表了一篇题为"通信的数学理论"的论文,以概率论为基础,给出了信息测度的数学公式,明确地把信息量定义为随机不定性程度的减少。Shannon指出,通信系统所处理的信息在本质上都是随机的,可以用统计的方法进行处理,但这一概念同样没有包含信息的内容和价值。

1948年,控制论的创始人N. Wiener出版了专著《控制论:动物和机器中的通信与控制问题》,从控制论的角度出发,认为信息是在人们适应外部世界,并且这种适应反作用于外部世界的过程中,同外部世界进行互相交换内容的名称。虽然这一定义包含了信息的内容与价值,但没有将信息与物质、能量区别开。

信息的定义有很多种,人们从不同侧面揭示了信息的特征与性质,但同时也存在这样或那样的局限性。

1988年,我国信息论专家钟义信教授在《信息科学原理》一书中把信息定义为:事物运动的状态和状态变化的方式。信息的这个定义具有最大的普遍性。

信息不同于消息,消息是信息的外壳,信息则是消息的内核。信息不同于信号,信号是信息的载体,信息则是信号所载荷的内容。信息不同于数据,数据是记录信息的一种形式,同样的信息也可以用文字或图像来表述。当然,在计算机里,所有的多媒体文件都是用数据表示的,计算机和网络上信息的传递都是以数据的形式进行,此时信息等同于数据。

信息最基本的特征是信息来源于物质,又不是物质本身;它从物质的运动中产生出来,又可以脱离源物质而寄生于媒体物质,相对独立地存在。信息是具体的,并且可以被人(生物、机器等)所感知、提取、识别,可以被传递、储存、变换、处理、显示检索和利用。信息的基本功能在于维持和强化世界的有序性,维系着社会的生存,促进人类文明的进步和人类自身的发展。

1.1.2　信息安全

信息技术的应用,引起了人们生产方式、生活方式和思想观念的巨大变化,极大地推动了人类社会的发展和人类文明的进步,把人类带入了崭新的时代——信息时代。信息已成为信息发展的重要资源。然而,人们在享受信息资源所带来的巨大的利益的同时,也面临着信息安全的严峻考验。信息安全已经成为世界性的问题。

信息安全是一个广泛而抽象的概念。所谓信息安全就是关注信息本身的安全,而不管是否应用了计算机作为信息处理的手段。信息安全的任务是保护信息财产,以防止偶然的或未授权者对信息的恶意泄露、修改和破坏,从而导致信息的不可靠或无法处理等。这样可以使得我们在最大限度地利用信息的同时而不招致损失或使损失最小。

信息安全问题目前已经涉及人们日常生活的各个方面。以网上交易为例,传统的商务运作模式经历了漫长的社会实践,在社会的意识、道德、素质、政策、法规和技术等各个方面,都已经完善,然而对于电子商务来说,这一切却处于刚刚起步阶段,其发展和完善将是一个漫长的过程。假设你作为交易,无论你从事何种形式的电子商务,都必须清楚以下事实:你的交易方是谁？信息在传输过程中是否被篡改(即信息的完整性)？信息在传送途中是否会被外人看到(即信息的保密性)？网上支付后,对方是否会不认账(即不可抵赖性)？如此等等。因此,无论是商家、银行还是个人对电子交易安全的担忧是必然的,电子商务的安全问题已经成为阻碍电子商务发展的"瓶颈",如何改进电子商务的现状,让用户不必为安全担心,是推动安全技术不断发展的动力。

信息安全研究所涉及的领域相当广泛。随着计算机网络的迅速发展,人们越来越依赖网络,人们对信息财产的使用主要是通过计算机网络来实现的。在计算机和网络上信息的处理是以数据的形式进行的,在这种情况下,信息就是数据。因而从这个角度来说,信息安全可以分为数据安全和系统安全,即信息安全可以从两个层次来看。从消息的层次来看,包括信息的完整性(Integrity),即保证消息的来源、去向、内容真实无误;保密性(Confidentiality),即保证消息不会被非法泄露扩散;不可否认性(Non-repudiation),也称为不可抵赖性,即保证消息的发送和接受者无法否认自己所做过的操作行为等。从网络层次来看,包括可用性(Availability),即保证网络和信息系统随时可用,运行过程中不出现故障,若遇意外打击能够尽量减少损失并尽早恢复正常;可控性(Controllability),即对网络信息的传播及内容具有控制能力的特性。

1.2　信息安全的研究内容

狭义上的信息安全只是从自然科学的角度研究信息安全。虽然,现阶段关于信息安全的具体特征的标志尚无统一的界定标准。但在现阶段,信息安全研究大致可以分为基础理论研究、应用技术研究、安全管理研究等几方面的内容。各部分研究内容及相互关系如图1-1所示。

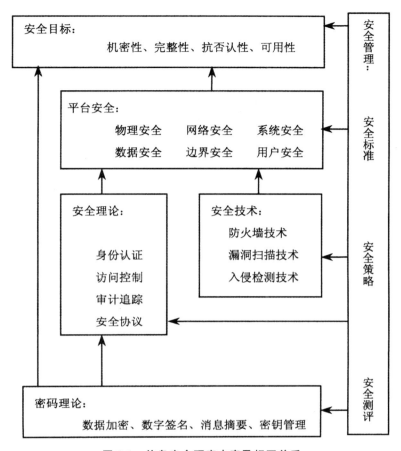

图 1-1　信息安全研究内容及相互关系

1.2.1　信息安全基础研究

　　信息安全基础研究主要包括密码学研究和网络信息安全基础理论研究。如图 1-1 所示,密码理论主要包括数据加密、数字签名、消息摘要、密钥管理等内容;安全理论主要包括身份认证、访问控制、审计追踪、安全协议等内容。

　　数据加密算法是一种数学变换,在选定参数(密钥)的参与下,将信息从易于理解的明文加密为不易理解的密文,同时也可以将密文解密为明文。

　　数字签名机制主要决定于签名和验证两个过程。签名过程是利用签名者的私有信息作为密钥,或对数据单元进行加密,或产生该数据单元的密码校验值;验证过程是利用公开的规程和信息来确定签名是否是利用该签名者的私有信息产生的。数字签名主要是消息摘要和非对称加密算法的组合应用。

　　消息摘要算法也是一种数学变换,通常是单向(不可逆)的变换,它将不定长度的信息变换为固定长度(如 16 字节)的摘要,信息的任何改变(即使是 1bit)也能引起摘要面目全非,因而可以通过消息摘要检测消息是否被篡改。典型的算法有 MD5、SHA 等。

密码算法是可以公开的，但密钥必须严格保护。如果非授权用户获得加密算法和密钥，则很容易破解或伪造密文，加密也就失去了意义。密钥管理研究就是研究密钥的产生、发放、存储、更换和销毁的算法和协议等。

身份认证是指验证用户身份与其所声称的身份是否一致的过程。最常见的身份认证是口令认证。身份认证研究的主要内容包括认证的特征，如知识、推理、生物特征等和认证的可信协议及模型。

授权和访问控制是两个关系密切的概念，经常替换使用。授权侧重于强调用户拥有什么样的访问权限，这种权限是系统预先设定的，并不关心用户是否发起访问请求；而访问控制是对用户访问行为进行控制，它将用户的访问行为控制在授权允许的范围之内。授权和访问控制研究的主要内容是授权策略、访问控制模型、大规模系统的快速访问控制算法等。

审计和追踪也是两个关系密切的概念。审计是指对用户的行为进行记录、分析和审查，以确认操作的历史行为，通常只在某个系统内进行，而追踪则需要对多个系统的审计结果综合分析。审计追踪研究的主要内容是审计素材的记录方式、审计模型及追踪算法等。

安全协议指构建安全平台时所使用的与安全防护有关的协议，是各种安全技术和策略具体实现时共同遵循的规定，如安全传输协议、安全认证协议、安全保密协议等。典型的安全协议有网络层安全协议 IPSec、传输层安全协议 SSL、应用层安全电子商务协议 SET 等。安全协议研究的主要内容是协议的内容和实现层次、协议自身的安全性、协议的互操作性等。

1.2.2　信息安全应用研究

信息安全的应用研究是针对信息在应用环境下的安全保护而提出的，是信息安全基础理论的具体应用，它包括安全技术研究和平台安全研究。如图 1-1 所示，安全技术中包括防火墙技术、漏洞扫描技术、入侵检测技术和防病毒技术等；平台安全研究包括物流安全、网络安全、系统安全、数据安全、边界安全以及用户安全等。

防火墙技术是一种安全隔离技术，它通过在两个安全策略不同的域之间设置防火墙来控制两个域之间的互访行为。防火墙技术的主要研究内容是防火墙的安全策略、实现模式、强度分析等。

漏洞扫描是针对特定信息网络中存在的漏洞而进行的。由于漏洞扫描技术很难自动分析系统的设计和实现，因此很难发现未知漏洞。对于未知的漏洞，目前主要是通过专门的漏洞分析技术来完成的，如逆向工程等。漏洞扫描技术研究的主要内容包括漏洞的发现、特征分析以及定位、扫描方式和协议等。

入侵检测是通过计算机网络系统中的若干关键结点收集信息，并分析这些信息，监控网络中是否有违反安全策略的行为或者是否存在入侵行为，是对指向计算和网络资源的恶意行为的识别和响应过程。目前主要有基于用户行为模式、系统行为模式和入侵特征的检测等。入侵检测技术研究的主要内容包括信息流提取技术、入侵特征分析技术、入侵行为模式分析技术、入侵行为关联分析技术和高速信息流快速分析技术等。

病毒是一种具有传染性和破坏性的计算机程序，研究和防范计算机病毒也是信息安全的一个重要方面。病毒防范研究的重点包括病毒的作用机理、病毒的特征、病毒的传播模式、病毒的破坏力、病毒的扫描和清除等。

物理安全是指保障信息网络物理设备不受物理损坏，或损坏时能及时修复或替换。通常是针对设备的自然损坏、人为破坏或灾害损坏而提出的。目前常见的物理安全技术有备份技术、安全加固技术、安全设计技术等。例如保护 CA 认证中心，采用多层安全门和隔离墙，核心密码部件还要用防火、防盗柜保护。

网络安全的目标是防止针对网络平台的实现和访问模式的安全威胁。主要包括安全隧道技术、网络协议脆弱性分析技术、安全路由技术、安全 IP 协议等。

系统安全是各种应用程序的基础。系统安全关心的主要问题是操作系统自身的安全性问题。系统安全研究的主要内容包括安全操作系统的模型和实现、操作系统的安全加固、操作系统的脆弱性分析、操作系统与其他开发平台的安全关系等。

数据安全主要关心数据在存储和应用过程中是否会被非授权用户有意破坏，或被授权用户无意破坏。数据安全研究的主要内容有安全数据库系统、数据存取安全策略和实现方式等。

边界安全关心的是不同安全策略的区域边界连接的安全问题。不同的安全域具有不同的安全策略。边界安全研究的主要内容是安全边界防护协议和模型、不同安全策略的连接关系问题、信息从高安全域流向低安全域的保密问题、安全边界的审计问题等。

用户安全一方面指合法用户的权限是否被正确授权，是否有越权访问，是否只有授权用户才能使用系统资源。用户安全研究的主要内容包括用户账户管理、用户登录模式、用户权限管理、用户的角色管理等。

1.2.3　信息安全管理研究

信息安全管理研究包括安全标准研究、安全策略研究、安全测评研究等。

安全标准研究是推进安全技术和产品标准化、规范化的基础。主要的标准化组织都推出了安全标准，著名的安全标准有可信计算机系统的评估准则（TCSEC）、通用准则（CC）、安全管理标准 ISO17799 等。安全标准研究的主要内容包括安全等级划分标准、安全技术操作标准、安全体系结构标准、安全产品测评标准和安全工程实施标准等。

安全策略是安全系统设计、实施、管理和评估的依据。它针对具体的信息和网络的安全，决定应保护哪些资源，花费多大代价，采取什么措施，达到什么样的安全强度等。不同的国家和单位针对不同的应用都应制定相应的安全策略。例如，什么级别的信息应该采取什么保护强度，针对不同级别的风险能承受什么样的代价，这些问题都应该制定策略。安全策略研究的内容包括安全风险的评估、安全代价的评估、安全机制的制定以及安全措施的实施和管理等。

安全测评是依据安全标准对安全产品或信息系统进行安全性评定。目前开展的测评有技术评测机构开展的技术测评，也有安全主管部门开展的市场准入测评。测评包括功能测评、性能测评、安全性测评、安全等级测评等。安全测评研究的内容有测评模型、测评方法、测评工具、测评规程等。

而通常对信息安全的研究从总体上又可以分为 5 个层次的研究，即安全的密码算法、安全协议、网络安全、系统安全以及应用安全等，其层次结构如图 1-2 所示。

图 1-2　信息安全的层次

1.3　信息安全模型

1.3.1　通信安全模型

经典的通信安全传输模型如图 1-3 所示，通信一方要通过传输系统将消息传送给另一方，由于传输系统提供的信息传输通道是不安全的，存在攻击者。将敏感消息通过不安全的通道传给接收方一般先要对消息进行安全变换，得到一个秘密的安全消息，以防止攻击者危害消息的保密性和真实性。安全秘密消息到达接收方后，再经过安全变换的逆变换，恢复原始的消息。在大多数情况下，对消息的安全变换是基于密码算法来实现，在变换过程中使用的秘密信息不能为攻击者所知道。

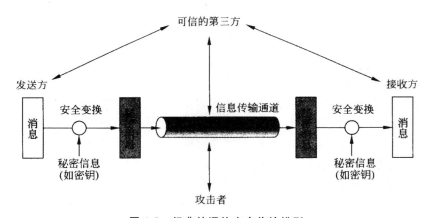

图 1-3　经典的通信安全传输模型

为了保证传输安全，需要有大家都信任的第三方，如第三方负责将秘密信息分配给通信双方，或者当通信的双方就关于信息传输的真实性发生争执时，由第三方来仲裁。

根据上述安全模型，设计安全服务需要完成的四个基本任务是：

1）设计一个恰当的安全变换算法，该算法应有足够强安全性，不会被攻击者有效地攻破。

2）产生安全变换中所需要的秘密信息，如密钥。

3）设计分配和共享秘密信息的方法。

4）指明通信双方使用的协议，该协议利用安全算法和秘密信息实现系统所需要安全服务。

1.3.2　网络访问安全模型

对于一些与安全相关的情形不完全适用于以上模型的情况，William Stallings 给出了如图 1-4 所示的信息访问安全模型。该模型能够保护信息系统不受有害的访问，如阻止黑客试图通过网络访问信息系统，或者阻止有意或者恶意的破坏或者阻止恶意软件利用系统的弱点来影响应用程序的正常运行。

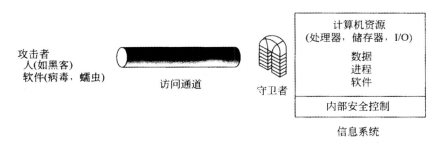

图 1-4　信息访问安全模型

对付有害访问的安全机制分为两类。一类是具有门卫功能的守卫者，它包含基于认证的登录过程，只允许授权的实体不越权限地合法使用系统资源；另一类称为信息系统内部安全机制。一旦非法用户突破了守卫者，还将受到信息系统内的各种监视活动和分析储存的信息，以便检测非法入侵者。

1.3.3　动态安全模型

基于上述模型的安全措施，都属于静态的预防和防护措施，它通过采用严格的访问控制和数据加密策略来提供防护，但在复杂系统中，这些策略是不充分的。这些措施都是以减慢交易为代价的。而且，也不能保证万无一失。由于系统、组织和技术都是发展变化的，攻击也是动态的，动态的安全模型更切合实际需求。在这种形势下，著名的计算机安全公司 Internet Security Systems Inc. 提出了 P^2DR（Policy Protection Detection Response）模型，如图 1-5 所示。

图 1-5　P^2DR 模型

在这个模型中，安全策略是模型的核心，具体的实施过程中，策略意味着网络安全要达到的目标。防护包括安全规章、安全配置和安全措施，检测的两种方法有异常检测和误用检测，响应包括报告、记录、反应和恢复等措施。若把攻击者通过保护措施所需要的时间记为 P_t，检测系统发现攻击和响应的时间分别记为 D_t 和 R_t，就可以给出一个可以量化、可以计算的基于时间的动态模型,若 $P_t > D_t + R_t$,就可以认为系统是安全的。

通用安全评价准则(Common Criteria for IT Security Evaluation,CC)使用威胁、漏洞和风险等词汇定义了一个动态的安全概念和关系模型,如图 1-6 所示。

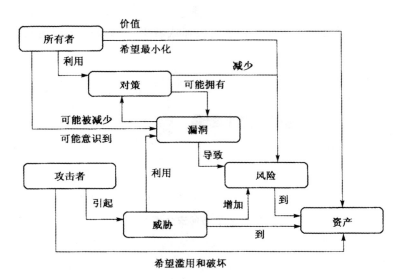

图 1-6 CC定义的安全概念和关系模型

这个模型反映了所有者和攻击者之间的动态对抗关系,它也是一个动态的风险模型和效益模型。所有者要采取措施,减少漏洞对资产带来的风险,攻击者要利用漏洞,从而增加对资产的风险,所有者采取什么样的保护措施,是和资产的价值有关的,他不可能付出超过资产价值的代价去保护资产,同样,攻击者也不会以超过资产价值的攻击代价进行攻击。

1.4 信息安全策略、服务及机制

1.4.1 信息安全策略

信息安全策略就是一个组织要实现的安全目标和实现这些安全目标途径的一组规则的总称,它是该组织关于信息安全的基本指导原则。其目标在于减少信息安全事故的发生,将信息安全事故的影响与损失降低到最小。

1. 信息安全策略的内容

信息安全策略也叫信息安全方针,它是有关信息安全的行为规范。信息安全策略主要具有下列几个方面的内容。

1)适用范围指明了信息安全策略作用的对象,作用的起止时间等。以统一思想,消除误会,调动全员积极性。

2)目标能够明确信息安全保护对组织的重要意义,而不是毫无意义和不必要的;是与国家法律相一致的,是受法律保护的。例如,防病毒策略的目标可以是:"为了正确执行对计算机病毒、蠕虫、特洛伊木马的预防、侦测和清除过程,特制定本策略"。

3）策略主体。策略主体是信息安全策略的核心。它提供足够的信息,保证相关人员仅通过策略自身就可以判断哪些策略内容是和自己的工作环境相关的,是适用于哪些信息资产和处理过程的。

4）策略签署。策略的签署应该是高级的,表明信息安全是和整个组织所有成员都密切相关的事情;表明信息安全策略是强制性的、惩罚性的。

5）策略的生效时间和有效期。旧策略的更新和过时策略的废除是很重要的,生效的策略中应该包含新的安全要求。

6）与其他相关策略的引用关系。因为多种策略可能相互关联,引用关系可以描述策略的层次结构,而且在策略修改的时候经常涉及相关策略的修改,清楚的引用关系也可以节省查找时间。

7）策略解释可以有效地避免因工作环境不同、知识背景不同、措辞等原因可能导致的误解、歧义,以使得信息安全策略能高效地执行。

2. 信息安全策略的基本特征

信息安全策略具有下列的基本特征。

1）指导性。信息安全策略是组织关于信息安全的基本指导原则,描述的是组织保证信息安全途径的指导性文件,对于整个组织的信息安全工作起到全局性的指导作用。

2）原则性。信息安全策略原则性体现在不涉及具体的信息安全技术细节,而是只给出信息安全的目标,为实现这个目标提供一个全局性的框架结构。

3）可行性。信息安全策略告诉组织成员什么是必须做的和不能做的,必须立足于现实技术条件之上。因此,信息安全策略既要符合现实业务状态,又要能包容未来一段时间内的业务发展要求,以保证业务的连续性。

4）可审核性。信息安全策略的可审核性是指能够对组织内各个部门信息安全策略的遵守程度给出评价,使得能够对信息安全事件进行追溯。

5）动态性。信息安全策略是信息安全的行为规范,它立足于当前情况。随着信息安全技术的发展,信息安全策略也应该不断发展,早期的控制策略很可能不适应现在的技术环境,所以信息安全策略必须注明有效期,以避免混乱。

6）文档化。信息安全策略必须制定成清晰和完全的文档描述。如果一个组织没有书面的信息安全策略,就无法定义和委派信息安全责任,无法保证所执行的信息安全控制的一致性,信息安全控制的执行也无法审核。

3. 信息安全策略的类型

一个组织在建立自己的信息安全体系的过程中可以根据需要制定自己的信息安全策略,信息安全策略大致可以分为下列几种。

1）信息加密策略。信息加密由加密算法来具体实施,阐述组织对内部使用的加密算法的要求。

2）设备使用策略。主要阐述组织内部计算机设备使用、计算机服务使用和对所属人员的信息安全要求。

3）电子邮件使用策略。主要阐述组织关于电子邮件的接收、转发、存放和使用的要求。

4）采购与评价策略。主要阐述组织设备采购规程和采购设备评价的要求。

5）口令防护策略。主要阐述组织关于建立、保护和改变口令的要求。

6）信息分类和保密策略。主要阐述组织的信息分类和各类信息的安全要素。

7）服务器安全策略。主要阐述组织内部服务器的最低安全配置要求。

8）数据库安全策略。主要阐述数据库数据存储、检索、更新等安全要求。

9）应用服务提供策略。主要阐述应用服务提供商必须执行的最低信息安全标准，达到这个标准后该服务提供商的服务才能考虑在该组织的项目中使用。

10）防病毒策略。主要阐述组织内所有计算机的病毒检测和预防的要求，明确在哪些环节必须进行计算机病毒检测。

11）审计策略。主要阐述组织信息安全审计要求，如审计小组的组成、权限、事故调查、信息安全风险分析、信息安全策略符合程度评价、对用户和系统活动进行监控等活动的要求。

12）Internet 接入策略。主要阐述组织对接入 Internet 的计算机设备及其操作的安全要求。

13）第三方网络连接。主要阐述与第三方组织网络连接时的安全要求，包括标准要求、法律要求和合同要求。

14）线路连接策略。主要阐述诸如传真发送和接收、模拟线路与计算机连接、拨号连接和网络等方面的安全要求。

15）非军事区安全策略。主要阐述位于组织非军事区域的设备和网络的信息安全要求。

16）内部实验室安全策略。主要阐述组织内部实验室的信息安全要求，保证组织的保密信息和技术的安全，保证实验室活动不影响产品服务的安全和企业利益。

17）远程访问策略。主要阐述从组织外部的主机或者网络连接到组织的网络进行外部访问的安全要求。

18）路由器安全策略。主要阐述组织内部路由器和交换机的最低安全配置要求。

19）VPN 安全策略。主要阐述组织使用 VPN 接入的安全要求。

20）无线通信策略。主要阐述组织无线系统接入的安全要求。

21）安全管理策略。主要阐述组织的组织建设和制度建设的要求。

1.4.2　信息安全服务

信息安全服务是指适应整个安全管理的需要，为企业、政府提供全面或部分信息安全解决方案的服务，其提供包含从高端的全面安全体系到细节的技术解决措施。安全服务可以对系统漏洞和网络缺陷进行有效弥补，可以在系统的设计、实施、测试、运行、维护以及培训活动的各个阶段进行。

针对网络系统受到的威胁，OSI 安全体系结构提出了五大类安全服务。五类安全服务包括认证（鉴别）服务、访问控制服务、数据保密性服务、数据完整性服务和抗否认性服务。

（1）认证（鉴别）服务

主要提供对通信中对等实体和数据来源的认证（鉴别）。

（2）访问控制服务

主要是用于防治未授权用户非法使用系统资源，包括用户身份认证和用户权限确认。身份认证是指证实主体的真实身份与其所声称的身份是否相符的过程，用于识别主体的身份和对主体身份的证实。这种服务是在两个开放系统同等层中的实体建立连接和数据传送期间,为提供连接实体身份的鉴别而规定的一种服务。这种服务防止冒充类型的攻击,它不提供防止数据中途被修改的功能。

访问控制服务可以防止未经授权的用户非法使用系统资源。这种服务不仅可以提供给单个用户,也可以提供给封闭用户组中的所有用户。在用户身份认证和授权以后,访问控制服务将根据预先设定的规则对用户访问某项资源进行控制,只有规则允许时才能访问,违反预定的安全规则的访问行为将被拒绝。

(3)数据保密性服务

主要是为了防止网络各系统之间交换的数据被截获或被非法存取而泄密,提供机密保护。同时,对有可能通过观察信息流就能推导出信息的情况进行防范。数据保密服务的目的是保护网络中各系统之间交换的数据,防止因数据被截获而造成的泄密。加密可向数据或业务流信息提供保密性,并且可以对其他安全机制起作用或对它们进行补充。

(4)数据完整性服务

主要用于组织非法实体对交换数据的修改、插入、删除以及在数据交换过程中的数据丢失,以保证数据接收方收到的信息与发送方发送的信息完全一致。

确定单个数据单元的完整性涉及两个处理,一个在发送实体进行,一个在接收实体进行。发送实体给数据单元附加一个由数据自己决定的量,这个量可以是分组校验码或密码校验值之类的补充信息,而且它本身可以被加密。接收实体产生一个相当的量,把它与收到的量进行比较,确定该数据在传输过程中是否被篡改。

(5)抗否认性服务

主要用于防止发送方在发送数据后否认发送和接收方在收到数据后否认收到或伪造数据的行为。这种服务有两种形式,一种形式是源发证明,即某一层向上一层提供的服务,它用来确保数据是由合法实体发出的,它为上一层提供对数据源的对等实体进行鉴别,以防假冒。另一种形式是交付证明,用来防止发送数据方发送数据后否认自己发送过数据,或接收方接收数据后否认自己收到过数据。

图 1-7 是一个综合安全服务模型,该模型揭示了主要安全服务和支撑安全服务之间的关系。该模型主要由支撑服务、预防服务和恢复相关的服务等三部分组成。

1.4.3　安全机制

OSI 安全体系结构采用的安全机制如下:

(1)加密机制

加密机制是确保数据安全性的基本方法,在 OSI 安全体系结构中应根据加密所在的层次及加密对象的不同,而采用不同的加密方法。

加密机制是信息安全中最基础、最核心的机制,它能够保证信息的机密性。加密强度取决于密码算法和密钥,密钥要求严格保密。通常,加密机制按算法体制划分,可以分为序列密码和分组密码,序列密码算法将明文逐位转换为密文,系统的安全性完全依靠密钥序列发生器的内部机制。分组密码是对固定长度的明文加密的算法,技术核心是利用单圈函数及对合运算,通过充分的非线性运算,对明文迭代若干圈后得到密文。

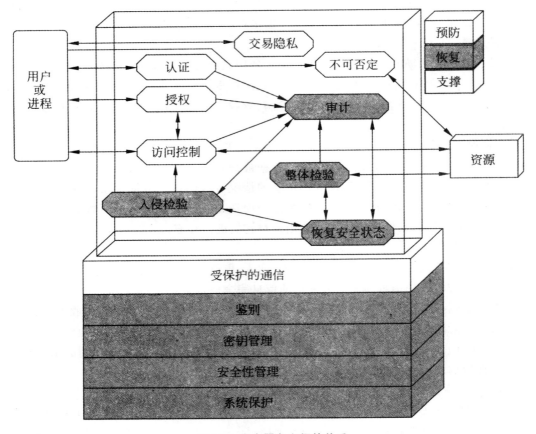

图 1-7　安全服务之间的关系

（2）数字签名机制

数字签名机制是确保数据真实性的基本方法，利用数字签名技术可进行用户的身份认证和消息认证，它具有解决收、发双方纠纷的能力。数字签名是通过一个单向函数对要传送的报文进行处理，以认证报文来源并核实报文是否发生变化的一种技术。数字签名是确保数据真实性的基本方法。利用数字签名技术可以进行报文认证和用户身份认证。数字签名对收发双方的行为具有仲裁能力，是所有安全机制中唯一具有此能力的机制。因此，数字签名具有可信性、不可伪造性、不可复制性、不可改变性和不可抵赖性。数字签名机制可以有效地防止否认、伪造、篡改和冒充等安全问题，发送者事后不能否认发送的报文签名，接收者能够核实发送者发送的报文签名，接收者不能伪造发送者的报文签名，接收者不能对发送者的报文进行部分篡改。

（3）访问控制机制

访问控制机制是从计算机系统的处理能力方面对信息提供保护。访问控制是指主体依据某些控制策略或者权限对客体或者资源进行的不同授权访问，所以，访问控制机制是从计算机系统的处理能力方面对信息提供保护。访问控制按照事先确定的规则决定主体对客体的访问是否合法，当以主题试图非法使用一个未经给出的报警并记录日志档案。当主体试图非法使用一个未经授权的资源时，访问控制将拒绝，并将这一非法事件报告给审计跟踪系统，审计跟踪系统将发出报警或形成审计记录。

访问控制包括主体、客体和控制策略三个要素。

主体是指一个提出请求或要求的实体，是动作的发起者。主体可以是用户本身，也可以是进程、内存或程序。客体是接受其他实体访问的被动实体，客体可以是信息、文件、记录等，也可以是硬件或终端。控制策略是主体对客体的操作行为和约束条件的总和，它体现了一种授权行为或者称为主体的权限。访问控制规定所有的主体行为遵守控制策略。

（4）数据完整性机制

数据完整性的内涵一个是数据单元或域的完整性。数据单元完整性包括两个过程，一个发生在发送实体，而另一个发生在接收实体。数据完整性的一般方法是发送实体在一个数据单元上加一个标记，接收实体也产生一个对应的标记，并将自己产生的标记和接收到的由发送实体产生的标记进行比较，从而确定数据传输中是否被修改或伪造。破坏数据完整性的主要因素有数据在信道中传输时受信道干扰影响而产生错误，数据在传输和存储过程中被非法入侵者篡改，计算机病毒对程序和数据的传染等。纠错编码和差错控制是对付信道干扰的有效方法。对付非法入侵者主动攻击的有效方法是保温认证，对付计算机病毒有各种病毒检测、杀毒和免疫方法。数据完整性的另一个含义是数据单元或域的序列的完整性。数据单元序列的完整性是要求数据编号的连续性和时间标记的正确性，以防止假冒、丢失、重复、插入或修改数据。破坏数据完整性的因素很多，比如信道传输干扰、非法入侵者的篡改、病毒的破坏等。

因此，数据完整性机制是指用于保证数据流的完整性的机制，可以通过加密实现数据完整性。

（5）认证机制

认证机制在计算机网络中认证主要有用户认证、消息认证、站点认证和进程认证等，可用于认证的方法有已知信息（如口令）、共享密钥、数字签名、生物特征（如指纹）等。

（6）信息流填充机制

信息流填充机制提供对流量分析的多级保护，其适用于保密性服务保护的流量填充。通常是由保密装置在线路无信息传输时，连续地发出伪随机数序列的信息，使入侵者不知道哪些信息是有用的，哪些是无用的。该机制对抗的是流量分析攻击，流量分析攻击是指攻击者通过对网络上的某一特定路径的信息流量和流向进行分析，从而判断事件的发生。信息流填充机制能有效地挫败信息流分析攻击。

（7）路由控制机制

在大型计算机网络中，从源点到目的地往往存在多条路径，其中有些路径是安全的，有些路径是不安全的，路由控制机制可根据信息发送者的申请选择安全路径，以确保数据安全。

（8）仲裁机制

在一个有多个节点进行通信的网络中，并非所有的用户都是可信任的，同时由于系统故障等原因也会使信息丢失、迟到等，这很可能会引起责任问题。因此，就需要设置一个为各方都信任的第三者，即公证机构。由它提供相应的公证服务和仲裁。引入了仲裁机制，通信双方进行通信时必须经过这个公证机构来交换，以确保公证机构能得到必需的信息，供日后仲裁使用。

1.5 信息安全的政策法规与标准

1.5.1 信息安全的政策法规

1. 国际信息安全的政策法规

计算机安全和密码使用是信息安全的两个重要方面,有关的政策法规也因此分为这两个方面,在信息安全的早期阶段,立法和管理的重点集中在计算机犯罪方面,各国陆续围绕着计算机犯罪等问题确立了一些安全法规,之后,立法的热点转移到密码的使用管理方面。

美国的信息技术具有国际领先水平,其安全法规政策也最为完善。早在 1987 年,美国就再次修订了计算机犯罪法,这部法律在 20 世纪 80 年代末至 90 年代初一直被作为美国各州制定其地方法规的依据。美国现已确立的有关信息安全的法规有:信息自由法、个人隐私法、反腐败行径法、伪造访问设备和计算机欺骗滥用法、电子通信隐私法、计算机欺骗滥用法、计算机安全法和电信法。1998 年 5 月,美国颁发第 63 号总统令,要求行政部门评估国家关键基础设施的计算机脆弱性,并要求联邦政府制定保卫国家免受计算机破坏的详细计划。紧接着于 2000 年 1 月颁布了《保卫美国计算机空间——信息系统保护国家计划 1.0》,这是一个规划美国计算机安全持续发展和更新的综合方案。可以看出,美国把信息系统保护提高到国家战略计划的高度坚决实施。

俄罗斯于 1995 年颁布了《联邦信息、信息化和信息保护法》,法规明确界定了信息资源开放和保密的范畴,提出了保护信息的法律责任。2000 年,普京总统批准了《国家信息安全学说》,它是一部纲领性、指导性、顶层性、战略性文件,并不是学说。它明确了俄罗斯联邦信息安全建设的目的、任务、原则和主要内容,第一次明确指出了俄罗斯在信息安全领域的利益、受到的威胁,以及为保障信息安全应采取的首要措施。俄罗斯对信息安全非常重视。

欧洲经济共同体(欧盟的前身)是一个在欧洲范围内具有较强影响力的政府间组织。其成员国从 20 世纪 70 年代末到 80 年代初,先后制定并颁布了各自有关数据安全的法律。

德国政府于 1996 年夏出台了《信息和通信服务规范法》(即多媒体法),为电子信息和通信服务的各种利用可能性规定了统一的基本法律框架。该国政府还通过了电信服务数据保护法,并根据需要对刑法法典、治安法、传播危害青少年文字法、著作权法和报价法做了必要的修改和补充。

新加坡在 1996 年宣布对互联网络实行管制,宣布实施分类许可证制度。它是一种自动取得许可证的制度,目的是鼓励正当使用互联网络,促进其健康发展。

其他国家(如英国、法国、日本等)也制定了相应的计算机安全政策法规。

关于密码使用的政策涉及使用密码进行加密和进行数字签名实施证书授权管理两个方面。

美国是最早允许在国内社会使用密码的国家,美国国内,政府、军界、企业和个人为了各自的利益,围绕信息加密政策的争论繁多,主要是密码的使用范围和允许出口的长度。此外,多国出口控制协调委员会(COCOM)、欧盟和国际商务委员会等组织以及英国、法国、德国、意大利、俄罗斯、波兰、澳大利亚、中国香港地区等许多国家和地区也分别制定了自己的信息加密政策。

对于数字签名技术,有关国际组织、各国政府和企业为了各自的利益,很难达成一致观点。1995 年,美国犹他州通过了美国历史上(也是世界历史上)第一部数字签名法。在犹他州的带动下，美国的其他一些州也确立了自己的数字签名法，但是美国联邦政府迟迟没有立法，德国有幸成为第一个以国家名义制定数字签名法的国家。

2. 我国信息安全的政策法规

我国建立了如下国家信息安全组织管理体系：

国务院信息化领导小组对 Internet 安全中的重大问题进行管理协调，国务院信息化领导小组办公室作为 Internet 安全工作的办事机构，负责组织、协调和制定有关 Internet 安全的政策、法规和标准，并检查监督其执行情况。

政府有关信息安全的其他管理和执法部门分别依据其职能和权限进行信息安全的管理和执法活动。

工业和信息化部协调有关部委关于信息安全的工作；公安部主管公共网络安全，即全国计算机系统安全保护工作；国家安全部主管计算机信息网络国际联网的国家安全保护管理工作；国家保密局主管全国计算机信息系统的保密工作；国家密码管理委员会主管密码算法与设备的审批和使用工作；国务院新闻办公室负责信息内容的监察。

我国信息安全管理的基本方针是"兴利除弊，集中监控，分级管理，保障国家安全"。对于密码的管理政策实行"统一领导、集中管理、定点研制、专控经营、满足使用"的发展和管理方针。

相对国外网络立法已成普及之势的情况，我国目前的信息化立法，尤其是信息安全立法，尚处于起步阶段，我国政府和法律界都清醒地认识到这一问题的重要性，正在积极推进这一方面的工作。

我国政府现有的信息安全法规政策可以分为两个层次：

1）法律层次，从国家宪法和其他部门法的高度对个人、法人和其他组织涉及国家安全的信息活动的权利和义务进行规范。

2）行政法规和规章层次，直接约束计算机安全和 Internet 安全，对信息内容、信息安全技术和信息安全产品的授权审批进行规定。

其中，第一个层次上的法律主要有宪法、刑法、国家安全法和国家保密法。第二个层次主要包括《中华人民共和国计算机信息系统安全保护条例》（简称《安保条例》）、《中华人民共和国计算机信息网络国际互联网管理暂行规定》（简称《联网规定》）、《中华人民共和国计算机信息网络国际互联网安全保护管理办法》、《电子出版物管理暂行规定》、《中国互联网络域名注册暂行管理办法》和《计算机信息系统安全专用产品检测和销售许可证管理办法》等条例和法规。

1.5.2　信息安全的评价标准

1. 国际和国外标准化组织

国内外网络信息安全标准主要围绕网络安全技术、密码应用、信息系统安全、安全协议，以及安全管理等方面展开。涉及内容方面有：信息安全技术的国际标准、金融方面的安全标准、Internet 安全标准等。参与制定标准的机构有国际性组织、国家政府部门组织、企业组织以及民间组织。国际上著名的组织主要有：

• 国际标准化组织 ISO（International Organization Standardization），ISO 中涉及信息安全的机构主要任务分工有：SC14（电子数据交换 EDI 安全）、SC117（标识卡和信用卡安全）、SC22

（操作系统安全）、SC27（信息技术安全）、ISO/TC46（信息系统安全）、ISO/TC68（银行系统安全）等。

· 国际电信联盟 ITU（International Telecommunication Union），原称国际电报和电话咨询委员会 CCITT（Consultative Committee International Telegraph and Telephone）。其中 x. 400 和 x. 500 对信息安全问题有一系列表述。

· 电气和电子工程师学会 IEEE（Institute 0f Electrical and Electronic Engineers），近年来关注公开密钥密码标准化工作，如 P1363。

· 欧洲计算机制造商协会 ECMA（European Computer Manufactures Association）。

· Internet 体系结构委员会 IAB（Internet Architecture Board），在报文加密和鉴别，证书的密钥管理，算法模块和识别，密钥证书和相关服务方面提出不少建议，如 RFC1421—RFC1424，其中包括 MD5、DES、RC5、PGP 等密码用法建议。

· 美国国家标准局 NBS（National Bureau of Standards）。

· 美国国家技术研究所 NIST（National Institute of Standard and Technology），NBS 和 NIST 隶属于美国商业部。他们制定的信息安全规范和标准很多，涉及方面有：访问控制和认证技术、评价和保障、密码、电子商务、一般计算机安全、网络安全、风险管理、电信、联邦信息处理标准等。

· 美国国家标准协会 ANSI（American National Standards Institute），由制定标准和使用标准的组织联合组成，属非盈利的民间机构。

· 美国电子工业协会 EIA（Electronic Industries Association）。

· 美国国防部 DOD（Department Of Defence）。

· 美国家计算机安全中心 NCSC（National Computer Security Center）。

2. 国际安全评价标准

目前，国际上比较重要和公认的安全标准有美国 TCSEC（橘皮书）、欧洲 ITSEC、加拿大 CTCPEC 等。

（1）美国 TCSEC

1985 年，美国国防部基于军事计算机系统保密工作的需求，在历史上首次颁布了《可信计算机系统评价标准》（Trusted Computer System Evaluation Criteria，TCSEC），把计算机安全等级分为 4 类 7 级（按照安全从低到高的级别顺序，依次为 D、C1、C2、B1、B2、B3、A 级），如表 1-1 所示。

表 1-1　TCSEC

级别	名称	特征
A	验证设计安全级	形式化的最高级描述和验证，形式化的隐蔽通道分析，非形式化的代码一致性证明
B3	安全域级	安全内核，高抗渗透能力
B2	结构化安全保护级	面向安全的体系结构，遵循最小授权原则，有较好的抗渗透能力，对所有的主体和客体提供访问控制保护，对系统进行隐蔽通道分析

级别	名称	特征
B1	标记安全保护级	在 C2 安全级上增加了安全策略模型,数据标记(安全和属性),托管访问控制
C2	访问控制环境保护级	访问控制,以用户为单位进行广泛的审计
C1	选择性安全保护级	有选择的访问控制,用户与数据分离,数据以用户组为单位进行保护
D	最低安全保护级	保护措施很少,没有安全功能

1)D 级。最低保护(Minimal Protection)指未加任何实际的安全措施,D 的安全等级最低。D 系统只为文件和用户提供安全保护。D 系统最普遍的形式是本地操作系统,或一个完全没有保护的网络,如 DOS 被定为 D 级。

2)C 级。C 级表示被动的自主访问策略(Disretionary Access Policy Enforced),提供审慎的保护,并为用户的行动和责任提供审计能力,由两个级别组成:C1 和 C2。

• C1 级:具有一定的自主型存取控制(DAC)机制,通过将用户和数据分开达到安全的目的。用户认为 C1 系统中所有文档均具有相同的机密性,如 UNIX 的 owner/group/other 存取控制。

• C2 级:具有更细分(每一个单独用户)的自主型存取控制(DAC)机制,且引入了审计机制。在连接到网络上时,C2 系统的用户分别对各自的行为负责。C2 系统通过登录过程或安全事件和资源隔离来增强这种控制。C2 系统具有 C1 系统中所有的安全性特征。

3)B 级。B 级是指被动的强制访问策略(Mandatory Access Policy Enforced)。由 3 个级别组成:B1、B2 和 B3 级。B 系统具有强制性保护功能,目前较少有操作系统能够符合 B 级标准。

• B1 级:满足 C2 级所有的要求,且需具有所用安全策略模型的非形式化描述,实施了强制型存取控制(MAC)。

• B2 级:系统的 TCB 是基于明确定义的形式化模型,并对系统中所有的主体和客体实施了自主型存取控制(DAC)和强制型存取控制(MAC)。另外,具有可信通路机制、系统结构化设计、最小特权管理以及对隐蔽通道的分析和处理等。

• B3 级:系统的 TCB 设计要满足能对系统中所有的主体对客体的访问进行控制,TCB 不会被非法篡改,且 TCB 设计要小巧且结构化,以便于分析和测试其正确性。支持安全管理者(Security Administrator)的实现,审计机制能实时报告系统的安全性事件,支持系统恢复。

4)A 级。A 级表示形式化证明的安全(Formally Proven Security)。A 安全级别最高,只包含 1 个级别 A1。

• A1 级:类同于 B3 级,它的特色在于形式化的顶层设计规格(Formal Top level Design Specification,FTDS)、形式化验证 FTDS 与形式化模型的一致性和由此带来的更高的可信度。

上述细分的等级标准能够用来衡量计算机平台(如操作系统及其基于的硬件)的安全性。在 TCSEC 彩皮书(Rainbow Books)中,给出标准来衡量系统组成(如加密设备、LAN 部件)和相关数据库管理系统的安全性。

(2)欧洲 ITSEC

20 世纪 90 年代,西欧四国(英、法、荷、德)联合提出了《信息技术安全评估标准》(Informa-

tion Technology Security Evaluation Criteria, ITSEC),又称欧洲白皮书,带动了国际计算机安全的评估研究,其应用领域为军队、政府和商业。该标准除吸收了 TCSEC 的成功经验外,首次提出了信息安全的保密性、完整性、可用性的概念,并将安全概念分为功能与评估两部分,使可信计算机的概念提升到可信信息技术的高度。

在 ITSEC 标准中,一个基本观点是:分别衡量安全的功能和安全的保证。ITSEC 标准对每个系统赋予两种等级,即安全功能等级 F(Functionality)和安全保证等级 E(European Assurance)。功能准则从 F1～F10 共分 10 级,其中前 5 种安全功能与橙皮书中的 C1～B3 级十分相似。F6～F10 级分别对应数据和程序的完整性、系统的可用性、数据通信的完整性、数据通信的保密性以及机密性和完整性的网络安全。它定义了从 E0 级(不满足品质)到 E6 级(形式化验证)的 7 个安全等级,分别是测试、配置控制和可控的分配、能访问详细设计和源码、详细的脆弱性分析、设计与源码明显对应以及设计与源码在形式上一致。

在 ITSEC 标准中,另一个基本观点是:被评估的应是整个系统(硬件、操作系统、数据库管理系统、应用软件),而不只是计算平台,这是因为一个系统的安全等级可能比其每个组成部分的安全等级都高(或低)。此外,某个等级所需的总体安全功能可能分布在系统的不同组成中,而不是所有组成都要重复这些安全功能。

ITSEC 标准是欧洲共同体信息安全计划的基础,并为国际信息安全的研究和实施带来了深刻的影响。

(3)加拿大 CTCPEC

加拿大发布的《加拿大可信计算机产品评价标准》(Canadian Trusted Computer Product Evaluation Criteria, CTCPEC)将产品的安全要求分成安全功能和功能保障可依赖性两个方面。其中,安全功能根据系统保密性、完整性、有效性和可计算性定义了 6 个不同等级 0～5。保密性包括隐蔽信道、自主保密和强制保密;完整性包括自主完整性、强制完整性、物理完整性和区域完整性等属性;有效性包括容错、灾难恢复及坚固性等;可计算性包括审计跟踪、身份认证和安全验证等属性。根据系统结构、开发环境、操作环境、说明文档及测试验证等要求,CTCPEC 将可依赖性定为 8 个不同等级 T0～T7,其中 T0 级别最低,T7 级别最高。

3. 我国安全评价标准

由于信息安全直接涉及国家政治、军事、经济和意识形态等许多重要领域,各国政府对信息系统或技术产品安全性的测评认证要比其他产品更为重视。尽管许多国家签署了《信息技术安全评价公共标准》(Common Criteria for Information Technology Security Evaluation, CC),但很难想象一个国家会绝对信任其他国家对涉及国家安全和经济的产品的测评认证。事实上,各国政府都通过颁布相关法律、法规和技术评价标准对信息安全产品的研制、生产、销售、使用和进出口进行了强制管理。

中国国家质量技术监督局 1999 年颁布的《计算机信息系统安全保护等级划分准则》(GB 17859—1999),在参考 TCSEC、ITSEC 和 CTCPEC 等标准的基础上,将计算机信息系统安全保护能力划分为用户自主保护、系统审计保护、安全标记保护、结构化保护、访问验证保护 5 个安全等级。

1)用户自主保护级。该级别相当于 TCSEC 的 C1 级,使用户具备自主安全保护的能力。具有多种形式的控制能力,对用户实施访问控制,即为用户提供可行的手段,保护用户和用户组信息,避免其他用户对数据的非法读写与破坏。

2)系统审计保护级。该级别相当于 TCSEC 的 C2 级,具备用户自主保护级所有的安全保护功能,更细粒度的自主访问控制,还要求创建和维护访问的审计跟踪记录,使所有的用户对自己的行为的合法性负责。

3)安全标记保护级。该级别相当于 TCSEC 的 B1 级,属于强制保护。除具有系统审计保护级的所有功能外,还提供有关安全策略模型;要求以访问对象标记的安全级别限制访问者的访问权限,实现对访问对象的强制保护;具有准确地标记输出信息的能力;消除通过测试发现的任何错误。

4)结构化保护级。该级别相当于 TCSEC 的 B2 级,具有前面所有安全级别的安全功能外,将安全保护机制划分为关键部分和非关键部分,关键部分直接控制访问者对访问对象的存取,从而加强系统的抗渗透能力。

5)访问验证保护级。该级别相当于 TCSEC 的 B3~A1 级,具备上述所有安全级别的安全功能,特别增设了访问验证功能,负责仲裁访问者对访问对象的所有访问活动。

为了与国际通用安全评价标准接轨,国家质量技术监督局于 2001 年 3 月又正式颁布了国家推荐标准《信息技术—安全技术—信息技术安全性评估准则》(GB/T 18336—2001),推荐标准完全等同于国际标准 ISO/IEC 15408,即《信息技术安全评价公共标准》第 2 版。

推荐标准 GB/T 18336—2001 由 3 部分组成:第一部分是《简介和一般模型》(GB/T 18336.1),第二部分是《安全功能要求》(GB/T 18336.2),第三部分是《安全保证要求》(GB/T 18336.3),分别对应国际标准化组织和国际电工委员会国际标准 ISO/IEC 15408-1、ISO/IEC 15408-2 和 ISO/IEC 15408-3。

1.6　网络信息安全的发展趋势

网络信息安全,即网络上信息的安全。下面具体从安全攻击和安全防御两个方面来探讨一下未来信息安全的发展趋势。

1.6.1　网络信息安全攻击的发展趋势

网络信息安全攻击技术的发展主要呈现以下几种趋势,了解这些趋势对于积极防御网络信息安全攻击有非常重要的意义。

1. 自动化程度和速度提高

攻击工具可以自动发动新一轮攻击,如"红色代码"等工具能够在 18 小时之内就达到全球饱和点。恶意代码不仅能实现自我复制,还能自动攻击内外网上的其他主机,并以受害者为攻击源继续攻击其他网络和主机。随着分布式攻击工具的出现,攻击者可以管理和协调分布在 Internet 系统上的大量已部署的攻击工具。

2. 工具越来越复杂

攻击工具开发者正在利用更先进的技术武装攻击工具,它们的攻击行为更难发现,更难利用其特征进行检测。如今的自动攻击工具可以根据随机选择、预先定义的决策路径或通过入侵者直接管理来变化它们的攻击模式和行为;攻击工具还可以通过升级或更换工具的一部分而发生迅速变化,从而发动迅速变化的攻击,并且在每一次攻击中会出现多种不同形态的攻击工具。此外,攻击工具越来越普遍地被开发为可在多种操作系统平台上执行。

3. 安全漏洞的发现越来越快

新发现安全漏洞的数量每年都在成倍地增加,而且新类型的安全漏洞也不断出现。虽然系统管理人员不断用最新的补丁程序来修补这些漏洞,但是入侵者却经常能够在厂商修补这些漏洞之前发现攻击目标。

4. 攻击网络基础设施产生的威胁越来越大

如今网络已经成为人们工作和生活的一部分,人们越来越依赖网络服务,一旦黑客对网络基础设施的攻击得手,造成的损失和影响也会越来越大,这就会动摇人们对网络安全性的信心,影响信息化的进程。

1.6.2 网络信息安全防御的发展趋势

1. 物理隔离技术

物理隔离的思想是不安全就不联网,要绝对保证安全。在物理隔离的条件下,若需要进行数据交换,就如同两台完全不相连的计算机,必须通过软盘、U 盘等媒介,从一台计算机向另一台计算机复制数据,这也被形象地称为"数据摆渡"。由于两台计算机没有直接连接,因此,就不会有基于网络的攻击威胁。

2. 逻辑隔离技术

在技术上,实现逻辑隔离的方式多种多样,但主要还是采用防火墙。防火墙在体系结构上有不同的类型(如双网口、多网口、DMZ 和 SSN)。不同类型的防火墙在 OSI 的七层模型上工作机理也有明显的不同。防火墙的发展主要是提高性能、安全性和功能。事实上,这三者是相互矛盾、相互制约的。功能多、安全性好的技术,其性能往往会受到影响;功能多也影响到系统的安全性。

3. 防病毒技术

传统的病毒检测和查杀是在客户端完成的。但是这种方式存在着缺点,若某台计算机发现病毒,说明病毒已经感染了单位内部几乎所有的计算机。在单位内部的计算机网络和互联网的连接处放置防病毒网关,一旦出现新病毒,更新防病毒网关就可清除每个终端的病毒。

4. 防攻击技术

主要是抗击 DoS 等拒绝服务攻击,其技术是识别正常服务的包,将攻击包分离出来。目前,DDoS(分布式 DoS)的攻击能力可达到 10 万以上的并发攻击,因此,抗攻击网关的防御能力必须达到抗击 10 万以上并发的分布式 DoS 攻击。

5. 身份认证技术

通常来说,基于 Radius 的鉴别、授权和管理(AAA)系统是一个非常庞大的安全体系,主要用于大的网络运营商的安全体系,企业内部并不需要这么复杂的东西。由于来自内部的攻击越来越多,管理和控制也比较复杂,因此,AAA 系统应用于内部网络是一个必然的趋势。

6. 加密和虚拟专用网

移动办公、单位和合作伙伴之间及分支机构之间通过公用的互联网通信是必不可少的,因此,加密和虚拟专用网(VPN)有很大的市场需求。IPSec 已成为主流和标准,VPN 的另外一个方向是向轻量级方向发展。

7. 入侵检测和主动防卫技术

入侵检测和主动防卫作为一种实时交互的监测和主动防卫手段,正越来越多地被政府和企业应用,但如何解决监测效率和错报、漏报率的矛盾,需要继续进行研究。

8. 网管、审计和取证技术

网络安全越完善,体系结构就越复杂,最好的方式是采用集中网管技术。审计和取证功能变得越来越重要。审计功能不仅可以检查安全问题,而且还可以对数据进行系统的挖掘,从而了解内部人员使用网络的情况,了解用户的兴趣和需求等。

第 2 章　网络安全协议理论

2.1　网络安全协议概述

2.1.1　安全协议的相关定义

（1）协议

协议是指两个或两个以上参与者为完成某项特定的任务而采取的一系列步骤。它有 3 个要点：①至少两个以上参与者；②目的明确；③按照约定的规则有序地执行一系列步骤。

（2）通信协议

所谓通信协议，是指通信各方关于通信如何进行所达成的一致性规则，即由参与通信的各方按确定的步骤做出一系列的通信动作完成的。换句话说，通信协议是定义通信实体之间交换信息的格式及意义的一组规则。

（3）安全协议

所谓安全协议，是指通过信息的安全交换来实现某种安全目的所共同约定的逻辑操作规则。换句话说，安全协议是指通过信息的安全实现某种安全目的的协议。简单地说，安全协议就是实现某种安全目的的通信协议，所以又称为安全通信协议。由于安全协议通常要用到密码技术，所以又称为密码协议。

（4）网络安全通信协议

网络安全通信协议属于安全协议，是指在计算机网路中使用的具有安全性功能的通信协议，也就是说，通过正确地使用密码技术和访问控制技术来解决网络中信息的安全交换问题。

2.1.2　安全协议的分类

安全协议分类如下：

（1）认证协议

认证协议主要实现认证功能，包括消息认证、数据源认证和实体认证。

（2）密钥管理协议

密钥管理协议主要实现建立共享密钥的功能。可以通过密钥分配来建立共享密钥，这也是目前密钥管理的主要方法，也可以通过密钥交换来共享密钥。包括密钥分配、密钥交换等密钥管理协议。

（3）不可否认协议

不可否认协议主要通过协议的执行，达到不可否认的目的。包括发方不可否认协议、收方不可否认协议、数字签名协议等。

（4）信息安全交换协议

信息安全交换协议主要是实现信息的安全交换功能。例如，IPSec 协议除了 Internet 密钥交换协议和 Internet 安全关联与密钥管理协议外,认证头和封装安全载荷协议就是典型的信息安全交换协议。

2.1.3　安全协议的缺陷

安全协议是许多分布式系统安全的基础,确保这些协议的安全运行是极为重要的。从来源上讲,安全协议的缺陷可区分为两类:一类是由于设计时的不规范引发的,一类是在具体执行时产生的。许多学者相继提出了一系列的安全协议设计原则,试图从协议设计的开始就避免协议缺陷产生的可能。

(1)基本协议缺陷

基本协议缺陷是由于在安全协议的设计中没有或很少防范攻击者攻击而引发的协议缺陷。例如,对加密的消息签名,由于签名者并不一定知道被加密的消息内容,而且签名者的公钥是公开的,从而可使攻击者通过用他自己的签名替换原有的签名来伪装成发送者。

(2)口令/密钥猜测缺陷

这类缺陷产生的原因是用户往往从一些常用的词中选择其口令,从而导致攻击者能够进行口令猜测攻击,或者是用户选取了不安全的伪随机数生成算法来构造密钥,使攻击者能够恢复该密钥。口令猜测攻击可分为三类:

1)可检测的口令在线猜测攻击:每次不成功的登录是可检测的并被认证服务器记录。一个特定次数之后,认证服务器将终止对口令的连接。

2)不可检测的口令在线猜测攻击:攻击者试图使用一个能够用于在线交易的口令。攻击者从认证服务器的响应中逐渐推导出正确的口令。如果猜测是不正确的,那么处理将中止;下一次的猜测将在一个新交易中进行。失败不被觉察且不被认证服务器记录。

3)可离线的口令猜测攻击:攻击者使用认证协议消息复件,猜测口令并离线验证。

认证协议可通过引入下面两个基本要求来加强:

·认证服务器只响应新鲜的请求。

·认证服务器只响应可验证的真实性。

这些要求对于处理可检测的在线口令猜测攻击是有效的,但对于离线攻击是无能为力的。两种工具有助于用户选择更为强壮的口令:口令生成器和口令监视程序。口令生成器为用户生成易记但却十分难以猜测的“好的”口令。口令监视程序接收用户口令并判断此口令被猜测的可能有多大。更为复杂的口令监视程序可使口令不易猜测,不会在字典中找到,并且为猜测此口令必须借助“口令猜测器”。

(3)陈旧消息缺陷

陈旧消息缺陷是指协议设计中对消息的新鲜性没有充分考虑,从而使攻击者能够进行消息重放攻击,包括消息源的攻击、消息目的的攻击等。根据消息的来源与去向,陈旧消息攻击可分为消息来源攻击与消息目的地攻击。

(4)并行会话缺陷

协议对并行会话攻击缺乏防范,从而导致攻击者通过交换适当的协议消息能够获得所需要的重要消息。并行会话攻击可使攻击者通过交换一定的协议消息获得重要的信息。协议中的主体的角色可区分为单一角色和多重角色,在单一角色协议中主体与其角色之间有一一对应关系,而在多重角色协议中则是一对多的关系。据此,并行会话缺陷又可分为并行会话单一角色缺陷和并行会话多重角色缺陷。

（5）内部协议缺陷

协议的可达性存在问题，协议的参与者中至少有一方不能够完成所有必须的动作而导致缺陷。

（6）密码系统缺陷

协议中使用的密码算法的安全强度导致协议不能完全满足所要求的机密性、认证等需求而产生的缺陷。

2.2　BAN 逻辑

2.2.1　BAN 逻辑的构件的语法与语义

BAN 逻辑的提出，为认证协议的形式化分析提供了一种有效的工具。BAN 逻辑只在抽象的层次上讨论协议的安全性，因此它并不考虑由协议的具体实现所带来的安全缺陷和由于加密体制的缺点所引发的协议缺陷。

1. BAN 逻辑的包含对象

BAN 逻辑主要包含 3 种处理对象：主体（principal）、密钥（keys）和公式（formula）。其中的公式，也称为语句或命题。P，Q 和 R 表示主体变量，K 表示密钥变量，X 和 Y 表示公式变量。A，B 表示两个普通主体，S 是认证服务器。

2. BAN 逻辑的 10 个构件

BAN 逻辑的 10 个构件如下：

1）$P \mid\equiv X$ 或 P believes X。主体 P 相信公式 X 是真的。

2）$P \overset{K}{\Longleftarrow} X$ 或 P sees X。主体 P 接收到了包含 X 的消息，即存在某主体 Q 向 P 发送了包含 X 的消息。

3）$P \mid\sim X$ 或 P said X。主体 P 曾经发送过包含 X 的消息。

4）$P \mid\Rightarrow X$ 或 P controls X。主体 P 对 X 有管辖权。

5）$\sharp(X)$ 或 fresh(X)。X 是新鲜的，即 X 没有在当前回合前作为某消息的一部分被发送过，这里 X 一般为临时值。

6）$P \overset{K}{\longleftrightarrow} Q$。K 为 P 和 Q 之间的共享密钥，且除 P 与 Q 以及他们相信的主体之外，其他的都不知道 K。

7）$\overset{K}{\longrightarrow} P$。K 为 P 的公开密钥，且除 P 和他相信的主体之外，其他的主体都不知道相应的秘密密钥 K^{-1}。

8）$P \overset{K}{\longrightarrow} Q$。X 为 P 和 Q 的共享秘密，且除 P 和 Q 以及他们相信的主体之外，其他主体都不知道 X。

9）$\{X\}_K$。用密钥 K 加密 X 后得到的密文；这是 $\{X\}_K$ from P 的简写。

10)$\langle X \rangle_Y$。表示由 X 和密钥 Y 合成的消息。

2.2.2　BAN 逻辑的推理规则

BAN 逻辑包含 4 条推理规则：

（1）消息意义规则

消息意义规则的作用是从加密消息所使用的密钥以及消息中包含的秘密来推断消息发送者的身份（假设 P 和 R 为不同的主体）。

对于公钥有

$\text{bel}(P, \text{goodkey}(P, K, Q)) \text{ and } \text{sees}(P, \{X\}_K) => \text{bel}(P, \text{said}(Q, X))$

对于私钥有：

$\text{bel}(P, \text{pubkey}(Q, K)) \text{ and } \text{sees}(P, \{X\}_K^{-1}) => \text{bel}(P, \text{said}(Q, X))$

对于共享秘密有

$\text{bel}(P, \text{secret}(P, K, Q)) \text{ and } \text{sees}(P, \langle X \rangle_Y) => \text{bel}(P, \text{said}(Q, X))$

上述三条规则为 BAN 逻辑提供了认证检测。前两条表明如果收到一条加密消息，那么只有拥有此加密密钥的主体能够发送这条消息。同样，第三条规则运用了非密钥的秘密消息，作为消息的出处的判定依据。

（2）随机数验证规则

消息意义规则可使主体推知其他主体曾经发送过的消息，随机数验证规则可使主体推知其他主体的信仰。

$\text{bel}(P, \text{fresh}(X)) \text{ and } \text{bel}(P, \text{said}(Q, X)) => \text{bel}(P, \text{bel}(Q, X))$

该规则表明：如果 P 相信 X 是新鲜的，并且 P 相信 Q 曾经发送过 X，那么 P 相信 Q 相信 X。

（3）仲裁规则

仲裁规则进一步拓展了主体的推知能力，使主体可以在基于其他主体已有的信仰上推知新的信仰。

$\text{bel}(P, \text{cont}(Q, X)) \text{ and } \text{bel}(P, \text{bel}(Q, X)) => \text{bel}(P, X)$

该规则表明：如果 P 相信 Q 对 X 是具有仲裁权的，并且 P 相信 Q 是相信 X 的，那么 P 相信 X。

（4）信仰规则

信仰规则反映了信仰在消息的级联与分割的不同操作中的一致性以及信仰在此类操作中的传递性。

$\text{bel}(P, X) \text{ and } \text{bel}(P, Y) => \text{bel}(P, (X, Y))$

$\text{bel}(P, (X, Y)) => \text{bel}(P, X) \text{ or } \text{bel}(P, Y)$

$\text{bel}(P, \text{bel}(Q, (X, Y))) => \text{bel}(P, \text{bel}(Q, X)) \text{ or } \text{bel}(P, \text{bel}(Q, Y))$

该规则表明：如果 P 相信消息 X 和 Y，那么 P 相信消息 X 和 Y 的级联，反之亦然，并且如果 P 相信 Q 相信消息 X 和 Y 的级联，那么 P 相信 Q 相信消息的每一部分。

（5）接收规则

定义了主体在协议运行中对消息的获取。

$\text{sees}(P, (X, Y)) => \text{sees}(P, X)$

$\text{sees}(P,)\langle X \rangle_Y => \text{sees}(P, X)$

bel(P,goodkey(P,K,Q))and sees(P,$\{X\}_K$)＝＞sees(P, X)

bel(P,pubkey(P,K))and sees(P,$\{X\}_K$)＝＞sees(P, X)

bel(P,pubkey(Q,K))and sees(P,$\{X\}_K^{-1}$)＝＞sees(P, X)

该规则表明:如果 P 接收到一个级联的消息,那么它可读出子消息;如果 P 接收到一个加密消息,以下三种情况 P 可读出消息原文:一是加密密钥是 P 与另一主体共享的;二是加密密钥是 P 的公钥;三是 P 知道加密密钥的逆。

(6)新鲜规则

bel(P,fresh(X))＝＞bel(P,fresh(X,Y))

bel(P,fresh(X))and bel(P,said(Q,X))＝＞bel(P,bel(Q,Y))

该规则表明:如果 P 相信 X 是新鲜的,那么 P 相信与 X 级联的整个消息也是新鲜的。如果 P 相信 X 是新鲜的,并且 P 相信 Q 曾发送过 X,那么 P 相信 Q 相信 X。

(7)传递规则

bel(P,said(Q,(X,Y)))＝＞bel(P,said(Q,X))

该规则表明:如果 P 相信 Q 曾发送过整个消息,那么 P 相信 Q 曾发送过消息的子部分。

2.2.3　BAN 逻辑的推理步骤

BAN 逻辑形式化分析工具的目的是解答下述问题:认证协议是否正确;认证协议的目标是否达到;认证协议的初设是否合适;认证协议是否存在冗余。

BAN 逻辑的推理步骤如下:

1)用逻辑语言对系统的初始状态进行描述,建立初始假设集合。

2)建立理想化协议模型,将协议的实际消息转换成 BAN 逻辑所能识别的公式。

3)对协议进行解释,将形如 P→Q:X 的消息转换成形如 Q◁X 的逻辑语言。

解释过程中遵循以下规则:

- 若命题 X 在消息 P→Q:Y 前成立,则在其后 X 和 Q◁Y 都成立。
- 若根据推理规则可以由命题 X 推导出命题 Y,则命题 X 成立后,命题 Y 也成立。

4)应用推理规则对协议进行形式化分析,推导出分析结果。

2.3　SSL 和 SET 协议的安全性分析

2.3.1　SSL 协议的安全性分析

SSL 协议是为客户和服务器之间在不安全通道上的通信建立安全的连接而设计的,因而需要考虑到各种可能的攻击行为。从以下几个方面分析 SSL 的安全设计。

1. 验证思想

在 SSL 协议中,信任是建立在 CA 的权威性之上的。由可信的证书机关签发的证书被认为是可信的。通常,客户和服务器各自都存放着多个 CA 的自签证书,若被验证的客户或服务器的证书是其中任何一个 CA 签发的,那么证书通过验证。

2. 握手协议的安全性设计

握手协议负责协商加密参数和有选择地验证通信实体。

(1)验证

SSL 支持客户和服务器都被验证、只验证服务器、完全匿名(即客户和服务器都不被验证)3 种验证方式。完全匿名的会话本质上易遭受中间人(man-in-the-middle)的攻击,而当服务器被验证时,就会减少中间人攻击的可能性。

(2)密钥交换

密钥交换的目的是创造一个通信双方知道但攻击者不知道的预主秘密,预主秘密用于生成主秘密,主秘密用于产生 Certificate_Verify 消息、Finished 消息、加密密钥、MAC 秘密。通过发送正确的 Finished 消息,通信双方向对方证明自己拥有正确的预主秘密。

1)匿名密钥交换:是指在完全匿名会话的情况下的密钥交换。完全匿名会话通过使用 RSA、Diffie-Hellman 等密钥交换算法实现密钥交换。以匿名 RSA 为例,客户用从 Server_Key_Exchange 消息中提取的服务器的公钥加密预主秘密,加密结果用 Client_Key_Exchange 消息发送给服务器。因为窃听者不知道服务器的私钥,所以他们不可能解开预主秘密。完全匿名的连接只能防止被动窃听。

2)非匿名密钥交换:非匿名密钥交换的情况下服务器是一定要被验证的。在此以 RSA 密钥交换为例给出安全性分析。对于 RSA 密钥交换方法,密钥交换和验证服务器是结合在一起的。服务器的公钥或者是在服务器的证书中给出或者是由 Server_Key_Exchange 消息发送来的临时 RSA 公钥。当使用临时 RSA 公钥时,公钥被服务器的签名证书(RSA 证书或 DSS 证书)签名,服务器对 Server_Key_Exchange 消息中的签名使用 ClientHello.random,所以过去的签名和临时 RSA 密钥不会被重放。服务器可以将一个临时 RSA 密钥用于多个会话。

在验证过服务器的证书后,客户用服务器的公钥加密预主秘密。服务器通过成功地解密预主秘密和用自己生成的主秘密计算出正确的 Finished 消息,证实自己知道与前面的服务器证书相对应的私钥。

3. 应用数据的保护

SSL3.0 使用 HMAC 作为消息验证算法,可阻止重放攻击和截断连接攻击。为防止重放或篡改攻击,MAC 是从 MAC 密钥、序列号、消息类型、消息长度、消息内容和两个固定的字符串计算出来的。消息类型保证了发给一个 SSL 记录层客户的消息不会发给其他的客户。序列号确保删除或者重排序消息攻击可以被检测出来。序列号为 64 位,保证不会溢出。从一个实体发出的消息不会被插入另一个实体发出的消息中,因为不同的实体的 MAC 密钥是相互独立的。

4. 对各种攻击的防护

(1)防止版本重放攻击(version rollback attacks)

当正在执行 SSL3.0 的通信方执行 SSL2.0 时,版本重放攻击发生。SSL3.0 使用了非随机的 PKCS♯1 分组类型 2 的消息填充,这有助于使用 SSL3.0 的服务器检测出版本重放攻击。

(2)对握手协议的攻击

攻击者可能会试图改变握手协议中的消息,使通信双方选择不同于通常使用的加密算法。

这种攻击容易被发现,因为攻击者必须修改一个或多个握手消息。一旦这种情况发生,客户和服务器将计算出不同的握手消息的散列值,这就导致双方不接受彼此发送的 Finished 消息。

（3）会话的恢复

当通过恢复一个会话建立一个连接时,将产生新的这个连接使用的 MAC 秘密、加密密钥、IVs。攻击者不可能在不打破安全的散列操作的情况下通过已知的以前连接的 MAC 秘密或加密密钥来获得或破坏主秘密。所以如果这个会话的主秘密是安全的,并且散列操作也是安全的,那么这个连接是安全的且独立于以前的连接。

但仍建议一个 SessionID 的生存期最长为 24 小时,因为获得了主秘密的攻击者可能在 Sessi-On-ID 改变之前假冒受攻击的一方。

（4）侦听和中间人攻击

SSL 协议使用一个经通信双方协商的加密算法和密钥。对安全需求级别不同的应用,都可找到不同强度的加密算法用于通信数据加密。SSL 的密钥管理也处理得比较好:在每次连接时通过散列随机函数生成一个短期使用的会话密钥,除了不同次连接使用不同的密钥外,在一次连接的两个传输方向上它都使用了单独的密钥。因此,尽管 SSL 给侦听者提供了很多明文,但由于其有较好的密钥保护,并频繁更换密钥,因此,对于侦听和中间人攻击而言,其安全性应是可靠的。

（5）流量数据分析攻击

这种攻击的核心是通过检查数据包的未加密字段或未保护的包的属性来试图进行攻击。例如,通过检查 IP 包中未加密的 IP 源地址和目的地址或检测网络流量,攻击者可知道谁正在参与交互通信,它们在使用何种服务,有时候甚至能得到或推测出一些商业或个人之间的关系。

在通常情况下用户认为这种分析是相对无害的,SSL 协议也未尝试阻止这种攻击。但也有一些特殊情况,可能会给攻击者提供较大的成功概率。例如,当一个 Web 浏览器通过 SSL 向一个 Web 服务器发出请求（在 HTTP 协议中,它应传送 GET 请求,并在后面跟上 URL 地址）,GET 请求和 URL 地址均以密文传送,但 Web 服务器地址和请求长度可通过 IP 包分析被攻击者获得,此后 Web 服务器将请求的 Web 页面传回浏览器,同样其长度也可获得,通过对 URL 请求长度和取回的 HTML 页面长度的综合分析,结合对该 Web 服务器使用 Web 页面搜索技术,很容易发现是什么 Web 页被存取了。通过一个 Web 搜索引擎,可以很容易地对一个指定的 Web 服务器,针对指定长度的 URL 请求,找到返回指定长度 HTML 数据的 Web 页面。

（6）截取再拼接攻击

这种攻击方式的大致过程是:首先,从一些包含敏感数据的包中"切下"一段密文,然后,再把这段密文拼接到另外一段密文中,被拼接的这段密文是经过仔细选择的,使得接收端非常有可能泄漏出经过解密的明文。例如,在仅有连接加密的情况下,攻击者可能把截下的一段密文拼接在由服务器传回客户的 Web 页面中的一个 URL 主机名部分。这样,当浏览器收到这个数据包后,就会解密这个 URL 链接——即拼接上的那段特殊密文被解密成了主机地址,于是当用户单击这个链接以后,浏览器会把这段拼接上的特殊密文当做主机名,从而以明文形式传送一个 DNS 域名解析报文,这个报文就会被攻击者窃听截获到。

SSL3.0 基本上已经阻止了这种攻击。首先,它对不同的上下文使用了独立的"会话标识符",这就阻止了"截取再拼接"攻击在不同次连接之间截取和拼接;其次,SSL3.0 对所有的加密包使用了较强的认证,在这种防卫之下,"截取再拼接"攻击已基本不易成功。

（7）短包攻击

短包攻击的基本过程是假设现在的通信是用 DES 加密数据，并用 TCP 传输，那么当传输最后一个报文时，可能明文就只有一个字节，而其后就是填充数据。这时，当攻击者截到报文以后，就可用已知明文/密文对的另外一个加密块去置换这个报文。然后，它可以判断通过 TCP 校验和是否有效，知道自己截得是否正确。即使不正确，也只不过是使接收方的 TCP 协议认为其出错而丢包，用户不会知道；但如果正确，则可通过接收方发回的 ACK 获知。尽管 SSL 在这点上看起来能被攻击的可能性很小，比如用 SSL 传送 Web 页、URL 请求，但如果客户经常收发一个字节长度的报文，如 TELNET 报文，那么就需要对这种攻击做较强的保护了。

（8）报文重放攻击

报文重放攻击是一种比较容易被阻止的攻击，如上所述，SSL 通过在 MAC 数据中包含进序列号阻止了重放攻击。同时，这种机制也阻止了延迟、重排序、删除数据等攻击方式。

虽然 SSL 在安全性方面已做得相当完善，但在实际的应用中，仍存在许多安全漏洞。已经出现的对 SSL3.0 成功的攻击是流量分析攻击，这种攻击基于密文长度能够揭示明文长度。另外，在密钥管理方面，SSL 也存在一些问题：

1）客户机和服务器在互相发送自己能够支持的加密算法时，是以明文传送的，存在被攻击修改的可能。

2）SSL3.0 为了兼容以前的版本，可能会降低安全性。

3）所有的会话密钥中都将生成主密钥，握手协议的安全完全依赖于对主密钥的保护，因此通信中要尽可能少地使用主密钥。

（9）密码组件回退攻击

在 SSL 的握手协商阶段，客户方向服务器发送 Client-Hello 消息，该消息中包含客户方支持的加密组件列表，服务器方向客户方发送的 Sever-Hello 消息中包含服务器从客户方支持的加密组件列表中选择的一个加密组件。由于 Client-Hello 和 Sever-Hello 消息都是以明文传输的，攻击者有可能修改 Hello 消息中的加密组件，从而使攻击者能够破译密文的内容。SSL3.0 协议对这一攻击采取了一定的防范措施，即在握手结束时利用协商好的密钥对所有的握手消息进行验证。具体来说就是在 Finished 消息中对该消息之前的所有握手消息按照一定的公式计算其散列值，如果二者不同，则要中断握手过程并结束会话。

2.3.2　SET 协议的安全性分析

1. SET 协议的安全性研究进展及发展趋势

国际上针对 SET 协议的安全性研究大致可以分为 3 个方面：建立 SET 协议的理论研究模型、对 SET 协议的形式化分析、对 SET 协议的简化版本和拓展版本的研究与分析。这 3 个方面的研究交替发展，互相促进。

建立适当简化的理论模型是研究 SET 协议安全性的基础。1998 年，Meadows 和 Syverson 提出一种形式化描述语言，为 SET 协议的安全需求建立形式化描述，但是并没有对安全需求进行实际验证。随后，Kessler 和 Neumann 又设计了一种信仰逻辑，用来分析 SET 协议的支付过程的单条消息。他们利用逻辑微积分学，证明了持卡人消息的不可否认性，虽然它不是 SET 的安全需求，但它显然是电子支付协议中需要的性质。而 Stone 则提出一种电子商务协议的边界分析的理论框架,但是他讨论的 SET 支付阶段的描述是一种极端简化的版本。

对 SET 的形式化分析主要集中在对它的注册协议和支付协议的研究。在对注册协议的研究中,G. Bella、F. Massacci 和 L. C. Paulson 利用诱导方法为注册过程建立了抽象模型,对注册过程的子目标进行形式化验证。对于支付协议的研究,研究者建立了高度逼近原协议的支付过程的形式化模型,并利用 Isabelle 定理证明工具对支付过程的各个子目标进行形式化验证。

在对 SET 协议的安全性的分析中,研究者也发现 SET 协议的执行过程非常复杂,过多的加密技术和复杂的安全机制造成了协议的效率不高,因此提出了很多 SET 协议的简化版本和拓展版本。例如,简化版本 Lu-Smolka 协议对原协议中双重签名和数字信封技术进行了简化。然而又有人发现了针对 Lu-Smolka 协议存在两个攻击,而原协议中不存在类似的攻击,这说明过分的简化削弱了协议的安全性。而 Hanaoka 等人提出的 LITE-SET 协议则利用签密(signcryption)技术对原 SET 协议进行改进,以提高协议的执行效率。

针对 SET 协议的安全性研究开展至今,虽未发现存在攻击,但也存在不少缺陷,结合以上这些缺陷和不足,可以预测今后关于 SET 协议的研究的发展趋势。

(1)建立更加逼近 SET 原协议的理论研究模型

要对 SET 协议进行形式化分析,必须建立简化的理论模型,但是对协议的简化不能削弱原协议的安全性,必须充分逼近原来的协议。

(2)针对 SET 协议中存在的缺陷和改进方法的研究

对于 SET 协议中存在的缺陷,必须采取很好的改进方法,防止这些缺陷被攻击者利用。

(3)拓展 SET 协议的安全目标的研究

SET 协议中使用的大量安全技术,可以提供更多的安全目标,例如不可否认性和对隐私权的保护等,都是电子交易协议应该提供的安全目标,而且利用 SET 协议已有的加密技术,很容易提供不可否认性和对隐私权的保护。

(4)改进协议安全技术、提高协议的执行效率的研究

作为一个电子支付协议,协议的执行效率是需要考虑的一项重要指标。SET 协议的执行过程非常复杂,包含了烦琐的认证机制。提高加密机制的效率,就可以有效减少协议的运行时间。

除了上面列出的 SET 协议目前存在的主要安全问题,还存在着其他方面的问题。例如,SET 协议的安全在一定程度上还依赖于外部环境,如 HTTP 及 SMTP 协议、浏览器与电子邮件的实时性等,这些外部环境都可能影响 SET 协议的安全性。因此,实施 SET 协议时应统筹考虑,尽可能提高系统的安全性。

2. SET 协议存在的问题及改进方法

对 SET 协议的安全性研究表明它具有很高的安全性,至今并未发现对它的有效攻击,但是它的注册过程和支付过程中都存在可能引起危险的缺陷,它使用的算法也存在一个较为严重的问题。另外 SET 协议的运行目标未包含不可否认性和对隐私权的保护,具体存在如下问题。

(1)注册过程存在的安全缺陷及一些改进方法

目前在 SET 协议的注册过程中并未发现攻击,但是仍然存在可能导致风险的安全隐患,如 SET 协议规定由申请者随意产生用于申请证书的公钥体制密钥对,但是 CA 并没有要求持卡人使用最新的密钥对,因此持卡人可能会选择以前使用的密钥对,然而以前使用的密钥可能已经被泄漏,因此持卡人的密钥存在被泄漏的危险。

对于这个问题,有人提出一种改进方案,可以证明如果可信 CA 保持对注册密钥的记录,则协议足以保证同一个 CA 不会为两个不同的代理分配相同的密钥,因而只要在持卡人的注册过程中采取措施验证持卡人产生的签名密钥对是否最新就能解决。然而,不同的持卡人可以共谋在不同的 CA 注册相同的密钥,如果出现这种情况,也许会对支付阶段的责任追究造成影响。

(2)支付过程存在的安全缺陷及一些改进方法

虽然形式化分析的结果表明,在 SET 的支付过程中并不能构成有效的攻击,然而 SET 协议的支付过程中存在一个可能导致危险的问题:持卡人通过商家转发给支付网关的支付指令中未包含支付网关的 ID。在 SET 协议中,不同品牌的支付卡必须对应不同的支付网关,而对支付网关的选择是由商家推荐的,因此如果恶意的商家与支付网关勾结,则支付网关在解密消息后,将持卡人的机密信息发送给商家,则商家将能获得持卡人的账户详细信息,而且,商家可以重构消息再发送给另一个可信的支付网关。

对于这个问题,有人提出可以通过在支付信息中加入支付网关的 ID 来解决,当支付网关收到支付指令,就能确认自己是否是持卡人指定的消息接收者。

(3)密码算法的安全缺陷、限制及其改进

SET 协议所使用的密码算法的安全性已经受到严重挑战。DES 和 RSA 算法都有被破解的例子,而签名算法所使用的 MD5 和 SHA-1 摘要算法已经被我国山东大学王小云教授等所破解,而且随着计算机 CPU 速度的提高和并行分布式技术的发展,其安全性越来越受到质疑。

DES 的密钥长度过短,RSA 的密钥长度过长。DES 的密钥为固定的 56 位,而以对称加密算法的高效和快捷,完全可以采用更长的密钥长度来保证密文的安全性;RSA 的密钥长度至少需 1024 位才能保证其安全性,这对于公钥加密算法而言其密钥长度又影响了加解密的速度。

另一方面,密码算法又要受到知识产权的限制。影响 SET 协议广泛使用的最重要的原因是其对加密解密方案的限制以及美国对加密算法出口的限制。而且,各国都希望采用有自主知识产权的加密解密方案,不希望在安全上受控于人,我国已规定加密产品不得进口,必须采用我国自行研制并经国家密码委员会鉴定和批准的数据加密算法。这就对 SET 协议的兼容性和安全性提出了更高的要求。因此 SET 协议要想推广使用,必须要在密码算法的安全性上做一些改进。

(4)安全目标的不足之处及一些改进方法

在 SET 协议的运行目标中,机密性、完整性和认证性都能得到验证。而对于不可否认性(non-repudiation)和对隐私权(privacy)的保护,则不属于 SET 协议的运行目标,这对于交易的安全性来说,存在一些不足。

有的提出利用 SET 协议的原有加密机制,做一些很小的改进,如设计一个信用卡证书作为信用卡号码的匿名代理证书,因此商店或收单银行都无法从代理证书中取得信用卡号码,但是持卡人与发卡银行却也都不能够否认代理证书等于提示信用卡号码,这样就能实现对持卡人隐私权的保护。

(5)安全技术的效率问题及一些改进方法

作为一个电子支付协议,协议的执行效率是需要考虑的一项重要指标。SET 协议的执行过程非常复杂,包含了烦琐的认证机制,并且包含了一些不必要的加密操作,例如用于签名的公钥和公钥证书通常无须加密传输,然而在 SET 协议的支付过程中,对持卡人和 CA 的公钥证书都进行了加密传输。又如协议中的 nonce 值通常无须加密传输,而 SET 协议中大部分都进行了加密传输。协议的设计者的目的也许是为了强调安全性,但是这些多余的操作实际上并没有增加协议的安全性,却降低了协议的效率。因此可以考虑去除这些多余的加密项,对无须加密的数据尽量采用明文传输,可以有效减少协议的运行时间。改进 SET 协议效率的另外一个可行的方法是利用签密(signcryption)改进 SET 协议,通过签密技术改进后的协议与同级安全性的原协议相比,关于消息产生或验证的计算量可以下降 $51.4\%\sim56.2\%$,而总通信量可下降 79.9%。

2.4 网络安全协议分析的形式化语言及方法

2.4.1 安全协议分析的形式化语言

1. 安全协议分析语言——CPAL

(1)CPAL 的行为

为讨论协议行为的含义,首先需考虑一个环境的形式化模型。在此模型中,诚实主体发送的所有消息可被攻击者截获,并且攻击者可对截获的消息做以下一种或多种操作:

- 将消息转发给它意定的接收者。
- 将消息存储以备后用。
- 修改消息并将之转发到它的目的地。
- 将部分消息与以前的消息合并。
- 修改部分或全部消息的目的地址。
- 替换消息部分。

CPAL 的环境模型有三个重要特征。

1)每个主体在一个其他主体不可见或不能直接访问的独立的地址空间内操作。在此地址空间里,主体记录网络的通信并分析通信内容,主体可决定什么是可以相信的。用点表示存储在用户地址空间内的数据项,并用主体的标识作为此域标识的前缀。如可将密钥“K_{ab}”表示为 A. K_{ab}。

2)数据从一个地址空间流入另一个地址空间的唯一途径是通过协议会话中消息的发送与接收。攻击者可被动听到所有的网络通信,或者可以从无检测的网络上截获、修改和重插消息,主体的地址空间是私有的并且是不能为其他主体检查或修改的。进一步而言,拥有者向地址空间增加数据的唯一有效途径是通过从网络中接收消息,随机数的生成,以及对地址空间中已有数据的推理。

3)每个主体有一个输入队列用于接收所有消息。消息的发送通过将一个消息往接收队列中赋值来实现,消息的接收则通过从主体的输入队列向同一主体的地址空间赋值来表示。

(2)CPAL 的语法

CPAL 是一个具有完整形式化语法的伪语言,它试图尽可能地表达主体在协议中的所有重要的行为。一个 CPAL 协议说明包括主体的行为的一个序列。一个 CPAL 行为包括一个或多个 CPAL 语句。每个语句后是语句操作符,并用分号间隔。如果一个行为中包括多个语句,语句则用括号包括。

1)赋值语句。通常 CPAL 中的消息是非破坏性赋值的。如源值被拷贝到目的标识位置的内存。语句：

$$A:X:→Y;$$

表示 A 的地址中名为 X 的地址值被替换为存储在 A 地址空间的名为 Y 的地址值,或记为：

$$A:X:=A:Y;$$

在 CPAL 中一个主体可通过将"new"赋值给一个变量来生成一个随机数。如：

$$A:Na:=new;$$

在协议轮中,数值常常通过合成来构成一个新的值。在 CPAL 中使用了一个称为复合值的结构来表示一个合成的值,如下所示：

$$A:X:=\langle W,X,Y\rangle$$

为使合成消息是可用的,必须能够取出复合值中包含的多重识别。用"DOT"表示复合值中的部分。一个 dot 值的数字后缀表示合成值中各个部分。如,$\langle W,Y,Z\rangle.2$ 表示 $Y,X.3$ 表示复合值 X 中的第三个值 Z。

2)IF 语句。CPAL 提供了基于协议步骤控制流的一个变化的经典概念之上的操作。一个已知条件的成立对应一条语句的执行,而当它不成立时将执行另一个完全不同的语句。当条件表现为布尔条件时可使用 IF 结构并用"then"和"else"语句交替执行。

如：

$$A:IF\ (Na==Na')then\{=>B(e[msg]k_{ab});\}$$
$$Else\{=>AS(e[Na]k_{ab});\}$$

表示如果条件 $Na==Na'$ 在行为执行时是正确的,那么 A 将用密钥 k_{ab} 加密消息 msg 并将结果发送给 B；如果 $Na==Na'$ 失败,A 将加密 Na 并将结果发送给 AS。

3)SEND 和 RECEIVE 语句。安全协议的重要操作是消息的发送和接收。

$$A:=>B(e[\langle X,Y\rangle]k_{ab})$$
$$A→B:\{X,Y\}k_{ab}$$

在 CPAL 中每个语句前有一个行为标识,始发者的标识在发送语句中是不重复出现的。因此,发送符(=>)常常是发送语句的第一个符号,其后跟着的是意定接收者的标识。消息体为包括在圆括号内的任意 CPAL 的有效值。在上述语句描述中,主体 A 执行了三项操作：对消息 X、Y 的合成操作；对合成值的加密操作；将加密结果发送的操作。

CPAL 的接收语句与发送语句的结构类似。接收消息的主体作为行为的动作标识,因此接收者的标识在接收语句中也不重复出现。

一个功能强大的攻击者可描述为：为进一步的传递,有效主体向攻击者发送消息。

例如：

$$A:→B(e[MSG]k_{ab});$$
$$Z:←(X);$$
$$Z:=>B(X);$$
$$B:←(X)$$
$$B:MSG:=d[x]k_{ab};$$

表示主体 A 合成消息"MSG",用密钥"k_{ab}"加密,并将结果值发送给 B。攻击者 Z 截获此消息后,未做任何改变而将它转发给主体 B,这表示攻击者的一次被动的窃听。主体 B 收到此消息后解密之,赋值一个标识并在内存中提供一个空间。

4）目标和假设的表示。在 CPAL 中主体使用 ASSERT 语句来说明协议欲证明的目标和 ASSUME 语句来说明用于建立目标正确性的假设。目标和假设用断言表示,如 X＝Y,Q＝R,或者用包含一系列参数的取布尔值的函数表示,如 believes(A,X)。在下面的这个例子中,主体 A 表达了 A,B 关于两者共享密钥的版本的相等性;主体 B 表达了关于 A 发送 MSG 的信仰目标。系统将使用此假设证明协议目标是否成立。

A：ASSUME(A. k_{ab}＝＝B. k_{ab})；

B：ASSERT(believes(sent(A,MSG)))；

2. 安全协议通用说明语言——CAPSL

（1）CAPSL 集成环境

通用认证协议说明语言 CAPSL(Common Authentication Protocol Specification Language) 是运用于安全认证协议和密钥分配协议的高级语言。它被设计为不同形式化分析工具的形式化输入。CAPSL 说明的核心是一个消息链,与安全协议的常规表示是类似的。CAPSL 的理念是成为协议的任意一种形式化分析工具的形式化输入的一个单独的通用的协议说明语言。

CAPSL 结构中的核心是 CIL,它是 CAPSL 的中级语言,它近似于几乎为所有递归性证明和模型检测工具所使用的状态迁移表示法。因此,CTL 的作用有两个:一是用于定义 CAPSL 的语义;二是作为 CAPSL 协议描述与不同分析工具中所使用的语言之间的一个接口。

位于 CAPSL 和 CIL 间的翻译器用于处理输入语言加工的一般问题,诸如合成、类型检查以及将协议消息链说明为通信进程的状态迁移。

（2）CAPSL

CAPSL 的结构是模块化的,并可扩展,且对于协议分析而言具有独特的一些语法特征。一个 CAPSL 说明由三类模块构成,先后为:typespec 说明、protocol 说明和 environment 说明。抽象的数据类型说明 typespec 引入新的数据类型并依照公理定义密码操作和函数。标准的 typespec 可自动生成,其他类型的 typespec 由用户提供。

如果有一个高级协议调用一个或多个子协议,则存在多种协议说明。环境说明是可选择的,它们为搜索工具建立特定的网络方案。下面给出 typespec、protocol 和 environment 以及 CAPSL 特征的具体说明。

1）类型说明。消息是由密码操作和其他函数构成的,如级联和 Hash 函数。PKUser 是 Principal 子类型,是指一旦类型 Principal 被要求时则使用类型为 PKUser 的变量,如消息的源与目的地。所有在 CAPSL 中使用的函数以及其所运用的数据类型必须在 typespecs 中自动定义。最常用的类型和操作符在标准的开头中给出定义。分析者可增加自己的 typespecs。协议说明和其他 typespecs 可支持用户提供的 typespecs。下面给出 Principal 的子类型 PKUser 的定义：

```
    YPESPEC PPK；
TYPES PKUser：Principal；
FUNCTIONS
    pk(PKUser)：Pkey；
    sk(PKUser)：Pkey,PRIVATE,CRYPTO；
VARIABLES
```

X：Field；

U：PKUser

AXIOMS

{(X)pk(U))sk(U)＝X；

{(X)sk(U))pk(U)＝X；

INVERT{X)pk(U)：X | sk(U)；

INVERT{X)sk(U)：X | pk(U)；

END；

·PRVIATE 函数。PKUser 的公钥出现在函数 pk 和 sk 中。密钥函数说明为 PRIVATE 性质用于表明 sk(U) 函数只能被在 U 上运行的进程评估。其他任何诚实主体和攻击者都不能直接访问 sk(U)。这个关于私有进程的概念是 CAPSL 说明语言的一个独特的性质；它不同于其他语言中作用域限制的概念。

·可逆性。PKUser 的公理包括两个常规的归约公理和两个特殊的可逆公理。一个可逆公理是 CAPSL 的一个特殊公式用于确定消息语义的正确性。公理 INVERT 术语：var termlist 表明 term 的一个已知值是可逆的并用于查找 var 的值。有时可逆性可从归约公理中推断出，但有时是不能够的。

术语{X}K 在这样的情况下是可逆的：一个进程持有{X}K 并且 K 的逆可从 X 中提取。其他术语有其他的可逆性规则。级联[X，Y]不需要任何附加的信息提取 X 和 Y 是可逆的。xor(X，Y)给出其中一个提取另一个是可逆的。如果 Hash 是一个单向函数，那么从 Hash(p)中提取 p 是可逆的。可逆性公理是所有性质的一个统一表达方式。

·括号概念。CAPSL 中的操作符和函数一般表达为功能概念，如 sk(Alice)。然而，{}和[]常常在协议说明中象征加密和级联。在 CAPSL 中，形如{A，K}pk(B)的表达是 ped(pk(B)，cat(A，K))的一个速记，其中，cat 是可以单独使用的级联操作。函数 ped 是一个类 RSA 的公钥加密和解密操作。

con 加上方括号象征级联的另一种形式。不同的是，cat 关联的，而 con 却不是。术语{{A，B}，C}和{A，{B，C}}是等价的。因此如果格式{X，Y}与消息{A，{B，}}是匹配的，那么 X 将与 A 匹配，如果此格式是与消息[[A，B]，C]相匹配，那么 X 将是[A，B]。

当一个括号表示后跟一个密钥，如{A，K}K$_s$，如果 K$_s$ 的类型是 Pkey，那么加密操作为 ped，而如果密钥的类型为 Skey，那么可视它为一个嵌入式对称密钥加密操作。

·指示。在协议说明中，常常用消息链中的名字来定义重要的表达式。CAPSL 协议说明的 DENOTES 部分持有这样的定义。

2)协议说明。协议说明类似于一个有变量说明的强类型算法。与一个通常的计算算法不同的是，它的实体是协议消息序列，并具有一系列安全目标。

PROTOCOL Onemessage；

VARIABLES

A，B：PKUser；

K：Skey，FRESH，CRYTO；

ASSUMPTIONS

HOLDS A：B；

```
MESSAGES
    A—B:{A,K}pk(B);
GOALS
    SECRET K;
    BELIEVES B:HOLDS A:K;
END;
```

此协议只有一个消息,即主体 A 发送一个新生成的密钥给另一个主体 B。密钥 K 与 A 相关联,并用 B 的公钥进行加密。这有助于我们区分主体和它们在协议中所扮演的角色。这个协议定义了两个角色,发起者和响应者。发起者的名字是 A,响应者的名字是 B。根据主体 Alice 的取值为 A 或 B,它既可扮演发起者的角色,也可以扮演响应者的角色。

协议变量是有类型和属性的。例如,FRESH 的属性意味着此变量的值在每次会话中是新生成的值,并且在生成它的主体之前没有使用过此变量。CRYPTO 的属性是此变量的值是不可猜测的。属性影响着消息链的解释也影响攻击者的模型。HOLDS 假设是指当一个 A 进程开始时,被始化为与主体 B 的一个通信。

协议说明涉及两个安全目标:A 生成的新密钥 K 是秘密的;当 B 完成会话时,它相信 A 持有 K。

3)环境说明。当模型检测工具对协议进行分析和模拟时,分析者需指出哪些进程是可运行的。分析者还应当提供其他的运行专用信息,如攻击者的初始知识集合。

一个环境说明定义了类型 Principal 常量,以及使用它们的协议会话,并建立一个或多个运行,每个运行包括一个或多个会话的示例。一个运行是一个相互制约的会话集,类似于 strand space 中的 bundle。一个会话通过协议说明中特定常量:类型 Principal 的所有角色的分配来定义。

例如,假设我们期望有两个会话的运行,一个是 Alice 扮演 A 的角色,Bob 扮演 B 的角色;另一个是一个不诚实主体 Eve 扮演 A 的角色,而 Alice 扮演 B 的角色。如下所示:

```
ENVIRONMENT Test 1;
IMPORTS OneMessage;
CONSTANTS
    Alice,Bob:PKUser;
    Eve:PKUser,EXPOSED;
SESSION S1:
    A—Alice:
    B—Bob;
SESSION S2:
    A—Eve:
    B—Alice:
RUN R1:
    EXPOSED sk(Alice);
    ORDER(S1||S2);
END;
```

注意这些会话说明只建立了每个角色的初始状态,攻击者行为可能会阻止其中一些状态的继续或正常程序的完成。

会话是用与常量类型 Principal 相关联的角色来定义的,角色名是出现在引入协议中的 Prncipal 的任何子类型的变量。

一个具有 EXPOSED 属性的主体将其所有的 PRIVATE 值都交给攻击者。Eve 可视为攻击者的同谋,或被攻击者控制。在每一轮中,有一个可选的个人 EXPOSED 术语链。

ORDER 部分可说明一个会话序列的一个并行串。一些搜索工具可得益于此表示,并可节省时间。例如,如果存在另一个会话 S3,ORDER((S1;;S2)||S3)表示:S2 只在 S1 结束后才开始运行,但此序列是与 S3 并行执行的。

如果没有已知的运行消息,CAPSL 将假设存在一个运行"Run1",并且没有泄露任何附加的信息。

4)CAPSL 特征。CAPSL 语言的其他特征有:

· 视图概念。有时发送者与接收者看消息的角度是不相同的。发送者和接收者的整个消息的版本,或任何个人域是用％来区分的。对于消息 A→B:{A,K_s}K_{as}％E,如果 B 不解密而发送它,那么加密术语作为单独的值 E 来接收。这种约定是由 Lowe(rLOWE98])首次提出的。如果消息仅仅说明为 A→B:{A,K_s}K_{as},这意味着 B 欲解密或检查加密的内容,如果 B 没有持有 K_{as} 或其逆的话,CAPSL 将记录一个错误。

· 行为。消息之前和之后都是均分的行为。一个均分行为形如 X→{Y}K,既对 X 赋值,也可为一个比较测试;这取决于行为主体是否已持有 X 的值。比较的语义是,如果比较测试失败,进程将不进行任何进一步的状态迁移。

· 交错断言。断言除了可用作假设和目标,还出现在消息链内,如消息间的行为。消息链中的一个断言的前缀为 ASSUME 或 PROVE。

目前不存在特别的认证逻辑中消息初始化的支持。GNY 逻辑独有的允许消息中的术语与消息扩展说明相联([GONY90])。

在 CAPSL 中,除了它引入一个父协议以混合变量声明外,子协议是由一个常规的协议说明声明的。如果需要父协议,将通过名字 name 来唤醒子协议,使用结构 INCLUDE name。

协议有条件的选择在消息链内的完成是通过将 INCLUDE 放入一个 IF-THEN 中:

IF test THEN INCLUDE subprot 1 ELSE INCLUDE subport 2 ENDIF

(3)安全协议分析语言(CPAL)

在对协议形式化分析前首先要做的是研发适合描述安全协议中主体行为的语言。CPAL 包含与一些特别的表达协议的伪代码类似的结构。所以,主体在协议中主要的行为是消息的发送和接收操作,其次是消息的加、解密操作。如果一个主体拥有一个加密消息和适当的密钥,那么它可获取消息内容。有时,一个主体并不拥有一个加密消息的解密密钥,它只负责将此加密消息转发给适当的另一个主体,这有可能导致关于消息源识别和判定加密消息内容的拥有者的混乱。如:

S→A:{na,B,K_{ab},{K_{ab},A}K_{bs}}K_{as}

上式包含一个加密部分{K_{ab},A}K_{bs}如果不考虑整个协议,很难识别{K_{ab},AK_{bs}是由 S 加密的,还是由其他主体在协议早些时候发送给 S 的。在这种情况下名称约定可解决二义性。由于 K 的后缀表示共享此密钥的主体,因此一个用 K_{bs} 加密的消息只能源自主体 B 或主体 S,而 B 接收的消息$\{K_{ab},A\}K_{bs}$源自 S,那么 B 确信只有 S 可对消息进行加密。上述的推理忽略了这样一个事实:加密消息可能被转发了任意次,并且有可能始发于 B 自身。

在安全协议中,有三种基本的行为集合:

1)发送与接收消息。

2)连接消息和从连接中获取消息。

3)加密、解密消息。

2.4.2　安全协议分析的形式化方法

1. fail-stop 协议

在一个分布式的环境中,安全性取决于认证协议和安全通信协议之类的安全协议的使用。如前面诸章节所言,即使协议所基于的密码体制是安全的,协议也可能失败,并且其缺陷十分微妙且不易被发现。事实上,协议安全问题是不可确定的,即对于任何一个已知的协议分析器,总存在它所不能确定的安全性问题。这说明现存的协议形式化分析工具是有其局限性的。

基于代数和状态迁移协议模型的自动或半自动方法是相当复杂的,这使得它们不易于应用。这些方法的目的在于发现协议的漏洞,而不是证明协议的安全。因此,如果用这样的工具没有发现协议的漏洞,并不意味着协议是安全的。

基于模态逻辑的方法,相比之下似乎更确定些。它通过推论协议的某些目标是可达的来证明协议的安全性。然而,这样的方法往往基于一些假设,而有些假设是不客观的。一个最为困难的假设是秘密性假设,即在协议的一个执行过程中,一个秘密是保密的。从模态逻辑的角度而言此秘密性假设是矛盾的,因此一个秘密是否是保密的关键取决于协议是否安全。因此,秘密性假设不能用于推导出协议的秘密性,除非一个独立于逻辑的机制可证明此假设的合法性。BAN 及 BAN 类逻辑都没能解决这一难题。

基于上述考虑,Gong&Synersion 中提出了一个 fail-stop 协议的概念,其含义为:当遭遇任何干扰协议正常执行的主动攻击时,将在任何结果出现之前完全停止。它可以使协议设计更加容易,并为一些有效的协议分析方法提供一个更为坚实的基础。

当设计好的协议执行路径中存在任何衍化,fail-stop 协议将自动停止。被动攻击与积极攻击的效果的唯一不同之处是后者可造成协议执行的早期停止,因此,只需要分析被动攻击的效果,并且可以更早地得出秘密性假设是否满足的结论。一个显著的结论是,如果可以证明协议的秘密性假设是成立的,使用 BAN 及 BAN 类逻辑方法的协议分析将更为可信。从另一个角度而言,安全协议的设计应当使其安全性的证明要相对容易。

总而言之,目前许多的安全协议分析集中于扩展和加强现有的方法使之能够分析更为复杂和未预期的攻击。然而,与其对已设计的协议的安全性进行不确定的分析,不如在协议的设计阶段增加相应的限制,使之具有良好结构的协议,从而更易于现有形式化方法的分析。

一个分布式的系统可视为一些空间上分离的进程的集合,它们通过交换消息来进行通信。一个协议则是对所交换的消息的格式与相应时间的一个说明。安全协议则是使用密码体制,如加密算法和解密算法,来保证消息的完整性、秘密性、源发性、目的性、顺序性、时间性以及最终意义性。协议是按步及轮执行的。

使用 Lamport 的因果定义,我们可将协议消息组织为一个非循环的有向图,表示了消息及其顺序。在一个 fail-stop 协议中，如果一个消息的实际发送在任何方式上都与协议说明不一致，那么此消息后路径里的消息都不发送。

定义（fail-stop 协议）：一个协议是 fail-stop 的，如果任何干扰协议某步的一个消息发送的攻击将导致此消息后的所有消息不被发送。

为方便起见，称此类消息为 fail-stop 消息。

断言：主动攻击不能导致 fail-stop 协议运行中的秘密的泄露。

由于主动攻击可导致一个 fail-stop 协议的停止，因此在一个 fail-stop 协议中，使用被动窃听的被动攻击者可获取更多的秘密信息。因此，我们只需要考虑这样的被动攻击，攻击者记录消息并试图从中计算出秘密。这样的被动攻击较主动攻击更易于理解。

一个合法用户可使用一个造成另一方基于其所知道的、选择的或可识别的明文来生成密文的协议，从而构造一个攻击。例如，在一个三方协议中，攻击者可通过合法地发起协议来造成无数个密文从一方发往另一方。这些消息对于基于密—明文对的密钥破解是有用的。fail-stop 协议只能阻止由协议意定执行中衍化的消息生成，而不能阻止基于协议适当执行的攻击。

fail-stop 协议证明方法分为以下三步：

phase 1 验证协议的 fail-stop 性。

phase 2 验证秘密性假设。

phase 3 应用 BAN 类逻辑。

（1）实用 fail-stop 协议

证明一个协议的 fail-stop 性的一种方法是证明协议与一个已知的 fail-stop 协议的说明是一致的。因此，我们首先给出 fail-stop 协议的最简单的一种说明。在此类协议中，假设只使用对称密码体制，并且每个通信进程共享一个秘密的加密密钥。

断言：一个协议是 fail-stop 的，如果：

1）每个消息的内容有一个头，包括消息的发送者标识、接收者标识、协议标识、消息自身版本号、消息序列号以及一个新鲜性标识。

2）每个消息用它的发送者与意定接收者间共享的密钥加密。

3）一个诚实进程遵从协议并忽略所有非意定的消息。

4）当一个期望的消息在规定的时间内没有到达，进程将停止任何协议的运行。

这里新鲜性标识可为时戳，或由意定接收者发送的随机数。一般而言，如果 x 被视为新鲜的，而 y 在不知道 x 的情况下是不能够计算出来的，那么 y 也被视为是新鲜的。由断言 2.2，我们注意到消息头唯一地识别了消息的身份（如，在哪一个协议的执行中以及执行的哪一个消息）。而且，由于消息是用发送者与接收者间共享的密钥加密的，任何人在没有获知密钥的情况下，是不可能对消息进行不可觉察的修改。特别地，通过对头信息用密码算法进行适当的加密，可确保消息头提供了足够的冗余，因此任何对消息的修改将极易被发现。我们假设这种正确的加密可被独立验证。

下面给出一个满足断言的一个 fail-stop 协议例子。然而，它仍存在可为 BAN 类逻辑发现的设计缺陷，如下所示：

$S \rightarrow A: \{S, A, T_s, P, N, k, B\} K_{as}$

$S \rightarrow B: \{S, B, T_s, P, N+1, k\} K_{bs}$

此协议显然满足上述断言，因此协议是 fail-stop 的。然而，第二条消息与第一条消息的不同在于其所包含的会话密钥没有明确地与一个主体标识相关联，因此，B 在接收到消息 2 后将不知道它将与谁共享密钥 k。

这里，我们假设发送者的私钥和接收者的公钥不能相互抵消，并因此泄露明文。当发送者和接收者为同一个主体时，我们假设消息通过它的局部线路发送而不泄露在外。将上述两种情况合成起来以构造一个使用两种密码体制的 fail-stop 协议是不困难的。

许多公布的协议不具有 fail-stop 性，一个原因是许多设计者试图更为节俭，如在协议中传递明文，而这往往成为攻击的目标。

（2）秘密性假设的有效验证

在 BAN 类逻辑中，秘密性假设是指一个数据项仅为一个群体所知。由于主动攻击将停止一个 fail-stop 协议，一个攻击者最好是等待协议执行完毕，从而可以尽可能多地收集消息。因此，为验证主体不能通过一个可记录协议执行中所有交换消息来获知一个数据项，可通过确定是否任何主体通过处理上述消息而可获知一个特定的数据项来完成。给定一个攻击者已拥有的公式集，拥有规则可用于衍生为攻击者所拥有的所有公式。拥有规则如下所述：

1）拥有一个公式意味着拥有包含在公式中的每一个子公式。

2）拥有一个公式所有的子公式意味着拥有此公式。

3）拥有一个数据项意味着拥有此数据项的一个函数，其中函数是计算可行的。

4）拥有一个公式和一个加密算法意味着拥有用密钥加密的公式。

5）拥有一个加密公式和一个适当的加密密钥意味着拥有解密后的公式。

（3）应用 BAN 类逻辑

fail-stop 协议证明方法的最后一步是应用 BAN 类逻辑。正如我们在第一节中所言，fail-stop 协议仍具有可为 BAN 类逻辑发现的一些缺陷。fail-stop 协议自动满足 BAN 类逻辑的一些秘密性假设，但不满足 BAN 类逻辑所必需的关键性假设——所有秘密在协议执行中是保密的。因此，需要用证明方法中的 phase2 来验证秘密性假设。为此，将秘密分为两类。第一类包括加密消息的并不作为消息内容发送的密钥。第二类包括在消息内容中发送的密钥，这是我们秘密性假设验证步骤中所处理的秘密。

（4）复杂协议

在分布式系统中的安全协议常常彼此之间有直接的或间接的交互作用。例如，一个复杂协议可使用简单协议作为构建的模块，在这种情况下，我们可将复杂协议的分析归约为对其独立的模块的分析。一般地，协议的设计与执行，其安全性的分析都是与其他协议相互独立的。因此，另一个重要的问题是一个协议安全条件的破坏是否会导致其他协议安全性的破坏。

定义：可扩展的 fail-stop 协议。

已知一个协议，如果在协议中一个消息其后没有因果消息，则称其为"last"消息。一个协议是一个可扩展的 fail-stop 协议，如果在协议中增加任何 last 消息将生成一个 fail-stop 协议。

一个协议可包含多个 last 消息，如果协议中的任何消息都不为其后的因果消息。

断言：扩展 fail-stop 协议的顺序或并行的合成仍具有扩展 fail-stop 性。

当合成一个协议时，所有被合成的协议的假设条件都必须被满足。如果一些假设相互矛盾，那么协议的合成是没有意义的，因为合成的协议是不安全的。考虑以下两个方面。其一，任何置于一个 fail-stop 协议中的任何消息之前的消息将被协议忽略或造成协议停止，因此结果仍是一个 fail-stop 协议。其二，假设一个循序的合成部分或一个扩展的 fail-stop 协议 P1 的所有部分在一个扩展 fail-stop 协议 P2 的最后一个消息之后,将生成一个非 fail-stop 协议。

如果所有的独立协议或协议模块是扩展的 fail-stop 协议,那么对整个复杂协议的分析可基于对每个子协议的分析之上。此类顺序或并行的协议合成,安全性的分析忽略消息的顺序交错。然而,BAN 类逻辑对协议正确性的分析将取决于一个特定的交错顺序,在这种情况下,全局顺序应当为整个协议说明的一部分。

2. 简单逻辑

许多提出的逻辑侧重于安全协议的形式化验证,而不考虑安全协议的设计。Buttyan & Staamann 提出了一种可作为认证协议第一设计工具的相当抽象的逻辑,可以极抽象地推证认证协议,称为简单逻辑,它清楚、简单且易于使用,并反映认证协议的所有重要方面。基于所提出逻辑的逻辑结构,Buttyan & Staamann 给出了合成规则集,使设计者可用于构造其想要的协议。为此,设计者首先必须确定协议的目标,并用逻辑语言进行描述。之后,通过使用给出的合成规则,设计者可生成整个协议并以系统方式生成所需要的假设。

(1)模型

简单逻辑认为一个分布式系统由主体和信道组成。主体参照为完成一个任务的预定义协议的规则来进行彼此的交互。交互基于通过信道传递的消息。一个信道是具有某种访问特性的通信设施的一个抽象。信道可表示一个物理链接,或主体间的安全密码逻辑连接。信道的这种抽象特征可使设计者在设计与分析协议时不必考虑协议具体执行时的问题及复杂性。

一个信道由它的阅读器和记录器(如可通过信道接收消息的主体集和可通过信道发送消息的主体集)来描述。信道 C 的阅读器集和记录器集分别记为 r(C) 和 w(C)。我们以下面的例子来加以描述。

考虑共享秘密 K,且已知一个对称密钥算法 A 的两个主体 P 和 Q。已知算法 A 和密钥 K,P 和 Q 可通过 C 秘密交换消息。系统中的其他主体不知此消息。我们称,在 P 和 Q 之间存在一个信道 C,有 r(C) = w(C) = {P,Q}(如只有 P 和 Q 可通过 C 发送和接收消息)。

为使用一个信道,主体需要关于如何读写信道的信息,分别记为 C^r 和 C^w。我们称主体 P 是信道 C 的一个阅读器,记为 P∈r(C),当且仅当 P 拥有 C。类似地,P 是信道 C 的一个记录器,记为 P∈w(C),当且仅当 P 拥有 C^w。在上面的这个例子中,$C^r = C^w = (K,A)$(共享密钥和加密算法足以保证 P 和 Q 进行秘密通信)。

我们假设一个主体总可以发现在任何信道中可读的一个消息。更为精确的假设是,如果一个消息位于一个可读信道,那么主体发现消息的到来并可确定消息所到达的信道。同时还假设主体可识别其自己的消息并忽略掉它们。通过在消息加密足够的冗余和使用密钥标识,信道在实际运行中可以支持前述的假设。下面,我们给出几个信道的实例:

1)公共信道。C 是一个公共信道当且仅当系统中的任何主体都可读写它(r(C) = w(C) = Ω,其中 Ω 是所有主体集)。

2)认证信道。C 是一个认证信道当且仅当任何主体可读它,但只有一个主体 P 可写它。认证信道通过使用数字签名来执行。

3)秘密信道。C 是一个秘密信道当且仅当任何主体可写它,但只有一个主体可读它。秘密信道可通过使用 P 的公钥来建立。

4)专用信道。C 是一个专用信道当且仅当主体 P 可读它,主体 Q 可写它。专用信道可通过结合认证信道和秘密信道来构造。

5）封闭群信道。C是一个封闭群信道当且仅当一个主体集可写它，并且同样的主体集可读它。封闭群信道可通过使用对称密钥加密和将密钥分配给主体集来实现。如果主体集的规模为2，那么我们称之为传统秘密信道。

6）传统秘密信道。C是一个传统秘密信道当且仅当它只可为两个主体 P 和 Q 所用。

（2）简单逻辑

简单逻辑是一个可用于推证认证协议的多类模态逻辑，它模拟了主体的行为以及前面所述的系统中信道，包括语言和推理规则。语言用于描述假设、事件以及协议目标。推理规则用于生成系统的新语句。

简单逻辑的主体优点是它可在认证协议的设计进程中使用。为此，Buttyan&Staamann 构造了一些基于逻辑推理规则的合成规则，可用于生成协议形式描述以及协议目标的假设。在合成过程中，设计者必须选择最适合已生成的目标与假设的合成规则。为达成一个已知的目标，可能要选择不同的合成规则，这将导致从同一个目标和假设生成不同的协议。通过合成规则的应用，设计者获得新的要达成的目标。某一目标的达成可能仅通过表示它们的语句是真的来实现。其他目标将要求协议消息被发送。如果没有要达成的目标，那么合成过程完成。

之后，使用简单逻辑，协议设计者可以高度抽象地描述和分析协议，而不必考虑执行细节。如果协议在此抽象层面是有效的，那么它们可用它们的执行来替代高层结构。将设计与执行阶段分离可极大地减少认证协议构建的复杂性。

1）语言。在下面的描述中，我们将使用以下注记：P 和 Q 表示主体，C 是一个信道，X 表示消息，C(X) 表示在信道 C 上的消息 X，Φ 表示公式。

基本公式为：

$P \triangleleft C(X)$：P sees C(X)。有主体通过信道 C 发送了消息 X，P 可以看到。如果 P 不能读取信道 C，那么 P 不能识别和理解此消息。

$P \triangleleft X | C$：P sees X via C。P 通过 C 接收消息 X，只有当主体发送了此消息，且 P 可读此信道时才为可能。

$P \triangleleft X$：P sees X。有主体通过 P 可读的信道发送了一个包含 X 的消息。

$\sharp(X)$：X is fresh。X 在当前协议轮之前未被说过。

$P | \sim X$：P once said X。P 在某时发送了一个包含 X 的消息，但不能确定它是何时发送的。

$P || \sim X$：P has recently said X。P 在本轮协议中宣布了 X。

如果 Φ 是一个公式，那么下列表示也是一个公式。

$P | \equiv \Phi$：P believesΦ。P 相信 Φ 为真，并不意味着 Φ 为真。使用常用逻辑操作符可得出一些公式。如果 $\Phi 1$ 和 $\Phi 2$ 是公式，那么下面的式子也是公式：

$$\Phi 1 \wedge \Phi 2; \Phi 1 \vee \wedge \Phi 2; \Phi 1 \rightarrow \Phi 2$$

通过下面几例来证明简单逻辑对信仰的表达能力。

主体 P 相信主体 Q 是一个诚实主体，描述为：

$$P | \equiv ((Q || - \Phi) \rightarrow (Q | \equiv \Phi))$$

这表示主体 P 相信：如果 Q 最近说过中，那么 Q 相信 Φ。简言之，P 相信"Q 仅说它所相信的"。P 不必相信 Q 所说的为真，它仅相信 Q 相信的。然而，P 与 Q 的信仰不完全相同。

关于主体信任条件的公式描述为：

$$P|\equiv((Q|\equiv\Phi)\rightarrow\Phi)$$

这表明主体 P 相信:如果 Q 相信 Φ,那么 Φ 为真。如果将两个公式结合,可得到下面的公式:

$$P|\equiv((Q|\equiv\sim\Phi)\rightarrow\Phi)$$

这表示 P 相信:如果 Q 最近说过中,那么中是真的。简言之,P 相信"Q 所说的为真"。

2)推理规则。

· 看见规则:

如果一个主体 P 通过信道 C 接收了一个消息 X,并且 P 可读此信道,那么 P 识别此消息已达信道 C,并且 P 可看此消息:

$$\frac{P\triangleleft C(X),P\in r(C)}{P|\equiv(P\triangleleft X|C),P\triangleleft X}$$

如果 P 看见一个合成消息(X,Y),那么它同时看见消息的每一部分。

$$A\xleftrightarrow{Kas}S$$

· 解释规则:

如果主体 P 相信信道 C 只可被一个主体集 W 写,那么 P 相信如果它通过 C 收到一个消息,那么集合 W 的某些主体(除 P 以外)说过 X:

$$\frac{P|\equiv(w(C)=W)}{P|\equiv((P\triangleleft X|C)\rightarrow V_{\forall Qi\in W\backslash(P)}(Qi|\sim X))}$$

如果主体 P 相信另一个主体说过合成消息(X,Y),那么它相信 Q 已说过此合成消息的每一部分。

$$\frac{P|\equiv(Q|\sim(X,Y))}{P|\equiv(Q|\sim X),P|\equiv(Q|\sim Y)}$$

· 新鲜性规则:

如果主体 P 相信另一个主体 Q 说过一个消息 X 且 P 相信 X 是新鲜的,那么 P 相信 Q 最近说过 X:

$$\frac{P|\equiv(Q|\sim(X),P|\equiv\#(X)}{P|\equiv(Q||\sim X)}$$

如果主体 P 相信合成消息的一部分 X 是新鲜的,那么它相信整个消息(X,Y)是新鲜的。

$$\frac{P|\equiv\#(X)}{P|\equiv\#(X,Y)}$$

· 合理性规则:

如果主体 P 相信 Φ1 暗含 Φ2,并且 P 相信 Φ1 为真,那么它相信 Φ2 也为真:

$$\frac{P|(\Phi1\rightarrow\Phi2),P|\equiv\Phi1}{P|\equiv\Phi2}$$

3)定理。

定理:如果主体 P 通过信道 C 收到一个消息 X,那么它相信除它以外的某个可写信道 C 的主体说过此消息。

$$\frac{P\triangleleft C(X),P\in r(C),P|\equiv(w(C)=W)}{P|\equiv V_{\forall Qi\in W\backslash(P)}(Qi|\sim X)}$$

定理:如果主体 P 相信另一个主体 Q 是诚实的,并且 P 相信 Q 最近已说过 Φ,那么 P 相信 Q 相信 Φ。

$$\frac{P|\equiv((Q||\sim\Phi)\rightarrow(Q|\equiv\Phi)),P|\equiv(Q||\sim\Phi)}{P|\equiv(Q|\equiv\Phi)}$$

定理:如果主体 P 相信另一个主体 Q 是诚实的且有权,且 P 相信 Q 最近说过 Φ,那么 P 相信 Φ。

$$\frac{P|\equiv(Q||\sim\Phi)\rightarrow\Phi),P|\equiv(Q||\sim\Phi)}{P|\equiv\Phi)}$$

2.5 网络安全协议的形式化分析及设计

2.5.1 安全协议的形式化分析

1. 安全协议形式化分析的研究进展

安全协议的功能是应用密码技术实现网上密钥分配和实体认证。网络环境被视为是不安全的,网络中的攻击者可获取、修改和删除网上信息,并可控制网上用户,因此,安全协议是易受攻击的。而协议形式化分析长期以来被视为分析协议安全性的有效工具。最早提出对安全协议进行形式化分析思想的是 Needham 和 Schroeder,他们提出了为进行共享和公钥认证的认证服务器系统的实现建立安全协议,这些协议引发了安全协议领域的许多重要问题的研究。1981 年 Denning&Sacco 指出了 NS 私钥协议的一个错误,使得人们开始关注安全协议分析这一领域的研究。真正在这一领域首先做出工作的是 Dolev 和 Yao,紧随其后,Dolev,Even 和 Karp 在 20 世纪七八十年代开发了一系列的多项式时间算法,用于对一些协议的安全性进行分析。遗憾的是,可分析的协议太有限,因此在这一方面的工作并未得到进一步的展开。Dolev 和 Yao 所做的工作是十分重要的,它首先提出了多个协议并行执行环境的形式化模型,模型中包括一个可获取、修改和删除信息并可控制系统合法用户的攻击者,模型中的密码算为执行有限代数运算的黑匣子。此后的协议形式化分析模型大多基于此或此模型的变体。如 Interrogat-or、NRL 协议分析器和 Longley-Rig-by 工具。

在此基础上发展起来的大多数形式化分析工具都采用了状态探测技术,即定义一个状态空间,对其探测以确定是否存在一条路径对应于攻击者的一次成功的攻击。有些工具中用到了归纳定理推证技术,如在 NRL 协议分析器中运用此技术证明搜索的空间规模已经可以确保安全性。在形式化分析技术出现的早期阶段,它已成功地发现了协议中不为人工分析所发现的缺陷,如 NRL 协议分析器发现了 Simmons Selective Broadcast 协议的缺陷,Longley-Rig-by 工具发现了 banking 协议的缺陷等。

尽管如此,直到 1989 年,Burrows,Abadi 和 Needham 提出了 BAN 逻辑之后才打破形式化分析技术这一领域的神秘感,并从此逐渐引起人们广泛的关注。BAN 逻辑采用了与状态探测技术完全不同的方法,它是关于主体拥有的知识与信仰以及用于从已有信仰推知新的信仰的推理规则的逻辑。这种逻辑通过对认证协议的运行进行形式化分析,来研究认证双方通过相互发送和接收消息从最初的信仰逐渐发展到协议运行最终要达到的目的——认证双方的最终信仰。BAN 逻辑的规则十分简洁和直观,因此易于使用。BAN 逻辑成功地对 Needham—Schroeder 协议、Kerberos 协议等几个著名的协议进行了分析,找到了其中已知的和未知的漏洞。BAN 逻辑的成功极大地激发了密码研究者对安全协议形式化分析的兴趣,并导致许多安全协议形式化分析方法的产生。

但 BAN 逻辑还有许多不足,于是产生了这样的尴尬局面:当逻辑发现协议中的错误时,每个人都相信那确实是有问题;但当逻辑证明一个协议是安全的时,却没有人敢相信它的正确性。

协议形式化分析技术目前主要有三类。

(1)基于推理的结构性方法

在这类方法中最有代表的是以 BAN 逻辑为代表的基于知识和信任的逻辑方法。1989 年 Burrows,Abadi 和 Needham 提出了 BAN 逻辑,BAN 逻辑是关于主体拥有的知识与信任的逻辑,它通过定义基本的结构和假设来形式化地描述协议,并提供一系列规则对信任进行推理。这种逻辑通过对认证协议的运行进行形式化分析,来研究认证双方通过相互发送和接收消息从最初的信任逐渐发展到协议运行要达到认证双方的最终信任关系。BAN 逻辑精细,规则简洁、直观,易于使用。BAN 逻辑也曾成功地发现了一些著名协议(如,Needham-Schroeder,Kerberos,安全 RPC 握手协议、CCITT 的 X.509 协议等)中存在的缺陷。然而,BAN 逻辑本身也存在很多缺陷,如:BAN 逻辑仅适用于认证协议;缺乏形式化方法来验证协议理想化的有效性和正确性;缺乏精确定义的语义;无法检查出并行攻击等等。为了拓宽 BAN 逻辑的应用范围,使之能够适用于多种安全协议的分析,人们通过在 BAN 逻辑中加入一些新的结构和谓词扩展 BAN 逻辑(如,GNY 逻辑,AT 逻辑,SVO 逻辑等)统称为 BAN 类逻辑。BAN 类逻辑抽象性较高,它所捕获的一些协议缺陷有的并未被人们所理解;而且,协议的理想化过程是非形式化的,无法验证理想化的正确性;一旦 BAN 类逻辑推出协议错误,仍需要采用其他协议分析工具来指出相应的攻击,并验证协议的假设集。

(2)基于攻击结构性方法

这类方法中最有代表的是 Model Checking 技术。模型检测是基于 Dolev-Yao 模型开发的有限状态机系统,它通过穷尽搜索来在一个小系统(有限状态系统)中发现协议的缺陷。目前已开发了一系列有效的模型检测工具,并取得了实际分析效果。如,Lowe,Roscoe,Schneider 等开发的模型检测工具 FDR;Mitchell 和 Stern 使用模型检测工具(通用状态计数工具)对 Needham-Schroeder 公钥协议、TMN 和 Kerberos 等协议进行了分析;Meadows 和 Syverson 用 NRL 协议分析器发现了 Simmons Selective Broadcast 协议的缺陷;我们自己在研究中也利用 Spin 模型检测工具和利用卡内基·梅隆大学研制的符号模型检测工具 SMV 对一些安全协议进行了分析,也能发现协议的安全漏洞。

模型检测普遍存在着状态组合爆炸问题,表现为状态空间远远超过了计算机的存储能力,导致性能下降或死机。这限制了该方法的应用范围,同时也引发了一系列对状态简化技术的研究。

(3)基于证明的结构性方法

证明的结构性方法将重点放在明确区分主体的可信度上,以及它们在协议中所扮演的角色、信仰、控制结构、增强排序约束、使用临时特征表示认证属性等,并运用强有力的不变式技术和攻击者知识公理,且可自动实现。基于证明的结构性方法基于 Dolev-Yao 模型发展证明正确性理论,采用归纳的方法来归纳定义协议的有效轨迹,并归纳证明协议必须满足的安全定理。典型的代表有剑桥大学的定理证明器 Isabelle,Paulson 的归纳方法、Schneider 的秩函数方法、以及 1998 年 Thayer、Herzog 和 Guttman 提出的一种较新的定理证明方法,它采用串(strands)、丛(bundles)和前序关系(包括因果关系和连接关系)来画出协议主体的动作序列及消息交换图,并表示出协议需满足的安全特性及入侵者的攻击。

安全协议形式化分析技术可使协议设计者通过系统分析将注意力集中于接口、系统环境的假设、在不同条件下系统的状态、条件不满足时出现的情况以及系统不变的属性，并通过系统验证，提供协议必要的安全保证。通俗地讲，安全协议的形式化分析是采用一种正规的、标准的方法对协议进行分析，以检查协议是否满足其安全目标。

因此，安全协议的形式化分析有助于：

1）界定安全协议的边界，即协议系统与其运行环境的界面。

2）更准确地描述安全协议的行为。

3）更准确地定义安全协议的特性。

4）证明安全协议满足其说明，以及证明安全协议在什么条件下不能满足其说明。

2. 安全协议形式化分析的方法

采用形式化分析方法进行安全性分析的基本方法通常可以分为 4 类。

（1）逻辑分析方法

逻辑分析方法是迄今为止使用最为广泛的方法，它基于信仰和知识对协议进行安全性研究。BAN 逻辑是它的典型代表，是由 Burrows、Abadi 和 Needham 提出的一个基于信仰的形式逻辑模型。该逻辑假设认证是完整性（integrity）和新鲜性（freshness）的一个函数。通过对认证协议的运行进行形式分析，来研究认证双方通过相互接收和发送消息从最初的信仰逐渐发展到协议运行最终要达到的目的——认证双方的最终信仰。

BAN 逻辑成功地对 Needham—Schroeder、Kerberos 等几个著名的协议进行了分析，找到了其中已知的和未知的漏洞，显示了 BAN 逻辑的有效性，激发了人们对安全协议形式分析的兴趣，并导致许多安全协议形式分析方法的产生，无疑 BAN 逻辑是"安全协议形式分析之父"。

后来，人们在应用 BAN 逻辑分析安全协议时，发现了 BAN 逻辑本身存在这样或那样的缺陷，于是许多文献对 BAN 逻辑进行了某些必要的改进或扩展，这些大量的扩展和改进的 BAN 逻辑称为 BAN 类逻辑（BAN-like logic）。

（2）模型检测方法

模型检测方法是一种验证有限状态系统的自动化分析工具，它采用非专门的说明语言和验证工具来对协议建立模型并加以验证。

最早尝试这种方法的是 Dolev 和 Yao，但有很大的局限性。较为成功的研究是 1996 年 Lowe 首先使用通信的顺序进程语言 CSP 和模型检测工具故障偏差检测仪 FDR 对安全协议进行了分析，并成功地找到对 Needham。Schroeder 协议的一个以前未发现的攻击。后来又有越来越多的学者投入到这一研究领域。

目前，对于协议分析来说，模型检测已经被证明是一条较为成功的途径，发现了协议许多以前未发现的新的攻击。但仍然存在着许多问题，主要的问题在于：模型检测是用于有限状态系统的分析工具，如何将安全协议说明成有限状态系统，而又没有增加或减少安全协议的安全性这将是一个需要继续研究和探索的核心和关键问题。

（3）定理证明与专家系统的方法

该方法同证明程序的正确性一样，将协议的证明规约到证明一些循环不变式。规约证明的方法既可手动证明，也可自动证明，自动证明可以开发成专家系统。

当然,通过开发专家系统,不仅可以用于自动证明,而且可以对安全协议建立模型并加以验证。采用专家系统来确定协议是否能够达到某个不期望的状态,这一方法能够很好地识别出存在的安全缺陷,但它不能保证安全性。它易于发现协议中是否存在某一已知的缺陷,而不可能发现未知的缺陷。

（4）通用形式分析方法

该类方法尝试运用一些通用的形式方法来说明和分析安全协议。例如,最弱前置谓词（WP）是证明程序正确性的验证工具,将安全协议看成计算机程序,用 WP 说明和验证协议的正确性,然而,证明了正确性不等于证明了安全性。此外,学者们还尝试用 Petri 网来说明和分析安全协议。

3. 基于 BAN 逻辑的安全协议形式化分析

（1）Kerberos 协议分析

Kerberos 协议用于在两个通信实体间建立共享会话密钥,其中的交换过程依赖认证服务器。该协议基于共享密钥的 Needham-Schrosder 协议,仅用时间标签代替新鲜性参数。

不失一般性,为了便于分析,该协议可作如下描述:包含 A 和 B 两个通信实体 K_{as} 和 K_{bs} 为各自的秘密密钥;还包含一个认证服务器 S。S 和 A 各自产生一个时间标签 T_s 和 T_a,并且由 S 生成时间寿命长度 L。因此可用四条消息的前四条消息）描述协议中 A 和 B 间的双向认证。

Message 1. $A \rightarrow S: A, B$

Message 2. $S \rightarrow A: \{T_s, L, K_{ab}, B, \{T_s, L, K_{ab}, A\}K_{bs}\}K_{as}$

Message 3. $A \rightarrow B: \{T_s, L, K_{ab}, A\}K_{bs}, \{A, T_a\}K_{ab}$

Message 4. $B \rightarrow A: \{T_a + 1\}K_{ab}$

该消息交换过程如图 2-1 所示。首先,A 向服务器 S 发送一明文消息表明其希望与 B 通信。服务器于是用一个加密消息作为响应,该加密消息包含一个时间标签、时间寿命值、A 和 B 的临时会话密钥,以及一个仅由 B 能读懂的票据。该票据同样包含时间标签、时间寿命值和临时会话密钥。A 把该票据转发给 B,同时转发一个认证值（一个用临时会话密钥加密的时间标签）。B 首先解密票据,并且检查时间标签和时间寿命值是否正确。如果票据的产生足够新鲜,B 即可使用票据中包含的临时会话密钥解密认证值。如果认证值中的时间标签是新鲜的,B 即可采用会话密钥加密该时间标签并返回给 A。A 通过检查该返回值,确定是否认证 B。一旦两个通信实体相互认证,则其可以在后续的通信过程中采用经过认证的会话密钥。

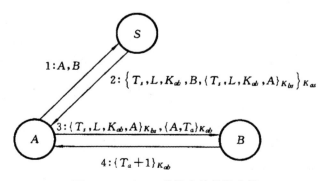

图 2-1　Kerberos 协议中的信息交换

基于 BAN 逻辑模型,可以把协议理想化为下列形式。

Message 2. S→A: $\{T_s, A \xleftrightarrow{K_{ab}} B, \{T_s, A \xleftrightarrow{K_{ab}} B\} k_{bs}\} k_{as}$

Message 3. A→B: $\{T_s, A \xleftrightarrow{K_{ab}} B\} k_{bs}, \{T_a, A \xleftrightarrow{K_{ab}} B\} k_{ab}$ from A

Message 4. B→A: $\{T_a, A \xleftrightarrow{K_{ab}} B\} k_{ab}$ from B

该理想消息相应地描述了 Kerberos 协议。为简单起见,把时间寿命值 L 与时间标签 T,结合起来,作为新鲜性参数处理。其中消息 1 因对于协议的逻辑特性无作用而被省略。

具体协议的消息 2 中包含 K_{ab},用于 A 和 B 间的加密通信。理想消息 2 的描述与之不同,这样的描述用于突出双方都需理解的信息。而且,认证值的理想形式以及消息 4 的理想形式中包含清楚的描述,K_{ab} 为一个良好的会话密钥;而在具体协议中,对于 K_{ab} 这样的描述是含糊的。实际上,可以在消息 4 中加上 B believes A believes A $\xleftrightarrow{K_{ab}}$ B,其余消息之所以没有加上这一信息,是因为加上该项对于后续通信过程中采用会话密钥意义不大。

协议中消息 3 的后半部分以及消息 4 也可能会存在一些混淆。在理想协议中,通过清楚地描述消息发起者而避免这样的混淆。在具体协议中,消息 3 和消息 4 中都提及 A,因此 Kerberos 协议在这方面略显冗余。

至此,可以得出与理想协议相应的具体协议,并因此可以考虑组成理想协议的指导策略。

为了分析该协议,首先作如下假设:

①A believes A $\xleftrightarrow{K_{as}}$ S;②B believes B $\xleftrightarrow{K_{bs}}$ S;

③S believes A $\xleftrightarrow{K_{as}}$ S;④S believes B $\xleftrightarrow{K_{as}}$ S;

⑤S believes A $\xleftrightarrow{K_{ab}}$ B;⑥B believes(S controls A $\xleftrightarrow{K}$ B);

⑦A believes(S controls A $\xleftrightarrow{K}$ B);⑧B believes fresh(T_s);

⑨B believes fresh(T_s);⑩B believes fresh(T_a)。

前四个假设都是关于客户和服务器间共享密钥的。假设⑤预示着服务器在初始时就知道与 A 和 B 通信的密钥。假设⑥和⑦预示着一个信任,A 和 B 将由服务器产生一个良好的加密密钥。最后三个假设揭示了 A 和 B 相信在其他地方产生的时间标签是新鲜的,这意味着该协议非常依赖于同步时钟。

下面将从假设出发,应用 BAN 逻辑规则分析理想化的 Kerberos 协议,该分析过程直截了当。考虑到简洁性,分析过程仅对消息 2 给出对于机器辅助证明所必须的式化细节,并且省略后续过程中相似的细节。证明的主要步骤如下。

A 收到消息 2,右注解规则生成

$$A \text{ sees} \{T_s, (A \xleftrightarrow{K_{ab}} B), \{T_s, A \xleftrightarrow{K_{ab}} B\}_{kbs}\} k_{as}$$

并且在后续过程中保持这一结果。

由于有前提假设 A believes A $\xleftrightarrow{K_{as}}$ S 应用消息意义规则,可得

$$A \text{ believes S said}(T_s, A \xleftrightarrow{K_{ab}} B), \{T_s, A \xleftrightarrow{K_{ab}} B\} k_{bs}$$

因而可知

$$A \text{ believes S said}(T_s, A \xleftrightarrow{K_{ab}} B)$$

而且，依据假设 A believes fresh(T$_s$)，应用新鲜性参数验证规则，可得

$$A \text{ believes } S \text{ believes}(T_s, A \xleftrightarrow{K_{ab}} B)$$

因而可知

$$A \text{ believes } S \text{ believes } A \xleftrightarrow{K_{ab}} B$$

然后，用 K 作为 K 曲的一个实例代入假设条件，可得

$$A \text{ believes } S \text{ controls } A \xleftrightarrow{K} B$$

可导出具体结果

$$A \text{ believes } S \text{ controls } A \xleftrightarrow{K_{ab}} B$$

最后，应用控制权规则，可得

$$A \text{ believes } A \xleftrightarrow{K_{ab}} B$$

从而得出对于消息 2 的分析结果。

　　A 把票据传递给 B，同时包含时间标签。刚开始，B 仅能解密票据，得

$$B \text{ believes } A \xleftrightarrow{K_{ab}} B$$

在逻辑上，该结果可通过应用消息意义规则、新鲜性参数验证规则、控制权规则，按消息 2 同样的分析得到。

　　通过新密钥的信息使得 B 能够解密消息 3 中的其余部分。依据消息意义规则和新鲜性参数验证规则，可导出

$$B \text{ believes } A \text{ believes } A \xleftrightarrow{K_{ab}} B$$

　　消息 4 确保 A 相信：B 信任会话密钥并且已经收到 A 的最后一条消息。通过对消息 4 应用消息意义规则和新鲜性参数验证规则，可导出下列结果：

$$A \text{ believes } A \xleftrightarrow{K_{ab}} B \qquad B \text{ believes } A \xleftrightarrow{K_{ab}} B$$

$$A \text{ believes } B \text{ believes } A \xleftrightarrow{K_{ab}} B \quad B \text{ believes } A \text{ believes } A \xleftrightarrow{K_{ab}} B$$

如果仅依据前三条消息，则不能得到 A believes B believes A $\xleftrightarrow{K_{ab}}$ B。因为，由前三条消息组成的协议并不能使 A 确信 B 的存在。

　　虽然上述结果与 Needham-Schrosder 协议的结果相似，但是 Kerberos 协议需要假设通信实体的时钟与服务器的时钟同步。时钟同步可通过应用一个安全时间服务器在数分钟内建立，并且能够检测在该段时间内的回应。然而，在实际的应用中通常不包含这一时钟，因此 Kerberos 协议仅能提供相对较弱的保证。

　　一个较特殊(但代价昂贵)的情况为服务器 S 在消息 2 中对票据进行了双重加密。从上述的形式化分析中可知，这并不影响协议的特性，因为 A 随后立即向 B 车发该票据，并且没有进一步作加密处理。所以，可在 Kerberos 协议今后的版本中删去这一不必要的双重加密。

　　(2)CCITT X.509 认证协议分析

　　CCITT X.509 认证协议包含一组三个协议，分别包含一条至三条消息。该协议用于在两个通信实体间的签名和安全通信，其中假设每一个实体都知道对方的公开密钥。不失一般性，本节以三消息协议进行分析。两消息协议和一消息协议分别是三消息协议删去最后一条和两条消息

而得。

该协议存在两个安全缺陷,其中的任一缺陷都可能被攻击者利用,下面的分析将揭示这一点。对该协议的形式化分析通过对该协议的理想形式展开,并由此推导出最终结果。CCITT X.509 认证协议如图 2-2 所示。

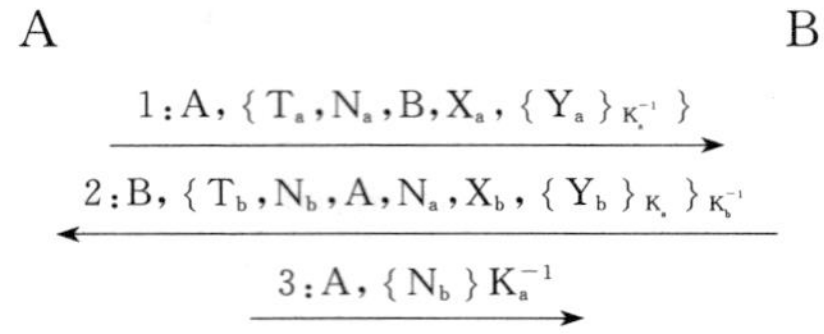

$$1: A, \{T_a, N_a, B, X_a, \{Y_a\}_{K_b^{-1}}\}$$
$$2: B, \{T_b, N_b, A, N_a, X_b, \{Y_b\}_{K_a}\}_{K_b^{-1}}$$
$$3: A, \{N_b\}_{K_a^{-1}}$$

图 2-2 X.509 认证协议

其中,

Message 1. $A \rightarrow B: A, \{T_a, N_a, B, X_a, \{Y_a\}_{k_b}\}_{k_a^{-1}}$

Message 2. $B \rightarrow A: \{T_b, N_b, A, X_b, \{Y_b\}_{k_a}\}_{k_b^{-1}}$

Message 3. $A \rightarrow B: A, \{N_b\}_{k_a^{-1}}$

T_a 和 T_b 为时间标签,N_a 和 N_b 为新鲜性参数,X_a,Y_a,X_b,Y_b 为用户数据。该协议保证 X_a 和 X_b 的完整性,以确保接收方收到原始的信息;同时该协议保证了 Y_a 和 Y_b 的机密性。

该协议的理想形式可描述如下:

Message 1. $A \rightarrow B: \{T_a, N_a, B, X_a, \{Y_a\}_{k_b}\}_{k_a^{-1}}$

Message 2. $B \rightarrow A: \{T_b, N_b, A, X_b, \{Y_b\}_{k_a}\}_{k_b^{-1}}$

Message 3. $A \rightarrow B: \{N_b\}_{k_a^{-1}}$

其中,时间标签 T_a 和 T_b 也可作为新鲜性参数。

假设每一通信实体都知道自己的私钥和对方的公钥,并且相信其自己的新鲜性参数和对方的时间标签都是新鲜的。

A believes $\xrightarrow{K_a}$ A,   B believes $\xrightarrow{K_b}$ B

A believes $\xrightarrow{K_a}$ B,   B believes $\xrightarrow{K_b}$ A

A believes fresh(N_a),   B believes fresh(N_b)

A believes fresh(T_b),   B believes fresh(T_a)

由此可推导出如下结果:

A believes B believes X_b,B believes A believes X_a

这一结果比起该协议作者所期望的结果要弱一些。特别地,不能推导出虽然 B believes A believes Y_a 和 A believes B believes Y_b。以签名消息的形式进行传输,没有证据能够表明发送者真正意识到其用私钥签名消息中的数据。这一情况符合一种情形,即一些第三方截获该消息并且删去存在的签名而加上其自己的签名,同由此,可推导出如下结果时原样拷贝其他的加密部分。对该协议的最简单修改是首先对机密数据 Y_a 和 Y_b 签名,然后再用公钥进行加密。

消息 2 中存在一些冗余,其中 T_b 和 N_a 都足以保证消息时间新鲜性。该协议的描述表明在三消息协议中对 T_b 的检查是可选的。事实上,省略 T_b 是完全合理的,因为其在两消息协议和三消息协议中都是冗余的。

可惜的是,CCITT X.509 文件中建议三消息协议中的 T_a 不用检查。这是一个严重的问题,因为检查 T_a 是在第一条消息中建立时间新鲜性的唯一机制。从逻辑上讲,如果 T_a 没有得到检查,则不能确认第一条消息的新鲜性,并且只能得到相对较弱的结果 B believes A said X_a,而不是 B believes A believes X_a。

这种困难性可以解释采用第三条消息的目的,该消息用于使 B 确信 A 发起的第一条消息是新鲜的。协议的作者似乎希望通过采用 N_b 把第三条消息和第一条消息联系起来,因为 N_b 可以连接后两条消息并且 N_a 可以连接前两条消息。此处的错误在于,单独依靠 N_b 不能连接后两条消息,这就使得攻击者 C 可以重放 A 以前的旧消息,并以此假冒 A。

下述的具体交换揭示了这一缺陷。攻击者首先联系 B:

$$C \rightarrow B: A, \{T_a, N_a, B, X_a, \{Y_a\}_{kb}\} k_a^{-1}$$

该消息为 A 产生的旧消息。由于 B 在三消息协议中不要求检查时间标签 T_a,因而不能发现重放 A 以前产生的旧消息,则 B 把该消息当做来自 A 而作出响应,并且同时生成一新的新鲜性参数 N_b:

$$B \rightarrow C: B, \{T_b, N_b, A, N_a, X_b, \{Y_b\}_{ka}\} k_b^{-1}$$

至此,攻击者 C 可通过各种手段使 A 向其发起认证连接:

$$A \rightarrow C: A, \{T_a', N_a', C, X_a', \{Y_a'\}_{kc}\} k_a^{-1}$$

于是 C 响应 A,同时提供新鲜性参数 N_b。(因新鲜性参数 N_b 已不是秘密,且无法阻止 C 在协议中采用同样的值与 A 通信。)

$$C \rightarrow A: C, \{T_c, N_b, A, N_a', X_c, \{Y_c\}_{ka}\} k_c^{-1}$$

A 向 C 返回响应,并且签名 C 所需的消息,使 C 能够让 B 确信第一条消息是由 A 最近发送的,并且不是重放旧的消息。因此,使得 C 能够假冒 A:

$$A \rightarrow C: A, \{N_b\} k_a^{-1}$$

对于上述缺陷的一个解决方法是在最后一条消息中包含 B 的名字。由于 B 能保证其自身生成新鲜性参数的唯一性,其可以确信该消息能连接该协议实例。消息 3 的理想形式应能包含消息 1 所传递的信仰,确保 B 相信其时间有效性。

4. 基于串空间模型的安全协议形式化分析

Needham-Schroeder-Lowe 协议由 Gavin Lowe 提出,目的在于改进 Needham Schroeder 公开密钥协议,因为该协议被发现存在安全缺陷。按照 Lowe 的考虑,该协议假设协议中的通信实体能够获得通信对方的公钥。协议描述如下:

1)$A \rightarrow B: \{N_a A\} K_B$

2)$B \rightarrow A: \{N_a N_b B\} K$

3)$A \rightarrow B: \{N_b\} K_B$

该协议的目的在于使两个通信实体能够共享 N_a 和 N_b,而且使每个通信实体与对方关联这两个值,并且使得任何的第三方无法获得这两个值。作为一个实例应用,该协议可通过上下文的交互对两个值进行散列运算,从而生成临时对称会话密钥,以加密后续的会话。该协议与原 Needham-Schroeder 公开密钥协议的不同在于消息 2);在原协议中,消息 2)中不包含 B 的名字。

Lower 在文献中证明了该修改协议的正确性,揭示出任何对于修改协议的攻击都可在协议运行的第二回合中被发现。用 FDR 模型检测器对该修改协议的检测也发现,在一个小系统中不存在任何协议攻击。本节将基于串空间模型,应用不同的证明途径来分析该协议。

首先对证明过程中出现的代数项作如下规定。

- 名字集 $T_{name} \rightarrow T_0$ 类似 A,B 的变量在集合 T_{name} 中取值。

- 映射 $K:T_{name} \rightarrow K_0$ 该映射与每一通信实体的公钥相关联。传统地把 K(A) 写成 K_A 的形式。假设该函数是单射的,如果 $K_A = K_B$,则可得 A=B。只有在映射 K 为单射时,协议才能获得认证目标。

(1)NSL 协议的串空间

定义:一个可以被入侵的串空间为 Σ,如果 Σ 是包含下列三类串的集合,则 ρ 是一个 NSL 空间。

1)入侵者串 $s \in \rho$。

2)发起者串(其迹为 $Init[A,B,N_a,N_b]$)定义为:$\langle +\{N_a A\}K_B, -\{N_a N_b B\}K_A, +\{N_b\}K_B \rangle$,其中 $A,B \in T_{name}$,$N_a,N_b \in T$ 但 $N_a \notin T_{name}$。

3)响应者串(其迹为 $Resp[A,B,N_a,N_b]$)定义为:$\langle -\{N_a A\}K_B, +\{N_a N_b B\}K_A, -\{N_b\}K_B \rangle$,其中 $A,B \in \in T_{name}$,$N_a,N_b \in T$ 但 $N_b \notin T_{name}$。

如果 s 为正常串且其迹为 $Init[A,B,N_a,N_b]$ 或 $Resp[A,B,N_a,N_b]$,则 A 和 B 分别为 s 的发起者和响应者,N_a 和 N_b 分别为发起者的值和响应者的值。目的在于使这些值成为新鲜性参数,并且以文本形式唯一产生于 Σ 中。注意,对于给定的任意 Σ 中的串 s,可以通过其迹的形式唯一地区分为入侵者串、发起者串或响应者串。特别地,给定一个 NSL 空间 Σ,可以很快地读出哪一个串是入侵者串,使得 (Σ,ρ) 唯一确定,因此可以安全地省略 ρ。

(2)协议:响应者的保证

命题 2.1 假设:

1)Σ 为一 NSL 空间,C 为一 bundle,包含一个响应者的串 s,且其迹为 $Resp[A,B,N_a,N_b]$。

2)$K_A^{-1} \notin K_P$。

3)$N_a \neq N_b$ 且 N_0 在 Σ 中唯一产生。

则 C 一定包含一个发起者的串 t,且其迹为 $Init[A,B,N_a,N_b]$。

该命题的证明将基于一系列的引理。在本节的后续部分,将固定 Σ,C,s,A,B,N_a,N_b,以满足命题的前提假设。节点 $\langle s,2 \rangle$ 输出值 $\{N_a N_b B\}K_A$,为简单起见,把该节点写成 n_0,并把该节点的项写成 v_0。节点 $\langle s,2 \rangle$ 收到值 $\{N_b\}K_B$,把该节点写成 n_3,其项为 v_3。在证明过程中将确定两个附加节点 n_1 和 n_2,使得 $n_0 < n_1 < n_2 < n_3$。

引理 2.1 N_b 在 n_0 唯一产生。

证明 根据假设,$N_b \sqsubset v_0$,且节点 n_0 的符号为正。这样,仅需检查 $N_b \neq n'$,其中 n' 为同一串中 n_0 的前节点。由于 $term(n') = \{N_a A\}K_B$,必须检查 $N_a \neq N_a$,该条件由假设可得;同时检查 $N_b \neq A$,该条件由第三条的约定可得。因此引理 2.1 得证。

下面将证明一个主要的引理,该引理建立了由正常串而不是入侵串所采取的重要步骤。

通常,其考虑一个节点集的 $\leqslant$ 最小元。该引理的内容如图 2-3 所示。

引理 2.2 集合 $S=\{n \in C:N_b \sqsubset term(n) \wedge v_0 term(n)\}$ 具有一个 $\leqslant$ 最小元节点 n_2,则节点 n_2 为正常节点,且节点 n_2 的符号为正。

证明 因为 $n_3 \in C$,且 n_3 包含 N_b 但不是 V_0 的子项,S 为一非空集合。因此由引理 2.1 可知,S 至少有一个 $\leqslant$ 最小元节点 n_2。同时由引理 2.2 可知,节点 n_2 的符号为正。

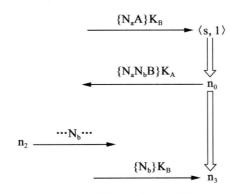

图 2-3　正常节点 n_2：集合 s 的最小元

　　节点 n_2 是否可能位于入侵串 p 上？必须根据 p 的迹的形式，对于正的入侵节点检查各种可能性。

　　M. 该迹 $tr(p)$ 具有形式 $\langle +t \rangle$，其中 $t \in T$；因此必须有 $t = N_b$。在这种情况下，N_b 原生于该串。但这种情况不可能，因为 N_b 原生于节点 n_0。

　　F. 该迹 $tr(p)$ 具有形式 $\langle -g \rangle$，因此缺少正节点。

　　T. 该迹 $tr(p)$ 具有形式 $\langle -g, +g, +g \rangle$，因此正节点不符合最小元含义。

　　C. 该迹 $tr(p)$ 具有形式 $\langle -g, -h, +gh \rangle$，因此正节点不符合最小元含义。

　　K. 该迹 $tr(p)$ 具有形式 $\langle +K_0 \rangle$，其中 $K_0 \in K_p$。但是由于 $N_b \not\subset K_0$，因此该情况不存在。

　　E. 该迹 $tr(p)$ 具有形式 $\langle -K_0, -h, +\{h\}K_0 \rangle$。假设 $N_b \subset \{h\}k_0 \wedge v_0 \not\subset \{h\}k_0$ 由于 $N_b \neq \{h\}k_0$，$N_b \subset h$。而且，$v_0 \not\subset h$，因此正节点不是集合 S 中的最小元。

　　D. 该迹 $tr(p)$ 具有形式 $\langle -K_0^{-1}, -\{h\}k_0, +h \rangle$。如果正节点为集合 S 中的最小元，则 $v_0 \not\subset h$ 但 $v_0 \subset \{h\}k_0$。因此 $h = N_a N_b B$ 及 $K_0 = K_A$。这样，存在节点 m，其项为 $term(m) = K_A^{-1}$。由假设 $K_A^{-1} \not\subset K_P$，应用命题 2.1 的结果可知，K_A^{-1} 原生于一个正常节点。然而，不存在发起者串或响应者串原生 K_A^{-1}。

　　S. 该迹 $tr(p)$ 具有形式 $(-gh, +g, +h)$。假设 $term(n_2) = g$，如果 $term(n_2) = h$，则存在一对称情况，因为 $n_2 \in S, N_b \subset g$ 且 $v_0 \not\subset g$。

　　设 $T = \{m \in C : m < n_2 \wedge gh \subset term(m)\}$。T 中的任意元素都是入侵节点，因为不存在正常节点包含子项 gh，其中 h 包含任意加密子项。

　　T 是非空集合，因为 $\langle p, 1 \rangle \in T$。因此由引理 2.1 可知，T 具有最小元节点 m；由引理 2.2 可知，该节点符号为正。以下考虑节点 m 位于哪类串上。

　　M,F,T,K. 显然集合丁中的最小元不可能处于这些串上。

　　S. 如果 $gh \subset term(m)$，其中 m 为 S 类串 p' 上的一个正节点，则 $gh \subset term(\langle p', 1 \rangle)$，且 $\langle p', 1 \rangle < m$，与 m 为 T 中的最小元相矛盾。

　　E. 如果 $gh \subset term(m)$，其中 m 为 E 类串 p' 上的一个正节点，则 $gh \subset term(\langle p', 2 \rangle)$，且 $\langle p', 2 \rangle < m$，与 m 为 T 中的最小元相矛盾。

　　D. 如果 $gh \subset term(m)$，其中 m 为 D 类串 p' 上的一个正节点，则 $gh[term(\langle p', 2 \rangle)]$，且 $\langle p', 2 \rangle < m$，与 m 为 T 中的最小元相矛盾。

　　C. 假设 $gh \subset term(m)$，其中 m 为 C 类串 p' 上的一个正节点，并且 m 为 T 的最小元。则

gh＝term(m)，且 p′的迹为〈－g，－h，＋gh〉。因此，term(〈p′,1〉)＝term(p′,1)且〈p′,1〉〈n_2，与 n_2 为 S 中的最小元相矛盾。

所以节点 n_2 不可能处于入侵者串中，而一定处于一个正常串中。因此引理得证。

2.5.2　安全协议的形式化设计

本节将介绍基于串空间模型的协议设计方法，并通过基于认证测试方法的安全电子商务交易协议(ATSPECT)来举例说明。协议设计过程围绕认证测试方法展开，协议的验证则基于串空间理论。认证测试方法指明如何随机产生新鲜性参数等值，并指明必须结合加密运算以获得正确的认证，同时保证信息的新鲜性。ATSPECT 协议可以在功能性和安全性保证方面提供与安全电子交易协议(SET)中购买请求、支付授权以及支付获取阶段相类似的结果。

1. ATSPECT 协议的目标

本节所设计的 ATSPECT 协议，其目标为在一个三方协议交换中提供认证和对某些数据的机密性保证。ATSPECT 协议同时必须提供重要的非否认保证。必须指出，本协议的设计不考虑公平性，即不同的协议参与者在协议的不同阶段获得其应有的保证。

（1）协议的参与者

参与者在协议中扮演三个不同的角色，代表性地有客户、商家以及银行或其他金融机构，分别把三者表示为 C，M 和 B。一些数据必须得到三者的共同认可，比如，各自的身份和 C 提供给 M 的订单中的总购买价值等。

其他数据必须在通信双方间共享，同时对第三者保持机密性。比如，购买的商品必须得到 C 和 M 的认可，与 B 无关。C 的信用卡号必须得到 C 和 B 的认可，最好与 M 无关。否则，一旦 M 的系统被入侵，所有客户的信用卡号将被泄露。支付细节，比如，B 对某项交易的折扣作为商业秘密不能泄露给 C。所有的数据必须对三者以外的实体保持机密性。

同样的协议参与者在协议的不同运行过程中可能扮演不同的角色。当不同的商家间进行订购活动时，其交互地扮演角色 C 和 M。银行或信用卡机构在商家订购商品时，其扮演角色 C。

（2）协议的目标

ATSPECT 协议中，参与者的目标可分成以下四种。

机密性：协议交换中传递的所有数据必须保持机密性，并且通信双方间的数据不能泄露给第三者。

认证特性 1：任意参与者 P 必须收到一个保证，保证每一参与者 Q 已经收到 P 的数据并且 Q 接受该数据。

非否认性：每一参与者 P 应当能够向第三方证明其认证特性 1 的保证。

认证特性 2：任意参与者 Q 必须收到一个保证，保证据称来自 P 的数据事实上原生于 P，并且在协议的最近运行中是新鲜的。

2. ATSPECT 协议的设计

在抽象层次上，认证协议的设计很大程度上在于选择认证测试，并且组成满足条件的唯一正常变换边。本节将在检查安全目标的基础上，考虑如何应用认证测试方法实现这些目标。

密码学假设。假设每一个参与者拥有两个公钥-私钥对。在一个公钥-私钥对中，公钥用

于加密,私钥用于解密。在另一个公钥—私钥对中,私钥用于签名,公钥用于验证签名。假设任意参与者的公钥都能可靠地确定,即通过公钥基础设施。一个拥有公开加密密钥 K_p 的参与者,可写作 $\{|t|\}_p$,代替 $\{|t|\}K_p$。假设 K_p 不泄露,只有 P 能够从加密信息中恢复 t。同样,$[t]_p$ 为应用 P 的签名密钥对 t 签名的结果。假设仅有 P 能够由新消息 t 构成 $[t]_p$。

另一个密码学原函数为哈希函数;$h(t)$ 为对消息 t 应用哈希函数的结果。假设不存在参与者能够发现一对值 t_1,t_2,使得 $h(t_1)=h(t_2)$,或者,给定 v,可以发现 t 使得 $h(t)=v$。

（1）负载和机密性

本节并不规定详细的负载描述,然而,允许一个机密性负载原生于参与者 P,其与参与者 Q 进行通信。把该机密性负载写作 $sec_{P,Q}$,并且协议的目标为对其机密性内容提供机密性保护,以防止泄露给 P 和 Q 以外的第三者。

同样允许存在由 P 发出的共享负载 $shared_P$。$shared_P$ 的机密性要求防止泄露给 C、M 和 B 以外的参与者。假设通信方的身份可能从 shared 中恢复,同样其他的关于交易核心数据也可通过函数 $core(shared_P)$ 进行恢复。每一个参与者 P 收到来自 Q 和 R 的共享数据,检查 $core(shared_P)=core(shared_Q)=core(shared_R)$。由于希望采用公钥加密算法实现机密性需求,必须使 P 应用接收者 Q 的公钥 K_Q 加密 $sec_{P,Q}$,以及 $shared_P$ 和可能的其他成分。

（2）两方子协议的设计

为简单起见,把整个三方协议考虑为简单两方子协议的组合。因为认证目标是成对的目标,可简单地对三个参与者进行六种排列组合以获得协议的目标。这样,集中讨论任意参与者对 P,Q。一旦在子协议中对于 P,Q 能够获得认证目标,则可通过组合子协议形成完整的协议。

认证特性 1 的获得。协议的第一个认证目标为前文提到的认证特性 1。P 的数据是指 $sec_{P,Q}$ 和 $shared_P$,这些数据必须用 Q 的公钥加密后进行传输。由入认证测试可知,保证该目标实现的一种方法为准备一个新值 $N_{P,Q}$,与 $\{|sec_{P,Q} \wedge shared_P|\}_Q$ 一起传送 P,Q。

然而,原始消息同样包含一个唯一原生值 $N_{P,Q}$,其用 Q 的公钥加密。如果同样假设 Q 的解密密钥不泄露,则构成一个出测试。只有 Q 能够解密负载而从中提取 $N_{P,Q}$。这并不会产生冗余,其对应于参与者 Q 内部一个有意义的工作流。比如,如果 P=C 且 Q=M,则该出测试的变换边可以在销售部门中运行。销售部门检查客户的订单是否有效,每项单价是否正确,以及清单目录中每一项是否可得。然后把订单传递到账户接收部门。账户接收部门进行哈希运算 $h(sec_{P,Q} \wedge shared_P)$,附加签名,并且运行协议的其余部分。虽然所有这些步骤在商家的信息系统中自动发生,但其是以分布式的方式实现的。解密和签名密钥必须在不同的计算机系统中分开保护,同时各计算机系统由公司内独立的部门进行维护。

非否认性的获得。如果 P 希望保持 Q 在交易中的责任,则 P 可以泄露明文 $N_{P,Q}$、$sec_{P,Q}$、$shared_P$ 等。这保证了 Q 对该交易的正确接收、处理和批准。该证明消息仅依靠假设 Q 的签名密钥不被泄露,并由此得出以该消息形式构成的未经请求测试仅能由 Q 产生。因为 Q 对解密值 $sec_{P,Q}$ 和 $shared_P$ 进行签名,参与者 P 必须泄露交易的内容使得 Q 能够起到负责作用。这一点正是商业中所希望的。

认证特性 2 的获得。为了获得前文提到的认证特性 2,必须扩展协议。特别地,协议产生 2 阶新鲜性节点。

通过扩展协议交换,使 Q 发送唯一的原生值 $N_{Q,P}$。P 对 $N_{P,Q}$、$N_{Q,P}$ 及当前认证消息中的负载哈希值进行签名。Q 知道该签名在 $N_{Q,P}$ 产生之后生成,而且,如果 P 运行正常,则该签名发送

于产生 $N_{P,Q}$ 的通信回合。这样,节点 m_2 对于节点 n_2 是新鲜的,且节点 m_0 对于节点 n_2 是新鲜的。所以,节点 m_0 对于节点 n_2 是 2 阶新鲜的。

Q 也能应用签名部分作为非否认性的根据,并以此向第三方建立认证特性 2 的保证。在此情况下,Q 必须愿意泄露 $sec_{P,Q}$ 和 $shared_P$ 的值。

3. 子协议的区分

以上描述的是 P 和 Q 间的两方协议。有时希望得到一个包含 C、M 和 B 三个实体的三方协议,其中任一实体在与每一个其他实体的通信过程中,连续扮演角色 P 和角色 Q。希望在这些两方协议的交织过程中不破坏这些协议独立运行时所具有的特性。

角色 Q 的过程中,因此具有六种可能性。选择六个独立常数 $c_1, c_2, \cdots, c_6$,分别表示 c.M,c.B 等。这里,不打算用 C,M 和 B 作为特殊实体的名字,而是用常数来表示这三个角色。

同样用常量来区分消息,虽然这样做不是严格必须的,但可以使问题容易理解。在消息 1 中应用 S,表示为了获得机密性;在消息 2 中应用 A,表示为了获得认证特性 1;在消息 3 中应用 R,表示为了新鲜性保证。

每一子协议,包括角色 P 和 Q。把单个的子协议表示为 $ATSPECT_{P,Q}$,把完整的包括所有串的由任意 6 个子协议构成的协议表示为 $ATSPECT^*$。发起者或响应者串的参数为变量 P,Q(表示通信参与实体的身份),$N_{P,Q}$ 和 $N_{Q,P}$(各自的新鲜性参数)以及 $sec_{P,Q}$ 和 $shared_P$(机密和共享负载)。

2.6 几种典型的网络安全协议

2.6.1 RADIUS 协议

1. RADIUS 协议的特点

(1)客户机/服务器模型

RADIUS 协议采用客户机/服务器(Client/server)模型,其中的客户机是一个网络接入服务器 NAS。该 RADIUS 客户机负责将用户信息传递至指定的 RADIUS 服务器,并处理收到的回应。RADIUS 服务器负责接收用户的连接请求,对用户进行认证,并返回相应的配置信息。一个 RADIUS 服务器也可作为其他 RADIUS 服务器或认证服务器的代理客户机运行。

(2)网络安全

客户机和服务器之间的消息处理需要通过一个非网络传输的共享密钥进行认证。此外,为了防止用户口令被窃听,必须对用户口令进行加密传输。

(3)灵活的认证机制

RADIUS 服务器可以支持多种用户认证机制。当提供用户名和用户口令时,可支持包括 PPP PAP、CHAP、UNIX 登录以及其他的认证机制。

(4)协议的可扩展性

协议中的消息由可变长度的"属性－长度－值"三元组组成,因此增加新的属性时无须改变原来的协议,具有很好的扩展性。

2. RADIUS 协议的过程

RADIUS 协议的过程如图 2-4 所示，其中包括授权、认证及计费。

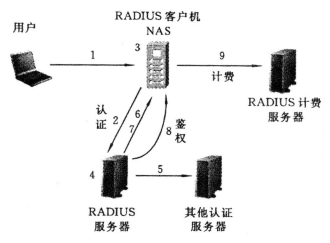

图 2-4　RADIUS 协议的运行

1）当用户登录网络时，用户首先向客户机 NAS 提供认证信息。即通过定制的 Login 提示输入用户名和口令，或通过连接帧协议 PPP 等远程输入用户认证信息。

2）一旦客户机获得用户提供的认证信息，将采用 RADIUS 协议进行认证。首先，由客户机向 RADIUS 服务器发送一接入请求 Access-Request，其中包括用户名、用户口令、客户机的 ID 以及用户访问端口的 ID。其中的用户口令需由 RSA 消息摘要算法 MD5 进行加密。

3）客户机发出 Access-Request 请求后，将启动定时器和计数器。在定时器设置的时间内若无应答信息返回，客户机将重发 Access-Request 请求。当超过计数器设置时，客户机将向网络中其他认证服务器发出 Access-Request 请求。

4）RADIUS 服务器收到 Access-Request 请求后，首先通过预共享密钥验证客户机的合法性。若客户机合法，RADIUS 服务器将检查数据库中用户的记录，验证用户记录的属性是否匹配，其中包括：用户名、用户口令、客户机的 IP 以及客户机的端口。

5）若 RADIUS 服务器设置为代理服务，则将用户请求 Access-Request 转发至其他认证服务器（如其他主机、其他 RADIUS 服务器等）进行认证。

6）如果上述验证条件不满足，RADIUS 服务器将向客户机发出接入拒绝 Accss-Reject 响应。需要的话，可在 Access-Reject 响应中包含可向用户显示的文本消息。客户机收到该响应后，会停止用户连接端口的服务要求，强制用户退出。

7）如果上述验证条件成立，并且 RADIUS 服务器希望用户响应 Challenge/Request 握手验证要求时，RADIUS 服务器会发出接入询问 Access-Challenge 响应。该响应将包含文本消息，以便客户机向用户显示并由用户作出应答；该消息同时也包含状态属性。客户机收到接入询问 Access-Challenge 后，向用户告知文本消息并促使用户作出应答；然后向服务器重传初始 Access-Request 请求，其中包括新的请求 ID、用户的加密应答（替代用户口令）以及 Access-Challenge 中的状态属性。RADIUS 服务器在比较两次请求后，决定发 Access-Accept、Access-Reject 或另一次的 Access-Challenge 作为应答。

8)当所有验证条件和握手会话均成立后,RADIUS 服务器将向客户机返回包含用户配置信息的接入接受 Access-Accept 应答,客户机则根据配置信息确定用户的具体网络访问能力。Access-Accept 应答中包含的服务类型有:SLIP、PPP、Login Use 等。对于 SLIP 和 PPP,相关服务类型的值包括 IP 地址、子网掩码、MTU、压缩算法以及包过滤标志符。

9)所有验证、鉴权完成后,RADIUS 客户机将定期向 RADIUS 计费服务器发送计费信息。

此外,RADIUS 协议还可支持代理和漫游功能。RADIUS 协议通过代理服务器功能实现漫游接入认证。RADIUS 服务器同时兼具代理功能,其作为前端服务器可将来自客户机的认证请求转发给远端服务器,然后把来自远端服务器的应答回送给客户机。每台前端服务器可支持多台远端服务器,同样每台远端服务器也可支持多台前端服务器,消息在传输过程中形成一条服务器链,使得远程接入请求能得到回答。

3. RADIUS 计费协议的工作过程

RADIUS 计费协议由 RFC2866 详细定义,其扩展了 RADIUS 协议的应用,定义了客户机 NAS 与 RADIUS 计费服务器间的计费机制及属性。该协议与 RADIUS 协议相似,采用 Client/Server 模型,考虑了网络安全性,并且具有可扩展性。

用户通过 RADIUS 协议认证、授权后,即可接入网络,获得网络服务功能;同时,RADIUS 计费协议开始运行,用于记录用户连接的各种信息,开始计费过程。当客户机 NAS 采用 RADIUS 计费协议时,客户机在收到 Access-Accept 后,向 RADIUS 计费服务器发出开始计费请求 Accounting-Request(start)即开始计费,服务器返回 Accounting Response 进行确认。用户断开连接时,客户机向 RADIUS 计费服务器发出结束计费请求 Accounting-Request(stop),服务器返回 Accounting-Response 进行确认。RADIUS 计费协议的工作过程如图 2-5 所示。

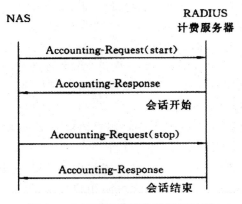

图 2-5　RADIUS 计费协议运行过程

1)用户通过 RADIUS 协议认证、授权后,客户机向计费服务器发出开始计费请求数据包,该数据包包含会话 ID、用户名、服务类型、报文发送时间、计费延迟时间等相关信息。

2)计费服务器收到开始计费请求后,将收到的记录存入一文本文件或数据库中,然后向客户机返回计费响应。

3)当用户断开连接后,客户机向计费服务器发出结束计费请求数据包,该数据包包含用户上网过程中的统计信息,如数据流量、会话时间等。

4)计费服务器收到结束计费请求后,向客户机返回响应,确认用户断开连接。

客户机发出开始计费请求后,若在规定的时间内没有收到计费服务器返回的响应,则在一定时间内继续重发计费请求。客户机也可在主服务器无响应时,向其他的计费服务器转发计费请求。

2.6.2　Kerberos 协议

Kerberos 是一种应用于分布式网络环境,以加密为基础,对用户及网络连接进行认证的增强网络安全的服务。该协议是麻省理工学院(MIT)"雅典娜计划(Project Athena)"的一部分。在已实现的诸多 Kerberos 系统中,开放式软件基金会(OSF)的分布式计算环境(DCE) Kerb-eros 版本事实上已成为网络上应用的一项标准。Kerberos 版本 1 到版本 4 是由两名 Athena 项目组成员 Steve Miller 和 Jerome Sahzer 完成的,其他成员也参与了 Kerberos 的设计。Kerberos 模型部分基于 Needham&Schroeder 的可信第三方认证协议[NS78]以及由 Denning& Sacco 提出的修改协议。

Kerberos 预定使用在无安全措施的工作站、中等安全度的服务器以及高度安全的密钥分配分布式环境中。对于运行于同一机器 A 的两个应用 X 和 Y 来说,Y 仅仅要求 A 给出 X 的用户标识码(ID)。因为 Y 确信本地机器是安全的,如果 A 给出的 X 的用户标识码是 Y 所期待的,则 X 一定是 X。但当 X 运行于机器 B 中时,应用 Y 被迫相信 B 能提供一个正确的回答。遗憾的是,在网络上要 Y 确信 B 是很困难的,因为网络"黑客"十分容易假冒 B,产生假的应答信息。Kerberos 认证系统则不需要这种确信,而且 X 确信 Kerberos 给 Y 足够的信息来认证自己,Y 不再需要确信机器 B 来认证 X。同时,Kerberos 还产生用于 X 和 Y 之间进行保密通信的会话密钥,进一步增强了网络应用的安全。

Kerberos 协议包括两种服务器:一个认证服务器、一个或多个票据分配服务器(TGS)。其认证协议基本结构如图 2-6 所示。

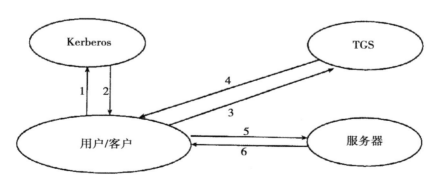

图 2-6　Kerberos 认证协议结构

Kerberos 提供了一种主体验证与标识的方法,它的实现不依赖于主机的操作系统,不依赖于主体地址,以及不依赖于网上所有主机的物理安全。它对所基于的环境的假设为:网上的通信包可被读取、修改以及任意插入。Kerberos 通过一个使用对称密码体制的可信第三方来完成认证。一个基本的 Kerberos 认证过程为:一个客户向认证服务器(AS)发出请求,为一个已知的服务器要求一个证书。AS 将用客户密钥加密的证书作为响应。证书包括一个给服务器的票据和一个临时加密密钥(一般称为会话密钥)。客户将票据(其中包含了客户的标识和会话密钥的拷贝,全部用服务器的密钥加密)发送给服务器。会话密钥(现在为客户和服务器共享)用于认证客户,也可选择地用于服务器的认证。它也可用于加密两个主体间的进一步的通信或用于交换一个用于加密以后通信的独立的子会话密钥。具体步骤描述为:

1)客户请求 Kerberos 认证服务器发给接入 Kerberos TGS 的票据。

2)认证服务器在其数据库中查找客户实体,产生一个会话密钥,Kerberos 使用客户的秘密密钥对此会话密钥进行加密;然后生成一个 TGT(票据分配许可证),此许可证包括客户实体名、地址、TGS 名、时间印记、时限、会话密钥等信息;并用 TGS 的秘密密钥对 TGT 进行加密;认证服务器把这两个加密信息发还给客户。

3)客户将第一个报文解密得到会话密钥,然后生成一个认证单,包括客户实体名、地址及时间印记,并用会话密钥对认证单进行加密。然后,向 TGS 发出请求,申请接入某一目标服务器的票据。此请求包括目标服务名称、收到 Kerberos 发来的加过密的 TGT 以及加密的认证单。

4)TGS 用其秘密密钥对 TGT 进行解密,使用 TGT 中的会话密钥对认证单进行解密。然后将认证单中的信息与 TGT 中信息进行比较。此时,TGS 产生新的会话密钥供客户实体与目标服务器使用,利用客户实体和 TGS 的会话密钥对新的会话密钥加密;将新的会话密钥加入客户提交给该服务器的有效票据之中,票据中还包括客户实体名、网络地址、服务器名、时间印记、时限等,并用目标服务器的秘密密钥将此票据加密;最后将这两个报文提交给客户。

5)客户将接收到的报文解密后,获得与目标服务器共用的会话密钥。这时,客户制作一个新的认证单,并用获得的会话密钥对该认证单进行加密。当请求进入访问目标服务器时,将加密的认证单和从 TGS 收到的票据一并发送给目标服务器。由于此认证单有会话密钥加密的明文信息,从而证明发信人知道该密钥。

6)目标服务器对票据和认证单进行解密检查,包括地址、时间印记、时限等。如果一切都对,服务器则知道了客户实体的身份,并与之共享一个可用于它们之间的秘密通信的加密密钥。

基本协议的执行包括一个或多个在物理安全主体上运行的服务器。认证服务器支持一个主体数据库以及它们的密钥。代码库提供加密和 Kerberos 协议的执行。为在其通信中增加主认证,一个典型的网络应用直接增加一个或两个调用到 Kerberos 库或通过一般安全服务应用程序接口 GSSAPI。调用的结果使得可对传递的消息进行认证。

Kerberos 协议包括几个子协议。一个客户向 Kerberos 服务器请求证书有两种基本的方法。第一种方法,客户向 AS 发送为某一特定服务器请求票据的一个明文请求。请求用客户的密钥加密。第二种方法,客户向 TGS 发送一个请求。客户使用 TGT 来向 TGS 认证其身份。应答用 TGT 中的会话密钥加密。协议说明将 AS 和 TGS 描述为不同的服务器,在实际执行中,它们是一个 Kerberos 服务器内不同的协议入口点。一旦获得,证书可用于验证传输中主体的标识以确保主体间传递的消息的完整性,或消息的秘密性。

为验证传输中主体的标识,客户将票据发送给应用服务器。由于票据是明文发送的且有可能为攻击者所截获或重用,因此同时发送一些附加消息用于证明此消息的确是来自于发布票据的主体。这些消息用会话密钥加密,并包括一个时戳。时戳证明了此消息是最近生成的且不能被重放。加密则证明了此消息是由一个拥有会话密钥的主体生成的。使用会话密钥还可保证主体间所交换的消息的完整性。此方法同时还提供了检测重放攻击和消息流修改攻击。具体做法是生成一个客户消息的摘要,并用会话密钥加密后发送。

上面提到的认证交换要求对 Kerberos 数据库进行只读访问,然而有的时候,当增加新的主体或改变一个主体的密钥时,数据库的入口必须修改。这可通过客户和一个第三方 Kerberos 服务器 KADM 间的协议来完成。

2.6.3　SNMP 协议

SNMP 是由一系列协议和规范组成的,它们提供了一种从网络设备中收集网络管理信息的方法,主要包括管理信息结构 SMI、管理信息库 MIB 和简单网络管理协议 SNMP 3 个部分。

SMI 定义了用于 MIB 中的数据类型以及 MIB 中资源的描述和重命名。它规定所有的 MIB 变量必须用 ASN.1 来定义。

1. SNMP 的网络管理模型

SNMP 的网络管理模型包括 4 个组成部分:管理站、管理代理、管理信息库和管理协议。

(1)管理站

网络管理由管理站完成,它实际上是一台运行特殊管理软件的计算机。管理站运行一个或多个管理进程,它们通过 SNMP 协议在网络上与代理通信,发送命令以及接受应答。该协议允许管理进程查询代理的本地对象的状态,必要时对其进行修改。许多管理站都具有图形用户界面,允许管理者检查网络状态并在需要时采取行动。

(2)管理代理

除了管理站,网络管理系统中的其他活动元素都是管理代理。关键的平台(如主机、路由器、网桥和交换机等)都可能配置了 SNMP,以便管理站进行管理。管理代理对来自管理站的信息查询和动作执行的请求做出响应,同时还可能异步地向管理站提供一些重要的非请求信息。

(3)管理信息库

SNMP 模型的核心是由代理进行管理,由管理站读写的对象集合,也就是管理信息库。大多数实际的网络都采用了多个制造商的设备进行通信,因此这些设备保持的信息必须严格定义。SNMP 详细规定了每种代理应该维护的确切信息以及该信息应该如何进行通信。每个设备都具有一个或多个变量来描述其状态,在 SNMP 文档中,这些变量叫做对象。网络的所有对象都存放在管理信息库中。

(4)网络管理协议

管理站和代理之间是通过 SNMP 网络管理协议连接的,网络管理协议支持管理进程和代理的信息交换,该协议具有以下关键功能:

1)Get:由管理站获取代理的 MIB 对象值。

2)Set:由管理站设置代理的 MIB 对象值。

3)Trap:使代理能够向管理站通告重要的事件。

SNMP 协议的工作机制非常简单,主要通过各种不同类型的消息,即协议数据单元(protocol data unit,PDU)实现网络信息的交换,PDU 表示一类管理操作和与该操作有关的变量名称。SNMPv1 中的 PDU 包括:Get-Request、Get-Next-Request、Set-Request、Get-Response、Trap 5 种。SNMPv2 又增加了 2 种:GetBulkRequest 和 InformRequest。SNMPv3 中没有定义新的 PDU 格式,仍采用 SNMPv1 和 SNMPv2 的 PDU 类型。

具体地讲,GET 功能是通过发送 Get-Request、Get-Response 和 Get-Next-Request 3 种消息来实现的;SET 功能是通过发送 Set-Request 消息来实现的。

管理站通过发送 Get-Request 消息从拥有 SNMP 管理代理的网络设备中获取指定对象的信息,而管理代理用 Get-Response 消息来响应 Get-Request 消息。如系统的描述、系统已运行的时间、系统的网络位置等信息都可以通过这种方式获得。

Get-Next-Request 与 Get-Request 的不同之处在于:Get-Request 是获取一个特定对象,Get-Next-Request 是获取一个表中指定对象的下一个对象。因此,常用它来获取一个表中的所有对象信息。

Set-Request 可以对一个网络设备进行远程参数配置,如设置设备的名称或在管理上关掉某 1 个端口。

Trap 是管理代理发给管理站的非请求消息。这些消息通知管理站发生了特定事件,如端口失败、掉电重启等,管理站可相应地作出处理。

GetBulkRequest 允许管理站有效地检索大量的数据,它特别适合于检索一个表对象的多行内容,InformRequest 则提供了管理站之间的通信能力。

2. SNMPv3 的安全机制

SNMPv3 的体系结构增加了安全功能。它定义了 SNMPv3 引擎,每个 SNMPv3 引擎都包括调度程度、消息处理程序、基于用户的安全模型和基于视图的访问控制模型。其中,安全功能的实现主要是基于用户的安全模型(USM)和基于视图的访问控制模型(VAVM)。

SNMPv3 中 USM 安全机制的最大特点是基于用户,包括用户的用户名、加密密钥和认证密钥,利用这些用户的基本信息形成各种安全措施。用户的加密密钥和认证密钥可以相同,也可以不同。一般来说,对安全最大的威胁不是在破译的环节,而是在机密信息的存储和传输过程中。所以,保护用户的基本信息是 USM 模型安全的保证。但是从对 USM 模型的分析可以发现其存在以下问题。

(1)操作复杂,导致用户单一

SNMPv3 模型的推出时间很长但应用缓慢,消耗过多网络资源是一个原因,但配置 SNMPv3 过程过于复杂也是另外一个重要原因。从 USM 的安全机制可以发现,USM 采用密钥本地化的策略,虽然这样减少了密钥在网络上传播所带来的风险,但同时也要求对每个代理站的初始用户配置必须手动完成,包括用户的认证密钥和加密密钥。如果一个系统较大,有十几个代理,配置用户的工作量会很大。这样导致很多代理只配置了一两个用户,用户的密钥也可能长期得不到更新。和网络上破解传输中的密钥相比,这种方式所带来的风险更大。密钥一旦泄漏出去短期内无法发现,整个路由器系统将完全暴露给远程用户。

(2)用户密钥永不过期

在 USM 协议中没有对用户密钥的使用期限做出限制。因此 USM 用户的密钥是永不过期的。虽然系统建议定期更新密钥,但是如果管理员没有及时对用户的密钥更新,用户的密钥将一直保持不变,系统没有对用户的密钥更新周期提出要求。

(3)没有明确的用户和密钥管理机制

对于 USM 用户的管理,由于考虑到安全的因素,没有明确的用户管理机制。各个用户只是以文件的形式零散地存储在代理端,时间长了会导致用户的混乱。用户管理员也不知道在代理端配置了多少个用户,只能通过查找代理本地的配置文件来统计用户。这样可能造成某些用户和密钥泄漏给外界而管理员并不知道的情况发生,对系统安全会有很大的威胁。

　　以上讨论的问题都出现在 SNMPv3 的应用过程中。在网络管理的测试阶段,还不会出现问题,但随着管理规模的扩大,对用户和密钥的管理则提出了更高的要求。

　　除了存在上述用户单一、密钥管理不完善等问题以外,USM 中使用的加密算法的安全性目前也越来越受到质疑,因此也迫切需要采用更加安全的密码算法。针对 SNMPv3 所存在的问题,很多学者也提出了很多改进方案。SNMPv3 当初的设计具有很强的前瞻性,它定义了一个基本的框架,所有应用 SNMPv3 的系统都可以在这个框架下根据需要做出自己的改变。但一定要根据需要,否则即使安全性提高了也可能造成其他方面的问题。

第3章　数字加密技术

3.1　数字加密技术概述

随着计算机和网络的广泛应用,网络及信息系统的安全已经受到人们的普遍重视。当前,网络及信息安全已不仅仅局限于政治、军事以及外交等领域,而且也与人们的日常生活息息相关。现在,作为信息安全核心的密码技术得到了迅速发展,它也是信息科学和技术中的一个重要研究领域。

密码技术是研究对传送信息采取何种的变换以防止第三者对信息的窃取。因此,密码技术(加密技术、数字签名技术等)是实现所有安全服务的重要基础,是网络安全的核心技术。早在四千多年以前,古埃及人就开始使用密码技术来对要传递的消息加密。此外,古代的一些行帮暗语及文字猜谜游戏等实际上也是对信息的加密,这种加密方法通过一定的约定,把需要表达的信息限定在一定范围内流通。直至第二次世界大战结束,密码技术才对公众揭开了它神秘的面纱,过去它常与军事、机密、间谍等工作联系在一起,因此,让常人感到畏惧。但随着计算机和通信技术的迅猛发展,大量的敏感信息需要通过公共通信设施或计算机网络进行交换,特别是互联网的广泛应用,越来越多的信息需要严格保密,如银行账号、商业秘密、政治机密、个人隐私等。正是这种对信息的机密性和真实性的需求,密码学才逐渐揭去了神秘的面纱,走进公众的日常生活中。

随着计算机科学的蓬勃发展,人类社会已经进入信息时代。信息一方面为人们的生活和工作提供了很大的方便,另一方面也提出了许多急需解决的问题,其中信息的安全是当前最突出的问题。因此随着计算机网络技术的迅速发展以及电子商务和电子政务的兴起,密码技术及其应用得到了飞速的发展。当前,计算机网络的广泛应用产生了大量的电子数据,这些数据需要传输到网络的各个地方并存储起来。这些数据有的可能具有重大的经济价值,有的可能关系到国家、军队或企业的命脉甚至生死存亡。对于这些数据,有意的计算机犯罪或无意的数据破坏都可能会造成不可估量的损失。对于这些犯罪行为,光靠法律和相应的监督措施很难满足现实的需要,必须进行数据的自我保护。因此,理论和事实说明,密码技术是一种进行数据保护的实用而有效的方法。这也是现代密码技术得到快速发展和广泛应用的原因。现代密码技术已经深入到信息安全的各个环节,其应用已不仅仅局限于政治、军事等领域,其商用价值和社会价值也得到了人们的充分肯定。

一个密码系统包括所有可能的明文、密文、密钥、加密算法和解密算法。密码系统的安全性基于密钥而非加密和解密算法的细节,这意味着算法可以公开,甚至可以当成一个标准加以公布。

1)明文就是需要保密的信息,也就是最初可以理解的消息通常指待发送的报文、软件、代码等。

2)密文是指明文经过转换而成的表面上无规则、无意义或难以察觉真实含义的消息。

3）密码算法指将明文转换成密文的公式、规则和程序等，在多数情况下是指一些数学函数。密码算法规定了明文转换成密文的规则，在多数情况下，接收方收到密文后，希望密文能恢复成明文，这就要求密码算法具有可逆性。将明文转换成密文的过程称为加密，相应的算法称为加密算法。反之，将密文恢复成明文的过程称为解密，相应的算法称为解密算法。

4）密钥。由于计算机性能的不断提高，单纯依靠密码算法的保密来实现信息的安全性是难以实现的。而且在公用系统中，算法的安全性需要经过严格的评估，算法往往需要公开。对信息的安全性往往依赖于密码算法的复杂性和参与加密运算的参数的保密，这个参数就是密钥。用于加密的密钥称为加密密钥，用于解密的密钥称为解密密钥。

密码系统从原理上可分为两大类，即单密钥系统和双密钥系统。单密钥系统又称为对称密码系统或秘密密钥密码系统，单密钥系统的加密密钥和解密密钥或者相同，或者实质上等同，即易于从一个密钥得出另一个，如图 3-1 所示。

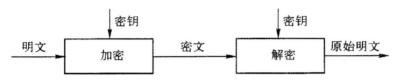

图 3-1　单密钥的加密、解密过程

双密钥系统又称为非对称密码系统或公开密钥密码系统。双密钥系统有两个密钥，一个是公开的，谁都可以使用；另一个是私人密钥，只由采用此系统的人自己掌握。从公开的密钥推不出私人密钥，如图 3-2 所示。

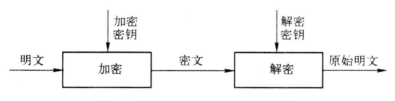

图 3-2　使用两个密钥的加密、解密过程

3.2　古典密码技术

古典密码技术指在手工密码技术和机械密码技术两个阶段采用的一些密码技术。这些技术可以归纳为字符形式的转换，即以一种字符代替另一种字符，以一种符号代替另一种符号。其中典型的方法有两种，即替代技术和换位技术。

3.2.1　替代技术

古典的替代技术是指按照一定的规则将明文的字母由其他字符或符号代替。它在古代密码技术中应用最广泛。替代技术的经典是凯撒密码。

凯撒密码据传是古罗马恺撒大帝用来保护重要军情的加密系统。它是一种典型的置换密码，通过将字母按顺序推后 3 位起到加密作用，如将字母 A 换作字母 D，将字母 B 换作字母 E（表 3-1）。

表 3-1 凯撒密码转换表

明文	a	b	c	d	e	f	g	h	i	j	k	l	m	n	o	p	q	r	s	t	u	v	w	x	y	z
密文	D	E	F	G	H	I	J	K	L	M	N	O	P	Q	R	S	T	U	V	W	X	Y	Z	A	B	C

如果为每一个字母分配一个数值（a＝1，b＝2…，z＝26），则该算法可以表示为：

$$C=E(M)=(M+3)\bmod(26)$$

例如：

明文：he is a cute boy

密文：KHLVDFAWHERB

显然这份密文从字面上看不出任何意义，在不知加密规则的情况下，通过人工的方法是不易破解密文的。

凯撒密码可以看成是密码 k 为 3 的字母替代算法，经过一定的修改，密码 k 可以是 1～25 之间的任意整数值：

$$C=E(M)=(M+k)\bmod(26)$$

相应地，解密算法为：

$$M=E(C)=(C-k)\bmod(26)$$

这种加密方法还可以依据移位密码的不同产生 25 个不同的密码表，如密码为 10 时，就产生这样一个密码转换表（表 3-2）。

表 3-2 扩展的凯撒密码转换表

明文	a	b	c	d	e	f	g	h	i	j	k	l	m	n	o	p	q	r	s	t	u	v	w	x	y	z
密文	K	L	M	N	O	P	Q	R	S	T	U	V	W	X	Y	Z	A	B	C	D	E	F	G	H	I	J

根据表 3-2 中明文与密文的对照关系，容易进行一种新的加密，例：

明文：he is a cute boy

密文：ROSCKMEDOLYI

凯撒密码具有以下三个典型特征：

1）加密和解密算法已知。

2）可能的密钥只有 25 个。

3）明文的语言很容易识别。

在已知密文是使用凯撒密码系统的情况下，只有 25 个密码，任何密文是很容易遭到破解的。因此产生了单一字母替代密码，其字母替代无固定规则。但是，通过语言规律的分析，人们发现任何一门语言中的单元字符都具有一定的分布规律。Dewey.G 在统计了约 438 023 个英文字母后发现英文字母的相对频率具有稳定的规律。其结果可以用图 3-3 表示。

在词频统计规律的作用下，任何单字母替换的加密技术都容易被破解。由此历史上出现了许多改进的方法，以弱化单字母的统计特征，如数学家 Carl Friedrich Gause 发明的同音字密码，英国科学家 Sir Chaeles Wheaststone 发明的 Playfair 密码，数学家 Lester Hill 发明的 Hill 密码等。这些算法虽然抗攻击能力大大提高，但是在已知一定消息的情况下，仍然可以较容易被破解。

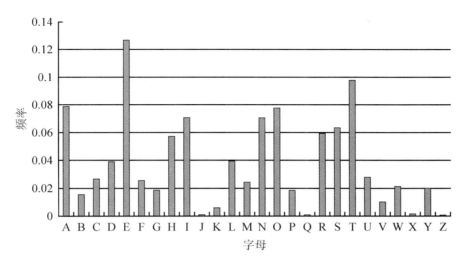

图 3-3　英文字母频率统计图

于是人们在单一凯撒密码的基础上研究多表密码,称为"维吉尼亚"密码。它是由 16 世纪法国亨利三世王朝的布莱瑟·维吉尼亚发明的,其特点是将 26 个凯撒密码表合成一个(表 3-3)。

表 3-3　维吉尼亚密码表

	A	B	C	D	E	F	G	H	I	J	K	L	M	N	O	P	Q	R	S	T	U	V	W	X	Y	Z
A	A	B	C	D	E	F	G	H	I	J	K	L	M	N	O	P	Q	R	S	T	U	V	W	X	Y	Z
B	B	C	D	E	F	G	H	I	J	K	L	M	N	O	P	Q	R	S	T	U	V	W	X	Y	Z	A
C	C	D	E	F	G	H	I	J	K	L	M	N	O	P	Q	R	S	T	U	V	W	X	Y	Z	A	B
D	D	E	F	G	H	I	J	K	L	M	N	O	P	Q	R	S	T	U	V	W	X	Y	Z	A	B	C
E	E	F	G	H	I	J	K	L	M	N	O	P	Q	R	S	T	U	V	W	X	Y	Z	A	B	C	D
F	F	G	H	I	J	K	L	M	N	O	P	Q	R	S	T	U	V	W	X	Y	Z	A	B	C	D	E
G	G	H	I	J	K	L	M	N	O	P	Q	R	S	T	U	V	W	X	Y	Z	A	B	C	D	E	F
H	H	I	J	K	L	M	N	O	P	Q	R	S	T	U	V	W	X	Y	Z	A	B	C	D	E	F	G
I	I	J	K	L	M	N	O	P	Q	R	S	T	U	V	W	X	Y	Z	A	B	C	D	E	F	G	H
J	J	K	L	M	N	O	P	Q	R	S	T	U	V	W	X	Y	Z	A	B	C	D	E	F	G	H	I
K	K	L	M	N	O	P	Q	R	S	T	U	V	W	X	Y	Z	A	B	C	D	E	F	G	H	I	J
L	L	M	N	O	P	Q	R	S	T	U	V	W	X	Y	Z	A	B	C	D	E	F	G	H	I	J	K
M	M	N	O	P	Q	R	S	T	U	V	W	X	Y	Z	A	B	C	D	E	F	G	H	I	J	K	L
N	N	O	P	Q	R	S	T	U	V	W	X	Y	Z	A	B	C	D	E	F	G	H	I	J	K	L	M
O	O	P	Q	R	S	T	U	V	W	X	Y	Z	A	B	C	D	E	F	G	H	I	J	K	L	M	N
P	P	Q	R	S	T	U	V	W	X	Y	Z	A	B	C	D	E	F	G	H	I	J	K	L	M	N	O
Q	Q	R	S	T	U	V	W	X	Y	Z	A	B	C	D	E	F	G	H	I	J	K	L	M	N	O	P
R	R	S	T	U	V	W	X	Y	Z	A	B	C	D	E	F	G	H	I	J	K	L	M	N	O	P	Q
S	S	T	U	V	W	X	Y	Z	A	B	C	D	E	F	G	H	I	J	K	L	M	N	O	P	Q	R
T	T	U	V	W	X	Y	Z	A	B	C	D	E	F	G	H	I	J	K	L	M	N	O	P	Q	R	S

	A	B	C	D	E	F	G	H	I	J	K	L	M	N	O	P	Q	R	S	T	U	V	W	X	Y	Z
U	U	V	W	X	Y	Z	A	B	C	D	E	F	G	H	I	J	K	L	M	N	O	P	Q	R	S	T
V	V	W	X	Y	Z	A	B	C	D	E	F	G	H	I	J	K	L	M	N	O	P	Q	R	S	T	U
W	W	X	Y	Z	A	B	C	D	E	F	G	H	I	J	K	L	M	N	O	P	Q	R	S	T	U	V
X	X	Y	Z	A	B	C	D	E	F	G	H	I	J	K	L	M	N	O	P	Q	R	S	T	U	V	W
Y	Y	Z	A	B	C	D	E	F	G	H	I	J	K	L	M	N	O	P	Q	R	S	T	U	V	W	X
Z	Z	A	B	C	D	E	F	G	H	I	J	K	L	M	N	O	P	Q	R	S	T	U	V	W	X	Y

维吉尼亚密码引入了密钥的概念,即根据密钥来决定用哪一行的密表来进行替换,以此来对抗字频统计。为了加密一个消息,需要使用一个与消息一样长的密钥。密钥通常是一个重复的关键词。例:

密钥:deceptivedeceptivedeceptive

明文:wearediscoveredsaveyourself

密文:ZICVTWQNGRZGVTWAVZHCQYGLMGJ

维吉尼亚密码的强度在于对每个明文字母有多个密文字母对应,而且与密钥关键词相关,因此字母的统计特征被模糊了。但由于密钥是重复的关键词,并非所有明文结构的相关知识都丢失,而是仍然保留了很多的统计特征。即使是采用与明文同长度的密钥,一些频率特征仍然是可以被密码分析所利用。解决的办法是使用字母没有统计特征的密钥,而且密钥量足够多,每次加密使用一个密钥。二战时一位军官 Joesph Mauborgne 提出随机密钥的方案,但要求通信双方同时掌握随机密钥,缺乏实用性。历史上以维吉尼亚密表为基础又演变出很多种加密方法,其基本元素无非是密表与密钥,并一直沿用到二战以后的初级电子密码机上。

替代技术将明文字母用其它字母、数字或符号来代替。如果明文是比特序列,也可以看成是比特系列的替代,但古典加密技术本身并没有对比特进行加密操作,随着计算机的应用,古典密码技术引入到比特级的密码系统。

3.2.2 换位技术

在换位密码中,明文字垂直方向读取密文。这种加密方法也可以按下面的方式解释:明文分成长为 m 个元素的块,每块按照 n 来排列。

例,取 $m=5$,加密消息"Wait for me at the musum",写成如下形式:

1	2	3	4	5
w	a	i	t	f
o	r	m	e	a
t	t	h	e	m
u	s	u	m	z

不足的地方空起来或填上特定字符,如"z"。则:

密文:WOTUARTSIMHUTEEMFAMZ

不过,利用密码分析很容易破译这种密文,因为通过试探,很容易确定 m 的大小。稍复杂一点的方案是使用密钥,按照密钥定义的顺序读取各列的值,例取密钥为52314,则被加密后的消息为:TEEMARTSIMHUFAMZWOTU。

显然,采用密钥后破译的难度要远大于简单的换位加密,只有消息够长,密钥够长,安全性大大提高。不过这种加密方法只改变了不同列的次序,并没有隐藏明文中的双字母频率和三字母频率,利用空格矩阵,依次改变行的位置,仍然可以有效的密码分析。解决的办法是采用多次换位加密。例对上例第一次加密后的密文分成四个块,得到:

TEEMA　　RTSIM　　HUFAM　　ZWOTU

对此再进行一次加密,密钥仍然是 52314,则第二轮加密后:

密文:MIATETUWESFOAMMUTRHZ

经过两轮换位加密后,行和列统计规律都被破坏,密码分析就困难得多。在实际应用中密钥可用不显眼的英文单词代替,根据字母排序决定换位顺序,例如 CHINA 代表的密钥为 23451。

尽管古典密码体制受到当时历史条件的限制,没有涉及非常高深或者复杂的理论,但在其漫长的发展演化过程中,已经充分表现出了现代密码学的两大基本思想,即代替和换位,而且将数学的方法引入到密码分析和研究中。这为后来密码学成为系统的学科以及相关学科的发展奠定了坚实的基础。

3.2.3　一次性加密

一次性加密是一种既保持代码加密的可靠性,又可以保持替换加密器的灵活性的密码加密方式。

例如,首先选择一个随机比特串作为密钥,然后把明文转换成一个比特串,最后逐位对这 2 个比特串进行异或运算。以比特串"000111011010"作为密钥,明文转换后的比特串为"110101100001",则经过异或运算后,得到的密文为"110010111011"。

这种密文没有给破译者提供任何信息,在一段足够长密文中,每个字母或字母组合出现的频率都相同,但一次性加密是靠密码只使用一次来保障的,因规律性问题无法经过多次使用,加上密钥无法记忆,需要收发双方随身携带密钥等缺点也显得过于简单。

虽然这些传统密码技术都显得过于简单,但它们却是现代密码技术的基础,它们的基本思想是指导人们采用越来越复杂的算法和密钥,使数据达到尽可能高的保密性的参考。

3.3　对称密码体制

对称密码体制也称单钥密码体制。它是指如果一个加密系统的加密密钥和解密密钥相同,或者虽然不相同,但是由其中的任意一个可以很容易地推导出另一个,即密钥是双方共享的,则该系统所采用的就是对称密码体制。形象地说就是一把钥匙开一把锁。

对称密码体制根据每次加密的数据单元的大小,又可分为序列密码和分组密码。

(1)序列密码

序列密码也称流密码,是用随机的密钥序列依次对明文字符加密,一次加密一个字符。流密码速度快、安全强度高。由于字符前后不相关,因此,流密码很适合在实时性要求较高的场合使用。目前,加密大量数据的链路加密机、传真加密机等加密设备大部分采用了流密码。

(2)分组密码

分组密码是将明文划分为长度固定的组,逐组进行加密,得到长度固定的一组密文。密文分组中的每一个字符与明文分组的每一个字符都有关。分组密码是目前应用最为广泛的一种对称密码体制。作为单钥密钥密码体制的一个重要分支,分组密码一直以来备受研究者的关注。

下面探讨几种常见的对称密码算法。

3.3.1 数据加密标准(DES)

由 IBM 公司开发的数据加密标准(Data Encryption Standard,DES)算法,于 1977 年被美国政府定为非机密数据的数据加密标准。DES 算法是第一个向公众公开的加密算法,也是迄今为止应用得最广泛的一种商业的数据加密方案。

DES 是一个分组加密算法,它以 64 比特为分组对数据加密。64 比特一组的明文从算法的一端输入,64 比特的密文从另一端输出。它是一个对称算法,加密和解密用的是同一个算法。密钥通常表示为 64 比特的数,但每个第 8 比特都用作奇偶校验,可以忽略,所以密钥长度为 56 比特。密钥可以是任意的 56 比特的数,且可在任意的时候改变。

DES 算法描述,先进行 64 位的明文分组操作,将该分组用初始置换 IP 进行置换,得到一个乱序的 64 位明文分组,然后将分组分成左、右等长的两边,各为 32 位长,记作 L_0 和 R_0。在进行 16 轮完全类似的迭代运算后(其中 F 是在运算过程中将数据与密钥结合在一起的函数),把所得到的左、右长度相等的两半 L_{16} 和 R_{16} 交换,从而得到 64 位数据 $R_{16}L_{16}$,最后再用初始逆置换(IP^{-1})进行置换,可以得到 64 位密文分组。加密流程如图 3-4 所示。

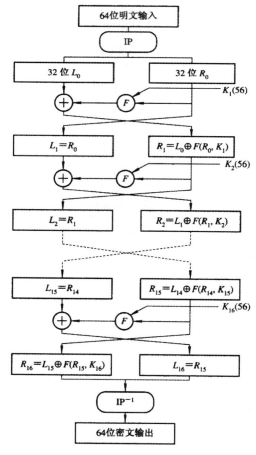

图 3-4 DES 的加密流程

1. 初始置换 IP

初始置换 IP 及其逆置换 IP^{-1} 是 64 个比特位置的置换，可表示成表的形式，如图 3-5 所示。置换主要用于对明文中的各位进行换位，目的在于打乱明文中各位的排列次序。在初始置换 IP 中，具体置换方式是把第 58 比特（t_{58}）换到第 1 个比特位置，把第 50 比特（t_{50}）换到第 2 个比特位置……，把第 7 比特（t_7）换到第 64 个比特位置。

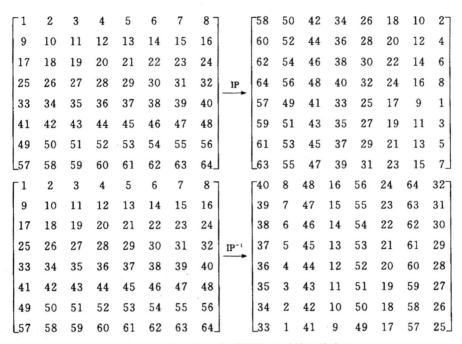

图 3-5　初始置换 IP 与逆置换 IP^{-1} 的矩阵表示

2. 乘积变换

经过初始置换后的 64 位结果分成两个部分 L_0 和 R_0，作为 16 轮迭代的输入，其中 L_0 包含前 32 个比特，而 R_0 包含后 32 个比特。密钥 K 经过密钥扩展算法，产生 16 个 48 位的子密钥是 $K_1, K_2, \cdots, K_{16}$，每一轮迭代使用一个子密钥。每一轮迭代称为一个轮变换或轮函数，可以表示为：

$$\begin{cases} L_i = R_{i-1} \\ R_i = L_{i-1} \oplus f(R_{i-1}, K_i) \end{cases} \quad 1 \leqslant i \leqslant 16$$

其中，L_i 与 R_i 长度均为 32 位；i 为轮数；符号 $\oplus$ 为逐位模 2 加；f 为包括代换和置换的一个变换函数；K_i 是第 i 轮的 48 位长子密钥。

3. 子密钥产生

在 DES 第二阶段的 16 轮迭代过程中，每一轮都要使用一个长度 48 的子密钥，子密钥是从初始的种子密钥产生的。DES 的种子密钥 K 为 56 比特，使用中在每 7 比特后添加一个奇偶检验位（分布在 8,16,24,32,40,48,56,64 位），扩充为 64 比特，目的是进行简单的纠错。

从 64 比特带检验位的密钥 K(本质上是 56 比特密钥)中,生成 16 个 48 比特的子密钥 K_i,用于 16 轮变换中。子密钥的产生过程如图 3-6 所示。

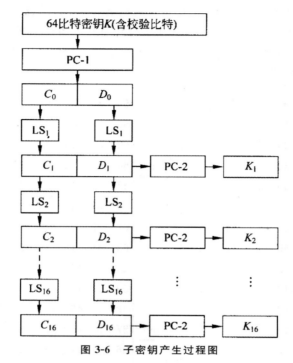

图 3-6 子密钥产生过程图

子密钥的产生大致过程如下:

(1)置换选择 1(PC-1)

PC-1 从 64 比特中选出 56 比特的密钥 K 并适当调整比特次序,选择方法由表 3-4 给出。它表示选择第 57 比特放到第 1 个比特位置,选择第 50 比特放到第 2 个比特位置……,选择第 7 比特放到第 56 个比特位置。将前 28 为记为 C_0,后 28 位记为 D_0。

表 3-4 PC-1

57	59	41	33	25	17	9	1	58	50	42	34	26	18	10	2
59	51	43	35	27	19	11	3	60	52	44	36	63	55	47	39
31	23	15	7	62	54	46	38	30	22	14	6	61	53	45	37
29	21	13	5	28	20	12	4								

(2)循环左移 LS_i

计算模型可以表示为:

$$\begin{cases} C_i = LS_i(C_{i-1}) \\ D_i = LS_i(D_{i-1}) \end{cases} \quad 1 \leqslant i \leqslant 16$$

LS_i 表示对 28 比特串的循环左移:当 $i=1,2,9,16$ 时,移一位;对其他 i 移两位。

(3)置换选择 2(PC-2)

与 PC-1 类似,PC-2 则是从 56 比特中拣选出 48 比特的变换,即从 C_i 与 D_i 连接得到的比特串 C_iD_i 中选取 48 比特作为子密钥 K_i,选择方法由表 3-5 给出,使用方法和表 3-4 相同。

表 3-5　PC-2

14	17	11	24	1	5	3	28	15	6	21	10	23	19	12	4
26	8	16	7	27	20	13	2	41	52	31	37	47	55	30	40
51	45	33	48	44	49	39	56	34	53	46	42	50	36	29	32

DES 的解密算法与加密算法是相同的,只是子密钥的使用次序相反。

4. DES 算法的 f 函数

f 函数是第二阶段乘积变换中轮变换的核心,它是非线性的,是每轮实现混乱和扩散的关键过程。f 函数包括如下三个子过程:

(1)扩展变换

扩展变换又称为 E 变换,其功能是把 32 位扩展为 48 位,是一个与密钥无关的变换。扩展变换将 32 比特输入分成 8 组,每组 4 位,经扩展后成为每组 6 位。扩展规则如图 3-7 所示。其中有 16 比特出现两次。

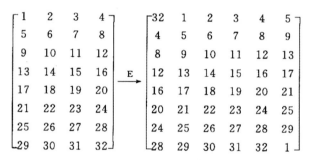

图 3-7　扩展置换表

扩展结果与子密钥 k_i 进行异或运算,作为 S 盒的输入。

(2)S 盒变换

S 盒的功能是压缩替换。S 盒把 48 比特的输入分成 8 组,每组 6 比特。每一个 6 比特分组通过查一个 S 盒得到 4 比特输出。8 个 S 盒的构造见表 3-6 所示。

表 3-6　S 盒置换表

	14	4	13	1	2	15	11	8	3	10	6	12	5	9	0	7
S_1	0	15	7	4	14	2	13	1	10	6	12	11	9	5	3	8
	4	1	14	8	13	6	2	11	15	12	9	7	3	10	5	0
	15	12	8	2	4	9	1	7	5	11	3	15	10	0	6	13
	15	1	8	14	6	11	3	4	9	7	2	13	12	0	5	10
S_2	3	13	4	7	15	2	8	14	12	0	1	10	6	9	11	5
	0	14	7	11	10	4	13	1	5	8	12	6	9	3	2	15
	13	8	10	1	3	15	4	2	11	6	7	12	0	5	14	9

	10	0	9	14	6	3	15	5	1	13	12	7	11	4	2	8
	13	7	0	9	3	4	6	10	2	8	5	14	12	11	15	1
S_3	13	6	4	9	8	15	3	0	11	1	2	12	5	10	14	7
	1	10	13	0	6	9	8	7	4	15	14	3	11	5	2	12
	7	13	14	3	0	6	9	10	1	2	8	5	11	12	4	15
	13	8	11	5	6	15	0	3	4	7	2	12	1	10	14	9
S_4	10	6	9	0	12	11	7	13	15	1	3	14	5	2	8	4
	3	15	0	6	10	1	15	8	9	4	5	11	12	7	2	14
	2	12	4	1	7	10	11	6	8	5	3	15	13	0	14	9
	14	11	2	12	4	7	13	1	5	0	15	10	3	9	8	6
S_5	4	2	1	11	10	13	7	8	15	9	12	5	6	3	0	14
	11	8	12	7	1	14	2	13	6	15	0	9	10	4	5	3
	12	1	10	15	9	2	6	8	0	13	3	4	14	7	5	11
	10	15	4	2	7	12	9	5	6	1	13	14	0	11	3	8
S_6	9	14	15	5	2	8	12	3	7	0	4	10	1	13	11	6
	4	3	2	12	9	5	15	10	11	14	1	7	6	0	8	13
	4	11	2	14	15	0	8	13	3	12	9	7	5	10	6	1
	13	0	11	7	4	9	1	10	14	3	5	12	2	15	8	6
S_7	1	4	11	13	12	3	7	4	12	5	6	8	0	5	9	2
	6	11	13	8	1	4	10	7	9	5	0	15	14	2	3	12
	13	2	8	4	6	15	11	1	10	9	3	14	5	0	12	7
	1	15	13	8	10	3	7	4	12	5	6	11	0	14	9	2
S_8	7	11	4	1	9	12	14	2	0	6	10	13	15	3	5	8
	2	1	14	7	4	10	8	13	15	12	9	0	3	5	6	11

每一个 S 盒都是一个 4×16 的矩阵 $S = (s_{ij})$，每行均是整数 $0, 1, 2, \cdots, 15$ 的一个全排列。48 比特被分成 8 组，每组都进入一个 S 盒进行替代操作，分组 1→S_1，分组 2→S_2，…依此类推。每个 S 盒都将 6 位输入映射为 4 位输出：给定 6 比特输入 $x = x_1 x_2 x_3 x_4 x_5 x_6$，将 $x_1 x_6$ 组成一个 2 位二进制数，对应行号；$x_2 x_3 x_4 x_5$ 组成一个 4 位二进制数，对应列号；行与列的交叉点处的数据即为对应的输出。

（3）P 盒变换

P 盒是 32 个比特位置的置换，见表 3-7 所示，用法和 IP 类似。

表 3-7　P 盒置换表

16	7	20	21	29	12	28	17
1	15	23	26	5	18	31	10
2	8	24	14	32	27	3	9
19	13	30	6	22	11	4	25

5. 初始逆置换 IP⁻¹

DES 算法的第三阶段是对 16 轮迭代的输出 $R_{16}L_{16}$ 进行初始逆置换,目的是为了使加解密使用同一种算法。

6. 算法安全性分析

鉴于 DES 的重要性,美国参议院情报委员会于 1978 年曾经组织专家对 DES 的安全性进行了深入地分析,最终的报告是保密的。IBM 宣布 DES 是独立研制的。

DES 算法的整个体系是公开的,其安全性完全取决于密钥的安全性。在该算法中,由于经过了 16 轮的替换和换位的迭代运算,使得密码的分析者无法通过密文获得该算法的一般特性以外的更多信息。对于这种算法,破解的唯一可行途径是尝试所有可能的密钥。对于 56 位长度的密钥,可能的组合达到 $2^{56} = 7.2 \times 10^{16}$ 种。对 17 轮或 18 轮 DES 进行差分密码的强度已相当于穷尽分析;而对 19 轮以上 DES 进行差分密码分析则需要大于 264 个明文,但 DES 明文分组的长度只有 64 比特,因此实际上是不可行的。

为了更进一步提高 DES 算法的安全性,可以采用加长密钥的方法。例如,IDEA(International Data Encryption Algorithm)算法,它将密钥的长度加大到 128 位,每次对 64 位的数据组块进行加密,从而进一步提高了算法的安全性。

DES 算法在网络信息安全中有着比较广泛的应用。但是由于对称加密算法的安全性取决于密钥的保密性,在开放的计算机通信网络中如何保管好密钥一个是个严峻的问题。因此,在网络信息安全的应用中,通常将 DES 等对称加密算法和其他的算法结合起来使用,形成混合加密体系。在电子商务中,用于保证电子交易安全性的 SSL 协议的握手信息中也用到了 DES 算法来保证数据的机密性和完整性。另外,在 UNIX 系统中,也使用了 DES 算法用于保护和处理用户密码的安全。

3. 3. 2　国际数据加密算法(IDEA)

国际数据加密算法(International Data Encryption Algorithm,IDEA)是由瑞士的 James Massey 和中国的来学嘉(Xuejia Lai)等人提出的,1990 年被正式公布并在随后得到了增强。这种算法是在 DES 算法的基础上发展起来的。

1. 算法描述

IDEA 算法也是一种分组密码算法,分组长度为 64bit,但密钥长度为 128bit。作为对称密码体制的密码,其加密与解密过程雷同,只是密钥存在差异,IDEA 无论是采用软件还是硬件实现都比较容易,而且加解密的速度很快。IDEA 算法的加密流程如图 3-8 所示。

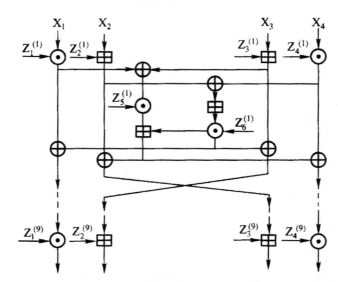

田 表示 16bit 的整数 进行 mod 2^{16} 的加法运算

⊕ 表示 16bit 子块间诸位进行 异或 运算

⊙ 表示 16bit 的整数进行 mod (2^{16}+1) 的乘法运算

图 3-8 IDEA 的加密流程

64bit 的数据块分成 4 个子块,每一子块 16bit,令这 4 个子块为 X_1、X_2、X_3 和 X_4,作为迭代第 1 轮的输入,全部共 8 轮迭代运算。每轮迭代都是 4 个子块彼此间及 16bit 的子密钥进行异或,mod 2^{16} 进行加法运算,mod (2^{16}+1)进行乘运算。任何一轮迭代第 3 和第 4 子块互换,每一轮迭代运算步骤如下:

1)将 X_1 和第 1 个子密钥块进行乘法运算。

2)将 X_2 和第 2 个子密钥块进行加法运算。

3)将 X_3 和第 3 个子密钥块进行加法运算。

4)将 X_4 和第 4 个子密钥块进行乘法运算。

5)将 1)和 2)的结果进行异或运算。

6)将 2)和 4)的结果进行异或运算。

7)将 5)的结果与第 5 子密钥块进行乘法运算。

8)将 6)和 7)的结果进行加法运算。

9)将 8)的结果与第 6 个子密钥块进行乘法运算。

10)将 7)和 9)的结果进行加法运算。

11)将 1)和 9)的结果进行异或运算。

12)将 3)和 9)的结果进行异或运算。

13)将 2)和 10)的结果进行异或运算。

14)将 4)和 10)的结果进行异或运算。

结果的输出为 11)、13)、12)、14),除最后一轮外,第 2 和第 3 块交换。第 8 轮结束后,最后输出变换如下:

1)将 X_1 和第 1 个子密钥块进行乘法运算。

2)将 X_2 和第 2 个子密钥块进行加法运算。

3)将 X_3 和第 3 个子密钥块进行加法运算。

4)将 X_4 和第 4 个子密钥块进行乘法运算。

一次完整的 IDEA 加密运算需要 52 个子密钥。这 52 个 16bit 的子密钥都是由一个 128bit 的加密密钥产生的,生成过程如下:

首先,将 128bit 加密密钥以 16bit 为单位分为 8 组,其中前 6 组作为第一轮迭代运算的子密钥,后 2 组用于第二轮迭代运算的前 2 组子密钥,然后将 128bit 加密密钥循环左移 25bit,再分为 8 组子密钥,其中前 4 组用于第二轮迭代运算的后 4 组子密钥,后 4 组用作第三轮迭代运算的前 4 组子密钥,照此方法直至产生全部 52 个子密钥。这 52 个密钥子块的顺序为:

$$Z_1^{(1)}, Z_2^{(1)}, \cdots, Z_6^{(1)}; Z_1^{(2)}, Z_2^{(2)}, \cdots, Z_6^{(2)};$$
$$Z_1^{(3)}, Z_2^{(3)}, \cdots, Z_6^{(3)}; \cdots; Z_1^{(8)}, Z_2^{(8)}, \cdots, Z_6^{(8)};$$
$$Z_1^{(9)}, Z_2^{(9)}, Z_3^{(9)}, Z_4^{(9)}$$

IDEA 的解密过程与加密过程本质上是相同的,所不同的是解密密钥子块 $K_i^{(r)}$ 是从加密密钥子块 $Z_i^{(r)}$ 按下列方式计算出来的:

$$(K_1^{(r)}, K_2^{(r)}, K_3^{(r)}, K_4^{(r)}) = ((Z_1^{(10-r)})^{-1}, -Z_3^{(10-r)}, -Z_2^{(10-r)}, (Z_4^{(10-r)})^{-1}) \quad r = 2, 3, \cdots, 8$$

$$(K_1^{(r)}, K_2^{(r)}, K_3^{(r)}, K_4^{(r)}) = ((Z_1^{(10-r)})^{-1}, -Z_2^{(10-r)}, -Z_3^{(10-r)}, (Z_4^{(10-r)})^{-1}) \quad r = 1, 9$$

$$(K_5^{(r)}, K_6^{(r)}) = (Z_5^{(9-r)}, Z_6^{(9-r)}) \quad r = 1, 2, \cdots, 8$$

其中,Z^{-1} 表示 $Z \bmod (2^{16}+1)$ 的乘法逆;$-Z$ 表示 $Z \bmod 2^{16}$ 的加法逆。

2. 算法安全性分析

IDEA 的密钥长度为 128bit,如果采用穷搜索进行破译,则需要进行 $2^{128} = 34028 \times 10^{38}$ 次尝试,这将是用同样方法对付 DES 的 $2^{72} = 4.7 \times 10^{21}$ 倍工作量。目前,尚没有成功攻击 IDEA 的报道,有关学者进行分析也表明 IDEA 对于线性和差分攻击是安全的。此外,将 IDEA 的字长由 16bit 加长为 32bit,密钥相应长为 256bit,采用 2^{32} 模加,$2^{32}+1$ 模乘,可进一步强化 IDEA 的安全性能。

3.3.3 高级加密标准(AES)

高级加密标准(Advanced Encryption Standard, AES)又称 Rijndael 加密算法,是美国政府所采用的一种分组加密标准。这个标准用来替代原先的 DES,已经被多方分析并且在全世界内广泛使用。

1. 数学基础

(1)GF(2^8)域

一个形如 $[a_3, a_2, a_1, a_0]$ 的 32 bit 的字可以表示为系数在有限域上的一个四项的多项式:

$$a(x) = a_3 x^3 + a_2 x^2 + a_1 x + a_0$$

其中,各个系数分别表示一个字节。

将其与下面的多项式

$$b(x) = b_3 x^3 + b_2 x^2 + b_1 x + b_0$$

相加,也就是对上面两式相应的系数执行有限域上的加法。就是做四个系数的字节向量的逐比特异或运算。

现在来做上面两式的乘法。假定乘积为下面的多项式:

$$c(x) = c_6 x^6 + c_5 x^5 + c_4 x^4 + c_3 x^3 + c_2 x^2 + c_1 x + c_0 \qquad (3\text{-}1)$$

则可得各系数之间的关系为:

$$c_0 = a_0 \cdot b_0$$
$$c_1 = a_1 \cdot b_0 \oplus a_0 \cdot b_1$$
$$c_2 = a_2 \cdot b_0 \oplus a_1 \cdot b_1 \oplus a_0 \cdot b_2$$
$$c_3 = a_3 \cdot b_0 \oplus a_2 \cdot b_1 \oplus a_1 \cdot b_2 \oplus a_0 \cdot b_3$$
$$c_4 = a_3 \cdot b_1 \oplus a_2 \cdot b_2 \oplus a_1 \cdot b_3$$
$$c_5 = a_3 \cdot b_2 \oplus a_2 \cdot b_3$$
$$c_6 = a_3 \cdot b_3$$

式中,"$\cdot$""$\oplus$"分别表示有限域上的乘法和加法。如果对式(3-1)用多项式 $x^4 + 1$ 做模运算,则取模后的结果对应的多项式系数为:

$$d_3 = a_3 \cdot b_0 \oplus a_2 \cdot b_1 \oplus a_1 \cdot b_2 \oplus a_0 \cdot b_3$$
$$d_2 = a_2 \cdot b_0 \oplus a_1 \cdot b_1 \oplus a_0 \cdot b_2 \oplus a_3 \cdot b_3$$
$$d_1 = a_1 \cdot b_0 \oplus a_0 \cdot b_1 \oplus a_3 \cdot b_2 \oplus a_2 \cdot b_3$$
$$d_0 = a_0 \cdot b_0 \oplus a_3 \cdot b_1 \oplus a_2 \cdot b_2 \oplus a_1 \cdot b_3$$

将上式表示成矩阵的形式:

$$\begin{bmatrix} d_3 \\ d_2 \\ d_1 \\ d_0 \end{bmatrix} = \begin{bmatrix} a_0 & a_1 & a_2 & a_3 \\ a_3 & a_0 & a_1 & a_2 \\ a_2 & a_3 & a_0 & a_1 \\ a_1 & a_2 & a_3 & a_0 \end{bmatrix} \begin{bmatrix} b_3 \\ b_2 \\ b_1 \\ b_0 \end{bmatrix}$$

(2)加法

在多项式表示中,两个元的和是一个对应系数模 2 和的多项式,即两个 GF 域上的元素相加可以通过相对应的多项式系数模 2 相加来实现。在这种表示方式下,加法和减法是等价的,有限域上的加法用符号"$\oplus$"表示。例如

$$(x^6 + x^4 + x^3 + x + 1) + (x^7 + x + 1) \equiv x^7 + x^6 + x^4 + x^3$$

等价于 $\{01011011\} \oplus \{10000011\} \equiv \{11011000\}$,若表示为十六进制的形式就是 $\{57\} \oplus \{83\} \equiv \{D_4\}$。

(3)乘法

多项式表示中,乘法对应多项式乘积对一个次数是 8 的既约多项式取模。在 Rijndael 算法里,这个既约多项式记为

$$m(x) = x^8 + x^4 + x^3 + x + 1$$

乘法运算是封闭的,可结合的,可交换的。对任一个次数低于 8 的二元多项式 $b(x)$,由扩展的欧几里得算法可找到两个多项式 $a(x)$ 和 $c(x)$ 使得

$$b(x)a(x) + m(x)c(x) = 1$$

因此

$$a(x) \cdot b(x) \bmod m(x) = 1$$

即

$$b^{-1}(x) = a(x) \bmod m(x)$$

$$a(x) \cdot (b(x) + c(x)) = a(x) \cdot b(x) + a(x)c(x) \qquad (\text{分配律})$$

（4）※x

通常

$$x ※ b(x) = b_3 x^4 + b_2 x^3 + b_1 x^2 + b_0 x \bmod M(x)$$
$$= b_2 x^3 + b_1 x^2 + b_0 x + b_3$$

也就是说※x就对应于向量中字节的循环左移。

2. 算法描述

Rijndael 算法是一种具有可变分组长度和可变密钥长度的重复的分组密码。分组长度和密钥长度可独立选择为 128bit、192bit 和 256bit。

类似于明文分组和密文分组，算法的中间结果也需要分组，称算法中间结果的分组为状态，所有操作都在状态上进行。状态可以用以字节为元素的矩阵阵列表示，该阵列有 4 行，列数记为 N_b，N_b 等于分组长度除以 32。$N_b = 6$ 的状态见表 3-8。

表 3-8　$N_b = 6$ 的状态

$a_{0,0}$	$a_{0,1}$	$a_{0,2}$	$a_{0,3}$	$a_{0,4}$	$a_{0,5}$
$a_{1,0}$	$a_{1,1}$	$a_{1,2}$	$a_{1,3}$	$a_{1,4}$	$a_{1,5}$
$a_{2,0}$	$a_{2,1}$	$a_{2,2}$	$a_{2,3}$	$a_{2,4}$	$a_{2,5}$
$a_{3,0}$	$a_{3,1}$	$a_{3,2}$	$a_{3,3}$	$a_{3,4}$	$a_{3,5}$

加密密钥类似与用一个以字节为元素的矩阵阵列表示，该阵列有 4 行，列数记为 N_k，N_k 等于分组长度除以 32。$N_k = 6$ 的种子密钥的矩阵阵列表示见表 3-9。

表 3-9　$N_k = 6$ 的种子密钥的矩阵阵列表示

$k_{0,0}$	$k_{0,1}$	$k_{0,2}$	$k_{0,3}$	$k_{0,4}$	$k_{0,5}$
$k_{1,0}$	$k_{1,1}$	$k_{1,2}$	$k_{1,3}$	$k_{1,4}$	$k_{1,5}$
$k_{2,0}$	$k_{2,1}$	$k_{2,2}$	$k_{2,3}$	$k_{2,4}$	$k_{2,5}$
$k_{3,0}$	$k_{3,1}$	$k_{3,2}$	$k_{3,3}$	$k_{3,4}$	$k_{3,5}$

有时也将这些分组当作一维数组，其每一元素是上述矩阵表示中的 4 字节元素构成的列向量，数组长度可为 4、6、8，数组元素下标的范围分别是 0~3、0~5 和 0~7。4 字节元素构成的列向量有时也称为字。

迭代的轮数记为 N_r，N_r 与 N_b、N_k 有关，其关系见表 3-10。

表 3-10 N_r 的取值

N_r	$N_b = 4$	$N_b = 6$	$N_b = 8$
$N_k = 4$	10	12	14
$N_k = 6$	12	12	14
$N_k = 8$	14	14	14

Rijndael 算法的加密流程如图 3-9 所示。

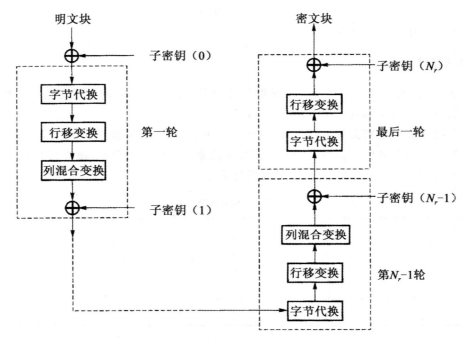

图 3-9 Rijndael 算法的加密流程

（1）字节代换

字节代换是非线性变换，独立地对状态的每个字节进行。代换表（即 S 盒）是可逆的，由以下两个变换的合成得到：首先，将字节看作 GF(2^8) 上的元素，映射到自己的乘法逆元，'00'映射到自己。然后对字节做如下的仿射变换：

$$\begin{bmatrix} y_0 \\ y_1 \\ \vdots \\ y_7 \end{bmatrix} = \begin{bmatrix} 1 & 0 & 0 & 0 & 1 & 1 & 1 & 1 \\ 1 & 1 & 0 & 0 & 0 & 1 & 1 & 1 \\ 1 & 1 & 1 & 0 & 0 & 0 & 1 & 1 \\ 1 & 1 & 1 & 1 & 0 & 0 & 0 & 1 \\ 1 & 1 & 1 & 1 & 1 & 0 & 0 & 0 \\ 0 & 1 & 1 & 1 & 1 & 1 & 0 & 0 \\ 0 & 0 & 1 & 1 & 1 & 1 & 1 & 0 \\ 0 & 0 & 0 & 1 & 1 & 1 & 1 & 1 \end{bmatrix} \begin{bmatrix} x_0 \\ x_1 \\ \vdots \\ x_7 \end{bmatrix} + \begin{bmatrix} 1 \\ 1 \\ 0 \\ 0 \\ 0 \\ 1 \\ 1 \\ 0 \end{bmatrix}$$

上述 S 盒对状态的所有字节所做的变换记为：

$$\text{ByteSub(State)}$$

ByteSub 的逆变换由代换表的逆表做字节代换,可通过两步实现:首先进行仿射变换的逆变换,再求每一字节在 $GF(2^8)$ 上的逆元。

（2）行移变换

在此变换的作用下,数据块(表 3-11)的第 0 行保持不变,第 1 行循环左移 C_1 个字节,第 2 行循环左移 C_2 个字节,第 3 行循环左移 C_3 个字节,其中,移位值 C_1、C_2 和 C_3 与 N_b 有关。

按指定的位移量对状态的行进行的行移变换记为:

$$\text{ShiftRow(State)}$$

表 3-11　行移变换

N_b	移位值		
	C_1	C_2	C_3
4	1	2	3
6	1	2	3
8	1	3	4

（3）列混合变换

在列混合变换中,将状态阵列的每个列视为 $GF(2^8)$ 上的多项式,再与一个固定的多项式 $c(x)$ 进行模 x^4+1 乘法。当然要求 $c(x)$ 是模 x^4+1 可逆的多项式,否则列混合变换就是不可逆的,因而会使不同的输入分组对应的输出分组可能相同。Rijndael 算法的设计者给出的 $c(x)$ 为:

$$c(x) = '03'x^3 + '01'x^2 + '01'x + '02'$$

$c(x)$ 是与 x^4+1 互素的,因此,是模 x^4+1 可逆的。列混合运算也可写为矩阵乘法。设 $b(x) = c(x) \otimes a(x)$,则

$$\begin{bmatrix} b_0 \\ b_1 \\ b_2 \\ b_3 \end{bmatrix} = \begin{bmatrix} 02 & 03 & 01 & 01 \\ 01 & 02 & 03 & 01 \\ 01 & 01 & 02 & 03 \\ 03 & 01 & 01 & 02 \end{bmatrix} \begin{bmatrix} a_0 \\ a_1 \\ a_2 \\ a_3 \end{bmatrix}$$

对状态 State 的所有列所做的列混合变换记为:

$$\text{MixColumn(State)}$$

列混合运算的逆运算是类似的,即每列都用一个特定的多项式 $d(x)$ 相乘。$d(x)$ 满足

$$('03'x^3 + '01'x^2 + '01'x + '02') \otimes d(x) = '01'$$

由此可得

$$d(x) = '0B'x^3 + '0D'x^2 + '09'x + '0E'$$

（4）密钥加

密钥加是将轮密钥简单地与状态进行逐比特异或。轮密钥由种子密钥通过扩展产生,轮密钥长度等于分组长度 N_b。

状态 State 与轮密钥 RoundKey 的密钥加运算表示为:

$$\text{AddRoundKey(State, RoundKey)}$$

3. 密钥扩展

AES 密钥扩展算法把 4 个字(每个字 4 字节,共 16 字节)的种子密钥扩展成一个 44 字(176 字节)的一维密钥数组,然后把最前面的 4 个字对应到初始轮密钥矩阵,接下来的 4 个字作为第一轮的密钥矩阵,以此类推。

种子密钥被直接复制到扩展密钥数组的前 4 个字,然后每次用 4 个字填充数组余下的部分。在扩展密钥数组中,$w[i]$ 的值依赖于 $w[i-1]$ 和 $w[i-4]$。根据 w 数组中下标 i 对 4 的取余结果分成 4 种情形,其中三种使用了异或,而对下标为 4 的倍数的元素采用了更复杂的函数来计算,该函数包括如下 3 个步骤:

1)字循环,使一个字中的 4 个字节循环左移一个字节。

2)字节代换,利用 S 盒对输入字中的每个字节进行字节代换。

3)步骤 1)和步骤 2)的结果再与轮常量相异或。

轮常量是一个字,这个字最右边三个字节总为 0。每轮的轮常量均不同,其定义为 Rcon $[j]=($ RC$[j],0,0,0)$,其中,RC$[1]=1$,RC$[j]=2 \cdot$ RC$[j-1]$(乘法是定义在域 GF(2^8) 上)。RC$[j]$ 的值以十六进制表示如表 3-12 所示。

表 3-12　RC$[j]$ 值的十六进制表示

j	1	2	3	4	5	6	7	8	9	10
RC$[j]$	01	02	04	08	10	20	40	80	1B	36

4. 算法安全性分析

Rijndael 算法对抗线性密码分析的理论分析结果是 4 轮 Rijndael 加密的最佳线性逼近的偏差为 2^{-75},而 8 轮加密的最佳线性逼近的偏差为 2^{-150}。

该算法对抗差分密码分析的理论分析结果是 4 轮 Rijndael 加密的最佳差分特征的概率为 2^{-150},而 8 轮加密的最佳差分特征的概率为 2^{-300}。

"Square"攻击是针对 Square 算法提出的一种攻击方法。理论分析结果说明它对 7 轮以下 Rijndael 的攻击是有效的,但对 7 轮以上对 Rijndael 的攻击是免疫的。

期望的穷举密钥搜索的运算量取决于加密密钥的长度,密钥长度分别为 128,192 和 256bit 时,其对应的运算量分别为 2^{127},2^{191} 和 2^{255}。

Rijndael 算法的安全目标达到了 K-安全和封闭性。

3.4　非对称密码体制

1975 年,由斯坦福大学的 Diffie 与 Hellman 提出公开密钥加密算法的概念。公开密钥加密算法是密码学发展道路上一次革命性的进步。从密码学最初到现代,几乎所有的密码编码系统都是建立在基本的替换和换位工具的基础之上的。公开密钥密码体制则与以前的所有方法都完全不同,一方面公开密钥密码算法基于数学函数而不是替换和换位,更重要的是公开密钥密码算法是非对称的,会用到两个不同的密钥,这对于保密通信、密钥分配和鉴别等领域有着深远的影响。

公钥密码体制的产生主要有两个原因,一是由于常规密码体制的密钥分配问题,另一是由于对数字签名的需求。

在公钥密码体制中,加密密钥也称为公钥(Public Key,PK),是公开信息;解密密钥也称为私钥(Secret Key,SK),不公开是保密信息,私钥也叫秘密密钥;加密算法 E 和解密算法 D 也是公开的。SK 是由 PK 决定的,不能根据 PK 计算出 SK。私钥产生的密文只能用公钥来解密;另一方面,公钥产生的密文也只能用私钥来解密。

利用公钥和私钥对可以实现以下安全功能:

(1)提供认证

用户 B 用自己的私钥加密发送给用户 A 的报文,当 A 收到来自 B 的加密报文时,可以用 B 的公钥解密该报文,由于 B 的公钥是众所周知的,所有其他用户也可以用 B 的公钥解密该报文,但是 A 可以知道该报文只可能是由 B 发送的,因为只有 B 才知道他自己的私钥。

(2)提供机密性

如果 B 不希望报文对其他用户都是可读的,B 可以利用 A 的公钥对报文加密,A 可以利用他的私钥解密报文,由于没有其他用户知道 A 的私钥,所以其他用户都无法解密报文。

(3)提供认证和机密性

B 可以先用 A 的公钥来加密报文,这样就确保了只有 A 才能解密报文,然后再用 B 自己的私钥对密文进行加密,这就确保了报文是来自 B 的。当 A 收到该报文时,他先用 B 的公钥解密该报文,得到一个结果,然后 A 自己的私钥对得到的结果再次进行解密。

公开密钥加密算法解决了密钥的管理和分发问题,每个用户都可以把自己的公钥进行公开,如发布到一个公钥数据库中。采用公开密钥加密算法进行数据加密和解密的过程如图 3-10 所示。

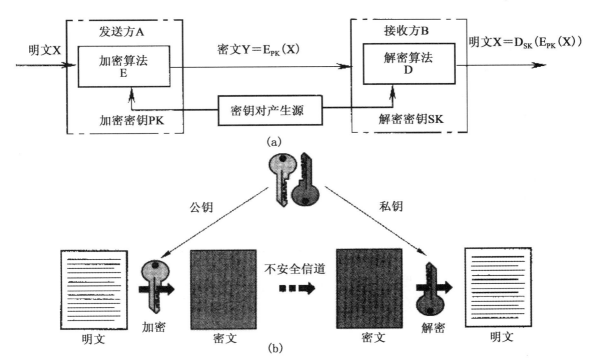

图 3-10 公开密钥加密算法加密和解密过程

公钥算法的特点为：

1）发送方用加密密钥 PK（公钥）对明文 X 加密，在接收方用解密密钥 SK（私钥）解密，恢复出明文，即

$$D_{SK}(E_{PK}(X))=X$$

加密和解密运算可以对调，运算结果是一样的，即

$$E_{PK}(D_{SK}(X))=X$$

2）加密密钥不能用它来解密，即

$$D_{PK}(E_{PK}(X))\neq X$$

3）从已知的 PK 不可能推导出 SK，在计算上是不可能的。

4）加密算法和解密算法是公开的。

5）可以很容易地生成 PK 和 SK 对。

3.4.1 非对称密码技术原理

公钥密码体制的概念是在解决单钥密码体制中最难解决的两个问题时提出的，这两个问题是密钥分配和数字签字。1976 年 W. Diffie 和 M. Hellman 对解决上述两个问题有了突破，从而提出了公钥密码体制。

1. 非对称密码体制的原理

非对称密码算法的最大特点是采用两个相关密钥将加密和解密能力分开，其中一个密钥是公开的，称为公开密钥，简称公钥，用于加密；另一个密钥是为用户专用，因而是保密的，称为秘密密钥，简称私钥，用于解密。算法有以下重要特性：已知密码算法和加密密钥，求解密密钥在计算上是不可行的。

非对称体制的加密过程有以下几步：

1）要求接收消息的端系统，产生一对用来加密和解密的密钥，如图 3-11 中的接收者 B，产生一对密钥（PK_B，SK_B），其中 PK_B 是公钥，SK_B 是私钥。

2）端系统 B 将加密密钥（如图 3-11 中的 PK_B）予以公开。另一密钥则被保密（图 3-11 中的 SK_B）。

3）A 要想向 B 发送消息 m，则使用 B 的公钥加密 m，表示为 $c=E_{PKB}[m]$，其中 c 是密文，E 是加密算法。

4）B 收到密文 c 后，用自己的私钥 SK_B 解密，表示为 $m=D_{SKB}[c]$，其中 D 是解密算法。

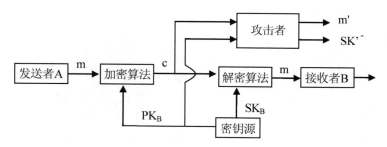

图 3-11 非对称体制加密的框图

因为只有 B 知道 SKB,所以其他人都无法对 c 解密。

非对称加密算法不仅能用于加、解密,还能用于对发方 A 发送的消息 m 提供认证,如图 3-12 所示。用户 A 用自己的私钥 SKA 对 m 加密,表示为

$$c = E_{SK_A}[m]$$

将 c 发往 B。B 用 A 的公钥 PKA 对 c 解密,表示为

$$m = D_{PK_A}[c]$$

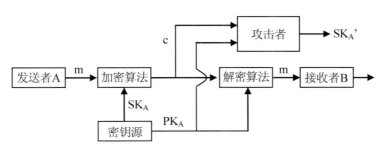

图 3-12　非对称密码体制认证框图

因为从 m 得到 c 是经过 A 的私钥 SKA 加密,只有 A 才能做到。另一方面,任何人只要得不到 A 的私钥 SKA 就不能篡改 m,所以以上过程获得了对消息来源和消息完整性的认证。

认证过程中,由于消息是由用户自己的私钥加密的,所以消息不能被他人篡改,但却能被他人窃听。这是因为任何人都能用用户的公钥对消息解密。为了同时提供认证功能和保密性,可使用双重加、解密。如图 3-13 所示。

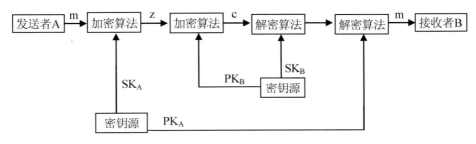

图 3-13　非对称密码体制的认证、保密框图

发方首先用自己的私钥 SKA 对消息 m 加密,用于提供数字签字。再用收方的公钥 PKB 第 2 次加密,表示为

$$c = E_{PK_B}[E_{SK_A}[m]]$$

解密过程为

$$m = D_{PK_A}[D_{SK_B}[c]]$$

即收方先用自己的私钥,再用发方的公钥对收到的密文两次解密。

2. 非对称密码算法应满足的要求

非对称密码算法应满足以下要求:

1)接收方 B 产生密钥对(公钥 PKB 和私钥 SKB)在计算上是容易的。

2)发方 A 用收方的公钥对消息 m 加密以产生密文 c,即 $c = E_{PK_B}[m]$,在计算上是容易的。

3）收方 B 用自己的私钥对 c 解密，即 $m = D_{SK_B}[c]$ 在计算上是容易的。

4）攻击者由 B 的公钥 PK_B 求私钥 SK_B 在计算上是不可行的。

5）攻击者由密文 c 和 B 的公钥 PK_B 恢复明文 m 在计算上是不可行的。

6）加、解密次序可换，即 $E_{PK_B}[D_{SK_B}(m)] = D_{SK_B}[E_{PK_B}(m)]$。

其中最后一条虽然非常有用，但不是对所有的算法都作要求。

以上要求的本质在于要求一个陷门单向函数。对于指数函数而言，能在其输入长度的多项式时间内求出函数值，即如果输入长 n 比特，则求函数值的计算时间是 n^a 的某个倍数，其中 a 是一固定的常数。这时称该函数为计算可行，否则就是不可行的。例，假设函数的输入是 n 比特，如果求函数值所用的时间是 2^n 的某个倍数，则认为求函数值是不可行的，否则求函数值的复杂度为多项式时间，容易被攻击。

满足这些安全强度要求的算法很多，著名的几种算法包括 RSA、椭圆曲线密码等。

3.4.2 RSA 密码体制

MIT 的 Ron Rivest，Adi Shemir 和 Len Adleman 于 1978 在题为《获得数字签名和公开钥密码系统的方法》的论文中提出了基于数论的非对称密码体制，称为 RSA 密码体制。RSA 算法是最早提出的满足要求的公钥算法之一，也是被广泛接受且被实现的通用公钥加密方法。

RSA 是一种分组密码体制，其理论基础是数论中"大整数的素因子分解是困难问题"的结论，即求两个大素数的乘积在计算机上时容易实现的，但要将一个大整数分解成两个大素数之积则是困难的。RSA 公钥密码体制安全、易实现，是目前广泛应用的一种密码体制。

1. 算法描述

RSA 明文和密文均是 $0 \sim n-1$ 之间的整数，通常 n 的大小为 1024 位二进制数，即 n 小于 2^{1024}。

1）公钥。选择两个互异的大质数 p 和 q，使 $n = pq$，$\phi(n) = (p-1)(q-1)$，$\phi(n)$ 是欧拉函数，选择一个正数 e，使其满足 $(e, \phi(n)) = 1$，$\phi(n) > 1$ 将 $K_p = (n, e)$ 作为公钥。

2）私钥。求出正数 d 使其满足 $ed = 1 \bmod \phi(n)$，$\phi(n) > 1$，将 $K_s = (d, p, q)$ 作为私钥。

3）加密变换。将明文 M 作变换，使 $C = E_{K_p}(M) = M^e \bmod n$，从而得到密文 C。

4）解密变换。将密文 C 作变换，使 $M = D_{K_s}(C) = C^d \bmod n$，从而得到明文 M。

一般要求 p, q 为安全质数，现在商用的安全要求为 n 的长度不少于 1024bit。RSA 算法被提出来后已经得到了很多的应用，例如，用于保护电子邮件安全的 Privacy Enhanced Mail（PEM）和 Pretty Good Privacy（PGP）。还有基于该算法建立的签名体制。

2. RSA 算法的安全性

若 $n = pq$ 被因子分解，则 RSA 便被击破。

因为若 p, q 已知，则 $\phi(n) = (p-1)(q-1)$ 便可算出。解密密钥 d 关于已满足下式：

$$ed = 1 \bmod \phi(n)$$

所以并不难求得。因此，RSA 的安全依赖于因子分解的困难性。目前，因子分解速度最快的方法，其时间复杂度为：

$$\exp(\text{sqrt}(\ln(n)\ln\ln(n)))$$

Rivest、Shamir 和 Adleman 建议取 p 和 q 为 100 位十进制数(2^{332}),这样 n 为 200 位十进制数。要分解 200 位的十进制数,使用每秒 10^7 次运算的超高速电子计算机,也要 10^8 年。近来,对大数分解算法的研究引起了数学工作者的重视。1990 年有 150 位的特殊类型的数(第 9 个费尔玛(Fermat)数)已被成功分解。最新记录是 129 位十进制数在网络上通过分布计算被分解成功。估计对 200 位十进制数的因数分解,在亿次机上要进行 55 万年。

若 n 被分解成功,则 RSA 便被攻破。但还不能证明对 RSA 攻击的难度和分解 n 相当,也没有比因数分解 n 更好的攻击方法。故对 RSA 的攻击的困难程度不比大数分解更难。当然,若从求 $\phi(n)$ 入手对 RSA 进行攻击,它的难度和分解 n 相当。已知 n,求得 $\phi(n)$,则 p 和 q 可以求得。因为:

$$\phi(n) = (p-1)(q-1) = pq - (p+q) + 1$$

及
$$(p-q)^2 = (p+q)^2 - 4pq$$

所以
$$n - \phi(n) + 1 = p+q, \quad \sqrt{(p+q)^2 - 4n} = p-q$$

为了安全起见,对 p 和 q 还要求如下:

1)p 和 q 的长度相差不大。

2)$p-1$ 和 $q-1$ 有大素数因子。

3)$(p-1, q-1)$ 很小。

满足这些条件的素数称作安全素数。

3.4.3 ElGamal 密码体制

ElGamal 算法是由 ElGamal 于 1985 年提出来的,是一种基于离散对数问题的密码体制。E1Gamal 既可以用于加密,又可以用于签名,是 RSA 之外最有代表性的公钥密码体制之一,并得到了广泛的应用。

1. ElGamal 算法的基本思想

1)选取大素数 p,$\alpha \in Z_p^*$ 是一个本原元,p 和 α 公开。

2)随机选取整数 d,且使 $1 \leqslant d \leqslant p-1$,计算

$$\beta = \alpha^d \bmod p$$

其中,β 是公开的加密密钥,d 是保密的解密密钥。

3)明文空间为 Z_p^*,密文空间为 $Z_p^* \times Z_p^*$。

4)加密变换:对任意明文 $M \in Z_p^*$,秘密随机选取一个整数 k,$1 \leqslant k \leqslant p-2$,计算

$$C_1 = \alpha^k \bmod p, \quad C_2 = M\beta^k \bmod p$$

得到密文 $C = (C_1, C_2)$。

5)解密变换:对任意密文 $C = (C_1, C_2) \in Z_p^* \times Z_p^*$,明文为

$$M = C_2 (C_1^d)^{-1} \bmod p$$

2. ElGamal 算法的安全性分析

ElGamal 算法的安全性基于有限域 Z_p 上的离散对数问题的困难性。目前,尚没有求解有限域 Z_p 上的离散对数问题的有效算法。所以当 p 足够大时,ElGamal 算法是安全的。

此外,加密中使用了随机数 k。k 必须是一次性的,否则攻击者获得 k 就可以在不知道私钥的情况下加密新的密文。

3.4.4 椭圆曲线密码体制

古老而深奥的椭圆曲线理论一直作为一门纯理论被少数科学家掌握,直到 1985 年 Neal Koblitz 和 Victor Miller 把椭圆曲线群引入公钥密码理论中,分别独立地提出了基于椭圆曲线的公钥密码体制 ECC,使椭圆曲线成为构造公钥密码体制的一个有效的工具,取得了公钥密码理论和应用的突破性进展。

使用基于椭圆曲线密码体制的安全性依赖于由椭圆曲线群上的点构成的代数系统中的离散对数问题的难解性。这一问题自椭圆曲线密码体制提出后,就得到了世界上一流数学家的极大关注并且他们对其进行了大量的研究。它与有限域上的离散对数问题或整数分解问题的情形不同,目前对椭圆曲线离散对数问题还没有一般的指数时间算法,至今已知的最好算法需要指数时间,这意味着用椭圆曲线来实现的密码体制可以用小一些的数来达到使用更大的有限域所获得的安全性。与其他公钥密码体制相比,椭圆曲线密码体制的优势在于密钥长度大大减少、实现速度快等。这是因为随着计算机速度的加快,为达到特定安全级别所需的密钥长度增长,相比之下 RSA 及使用有限域的公钥密码体制要比 ECC 慢得多。

椭圆曲线就是域 K 上的椭圆曲线 E,其定义为:

$$E: y^2 + a_1 xy + a_3 y = x^3 + a_2 x^2 + a_4 x + a_6$$

其中,$a_1, a_2, a_3, a_4, a_6 \in K$,且 $\Delta \neq 0$,Δ 是 E 的判别式,密码学上通常使用了以下的花间形式的椭圆曲线:

$$y^2 \equiv x^3 + ax + b$$

其中,$a, b \in K$,曲线的判别式是 $\Delta = -16(4a^3 + 27b^2)$,$\Delta \neq 0$ 确保了椭圆曲线是"光滑"的,即曲线的所有点都没有两个或两个以上不同的切线。

椭圆曲线上所有的点外加一个叫做无穷远点的特殊点构成的集合,连同一个定义的加法运算构成一个 Abel 群。在等式 $kP = P + P + \cdots + P = Q$ 中,已知 k 和点 P 求点 Q 比较容易,反之已知点 Q 和点 P 求 k 却是相当困难的,这个问题称为椭圆曲线上点群的离散对数问题。椭圆曲线密码算法正是利用这个困难问题而设计的。

以 ElGamal 为例,ElGamal 的椭圆曲线密码算法如下:

(1)密钥产生

假设系统公开参数为一个椭圆曲线 E 及模数 p,使用者执行:

1)任选一个整数 k,$0 < k < p$。

2)任选一个点 $A \in E$,并计算 $B = kA$。

3)公钥为 (A, B),私钥为 k。

(2)加密过程

令明文 M 为 E 上的一点。首先任选一个整数 $r \in Z_p$,然后计算密文 $(C_1, C_2) = (rA, M + rB)$,密文为两个点。

(3)解密过程

计算明文 $M = C_2 - kC_1$。

公钥密码体制根据其所依据的难题主要分为三类:大整数分解问题类、离散对数问题类和椭圆曲线离散对数类。有时也把椭圆曲线离散对数类归为离散对数类。椭圆曲线密码体制的安全性是建立在椭圆曲线离散对数的数学难题之上。椭圆曲线离散对数问题被公认为要比整数分解问题和模 P 离散对数问题难解得多。目前解椭圆曲线上的离散对数问题的最好算法是 Pollard Rho 方法，其计算复杂度上是完全指数级的，而目前对于一般情况下的因数分解的最好算法的时间复杂度是亚指数级的。ECC 算法在安全强度、加密速度以及存储空间方面都有巨大的优势。如 161 位的 ECC 算法的安全强度相当于 RSA 算法 1024 位的强度。这也表明 ECC 算法需要的存储空间要比 RSA 算法的小得多。

3.5　密钥分配与管理技术

3.5.1　密钥分配技术

密钥分配技术解决的是网络环境中需要进行安全通信的实体间建立共享的密钥问题，最简单的解决办法是生成密钥后通过安全的渠道送给对方。这对于密钥量不大的通信是合适的，但随着网络通信的不断增加，密钥量也随之增大，密钥的传递与分配成为严重的负担。而且在当前的实际应用中，用户之间的通信并没有安全的通信信路，因此有必要对密钥分配做进一步的研究。

密钥分配技术一般需要满足两个方面的要求：为减轻负担，提高效率，引入自动密钥分配机制；为提高安全性，尽可能减少系统中驻留的密钥量。为了满足这两个要求，目前有两种类型的密钥分配方案：集中式和分布式密钥分配方案。集中式密钥分配方案是指由密钥分配中心（KDC）或者由一组节点组成层次结构负责密钥的产生并分配给通信双方。分布式密钥分配方案是指网络通信中各个通信方具有相同的地位，它们之间的密钥分配取决于它们之间的协商，不受任何其他方的限制。此外，密钥分配方案也可能采取上面两种方案的混合，即上层（主机）采用分布式密钥分配方案，而上层对于终端或它所属的通信子网采用集中式密钥分配方案。

通常，在使用对称密码技术进行保密通信时，通信双方必须有一个共享的密钥，并且还要防止这个密钥被他人获得。此外，密钥还必须时常更新。从这点上看，密钥分配技术直接影响密钥分配系统的强度。因此，对于通信双方 A 和 B，密钥分配可以有以下几种基本的方法：

1）密钥由 A 选定，然后通过物理方法安全地传递给 B。

2）密钥由可信赖的第三方 C 选取并通过物理方法安全地发送给 A 和 B。

3）如果 A 和 B 事先已有一密钥，那么其中一方选取新密钥后，用已有的密钥加密新密钥发送给另一方。

4）如果 A 和 B 都有一个到可信赖的第三方 C 的保密信道，那么 C 就可以为 A 和 B 选取密钥后安全地发送给 A 和 B。

5）如果 A 和 B 都在可信赖的第三方 C 发布自己的公开密钥，那么他们用彼此的公开密钥进行保密通信。

其中，前两种方法在大量连接的现代通信中并不适合，因为需要对密钥进行人工传送；第 3 种方法，由于要对所有的用户分配初始密钥，代价也很大，因此，也不适合于现代通信；第 4 种方法采用密钥分配技术，可信赖的第三方 C 就是密钥分配中心 KDC，常用于对称密码技术的密钥分配；第 5 种方法采用的是密钥认证中心技术，可信赖的第三方 C 就是证书授权中心（CA），常用于非对称密码技术的公钥分配。

1. 对称密码技术的密钥分配方案

对称密码技术的密钥分配方案中主要有集中式密钥分配方案和分布式密钥分配方案。

（1）集中式密钥分配方案

集中式密钥分配方案是指由密钥分配中心（KDC）或者由一组节点组成层次结构负责密钥的产生并分配给通信双方。如图 3-14 所示。

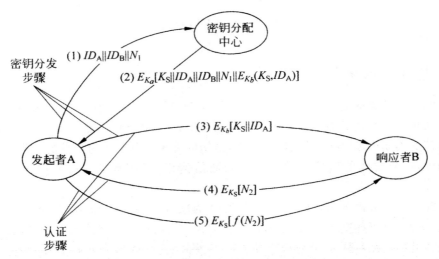

图 3-14　集中式密钥分配方案

在这种方式下，用户不需要保存大量的会话密钥，只需保存同 KDC 通信的加密密钥。其缺点是通信量大，同时要求具有较好的鉴别功能以鉴别 KDC 和通信方。图 3-14 是一个典型的密钥分配过程，由密钥分配中心（KDC）产生会话钥，然后分发给 A 和 B。其中，各字母的含义如下：

1）K_a 和 K_b 分别是 A 和 B 各自拥有与 KDC 共享的主密钥。

2）K_S 是分配给 A 和 B 的一次性会话钥。

3）N_1 和 N_2 是临时交互号，可以是时间戳、计数器或随机数，主要用于防止重放攻击。

4）ID_A 和 ID_B 分别是 A 和 B 的身份标识。

5）$f(N_2)$ 是对 N_2 的某种变换函数，目的是认证。

6）||表示连接符。

A 和 B 之间的会话密钥主要是通过下列几步来完成的。

1）$A \rightarrow KDC : ID_A // ID_B // N_1$

A 向 KDC 发出会话密钥请求。表示请求的消息由两个数据项组成，一个是 A 和 B 的身份 ID_A 和 ID_B，另一个是这一步骤的唯一识别符 N_1，称为临时交互号。每次请求所用的都应不同，且为防止假冒，应使敌手对难以猜测。因此用随机数作为这个识别符最为合适。使用临时交互号的目的是防止重放攻击。

2）$KDC \rightarrow A : E_{K_a}[K_S // ID_A // ID_B // N_1 // E_{K_b}[K_S // ID_A]]$

KDC 为 A 的请求发出应答。应答是用 A 和 KDC 的共享的主密钥 K_a 加密，因此只有 A 才能成功地对这一消息解密，并且 A 可相信这一消息的确是由 KDC 发出的。

3）A→B：$E_{K_b}[K_S//ID_A]$

A 收到 KDC 响应的信息后，同时将会话密钥 K_S 存储起来，同时将经过 KDC 与 B 的共享密钥加密过的信息传送给 B。B 收到后，得到会话密钥 K_S，并从 ID_A 可知对方是 A，而且还从 E_{K_b} 知道确实来自 KDC。由于 A 转发的是加密后的密文，所以转发过程不会被窃听。

4）B→A：$E_{K_S}[N_2]$

B 用会话密钥 K_S 加密另一个临时交互号 N_2，并将加密结果发送给 A。

5）A→B：$E_{K_S}[f(N_2)]$

A 响应 B 发送的信息 N_2，并对 N_2 进行某种函数变换，同时用会话密钥 K_S 进行加密，发送给 B。

（2）分布式密钥分配方案

分布式密钥分配方案是指网络通信中各个通信方具有相同的地位，它们之间的密钥分配取决于它们之间的协商，不受任何其他方的限制。这种密钥分配方案要求有 n 个通信方的网络需要保存 $[n(n-1)/2]$ 个主密钥，对于较大型的网络，这种方案是不适用的，但是在一个小型网络或一个大型网络的局部范围内，这种方案还是有用的，其分配方案如图 3-15 所示。

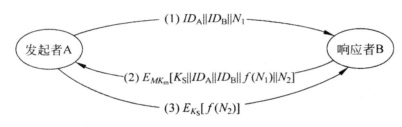

图 3-15 分布式密钥分配方案

采用分布式密钥分配方案时，通信双方 A 和 B 建立会话密钥的过程如下：

1）A→B：$ID_A//ID_B//N_1$

A 向 B 发出建立会话密钥的请求，包括 A、B 的身份标识和临时交互号 N_1。

2）B→A：$E_{MK_m}[K_S//ID_A//ID_B//f(N_1)//N_2]$

B 用与 A 共享的主密钥 MK_m 对应答的消息加密，并发送给 A。应答的消息中包括选取的会话密钥 K_S、A 的标识符 ID_A、B 的标示符 ID_B、$f(N_1)$ 和一个一次性随机数 N_2。

3）A→B：$E_{K_S}[f(N_2)]$

A 使用新建立的会话密钥 K_S 对 $f(N_2)$ 加密后返回给 B。

在分布式密钥分配方案中，每个通信方都必须保持 $(n-1)$ 个主密钥，而且需要多少会话密钥就可以产生多少。由于使用主密钥传送的信息很短，所以对主密钥的分析十分困难。

2. 非对称密码技术的密钥分配方案

非对称密码技术的密钥分配方案和对称密码技术的密钥分配方案有着本质的区别。在对称密码技术的密钥分配方案中，要求将一个密钥从通信的一方通过某种方式发送到另一方，只有通信双方知道密钥，而其他任何人都不知道密钥；而在非对称密码技术的密钥分配方案中，要求私钥只有通信一方知道，而其他任何方都不知道，与私钥匹配使用的公钥则是公开的，任何人都可以使用该公钥和拥有私钥的一方进行保密通信。

非对称密码技术的密钥分配方案主要包括非对称密码技术所用的公钥的分配和利用非对称密码技术来分配对称密码技术中使用的密钥两个方面的内容。

（1）非对称密码技术所用的公钥的分配

非对称密码技术使得密钥分配变得较容易，但也存在一些问题。在网络系统中无论有多少人，每个人都只有一个公钥。获取公钥的途径有多种，包括公开发布、公用目录、公钥机构和公钥证书。

人们已经提出了很多种公钥分配方法，所有这些方法本质上可归结为以下几种方法：广播式公钥分发、目录式公钥分发、公钥授权和公钥证书。

1）广播式公钥分发。广播式公钥分发是指用户将自己的公钥发送给另外一个参与者，或者把公钥广播给相关人群。例如，PGP 中采用了 RSA 算法，用户将自己的公钥附加到消息上，然后发送到公共区域，如邮件列表中。但这种方法有一个非常大的缺点，即任何人都可以伪造一个公钥冒充他人。

2）目录式公钥分发。公用目录是由一个可信任的系统或组织建立和管理维护公用目录，该公用目录维持一个公开动态目录。如图 3-16 所示，这种方法主要包含以下几个方面的内容。

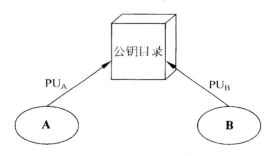

图 3-16　目录式公钥分发

· 可信机构通过对每一通信方建立一个目录项〈用户名，公钥〉来建立、维护该公钥目录。

· 各通信方通过访问该目录来注册一个公钥。注册必须亲自或通过安全的认证通信来进行。

· 通信方可以随时访问该公钥目录，以及申请删除、修改、更新当前的公钥。

· 为安全起见，通信方和可信机构之间的通信受鉴别保护。

这种方法显然比由个人公开发布公钥要安全，但是它也存在着一定的缺点。如果攻击者获得或计算出目录管理员的私钥，则他可以发布伪造的公钥，假冒任何通信方，以窃取发送给该通信方的消息。另外，攻击者也可以通过修改目录管理员保存的记录来达到这一目的。

3）公钥授权。为更严格控制从目录分配出去的公钥更加安全，为此需要引入一个公钥管理机构来为各个用户建立、维护和控制动态的公用目录。为达到这个目的，必须满足：每个用户都能可靠地知道管理机构的公钥，且只有管理机构自己知道自己的私钥。这样任何通信双方都可以向该管理机构获得他想要得到的任何其他通信方的公钥，通过该管理机构的公钥便可以判断他所获得的其他通信方公钥的可信度。与单纯的公用目录相比，该方法的安全性更高。但这种方式也有它的缺点，其缺点就在于由于每个用户要想和其他人通信都需求助于公钥管理机构，因而管理机构可能会成为系统的瓶颈，而且由管理机构维护的公用目录也容易被攻击者攻击。

4)公钥证书。为解决公开密钥管理机构的瓶颈问题,可以通过公钥证书来实现。也就是说既不与公钥管理机构通信,又能证明其他通信方的公钥的可信度,实际上完全解决了公开发布及公用目录的安全问题。

3.5.2　密钥的管理内容

随着计算机网络的发展,人们对网络上传递敏感信息的安全性要求也越来越高,密码技术得到了广泛应用。随之而来的,如何生成、分发、管理密钥也成为一个重要的问题。密钥管理的核心问题是:确保使用中的密钥能安全可靠。

通常情况下,密钥管理包括密钥的产生、存储、分配、组织、使用、停用、更换、销毁等一系列技术问题。每个密钥都有其生命周期,密钥管理就是对密钥的整个生命周期的各个阶段进行全面管理。因为密码体制不同,所以密钥的管理方法也不同。例如,公开密钥密码和传统密码的密钥管理就有很大的不同。

1. 密钥管理的基本原则

由于密钥管理是一个系统工程,因此,必须从整体考虑,从细节着手,严密细致地施工,充分完善地测试,才能较好地解决密钥管理问题。所以,首先应当弄清密钥管理的一些基本原则,其基本原则如下:

1)区分密钥管理的策略和机制。

2)全程安全原则。

3)最小权利原则。

4)责任分离原则。

5)密钥分级原则。

6)密钥更换原则。

7)密钥应当有足够的长度原则。

8)密码体制不同,密钥管理也不相同。

而一般任何密钥都有一定的生存周期,也就是授权使用该密钥的周期。原因主要有以下几点:

1)如果基于同一密钥加密的数据过多,这就使攻击者有可能拥有大量的同一密钥加密的密文,从而有助于他们进行密码分析。

2)如果我们限制单一密钥的使用次数,那么,在单一密钥受到威胁时,也只有该密钥加密的数据受到威胁,从而限制信息的暴露。

3)对密钥使用周期的考虑,也是考虑到一个技术的有效期,随着软硬件技术的发展,56 位密钥长度的 DES 已经不能满足大部分安全的需要,而被 128 位密钥长度的 AES 所代替。

4)对密钥生存期的限制也限制了计算密集型密码分析攻击的有效时间。

2. 密钥的类型

通常,我们把保护数据的密钥,叫做数据加密密钥,当它保护的是两个通信终端用户的一次通话或交换数据时,也称为会话密钥。当它用于加密文件时,称为文件密钥。

数据加密密钥可由用户自己提供,也可由系统根据用户的请求产生,它们是被另一个密钥加密从而得到保护的。用于对会话密钥或文件密钥进行加密时采用的密钥称为密钥加密密钥,又称辅助(二级)密钥或密钥传送密钥。通信网中的每个节点都分配有一个这类密钥。

一个终端只要求存储一个密钥加密密钥,它称为终端主密钥。终端主密钥的保密是通过把它存储在一个叫做密码设施的保护区域里实现的。密码设施是一个安全部件,它包含通常的密码算法,以及放置少量的密钥和数据参数的存储器。只能通过一个不受侵害的接口对其制下的加密实现的。对主机主密钥的保护类似于终端主密钥,它存在于一个主机的密码。

对于能够进行输入—输出操作的一些终端而言,终端用户是人。基本密钥,又称初始密钥、用户密钥,是由用户选定或由系统分配给用户的,可在较长时间内由一对用户所专用的密钥。

在公钥体制下,还有公开密钥、秘密密钥、签名密钥之分。

3. 密钥的产生登记

密钥的产生可以是手工的,也可以是以自动化的方式产生。选择密钥方式的不当会影响安全性,比如选择不同的密钥产生方式,密钥空间是不同的,如表 3-13 所示。

表 3-13　不同产生方式时的密钥空间

	4 字节	5 字节	6 字节	7 字节	8 字节
小写字母(26)	4.6×10^5	1.2×10^7	3.1×10^8	8.0×10^9	2.1×10^{11}
小写字母＋数字(36)	1.7×10^6	6.0×10^7	2.2×10^9	7.8×10^{10}	2.8×10^{12}
字母数字字符(62)	1.5×10^7	9.2×10^8	5.7×10^{10}	3.5×10^{12}	2.2×10^{12}
印刷字符(95)	8.1×10^7	7.7×10^9	7.4×10^{11}	7.0×10^{13}	6.6×10^{15}
ASCII 字符(128)	2.7×10^8	3.4×10^{10}	4.4×10^{12}	5.6×10^{14}	7.2×10^{16}
8 位 ASCII 字符(256)	4.3×10^9	1.1×10^{12}	2.8×10^{14}	7.2×10^{16}	1.8×10^{19}

当采用 4 个小写英文字母做密钥时,密钥空间仅为 4.6×10^5,如果采用每秒测试 100 万个密钥的硬件进行攻击,只需要 0.5 秒,而当采用任意的 8 个 8 位 ASCII 码字符做密钥时,密钥空间为 1.8×10^{19},其搜索时间为 580 000 年,抵抗穷举攻击的时间大大增加。其次,差的选择方式易受字典式攻击。用户选择自己的密钥时,往往选择容易记忆的字符或者数字串,而攻击者也正是抓住了人们选择密钥上的这一心理特点进行攻击。攻击者并不按照数字或者字母顺序去尝试所有的密钥,首先尝试可能的密钥,例如英文单词、名字等。一个名叫 Daniel Klein 的人,使用此法破译了 40% 的计算机口令。而他构造字典的方法如下:

1)用户的姓名、首字母、账户名等与用户相关的个人信息。

2)从各种数据库得到的单词,如地名、山名、河名、著名人物的名字、著名文章或者小说的名字等。

3)数据库单词的置换,如数据库单词的大写置换,字母 O 变成数字 0,或者单词中的字母颠倒顺序。

4)如果被攻击者为外国人,可以尝试外国文字。

5)尝试一些词组。

由此可见,一个真正好的密钥是某些自动过程产生的真随机位串,而真随机位串通常并不具有任何意义且不容易以及,因此,一般建议在实际操作过程中建议采用以下方式:

1）与特定算法相关的弱密钥和敏感密钥将被删除，如 DES 有 16 个弱密钥和半弱密钥。

2）公钥体制的密钥必须满足一定的数学关系。

3）选用易记难猜的密钥，如较长短语的首字母，词组用标点符号分开，或者使用单向散列函数将一个任意长的短语转换成一个伪随机串。

4）不同等级的密钥，因为其重要性不同，也要选用不同的产生方式。

5）主机主密钥对系统中存储的所有密钥提供加密保护，可能在相当长的时间保持不变，其安全性至关重要，故要保证其完全随机性、不可重复性和不可预测性。

6）在一个有 n 个通信节点的系统中，为了得到较好的安全性，在每对节点之间都要使用不同的密钥加密密钥，需要的数量为 $n(n-1)/2$，在节点数目较多时，需要的量非常大，可采用一些安全算法或者伪随机数发生器由机器自动产生。

7）会话密钥可利用密钥加密密钥及某种算法产生。

密钥生产形式现有是由中心（或分中心）集中生产，也称有边界生产和由个人分散生产，也称无边界生产两种方式。表 3-14 从两种生产方式的生产者、用户数量、特点、安全性和适用范围进行了对比。

表 3-14　两种密钥生产方式的对比

方式	代表	生产者	用户数量	特点	安全性	适用范围
集中式	传统的密钥分发中心 KDC 和证书分发中心 CDC 等方案	在中心统一进行	生产有边界，边界以所能配置的密钥总量定义，其用户数量受限	密钥的认证协议简洁	交易中的安全责任由中心承担	网络边界确定的有中心系统
分散式	由个人生产		密钥生产无边界，其用户数量不受限制	密钥变量中的公钥必须公开，需经第三方认证	交易中安全责任由个人承担	无边界的和无中心系统

如果是用户自己产生的密钥，那就需要进行密钥的登记。密钥登记指的是将产生的密钥与特定的使用捆绑在一起，例如，用于数字签名的密钥，必须与签名者的身份捆绑在一起。这个捆绑必须通过某一授权机构来完成。

4. 密钥的使用

密钥的使用是指从存储介质上获得密钥进行加密和解密的技术活动。在密钥的使用过程中，要防止密钥被泄露，同时也要在密钥过了使用期后更换新的密钥。在密钥的使用过程中，如果密钥的使用期已到、确信或怀疑密钥已经泄露出去或者已经被非法更换等，应该立即停止密钥的使用，并要从存储介质上删除密钥。

5. 密钥的存储和保护

密钥的存储分为无介质、记录介质和物理介质等。无介质就是不存储密钥，或者说靠记忆来存储密钥。这种方法也许是最安全的，也许是最不安全的。一旦遗忘了密钥，其结果就可想而知了。但对于只使用短时间通信的密钥而言，也许并不需要存储密钥。记录介质就是把密钥存储在计算机等的磁盘上。当然这要求存储密钥的计算机只有授权人才可以使用,否则是不安全的。但如果有非授权的人要使用该计算机,对存储密钥的文件进行加密或许也是一个不错的选择。物理介质是指把密钥存储在一个特殊介质上,如 IC 卡等,显然这种物理介质存储密钥便于携带、安全、方便。

密钥除了需要保证其机密性外,所有密钥的完整性也需要保护,因为一个入侵者可能修改或替代密钥,从而危及机密性服务。

除了公钥密码系统中的公钥外,所有的密钥需要保密。

对于对称密码算法的密钥和非对称密码算法的私钥,如果只涉及单用户,密钥存储问题是最简单的,最安全的存储方法是将密钥记忆在脑子里,而不存储在任何系统中,用户每次在使用时才输入到系统中。而在实际中,无法记忆的密钥最安全的方法是将其放在物理上安全的地方。当无法用物理的办法对一个密钥进行安全保护时,必须用其他的方法来保护。一种方法是将一个密钥分成若干部分,委托给若干个不同的人或是放到若干个不同的地方,密钥的分存可以采用秘密共享的门限方案;另一种方式是通过机密性(如用另一个密钥加密)或和完整性服务来保护。非对称密码算法的公钥存储可采用将所有公钥存储在专用媒体(软盘、芯片等)一次性发放给各用户,用户在本机中就可以获得对方的公钥,协议非常简单,又很安全。计算机黑客的入侵破坏,也只能破坏本机而不影响其他终端。这种形式只有在 KDC 等集中式方式下才能实现。或者是用对方的公钥建立密钥环各自分散保存(如 PGP)。再或者是将各用户的公钥存放在公用媒体中。后两种都需要解决密钥传递技术,以获取对方的公钥,但这种方法还要解决公用媒体的安全技术,即数据库的安全问题。

6. 密钥的备份与恢复

由于密钥在保密通信中具有重要的地位,应尽全力对密钥进行保护。密钥备份是指在密钥使用期内,存储一个受保护的复制,用于恢复遭到破坏的密钥。密钥的恢复是指当一个密钥由于某种原因被破坏了,在还没有被泄露出去以前,从它的一个备份重新得到密钥的过程。密钥的备份与恢复保证了即使密钥丢失,由该密钥加密保护的信息也能够恢复。密钥托管技术就是一种能够满足这种需求的有效的技术。

密钥恢复时,所有保存该密钥分量的人都应该到场,并负责自己保管的那份密钥分量的输入工作。密钥的恢复工作同样也应该被记录在安全日志上。

7. 密钥的销毁

没有哪个加密密钥能无限期地使用,任何密钥必须像许可证、护照一样能够自动失效,否则可能带来不可预料的后果,其主要有下列几点原因:

1)密钥使用时间越长,它泄露的机会就越大。

2)如果密钥已泄露,那么密钥使用越久,损失就越大。

3)密钥使用越久,人们花费精力来破译它的诱惑力就越大,甚至采用穷举法进行攻击。

4)对用同一密钥加密的多个密文进行密码分析一般比较容易。

因此,任何密钥都有它的有效期。密钥必须定期更换,更换密钥后原来的密钥必须销毁。密钥不再使用时,该密钥的所有复制都必须删除,生成或构造该密钥的所有信息也应该被全部删除。

第4章　数字签名与信息认证技术

4.1　数字签名技术

数字签名就是通过一个单向 Hash 函数［又称消息认证码（Message Authentication Codes，MAC）］对要传送的报文进行处理，用以认证报文来源并核实报文是否发生变化的一个字母数字串，该字母数字串被称为该消息的消息鉴别码或消息摘要，这就是通过单向 Hash 函数实现的数字签名。

数字签名（或称电子加密）是公开密钥加密技术的一种应用。其使用方式是：报文的发送方从报文文本中生成一个 128 位的散列值（即哈希函数，根据报文文本而产生的固定长度的单向哈希值。有时这个单向值也叫做报文摘要，与报文的数字指纹或标准校验相似）。

数字签名可以保证：

1）接受方可以核实发送方对报文的签名。

2）发送方不能抵赖对报文的签名。

3）接收方不能伪造对报文的签名。

一般情况采用公钥加密算法要比用常规密钥算法更容易实现数字签名。实现数字签名也同时实现了对报文来源的鉴别，可以做到对反拒认或伪造的鉴别。

4.1.1　数字签名的必要性

数字签名是通过一个单向函数对要传送的报文进行处理所得到的，用以认证报文来源并核实其是否发生变化的一个字符串。目前的数字签名是建立在公钥密码体制基础上，是公用密钥加密技术的另一类应用。

消息鉴别通过验证消息完整性和真实性，可以保护信息交换双方不受第三方的攻击，但是它不能处理通信双方内部的相互的攻击，这些攻击可以有多种形式。

例如，假定发送方 A 与接收方 B 在通信中使用基于 MAC 的消息鉴别方法。考虑下面两种情形：

1）B 可以伪造一条消息并称该消息发自 A。此时，B 只需产生一条消息，用 A 和 B 共享的密钥产生消息鉴别码，并将消息鉴别码附于消息之后。因为 A 和 B 共享密钥，则 A 无法证明自己没有发送过该消息。

2）A 可以否认曾发送过某条消息。同样道理，因为 A 和 B 共享密钥，B 可以伪造消息，所以无法证明 A 确实发送过该消息。

这两种情形都是法律关注的。例如，对于第一种情形，在进行电子资金转账时，接收方可以增加转账资金，并声称这是来自发送方的转账资金额；对于第二种情形，股票经纪人收到有关电子邮件消息，要他进行一笔交易，而这笔交易后来失败了，但是发送方可以伪称从未发送过这条消息。

因此,在收发双方未建立起完全的信任关系且存在利害冲突的情况下,单纯的消息认证就显得不够。数字签名技术则可有效解决这一问题。类似于手书签名,数字签名应具有以下性质:

1)能够验证签名产生者的身份,以及产生签名的日期和时间。

2)能用于证实被签消息的内容。

3)数字签名可由第三方验证,从而能够解决通信双方的争议。

由此可见,数字签名具有认证功能。为实现上述 3 条性质,数字签名应满足以下要求:

1)签名的产生必须使用发送方独有的一些信息以防伪造和否认。

2)签名的产生应较为容易。

3)签名的识别和验证应较为容易。

4)对已知的数字签名构造一新的消息或对已知的消息构造一假冒的数字签名在计算上都是不可行的。

4.1.2 数字签字的产生方式

1. 消息加密算法产生

利用加密算法产生数字签字是指将消息或消息的摘要加密后的密文作为对该消息的数字签字,其用法又根据单钥加密还是公钥加密而有所不同。

(1)单钥加密

发送方 A 根据单钥加密算法以与接收方 B 共享的密钥 K 对消息 M 加密后的密文作为对 M 的数字签字发往 B。该系统能向 B 保证所收到的消息的确来自 A,因为只有 A 知道密钥 K。再者 B 恢复出 M 后,可相信 M 未被篡改,因为敌手不知道 K 就不知如何通过修改密文而修改明文。具体来说,就是 B 执行解密运算 $Y=D_K(X)$,如果 X 是合法消息 M 加密后的密文,则 B 得到的 Y 就是明文消息 M,否则 Y 将是无意义的比特序列。

(2)公钥加密

发送方 A 使用自己的秘密钥 SK_A 对象消息 M 加密后的密文作为对 M 的数字签字,B 使用 A 的公开钥 PK_A 对消息解密,由于只有 A 才拥有加密密钥 SK_A,因此可使 B 相信自己收到的消息的确来自 A。然而由于任何人都可使用 A 的公开钥解密密文,所以这种方案不提供保密性。为提供保密性,A 可用 B 的公开钥再一次加密。

由加密算法产生数字签字又分为外部保密方式和内部保密方式,外部保密方式是指数字签字是直接对需要签字的消息生成而不是对已加密的消息生成,否则称为内部保密方式。外部保密方式便于解决争议,因为第三方在处理争议时,需要到明文消息及其签字。但如果采用内部保密方式,第三方必须得到消息的解密密钥后才能得到明文消息。如果采用外部保密方式,接收方就可将明文消息及其数字签字存储下来以备以后万一出现争议时使用。

2. 签字算法产生

签字算法的输入是明文消息 M 和密钥 x,输出是对 M 的数字签字,表示为 $S=\text{Sig}_x(M)$。相应于签字算法,有一验证算法,表示为 $\text{Ver}_x(S,M)$,其取值为

$$\text{Ver}_x(S,M)=\begin{cases}\text{True},S=\text{Sig}_x(M)\\\text{False},S\neq\text{Sig}_x(M)\end{cases}$$

算法的安全性在于从 M 和 S 难以推出密钥 x 或伪造一个消息 M' 使 (S, M') 可被验证为真。

4.1.3 数字签名的执行方式

数字签名的执行方式有两类,即直接方式和具有仲裁的方式。

1. 直接方式的数字签名

直接方式的数字签名只有通信双方参与,并假定接收一方知道发方的公开密钥。数字签名的形成方式可以用发方的私钥加密整个消息或加密消息的杂凑值。

如果发方用收方的公开密钥(公钥加密体制)或收发双方共享的会话密钥(单钥加密体制)对整个消息及其签名进一步加密,则对消息及其签名更加提供了保密性。而此时的外部保密方式(即数字签名是直接对需要签名的消息生成而不是对已加密的消息生成,否则称为内部保密方式),则对解决争议十分重要,因为在第三方处理争议时,需要得到明文消息及其签名才行。但如果采用内部保密方式,则第三方必须在得到消息的解密密钥后才能得到明文消息。如果采用外部保密方式,则接收方就可将明文消息及其数字签名存储下来以备以后万一出现争议时使用。

直接方式的数字签名有一弱点,即方案的有效性取决于发方私钥的安全性。如果发方想对自己已发出的消息予以否认,就可声称自己的私钥已丢失或被盗,认为自己的签名是他人伪造的。对这一弱点可采取某些行政手段,在某种程度上可减弱这种威胁,例如,要求每一被签的消息都包含有一个时间戳(日期和时间),并要求密钥丢失后立即向管理机构报告。这种方式的数字签名还存在发方的私钥真的被偷的危险,例如,敌方在时刻 T 偷得发方的私钥,然后可伪造消息,用偷得的私钥为其签名并加上 T 以前的时刻作为时戳。

2. 具有仲裁方式的数字签名

仲裁方式的数字签名和直接方式的数字签名一样,也具有很多实现方案,在实际应用中由于直接数字签名方案存在安全性缺陷,所以更多采用的是一种基于仲裁的数字签名技术,即通过引入仲裁来解决直接签名方案中的问题。但总的来说,二者的工作方式是基本相同的。基于仲裁方式的多种数字签名方案中都按照以下方式运行:发方 X 对发往收方 Y 的消息签名后,将消息及其签名先发给仲裁者 A,A 对消息及其签名验证完后,再连同一个表示已通过验证的指令一起发往收方 Y。此时由于 A 的存在,X 无法对自己发出的消息予以否认。在这种方式中,仲裁者起着重要的作用并应取得所有用户的信任。也就是说仲裁者 A 必须是一个可信的系统。

例如,以下几个具有仲裁方式的数字签名的实例,其中,X 表示发送方,Y 表示接收方,A 是仲裁者,M 是消息,X→Y:M 表示 X 给 Y 发送明文,$H(M)$ 为杂凑函数值,// 表示链接。

具体签名过程如下:

1)X→A:$M // E_{K_{XA}}[\text{ID}_X // H(M)]$

2)A→Y:$E_{K_{AY}}[\text{ID}_X // M // E_{K_{XA}}[\text{ID}_X // H(M)] // T]$

其中,E 是单钥加密算法,K_{XA} 和 K_{AY} 分别是 X 与 A 共享的密钥和 A 与 Y 共享的密钥,$H(M)$ 是 M 的杂凑值,T 是时戳,ID_X 是 X 的身份。

在 1)中,X 以 $E_{K_{XA}}[\text{ID}_X // H(M)]$ 作为自己对 M 的签名,将 M 及签名发往 A。在 2)中 A 将从 X 收到的内容和 ID_X,T 一起加密后发往 Y,其中,T 用于向 Y 表示所发的消息不是旧消息的重放。Y 对收到的内容解密后。将解密结果存储起来以备出现争议时使用。

若出现争议，Y 可声称自己收到的 M 的确来自 X，并将 $E_{K_{AY}}[ID_X // M // E_{K_{XA}}[ID_X // H(M)]]$ 发给 A，由 A 仲裁，A 由 K_{AY} 解密后，再用 K_{XA} 对 $E_{K_{XA}}[ID_X // H(M)]$ 解密，并对 $H(M)$ 加以验证，从而验证了 X 的签名。

以上过程中，由于 Y 不知 K_{XA}，因此，不能直接检查 X 的签名，但 Y 认为消息来自于 A 因而是可信的。所以整个过程中，A 必须取得 X 和 Y 的高度信任：

1）X 相信 A 不会泄露 K_{XA}，并且不会伪造 X 的签名。

2）Y 相信 A 只有在对 $E_{K_{AY}}[ID_X // M // E_{K_{XA}}[ID_X // H(M)] // T]$ 中的杂凑值及 X 的签名验证无误后才将之发给 Y。

3）X，Y 都相信 A 可公正地解决争议。

若 A 已取得各方的信任，则 X 就能相信没有人能伪造自己的签名，Y 就可相信 X 不能对自己的签名予以否认。

本例中消息 M 是以明文形式发送的，因此，未提供保密性，下面两个例子可提供保密性。

具体签名过程如下：

1）X→A：$ID_X // E_{K_{XY}}[M] // E_{K_{XA}}[ID_X // H(E_{K_{XY}}[M])]$

2）A→Y：$E_{K_{AY}}[ID_X // E_{K_{XY}}[M] // E_{K_{XA}}[ID_X // H(E_{K_{XY}}[M])] // T]$

其中，K_{XY} 是 X，Y 共享的密钥。X 以 $E_{K_{XA}}[ID_X // H(E_{K_{XY}}[M])]$ 作为对 M 的签名，与由 K_{XY} 加密的消息 M 一起发给 A。A 对 $E_{K_{XA}}[ID_X // H(E_{K_{XY}}[M])]$ 解密后通过验证杂凑值以验证 X 的签名，但始终未能读取明文 M。A 验证完 X 的签名后，对 X 发来的消息加一时戳，再用 K_{AY} 加密后发往 Y。

该例虽然提供了保密性，但还存在与上例相同的一个问题，即仲裁者可和发送方共谋以否认发送方曾发过的消息，也可和接收方共谋以伪造发送方的签名。这一问题可通过下面所采用的公钥加密技术的方法得以解决。

具体签名过程如下：

1）X→A：$ID_X // E_{SK_X}[ID_X // E_{PK_Y}[E_{SK_X}[M]]]$

2）A→Y：$E_{SK_A}[ID_X // E_{PK_Y}[E_{SK_X}[M]] // T]$

其中，SK_A 和 SK_X 分别是 A 和 X 的私钥，PK_Y 是 Y 的公钥，其他符号与前两例相同。第 1 步中，X 用自己的私钥 SK_X 和 Y 的公钥 PK_Y 对消息加密后作为对 M 的签名，以这种方式使得任何第三方（包括 A）都不能得到 M 的明文消息。A 收到 X 发来的内容后，用 X 的公钥可对 $E_{SK_X}[ID_X // E_{PK_Y}[E_{SK_X}[M]]]$ 解密，并将解密得到的 ID_X 与收到的 ID_X 加以比较，从而可确信这一消息是来自于 X 的（因只有 X 有 SK_X）。第 2 步，A 将 X 的身份 ID_X 和 X 对 M 的签名加上一时戳后，再用自己的私钥加密发往 Y。

与前两种方案相比，第三种方案有以下优点：

1）在协议执行以前，各方都不必有共享的信息，从而可以防止共谋。

2）只要仲裁者的私钥不被泄露，任何人包括发方就不能发送重放的信息。

3）对任何第三方（包括 A）而言，X 发往 Y 的消息都是保密的。

4.2 消息认证技术

消息认证用于抗击主动攻击，主要是用来验证接收消息的真实性和完整性，可将消息认证划分为两层含义：一是检验消息的来源是真实的，也就是说对消息发送者的身份进行认证；二是检验消息是完整的，验证消息的顺序性和时间性（未重排、重放和延迟），验证消息在传送或存储过程中没有被篡改、删除或插入过等。当需要进行消息认证时，仅有消息作为输入是不够的，需要加入密钥 K，这就是消息认证的原理。是否能够完成认证，主要看信息发送者或信息提供者是否拥有密钥 K。

消息认证可有三种方式，即消息加密、消息认证码 MAC 和散列函数。

4.2.1　消息加密

消息加密是使用整个消息的密文作为认证标识，并且接收方必须能够识别错误。

1. 对称密码体制下的消息加密

对称密码体制下的消息加密如图 4-1 所示，由于攻击者不知道密钥 K，于是也就不知道如何改变密文中的信息位才能在明文中产生预期的改变。接收方可以根据解密后的明文是否具有合理的语法结构来进行消息认证。但有时发送的明文本身并没有明显的语法结构或特征，例如，二进制文件，因此很难确定解密后的消息就是明文本身。

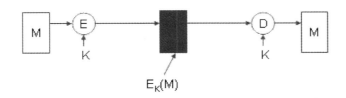

图 4-1　对称密码体制下的消息加密

2. 在公钥密码体制下的消息加密

（1）普通加密

普通加密如图 4-2 所示，这种方式中 B 的公钥是公开的，所以这种方式不提供认证，只提供加密。

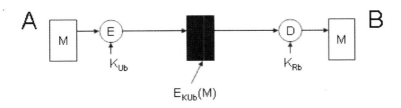

图 4-2　普通加密

（2）认证和签名

认证和签名如图 4-3 所示，这种方式下，由于只有 A 有用于产生 $E_{KRa}(M)$ 的密钥，所以此方法提供认证。K_{Ua} 是公开的，故不提供加密。

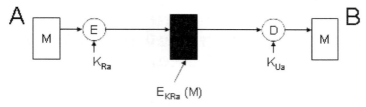

图 4-3　认证和签名

（3）加密认证和签名

加密认证和签名如图 4-4 所示，这种方式提供认证和加密，且一次通信中要执行四次复杂的公钥算法。

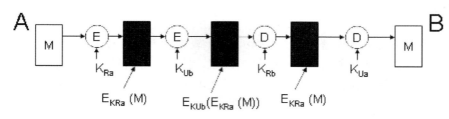

图 4-4　加密认证和签名

4.2.2　消息认证码 MAC

含有密钥的 Hash 函数通常称为消息认证码（Message Authentication Codes，MAC）。消息认证码是指消息被一密钥控制的公开函数作用后产生的、用作认证符的、固定长度的数值，也称为密码校验和。此时需要通信双方 A 和 B 共享一密钥 K。下面讨论两种广泛使用的消息认证码。

1. 基于分组密码的 MAC

目前被广泛使用的 MAC 算法是基于分组密码的 MAC 算法。下面以 DES 分组密码为例，来说明构造 MAC 算法的过程。消息分组的长度取为 64 位，MAC 算法的密钥取为 DES 算法的加密密钥。

给定消息序列 x 和 56 位的密钥 k，构造相应的 MAC 的过程如下：

1）填充和分组。对消息序列 z 进行填充，将消息序列 x 分成 t 个长度为 64 位的分组，记为：

$$x : x_1 \parallel x_2 \parallel x_3 \parallel \cdots \parallel x_t$$

2）分组密码的计算。应用 DES 分组加密算法的计算过程如下：

$$H_1 \leftarrow \mathrm{DES}_k(x_1)$$
$$H_2 \leftarrow \mathrm{DES}_k(x_2 H_1)$$
$$H_3 \leftarrow \mathrm{DES}_k(x_3 H_2)$$
$$\vdots$$
$$H_t \leftarrow \mathrm{DES}_k(x_t H_{t-1})$$

3）可选择输出。使用第二个密钥 k'，$k' \neq k$，计算相应的 $H(x)$ 的过程如下：

$$H_t' \leftarrow \mathrm{DES}_{k'}^{-1}(H_t)$$

$$H(x) \leftarrow DESk(H_t{}')$$

通过以上过程最终得到消息 x 的 MAC 为 $H(x)$。

在以上计算 MAC 的过程中，第 3)步可选择输出过程相当于对最后一个消息分组进行了三重 DES 加密，该操作能够有效减少 MAC 受到穷举式搜索攻击的威胁。由于三重 DES 加密过程只是在可选择输出过程进行，没有在整个分组密码计算过程采用，因此不会影响中间过程的效率。

2. 基于序列密码的 MAC

考虑到基于异或运算的流密码的位运算会直接导致作为基础明文的可预测变化，对流密码进行数据完整性保护显得更为重要。一般的 Hash 函数每次处理的是消息序列的一个分组，而为流密码设计的 MAC 算法每次处理的是消息的一个位。

给定长度为 m 位的消息序列 x，构造相应的 MAC 的过程如下：

1)建立关联多项式。建立与消息序列 $x = x_{m-1}x_{m-2}\cdots x_1 x_0$ 相关联的多项式 $P_x(t) = x_0 + x_1 t + \cdots x_{m-1}t^{m-1}$。

2)密钥的选择。随机选择一个 n 次的二进制不可约多项式 $q(t)$，同时随机选择一个 n 位的密钥 k。MAC 的密钥由 $q(t)$ 和 k 组成。

3)计算过程。计算 $h(x) = \text{coef}(P_x(t) \cdot t^n \mod q(t))$，这里 coef 表示取 $P_x(t) \cdot t^n$ 除以 $q(t)$ 所得到的次数为 $n-1$ 次的余式多项式的系数，计算结果对应 n 位的序列。

4)MAC。消息序列 x 的 MAC 定义为 $H(x) \leftarrow H(x)k$。

通过以上过程后得到消息 x 的 MAC 为 $H(x)$。

在上面的 MAC 计算过程中，对于不同的消息序列，不可约多项式 $q(t)$ 可以重复使用，但对于不同的消息序列，相应的随机密钥 k 要随时更新，以保证算法的安全性。

任何一个基于 Hash 函数的 MAC 算法的安全性都在某种方式下依赖于所使用的 Hash 函数的安全性。MAC 的安全性一般表示为伪造成功的概率，该概率等价于对使用的 Hash 函数进行以下攻击中的一种：即使对攻击者来说 x_0 是随机的、秘密的和未知的，攻击者仍能够计算出压缩函数的输出；即使 x_0 是随机的、秘密的和未知的，攻击者仍能够找到 Hash 函数的碰撞。

在以上两种情况下，对应的 MAC 算法都是不安全的。

4.2.3　散列函数

Hash function 是一个公开函数，用于将任意长度的消息 M 映射到一个固定长度的散列值 $H(m)$，作为认证标识，称散列值 $H(m)$ 为 Hash 码。Hash 码并不使用密钥，只是输入消息的函数。Hash 码又称报文摘要 MD(Message Digest)，它是所有信息位的函数，具有错误检测能力。

Hash function 是一种直接产生认证码的方法，没有密钥，其消息中的任何一位的改变都会导致 Hash 码的改变。Hash 函数通常都具有公开的散列算法，计算速度快、不同的报文不能产生相同的散列码，对于任意报文无法预知它的散列码，无法根据散列码倒推报文，对于任何大小数据都能产生定长输出。

在网络通信环境中存在许多报文并不需要加密，而只是要判断和鉴别报文的真伪，如网络中的一些通知信息。目前在计算机网络中多采用报文摘要来实现对报文的鉴别，即是说仅对计算出的报文摘要进行加密，不用对整个报文加密，这样既减少了开销，又达到了鉴别真伪的目的。

报文摘要 MD 的大概工作过程如下:在发送方将可变长度的报文 m 经过报文摘要算法运算后得出固定长度的报文摘要 $H(m)$,然后对 $H(m)$ 加密,得出 $E_K(H(m))$,将其附加在报文 m 后面发送到信道上,接收方把 $E_K(H(m))$ 解密,得出 $H(m)$,再把收到的报文 m' 进行报文摘要运算,把得到的报文摘要与 $H(m)$ 比较,如果两者一致,则表明是发送方发出的,否则就不是。

报文摘要 MD 的工作过程如图 4-5 所示。

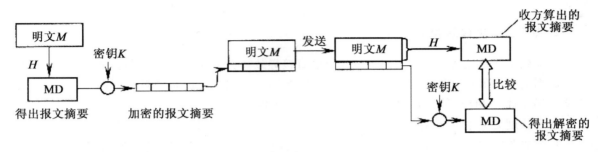

图 4-5 报文摘要 MD 的工作过程

Hash 函数要用于消息的鉴别和认证,Hash 函数算法的性质和要求是:

1)Hash 函数可以用于任意大小的报文数据块 m。

2)Hash 函数的输出 $H(m)$ 是定长的。

3)$H(m)$ 的计算比较容易,通过硬件和软件都可实现。

4)任何一个报文摘要值 x,若想找到一个报文 y,使得 $H(y)=x$,则在计算上是不可能的,称为单向性。

5)对任意给定的报文 x,找到 $y \neq x$,并且 $H(x)=H(y)$ 的 y,在计算上是不可能的,称为抗弱碰撞性。

6)找到任何满足 $H(x)=H(y)$ 的偶对 (x,y),在计算上是不可能的,称为抗碰撞性。

上述性质要求中,前三个性质和要求是 Hash 函数用于消息认证时必须满足的。第四个性质是指由消息很容易计算出报文摘要,但是由报文摘要却不能计算出相应的消息。第五个性质可以保证不能找到与给定消息具有相同报文摘要值的另一消息。第六个性质则是 Hash 函数抗生日攻击的能力强弱问题。

目前广泛使用的报文摘要算法是 MD5 由 RFC 1321 文档给出,对任意长度的报文进行运算后,得出 128 位的 MD5 报文摘要代码。MD5 算法大致的过程如下:MD5 可以输入任意长度的明文,产生 128 位的摘要。任意长度的明文首先需要添加位的数目,使明文总长度与 448(512—64)在模 512 中同余(即长度为 448 mod 512)。在明文添加位时第一个添加位是"1",其余的都是"0";然后将真正明文的长度(未添加位前,以 64 位表示)附加于前面已添加过位的明文后。此时的明文长度正好是 512 的倍数。

4.3 身份认证技术

身份认证理论是现代密码学发展的重要分支。在一个安全系统设计中,身份认证是第一道关卡,用户在访问所有系统之前,首先应该经过身份认证系统识别身份,然后由系统根据用户的身份和授权数据库决定用户是否能够访问某个资源。

4.3.1　身份认证的原理及实现方式

1. 身份认证的基本原理

身份认证是系统对网络主体进行验证的过程,其基本原理如图 4-6 所示。在这个系统中,发送者通过公开信道将信息传送给接收者。接收者需要验证信息是否来自合法的发送者以及消息是否经过篡改。

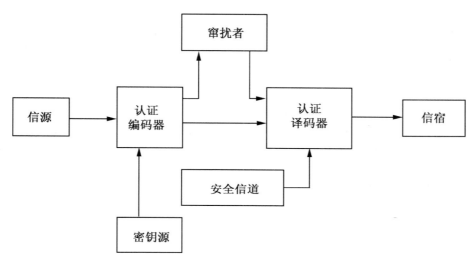

图 4-6　身份认证的基本原理

认证编码在发送消息中加入冗余信息,使通过信道传送的可能序列大于消息集。认证技术与数字签名技术有着相当密切的关系,两者都是确保数据真实性的安全措施,认证技术的实现可能需要使用数字签名技术。

认证一般是基于收发双方共享的保密数据,以证实被鉴别对象的真实性;而用于验证签名的数据是公开的。认证允许收发双方互相验证其真实性,数字签名则允许第三者验证。拒绝非法用户访问系统资源,合法用户只能访问系统授权和指定的资源。

2. 身份认证的实现方式

身份认证是指对用户身份的证实,用以识别合法或非法的用户,阻止非授权用户访问网络资源。通常来说,用户身份认证可通过以下 3 种基本方式或其组合方式来实现:

1)只有该主体了解的秘密,如口令、密钥等。

2)主体所持有的某个秘密信息(硬件),即用户必须持有合法的随身携带的物理介质,如智能安全存储介质等。

3)主体具有独一无二的特征或能力,如指纹、语音、虹膜等。这种认证方案一般造价较高,多半适用于保密程度很高的场合。

4.3.2　基于口令的认证技术

基于口令的认证方法是较早的认证技术主要采用的技术。当被认证对象要求访问提供服务的系统时,提供服务的认证方要求被认证对象提交口令信息,认证方收到口令后,将其与系统中存储的用户口令进行比较,以确认被认证对象是否为合法访问者。这种认证方式叫做 PAP (Password Authentication Protocol)认证。PAP 协议仅在连接建立阶段进行,在数据传输阶段不进行 PAP 认证。

这种认证技术的主要优点为:一般的系统都提供了对口令认证的支持,对于封闭的小型系统来说不失为一种简单可行的方法。然而,基于口令的认证方法明显存在以下几点不足:

1)口令在传输过程中可能被截获。

2)以明文方式输入口令,很容易被内存中运行的黑客软件记录下来而泄密。

3)窃取口令者可以使用字典穷举口令或者直接猜测口令。

4)攻击者可以利用服务系统中存在的漏洞获取用户口令。

5)口令的发放和修改过程都涉及很多安全性问题。

6)低安全级别系统口令很容易被攻击者获得,从而用来对高安全级别系统进行攻击。

7)只能进行单向认证,即系统可以认证用户,而用户无法对系统进行认证。

上述第 1)点中系统可以对口令进行加密传输;第 4)点中系统可以对口令文件进行不可逆加密。但攻击者还是可以利用一些工具将口令和口令文件进行解密。可见,基于口令的认证方法只是认证理论发展的初期阶段,存在着非常多的安全隐患。

后来出现的挑战握手认证协议(Challenge Handshake Authentication Protocol,CHAP),它采用"挑战-应答"(Challenge-Response)的方式,通过三次握手对被认证对象的身份进行周期性的认证。CHAP 加入不确定因素,通过不断地改变认证标识符和随机的挑战消息来防止重放攻击。CHAP 的认证过程为:

1)当被认证对象要求访问提供服务的系统时,认证方向被认证对象发送递增改变的标识符和一个挑战消息,也就是一段随机的数据。

2)被认证对象向认证方发回一个响应,该响应数据由单向散列函数计算得出,单向散列函数的输入参数由本次认证的标识符、密钥和挑战消息构成。

3)认证方将收到的响应与自己根据认证标识符、密钥和挑战消息计算出的散列函数值进行比较,如果相符则认证通过,向被认证对象发送"成功"消息,否则发送"失败"消息,切断服务连接。

4.3.3 基于生物特征的认证技术

传统的身份鉴别方法是将身份认证问题转化为鉴别一些标识个人身份的事物,如"用户名+口令",如果在身份认证中加入这些生物特征的鉴别技术作为第三道认证因子,则形成了三因子认证。这种认证方式以人体唯一的、可靠的、稳定的生物特征为依据,采用计算机的强大功能和网络技术进行图像处理和模式识别,具有更好的安全性、可靠性和有效性。

(1)手写签名识别技术

早期的传统的协议和契约等都以手写签名生效。若发生争执则由法庭判决,一般都要经过专家鉴定。由于签名动作和字迹具有强烈的个性,故可以作为身份验证的可靠依据。

随着相关技术的发展和现实需要,机器自动识别手写签名的研究得到了广泛的重视,成为模式识别中的重要研究方向之一。进行机器识别要做到:①签名的机器含义;②手写的字迹风格。后者对于身份验证尤为重要。可能的伪造签名有两种情况:一是不知道真迹,按得到的信息随手签名;二是已知真迹时模仿签名或扫描签名。前者比较容易识别,而后者则难多了。

自动的签名系统作为接入控制设备的组成部分时,应先让用户书写几个签名进行分析,提取适当参数存档备用。

(2)指纹识别技术

一个人的指纹是独一无二的,不存在相同的指纹,这样可以保证被认证对象与需要验证的身份之间严格的一一对应关系。指纹是相对固定的,很难发生变化,可以保证用户安全信息的长期有效性。一个人的十指指纹皆不相同,可以方便地利用多个指纹,提高系统的安全性,也不会增加系统的设计负担。

指纹识别技术主要涉及指纹图像采集、指纹图像处理、特征提取、保存数据、特征值的比对和匹配等过程。首先,通过指纹读取设备读取到人体指纹图像,并对原始图像进行初步的处理,使之更清晰;然后,指纹辨识算法建立指纹的数字表示,即特征数据,这是一种单方向的转换,可以从指纹转换成特征数据但不能从特征数据转换成指纹,而且两枚不同的指纹产生不同的特征数据。特征文件存储从指纹上找到被称为"细节点"的数据点,也就是那些指纹纹路的分叉点或末梢点。这些数据通常称为模板;最后,通过计算机把两个指纹的模板进行比较,计算出它们的相似程度,得到两个指纹的匹配结果。

(3)语音识别技术

每个人说话的声音都有自己的声音特点,不同人的音质不同。人对语音的识别能力是特别强的,例如,在有很强干扰的情况下也能分辨出某个人的声音。因此,在商业和军事等安全性要求较高的系统中,常常靠人的语音来实现个人身份的验证。通过开发用机器识别语音的系统,可以大大提高系统安全,并在个人的身份验证方面有广泛的应用。

(4)虹膜识别技术

虹膜是巩膜的延长部分,是眼球角膜和晶体之间的环形薄膜,其图样具有个人特征,可以提供比指纹更为细致的信息。因此,也是进行个人身份识别的重要依据。

从理论上讲,虹膜认证是基于生物特征的认证方式中最好的一种认证方式。虹膜是眼球中包围瞳孔的部分,其上布满了极其复杂的锯齿网络状花纹,而每个人虹膜的花纹都是不同的。虹膜识别技术就是应用计算机对虹膜花纹特征进行量化数据分析,用以确认被识别者的真实身份。

(5)视网膜识别技术

人体的血管纹路也是具有独特性的。人的视网膜上血管的图样可以利用光学方法透过人眼晶体来测定。用于生物识别的血管分布在神经视网膜周围,即视网膜四层细胞的最远处。如果视网膜不被损伤,从三岁起就会终身不变。同虹膜识别技术一样,视网膜扫描可能是最可靠、最值得信赖的生物识别技术,但应用难度较大——视网膜识别技术要求激光照射眼球的背面以获得视网膜特征的唯一性。

(6)面部识别技术

面部识别技术通过对面部特征和它们之间的关系(眼睛、鼻子和嘴的位置以及它们之间的相对位置)来进行识别。用于捕捉面部图像的技术有两种,即标准视频技术和热成像技术。标准视频技术通过视频摄像头摄取面部的图像,而热成像技术通过分析由面部的毛细血管中的血液产生的热线来产生面部图像。与视频摄像头不同,热成像技术并不需要较好的光源,即使在黑暗的情况下也可以使用。面部识别是一种更直接、更方便、更友好、更容易被人们接受的方法。缺点是不可靠,脸像会随年龄变化,而且容易被伪装。

(7)基因 DNA 识别技术

脱氧核糖核酸 DNA 存在于一切有核的动、植物中,生物的全部遗传信息都储存在 DNA 分子里。据统计,两个人的 DNA 图谱完全相同的概率仅为三千亿分之一,因此,可以用 DNA 识别技术来进行个人身份的认证。

与传统的身份认证技术相比,基于生物特征的身份认证技术具有不易遗忘或丢失,防伪性能好,不易伪造或被盗,随时随地可用等优点,但基于生物特征的身份认证技术的准确性和稳定性还有待提高,特别是如果用户身体受到伤病或污渍的影响,往往导致无法正常识别,而造成合法用户无法登录的情况。此外,由于研发投入较大和产量较小,生物特征认证系统的成本普遍非常高,目前只适合于一些安全性要求非常高的地方使用,还无法大面积推广。

4.3.4　基于零知识证明的识别技术

零知识证明是在 20 世纪 80 年代初出现的一种身份认证技术。零知识证明是指证明者能够在不向验证者提供任何有用信息的情况下,使验证者相信某个论断是正确的。这就是零知识证明的基本思想。零知识证明问题分为最小泄露证明和零知识证明。

零知识证明实质上是一种涉及两方或多方的协议,即两方或多方完成一项任务所需采取的一系列步骤。证明者向验证者证明并使验证者相信自己知道某一消息或拥有某一物品,但证明过程不需要(也不能够)向验证者泄漏。零知识证明分为交互式零知识证明和非交互式零知识证明两种类型。

假设用 P(Prover)表示示证者(又称为申请者),V(Verifier)表示验证者。交互式零知识证明是由这样一组协议确定的:在零知识证明过程结束后,P 只告诉 V 关于某一个断言成立的信息,而 V 不能从交互式证明协议中获得其他任何信息。即使在协议中使用欺骗手段,V 也不可能揭露其信息。这一概念其实就是零知识证明的定义。则最小泄露知识证明应该满足以下几个条件:

1)示证者几乎不可能欺骗验证者,若 P 知道证明,则可使 V 几乎确信 P 知道证明;若 P 不知道证明,则他使 V 相信他知道证明的概率几近于零。

2)验证者几乎不可能得到证明的信息,特别是他不可能向其他人出示此证明。

3)验证者从示证者那里得不到任何有关证明的知识。

交互式零知识证明就是为了证明 P 知道一些事实,并希望验证者 V 相信他所知道的这些事实而进行的交互。为了安全起见,交互式零知识证明是由规定轮数组成的一个"挑战/应答"协议。通常每一轮由 V 挑战和 P 应答组成。在规定的协议结束时,V 根据 P 是否成功地回答了所有挑战来决定是否接受 P 的证明。

而在非交互式零知识证明中,证明者 P 公布一些不包括他本人任何信息的秘密消息,却能够让任何人相信这个秘密消息。在这一过程中实际上是一组协议,起关键作用的因素是一个单向 Hash 函数。如果 P 要进行欺骗,他必须能够知道这个 Hash 函数的输出值。但事实上由于他不知道这个单向 Hash 函数的具体算法,因此,他无法实施欺骗。也就是说,这个单向 Hash 函数在协议中是 V 的代替者。

基于零知识证明的密码体制,比较著名的有由 U. Feige、A. Fiat 和 A. Shamir 提出的 Feige-Fiat-Shamir 体制;由 Guillon 和 Quisquater 提出的 GQ 识别体制;由 Schnorr 提出的 Fiat-Shamir 识别体制是 GQ 体制的一种变型,其安全性基于离散对数计算的困难性,可以做预计算来降低实时计算量,所需传送的数据量亦减少许多,特别适用于计算能力有限的情况。

4.3.5　基于 USB Key 的认证技术

基于 USB Key 的身份认证是采用软硬件相结合、一次一密的强双因子认证模式。USB Key 是一种 USB 接口的硬件设备,它内置单片机或智能卡芯片,可以存储用户的密钥或数字证书,利用 USB Key 内置的密码算法实现对用户身份的认证。基于 USB Key 身份认证系统主要有两种应用模式,即一种是基于挑战/响应的认证模式;另一种是基于 PKI 体系的认证模式。

挑战/响应模式可以保证用户身份不被仿冒,却无法保护用户数据在网络传输过程中的安全。而基于 PKI 构架的数字证书认证方式,可以有效地保证用户的身份安全和数据安全。数字证书是由可信任的第三方认证机构颁发的一组包含用户身份信息(密钥)的数据结构,PKI 体系通过采用加密算法构建了一套完善的流程,保证数字证书持有人的身份安全。然而,数字证书本身也是一种数字身份,还是存在被复制的危险。使用 USB Key 可以保障数字证书无法被复制,所有密钥运算由 USB Key 实现,用户密钥不在计算机内存出现,也不在网络中传播,只有 USB Key 的持有人才能够对数字证书进行操作。

双因子认证比基于口令的认证方法增加了一个认证要素,攻击者仅仅获取了用户口令或者仅仅拿到了用户的令牌访问设备,都无法通过系统的认证。因此,这种方法比基于口令的认证方法具有更好的安全性,在一定程度上解决了口令认证方法中的很多问题。

4.3.6　基于智能卡的认证技术

智能卡源于英文 Smart Card,又称 IC 卡(Integrated Circuit Card)。IC 卡是由专门的厂商通过专门的设备生产,不可复制的硬件。它把集成电路芯片封装入塑料基片中,智能卡芯片可以写入数据与存储数据。

智能卡具有硬件加密的功能,安全性较高。智能卡通过在芯片中存有与用户身份相关的数据,由合法用户随身携带,登录时必须将智能卡插入专用的读卡器读取其中的信息,以验证用户的身份。

基于智能卡的认证方式是一种 PIN(个人身份识别码)+智能卡双因素的认证方式,它提供硬件保护措施和加密算法,即使 PIN 或智能卡被窃取,用户仍不会被冒充。然而,由于每次从智能卡中读取的数据是静态的,因此,通过内存扫描或网络监听等技术很容易截取到用户的身份验证信息。

4.4　认证系统

4.4.1　Kerberos 认证系统

1. Kerberos V4

目前常用的两个版本的 Kerberos,Kerberos V5.0,V4.0。Kerberos V5.0 纠正了 Kerberos V4.0 中的一些安全缺陷,并被 IETF 正式接受为 RFC 1510,不过 Kerberos V4.0 仍然在广泛使用。首先在介绍 Kerberos V4.0 之前看一个简单的认证对话。

在一个不受保护的网络环境中,任何客户机都能向所有的应用服务器请求服务,攻击者可以伪装为某一个用户而获得未经授权的服务。为抵御这种威胁,应用服务器负责处理客户机的认证是不可取的,为此安全专家提出引入认证服务器 AS 来集中处理认证事务。AS 知道所有用户的口令,并把他们保存在一个中央数据库中。AS 与每一个服务器共享一个唯一的秘密密钥,这些密钥,这些密钥已经物理地或以其他安全的方式分发给服务器。考虑如下的认证对话:

1)$C \rightarrow AS: ID_C \parallel Password_C \parallel ID_V$

2)$AS \rightarrow C: Ticket = E_{K_V}[ID_C \parallel AD_C \parallel ID_V]$

3)$C \rightarrow V: ID_C \parallel Ticket$

其中,C 代表客户机,V 代表服务器,AS 代表认证服务器,ID_C 代表客户机 C 的用户标识符,ID_V 代表服务器 V 的标知符,$Password_C$ 代表客户机 C 上用户的口令,AD_C 代表客户机 C 的网络地址,k_V 代表认证服务器 AS 与服务器 V 之间的共享密钥。

上述的认证对话实现了服务器对客户端用户的身份认证。但是我们可以发现上面的认证对话有两个比较大的缺点:

1)用户每次和服务器通信之前都要与 AS 通信,每次都要输入口令。输入口令的次数愈多,愈容易遭受攻击。

2)口令以明文的方式传送,容易被攻击者窃听。

为了克服上述缺点,我们引入了一个新的服务器,称为票据授予服务器 TGS(Ticket Graut-ing Server),改进后的认证过程如下:

用户每次登陆:

①$C \rightarrow AS: ID_C \parallel ID_{tgs}$

②$AS \rightarrow C: E_{k_C}[Ticket_{tgs}]$

访问每种服务:

③$C \rightarrow TGS: ID_C \parallel ID_V \parallel Ticket_{tgs}$

④$TGS \rightarrow C: Ticket_V$

每次服务会话:

⑤$C \rightarrow S: ID_C \parallel Ticket_V$

其中 $Ticket_{tgs} = E_{k_{c,tgsrem}} E_{k_{tgs}}[ID_C \parallel ID_{tgs} \parallel AD_C \parallel TS_1 \parallel Lifetime_1]$,$Ticket_V = E_{K_V}[ID_V \parallel AD_C \parallel TS_2 \parallel Lifetime_2]$,$k_{tgs}$ 表示 AS 与 TGS 服务器之间的秘密密钥,k_C 表示 TGS 服务器与应用服务器之间的秘密密钥。

在"AS→C"中,$Ticket_{tgs}$ 由用户口令产生的密钥加密,这样就不用在网络上传送用户口令,只需用户在客户端解密 $Ticket_{tgs}$ 就可以了。

上述改进与简单的认证方案相比提高了安全性,但是仍然存在如下两个问题:

1)与票据授予票据的生命期有关,如果生存期过短,就需要重复要求用户输入口令;如果生命期过长,攻击者就有更大的机会策动重放攻击。

2)服务器未向用户证明自己的身份。

上述问题在 Kerberos 认证体系中得到了很好的解决。下面来看看实际的 Kerberos V4.0 的认证协议,其认证的结构如图 4-7 所示。

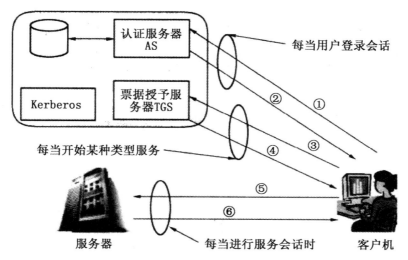

图 4-7　Kerberos V4.0 认证结构

C:客户机,AS:认证服务器,V:服务器,ID_C:客户机用户的身份,TGS:票据许可服务器,ID_V:服务器 V 的身份,ID_{tgs}:TGS 的身份,AD_C:C 的网络地址,P_C:C 上用户的口令,TS_i:第 i 个时戳,$lifetime_i$:第 i 个有效期限,K_C:由用户口令导出的用户和 AS 的共享密钥,$K_{c,tgs}$:C 与 TGS 的共享密钥,K_V:TGS 与 V 的共享密钥,K_{tgs}:AS 与 TGS 的共享密钥,$K_{c,v}$:C 与 V 的共享密钥。

协议如下:

第 I 阶段:认证服务交换,用户从 AS 获得票据授予票据:

1)C→AS:$ID_C \parallel ID_{tgs} \parallel TS_1$

2)AS→C:$E_{k_C}[k_{c,tgs} \parallel ID_{tgs} \parallel TS_2 \parallel Lifetime_2 \parallel Ticket_{tgs}]$

其中 $Ticket_{tgs} = E_{k_{tgs}}[k_{c,tgs} \parallel ID_C \parallel AD_C \parallel ID_{tgs} \parallel TS_2 \parallel Lifetime_2]$

第 II 阶段:票据许可服务交换,用户从 TGS 获取服务许可票据:

3)C→TGS:$ID_V \parallel Ticket_{tgs} \parallel Authenticator$

4)TGS→C:$E_{k_{c,tgs}}[K_{c,v} \parallel ID_V \parallel TS_4 \parallel Ticket]$

其中 $Ticket_{tgs} = E_{k_{tgs}}[k_{c,tgs} \parallel ID_C \parallel AD_C \parallel ID_{tgs} \parallel TS_2 \parallel Lifetime_2]$

$Ticket_v = E_{K_V}[K_{c,v} \parallel ID_C \parallel AD_C \parallel ID_V \parallel TS_4 \parallel lifetime_4]$

$Authenticator_c = E_{k_{c,tgs}}[ID_C \parallel AD_C \parallel TS_3]$

第 III 阶段:客户机—服务器的认证交换,用户从服务器获取服务:

5)C→V:$Ticket_v \parallel Authenticator_v$

6)V→C:$E_{k_{c,v}}[TS_5 + 1]$

其中 $Ticket_v = E_{K_V}[K_{c,v} \parallel ID_C \parallel AD_C \parallel ID_V \parallel TS_4 \parallel lifetime_4]$

$Authenticator_c = E_{k_{c,v}}[ID_C \parallel AD_C \parallel TS_5]$

具体解释如下:

1)客户向 AS 发出访问 TGS 的请求,请求中的时戳用以向 AS 表示这一请求是新的。

2)AS 向 C 发出应答,应答由从用户的口令导出的密钥 K_c 加密,使得只有 C 能解读。应答的内容包括 C 与 TGS 会话所使用的密钥 $K_{c,tgs}$、用以向 C 表示 TGS 身份的 ID_{tgs}、时戳 TS_2、AS 向 C 发放的票据许可票据 $Ticket_{tgs}$ 以及这一票据的截止期限 $lifetime_2$。

3）C 向 TGS 发出一个由请求提供服务的服务器的身份、第②步获得的票据以及一个认证符构成的消息。其中认证符中包括 C 上用户的身份、C 的地址及一个时戳。认证符与票据不同，票据可重复使用且有效期较长，而认证符只能使用一次且有效期很短。TGS 用与 AS 共享的密钥 K_{tgs} 解密票据后知道 C 已从 AS 处得到与自己会话的会话密钥 $K_{c,tgs}$，票据 $Ticket_{tgs}$ 在这里的含义事实上是"使用 $K_{c,tgs}$ 的人就是 C"。TGS 也使用 $K_{c,tgs}$ 解读认证符，并将认证符中的数据与票据中的数据加以比较，从而可相信票据的发送者的确是票据的实际持有者，这时认证符的含义实际上是"在时间 TS_3，C 使用 $K_{c,tgs}$"。注意，这时的票据不能证明任何人的身份，只是用来安全地分配密钥，而认证符则是用来证明客户的身份。因为认证符仅能被使用一次且其有效期限很短，所以可防止敌手对票据和认证符的盗取使用。

4）TGS 向 C 应答的消息由 TGS 和 C 共享的会话密钥加密后发往 C，应答消息中的内容有 C 和 V 共享的会话密钥 $K_{c,v}$，V 的身份 ID_v，服务许可票据 $Ticket_v$ 及票据的时戳，而票据中也包括应答消息中的上述数据项。

5）C 向服务器 V 发出服务许可票据 $Ticket_v$ 和认证符 Authenticator。服务器解密票据后得到会话密钥 $K_{c,v}$，并由 $K_{c,v}$ 解密认证符，以验证 C 的身份。

6）服务器 V 向 C 证明自己的身份。V 对从认证符得到的时戳加 1，再由与 C 共享的密钥加密后发给 C，C 解密后对增加的时戳加以验证，从而相信增加时戳的一方的确是 V。

整个过程结束以后，客户和服务器 V 之间就建立起了共享的会话密钥，以后可用来加密通信或者交换新的会话密钥。

2. Kerberos 区域与多区域的 Kerberos

Kerberos 的一个完整服务范围由一个 Kerberos 服务器、多个客户机和多个服务器构成，并且满足以下两个要求：

1）Kerberos 服务器必须在它的数据库中存有所有用户的 ID 和口令的杂凑值，所有用户都已向 Kerberos 服务器注册。

2）Kerberos 服务器必须与每一服务器有共享的密钥，所有服务器都已向 Kerberos 服务器注册。

满足以上两个要求的 Kerberos 的一个完整服务范围称为 Kerberos 的一个区域。网络中隶属于不同行政机构的客户和服务器则构成不同的区域，一个区域的用户如果希望得到另一区域中的服务器的服务，则还需满足第 3 个要求。

3）每个区域的 Kerberos 服务器必须和其他区域的服务器有共享的密钥，且两个区域的 Kerberos 服务器已彼此注册。

多区域的 Kerberos 服务还要求在两个区域间，第 1 个区域的 Kerberos 服务器信任第 2 个区域的 Kerberos 服务器对本区域中用户的认证，而且第 2 个区域的服务器也应信任第 1 个区域的 Kerberos 服务器。

图 4-8 是两个区域的 Kerberos 服务示意图，其中区域 A 中的用户希望得到区域 B 中服务器的服务，为此，用户通过自己的客户机首先向本区域的 TGS 申请一个访问远程 TGS（即区域 B 中的 TGS）的票据许可票据，然后用这个票据许可票据向远程 TGS 申请获得服务器服务的服务许可票据。具体描述如下：

①客户向本地 AS 申请访问本区域 TGS 的票据：

$C \rightarrow AS:ID_c \parallel ID_{tgs} \parallel TS_1$

②AS 向客户发放访问本区域 TGS 的票据：

$AS \rightarrow C:E_{k_C}[K_{c,tgs} \parallel ID_{tgs} \parallel TS_2 \parallel lifetime_2 \parallel Ticket_{tgs}]$

③客户向本地 TGS 申请访问远程 TGS 的票据许可票据：

$C \rightarrow TGS:ID_{tgsrem} \parallel Ticket_{tgs} \parallel Authenticator_c$

④TGS 向客户发放访问远程 TGS 的票据许可票据：

$TGS \rightarrow C:E_{k_{c,tgs}}[K_{c,tgsrem} \parallel ID_{tgsrem} \parallel TS_4 \parallel Ticket_{tgsrem}]$

⑤客户向远程 TGS 申请获得服务器服务的服务许可票据：

$C \rightarrow TGS_{rem}:ID_{vrem} \parallel Ticket_{tgsrem} \parallel Authenticator_c$

⑥远程 TGS 向客户发送服务许可票据：

$TGS \rightarrow C:E_{k_{c,tgsrem}}[K_{c,vrem} \parallel ID_{vrem} \parallel TS_6 \parallel Ticket_{vrem}]$

⑦客户申请远程服务器的服务：

$C \rightarrow V_{rem}:Ticket_{vrem} \parallel Authenticator_c$

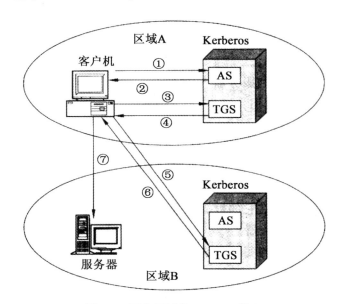

图 4-8　两个区域的 Kerberos 服务

对有很多个区域的情况来说，以上方案的扩充性不好，因为如果有 N 个区域，则必须有 $N(N-2)/2$ 次密钥交换才可使每个 Kerberos 区域和其他所有的 Kerberos 区域能够互操作，当 N 很大时，方案变得不现实。

4.4.2　X.509 认证业务

X.509 作为定义目录业务的 X.500 系列一个组成部分，是由 ITU-T 建议的，这里所说的目录实际上是维护用户信息数据库的服务器或分布式服务器集合，用户信息包括用户名到网络地址的映射和用户的其他属性。X.509 定义了 X.500 目录向用户提供认证业务的一个框架，目录的作用是存放用户的公钥证书。X.509 还定义了基于公钥证书的认证协议。由于 X.509 中定义的证书结构和认证协议已被广泛应用于 S/MIME、IPSec、SSL/TLS 以及 SET 等诸多应用过程,因此 x.509 已成为一个重要的标准。

X.509 的基础是公钥密码体制和数字签字,但其中未特别指明使用哪种密码体制(建议使用RSA),也未特别指明数字签字中使用哪种杂凑函数。

1.证书

(1)证书的格式

用户的公钥证书是 X.509 的核心问题,证书由某个可信的证书发放机构 CA 建立,并由 CA或用户自己将其放入目录中,以供其他用户方便地访问。目录服务器本身并不负责为用户建立公钥证书,其作用仅仅是为用户访问公钥证书提供方便。

X.509 中公钥证书的一般格式如图 4-9 所示,证书中的数据域有:

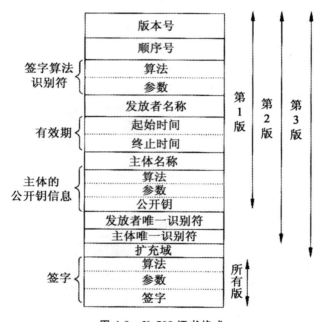

图 4-9 X.509 证书格式

1)版本号。默认值为第 1 版。如果证书中需有发放者唯一识别符或主体唯一识别符,则版本号一定是 2,如果有一个或多个扩充项,则版本号为 3。

2)顺序号。为一整数,由同一 CA 发放的每一证书的顺序号是唯一的。

3)签字算法。识别符签署证书所用的算法及相应的参数。

4)发放者。名称指建立和签署证书的 CA 名称。

5)有效期。包括证书有效期的起始时间和终止时间两个数据项。

6)主体名称。指证书所属用户的名称,即这一证书用来证明持有秘密钥用户的相应公开钥。

7)主体的公开钥信息。包括主体的公开钥、使用这一公开钥的算法的标识符及相应的参数。

8)发放者唯一识别符。这一数据项是可选用的,当发放者(CA)的名称被重新用于其他实体时,则用这一识别符来唯一标识发放者。

9)主体唯一识别符。这一数据项也是可选用的,当主体的名称被重新用于其他实体时,则用这一识别符来唯一地标识主体。

10)扩充域。其中包括一个或多个扩充的数据项,仅在第 3 版中使用。

11)签字。CA 用自己的秘密钥对上述域的杂凑值签字的结果,此外,这个域还包括签字算法标识符。

X.509 中使用以下表示法来定义证书

$$CA\langle\langle A\rangle\rangle = CA\{V,SN,AI,CA,T_A,A,A_P\}$$

其中 $Y\langle\langle x\rangle\rangle$ 表示证书发放机构 Y 向用户 X 发放的证书,$Y\{I\}$ 表示 I 链接上 Y 对 I 的杂凑值的签字。

(2)证书的获取

CA 为用户产生的证书应有以下特性:

1)其他任一用户只要得到 CA 的公开钥,就能由此得到 CA 为该用户签署的公开钥。

2)除 CA 以外,任何其他人都不能以不被察觉的方式修改证书的内容。

因为证书是不可伪造的,因此放在目录后无须对目录施加特别的保护措施。

如果所有用户都由同一 CA 为自己签署证书,则这一 CA 就必须取得所有用户的信任。用户证书除了能放在目录中以供他人访问外,还可以由用户直接发给其他用户。用户 B 得到用户 A 的证书后,可相信用 A 的公开钥加密的消息不会被他人获悉,还相信用 A 的秘密钥签署的消息是不可伪造的。

如果用户数量极多,则仅一个 CA 负责为用户签署证书就有点不现实,因为每一用户都必须以绝对安全(指完整性和真实性)的方式得到 CA 的公开钥,以验证 CA 签署的证书。因此在用户数目极多的情况下,应有多个 CA,每一 CA 仅为一部分用户签署证书。

设用户 A 已从证书发放机构 X_1 处获取了公钥证书,用户 B 已从 X_2 处获取了证书。如果 A 不知 X_2 的公开钥,他虽然能读取 B 的证书,但却无法验证 X_2 的签字,因此 B 的证书对 A 来说是没有用处的。然而,如果两个 CA X_1 和 X_2 彼此间已经安全地交换了公开钥,则 A 可通过以下过程获取 B 的公开钥:

1)A 从目录中获取由 X_1 签署的 X_2 的证书,因 A 知道 X_1 的公开钥,所以能验证 X_2 的证书,并从中得到 X_2 的公开钥。

2)A 再从目录中获取由 X_2 签署的 B 的证书,并由 X_2 的公开钥对此加以验证,然后从中得到 B 的公开钥。

以上过程中,A 是通过一个证书链来获取 B 的公开钥,证书链可表示为

$$X_1\langle\langle X_2\rangle\rangle X_2\langle\langle B\rangle\rangle$$

类似地,B 能通过相反的证书链获取 A 的公开钥,表示为

$$X_2\langle\langle X_1\rangle\rangle X_1\langle\langle A\rangle\rangle$$

以上证书链中有两个证书,N 个证书的证书链可表示为

$$X_1\langle\langle X_2\rangle\rangle X_2\langle\langle X_3\rangle\rangle\cdots X_N\langle\langle B\rangle\rangle$$

此时任意两个相邻的 CA X_i 和 X_{i+1} 已彼此间为对方建立了证书,对每一 CA 来说,由其他 CA 为这一 CA 建立的所有证书都应存放于目录中,并使用户知道所有证书相互之间的连接关系,从而可获取另一用户的公钥证书。X.509 建议将所有 CA 以层次结构组织起来。

(3)证书的吊销

每一证书都有一有效期,然而有些证书还未到截止日期就会被发放该证书的 CA 吊销,这是由于用户的秘密钥有可能已被泄露,或者该用户不再由该 CA 来认证,或者 CA 为该用户签署证

书的秘密钥有可能已泄露。为此每一 CA 还必须维护一个证书吊销列表 CRL(Certificate Revo-ca-tion List),其中存放所有未到期而被提前吊销的证书,包括该 CA 发放给用户和发放给其他 CA 的证书。CRL 还必须经该 CA 签字,然后存放于目录以供他人查询。

CRL 中的数据域包括发放者 CA 的名称、建立 CRL 的日期、计划公布下一 CRL 的日期,以及每一被吊销的证书数据域,而被吊销的证书数据域包括该证书的顺序号和被吊销的日期。因为对一个 CA 来说,他发放的每一证书的顺序号是唯一的,所以可用顺序号来识别每一证书。

所以每一用户收到他人消息中的证书时,都必须通过目录检查这一证书是否已被吊销。为避免搜索目录引起的延迟以及由此而增加的费用,用户自己也可维护一个有效证书和被吊销证书的局部缓存区。

2. 认证过程

X. 509 有 3 种认证过程以适应不同的应用环境。3 种认证过程都使用公钥签字技术,并假定通信双方都可从目录服务器获取对方的公钥证书,或对方最初发来的消息中包括公钥证书,即假定通信双方都知道对方的公钥。3 种认证过程如图 4-10 所示。

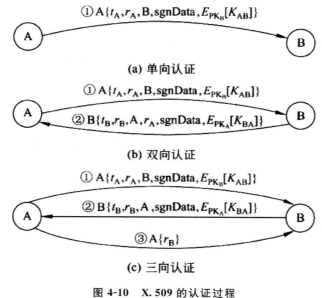

图 4-10　X. 509 的认证过程

(1)单向认证

单向认证指用户 A 将消息发往 B,以向 B 证明:A 的身份、消息是由 A 产生的;消息的意欲接收者是 B;消息的完整性和新鲜性。

为实现单向认证,A 发往 B 的消息应是由 A 的秘密钥签署的若干数据项组成。数据项中应至少包括时戳 t_A、一次性随机数 r_A、B 的身份,其中时戳又有消息的产生时间(可选项)和截止时间,以处理消息传送过程中可能出现的延迟,一次性随机数用以防止重放攻击。r_A 在该消息未到截止时间以前应是这一消息唯一所有的,因此 B 可在这一消息的截止时间以前,一直存有 r_A,以拒绝具有相同 r_A 的其他消息。

如果仅单纯为了认证,则 A 发往 B 的上述消息就可作为 A 提交给 B 的凭证。如果不单纯为了认证,则 A 用自己的秘密钥签署的数据项还可包括其他信息 sgnData,将这个信息也包括在 A 签署的数据项中可保证该信息的真实性和完整性。数据项中还可包括由 B 的公开钥 PK_B 加密的双方意欲建立的会话密钥 K_{AB}。

（2）双向认证

双向认证是在上述单向认证的基础上,B 再向 A 做出应答,以证明:B 的身份、应答消息是由 B 产生的,应答的意欲接收者是 A,应答消息是完整的和新鲜的。

应答消息中包括由 A 发来的一次性随机数 r_A（以使应答消息有效）,由 B 产生的时戳 t_B 和一次性随机数 r_B。与单向认证类似,应答消息中也可包括其他附加信息和 A 的公开钥加密的会话密钥。

（3）三向认证

在上述双向认证完成后,A 再对从 B 发来的一次性随机数签字后发往 B,即构成第三向认证。三向认证的目的是双方将收到的对方发来的一次性随机数又都返回给对方,因此双方不需要检查时戳只需要检查对方的一次性随机数即可检查出是否有重放攻击。在通信双方无法建立时钟同步时,就需使用这种方式。

4.5　PKI

PKI(Public Key Infrastructure)是指用公开密钥的概念和技术来实施和提供安全服务的具有普适性的安全基础设施。这个定义说明,任何以公钥技术为基础的安全基础设施都是 PKI。当然,没有好的非对称算法和好的密钥管理就不可能提供完善的安全服务,也就不能叫做 PKI。也就是说,该定义中已经隐含了必须具有的密钥管理功能。

X.509 标准中,为了使 PKI 有别于权限管理基础设施(Privilege Manazement Infrat-cture,PMI),将 PKI 定义为支持公开密钥管理并能支持认证,加密,完整性和可追究性服务的基础设施。这个概念与第一个概念相比,不仅仅叙述 PKI 能提供的安全服务,更强调 PKI 必须支持公开密钥的管理。也就是说,仅仅使用公钥技术还不能叫做 PKI,还应该提供公开密钥的管理。因为 PMI 仅仅使用公钥技术但并不管理公开密钥,所以,PMI 可以单独进行描述而不会与公钥证书等概念相混淆。X.509 中从概念上分清 PKI 和 PMI 有利于标准的叙述。然而,由于 PMI 使用了公钥技术,PMI 的使用和建立必须先有 PKI 的密钥管理支持,也就是说,PMI 不得不把自己与 PKI 绑定在一起。当我们把两者合二为一时,PMI＋KI 就完全落在了 X.509 标准定义的 PKI 范畴。根据 X.509 的定义,PMI＋PKI 仍旧可以叫做 PKI,而 PMI 完全可以被看成 PKI 的一个部分。

美国国家审计总署在 2001 年和 2003 年的报告中都把 PKI 定义为由硬件、软件、策略和人构成的系统,当完善实施后,能够为敏感通信和交易提供一套信息安全保障,包括保密性、完整性、真实性和不可否认性。尽管这个定义没有提到公开密钥技术,但到目前为止,满足上述条件的也只有公钥技术构成的基础设施。也就是说,只有第一个定义描述的基础设施才符合这个 PKI 的定义。所以这个定义与第一个定义并不矛盾。

综上所述,我们认为:PKI 是用公钥概念和技术实施的,支持公开密钥的管理并提供真实性、保密性、完整性以及可追究性安全服务的具有普适性的安全基础设施。

4.5.1 PKI 的体系结构与组件

1. PKI 的体系结构

PKI 通常包括认证中心（CA）、证书与 CRL 数据存储区和用户三部分，其中用户包括证书申请者与证书使用者。公钥证书申请者首先要生成自己的公私钥对，并将公钥与自己的身份证明材料提交给认证机构 CA。认证机构 CA 通过用户提供的身份证明材料，验证用户的身份。如果用户提供的身份证明材料真实可信，认证机构 CA 为用户登记注册，并使用自己的私钥为用户签发公钥证书。

2. PKI 的组件

（1）密钥备份和恢复

在任何可操作的 PKI 环境中，每个固定的周期内都会有一部分用户由于多种原因丢失他们的私钥。这可能是由于很多原因所致，这些原因包括：用户遗忘了口令；媒介的破坏，如硬盘或智能卡遭到破坏。

在很多环境下（特别是在企业环境下），由于丢失密钥造成被保护数据的丢失是完全不可接受的。在某项业务中的重要文件被对称密钥加密，而对称密钥又被某个用户的公钥加密。假如相应的私钥丢失，这些文件将无法恢复，可能会对这次业务造成严重伤害甚至停止。因此，在很多环境中，密钥备份和恢复便成为 PKI 的一部分。

（2）自动密钥更新

在很多 PKI 环境中，一个证书的有效期往往是有限的，因此一个已颁发的证书需要有期限，以便更换新的证书，这个过程称为"密钥更新或证书更新"。绝大多数 PKI 用户发现用手工操作的方式定期更新自己的证书是一件令人头痛的事情。用户常忘记自己证书"过期"的时间，他们往往是在认证失败时才发现问题，那时就显得太晚了。进一步讲，当用户处于这种状态时，更新过程更为复杂。

解决的方法是通过"自动密钥更新"来完成，即由 PKI 本身自动完成密钥或证书的更新，完全无需要用户的干预。无论是用户的证书用于何种目的，都会检查有效期，当失效日期到来时，启动更新过程，生成一个新的证书来代替旧证书，但用户请求的事务处理会继续进行。

（3）密钥历史档案

密钥更新（无论是人为还是自动）的概念，意味着经过一段时间，每个用户都会拥有多个"旧"证书和至少一个"当前"的证书。这一系列证书和相应的私钥组成了用户的密钥历史档案。记录整个密钥是十分重要的，因为现在的私钥无法解密 5 年以前加密的数据。类似于密钥更新，管理密钥历史档案也应当由 PKI 自动完成。在任何系统中，需要用户自己查找正确的私钥或用每个密钥去尝试解密数据，这对用户来说是无法容忍的。PKI 必须保存所有密钥，以便正确地备份和恢复密钥，查找正确的密钥以便解密数据。

（4）认证机构

公钥密码技术的基本前提是两个陌生人能够安全地通信。例如，当 George 想发送机密信息给 Lisa 时，他将设法获得 Lisa 的一个公钥，然后用 Lisa 的公钥加密后，传送给 Lisa。由于用户可能成千上万，实体数以百万计，获得公钥最为实际的方法是指定数目相对较少的权威实体，这种权威对很大一部分人(可能是全体用户)是可信的。权威将公钥和身份标识捆绑起来。这样的权威在 PKI 术语中称为"认证机构"CA。他们通过对一个包含身份和相应公钥的数据结构进行数字签名来捆绑用户的公钥和身份标识。这个数据结构被称为公钥证书(简称证书)。

尽管 CA 不是每个可想像得到的 PKI 的必须部分(特别是范围有限并且相对封闭的环境中,用户可以作为自己的权威机构),但 CA 是绝大多数 PKI 的关键和核心的组成部分。因此,PKI 也常称 PKI/CA。

(5)证书库

在上面的叙述中,可以意识到:认证机构颁发了一个证书来捆绑 Lisa 的身份标识和公钥,但除非 George 能容易地找到证书,否则和没有创建证书一样。证书库是一种稳定可靠的、规模可扩充的在线资料库系统,以便 George 能找到安全通信需要的证书。

(6)证书撤销

CA 签发证书来捆绑用户的身份标识和公钥。可是在现实环境中,必须存在一种机制来撤销这种认可。通常的原因包括用户身份的改变或私钥遭到破坏(例如被黑客发现),所以必须存在一种方法警告其他用户不要再使用这个公钥。在 PKI 中这种告警机制被称为证书撤销。

除非是证书具有很短的生命周期,只能有效使用一次,否则需要有一种撤销的方式来宣布证书不再有效。由于多种原因,在很多 PKI 环境中使用一次性有效的证书是不现实的,因为这会极大地增加 CA 的负担。CA 自己的证书(就是包括签发终端用户证书的公钥)必须不是一次性的。因此证书撤销也是 PKI 定义的一个组成部分。

(7)交叉认证

一个管理全世界所有用户的单一的全球性 PKI 是不太可能成为现实的。更可能的现实模型是:多个 PKI 独立地运行和操作,为不同的环境和不同的用户团体服务。在一系列独立开发的 PKI 中,至少其中一部分互联是不可避免的。由于业务关系或其他原因,不同的 PKI 间需要安全通信。为了在以前没有联系的 PKI 间建立信任关系,便产生了"交叉认证"。交叉认证是一个可以接受的机制,它能够保证一个 PKI 团体的用户验证另一个 PKI 团体的用户证书。

(8)时间戳

支持不可否认服务的一个关键因素就是在 PKI 中使用安全时间戳,也就是说时间源是可信的,时间值必须被安全地传送。PKI 中必须存在用户可信任的权威时间源,权威时间源提供的时间并不需要正确,只需要用户作为一个"参照"时间完成基于 PKI 的事务处理,例如,事件 B 发生在事件 A 的后面。

在 PKI 环境中,如果只是为了支持不可否认服务,PKI 并不需要存在权威的时间源,但在很多情况下,在一份文件上盖上权威时间戳是非常有用的。在很多环境中,支持不可否认是时间戳的主要目的,因此,时间戳成为了 PKI 不可缺省的一部分。

(9)客户端软件

前面所提的 PKI 基本功能都只是提供服务的,作为一个完全的、可操作的 PKI,还必须包括客户端软件。没有客户端软件,PKI 无法有效地提供很多服务。而且客户端软件应当独立于所有应用程序之外,完成 PKI 服务的客户端功能。应用程序通过标准的接入点与客户端软件连接,但应用程序本身并不与各种 PKI 服务器连接,也就是说,应用程序使用基础设施,但并不是基础设施的一部分。

(10)支持不可否认

一个PKI用户经常执行与自己身份相关的不可否认的操作。例如,George对一份文档进行数字签名,声明文档来源于自己。由于业务活动不可中断,要求用户在将来任何时候不能随意破坏这种关系。例如,George签了某份文件,几个月后不能否认自己的签名,并说别人获取了他的签名私钥,在没有获得他同意的情况下签发了文件,这样的行为被称为否认。

PKI必须能支持避免或阻止否认,这就是不可否认。一个PKI本身无法提供真正或完全的不可否认服务,通常需要人为因素来分析、判断证据,并做出最后的抉择。然而,PKI必须提供所需的技术上的证据,支持决策,提供数据来源认证和可信的时间数据签名。因此支持不可否认也是PKI的一部分。

4.5.2 PKI的应用程序接口与格式标准

1. PKI应用程序接口

(1)微软CryptoAPI

Crytographic Application Programming Interface(CryptoAPI)是由微软公司定义的,专用于Windows操作系统的PKI客户端API接口。相比PKCS♯11接口,CryptoAPI提供了更多的证书相关功能。Windows操作系统上的各种PKI客户端功能(Outlook和Outlook Express的安全电子邮件功能、IE浏览器的SSL/TLS功能等),都是基于CryptoAPI接口来实现的。

CryptoAPI接口与Windows操作系统紧密结合,其基本结构如图4-11所示。

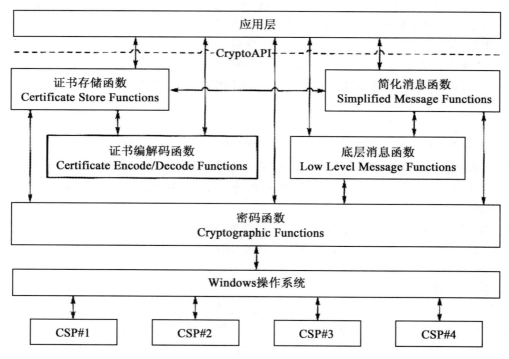

图4-11 微软CryptoAPI结构图

CryptoAPI对应用层提供了如下PKI相关功能:

1）证书编解码函数,X.509 标准的证书/CRL 编解码。

2）证书存储函数,包括信任锚、自己的证书、其他人的证书和 CRL 的存储管理,并且支持证书验证过程中的各种操作。

3）底层消息函数和简化消息函数,各种相关消息标准的功能,支持 PKCS♯7 标准的各种数据类型的编解码。

4）密码函数,提供了密钥生成和存储、对称加解密、公钥加解密、数字签名和验证、Hash函数。

需要注意的是,PKI 客户端的核心——密码运算功能,并不是由 CryptoAPI 直接实现的,而是由 CryptoAPI 通过操作系统内核调用 Cryptographic ServiceProvider(CSP)来实现的。在上述过程中,CSP 只能由内核调用,只负责实现密码运算功能。在调用密码函数时,CryptoAPI 需要指定相应的 CSP。

通过 CryptoAPI 和 CSP 相互配合的结构,使得不同的厂商能够在 Windows 操作系统平台上,为 PKI 应用系统提供密码服务。不同的密码设备厂商都可以按照微软公司规定的 CSP 接口,开发自己的 CSP,经过 Microsoft 的代码签名之后,就可以运行在 Windows 操作系统上。CSP 上的密码运算功能可以纯软件实现,也可以连接硬件设备实现。

（2）PKCS♯11

PKCS♯11 是由 RSA 公司制定的密码设备接口标准,是调用密码设备的加解密、数字签名验证和 Hash 功能的、C 语言的 API 接口。PKCS♯11 接口可以在任何操作系统平台上运行。目前,市场上的许多硬件密码设备都提供了 PKCS♯11 接口的访问方式。

虽然 PKCS♯11 并不是专门为 PKI 和证书功能设计的,但是,它提供了 PKI 所需要的各种密码运算功能,可以用来开发 PKI 应用系统。

在 PKCS♯11 的模型中,用户通过 Slot 来访问密码设备(称为 Token。注意,并不见得必须是硬件密码设备,也可以是完全由软件实现的设备)。Slot 是用户访问 Token 的读卡器。

Token 上的信息以 Object 的形式存在。Object 可以是密钥、证书或者其他的数据。Key Object 可以用来进行各种密码运算。需要注意的是,证书 Object 并不能用来进行密码运算,仅仅是在密码设备上存储证书。PKCS♯11 的结构加图 4-12 所示。

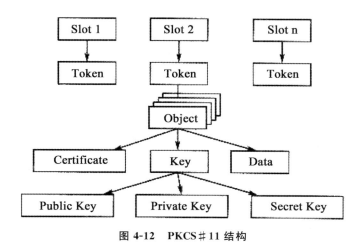

图 4-12　PKCS♯11 结构

访问 Token 上的 Object 需要创建会话,进行身份鉴别。Object 分为 SessionObject 和 Token Object,Session Token 在会话结束后自动销毁。每一个 Token 具有独立的用户管理和 Object 存储空间。当然,物理上的一个密码设备也可以同时支持多个 Token。

PKCS♯11 所提供的 API 接口主要包括(不同密码设备支持的算法范围有所不同):

1)Slot 和 Token 管理。获取 Slot 和 Token 的描述信息,Token 设备初始化,设定 PIN 等。

2)会话管理。打开和关闭会话,用户登录和注销等。

3)Object 管理。生成、复制和销毁 Object,设定和读取 Object 的属性。

4)各种密码计算功能。包括对称加解密、公钥加解密、数字签名、签名验证等。在进行各种密钥相关的操作时,必须有相应的 Key Object。

5)密钥管理。密钥生成和销毁,设定和读取密钥的属性等。

6)随机数和 Hash 计算。

2. PKI 格式标准

PKI 技术从 20 世纪 80 年代发展至今,已经制定了一系列比较完善的标准。PKI 技术的相关标准详细定义了使用的证书格式、消息格式、管理协议以及认证规范等内容,以便于实现 PKI 系统之间的互操作。PKI 相关标准可以分为两类,一类为专门定义 PKI 的标被,如 X.509、PKCS、PKIX;另一类则为依赖于 PKI 的标准,如 SSL/TLS、IPSec、S/MIME、LDAP。

(1)X.509 标准

X.509 是 ISO 和 CCITT/ITU 的 X.500 标准系列的一部分,定义并标准化了一个通用、灵活、稳定的证书格式和 CRL 格式,以便为基于 X.509 协议的目录服务提供一种强队证的手段。目前定义的证书版本号为 V3,CRL 版本号为 V2。X.509 标准是最基本、支持最广泛的 PKI 标准之一。

(2)PKCS 标准

公开密码标准 PKCS 是 RSA 数据安全公司及其合作伙伴为公钥密码提供的一组工业标准接口。PKCS 描述了公钥加/解密、密钥交换、信息交换的语法和编程接口。迄今为止,PKCS 已经公布了 15 个标准(PKCS♯2 和 PKCS♯4 已经合并到 PKCS♯1 中)。

(3)PKIX 标准

PKIX 标准是由 Internet 工程任务组 IETF 根据 X.509 和 KCS 两个标准制订的一系列 RFC 文档,例如 RFC 2459、RFC 2510、RFC 2511 和 RFC 3280 等。PKlX 在将 PKI 技术应用到 Internet 上起着举足轻重的作用。

(4)LDAP 标准

轻量级目录访问协议 LDAP 被设计为目录访问协议 DAP(Directory Access Protocal)的简化版本。在 RFC 487(后被 RFC 1777 代替)中定义了 LDAP 的第一个版本,在 RFC 1777、RFC 1778 等中定义了 LDAP 的第二个版本,LDAP V2 在 IETF 的标准进程中达到草案级标准,许多厂商开发的产品都支持 LDAP V2,之后在 RFC 2251、RFC 2252 等中定义了 LDAP 的第三个版本。

(5)S/MIME 标准

S/MIME(Secure/Multipurpose Internet Mail Extensions)是一个用于发送安全报文的 IETF 标准,它采用了 PKI 数字签名技术并支持消息和附件的加密,无须收发双方共享相同密钥。S/MIME 委员会采用 PKI 技术标准来实现 S/MIME。并适当扩展了 PKI 的功能。与 S/MIME 相关的 RFC 主要有 RFC2311、RFC 2312、RFC 2632 等。

（6）IPSec 标准

IPSec(IP Security)是 IETF 制定的 IP 层安全协议集,PKI 技术为其提供了加密和认证过程的密钥管理功能。IPSec 主要用于开发新一代的虚拟专用网络 VPN。与 IPSec 相关的 RFC 主要有 RFC 2401～RFC 2412。

（7）SSL/TLS 标准

SSL/TLS(Secure Sockets Layer/Transfer Layer Security)是互联网中访问 Web 服务器最重要的协议。当然,SSL/TLS 也可以应用于基于客户机/服务器的非 Web 类型的应用系统。SSL/TLS 利用 PKI 的数字证书来认证客户和服务器的身份。RFC 2246 中详细定义了 TLS V1.0,涵盖了客户机和服务器之间单向或双向认证,以及信息机密性、完整性和不可否认性所需的功能集。

（8）其他标准

IETF 中有很多 PKI 文档还处在标准化过程中,例如定义域名系统安全的 RFC 2539。其他标准化组织的一些 PKI 规范也已达到了稳定状态,例如定义椭圆曲线数字签名算法 ECDSA 规范的 ANSIX 9.62。

4.5.3　基于 PKI 的服务及 PKI 的发展研究

1. 基于 PKI 的服务

（1）基于 PKI 的核心服务

1）认证:认证即为身份识别与鉴别,即确认实体是其所声明的实体,鉴别其身份的真伪。鉴别有两种:其一是实体鉴别,实体身份通过认证后,可获得某些操作或通信的权限;其二是数据来源鉴别,它是鉴定某个指定的数据是否来源于某个特定的实体,是为了确定被鉴别的实体与一些特定数据有着不可分割的联系。

2）完整性:完整性就是确认数据没有被修改,即数据无论是在传输还是在存储过程中经过检查没有被修改。采用数据签名技术,既可以提供实体认证,也可以保证被签名数据的完整性。完整性服务也可以采用消息认证码,即报文校验码 MAC。

3）保密性:又称机密性服务,就是确保数据的秘密。PKI 的机密性服务是一个框架结构,通过它可以完成算法协商和密钥交换,而且对参与通信的实体是完全透明的。

这些服务能让实体证明它们就是其所声明的身份,保证重要数据没有被以任何方式进行了修改,确信发送的数据只能由接收方读懂。

（2）基于 PKI 的支撑服务

1）不可否认性服务:指从技术上用于保证实体对它们的行为的诚实性。最受关注的是对数据来源的不可否认,即用户不能否认敏感消息或文件不是来源于它;以及接收后的不可否认性,即用户不能否认已接收到了敏感信息或文件。此外,还包括传输的不可否认性、创建的不可否认性以及同意的不可否认性等。

2)安全时间戳服务:用来证明一组数据在某个特定时间是否存在,它使用核心 PKI 服务中的认证和完整性。一份文档上的时间戳涉及对时间和文档的 Hash 值的数字签名,权威的签名提供了数据的真实性和完整性。

3)公证服务:PKI 中运行的公证服务是"数据认证"含义。也就是说,CA 机构中的公证人证明数据是有效的或正确的,而"正确的"取决于数据被验证的方式。

2. PKI 的发展未来

2001 年,美国审计总署总结 PKI 发展面临的挑战时指出,互操作问题,系统费用昂贵等是当时的主要困难。2003 年,美国审计总署总结联邦 PKI 发展问题时仍旧强调,在 PKI 建设中,针对技术问题和法律问题,在很多地方缺乏策略和指南或者存在错误的策略和指南;实施费用高,特别是在实施一些非标准的接口时资金压力更大;互操作问题依然突出,PKI 系统与其他系统的集成时面临已有系统的调整甚至替换的问题;使用和管理 PKI 需要更多培训,PKI 的管理仍旧有严重障碍。

尽管 PKI 建设的问题很多,也没有出现如同人们想象的突破性的发展,但我们仍旧不难发现,所有这些挑战,实际上都源于 PKI 技术的复杂。比如,实施者对标准的理解不一致是造成互操作问题的一个重要原因。目前,随着人们研究的深入,标准的出台,更多实施者的参与,更多应用的推进都会极大地促进互操作问题的解决。大量的技术人员参与建设,也会加速 PKI 产品的降价,降低 PKI 用户的购买成本。随着用户对 PKI 的深入了解,使用和维护 PKI 也将不是一个昂贵的过程。诸多的困难,并没有阻挡,也不可能阻挡 PKJ 的应用的脚步。PKI 已经逐步深入到网络应用的各个环节。PKI 的诸多优势使得 PKI 的应用逐步扩大。

PKI 提供的安全服务支持了许多以前无法完成的应用。PKI 技术可以保证运行代码正确地通过网络下载而不被黑客篡改;可以保证数字证件(如护照)的真实性,而不用担心被证件阅读者假冒;可以用于版权保护而不用担心没有证据;可以用于负责任的新闻或节目分级管理从而净化文化环境,等等。

PKI 技术并没有一个招牌应用,也没有人们想象中的那么迅速的发展。然而,也许正是没有招牌应用才使得 PKI 能够成为所有应用的安全基础;没有快速发展也许说明 PKI 的发展不会是昙花一现,而是经久不衰。作为一项目前还没有替代品的技术,PKI 正逐步得到更加广泛的应用。

4.6　PMI

PMI(Privilege Management Infrastructure,授权管理基础设施)是由 IETF 提出的一种标准,用于将用户权限的管理与其公钥的管理分离,即进行授权管理。概括地讲 PMI 是为了证明这个用户有什么权限,能够允许该用户干什么,而且 PMI 需要 PKI 为其提供身份认证,它是在 PKI 提出并解决了信任和统一的安全认证问题后提出的,其目的是解决统一的授权管理和访问控制问题。PMI 以资源管理为核心,对资源的访问控制权统一交由授权机构统一处理。

PMI 主要由属性权威(Attribute Authority,AA)、属性证书(Attribute Certification,AC)和属性证书库 3 部分组成。PMI 的基本思想是,将授权管理和访问控制决策机制从具体的应用系统中剥离出来,在通过安全认证确定用户真实身份的基础上,由可信的权威机构对用户进行统一的授权,并提供统一的访问控制决策服务。

(1)属性权威(AA)

属性权威(AA)又称为"属性权威机构"或"授权管理中心",作为整个PMI系统的核心,它的主要作用是为不同的用户和机构进行属性证书(AC)创建、存储、签发和撤销,负责管理AC的整个生命周期。

(2)属性证书(AC)

属性证书(AC)是由PMI的权威机构AA签发的将实体与其享有的权限属性捆绑在一起的数据结构,权威机构的数字签名保证了绑定的有效性和合法性。AC主要用于授权管理。AC是一种轻量级的数字证书,属性证书的格式如表4-1所示。

表4-1 属性证书格式说明

字段	含义
版本	属性证书版本
主体名称	该权限证书的持有者
发行(签发)者	签发属性证书的AA的名称
发行(签发)者唯一标识符	签发属性证书的AA的名称的唯一标识符
签名算法	签名算法标识符
序列号	证书序列号
有效期	权限属性证书有效期间
属性	持有者的属性
扩展域	包含其他信息
数字签名	签发者的数字签名

可将授权管理基础设施(PMI)在体系上可以分为三级:权威源(SOA)、属性权威(AA)和AA代理点。在实际应用中,这种分级体系可以根据需要进行灵活配置,可以是三级、二级或一级。PMI系统的基本框架图4-13所示。

SOA中心是整个授权管理体系的中心业务节点,也是整个授权管理基础设施PMI的最终信任源和最高管理机构。主要包括:授权管理策略的管理、应用授权受理、AA中心的设立审核及管理和授权管理体系业务的规范化等。AA代理点又称资源管理中心,是对应AA中心的附属机构,受AA中心的直接管理。主要负责应用授权服务代理和应用授权审核代理等。

可见PKI和PMI都是重要的安全基础设施,是针对不同的安全需求和安全应用目标设计的,二者关系密切,可以将PMI和PKI绑定在一起,也可以让PMI与PKI在物理上分开,都具有相似的层次化结构、相同的证书与信息绑定机制以及诸多相似的概念。

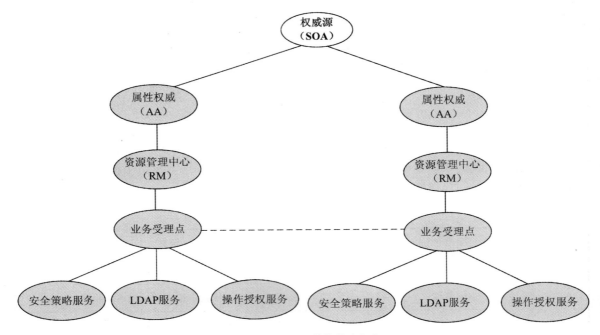

图 4-13 PMI 系统的基本框架

第5章　计算机病毒与反病毒技术

5.1　计算机病毒概述

计算机病毒借用了生物病毒的概念,众所周知,生物病毒是能侵入人体和其他生物体内的病原体,并能在人群及生物群体中传播,潜入人体或生物体内的细胞后就会大量繁殖与其本身相仿的复制品,这些复制品又去感染其他健康的细胞,造成病毒的进一步扩散。

计算机病毒和生物病毒一样,是一种能侵入计算机系统和网络、危害其正常工作的"病原体",能够对计算机系统进行各种破坏,同时能自我复制,具有传染性和潜伏性。

5.1.1　计算机病毒的危害

计算机病毒是一个程序,一段可执行码。病毒有独特的复制能力,可以快速地传染,并很难解除。它们把自身附着在各种类型的文件上。当文件被复制或从一个用户传送到另一个用户时,病毒就随着文件一起被传播了。计算机病毒是网络安全的主要威胁之一,尤其是现代发达的计算机网络为它的传播创造了相当有利的条件,导致它大肆破坏数据、改变程序控制流程、摧毁计算机硬件,给社会造成了重大的损失,影响着人们的生产和生活活动。

(1)对计算机数据信息的直接破坏

大部分病毒在激发的时候直接破坏计算机的重要信息数据,所利用的手段有格式化磁盘、改写文件分配表和目录区、删除重要文件或者用无意义的"垃圾"数据改写文件、破坏 CMOS 设置等。磁盘杀手病毒(DISK KILLER),内含计数器,在硬盘染毒后累计开机时间 48 小时内激发,激发的时候屏幕上显示"Warning!! Don't turn off power or remove diskette while Disk Killer is Prosessing!"(警告! DISK KILLER 在工作,不要关闭电源或取出磁盘),改写硬盘数据。被 DISK KILLER 破坏的硬盘可以用杀毒软件修复,不要轻易放弃。

(2)占用磁盘空间和对信息的破坏

寄生在磁盘上的病毒总要非法占用一部分磁盘空间。引导型病毒的一般侵占方式是由病毒本身占据磁盘引导扇区,而把原来的引导区转移到其他扇区,也就是引导型病毒要覆盖一个磁盘扇区。被覆盖的扇区数据永久性丢失,无法恢复。

文件型病毒利用一些 DOS 功能进行传染,这些 DOS 功能能够检测出磁盘的未用空间,把病毒的传染部分写到磁盘的未用部位去。所以在传染过程中一般不破坏磁盘上的原有数据,但非法侵占了磁盘空间。一些文件型病毒传染速度很快,在短时间内感染大量文件,每个文件都不同程度地加长了,就造成磁盘空间的严重浪费。

(3)抢占系统资源

除 VIENNA、CASPER 等少数病毒外,其他大多数病毒在动态下都是常驻内存的,这就必然抢占一部分系统资源。病毒所占用的基本内存长度大致与病毒本身长度相当。病毒抢占内存,导致内存减少,一部分软件不能运行。除占用内存外,病毒还抢占中断,干扰系统运行。计算机操作系统的很多功能是通过中断调用技术来实现的。病毒为了传染激发,总是修改一些有关的中断地址,在正常中断过程中加入病毒的"私货",从而干扰了系统的正常运行。

(4)影响计算机运行速度

病毒进驻内存后不但干扰系统运行,还影响计算机速度,主要表现在:

1)病毒为了判断传染激发条件,总要对计算机的工作状态进行监视,这相对于计算机的正常运行状态既多余又有害。

2)有些病毒为了保护自己,不但对磁盘上的静态病毒加密,而且进驻内存后的动态病毒也处在加密状态,CPU 每次寻址到病毒处时要运行一段解密程序把加密的病毒解密成合法的 CPU 指令再执行;而病毒运行结束时再用一段程序对病毒重新加密。这样 CPU 额外执行数千条以至上万条指令。

3)病毒在进行传染时同样要插入非法的额外操作,特别是传染软盘时不但计算机速度明显变慢,而且软盘正常的读写顺序被打乱,发出刺耳的噪声。

(5)计算机病毒错误与不可预见的危害

计算机病毒与其他计算机软件的一大差别是病毒的无责任性。编制一个完善的计算机软件需要耗费大量的人力、物力,经过长时间调试完善,软件才能推出。但在病毒编制者看来既没有必要这样做,也不可能这样做。很多计算机病毒都是个别人在一台计算机上匆匆编制调试后就向外抛出。反病毒专家在分析大量病毒后发现绝大部分病毒都存在不同程度的错误。错误病毒的另一个主要来源是变种病毒。有些初学计算机者尚不具备独立编制软件的能力,出于好奇或其他原因修改别人的病毒,造成错误。计算机病毒错误所产生的后果往往是不可预见的,反病毒工作者曾经详细指出黑色星期五病毒存在 9 处错误,乒乓病毒有 5 处错误等。但是人们不可能花费大量时间去分析数万种病毒的错误所在。大量含有未知错误的病毒扩散传播,其后果是难以预料的。

(6)计算机病毒的兼容性对系统运行的影响

兼容性是计算机软件的一项重要指标,兼容性好的软件可以在各种计算机环境下运行,反之兼容性差的软件则对运行条件"挑肥拣瘦",要求机型和操作系统版本等。病毒的编制者一般不会在各种计算机环境下对病毒进行测试,因此病毒的兼容性较差,常常导致死机。

(7)计算机病毒给用户造成严重的心理压力

据有关计算机销售部门统计,计算机售后用户怀疑"计算机有病毒"而提出咨询约占售后服务工作量的 60% 以上。经检测确实存在病毒的约占 70%,另有 30% 情况只是用户怀疑,而实际上计算机并没有病毒。那么用户怀疑病毒的理由是什么呢?多半是出现诸如计算机死机、软件运行异常等现象。这些现象确实很有可能是计算机病毒造成的。但又不全是,实际上在计算机工作"异常"的时候很难要求一位普通用户去准确判断是否是病毒所为。大多数用户对病毒采取宁可信其有的态度,这对于保护计算机安全无疑是十分必要的,然而往往要付出时间、金钱等方面的代价。仅仅怀疑病毒而冒然格式化磁盘所带来的损失更是难以弥补。不仅是个人单机用户,在一些大型网络系统中也难免为甄别病毒而停机。总之计算机病毒像"幽灵"一样笼罩在广大计算机用户心头,给人们造成巨大的心理压力,极大地影响了现代计算机的使用效率,由此带来的无形损失是难以估量的。

5.1.2　计算机病毒的产生及传播途径

1. 计算机病毒的产生

计算机病毒并非是最近才出现的新产物,事实上,早在 1949 年,计算机的先驱者约翰·冯纽曼(JohnVonNeumann)在他的一篇论文《复杂自动装置的理论及组织的行为》中,就提出一种会自我繁殖的程序(现在称为病毒)。

10 年之后,在美国电话电报公司(AT&T)的贝尔(Bell)实验室中,这一概念在一种很奇怪的电子游戏磁蕊大战(Core war)中形成。磁蕊大战是当时贝尔实验室中 3 个年轻工程师完成的。Core war 的进行过程如下:双方各编写一套程序,输入同一台计算机中。这两套程序在计算机内存中运行,它们相互追杀。有时它们会设置一些关卡,停下来修复被对方破坏的指令。当它们被困时,可以自己复制自己,逃离险境。因为它们都在计算机的内存[以前是用磁心(Core War)做内存的]游走,因此叫 Core War。这也就是计算机病毒的雏形。

1983 年,弗雷德·科思(Fred Cohen)研制出一种在运行过程中可以复制自身的破坏性程序,制造了第一个病毒,并将病毒定义为“一个可以通过修改其他程序来复制自己并感染它们的程序”,伦·艾德勒曼(Len Adleman)将它命名为计算机病毒(Computer Vires)。之后,专家们VAXIU750 计算机系统上运行它,第一个病毒实验成功,从而在实验中验证了计算机病毒的存在。

1986 年初,第一个真正的计算机病毒问世,即在巴基斯坦出现的 Bram 病毒。该病毒在一年内流传到了世界各地,并且出现了多个对原始程序的修改版本,引发了如 Lehigh、“耶路撒冷”和“迈阿密”等许多其他病毒的涌现。所有这些病毒都针对 PC 用户并以软盘为载体随着寄主程序的传递感染其他计算机。

我国的计算机病毒最早发现于 1989 年,来自西南铝加工厂的病毒报告——小球病毒报告。此后,国内各地陆续报告发现该病毒。在不到 3 年的时间内,我国又出现了“巴基斯坦智囊”、“黑色星期五”、“雨点”、“磁盘杀手”、“音乐”、“扬基都督”等数百种不同传染和发作类型的病毒。1989 年 7 月,公安部计算机管理监察局监察处病毒研究小组针对国内出现的病毒,迅速编写了反病毒软件 KILL 6.0,这是国内第一个反毒软件。

2. 计算机病毒的传播途径

计算机病毒的传播与文件传输媒介的变化有着直接关系,其主要传播途径包括以下几种:

1)软盘。早期,软盘作为最常用的交换媒介,在计算机应用中对病毒的传播产生了非常重要的作用。由于那时计算机应用比较简单,可执行文件和数据文件系统都较小,许多执行文件都需要通过软盘相互复制、安装,这样就能通过软盘传播文件型病毒。

此外,在通过软盘列目录或引导机器时,引导区病毒会在软盘与硬盘引导区内互相感染。因此,软盘也成了计算机病毒主要的寄生“温床”。

2)硬盘(包括移动硬盘)。如果带病毒的硬盘在本地或移到其他地方使用甚至维修等,则会传染干净的软盘或者感染其他硬盘并扩散病毒。

3)光盘。光盘可以存储大量的可执行文件,而大量的病毒就有可能藏身于光盘中。对于只读型光盘,由于不能进行写操作,因此,光盘上的病毒不能清除。在以谋利为目的非法盗版软件制作过程中,决不会有真正可靠的技术保障避免病毒的侵入、传染、流行和扩散。当前,盗版光盘的泛滥给病毒的传播带来了极大的便利,甚至有些光盘上的杀毒软件本身就带有病毒,这就给本来纯净的计算机带来了灾难。

4)有线网络。网络的快速发展促进了以网络为媒介的各种服务的快速普及。同时,这些服务也成为了新的病毒传播方式,如电子邮件(E-mail)、电子布告栏(BBS)、即时消息服务(QQ,MSN 等)、Web 服务、FTP 服务等。

5)无线网络。目前,无线网络越来越普及,但很少有无线装置拥有防毒功能。由于未来有更多的手机通过无线通信系统和因特网连接,因此,手机已成为电脑病毒的下一个攻击目标。病毒一旦发作,手机就会出现故障。

随着各种反病毒技术的发展和人们对病毒各种特性的了解,通过对各种传播途径的严格控制,来自病毒的侵扰会越来越少。

5.1.3 计算机病毒的分类

病毒的种类很多,可以按不同的方式进行分类:

1)按病毒感染的对象,可以划分为引导型病毒、网络型病毒、文件型病毒和混合型病毒。

引导型病毒攻击的对象是磁盘的引导扇区,在系统启动时获得优先的执行权,从而达到控制整个系统的目的。这类病毒因为感染的是引导扇区,所以造成的损失也就比较大,一般会造成系统无法正常启动,但查杀这类病毒也较容易,大多数反病毒软件都能查杀这类病毒。

网络型病毒是近几年来网络高速发展的产物,感染的对象不再局限于单一的模式和单一的可执行文件,而是更综合、隐蔽。现在某些网络型病毒可以对几乎所有的 Office 文件进行感染,如 Word、Excel、电子邮件等。其攻击方式也有转变,从原始的删除、修改文件到现在进行文件加密、窃取用户有用信息等。传播的途径也发生了质的飞跃,不再局限于磁盘,而是多种方式进行,如电子邮件、广告等。

文件型病毒早期一般是感染以 .exe、.com 等为扩展名的可执行文件,当用户执行某个可执行文件时病毒程序就被激活。近些年也有一些病毒感染以 .dll、.sys 等为扩展名的文件,由于这些文件通常是配置或链接文件,因此执行程序时病毒可能也就被激活了。它们加载的方法是通过将病毒代码段插入或分散插入到这些文件的空白字节中,嵌入到 PE 结构的可执行文件中,通常感染后的文件的字节数并不增加。

混合型病毒同时具备引导型病毒和文件型病毒的某些特点,它们即可以感染磁盘的引导扇区文件,又可以感染某些可执行文件,如果没有对这类病毒进行全面的解除,则残留病毒可自我恢复。因此这类病毒查杀难度极大,所用的抗病毒软件要同时具备查杀两类病毒的功能。

2)按病毒攻击的方式,可以划分为系统修改型病毒、外壳附加型病毒、代码取代攻击型病毒和源代码嵌入攻击型病毒。

系统修改型病毒主要是用自身程序覆盖或修改系统中的某些文件来达到调用或替代操作系统中的部分功能的目的,由于是直接感染系统,危害较大,是最为常见的一种病毒类型,多为文件型病毒。

外壳附加型病毒通常是将其病毒附加在正常程序的头部或尾部,相当于给程序添加了一个外壳,在被感染病毒的程序执行时,病毒代码先被执行,然后才将正常程序调入内存。目前大多数文件型的病毒属于这一类型。

代码取代攻击型病毒主要是用它自身的病毒代码取代某个程序的整个或部分模块,这类病毒少见。它主要是攻击特定的程序,针对性较强,但是不易被发现,解除起来也较困难。

源代码嵌入攻击型病毒主要攻击高级语言的源程序,病毒在源程序编译之前插入病毒代码,随源程序一起被编译成可执行文件,这样刚生成的文件就是携带病毒的文件。当然这类文件也是极少数。

3)按病毒攻击的目标,可以划分为 DOS 病毒、Windows 病毒和其他系统病毒。

DOS 病毒是针对 DOS 操作系统开发的病毒。目前几乎没有新制作的 DOS 病毒,由于 Windows 9x 病毒的出现,DOS 病毒几乎绝迹。但 DOS 病毒在 Windows 环境中仍可以进行感染活动。我们使用的杀毒软件能够查杀的病毒中一半以上都是 DOS 病毒,可见 DOS 时代 DOS 病毒的泛滥程度。但这些众多的病毒中除了少数几个让用户胆战心惊的病毒之外,大部分病毒都只是制作者出于好奇或对公开代码进行一定变形而制作的病毒。

Windows 病毒主要针对 Windows 操作系统的病毒。现在的电脑用户一般都安装 Windows 系统,Windows 病毒一般都能感染系统。

其他系统病毒主要攻击 UNIX、Linux 和 OS2 及嵌入式系统的病毒。由于系统本身的复杂性,这类病毒数量不是很多。

4)按病毒的破坏程度,可以划分为良性病毒、恶性病毒、极恶性病毒和灾难性病毒。

良性病毒入侵的目的不是破坏用户的系统,多数是一些初级病毒发烧友想测试一下自己的开发病毒程序的水平。它们只是发出某种声音,或出现一些提示,除了占用一定的硬盘空间和 CPU 处理时间外没有其他破坏性。

恶性病毒会对软件系统造成干扰、修改系统信息、窃取信息,不会造成数据丢失、硬件损坏等严重后果。这类病毒入侵后系统除了不能正常使用之外,没有其他损失,但系统损坏后一般需要格式化引导盘并重装系统,这类病毒危害比较大。

极恶性病毒比恶性病毒损坏的程度更大,如果感染上这类病毒用户的系统就会彻底崩溃,用户保存在硬盘中的数据也可能被损坏。

灾难性病毒会给用户带来巨大的损失,这类病毒一般是破坏磁盘的引导扇区文件、修改文件分配表和硬盘分区表,造成系统根本无法启动,甚至会格式化或锁死用户的硬盘,使用户无法使用硬盘。一旦感染了这类病毒,用户的系统就很难恢复了,保留在硬盘中的数据也就很难获取了,因此企业用户应充分作好灾难件备份。

5)按病毒特有的算法,可以划分为伴随型病毒、寄生型病毒、蠕虫型病毒、练习型病毒、诡秘型病毒和幽灵病毒。

伴随型病毒并不改变文件本身,它们根据算法产生 EXE 文件的伴随体,具有同样的名字和不同的扩展名(COM)。病毒把自身写入 COM 文件并不改变 exe 文件,当 DOS 加载文件时,伴随体优先被执行,再由伴随体加载执行原来的 EXE 文件。

寄生型病毒依附在系统的引导扇区或文件中,通过系统的功能进行传播。

蠕虫型病毒通过计算机网络传播,不改变文件和资料信息,利用网络从一台机器的内存传播到其他机器的内存,计算网络地址,将自身的病毒通过网络发送。有时它们在系统中存在,一般除了内存不占用其他资源。

练习型病毒自身包含错误,不能进行很好的传播,如一些在调试阶段的病毒。

诡秘型病毒一般不直接修改 DOS 中断和扇区数据,而是通过设备技术和文件缓冲区等对

DOS 内部进行修改,不易看到资源,使用比较高级的技术。利用 DOS 空闲的数据区进行工作。

幽灵病毒使用一个复杂的算法,使自己每传播一次都具有不同的内容和长度。它们一般是由一段混有无关指令的解码算法和经过变化的病毒体组成。

5.1.4 计算机病毒的特点

要防范计算机病毒,首先需要了解计算机病毒的特征和破坏机理,为防范和清除计算机病毒提供充实可靠的依据。根据计算机病毒的产生、传染和破坏行为的分析,计算机病毒一般具有以下特征。

1. 传染性

传染性是计算机病毒的基本特征,是判别一个程序是否为计算机病毒的重要条件。我们都熟悉生物界中的"流感"病毒,它会通过传染的方式扩散到其他的生物体,并在适当的条件下大量繁殖,结果导致被感染的生物体患病甚至死亡。同样,计算机病毒也会通过各种渠道从已被感染的计算机扩散到未被感染的计算机,它也会造成被感染的计算机工作失常甚至瘫痪。

正常的程序一般是不会将自身的代码强行加载到其他程序之上的,而计算机病毒却能使自身的代码强行传染到一切符合其传染条件的程序之上。计算机病毒程序代码一旦进入计算机并执行,它就会搜寻其他符合其传染条件的程序或存储介质,确定目标后再将自身代码插入其中,达到自我繁殖的目的。

如果计算机染毒不能被及时地处理,则病毒就会从这台计算机开始迅速扩散,其中的大量文件(一般是可执行文件)会被感染,而被感染的文件又成了新的传染源,再与其他机器进行数据交换或通过网络接触,病毒会继续进行传染。

2. 隐蔽性

病毒一般是具有很高编程技巧的短小精悍的程序,通常附在正常程序中或磁盘较隐蔽的地方。也有个别的以隐含文件形式出现,目的是不让用户发现它的存在。如果不经过代码分析,病毒程序与正常程序是不容易区别开来的。一般在没有防护措施的情况下,计算机病毒程序取得系统控制权后,可以在很短时间里传染大量程序。而且受到传染后,通常计算机到系统仍然能正常运行,使用户不会感到任何异常。正是由于这种隐蔽性,计算机病毒才得以在用户没有察觉的情况下传播到千万台计算机中。

大部分的病毒代码之所以设计得非常短小,就是为了便于隐藏。病毒一般只有几百或上千字节,而 PC 机对 DOS 文件的存取速度可达到每秒几百甚至上千字节以上,所以病毒传播瞬间便可将这短短的几百字节附着到正常程序中,使人非常不易察觉。

3. 破坏性

任何病毒只要侵入系统,都会对系统及应用程序产生程度不同的破坏。轻者会降低计算机工作效率,占用系统资源,重者可导致系统崩溃。由此特性可将病毒分为良性病毒和恶性病毒。良性病毒可能只显示些画面或放些音乐与无聊的语句,或者根本没有任何破坏动作,但会占用系统资源。这类病毒较多,如 GENP、小球和 W-BOOT 等。恶性病毒则有明确的目的,或破坏数据和删除文件,或加密磁盘与格式化磁盘,有的对数据造成不可挽回的破坏。

4. 潜伏性

通常较"好"计算机病毒具有一定的潜伏性,也就是说这种计算机病毒进入系统之后不会即刻发作,而只有等待预置条件的满足才会发作。

潜伏性一方面是指病毒程序不容易被检查出来,因此,病毒可以静静地躲在存储介质中躲藏一段时间,有的甚至可以潜伏几年也不会被人发现,而一旦得到运行的机会,就会四处繁殖、扩散,并对其他相关的系统进行传染。潜伏性愈好,其在系统中存活的时间就愈长,传染的范围就愈大。

另一方面是指计算机病毒的内部往往有一种触发机制,不满足触发条件时,计算机病毒除了传染外不做什么破坏。触发条件一旦得到满足,就会进行格式化磁盘、删除磁盘文件、对数据文件做加密、封锁键盘以及使系统死锁等破坏活动。使计算机病毒发作的触发条件主要有以下几种:

1)利用系统时钟提供的时间作为触发器。

2)利用病毒体自带的计数器作为触发器。病毒利用计数器记录某种事件发生的次数,一旦计算器达到设定值,就执行破坏操作。这些事件可以是计算机开机的次数,也可以是病毒程序被运行的次数,还可以是从开机起被运行过的程序数量等。

3)利用计算机内执行的某些特定操作作为触发器。特定操作可以是用户按下某些特定键的组合,也可以是执行的命令,还可以是对磁盘的读写。

计算机病毒所使用的触发条件是多种多样的,而且往往是由多个条件的组合来触发的。但大多数病毒的组合条件是基于时间的,再辅以读写盘操作、按键操作以及其他条件。

5. 非授权性

非授权是指病毒未经授权而执行。一般正常的程序是由用户调用,再由系统分配资源,完成用户交给的任务。其目的对用户是可见的、透明的。而病毒具有正常程序的一切特性,它隐藏在正常程序中,当用户调用正常程序时窃取系统的控制权,并先于正常程序执行,病毒的动作、目的对用户是未知的,是未经用户允许的。

6. 不可预见性

从对病毒的检测方面来看,病毒还有不可预见性。不同种类的病毒,它们的代码千差万别,但有些操作是共有的(如驻内存、改中断)。有些人利用病毒的这种共性,制作了声称可查所有病毒的程序。这种程序的确可查出一些病毒,但由于目前的软件种类极其丰富,并且某些正常程序也使用了类似病毒的操作甚至借鉴了某些病毒的技术。使用这种方法对病毒进行检测势必会造成较多的误报情况。而且病毒的制作技术也在不断地提高,病毒对反病毒软件常常是超前的。

5.1.5　病毒的发展趋势

每当一种新的计算机技术广泛应用的时候,总会有相应的病毒随之出现。例如,随着微软宏技术的应用,宏病毒成了简单而又容易制作的流行病毒之一;随着 Internet 网络的普及,各种蠕虫病毒如爱虫、SirCAM 等疯狂传播。本世纪初甚至产生了集病毒和黑客攻击于一体的病毒,如"红色代码(CordRed)"病毒、Nimda 病毒和"冲击波"病毒等。

在网络技术飞速发展的今天,病毒的发展呈现出以下趋势:

1)病毒与黑客技术相结合。网络的普及与网速的提高,计算机之间的远程控制越来越方便,传输文件也变得非常快捷,正因如此,病毒与黑客技术结合以后的危害更为严重,病毒的发作往往在侵入了一台计算机后,又通过网络侵入其他网络上的机器。

2)蠕虫病毒更加泛滥。其表现形式是邮件病毒、网页病毒,利用系统存在漏洞的病毒会越来越多,这类病毒由受到感染的计算机自动向网络中的计算机发送带毒文件,然后执行病毒程序。

3)病毒破坏性更大。计算机病毒不再仅仅以侵占和破坏单机的资源为目的。木马病毒的传播使得病毒在发作的时候有可能自动联络病毒的创造者(如爱虫病毒),或者采取 DcS(拒绝服务)的攻击(如最近的"红色代码"病毒)。一方面可能会导致本机机密资料的泄漏,另一方面会导致一些网络服务的中止。而蠕虫病毒则会抢占有限的网络资源,造成网络堵塞(如最近的 Nimda病毒),如有可能,还会破坏本地的资料(如针对 911 恐怖事件的 Vote 病毒)。

4)制作病毒的方法更简单。网络的普及,使得编写病毒的知识越来越容易获得。同时,各种功能强大而易学的编程工具使用户可以轻松编写一个具有极强杀伤力的病毒程序。用户通过网络甚至可以获得专门编写病毒的工具软件,只需要通过简单的操作就可以生成具有破坏性的病毒。

5)病毒传播速度更快,传播渠道更多。目前上网用户已不再局限于收发邮件和网站浏览,此时,文件传输成为病毒传播的另一个重要途径。随着网速的提高,在数据传输时间变短的同时,病毒的传送时间会变得更加微不足道。同时,其他的网络连接方式如 ICQ、IRC 也成为了传播病毒的途径。

6)病毒的检测与查杀更困难。病毒可能采用一些技术防止被查杀,如变形、对原程序加密、拦截 API 函数、甚至主动攻击杀毒软件等。

5.2　计算机病毒的结构与工作原理

5.2.1　计算机病毒的结构与作用机制

计算机病毒是以计算机系统和计算机网络为基础而存在并发展的。计算机系统的软硬件环境决定了计算机病毒的结构,而这种结构是能够充分利用系统资源进行活动的最合理体现。计算机病毒一般由感染模块、触发模块、破坏模块(表现模块)和引导模块(主控模块)四大部分组成。根据是否被加载到内存,计算机病毒又分为静态和动态。处于静态的病毒存于存储介质中,一般不能执行感染和破坏功能,其传播只能借助第三方活动(例如,复制、下载和邮件传输等)实现。当病毒经过引导功能开始进入内存后,便处于活动状态(动态),满足一定触发条件后就开始进行传染和破坏,从而构成对计算机系统和资源的威胁和毁坏。计算机静态病毒通过第一次非授权加载,其引导模块被执行,转为动态。动态病毒通过某种触发手段不断检查是否满足条件,一旦满足则执行感染和破坏功能。病毒的破坏力取决于破坏模块,有些病毒只是干扰显示、占用系统资源或发出怪音等,而另一些恶性病毒不仅表现出上述外观特性,还会破坏数据甚至摧毁系统。

(1)引导模块

引导模块是病毒的初始化部分,它随着宿主程序的执行而进入内存,为感染模块做准备。

（2）感染模块

感染模块的作用是将病毒代码复制到目标上去。一般病毒在对目标进行传染前，要先判断传染条件是否满足，判断病毒是否已经感染过该目标等。

（3）表现模块

这是病毒间差异最大的部分，前两部分是为这一部分服务的。它会破坏被感染系统或者在被感染系统的设备上表现出特定的现象。大部分病毒都是在一定条件下，才会触发其表现部分的。

（4）破坏模块

破坏模块在设计原则、工作原理上与感染模块基本相同。在触发条件满足的情况下，病毒对系统或磁盘上的文件进行破坏活动，这种破坏活动不一定都是删除磁盘文件，有的可能是显示一串无用的提示信息。有的病毒在发作时，会干扰系统或用户的正常工作。而有的病毒，一旦发作，则会造成系统死机或删除磁盘文件。新型的病毒发作还会造成网络的拥塞甚至瘫痪。

以上每一模块各有其自己的工作原理，称为作用机制。计算机病毒的作用机制分别称为引导机制、传染机制和破坏机制。

（1）中断与病毒

中断是 CPU 处理外部突发事件的一个重要技术。它能使 CPU 在运行过程中对外部事件发出的中断请求及时地进行处理，处理完成后又立即返回断点，继续进行 CPU 原来的工作。中断类型可划分为：

CPU 处理中断，规定了中断的优先权，由高到低为：除法错→不可屏蔽中断→可屏蔽中断→单步中断。

由于操作系统的开放性，用户可以修改扩充操作系统，使计算机实现新的功能。修改操作系统的主要方式之一就是扩充中断功能。计算机提供很多中断，合理合法地修改中断会给计算机增加非常有用的新功能。如 INT 10H 是屏幕显示中断，原只能显示英文，而在各种汉字系统中都可以通过修改该中断使其能显示汉字。而在另一方面，计算机病毒则篡改中断为其达到传染、激发等目的服务。

中断程序的入口地址存放在计算机内存的最低端，病毒窃取和修改中断的入口地址获得中断的控制权，在中断服务过程中插入病毒体，如图 5-1 所示。

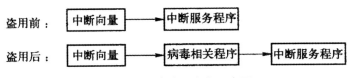

图 5-1　病毒盗用中断示意图

总之，中断可以被用户程序所修改，从而使得中断服务程序被用户指定的程序所替代。这样虽然大大地方便了用户，但也给计算机病毒制造者以可乘之机。病毒正是通过修改中断以使该中断指向病毒自身来进行发作和传染的。

（2）病毒的传染机制

计算机病毒是不能独立存在的，它必须寄生于一个特定的寄生宿主（或称载体）之上。所谓传染是指计算机病毒由一个载体传播到另一个载体，由一个系统进入另一个系统的过程。传染性是计算机病毒的主要特性。

计算机病毒的传染均需要中间媒介。对于计算机网络系统而言,计算机病毒的传染是指从一个染有病毒的计算机系统或工作站系统进入网络后,传染给网络中另一个计算机系统。对于单机运行的计算机系统而言,指的是计算机病毒从一个存储介质扩散到另一个存储介质之中,这些存储介质如软磁盘、硬磁盘、磁带、光盘等;或者指计算机病毒从一个文件扩散到另一个文件中。

(3)病毒的破坏机制

破坏机制在设计原则、工作原理上与传染机制基体相同。它也是通过修改某一中断向量入口地址,使该中断向量指向病毒程序的破坏模块。这样当系统或被加载的程序访问该中断向量时,病毒破坏模块被激活,在判断设定条件满足的情况下,对系统或磁盘上的文件进行破坏活动。

计算机病毒的破坏行为体现了病毒的杀伤力。病毒破坏行为的激烈程度取决于病毒作者的主观愿望和他所具有的技术能力。其主要破坏部位有:系统数据区、文件、内存、系统运行、运行速度、磁盘、打印机等。

5.2.2 计算机病毒的工作原理

1. 计算机病毒的生命周期

计算机病毒的产生过程分为:程序设计→传播→潜伏→触发、运行→实行攻击。计算机病毒从生成开始到完全根除结束也存在一个生命周期。

(1)开发期即计算机的编写调试期

在几年前,制造一个病毒需要丰富的计算机编程知识。但是如今有一点计算机编程知识的人的都可以制造一个病毒。通常计算机病毒是一些误入歧途的、试图传播计算机病毒和破坏计算机的个人或组织制造的。

(2)传染期

传染分主动传染和被动传染。一个计算机病毒编写出来以后,病毒的编写者通常要将其传播出去。常用的办法是用其感染一个流行的程序,并再将其放入 BBS 站点上、校园网或其他大型组织的网络中被动等待。一旦该病毒被激活,就可以实施主动传染,感染其他符合条件的相关程序或文件。

(3)潜伏期

潜伏分为静态潜伏和动态潜伏。静态潜伏期的病毒处于休眠状态,病毒通过文件拷贝被动复制。一个设计良好的病毒可以在它活化前长期内被复制。动态潜伏是指病毒被激活后,病毒利用相关技术与策略,竭力隐藏自己。潜伏性给了病毒充裕的传播时间。这时病毒的危害在于暗中占据存储空间。

(4)发作期

带有破坏机制的病毒会在遇至某一特定条件时发作,一旦遇上某种条件,比如某个日期或出现了用户采取的某个特定的行为,病毒就被触发,并实施破坏行为。

(5)发现期

当一个病毒被检测到并被隔离出来后,它被送到计算机安全协会或反病毒厂家,在那里病毒被通报和描述给反病毒研究工作者。

（6）同化期

在这一阶段,反病毒开发人员修改他们的软件以使其可以检测到新发现的病毒。这段时间的长短取决于开发人员的素质和病毒的类型。

（7）消亡期

若是所有用户安装了最新版的杀毒软件,那么任何病毒都将会被清除。这样就没有什么病毒可以广泛地传播了,但有一些病毒在消失之前有一个很长的消亡期。至今,还没有哪种病毒已经完全消失,但是某些病毒已经在很长时间里不再是一个重要的威胁了。

2. 几种典型病毒的工作原理

计算机病毒是可执行的程序,需要操作系统的支持。由于计算机病毒的传染和发作需要使用一些系统函数及硬件,而后者往往在不同的平台上是各不相同的,因此大多数计算机病毒都是针对某种处理器和操作系统编写的。

计算机病毒能够感染的只有可执行代码,因此我们从引导型病毒、文件型病毒、宏病毒和网络病毒四类来探讨计算机病毒的工作原理。

（1）引导型病毒的工作原理

引导型病毒传染的对象主要是软盘的引导扇区,硬盘的主引导扇区和引导扇区。因此,在系统启动时,这类病毒会优先于正常系统的引导将其自身装入到系统中,获得对系统的控制权。病毒程序在完成自身的安装后,再将系统的控制权交给真正的系统程序,完成系统的引导,但此时系统已处在病毒程序的控制之下。绝大多数病毒感染硬盘主引导扇区和软盘 DOS 引导扇区。

引导型病毒可传染主引导扇区和引导扇区,因此,引导型病毒可按寄生对象的不同分为主引导区病毒和引导区病毒。主引导区病毒又称为分区表病毒,将病毒寄生在硬盘分区主引导程序所占据的硬盘 0 磁头 0 柱面第 1 个扇区中。典型的病毒有"大麻"和"Bloody"等。引导区病毒是将病毒寄生在硬盘逻辑 0 扇区或软盘逻辑 0 扇区（即 0 面 0 道第 1 个扇区）。典型的病毒有"Brain"和"小球"病毒等。

引导型病毒还可以根据其存储方式分为覆盖型和转移型两种。覆盖型引导病毒在传染磁盘引导区时,病毒代码将直接覆盖正常引导记录。转移型引导病毒在传染磁盘引导区之前保留了原引导记录,并转移到磁盘的其他扇区,以备将来病毒初始化模块完成后仍然由原引导记录完成系统正常引导。绝大多数引导型病毒都是转移型的引导病毒。转移型引导病毒的工作原理如图5-2 所示。

（2）宏病毒的工作原理

宏病毒是随着 Microsoft Office 软件的日益普及而流行起来的。为了减少用户的重复劳作,Office 提供了一种所谓宏的功能。利用这个功能,用户可以把一系列的操作记录下来,作为一个宏。之后只要运行这个宏,计算机就能自动地重复执行那些定义在宏中的所有操作。这就为病毒制造者提供了可乘之机。

宏病毒是一种专门感染 Office 系列文档的恶性病毒。染毒的 .doc 文件打开后,在用户使用菜单、快捷键和工具栏时,或者运行以 AUTO 开头的宏时,便会激活宏病毒,感染全局模板文件。宏病毒通过控制这些全局模板文件,得到了系统的控制权。以后当系统中有文档存储操作时,病毒就会将自身复制并入侵此文档文件,同时将该文档存储为一个扩展名为 .doc 的模板文件。当发作条件满足时,该病毒就会开始它的破坏活动。

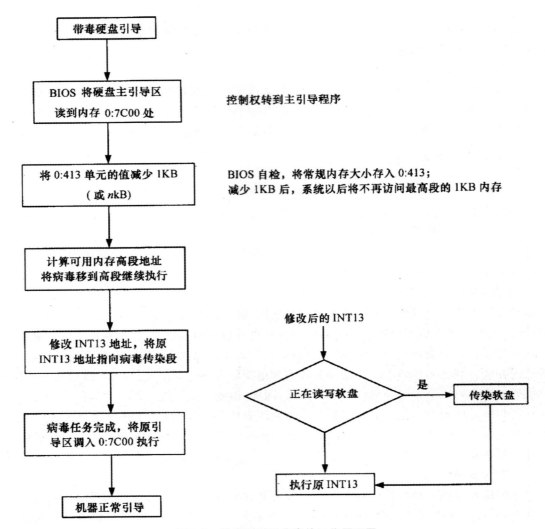

图 5-2　转移型引导病毒的工作原理图

除了 Word 宏病毒外，还出现了感染 Excel、Access 的宏病毒，并且可以交叉感染。很多宏病毒具有隐形、变形能力，并具有对抗防病毒软件的能力。此外，宏病毒还可以通过电子邮件等进行传播。一些宏病毒已经不再在 File Save As 时暴露自己，并克服了语言版本的限制，可以隐藏在 RTF 格式的文档中。

（3）文件型病毒的工作原理

文件型病毒攻击的对象是可执行程序，病毒程序将自己附着或追加在后缀名为 .exe 或 .com 的可执行文件上。当被感染程序执行之后，病毒事先获得控制权，然后执行以下操作（具体某个病毒不一定要执行所有这些操作，操作的顺序也可能不一样）。

1）内存驻留的病毒首先检查系统内存，查看内存是否已有此病毒存在，如果没有则将病毒代码装入内存进行感染。非内存驻留病毒会在这个时候进行感染，它查找当前目录，根目录或环境变量 PATH 中包含的目录，发现可以被感染的可执行文件就进行感染。

2）对于内存驻留病毒来说，驻留时还会把一些 DOS 或者基本输入输出系统（BIOS）的中断指向病毒代码,例如,INT 13H 或者 INT 21H,使系统执行正常的文件或磁盘操作的时候,就会调用病毒驻留在内存中的代码,进一步进行感染。

3)执行病毒的一些其他功能,如破坏功能,显示信息或者病毒精心制作的动画等。对于驻留内存的病毒而言,执行这些功能的时间可以是开始执行的时候,也可以是满足某个条件的时候,例如,定时或者当天的日期是 13 号恰好又是星期五等。为了实现这种定时的发作,病毒往往会修改系统的时钟中断,以便在合适的时候激活。

4)这些工作后,病毒将控制权返回被感染程序,使正常程序执行。为了保证原来程序的正确执行,寄生病毒在执行被感染程序之前,会把原来的程序还原,伴随病毒会直接调用原来的程序,覆盖病毒和其他一些破坏性感染的病毒会把控制权交回 DOS 操作系统。

(4)网络病毒的工作原理

我们通过一个典型的网络病毒来分析其工作原理。"远程探险者"(Remote Explorer)是真正的网络病毒。它需要通过网络方可实施有效的传播;要想真正地攻入网络,本身必须具备系统管理员的权限,如果不具备此权限,则只能对当前被感染的主机中的文件和目录起作用。

当具有系统管理员权限的用户运行了被感染的文件后,该病毒将会作为一项 NT 的系统服务被自动加载到当前的系统中。为增强自身的隐蔽性,该系统服务会自动修改 Remote Explorer 在 NT 服务中的优先级,将自己的优先级在一定时间内设置为最低,而在其他时间则将自己的优先级提升一级,以便加快传染。

Remote Explorer 的传播无须普通用户的介入。该病毒侵入网络后,直接使用远程管理技术监视网络,查看域登录情况并自动搜集远程计算机中的数据,然后再利用所搜集的数据,将自身向网络中的其他计算机传播。由于系统管理员能够访问到所有远程共享资源,因此具备同等权限的 Remote Explorer 也就能够感染网络环境中所有的 NT 服务器和工作站中的共享文件。

该病毒仅在 Windows NT Server 和 Windows NT Workstation 平台上起作用,专门感染 . exe 文件。Remote Explorer 的破坏作用主要表现在:加密某些类型的文件,使其不能再用,并且能够通过局域网或广域网进行传播。

5.3 反病毒技术的发展

5.3.1 反病毒技术的发展史

随着计算机技术及反病毒技术的发展,早期的防病毒卡像其他的计算机硬件卡一样,逐步地衰落出市场。与此对应的,各种防病毒软件开始日益风行起来,并且经过十几年的发展,逐步经历了好几代反病毒技术的发展。

1. 第一代——简单的扫描器

第一代扫描器需要一个病毒特征来识别一个病毒。这种针对特征的扫描器只能检测到已知的病毒。这就是通常所说的特征代码法,是早期反病毒软件的主要方法,也普遍为现在的大多数反病毒软件的静态扫描所采用。

这种方法把分析出的病毒的特征代码集中存放于病毒代码库文件中,在扫描时将扫描对象与病毒代码库比较,如果吻合则认为染上病毒。

特征代码法实现起来简单,对于查传统的文件型病毒特别有效,而且由于已知特征代码,清除病毒十分安全和彻底。但这种方法最大缺点就是过分依赖病毒代码库的升级,对未知病毒和变形病毒没有任何作用。病毒代码库随着病毒数量的增加而不断扩大,搜索庞大的病毒代码库会造成查毒速度下降。

此外,还有一种第一代扫描器记录下所有的文件长度,通过寻找长度的变化来检测病毒感染。

2. 第二代——启发式扫描器

第二代扫描器不依赖于特定的特征,而是使用启发式规则来寻找可能的病毒感染。主要采用以下几种方法:

1)通过查找通常与病毒相关的代码段来发现病毒。例如,扫描器可以寻找用在变形病毒的加密循环,并发现加密密钥。一旦发现了密钥,扫描器就能够对病毒解密并识别它。

2)完整性检查。为每个程序附加一个校验和,当一个病毒改变了程序但没有改校验和,则完整性认证就可以捕捉到这个变化。为了对付那些能够修改校验和的复杂的病毒,可以使用加密的 Hash 函数。加密密钥独立于程序存放,这样病毒就无法生成一个新的 Hash 值并加密它。通过使用 Hash 函数就可以防止病毒修改程序以获得与以前一样的 Hash 值。

3)校验和法。病毒在感染程序时,大多都会使被感染的程序大小增加或者日期改变,校验和法就是根据病毒的这种行为来进行判断的。首先把硬盘文件的相关资料做一次汇总并记录下来,在以后检测过程中重复此动作,并与前次记录进行比较,用这种方法来判别文件是否被病毒感染。这种方法对文件的改变十分敏感,因而能查出未知病毒,但它不能识别病毒种类。而且,由于病毒感染并非文件改变的唯一原因,文件的改变常常是正常程序引起的,因此,校验和法误报率较高。这就需要加入一些判断功能,把常见的正常操作排除在外。

3. 第三代——行为陷阱

第三代反病毒程序是内存驻留型的,它通过病毒的行为识别病毒,而不是像上两代那样通过病毒的特征或病毒感染文件的特征来识别。这类程序的一个好处是不必为类型众多的病毒制定病毒特征库或启发式规则,而只需要定义一个很小的动作集合,其中每个动作都表示可能有感染操作,然后监视其他程序的操作行为,这就是通常所说的行为监视法。

病毒感染文件时,常常有一些不同于正常程序的行为。行为监视法就是引入一些人工智能技术,通过分析检查对象的逻辑结构,将其分为多个模块,分别引入虚拟机中执行并监测,从而查出使用特定触发条件的病毒。这种方法专门针对未知病毒和变形病毒设计,并且将查找病毒和清除病毒合二为一,能查能杀,但由于采用人工智能技术,需要常驻内存,实现起来也有很大的技术难度。

4. 第四代——全部特征保护

第四代反病毒产品是综合运用了很多种不同的反病毒技术的软件包,包括扫描和活动陷阱组件等。除此之外,这样的软件包还包含访问控制功能,这限制了病毒渗透系统的能力和更新文件、进行传播的感染能力。

5.3.2　我国反病毒技术现状

自 20 世纪 80 年代末 90 年代初反病毒产品市场初步形成以来,我国反病毒研究取得了长足发展,涌现出不少品牌厂商,初步形成一大产业。但是与先进国家相比还存在着不少问题。

病毒安全防护能力亟待加强。随着 1995 年以来多个金字头工程的全面启动,我国各级政府、企事业单位、网络公司等陆续设立自己的网站,电子商务也正以前所未有的速度迅速发展,但许多应用系统却处于不设防状态,存在着极大的信息安全风险和隐患。目前我国的反病毒软件引擎,不少是依赖国外技术装备或反向工程破解技术支撑起来的。我国计算机制造业发展迅速,但目前具有的研发、生产能力还很弱,许多核心部件都是依赖国外原始设备制造商。我国计算机软件还面临市场垄断和价格歧视的威胁。在国外厂商几乎垄断了我国计算机软件的基础和核心市场包括操作系统的情况下,具有自主知识产权的先进反病毒核心引擎尤其急需。

从信息安全管理和法制的角度来看,目前的国家信息安全管理和法制是多年以前发布的。随着我国信息化建设的不断推进和技术的发展,不少方面已不足以应付安全管理的需要,还有一些也已不适应科学技术的飞速发展。

从防范意识而言,国内防治计算机病毒安全的意识也亟需增强。目前仍然有人认为我国信息化程度不高,重要部门还没有广泛联网,病毒事件在我国不可能发生,发生了损失也不大,不必大惊小怪,其实这种看法有失偏颇。另外,反病毒领域在研究开发、产业发展、人才培养、队伍建设等方面与迅速发展的形势极不相称。

针对目前我国反病毒技术的现状,专家提出了一系列建议:

建立反病毒技术备案制度。反病毒技术的资源共享将有力推动我国反病毒研究的发展。有利于发挥各有关部门的积极性共同为国内反病毒技术服务。这样做同时也可以规范反病毒产业市场,认定国内具有自主知识产权的厂商,有针对性地支持和使用相关产品。

建立病毒信息共享制度。根据我国法规规定,任何最新的病毒信息都必须统一由国家执法部门公安部发布,严禁任何单位与个人私自发布,这样可以规范病毒信息,为反病毒厂商开发软件提供公平竞争机会。

积极支持反病毒新技术理论的研究。国家既要加强对基础研究的投入,又要建立一种机制,来鼓励个人与企业积极开发研究自主知识产权的技术。

5.3.3　反病毒技术未来发展趋势

面对病毒所具有的目的性和网络性的特征,传统的反病毒技术暴露出很多不足:

首先,传统的反病毒技术只能针对本地系统进行防御。

其次,传统的病毒查杀技术是采取病毒特征匹配的方式进行病毒的查杀,而病毒库的升级是滞后于病毒传播的,使其无法查杀未知病毒。

最后,传统的病毒查杀技术是基于文件进行扫描的,无法适应对效率要求极高的网络查毒。

由于以上三点,传统的反病毒技术已经远远不能满足反病毒的需要。现在反病毒技术必须要能够针对病毒的网络性和目的性进行防御。于是,众多的反病毒厂家都开始了新一代反病毒技术的研发。总的说来,反病毒技术的发展具有以下趋势:

(1)未知病毒查杀技术付诸实用

目前,对未知病毒检测的最大挑战是 Win32 文件型病毒(PE 病毒)、木马和蠕虫病毒。许多操作系统漏洞除了微软自己知道外,不能被广大用户主动发现和知晓,这给反病毒造成的困难远远大于给病毒编写造成的困难。反病毒技术只能跟在病毒后面去亡羊补牢。另外,Win32 程序的虚拟运行机制要比 DOS 环境下复杂很多,涉及虚拟内存资源的 API 调用和很多系统资源进程调度,而很多木马程序,都善打擦边球,反病毒程序很难用传统行为分析的方法去区别木马程序和一些正常网络服务程序的区别,因为从技术的角度讲,这些木马程序的运行机制和正常的网络服务完全一样,不同的只是目的。未知病毒查杀技术是对未知病毒进行有效识别与清除的技术。该技术的核心是以软件的形式虚拟一个硬件的 CPU,然后将可疑文件放入这个虚拟的 CPU 进行解释执行,在执行的过程中对该可疑文件进行病毒的分析、判定。虚拟机机制在智能性和执行效率上都存在很多难题需要克服,在今后几年内,该技术将会有一个突破性的发展,完全进入实用阶段。

(2)防病毒体系趋于立体化

从以往传统的单机版杀毒,到网络版杀毒,再到全网安全概念的提出,反病毒技术已经由孤岛战略延伸出立体化架构。这种将传统意义的防病毒战线从单机延伸到网络接入的边缘设备;从软件扩展成硬件;从防火墙、IDS 到接入交换机的转变,是在长期的病毒和反病毒技术较量中的新探索。

(3)流扫描技术广泛使用于边界防毒

为了能够更好地避免病毒(特别是蠕虫病毒)的侵袭,边界防毒方案将会得到更加广泛的采用。它在网络入口处对进出内部网络的数据和行为进行检查,以在第一时间发现病毒并将其清除,有效地防止病毒进入内部网络。由于边界防毒需要在网络入口进行,那么就会对病毒的查杀效率提出极高的要求,以防止明显的网络延迟。于是,流扫描技术应运而生。它是专门为网络边界防毒而设计的病毒扫描技术,面向网络流和数据包进行检测,大大减少了系统资源的消耗和网络延迟。

以前,杀毒软件的理论基础是,首先要发现并确认一个病毒,然后,再进行防范,它的缺点是,对未知病毒的防范能力弱,我们没有有效的办法对付各种病毒的变形,对融合了黑客技术的病毒,不能有效防范。一般是一种新病毒发作后,大家才能开发出查杀该病毒的软件,用户还需要尽快升级自己的防毒软件,因此,可以说以前的方法就好像警察找罪犯,在警察没有看到罪犯犯罪,或得到举报前,即使罪犯犯了罪,警察也没有办法,这是一种病毒制造者与安全专家之间在作品层面的竞赛。而新的理论是基于对大量的病毒的特征、发作过程、传播变化统计的基础上,建立控制策略数学模型,采取分门别类的方法,有效解决应用同种思想开发出的各种病毒,可以极大提高对新病毒的反应时间。由于这种方法是通过抑制病毒设计思想而实现的,因此,这是一种病毒制造者与安全专家之间在整体思想层面的竞赛。

因此,新的杀毒软件不仅仅是依据病毒数据库中的病毒代码对计算机进行扫描,而是对计算机所运行的各种进程、各种操作进行监控,如果发现某个事件或某项操作存在典型的病毒特征,或是对计算机存在危害,那么这些事件或操作就会被阻止,得以更有效地保护计算机不受新型病毒的入侵。

杀毒软件作为一个独立的软件产品,已经存在了很久,但是,由于病毒制造者越来越多地利用操作系统的漏洞和黑客技术,因此,与操作系统的紧密结合成为一种必然:一方面,可以帮助操作系统减少漏洞,另一方面,也可以进一步提高运行效率和软件兼容度。从商业角度上来说,安全技术可以融入各种应用系统,减少应用系统自身的安全漏洞,同时,也可以为用户提供更加个性化的安全服务。

科技带来了进步,也带来了计算机病毒,我们与计算机病毒所作的斗争,是一个人、一群人与另一个人、一群人智慧的斗争,因为病毒聪明而有智慧,就像制造病毒的那些人一样,他们发明了新的病毒——我们就不得不小心的对付它;他们发明了一个很高明的病毒——我们还是得更小心的对付它。我们每天坐在计算机前,像个哑巴一样不说话,面对着一个个的病毒妖怪,这样的一个病毒,我们分析需要一天,而编写防病毒算法又得一天,很像活的生物进化历程,不是吗?

5.4　反病毒的基本战略

5.4.1　病毒的预防战略

通过采取技术上和管理上的措施,计算机病毒是完全可以防范的。对于一般用户而言,安装正版的防毒软件和网络"防火墙"是预防病毒的第一步,虽然难免仍有新出现的病毒,采用更隐秘的手段,利用现有系统安全防护机制的漏洞,以及反病毒防御技术尚存在的缺陷,能够一时得以在某一台 PC 机上存活并进行某种破坏,但是只要在思想上有反病毒的警惕性,依靠反病毒技术和管理措施,新病毒就无法逾越计算机安全保护屏障,从而不能广泛传播。

下面的战略是公司保护计算机系统免受病毒、恶意代码和垃圾邮件攻击的常用方法。

1. 多层保护战略

过去,病毒和恶意代码是通过软盘传播到个人的工作站中的。感染集中在本地,防毒软件主要针对桌面保护。然而,今天的大多数病毒和恶意代码都是来自互联网或电子邮件,通常是先攻击服务器和网关,然后再扩散到公司的整个内部网络。由于这种感染方式的变化,所以,当前许多防毒产品都是基于网络的而不是基于桌面上的。

一个多层次的保护战略应该能够将防毒软件安装在所有这三个网络层中,提供对计算机病毒的集中防护。一个多层的战略可以由一个厂商的产品实施,也可以由多个厂商的产品共同实施。

2. 基于点的保护战略

同多层次方案不同,一个基于点的保护战略只会将产品置入网络中已知的进入点。桌面防毒产品就是其中的一个例子,它不负责保护服务器或网关。这个战略比多层次方案更有针对性,也更加经济。但应该注意,CodeRed 和 Nimda 这样的混合型病毒经常会攻击网路中多个进入点。一个基于点的战略可能无法提供应付这种攻击的有效防护。同时,基于点的防毒产品还存在着管理上的问题,因为这些产品不能够从一个集中的位置进行管理。

3. 集成方案战略

一个集成方案可以将多层次的保护和基于点的方法相结合来提供抵御计算机病毒的最广泛的防护。许多防毒产品包都是根据这个战略设计而成的。另外,一个集成的方案通过提供一个中央控制台还会提高管理水平,尤其是在使用单厂商的产品包时更是如此。

4. 被动型战略和主动型战略

除了在网络中的哪个位置实施防毒保护的问题以外,还存在着对抗病毒的最佳时机问题。许多公司都拥有一个被动型战略:只有在系统被感染以后,他们才会对抗恶意代码的问题。有些公司甚至没有部署一个保护性基础设施。在被动型战略中,被病毒感染的公司会与防毒厂商进行联络,希望厂商能够为他们提供所需的代码文件和其他工具来扫描和清除病毒。这个过程很耽误时间,进而造成生产效率和数据的损失。

一个主动型战略指的是在病毒发生之前便准备好对抗病毒的办法,具体就是定期获得最新的代码文件,并进行日常的恶意代码扫描。一个主动型的战略不能保证公司永远不被病毒感染,但它却能够使公司快速检测到和抑制住病毒感染,减少损失的时间,以及被破坏的数据量。

5. 基于订购的防毒支持服务

对病毒保护采取主动型方案的公司通常会订购防毒支持服务。这些服务由防毒厂商提供,包括定期更新的代码文件以及有关新病毒的最新消息,对减少病毒感染的建议,提供解决病毒问题的解决方案。订购服务通常都设有支持中心,能够为客户提供全天候的信息和帮助服务。

5.4.2 病毒的检测战略

计算机病毒要进行传播,必然会留下痕迹。检测计算机病毒,就要到病毒寄生场所去检查,发现异常情况,确定计算机病毒的存在。病毒静态时存储于磁盘中,激活时驻留在内存中,因此对计算机病毒的检测分为对内存的检测和对磁盘的检测。

病毒检测的常用方法如下:

(1)比较法

比较法是用原始备份与被检测的引导扇区或被检测的文件进行比较。比较时可以靠打印的代码清单进行,或用程序来进行。一旦发现异常情况,如文件的长度有变化,或虽然文件长度未发生变化但文件内的程序代码发生了变化等情况,就可以怀疑是被感染上了病毒。对硬盘主引导区或对引导扇区做检查,比较法能发现其中的程序代码是否发生了变化。由于要进行比较,因此保留好原始备份是非常重要的。

比较法不需要专用的查病毒程序,只用常规则 DOS 软件和 Debug 工具软件就可以进行,而且用比较法还可以发现那些尚不能被现有的查病毒程序发现的计算机病毒。由于病毒传播得很快,新病毒又层出不穷,目前还没有通用的能查出一切病毒,或通过代码分析可以判定某个程序中含有病毒的查毒程序,因此发现新病毒就只有靠比较法和分析法,有时必须结合这两者来一同工作。

比较法的优点是简单.方便,不需专用软件;缺点是无法确认病毒的种类名称。另外,造成被检测程序与原始备份之间差别的原因尚需进一步验证,以查明是由于计算机病毒造成的,还是由于偶然原因,如突然停电、程序失控等破坏的。

(2)搜索法

搜索法是用每一种病毒体含有的特定字符串对被检测的对象进行扫描。如果在被检测对象内部发现了某一种特定字节串,就表明发现了该字节串所代表的病毒。

病毒扫描软件由两部分组成:一部分是病毒代码库,含有经过特别选定的各种计算机病毒的代码串;另一部分是利用该代码库进行扫描的扫描程序。病毒扫描程序能识别的计算机病毒的数目完全取决于病毒代码库内所含病毒种类的多少。显而易见,病毒代码库中的病毒代码种类越多,扫描程序能认出的病毒就越多。

使用特征串的扫描法被查病毒软件广泛应用着。当特征串选择得很好时,病毒检测软件让计算机用户使用起来很方便,对病毒了解不多的人也能用它来发现病毒。

搜索法的缺点也是明显的,如不容易选出合适的特征串;新病毒的特征串未加入病毒代码库时,老版本的扫毒程序无法识别出新病毒;怀有恶意的计算机病毒制造者得到代码库后,会很容易地改变病毒体内的代码,生成一个新的变种,使扫描程序失去检测它的能力等。

(3)特征字的识别法

计算机病毒特征字的识别法是基于特征串扫描法发展起来的一种新方法。特征字识别法只需从病毒体内抽取很少几个关键的特征字,组成特征字库。由于需要处理的字节很少,而又不必进行串匹配,因此大大加快了识别速度,当被处理的程序很大时表现更突出。类似于检测生物病毒的生物活性,特征字识别法更注意计算机病毒的"程序活性",减少了错报的可能性。

(4)分析法

一般使用分析法的人不是普通用户,而是反病毒专业技术人员。使用分析法就是要确认被观察的磁盘引导区和程序中是否含有病毒;确认病毒的类型和种类,判定其是否是一种新病毒;搞清楚病毒体的大致结构,提取特征识别用的字节串或特征字,用于增添到病毒代码库;详细分析病毒代码,以制定相应的反病毒实施方案。

使用分析法要具有比较全面的有关系统结构和功能调用以及病毒方面的各种知识,这是与检测病毒的前三种方法不一样的地方。病毒检测的分析法是在反病毒工作中不可或缺的重要技术,任何一个性能优良的反病毒系统的研制和开发都离不开专业技术人员对各种病毒的详尽而认真的分析。

(5)人工智能陷阱技术

人工智能陷阱技术是一种监测计算机行为的常驻式扫描技术。它将所有计算机病毒所产生的行为归纳起来,一旦发现内存中的程序有任何不当的行为,系统就会有所警觉,并告知使用者。这种技术的优点是执行速度快,操作简便,且可以侦测到各式计算机病毒;其缺点就是程序设计难,且不容易考虑周全。不过在这千变万化的计算机病毒世界中,人工智能陷阱扫描技术是一个至少具有主动保护功能的新技术。

(6)宏病毒陷阱技术

宏病毒陷阱技术是结合搜索法和人工智能陷阱技术,依行为模式来侦测已知及未知的宏病毒。其中,配合 OLE2 技术可将宏病毒与文件分开,使得扫描速度加快,而且更可有效地将宏病毒彻底清除。

(7)软件仿真扫描法

软件仿真扫描法专门用来对付多态变形计算机病毒。多态变形计算机病毒在每次传染时,都将自身以不同的随机数加密于每个感染的文件中,传统搜索法的方式根本就无法找到这种计算机病毒,软件仿真技术在 DOS 虚拟机下执行计算机病毒程序,安全并确实地将其解密,使其显露本来面目,再加以扫描。

（8）先知扫描法

先知扫描技术是继软件仿真后的一大技术上的突破。既然软件仿真可以建立一个保护模式下的 DOS 虚拟机,仿真 CPU 动作并伪执行程序可以解开多态变形计算机病毒,那么应用类似的技术也可以用来分析一般程序,检查可疑的计算机病毒代码。因此先知扫描技术将专业人员用来判断程序是否存在计算机病毒代码的方法,分析归纳成专家系统和知识库,再利用软件模拟技术伪执行新的计算机病毒,超前分析出新计算机病毒代码来对付以后的计算机病毒。

5.4.3 病毒的清除战略

从数学角度而言,清除病毒的过程实际上是病毒感染过程的逆过程。通过检测工作(跳转、解码),已经得到了病毒体的全部代码,用于还原病毒的数据肯定在病毒体内,只要找到这些数据,依照一定的程序或方法即可将文件恢复,也就是说可以将病毒解除。

对于一般用户来说,一旦文件被病毒感染,就只能够靠杀毒软件来清除病毒。不过有时用杀毒软件并不能保证原文件完全复原,有可能会越杀越糟,杀完病毒之后文件反而不能执行。因此平日对资料勤加备份非常重要。

5.5 常用的反病毒技术

5.5.1 特征代码技术

特征码技术是基于对已知病毒分析、查解的反病毒技术。目前的大多数杀病毒软件采用的方法主要是特征码查毒方案与人工解毒并行,亦即在查病毒时采用特征码查毒,在杀病毒时采用人工编制解毒代码。

特征码查毒方案实际上是人工查毒经验的简单表述,它再现了人工辨识病毒的一般方法,采用了"同一病毒或同类病毒的某一部分代码相同"的原理,也就是说,如果病毒及其变种、变形病毒具有同一性,则可以对这种同一性进行描述,并通过对程序体与描述结果(亦即"特征码")进行比较来查找病毒。而并非所有病毒都可以描述其特征码,很多病毒都是难以描述甚至无法用特征码进行描述的。使用特征码技术需要实现一些补充功能,例如,近来的压缩包、压缩可执行文件自动查杀技术。

但是,特征码查毒方案也具有极大的局限性。特征码的描述取决于人的主观因素,从长达数千字节的病毒体中撷取 10 余字节的病毒特征码,需要对病毒进行跟踪、反汇编以及其他分析,如果病毒本身具有反跟踪技术和变形、解码技术,则跟踪和反汇编以获取特征码的情况将变得极其复杂。另外,要撷取一个病毒的特征码,必然要获取该病毒的样本。

此外,由于对特征码的描述有许多种,因此,特征码方法在国际上很难得到广域性支持。特征码查病毒主要的技术缺陷表现在较大的误查和误报上,而杀病毒技术又导致了反病毒软件的技术迟滞。

5.5.2 虚拟机技术

虚拟机技术是启发式探测未知病毒的反病毒技术。虚拟机技术的主要作用是能够运行一定规则的描述语言。

虚拟机技术的原理就是用程序代码虚拟出一个 CPU，同样也虚拟 CPU 的各个寄存器，甚至将硬件端口也虚拟出来，用调试程序调入"病毒样本"并将每一个语句放到虚拟环境中执行，这样就可以通过内存和寄存器以及端口的变化来了解程序的执行，从而判断系统是否中毒。

通过这种技术，可以对付加密、变形、异型、压缩型及大部分未知病毒和破坏性病毒。目前一些基于病毒特征码查杀病毒的方法不能识别未知或变种病毒，而独到的"虚拟执行"技术可以部分解决这些问题。虚拟机技术的主要执行过程如下：

1）在查杀病毒时，在计算机虚拟内存中模拟出一个"指令执行虚拟计算机"。

2）在虚拟机环境中虚拟执行（不会被实际执行）可疑带毒文件。

3）在执行过程中，从虚拟机环境内截获文件数据，如果含有可疑病毒代码，则说明发现了病毒。

4）杀毒过程是在虚拟环境下摘除可疑代码，然后将其还原到原文件中，从而实现对各类可执行文件内病毒的杀除。

目前，个别反病毒软件选择了样本代码段的前几 K 字节虚拟执行，其查出概率已高达 95% 左右。虚拟机用来侦测已知病毒速度更为惊人，误报率可降到一个千分点以下。

5.5.3　实时监控技术

实时监视技术为计算机构筑起一道动态、实时的反病毒防线，它已经形成了包括注册表监控、脚本监控、内存监控、邮件监控和文件监控在内的多种监控技术。它们协同工作形成的病毒防护体系，使计算机预防病毒的能力大大增强。当前，几乎每个反病毒产品都提供了这些监控手段。

实时监控概念最根本的优点是解决了用户对病毒的"未知性"，或者说是"不确定性"问题。用户的"未知性"其实是计算机反病毒技术发展至今一直没有得到很好解决的问题之一。

实时监控是先前性的，而不是滞后性的。任何程序在调用之前都必须先过滤一遍。一有病毒侵入，它就报警，并自动杀毒，将病毒拒之门外，做到防患于未然。因特网是大趋势，它本身就是实时的、动态的，网络已经成为病毒传播的最佳途径，迫切需要具有实时性的反病毒软件。

实时监控技术能够始终作用于计算机系统之中，监控访问系统资源的一切操作，并能够对其中可能含有的病毒代码进行清除，这也正与"及早发现、及早根治"的早期医学上治疗方针不谋而合。

5.5.4　主动内核技术

纵观反病毒技术的发展，从防病毒卡到自动升级的软件反病毒产品，再到动态、实时的反病毒技术，所有技术几乎都是被动式的防御理念。这种理念的最大局限性就在于将防治病毒的基础建立在病毒侵入操作系统或网络系统以后，作为上层应用软件的反病毒产品，才能借助操作系统或网络系统所提供的功能来被动地防治病毒。这种做法就给计算机系统的安全性和可靠性造成了很大的影响。

在操作系统和网络的内核中加入反病毒功能，使反病毒成为系统本身的底层模块，而不是一个系统外部的应用软件，一直是反病毒厂家追求的目标。嵌入操作系统和网络系统底层，实现各种反毒模块及操作系统和网络无缝连接的反病毒技术，实现起来难度极大。

主动内核技术是将已经开发的各种防病毒技术从源程序级嵌入到操作系统或网络系统的内

核中,实现防病毒产品与操作系统的无缝连接。这种技术可以保证防病毒模块从系统的底层内核与各种操作系统及应用环境密切协调,确保防毒操作不会伤及操作系统内核,同时确保杀除病毒的功效。

5.5.5 数字免疫系统

为了解决互联网上快速传播的病毒的威胁,IBM 开发了用于病毒防护的全面的方法,即数字免疫系统原型。该系统以仿真器思想为基础,并对其进行了扩展,从而实现了更为通用的仿真器和病毒检测系统。这个系统的设计目标是提供快速的响应措施,以使病毒一进入系统就会得到有效控制。当新病毒进入某一组织的网络系统时,数字免疫系统就能够自动地对病毒进行捕获、分析、检测、屏蔽和清除操作,并能够向运行 IBM 反病毒软件的系统传递关于该病毒的信息,从而使病毒在广泛传播之前得到有效的扼制。

数字免疫系统操作的典型步骤如图 5-3 所示。

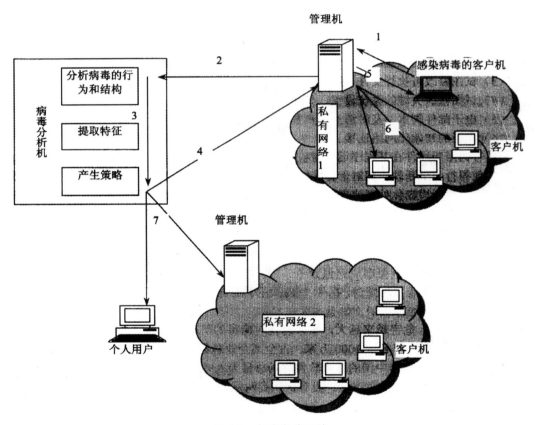

图 5-3　数字免疫系统

1)每台 PC 机上运行一个监控程序,该程序包含了很多启发式规则,这些启发式规则根据系统行为、程序的可疑变化或病毒特征码等知识来推断是否有病毒出现。监控程序在判断某程序被感染之后会将该程序的一个副本发送到管理机上。

2)管理机对收到的样本进行加密,并将其发送给中央病毒分析机。

3)病毒分析机创建了一个可以让受感染程序受控运行并对其进行分析的环境,主要应用的技术包括仿真器或者创建一个可以运行和监控感染程序的受保护环境,然后病毒分析机根据分析结果产生针对该病毒的策略描述。

4)病毒分析机将策略描述回传给管理机。

5)管理机向受感染客户机转发该策略描述。

6)该策略描述同时也被转发给组织内的其他客户机。

7)各地的反病毒软件用户将会定期收到病毒库更新文件,以防止新病毒的攻击。

数字免疫系统的成功依赖于病毒分析机对新病毒的检测能力,通过不间断地分析和监测新病毒的出现,系统可以不断地对数字免疫软件进行更新以阻止新病毒的威胁。

5.5.6　立体防毒技术

随着病毒数量、上网人数的猛增,不同种类病毒同时泛滥的概率也大大增加,从而给用户的电脑造成了全方位立体的威胁,单一的病毒防治手段已经不能满足防毒需求,因此,出现了立体防病毒体系。

立体防毒体系将计算机的使用过程进行逐层分解,对每一层进行分别控制和管理,从而达到病毒整体防护的效果。该体系是一些防病毒公司提出的新概念,通过安装杀毒、漏洞扫描、病毒查杀、实时监控、数据备份以及个人防火墙等多种病毒防护手段,将电脑的每一个安全环节都监控起来,从而全方位地保护了用户电脑的安全。这种立体防毒体系是近年来产生的新技术,一经推出就成为了病毒防护的新标准。

第6章　网络攻击与防范技术

6.1　网络攻击概述

Internet 的飞速发展促进了网络互连、信息共享与信息的全球化。随着网络互连的范围越来越大，信息与网络的安全已成为全球关注的焦点。从这一点上来说，没有网络信息安全，就没有完整的国家信息系统的安全，因此，应从战略的高度考虑网络信息的安全，不仅要重视网络信息系统的安全防御，还应当重视对网络信息系统的攻击技术与手段，更好地保护我国基础信息网络和重要网络信息系统的安全。

6.1.1　网络攻击分类

网络攻击的方法非常灵活。从攻击的目的看，有获取系统权限的攻击、获取敏感信息的攻击、拒绝服务攻击(DoS 攻击,Denial of Service Attack)和分布式拒绝服务攻击(DDoS 攻击,Distributed Denial of Service Attack)；从攻击的切入点看，有缓冲攻击、系统设置漏洞的攻击等；从攻击的纵向实施过程看，有获取初级权限攻击、提升最高权限攻击、后门攻击、跳板攻击等；从攻击的实施对象看，有对各种操作系统的攻击、对网络设备的攻击、对特定应用系统的攻击等。因此，想要用一种统一的模式对各种攻击手段进行分类是存在一定难度的。

按照攻击者与被攻击者的物理位置关系进行分类，以便读者明晰攻击的思路。按照这种分类方法，可以将攻击分为物理攻击(Local Attack)、主动攻击(Server-Side Attack)、被动攻击(Client-Side Attack)和中间人攻击(Man-in-Middle Attack)。

(1)物理攻击

物理攻击指攻击者通过实际接触被攻击的主机而发起的一类攻击。攻击者通过接触被攻击的计算机，既可以直接窃取或破坏被攻击者的账号、密码和硬盘内的各类信息，也可以将特定的程序植入到被攻击主机内，如植入木马程序，以便于远程控制该机器。物理攻击比较难以防范，因为攻击者往往来自能够接触控制到物理设备的用户，并且对于目标网络的防护也非常熟悉。

(2)主动攻击

主动攻击指攻击者对被攻击主机所运行的开放网络服务(Web、FTP、Telnet 等)实施攻击。攻击者通过网络将虚假信息、垃圾数据、计算机病毒或木马程序等植入系统内部，这将会危害到信息的真实性和完整性，或者窃取被攻击主机中的信息。

主动攻击的方法主要有漏洞扫描、远程口令猜解、远程控制、信息篡改、拒绝服务攻击、资源利用、服务欺骗等。

(3)被动攻击

被动攻击指攻击者对被攻击主机的客户程序实施攻击，如攻击浏览器、邮件接收程序、文字处理程序等。在被动攻击中，部分攻击行为需要被攻击者的"配合"才能完成，比如阅读夹带有木马的邮件、浏览挂有木马的网站等。

需要说明的是,主动攻击和被动攻击的界定仍然比较模糊,主要体现在邮件攻击和网站"挂马"攻击上。有人认为这两种攻击都属于主动攻击,有人则认为这两种攻击均属于被动攻击。本书倾向于后者,主要是因为这两种攻击过程的完成需要被攻击者的操作(被攻击者查看邮件或网页)才能完成整个攻击过程。

（4）中间人攻击

中间人攻击指攻击者处于被攻击主机的某个网络会话的中间人位置,进行数据窃取、破坏或篡改。

这种攻击模式是通过各种技术手段将受入侵者控制的一台计算机虚拟地放置在网络连接中的两台通信计算机之间,这台计算机称为"中间人"。入侵者使用这台计算机模拟原始通信的一方或双方,使"中间人"能够与原始计算机建立活动连接并能够读取或修改传递的信息,并且使这两台原始计算机用户误认为他们是在互相通信。通常,这种"拦截数据—修改数据—发送数据"的过程被称为"会话劫持"。

6.1.2　网络攻击的动机

黑客侵入计算机系统是否造成破坏,因其主观动机不同而有很大的差别。一些黑客纯粹出于好奇心和自我表现欲而闯入他人的计算机系统,有时只是窥探一下他人的秘密或隐私,并不打算窃取任何数据和破坏系统。另有一些黑客出于某种原因,如泄私愤、报复、抗议而侵入和篡改目标网站的内容,羞辱对方。

也有的黑客为既得利益大肆进行恶意攻击和破坏,其危害性最大,所占的比例也最大。有的谋取非法的经济利益、盗用账号非法提取他人的存款、股票和有价证券,或对被攻击对象进行敲诈勒索,使个人、团体、国家遭受重大的经济损失,还有的蓄意毁坏对方的计算机系统,为一定的政治、军事、经济目的窃取情报和其他隐蔽服务。系统中重要的程序数据可能被篡改、毁坏,甚至全部丢失,导致系统崩溃、业务瘫痪,后果不堪设想。

随着时间的推移,黑客攻击的动机变得越来越多样化,主要有以下几种。

1）好奇心:因对网络系统、网站或数据内容的好奇而窥视。

2）贪欲:偷窃或者敲诈财物和重要资料。

3）恶作剧:无聊的计算机程序员通过网络戏弄他人。

4）名声显露:显示计算机经验与才智,以便证明自己的能力和获得名气。

5）宿怨报复:被解雇、受批评或者被降级的雇员,或者其他任何认为其被不公平地对待的人员,利用网络进行肆意报复。

6）黑客道德:这是许多黑客人物的动机。

7）仇恨义愤:国家、民族的利益和情感等原因。

8）获取机密:以政治、军事、商业经济竞争为目的的机密窃取。

6.1.3　网络攻击的步骤

要想防范黑客的攻击,了解黑客攻击的手段和方法是非常必要的。虽然黑客攻击的手段种类繁多,但其攻击的步骤一般可以归纳为:

（1）信息收集

黑客首先要确定攻击的目标,然后利用社会学攻击、黑客技术等方法和手段收集目标主机的各种信息。收集信息并不会对目标主机造成危害,只是为进一步攻击提供有价值的信息。这一过程可能通过网络扫描、监听软件等工具实现。

(2)入侵并获得初始访问权

黑客要想入侵一台主机,必须要有该主机的账号和密码,否则连登录都不可能。所以黑客首先要设法盗取账户文件,并进行破解,以获得用户的账号和密码,然后以合法的身份登录到被攻击的主机上。

(3)获得管理员权限,实施攻击

有了普通账号就可以侵入到目标主机之中,由于普通账号的权限有限,所以黑客会利用系统的漏洞、监听、欺骗、口令攻击等技术和手段获取管理员的权限,然后实施对该主机的绝对控制。

(4)种植后门

为了保持对"胜利果实"长期占有的欲望,在已被攻破的主机上种植供自己访问的后门程序。

(5)隐藏自己

当黑客实施攻击以后,通常会在被攻击主机的日志中留下相关的信息,所以黑客一般会采用清除系统日志或者伪造系统日志等方法来销毁痕迹,以免被跟踪。

6.1.4 网络攻击的手段

目前,常见的网络攻击手段主要有以下几种:

(1)社会工程学攻击

社会工程学攻击是指利用人性的弱点、社会心理学等知识来获得目标系统敏感信息的行为。攻击者如果没有办法通过物理入侵的办法直接取得所需要的资料时,就会通过计策或欺骗等手段间接获得密码等敏感信息,通常使用电子邮件、电话等形式对所需要的资料进行骗取,再利用这些资料获取主机的权限以达到其攻击的目的。

目前,社会工程学攻击主要包括两种方式:打电话请求密码和伪造 E-mail。

1)打电话请求密码。尽管此种方法不是很聪明,但打电话寻问密码却经常奏效。在社会工程中那些黑客冒充失去密码的合法雇员,经常通过这种简单的方法重新获得密码。

2)伪造 E-mail。通过使用 Telnet 黑客可以截取任何用户 E-mail 的全部信息,这样的 E-mail 消息是真实的,因为它发自于合法的用户。利用这种机制黑客可以任意进行伪造,并冒充系统管理员或经理就能较轻松地获得大量的信息,以实施他们的恶意阴谋。

(2)信息收集型攻击

信息收集就是对目标主机及其相关设施、管理人员进行非公开的了解,用于对攻击目标安全防卫工作情况的掌握。

1)简单信息收集。可以通过一些网络命令对目标主机进行信息查询。

2)网络扫描。使用扫描工具对网络地址扫描、开放端口等情况扫描。

3)网络监听。使用监听工具对网络数据包进行监听,以获得口令等敏感信息。

(3)欺骗型攻击

欺骗型攻击通常是利用实体之间的信任关系而进行的一种攻击方式,主要形式包括:

1)IP 欺骗。使用其他主机的 IP 地址来获得信息或者得到特权。

2)Web 欺骗。通过主机间的信任关系,以 Web 形式实施的一种欺骗行为。

3）邮件欺骗。用冒充的 E-mail 地址进行欺骗。

4）非技术类欺骗。主要是针对人力因素的攻击,通过社会工程技术来实现。

（4）漏洞与缺陷攻击

漏洞与缺陷攻击通常是利用系统漏洞或缺陷进行的攻击,主要形式包括:

1）缓冲区溢出。缓冲区溢出是指通过有意设计而造成缓冲区溢出的现象,目的是使程序运行失败,或者为了获得系统的特权。

2）拒绝服务攻击。如果一个用户占用大量资源,系统就没有剩下的资源再提供服务的能力,导致死机等现象的发生。例如,死亡之 Ping、泪滴（Teardrop）、UDP 洪水、SYN 洪水、Land 攻击、邮件炸弹、Fraggle 攻击等。

3）分布式拒绝服务攻击。攻击者通常控制多个分布的"傀儡"主机对某一目标发动拒绝服务的攻击。

（5）利用型攻击

利用型攻击是指试图直接对主机进行控制的攻击,主要形式包括:

1）猜口令。通过分析或暴力攻击等手段获取合法账户的口令。

2）木马攻击。这里的"木马"是潜在威胁的意思,种植过木马的主机将会完全被攻击者掌握和控制。

（6）病毒攻击

病毒攻击是指使目标主机感染病毒从而造成系统损坏、数据丢失、拒绝服务、信息泄密、性能下降等现象的攻击。病毒是当今网络信息安全的主要威胁之一。

6.1.5　网络攻击的发展方向

1. 攻击工具的功能不断增强,攻击过程实现自动化

综合 10 来年的发展可以看出,黑客所采用的攻击工具的自动化程度在不断提高,这也是与黑客们在程序开发方面水平的提高分不开的。这些自动化攻击工具的发展主要表现在以下 3 个方面。

（1）扫描工具的扫描能力大为增强

从 1997 年起开始出现大量的扫描活动,但那时只是非常简单的 IP 地址扫描,而且速度慢。目前,新的扫描工具利用更先进的扫描技术,扫描功能非常强大,不再局限于 IP 地址,MAC 地址、通信端口已成为新型的扫描对象,并且速度提高了许多。当然这主要得益于现在的网络互联带宽和网络访问速度的提高。

（2）系统漏洞扫描工具不断涌现

以前,能查看系统漏洞的只是极少数专家级的黑客。现在可好了,涌现出许多新型的系统漏洞扫描工具,只要稍有一些网络知识的人就可很容易地利用这些工具查看对方系统的所有漏洞,为黑客们入侵提供了方便,也降低了黑客攻击的门槛,提高了黑客攻击的"效率"。

（3）攻击自动化

在 2000 年之前,攻击工具需要人为来发起具体的攻击过程。现在,攻击工具能够自动发起新的攻击过程。例如,红色代码和 Nimda 病毒这些工具就在 18 个小时之内传遍了全球。

2. 攻击工具越来越智能化

现在黑客工具的编写者采用了比以前更加先进、更加智能的技术。攻击工具的特征码越来越难以通过分析来发现，也越来越难以通过基于特征码的检测系统发现，而且现在的攻击工具也具备了相当的反检测智能分析能力。主要表现在以下 3 个方面。

（1）反检测技术

攻击者采用了能够隐藏攻击工具的技术，这使得安全专家通过各种分析方法来判断新的攻击的过程变得更加困难和耗时。

（2）动态行为

以前的攻击工具按照预定的单一步骤发起进攻，现在的自动攻击工具能够按照不同的方法更改它们的特征，如随机选择预定的决策路径，或者通过入侵者直接控制。

（3）攻击工具的模块化

和以前的攻击工具仅仅实现一种攻击相比，新的攻击工具能够通过升级或者对部分模块的替换完成快速更改。而且，攻击工具能够在越来越多的平台上运行。例如，许多攻击工具采用了标准的协议，如 IRC 和 HTTP 进行数据和命令的传输，这样，想要从正常的网络流量中分析出攻击特征就更加困难了。

3. 攻击门槛越来越低

由于现在攻击工具的功能已非常强大，而且大多数又是免费下载的，所以要获取这方面的工具软件是毫不费劲的。再加上现在各种各样的漏洞扫描工具不仅品种繁多，而且功能相当强大，各系统的安全漏洞已公开化，只要稍有一些网络知识的人都可以轻松实现远程扫描，甚至达到攻击的目的。正因如此，现在的黑客活动越来越猖獗，犯罪分子的年龄也在不断下降。有的小学生也参与到了"黑客"行列。

4. 受攻击面更广

随着各种宽带接入（如 ADSL、Cable MODEM 和小区光纤以太网等）技术的普及，现在许多单位和个人都采取永久在线的方式上网。即使不是专线接入，在线的时间也远比以前电话拨号的方式长。这样就为黑客们提供了宽松的攻击环境，可以有足够的时间来实施对目标的攻击。所以，现在遭受攻击的用户面比以前广了许多，几乎所有上网的个人和单位都可能遭受黑客的攻击。

5. 变种病毒数量不断翻番，防不胜防

由于很多病毒源代码被病毒作者公开并可以下载，甚至对于有些代码还提供完整的说明文档、相应工具和示例，这样其他人基本不需要特别的技能，仅仅通过修改配置文件和部分源代码就可以编译生成一个新的病毒变种程序。

据瑞星全球病毒监测网（国内部分）的数据显示，2004 年我国大陆地区网络病毒变种数量相对上一年大幅度增加。截止到 2004 年 12 月 6 日，瑞星公司共截获 SCO 炸弹（Worm.Novarg）变种 27 个，恶鹰病毒（Worm.BBeagle）变种 64 个，波特间谍（Win32.Spybot）变种 442 个，高波病毒（Worm.Agobot.3）变种 760 个。据估计，这些病毒的变种在将来还会不断出现。

6. 漏洞发现得更快

每一年报告给 CERT/CC 的漏洞数量都成倍增长。CERT/CC 公布的漏洞数据 2000 年为 1 090 个,2001 年为 2 437 个,2002 年已经增加至 4 129 个,就是说每天都有十几个新的漏洞被发现。可以想象,对于管理员来说想要跟上发布补丁的步伐,为软件一一打上补丁是很困难的。而且,入侵者往往能够在软件厂商修补这些漏洞之前首先发现这些漏洞。随着发现漏洞的工具日趋自动化,留给用户打补丁的时间越来越短。一旦漏洞的技术细节被公布,就可能被病毒利用进行大规模的传播。

比如,从 2004 年 4 月 14 日 LSASS 溢出漏洞(MS04-011)被公布,到 5 月 1 日利用此漏洞进行破坏传播的震荡波病毒(Worm. Sasser)的出现仅用了短短的 17 天。而瑞星公司于 2004 年 11 月 9 日截获的 SCO 炸弹变种 AC/AD(Worm. Novarg. ac/ad)则利用了一个还没被软件厂商(微软)公布的 IE 漏洞进行传播。可见,漏洞被病毒越来越多地利用,这就需要安全防护产品本身能够对漏洞进行防范和修补。

7. 防火墙也开始变得"无奈"

我们通常认为防火墙是最安全的,常常依赖防火墙提供安全的边界保护。但是现在这种情况正在发生悄悄的改变,已经存在一些绕过典型防火墙配置的技术,如 IPP(the Internet Printing Protocol)和 WebDAV(Web-based Distributed Authoring and Versioning),也有一些协议实际上能够绕过典型防火墙的配置,使防火墙本身也变得非常无奈。当然防火墙仍是防止攻击的主要措施之一,这一点毋庸置疑。

另外,随着 Internet 网络上计算机的不断增长,所有计算机之间存在很强的依存性。一旦某些计算机遭到了入侵,它就有可能成为入侵者的栖息地和跳板,成为进一步攻击的工具。对于网络基础架构,如 DNS 系统、路由器的攻击也越来越成为严重的安全威胁。

8. 国产木马、后门程序成为主流

从 2004 年 1 月 1 日至 2004 年 12 月 10 日,瑞星全球病毒监测网共截获病毒 26 025 个,比 2003 年全年增加了 20%。其中,木马 13 132 个、后门程序 6 351 个,蠕虫 3 154 个,脚本病毒 481 个,宏病毒 258 个,其余类病毒 2 649 个。从这些数据可以看出,在 2004 年出现的病毒中木马和后门程序最为活跃,已取代蠕虫病毒成为主流。而在这之中,国产的木马程序又占了绝大多数,且越来越多的木马开始以窃取真实财产为目的。

9. "网络钓鱼"形式的诈骗活动增多

"网络钓鱼"(Phishing)是指攻击者利用欺骗性的电子邮件和伪造的 Web 站点来进行诈骗活动。受骗者往往会泄露自己的个人信息和财务数据,包括个人的真实信息、联系方式、E-mail 地址,以及银行卡号、账户和密码等。

"网络钓鱼"比较典型的做法是通过发送垃圾邮件,采用欺骗方式诱使用户访问一个伪造的钓鱼网站,这种网站通常会被做得与电子银行或者电子商务等网站一模一样,某些粗心的用户往往就会不辨真假,下载木马程序或者填写个人的登录账号和密码,从而导致个人财产失窃。

在 2004 年 12 月初,网上出现了假冒的中国银行网站。该假冒网站的网页与中行网页十分相似,在仿冒网页上有输入账号和密码的区域,而中行的官方网站没有这些内容。但当用户在仿冒网页上输入账号和密码后,页面显示的是系统维护。实际上此时用户的银行账号和密码已经被窃取。

据瑞星反病毒专家分析,在未来的一段时间里,针对股民、网络银行、网上购物用户的网络钓鱼式诈骗活动将越来越多。

10. 黑客攻击"合法化""组织化"

经常在网上见到的某某黑客联盟、红客联盟,打着保护国家、民族利益的旗号公然发出向其他国家或民族发动网络攻击的号召。如前段时间,我国与日本的关系出现一些紧张,在网上就有许多这类组织公然宣称要向日本发起攻击。大家看到这些,似乎觉得黑客攻击已合法化、组织化。其实这是一种错觉,这样的攻击不可能合法化,一旦形成事实,还是要付出代价的。这一点请广大网络爱好者务必记清。至于某某组织,也只是他们自己这么称谓,一般不是什么公开的固定组织,只是一些爱好者的松散联盟而已。

6.2 网络监听技术与防范

6.2.1 网络监听概述

网络监听也称为网络嗅探(Sniffer)。它工作在网络的底层,能够把网络传输的全部数据记录下来,黑客一般都是利用该技术来截取用户口令的。网络监听是一种常用的被动式网络攻击方法,能帮助入侵者轻易获得用其他方法很难获得的信息,包括用户口令、账号、敏感数据、IP 地址、路由信息、TCP 套接字号等。

网络监听通常在网络接口处截获计算机之间通信的数据流,是进行网络攻击最简单、最有效的方法,它具有以下特点。

(1)隐蔽性强

进行网络监听的主机只是被动地接收在网络中传输的信息,没有任何主动的行为,既不修改在网络中传输的数据包,也不往链路中插入任何数据,很难被网络管理员觉察到。

(2)手段灵活

网络监听可以在网络中的任何位置实施,可以是网络中的一台主机、路由器,也可以是调制解调器。其中,网络监听效果最好的地方是在网络中某些具有战略意义的位置,如网关、路由器、防火墙之类的设备或重要网段,而使用最方便的地方是在网络中的一台主机中。

6.2.2 网络监听原理

在介绍 Sniffer 是如何工作之前,首先需要说明的是,我们无法在网络上找到一点,对计算机网络上的所有的通信进行监听。这是因为 Internet 的连接看起来就像渔民的渔网,通信只是流经一个网眼,没有一个点能看到所有的网眼。Internet 被建设成为是"抗中心打击"的——它可以经受任何的"单点失败"。因此,这就阻止了单点的监听。

通常在同一个网段的所有网络接口都有访问在物理媒体上传输的所有数据的能力,而每个网络接口都还应该有一个硬件地址,该硬件地址不同于网络中存在的其他网络接口的硬件地址。同时,每个网络至少还要一个广播地址。在正常情况下,一个合法的网络接口应该只响应这样的两种数据帧:帧的目标区域具有和本地网络接口相匹配的硬件地址,或者是帧的目标区域具有"广播地址"。

在接收到上面两种情况的数据包时,网卡通过 CPU 产生一个硬件中断,该中断能引起操作系统注意,然后将帧中所包含的数据传送给系统进一步处理。而 Sniffer 就是一种能将本地网卡状态设成 Promiscuous(混杂)状态的软件,当网卡处于这种"混杂"方式时,该网卡具备"广播地址",它对所有遭遇到的每一个帧都产生一个硬件中断,以便提醒操作系统处理流经该物理媒体上的每一个报文包(绝大多数的网卡具备置成 Promiscuous 方式的能力)。

可见,Sniffer 工作在网络环境中的底层,它会拦截所有正在网络上传送的数据,并且通过相应的软件处理,可以实时分析这些数据的内容,进而分析所处的网络状态和整体布局。

6.2.3　网络监听防范措施

1. 网络嗅探的检测

网络嗅探的检测其实是很麻烦的,由于嗅探器需要将网络中入侵的网卡设置为混杂模式才能工作,所以可以通过检测混杂模式网卡的工具来发现网络嗅探。

还可以通过网络带宽出现反常来检测嗅探。通过某些带宽控制器,可以实时看到目前网络带宽的分布情况,如果某台机器长时间的占用了较大的带宽,这台机器就有可能在监听。通过带宽控制器也可以察觉出网络通信速度的变化。

对于 SunOS 和其他的 BSD UNIX 系统可以使用 lsof 命令来检测嗅探器的存在。lsof 的最初的设计目的并非为了防止嗅探器入侵,但因为在嗅探器入侵的系统中,嗅探器会打开 lsof 来输出文件,并不断传送信息给该文件,这样该文件的内容就会越来越大。如果利用 lsof 发现有文件的内容不断地增大,就可以怀疑系统被嗅探。

2. 网络嗅探的防范策略

网络嗅探确实是难于检测的,但它确实是可以预防的。对于网络嗅探攻击,可以采取以下一些防范措施。

1)网络分段。一个网络段包括一组共享低层设备和线路的机器,如交换机、动态集线器和网桥等设备,可以对数据流进行限制,从而达到防止嗅探的目的。

2)加密。一方面可以对数据流中的部分重要信息进行加密;另一方面,也可只对应用层加密,后者将使大部分与网络和操作系统有关的敏感信息失去保护。选择何种加密方式取决于信息的安全级别及网络的安全程度。

3)一次性密码技术。密码在网络两端进行字符串匹配,客户端利用从服务器上得到的 Challenge 和自身的密码计算出一个新字符串,并将之返回给服务器。在服务器上利用比较算法进行匹配,如果匹配成功,就允许建立连接,所有的 Challenge 和字符串都只使用一次。

6.3 端口扫描技术与防范

6.3.1 端口的定义及类型

许多的 TCP/IP 程序都可以通过网络启动的客户/服务器结构。服务器上运行着一个守护进程,当客户有请求到达服务器时,服务器就启动一个服务进程与其进行通信。为简化这一过程,每个应用服务程序(如 WWW、FTP、Telnet 等)被赋予一个唯一的地址,这个地址称为端口。

端口号由 16 位的二进制数据表示,范围为 0~65 535。守护进程在一个端口上监听,等待客户请求。常用的 Internet 应用所使用的端口如下:HTTP:80,FTP:21,Telnet:23,SMTP:25,DNS:53,SNMP:169。这类服务也可以绑定到其他端口,但一般都使用指定端口,它们被称为周知端口或公认端口。

如果从端口的性质来分,通常可以分为以下几类:

(1)公认端口

这类端口也常称之为"常用端口"。这类端口的端口号从 0 到 1 023,它们紧密绑定于一些特定的服务。通常这些端口的通信明确表明了某种服务的协议,这种端口不可再重新定义它的作用对象。例如,80 号端口实际上总是 HTTP 通信所使用的,而 23 号端口则是 Telnet 服务专用的。这些端口像木马这样的黑客程序通常不会利用。

(2)注册端口

这类端口的端口号从 1 024 到 49 151。它们松散地绑定于一些服务。也就是说,有许多服务绑定于这些端口,这些端口同样用于许多其他目的。这些端口多数没有明确的定义服务对象,不同程序可根据实际需要自己定义。

(3)动态和/或私有端口

这类端口的端口号从 49 152 到 65 535。理论上,不应为服务分配这些端口。实际上,有些较为特殊的程序,特别是一些木马程序就非常喜欢用这些端口,因为这些端口常常不被引起注意,容易隐蔽。

6.3.2 端口扫描原理

扫描就是对计算机系统或者其他网络设备进行与安全相关的检测,以找出目标系统所开放的端口信息、服务类型以及安全隐患和可能被黑客利用的漏洞。它是一种系统检测、有效防御的工具。当然如果被黑客掌握,它也可以成为一种有效的入侵工具。

扫描器是自动检测远程或本地主机安全性弱点的程序。通过使用扫描器可以不留痕迹地发现远程服务器的各种端口的分配、提供的服务和软件版本,这就能间接地或直观地了解到远程主机所存在的安全问题。

端口扫描通常指用同一信息对目标计算机的所有所需扫描的端口进行发送,然后根据返回端口状态来分析目标计算机的端口是否打开、是否可用。端口扫描行为的一个重要特征,是在短时期内有很多来自相同的信源地址,传向不同的目的、地端口的包。

对于用端口扫描进行攻击的人而言,攻击者总是可以做到在获得扫描结果的同时,使自己很难被发现或者说很难被逆向追踪。为了隐藏攻击,攻击者可以慢慢地进行扫描。除非目标系统通常闲着(这样对一个没有 listen()端口的数据包都会引起管理员的注意),有很大时间间隔的端口扫描是很难被识别的。

隐藏源地址的方法是发送大量的欺骗性的端口扫描数据包,其中只有一个是从真正的源地址来的。这样即使全部数据包都被察觉,被记录下来,也没有人知道哪个是真正的信源地址。能发现的仅仅是"曾经被扫描过"的地址。也正因为如此,那些黑客们才乐此不疲地继续大量使用这种端口扫描技术,来达到他们获取目标计算机信息,并进行恶意攻击的目的。

通常进行端口扫描的工具目前主要采用的是端口扫描软件,也称之为"端口扫描器"。端口扫描器也是一种程序,它可以对目标主机的端口进行连接,并记录目标端口的应答。端口扫描器通过选用远程 TCP/IP 协议不同的端口的服务,记录目标计算机端口给予回答的方法,可以收集到很多关于目标计算机的各种有用信息。

虽然端口扫描器可以用于正常网络安全管理,但就目前来说,它主要还是被黑客所利用,是黑客入侵、攻击前期不可缺少的工具。黑客一般先使用扫描工具扫描待入侵主机,掌握目标主机的端口打开情况,然后采取相应的入侵措施。

无论是正常用途,还是非法用途,端口扫描可以提供以下几个用途。

1)识别目标主机上有哪些端口是开放的,这是端口扫描的最基本目的。

2)识别目标系统的操作系统类型。

3)识别某个应用程序或某个特定服务的版本号。

4)识别目标系统的系统漏洞,这是端口扫描的一种新功能。

以上这些功能不是一成不变的,随着技术的不断完善,新的功能会不断地增加。端口扫描器并不是一个直接攻击网络漏洞的程序,它仅仅能帮助发现目标计算机的某些内在的弱点。一个好的扫描器还能对它得到的数据进行分析,帮助查找目标计算机的漏洞。但它不会提供一个系统的详细步骤。

6.3.3　常见的扫描技术

端口扫描是指通过检测远程或本地系统的端口开放情况来判断系统所安装的服务和相关信息。其原理是向目标工作站、服务器发送数据包,根据反馈信息来分析出当前目标系统的端口开放情况和更多细节信息。

端口扫描是入侵者搜集信息的常用手法之一。一般来说,端口扫描有如下目的:

1)判断目标主机中开放了哪些服务。网络服务一般采用固定端口,如 HTTP 服务使用 80端口,如果发现 80 端口开放,也就意味着该主机安装有 HTTP 服务。

2)判断目标主机的操作系统。一般情况下,每种操作系统都开放有不同的端口供系统间通信使用,因此根据端口号也可以大致判断出目标主机的信息系统,一般认为开放有 135、139 端口的主机为 Windows 系统;如果还有 5000 端口是开放的,则该主机为 Windows XP 系统。当然通过返回的网络堆栈信息,可以更精确地知道操作系统的类型。

如果入侵者掌握了目标主机开放了哪些服务、运行何种操作系统等情况,他们就能够使用相应的攻击手段实现入侵。因此,扫描系统并发现其开放的端口,对于网络入侵者来说是非常重要的。

很显然,如果要想了解端口的开放情况,必须知道端口是如何被扫描的。在端口扫描的具体实现中,扫描软件将尝试与目标主机的某些端口建立连接,如果目标主机的该端口有回复,则说明该端口开放,即为"活动窗口"。常用的扫描技术有:

(1)TCP Connect()扫描

TCP Connect()扫描也称为全 TCP 连接扫描,是长期以来 TCP 端口扫描的基础。这种技术主要使用三次握手机制来与目标主机的指定端口建立正规的连接。TCP Connect()扫描使用操作系统提供的 Connect()系统调用函数来进行扫描。对于每一个监听端口,Connect()调用都会获得一个成功的返回值,表示端口可访问。由于在通常情况下,这种操作不需要什么特权,所以几乎所有的用户都可以通过 Connect()调用来实现这个技术。

这种扫描方法很容易被检测出来,因为在系统的日志文件中会有大量密集的连接和错误记录。通过使用一些工具(如 TCP Wrapper),可以对连接请求进行控制,以此来阻止来自不明主机的全连接扫描。

(2)TCP FIN 扫描

在实际应用中,一些防火墙和包过滤软件能够对发送到指定端口的 SYN 数据包进行监视,SYN 扫描可能无法通过这些设备,另外,有的程序还能检测到这些扫描。而使用 FIN 扫描,FIN 数据包可能会没有任何麻烦地通过各种包过滤器。

这种扫描方法的思想是关闭的端口会用适当的 RST 来回复 FIN 数据包,而打开的端口必须忽略有问题的包。由于这种技术不包含标准的 TCP 三次握手协议的任何部分,所以无法被记录下来,它比 SYN 扫描隐蔽得多,所以它也被称为秘密扫描。

FIN 扫描能成功进行,和操作系统的实现有一定的关系。有的系统不管端口是否打开都回复 RST,例如,Windows 系统不论目标端口是否打开都会发送 RST,还有 CISCO、BSDI、HP/UX、MVS 和 IRIX 等这些系统丢弃数据包时仍会发送 RST 包,所以这种扫描方法对这些系统不适用。攻击者有时可以通过 FIN 扫描来区分目标主机是运行 UNIX 还是 Windows NT/2000。

与 SYN 扫描类似,FIN 扫描也需要自己构造 IP 包。

(3)TCP SYN 扫描

这种技术通常被认为是"半连接"扫描。所谓的"半连接"扫描是指在扫描主机和目标主机的指定端口建立连接时只完成了前两次握手,在第三步时,扫描主机中断了本次连接,使连接没有完全建立起来。扫描程序发送的是一个 SYN 数据包,好像准备打开一个实际的连接并等待反应一样。一个 SYN/ACK 的返回信息表示端口处于监听状态;一个 RST 返回,表示端口没有处于监听状态。如果收到一个 SYN/ACK,则扫描程序必须再发送一个 RST 信号,来关闭这个连接过程。

SYN 扫描的优点在于即使日志中对扫描有所记录,但是尝试进行连接的记录也要比全扫描少得多。缺点是在大部分操作系统下,发送主机需要构造适用于这种扫描的 IP 包,通常情况下,构造 SYN 数据包需要超级用户或者授权用户访问专门的系统调用。

(4)TCP Ident 扫描

TCP Ident 扫描也称为认证扫描。Ident 指的是鉴定协议,该协议建立在 TCP 申请的连接上,服务器在 TCP 113 端口监测 TCP 连接,一旦连接建立,服务器将发送用户标志符等信息来作为回答,然后服务器就可以断开连接或者读取并回答更多的询问。

认证扫描利用该协议的这个特性,尝试与一个 TCP 端口建立连接,如果连接成功,扫描器发送认证请求到目的主机的 TCP 113 端口以此来获取用户标志符。

（5）UDP 扫描

在 UDP 扫描中,是往目标端口发送一个 UDP 分组。如果目标端口是以一个"ICMP port Unreachable"（ICMP 端口不可到达）消息来作为响应的,则该端口是关闭的。相反,如果没有收到这个消息,则认为该端口是开放的。还有就是一些特殊的 UDP 回馈,例如,SQL Server 服务器,对其 1 434 号端口发送"x02"或者"x03"就能够探测得到其连接端口。

由于 UDP 是无连接的不可靠协议,因此,这种技巧的准确性很大程度上取决于与网络及系统资源的使用率相关的多个因素。另外,当试图扫描一个大量应用分组过滤功能的设备时,UDP 扫描将是一个非常缓慢的过程。如果要在互联网上执行 UDP 扫描,那么结果就是不可靠的。

（6）ICMP echo 扫描

其实这并不能算是真正意义上的扫描。但有时的确可以通过支持 Ping 命令,判断在一个网络上主机是否开机。Ping 是最常用的,也是最简单的探测手段,用来判断目标是否活动。实际上 Ping 是向目标发送一个回显（Type＝8）的 ICMP 数据包,当主机得到请求后,再返回一个回显（Type＝0）的数据包。而且 Ping 程序一般是直接实现在系统内核中的,而不是一个用户进程,更加不易被发现。

（7）高级 ICMP 扫描

Ping 是利用 ICMP 协议实现的,高级的 ICMP 扫描技术主要利用 ICMP 协议最基本的用途——报错。根据网络协议,如果接收到的数据包协议项出现了错误,则接收端将产生一个"Destination Unreachable"（目标主机不可达）ICMP 的错误报文。这些错误报文不是主动发送的,而是由于错误,根据协议自动产生的。

当 IP 数据包出现 Checksum（校验和）和版本的错误时,目标主机将抛弃这个数据包;如果是 Checksum 出现错误,则路由器就直接丢弃这个数据包。有些主机如 AIX、HP/UX 等,是不会发送 ICMP 的 Unreachable 数据包的。

（8）IP 段扫描

这种方法并不是直接发送 TCP 协议探测数据包,而是将数据包分成两个较小的 IP 协议段。这样就将一个 TCP 协议头分成好几个数据包,从而过滤器就很难探测到。但必须小心,一些程序在处理这些小数据包时会有些麻烦。

6.3.4　端口扫描防范措施

预防端口扫描的检测是一个大的难题,因为每个网站的服务（端口）都是公开的,所以一般无法判断是否有人在进行端口扫描。但是根据端口扫描的原理,扫描器一般都只是查看端口是否开通,然后在端口到表中显示出相应的服务。因此,网络管理员可以把服务开在其他端口上,如可以将 HTTP 服务固定的 80 端口改为其他端口,这样就容易区别合法的连接请求和扫描现象。实际上,防范扫描可行的方法如下所示。

（1）关闭闲置及危险端口

最常用的安全防范对策之一就是关闭闲置及危险端口,就是指将所有用户需要用到的正常计算机端口之外的其他端口都关闭,以防"病从口入"。

（2）屏蔽出现扫描症状的端口（启动防火墙）

这种预防端口扫描的方式显然靠用户自己手工是不可能完成的,或者说完成起来相当困难,需要借助网络防火墙。

首先检查每个到达的数据包,在这个包被机上运行的任何软件看到之前,防火墙有完全的否决权,可以禁止计算机接收 Internet 上的任何东西。端口扫描时,对方计算机不断和本地计算机建立连接,并逐渐打开各个服务所对应的 TCP/IP 端口及闲置端口,防火墙经过自带的拦截规则判断,就能够知道对方是否正进行端口扫描,并拦截掉对方发送过来的所有扫描需要的数据包。

现在几乎所有的网络防火墙都能够抵御端口扫描,在默认安装后,应该检查一些防火墙所拦截的端口扫描规则是否被选中,否则,它会放行端口扫描,而只是在日志中留下信息。

6.4 拒绝服务攻击与防范

6.4.1 拒绝服务攻击概述

拒绝服务攻击(Denial of Service,DoS)是一种破坏网络服务的技术方式,其根本目的是使受害主机或网络无法及时处理外界请求,或无法及时回应外界请求。

1. 拒绝服务攻击的表现方式

拒绝服务攻击的具体表现方式主要有以下几种。

1)制造高流量无用数据,造成网络拥塞,使受害主机无法正常和外界通信。

2)利用受害主机提供的服务或传输协议上的缺陷,反复高速地发出特定的服务请求,使受害主机无法及时处理所有正常请求。

3)利用受害主机所提供服务中处理数据上的缺陷,反复发送畸形数据引发服务程序错误,这样可以大量占用系统资源,使主机处于假死状态甚至死机。

2. 拒绝服务攻击的分类

拒绝服务有很多分类方法,按照入侵方式,拒绝服务可以分为以下几种类型。

(1)资源消耗型

资源消耗型拒绝服务是指入侵者试图消耗目标的合法资源,例如,网络带宽、内存和磁盘空间以及 CPU 使用率,从而达到拒绝服务的目的。

(2)配置修改型

计算机配置不当可能造成系统运行不正常甚至根本不能运行。入侵者通过改变或者破坏系统的配置信息来阻止其他合法用户来使用计算机和网络提供的服务,主要有以下几种:改变路由信息;修改 Windows NT 注册表;修改 UNIX 的各种配置文件。

(3)物理破坏型

物理破坏型拒绝服务主要针对物理设备的安全,入侵者可以通过破坏或改变网络部件以实现拒绝服务,其入侵目标主要有:计算机;路由器;网络配线室;网络主干网;电源;冷却设备。

(4)服务利用型

利用入侵目标的自身资源实现入侵意图,由于被入侵系统具有漏洞和通信协议的弱点,这给了入侵者提供了入侵的机会。入侵者常用的是 TCP/IP 以及目标系统自身应用软件中的一些漏洞和弱点达到拒绝服务的目的。在 TCP/IP 堆栈中存在很多漏洞,如允许碎片包、大数据包、IP

路由选择、半公开 TCP 连接和数据包 Flood 等都能降低系统性能,甚至使系统崩溃。

6.4.2　拒绝服务攻击原理分析

拒绝服务攻击的基本原理为:首先攻击者向服务器发送大量的带有虚假地址的请求,服务器发送回复信息后等待回传信息,由于地址是伪造的,因此,服务器一直等不到回传的信息,分配给这次请求的资源就始终没有被释放。当服务器等待一定的时间后,连接会因超时而被切断,攻击者会再传送一批请求,在这种反复发送地址请求的情况下,服务器资源最终会被耗尽。

拒绝服务攻击通常是利用协议漏洞来达到攻击的目的。最典型的攻击是 SYN Flood 攻击,它利用 TCP/IP 协议的漏洞实现攻击。通常一次 TCP 连接建立包括以下几个步骤:客户端发送 SYN 包给服务器端,服务器分配一定的资源给这个连接并返回 SYN/ACK 包,并等待连接建立的最后的 ACK 包,最后客户端发送 ACK 报文,这样两者之间的连接就建立起来了,并可以通过连接发送数据了。攻击的过程就是疯狂发送 SYN 报文,而不返回 ACK 报文,服务器占用过多资源,而导致系统资源占用过多,没有能力响应别的操作,或者不能响应正常的网络请求。

6.4.3　典型的拒绝服务攻击技术

1. 死亡之 Ping(Ping of Death)攻击

在早期,路由器对包的大小是有限制的,许多操作系统 TCP/IP 栈规定 ICMP 包的大小限制在 64 KB 以内。在对 ICMP 数据包的标题头进行读取之后,是根据该标题头里包含的信息来为有效载荷生成缓冲区的。如果遇到大小超过 64 KB 的 ICMP 包,则会出现内存分配错误,导致 TCP/IP 堆栈崩溃,从而使接收方的计算机死机。这就是这种"死亡之 Ping"攻击的原理所在。

根据这一攻击原理,黑客们只需不断地通过 Ping 命令向攻击目标发送超过 64 KB 的数据包,就可使目标计算机的 TCP/IP 堆栈崩溃,致使接收方死机。

2. 泪滴(Teardrop)攻击

对于一些大的 IP 数据包,往往需要对其进行拆分传送,这是为了迎合链路层的 MTU(最大传输单元)的要求。比如,一个 6 000 字节的 IP 包,在 MTU 为 2 000 的链路上传输的时候,就需要分成 3 个 IP 包。在 IP 报头中有一个偏移字段和一个拆分标志(MF)。如果 MF 标志设置为 1,则表示这个 IP 包是一个大 IP 包的片段,其中偏移字段指出了这个片段在整个 IP 包中的位置。例如,对一个 6 000 字节的 IP 包进行拆分(MTU 为 2 000),则 3 个片段中偏移字段的值依次为 0,2 000,4 000。这样接收端在全部接收完 IP 数据包后,就可以根据这些信息重新组装这几个分次接收的拆分 IP 包。在这里就有一个安全漏洞可以利用了,就是如果黑客们在截取 IP 数据包后,把偏移字段设置成不正确的值,这样接收端在收到这些分拆的数据包后,就不能按数据包中的偏移字段值正确组合这些拆分的数据包,但接收端会不断尝试,这样就可能致使目标计算机操作系统因资源耗尽而崩溃。

泪滴攻击利用修改在 TCP/IP 堆栈中 IP 碎片的包的标题头,所包含的信息来实现自己的攻击。IP 分段含有指示该分段所包含的是原包的哪一段的信息? 某些操作系统(如 SP4 以前的 Windows NT 4.0)的 TCP/IP 在收到含有重叠偏移的伪造分段时将崩溃,不过新的操作系统已基本上能自己抵御这种攻击了。

3. TCP SYN 洪水（TCP SYN Flood）攻击

TCP/IP 栈只能等待有限数量的 ACK（应答）消息，因为每台计算机用于创建 TCP/IP 连接的内存缓冲区都是非常有限的。如果这一缓冲区充满了等待响应的初始信息，则该计算机就会对接下来的连接停止响应，直到缓冲区里的连接超时。

TCP SYN 洪水攻击正是利用了这一系统漏洞来实施攻击的。攻击者利用伪造的 IP 地址向目标发出多个连接（SYN）请求。目标系统在接收到请求后发送确认信息，并等待回答。由于黑客们发送请求的 IP 地址是伪造的，所以确认信息也不会到达任何计算机，当然也就不会有任何计算机为此确认信息作出应答了。而在没有接收到应答之前，目标计算机系统是不会主动放弃的，继续会在缓冲区中保持相应连接信息，一直等待。当等待连接达到一定数量后，缓冲区资源耗尽，从而开始拒绝接收任何其他连接请求，当然也包括本来属于正常应用的请求，这就是黑客们的最终目的。

4. 分片 IP 报文攻击

IP 分片是在网络上传输 IP 报文时常采用的一种技术手段，但是其中存在一些安全隐患。最近，一些 IP 分片攻击除了用于进行拒绝服务攻击之外，还经常用于躲避防火墙或者网络入侵检测系统的一种手段。部分路由器或者基于网络的入侵检测系统（NIDS），由于 IP 分片重组能力的欠缺，导致无法进行正常的过滤或者检测。

为了传送一个大的 IP 报文，IP 协议栈需要根据链路接口的 MTU 对该 IP 报文进行分片，通过填充适当的 IP 头中的分片指示字段，接收计算机可以很容易地把这些 IP 分片报文组装起来。目标计算机在处理这些分片报文的时候，会把先到的分片报文缓存起来，然后一直等待后续的分片报文。这个过程会消耗掉一部分内存，以及一些 IP 协议栈的数据结构。如果攻击者给目标计算机只发送一片分片报文，而不发送所有的分片报文，这样攻击者计算机便会一直等待（直到一个内部计时器到时），如果攻击者发送了大量的分片报文，就会消耗掉目标计算机的资源，而导致不能相应正常的 IP 报文，这也是一种 DoS 攻击。

5. Land 攻击

这类攻击中的数据包源地址和目标地址是相同的，当操作系统接收到这类数据包时，不知道该如何处理，或者循环发送和接收该数据包，这样会消耗大量的系统资源，从而有可能造成系统崩溃或死机。

6. Fraggle 攻击

Fraggle 攻击只是对 Smurf 攻击作了简单的修改，使用的是 UDP 协议应答消息，而不再是 ICMP 协议了（因为黑客们清楚 UDP 协议更加不易被用户全部禁止）。同时 Fraggle 攻击使用了特定的端口（通常为 7 号端口，但也有许多黑客使用其他端口实施 Fraggle 攻击）。该攻击与 Smurf 攻击基本类似，不再赘述。

7. Smurf 攻击

这是一种由有趣的卡通人物而得名的拒绝服务攻击。Smurf 攻击利用了多数路由器中具有的同时向许多计算机广播请求的功能。攻击者伪造一个合法的 IP 地址,然后由网络上所有的路由器广播要求向受攻击计算机地址作出回答的请求。由于这些数据包从表面上看是来自已知地址的合法请求,因此网络中的所有系统向这个地址作出回答,最终结果可导致该网络中的所有主机都对此 ICMP 应答请求作出答复,导致网络阻塞,这也就达到了黑客们追求的目的了。这种 Smurf 攻击比起前面介绍的"Ping of Death"和"SYN 洪水"的流量高出一至两个数量级,更容易攻击成功。还有些新型的 Smurf 攻击,将源地址改为第三方的受害者(不再采用伪装的 IP 地址),最终导致第 3 方雪崩。

8. WinNuke 攻击

WinNuke 攻击又称"带外传输攻击",它的特征是攻击目标端口,被攻击的目标端口通常是139、138、137、113、53,而且 URG 位设为 1,即紧急模式。WinNuke 攻击就是利用了 Windows 操作系统的一个漏洞,向这些端口发送一些携带 TCP 带外(OOB)数据报文的,但这些攻击报文与正常携带 OOB 数据报文不同的是,其指针字段与数据的实际位置不符,即存在重合。这样 Windows 操作系统在处理这些数据的时候,就会崩溃。

NetBIOS 作为一种基本的网络资源访问接口,广泛地应用于文件共享、打印共享、进程间通信(IPC),以及不同操作系统之间的数据交换。通常情况下,NetBIOS 是运行在 LLC2 链路协议之上的,是一种基于组播的网络访问接口。

Windows 操作系统的早期版本(Windows 9x/NT)的网络服务(文件共享等)都是建立在 NetBIOS 之上的。因此,这些操作系统都开放了 139 端口(最新版本的 Windows 2000/XP/Server 2003 等,为了兼容,也实现了 NetBIOS over TCP/IP 功能,开放了 139 端口)。

目前的 WinNuke 系列工具已经从最初的简单选择 IP 攻击某个端口,发展到可以攻击一个 IP 区间范围的计算机,并且可以进行连续攻击,还能够验证攻击的效果,还可以检测和选择端口。所以,使用它可以造成某一个 IP 地址区间的计算机全部蓝屏死机。

9. 电子邮件炸弹

电子邮件炸弹是最古老的匿名攻击之一,通过设置一台计算机在很短的时间内连续不断地向同一地址发送大量电子邮件来达到攻击目的。此类攻击能够耗尽邮件接受者网络的带宽资源。邮件炸弹可以大量消耗网络资源,常常导致网络塞车,使大量的用户不能正常地工作。通常,网络用户的信箱容量是很有限的。在有限的空间中,如果用户在短时间内收到上千上万封电子邮件,那么经过一轮邮件炸弹轰炸后的电子邮件的总容量,很容易就把用户有限的阵地挤垮。这样用户的邮箱中将没有多余的空间接纳新的邮件,那么新邮件将会被丢失或者被退回,这时用户的邮箱已经失去了作用;另外,这些邮件炸弹所携带的大容量信息不断在网络上来回传,很容易堵塞带宽并不富裕的传输信道,这样会加重服务器的工作强度,减缓处理其他用户的电子邮件的速度,从而导致整个过程的延迟。

10. 虚拟终端(VTY)耗尽攻击

这是一种针对网络设备的攻击,比如路由器、交换机等。这些网络设备为了便于远程管理,一般设置了一些 Telnet 用户界面,即用户可以通过 Telnet 到该设备上,对这些设备进行管理。

一般情况下,这些设备的 Telnet 用户界面个数是有限制的,比如 5 个或 10 个等。这样,如果一个攻击者同时同一台网络设备建立了 5 个或 10 个 Telnet 连接,这些设备的远程管理界面便被占尽。这样,合法用户如果再对这些设备进行远程管理,则会因为 Telnet 连接资源被占用而失败。

6.4.4　分布式拒绝服务攻击及其防范

1. 分布式拒绝服务攻击

分布式拒绝服务(Distributed Denial of Service,DDoS)是一种基于 DoS 的特殊形式的拒绝服务攻击,是一种分布、协作的大规模攻击方式,主要瞄准比较大的站点,像商业供公司、搜索引擎和政府部门的站点。

一个比较完善的 DDoS 攻击体系通常分成以下三层。

(1)攻击者

攻击者所用的计算机是攻击主控台,它可以是网络上的任何一台主机,甚至可以是一个活动的便携机。攻击者操纵整个攻击过程,它向主控端发送攻击命令。

(2)主控端

主控端是攻击者非法侵入并控制的一些主机,这些主机还分别控制大量的代理主机。主控端主机上安装了特定的程序,因此,它们可以接受攻击者发来的特殊指令,并且可以把这些命令发送到代理主机上。

(3)代理端

代理端同样也是攻击者侵入并控制的一批主机,它们运行攻击器程序,接受和运行主控端发来的命令。代理端主机是攻击的执行者,由它向受害者主机实际发起攻击。

攻击者发起 DDoS 攻击的第一步,就是寻找在 Internet 上有漏洞的主机,进入系统后在其上面安装后门程序,攻击者入侵的主机越多,他的攻击队伍就越壮大;第二步在入侵主机上安装攻击程序,其中一部分主机充当攻击的主控端,一部分主机充当攻击的代理端;最后各部分主机各司其职,在攻击者的调遣下对攻击对象发起攻击。由于攻击者在幕后操纵,所以在攻击时不会受到监控系统的跟踪,身份不容易被发现。

被 DDoS 攻击时会出现下列一些现象。

1)被攻击主机上有大量等待的 TCP 连接。

2)网络中充斥着大量的无用的数据包,源地址为假。

3)制造高流量无用数据,造成网络拥塞,使受害主机无法正常和外界通信。

4)利用受害主机提供的服务或传输协议上的缺陷,反复高速的发出特定的服务请求,使受害主机无法及时处理所有正常请求。

5)严重时会造成系统死机。

从技术上来讲,还没有一种方法能完全解决 DDoS 问题。所有,只能靠加强事先的防范以及更严密的安全措施来加固系统。也就是说,最佳的手段就是防患于未然。

2. 分布式拒绝服务攻击防范

到目前为止,进行 DDoS 的防御还是比较困难的。首先,这种入侵的特点是它利用了 TCP/IP 的漏洞,除非不用 TCP/IP 才有可能完全抵御住 DDoS。但实际上防止 DDoS 并不是绝对不可能的事。因特网的使用者多种多样，不同的角色在与 DDoS 进行斗争的过程中有不同的任务。下面分别介绍。

（1）企业网管理人员

网管员作为一个企业内部网的管理者，往往也是安全员。在他维护的网络中有一些服务器需要向外提供 WWW 服务，因而不可避免地成为 DDoS 的目标。对于网管员，可以从主机与网络设备两个角度考虑。

1）主机上的设置。几乎所有的主机平台都有抵御 DoS 的设置，如关闭不必要的服务；限制同时打开的 SYN 半连接数目；缩短 SYN 半连接的 time out 时间；及时更新系统补丁。

2）网络设备上的设置。企业网的网络设备可以从防火墙与路由器考虑。这两个设备是到外界的接口设备，在进行防 DDoS 设置的同时，要注意这是以多大的效率牺牲为代价的，对用户来说是否值得。

防火墙可以进行如下方面的设置：

1）禁止对主机的非开放服务的访问。

2）限制同时打开的 SYN 最大连接数。

3）限制特定 IP 地址的访问。

4）启用防火墙的防 DDoS 的属性。

5）严格限制对外开放的服务器的向外访问。

其中 5）主要是防止自己的服务器被当作工具去入侵其他主机。

以 Cisco 路由器为例，关于路由器的处理为：

1）使用 Cisco Express Forwarding(CEF)。

2）使用 Unicast Reverse pach。

3）访问控制列表(ACL)过滤。

4）设置 SYN 数据包流量速率。

5）升级版本过低的 ISO。

6）为路由器建立 log server。

其中使用 CEF 和 Unicast 设置时要特别注意，使用不当会造成路由器工作效率严重下降。路由器是网络的核心设备，进行设置修改时可以先不保存。Cisco 路由器有两份配置：startup-config 和 running config，修改时改变的是 running config，可以让这个配置运行一段时间，觉得可行后再保存配置到 startup config；而如果不满意想恢复原来的配置，用 copy start run 就行了。

（2）ISP/ICP 管理员

ISP/ICP 为很多中小企业提供了各种规模的主机托管业务，所以在防 DDoS 时，除了使用与企业网管理员一样的手段外，还要特别注意自己管理范围内的客户托管主机不要成为傀儡机。客观地说，这些托管主机的安全性普遍是很差的，有的连基本的补丁都没有打，成为黑客最喜欢的"猎物"。而作为 ISP 的管理员，对托管主机是没有直接管理的权力的，只能通知让客户来处理。在实际情况中，有很多客户与自己的托管主机服务商配合得不是很好，造成 ISP 管理员明知自己负责的一台托管主机成为了傀儡机，却没有什么办法的局面。

（3）骨干网络运营商

骨干网络运营商提供了因特网存在的物理基础。如果骨干网络运营商能很好地合作，那

DDoS 就可以成功地预防。在 2000 年 Yahoo 等知名网站被入侵后,美国的网络安全研究机构提出了骨干运营商联手来解决 DDoS 的方案。其实方法很简单,就是每家运营商在自己的出口路由器上进行源 IP 地址的验证,如果在自己的路由表中没有到这个数据包源 IP 的路由,就丢掉这个包,这种方法可以阻止黑客利用伪造的源 IP 来进行 DDoS。不过同样,这样做会降低路由器的效率,这也是骨干运营商非常关注的问题,所以这种做法使用起来还很困难。

对 DDoS 的原理和应付方法的研究一直在进行中,找到一个既有效又切实可行的方案不是一朝一夕的事情。但目前至少可以做到把自己的网络和主机维护好,首先不让自己的主机成为别人利用的对象去入侵别人;其次,在受到入侵的时候,要尽量地保存证据,以便事后追查,一个良好的网络日志系统是必要的。无论 DDoS 的防御向何处发展,这都将是一个社会工程,需要 IT 界人士一起关注和通力合作。

6.5 IP 地址欺骗与防范

6.5.1 IP 地址欺骗概述

IP 地址欺骗就是伪造某台主机的 IP 地址的技术。其实质就是让一台机器来扮演另一台机器,以达到蒙混过关的目的。被伪造的主机往往具有某种特权或者被另外的主机所信任。IP 地址欺骗通常都要由编程来实现,通过使用 Socket 编程,发送带有假冒的源 IP 地址的 IP 数据包来达到自己的目的;实际上,在网上也有大量的可以发送伪造 IP 地址的免费工具,使用它可以任意指定源 IP 地址,实施 IP 地址欺骗,以免留下自己的痕迹。

入侵者可以利用 IP 欺骗技术获得对主机未授权的访问,因为他可以发出这样的来自内部地址的 IP 包。当目标主机利用基于 IP 地址的验证来控制对目标系统中的用户访问时,这些小诡计甚至可以获得特权或普通用户的权限。即使设置了防火墙,如果没有配置对本地区域中资源 IP 包地址的过滤,这种欺骗技术依然可以奏效。

当进入系统后,黑客会绕过口令以及身份验证来专门守候,直到有合法用户连接登录到远程站点。一旦合法用户完成其身份验证,黑客就可控制该连接,这样远程站点的安全就被破坏了。

6.5.2 IP 地址欺骗原理分析

IP 地址欺骗由若干步骤组成:首先,选定目标主机;其次,发现信任关系模式,并找到一个被目标主机信任的主机;然后,使该主机丧失工作能力,同时采样目标主机发出的 TCP 序列号,猜测出它的数据序列;最后攻击者伪装成被信任的主机,同时建立起与目标主机基于地址验证的应用连接。如果成功,攻击者就可以使用一种简单命令放置一个后门,以进行非授权操作。

1. 使被信任主机丧失工作能力

为了伪装成被信任主机而不露陷,需要使其完全失去工作能力。由于攻击者将要代替真正的被信任主机,他必须确保真正的被信任主机不能收到任何有效的网络数据,否则将会被揭穿。有许多方法可以达到这个目的(如 SYN 洪水攻击、Land 攻击等)。现假设你已经使用某种方法使得被信任的主机完全失去了工作能力。

2. 序列号猜测

攻击者为了获取目标主机的数据包序列号,往往要先与被攻击主机的一个端口(如 SMTP 是一个很好的选择)建立起正常的连接。通常情况下,该过程可能被重复若干次,并将目标主机最后所发送的时间序列号存储起来。另外,攻击者还需估计自己的主机与目标主机之间的包往返时间(这个时间可以通过多次统计平均求出),它对于估计下一个序列号是非常重要的。

3. 实施欺骗

上述准备工作完成后,攻击者将使用被信任主机的 IP 地址,这时该主机仍然处在停顿状态(丧失处理能力),向目标主机的 513 端口(rlogin 的端口号)发送连接请求后,目标主机对连接请求作出反应,并发送 SYN-ACK 数据包给被信任主机(若被信任主机处于正常工作状态,则会认为是错误并立即向目标主机返回 RST 数据包,但此时它处于停顿状态);按照计划,被信任主机会抛弃 SYN-ACK 数据包(当然攻击者也得不到该包,否则就用不着猜测了);在 TCP 要求的时间内,攻击者向目标主机发送 ACK 数据包,该 ACK 使用前面估计的序列号加 1。如果攻击者估计正确的话,目标主机将会接收该 ACK。至此,连接正式建立了,然后,将开始数据传输。通常情况下,攻击者将放置一个后门,以便今后侵入目标主机。

为防御 IP 地址欺骗,应该通过合理的设置初始序列号在系统中的改变速度和时间间隔,使攻击者无法准确地预测数据序列号。此外,还可以从抛弃基于 IP 地址的信任策略、进行包过滤、使用加密方法和使用随机化的序列号等方面进行防御。

6.5.3　IP 地址欺骗的防范措施

IP 地址欺骗的防范措施如下所示。

1. 放弃基于地址的信任策略

IP 欺骗是建立在信任的基础之上的,防止 IP 欺骗的最好的方法就是放弃以地址为基础的验证。当然,这是以丧失系统功能、牺牲系统性能为代价的。

2. 对数据包进行限制

对于来自网络外部的欺骗来说,防止这种攻击的方法很简单,可以在局域网的对外路由器上加一个限制来实现。只要在路由器中设置不允许声称来自于内部网络中的数据包通过就行了。当实施欺骗的主机在同一网段,攻击容易得手,且不容易防范,一般可以通过路由器对数据包的监控来防范 IP 地址欺骗。

3. 应用加密技术

对数据进行加密传输和验证也是防止 IP 欺骗的好方法。IP 地址可以盗用,但现代加密技术在理论上是很难破解的。

4. 使用随机化的初始序列号

黑客攻击得以成功实现的一个很重要的因素就是,序列号不是随机选择的或者随机增加的。

Bellovin 描述了一种弥补 TCP 不足的方法,就是分割序列号空间。每一个连接将有自己独立的序列号空间。序列号将仍然按照以前的方式增加,但是在这些序列号空间中没有明显的关系。

总之,由于 IP 地址欺骗的技术比较复杂,必须深入地了解 TCP/IP 协议的原理,知道攻击目标所在网络的信任关系,而且要猜测序列号,但是猜测序列号很不容易做到,因而 IP 地址欺骗这种攻击方法使用得并不多。

6.6　缓冲区溢出与防范

缓冲区是内存中存放数据的地方,在程序试图将数据放到内存中的某一位置的时候,如果没有足够的空间就会发生缓冲区溢出的现象。

缓冲区溢出对系统的安全带来巨大的威胁。在 UNIX 系统中,使用精心编写的程序,利用 SUID 程序中存在的错误可以很轻易地取得系统的超级用户的权限。当服务程序在端口提供服务时,缓冲区溢出程序可以轻易地将这个服务关闭,使得系统的服务在一定的时间内瘫痪,严重的可能使系统死机,从而转变成拒绝服务攻击。

6.6.1　缓冲区溢出原理分析

缓冲区溢出原理十分简单,类似于把水倒入杯子中,而杯子容量有限,如果倒入的水超过杯子容量,就会溢出。缓冲区类似于杯子,写入的数据类似于倒入的水。缓冲区溢出就是将长度超过缓冲区大小的数据写入程序的缓冲区,造成缓冲区溢出,从而破坏程序的堆栈,使程序转而执行其他指令。例如,下面程序:

```
void function(char * str){
char buffer[16];
strcpy(buffer,str);
}
```

上面的程序 strcpy(buffer,str)将直接把 str 中的内容复制到 buffer[16]中。这样只要 str 的长度大于 16,就会造成溢出,使程序运行出错。当然,随便往缓冲区填东西造成它溢出一般只会出现"分段错误",而达不到攻击的目的。最为常见的手段是通过制造缓冲区溢出使程序运行一个用户 shell,再通过 shell 执行其他命令,如果该程序有 root 且有 suid 权限,攻击者就获得了一个 root 权限的 shell,就可以对系统实施任意操作了。这就是缓冲区溢出攻击的实现原理。

缓冲区溢出攻击之所以成为一种常见的攻击,其原因在于缓冲区溢出漏洞普遍存在,且易于实现。缓冲区溢出攻击也成为远程攻击的主要手段,其原因在于缓冲区溢出漏洞给予了攻击者所想要的一切,例如,植入并且运行攻击代码,被植入的攻击代码以一定的权限运行缓冲区溢出漏洞程序,从而得到被攻击主机的控制权。

6.6.2　缓冲区溢出攻击的分类

缓冲区溢出攻击的目的在于扰乱具有某些特权运行的程序的功能,这样可以使得攻击者取得程序的控制权,如果该程序具有足够的权限,则整个主机就被控制了。

为了达到这个目的,攻击者必须达到以下的两个目标:①在程序的地址空间里安排适当的代码;②通过适当的初始化寄存器和内存,让程序跳转到入侵者安排的地址空间执行。

根据这两个目标来对缓冲区溢出攻击进行分类,缓冲区溢出攻击分为以下两种方法。

1. 在程序的地址空间里安排适当的代码的方法

(1)植入法

攻击者向被攻击的程序输入一个字符串,程序会把这个字符串放到缓冲区里。这个字符串包含的资料是可以在这个被攻击的硬件平台上运行的指令序列。在这里,攻击者用被攻击程序的缓冲区来存放攻击代码。缓冲区可以设在任何地方:堆栈(stack,自动变量)、堆(heap,动态分配的内存区)和静态资料区。

(2)利用已经存在的代码

有时攻击者想要的代码已经在被攻击的程序中了,攻击者所要做的只是对代码传递一些参数。例如,攻击代码要求执行 exec ("/bin/sh"),而在 libc 库中的代码执行 exec (arg),其中 arg 使一个指向一个字符串的指针参数,那么攻击者只要把传入的参数指针改向指向/bin/sh。

2. 控制程序转移到攻击代码的方法

所有的这些方法都是在寻求改变程序的执行流程,使之跳转到攻击代码。最基本的就是溢出一个没有边界检查或者其他弱点的缓冲区,这样就扰乱了程序的正常的执行顺序。通过溢出一个缓冲区,攻击者可以用暴力的方法改写相邻的程序空间而直接跳过了系统的检查。

分类的基准是攻击者所寻求的缓冲区溢出的程序空间类型。原则上是可以任意的空间。实际上,许多的缓冲区溢出是用暴力的方法来寻求改变程序指针的。这类程序的不同之处就是程序空间的突破和内存空间的定位不同。主要有以下三种:

(1)活动纪录

每当一个函数调用发生时,调用者会在堆栈中留下一个活动纪录,它包含了函数结束时返回的地址。攻击者通过溢出堆栈中的自动变量,使返回地址指向攻击代码。通过改变程序的返回地址,当函数调用结束时,程序就跳转到攻击者设定的地址,而不是原先的地址。这类的缓冲区溢出被称为堆栈溢出攻击,是目前最常用的缓冲区溢出攻击方式。

(2)函数指针

函数指针可以用来定位任何地址空间。所以攻击者只需在任何空间内的函数指针附近找到一个能够溢出的缓冲区,然后溢出这个缓冲区来改变函数指针。在某一时刻,当程序通过函数指针调用函数时,程序的流程就按攻击者的意图实现了。

(3)长跳转缓冲区

在 C 语言中包含了一个简单的检验/恢复系统,称为 setjmp/longjmp。意思是在检验点设定"setjmp(buffer)",用"longjmp(buffer)"来恢复检验点。然而,如果攻击者能够进入缓冲区的空间,则"longjmp(buffer)"实际上是跳转到攻击者的代码。与函数指针一样,longjmp 缓冲区能够指向任何地方,因此,攻击者所要做的就是找到一个可供溢出的缓冲区。

6.6.3　缓冲区溢出的防范措施

缓冲区溢出攻击占了远程网络攻击的绝大多数,这种攻击可以使得一个匿名的 Internet 用户有机会获得一台主机的部分或全部的控制权。如果能有效地消除缓冲区溢出的漏洞,则很大一部分的安全威胁可以得到缓解。

保护缓冲区免受攻击的防范措施如下所示。

1. 编写正确的程序代码

编写正确的程序代码是解决缓冲区溢出漏洞的最根本办法。在程序开发时就要考虑可能的安全问题，杜绝缓冲区溢出的可能性，尤其在 C 程序中使用数组时，只要数组边界不溢出，则缓冲区溢出攻击就无从谈起，所以对所有数组的读写操作都应控制在正确的范围内，通常通过优化技术来实现。

2. 非执行的缓冲区

通过使被攻击程序的数据段地址空间不可执行，从而使得攻击者不可能执行被攻击程序输入缓冲区的代码，这种技术称为非执行的缓冲区技术。

非执行堆栈的保护可以有效地对付把代码植入自动变量的缓冲区溢出攻击，而对于其他形式的攻击则没有效果。通过引用一个驻留程序的指针，就可以跳过这种保护措施。其他的攻击可以把代码植入堆栈或者静态数据段中来跳过保护。

3. 数组边界检查

数组边界检查可以避免缓冲区溢出的产生和攻击。因为只要数组不能被溢出，溢出攻击也就无从谈起。为了实现数组边界检查，则所有的对数组的读写操作都应当被检查以确保对数组的操作在正确的范围内。最直接的方法是检查所有的数组操作。

4. 程序指针完整性检查

与边界检查有所不同，也与防止指针被改变不同，程序指针完整性检查是在程序指针被引用之前检测到它的改变。因此，即便一个攻击者成功地改变了程序的指针，由于系统事先检测到了指针的改变，因此，这个指针将不会被使用。

与数组边界检查相比，这种方法不能解决所有的缓冲区溢出问题；采用其他的缓冲区溢出方法就可以避免这种检查。但是这种方法在性能上有很大的优势，而且兼容性也很好。

6.7 基于协议的攻击技术

6.7.1 基于 Telet 协议的远程攻击

一个远程攻击是这样一种攻击，其攻击对象是攻击者还无法控制的计算机；也可以说，远程攻击是一种专门攻击除攻击者自己计算机以外的计算机（无论被攻击的计算机和攻击者位于同一子网还是有千里之遥）。"远程计算机"此名词最确切的定义是："一台远程计算机是这样一台机器，它不是你正在其上工作的平台，而是能利用某协议通过 Internet 或任何其他网络介质被使用的计算机"。

进行远程攻击的第一步并不需要和攻击目标进行密切地接触（换句话说，如果入侵者聪明的话，那第一步可以不要）。入侵者的第一个任务（在识别出目标机及其所在的网络的类型后）是决定他要对付谁。此类信息的获得毋需干扰目标的正常工作（假设目标没有安装防火墙。因为大

部分的网络都没有安装防火墙,长期以来一直如此)。此类的某些信息可通过下面的技术获得:

1)运行一个查询命令 host。通过此命令,入侵者可获得保存在目标域服务器中的所有信息。其查询结果所含信息量的多少主要依靠于网络的大小和结构。

2)WHOIS 查询。此查询的方法可识别出技术管理人员。这类信息也被认为是无用的。实际上不然。因为通常技术管理人员需要参与目标网的日常管理工作,所以这些人的电子邮件地址会有些价值(而且同时使用 host 和 WHOIS 查询有助于你判断目标是一个实实在在的系统还是一个页结点,或是由另一个服务形成的虚拟的域等等)。

3)运行一些 Usenet 和 Web 查询。在入侵者和目标进行实际接触之前,他还有许多查询工作要做。其中之一就是查询某位技术管理人员的名字信息(使用强制的、区分大小写的、完全匹配用的条件查询)。通过查询入侵者可了解这些系统管理员和技术管理员是否经常上 Usenet。同样,也可在所有可用的安全邮件列表的可查询集合中查询他们的地址。

6.7.2　基于 ICMP 协议的攻击

ICMP(Internet Control Message Protocol,Internet 控制消息协议)用于报告错误并 IP 对消息进行控制。它是 TCP/IP 协议族的一个子协议,用于 IP 主机、路由器之间传递控制消息。控制消息是指网络通不通、主机是否可用等网络本身的消息。IP 运用互联组管理协议(IGMP)来告诉路由器某一网络上指导组中有哪些可用主机。

以 ICMP 实现的最著名的网络工具是 Ping。Ping 通常用来判断一台远程机器是否正开着,数据包从用户的计算机发到远程计算机,这些包通常返回到用户的计算机,如果数据包没有返回到用户计算机,Ping 程序就产生一个表示远程计算机关机的错误消息。

1. ICMP 协议的攻击

(1)ICMP 转向连接攻击

攻击者使用 ICMP“时间超出”或“目标地址无法连接”的消息。这两种 ICMP 消息都会导致一台主机迅速放弃连接。攻击只需伪造这些 ICMP 消息中的一条,并发送给通信中的两台主机或其中的一台,就可以利用这种攻击了。接着通信连接就会被切断。当一台主机错误地认为信息的目标地址不在本地网络中的时候,网关通常会使用 ICMP“转向”消息。如果攻击者伪造出一条“转向”消息,它就可以导致另外一台主机经过攻击者主机向特定连接发送数据包。

(2)ICMP 数据包放大(ICMP Smuff)

攻击者向安全薄弱网络所广播的地址发送伪造的 ICMP 响应数据包。那些网络上的所有系统都会向受害计算机系统发送 ICMP 响应的答复信息,占用了目标系统的可用带宽并导致合法通信的服务拒绝(DoS)。一个简单的 Smurf 攻击通过使用将回复地址设置成受害网络的广播地址的 ICMP 应答请求(Ping)来淹没受害主机的方式进行,最终导致该网络的所有主机都对此 ICMP 应答请求做出答复,导致网络阻塞,比 ping of death 洪水的流量高出一或两个数量级。更加复杂的 Smuff 将源地址改为第三方的受害者,最终导致第三方雪崩。

(3)死 Ping 攻击(Ping of Death)

由于在早期的阶段,路由器对包的最大尺寸都有限制,许多操作系统对 TCP/IP 栈的实现在 ICMP 包上都是规定 64KB,并且在对包的标题头进行读取之后,要根据该标题头里包含的信息来为有效载荷生成缓冲区,当产生畸形的,声称自己的尺寸超过 ICMP 上限的包也就是加载的尺寸超过 64KB 上限时,就会出现内存分配错误,导致 TCP/IP 堆栈崩溃,致使接受方宕机。

(4)ICMP Ping 淹没攻击

大量的 Ping 信息广播淹没了目标系统,使得它不能够对合法的通信做出响应。

(5)ICMP Nuke 攻击

Nuke 发送出目标操作系统无法处理的信息数据包,从而导致该系统瘫痪。

(6)通过 ICMP 进行攻击信息收集

通过 Ping 命令来检查目标主机是否存活,依照返回 TTL 值判断目标主机操作系统。(如 Linux 应答的 TTL 字段值为 64;FreeBSD/Sun Solaris/HP UX 应答的 TTL 字段值为 255;Windows 95/98/Me 应答的 TTL 字段值为 32;Windows 2000/NT 应答的 TTL 字段值为 128)。

2. ICMP 协议攻击的防范

(1)对 ICMP 数据包进行过滤

虽然很多防火墙可以对 ICMP 数据包进行过滤,但对于没有安装防火墙的主机,可以使用系统自带的防火墙和安全策略对 ICMP 进行过滤。

(2)修改 TTL 值巧妙骗过黑客

许多入侵者会通过 Ping 目标机器,用目标返回 TTL 值来判断你的操作系统。既然入侵者相信 TTL 值所反映出来的结果,那么我们只要修改 TTL 值,入侵者就无法得知目标操作系统了。操作步骤:

1)打开"记事本"程序,编写批处理命令:

@echo REGEDIT4>>ChangeTTL. reg

@echo. >>ChangeTTL. reg

@echo[HKEY_LOCAL_MACHlNE\System\CurrentControlSet\Services\Tcpip\Parameters]>>ChangeTTL. reg

@echo"DefaultTTL"=dword:000000">>ChangeTTL. reg

@REGEDIT/S/C ChangeTTL. reg

2)把编好的程序另存为以 .bat 为扩展名的批处理文件,点击这个文件,你的操作系统的缺省 TTL 值就会被修改为 ff,即十进制的 255,黑客如果仅通过 TTL 值判断,以为目标系统 UNIX 系统了,为黑客入侵提高了门槛。

6.7.3 基于 TCP 协议的攻击

TCP(Transport Control Protocol,传输控制协议)是一种可靠的面向连接的传送服务。它在传送数据时是分段进行的,主机交换数据必须建立一个会话。它用比特流通信,即数据被作为无结构的字节流。通过每个 TCP 传输的字段指定顺序号,以获得可靠性。

在 TCP 会话初期,有所谓的"三握手":对每次发送的数据量是怎样跟踪进行协商使数据段的发送和接收同步,根据所接收到的数据量而确定的数据确认数及数据发送、接收完毕后何时撤销联系,并建立虚连接。

TCP 协议是攻击者攻击方法的思想源泉,主要问题存在于 TCP 的三次握手协议上,正常的 TCP 三次握手过程如下:

1)请求端 A 发送一个初始序号 ISNa 的 SYN 报文。

2)被请求端 B 收到 A 的 SYN 报文后,发送给 A 自己的初始序列号 ISNb,同时将 ISNa+1 作为确认的 SYN+ACK 报文。

3)A 对 SYN+ACK 报文进行确认,同时将 ISNa+1,ISNb+1 发送给 B,TCP 连接完成。

针对 TCP 协议的攻击的基本原理是:TCP 协议三次握手没有完成的时候,被请求端 B 一般都会重试(即再给 A 发送 SYN+ACK 报文)并等待一段时间(SYN timeout),这常常被用来进行 DOS、Land(在 Land 攻击中,一个特别打造的 SYN 包其原地址和目标地址都被设置成某一个服务器地址,此举将导致接收服务器向它自己的地址发送 SYN-ACK 消息,结果该地址又发回 ACK 消息创建一个空连接,每一个这样的连接都将保留直至超时,对 Land 攻击反应不同,许多 UNIX 系统将崩溃,NT 变得极其缓慢)和 SYN Flood 攻击是典型的攻击方式。

1. TCP 协议的攻击

在 SYN Flood 攻击中,黑客机器向受害主机发送大量伪造源地址的 TCP SYN 报文,受害主机分配必要的资源,然后向源地址返回 SYN+ACK 包,并等待源端返回 ACK 包。由于源地址是伪造的,所以源端永远都不会返回 ACK 报文,受害主机继续发送 SYN+ACK 包,并将半连接放入端口的积压队列中,虽然一般的主机都有超时机制和默认的重传次数,但是由于端口的半连接队列的长度是有限的,如果不断地向受害主机发送大量的 TCPSYN 报文,半连接队列就会很快填满,服务器拒绝新的连接,将导致该端口无法响应其他机器进行的连接请求,最终使受害主机的资源耗尽。

2. TCP 协议攻击的防范

针对 SYN Flood 的攻击防范措施主要有:一类是通过防火墙、路由器等过滤网关防护,另一类是通过加固 TCPflP 协议栈防范。

网关防护的主要技术有:SYN-cookie 技术和基于监控的源地址状态、缩短 SYN Timeout 时间。SYN-cookie 技术实现了无状态的握手,避免了 SYN Flood 的资源消耗。基于监控的源地址状态技术能够对每一个连接服务器的 IP 地址的状态进行监控,主动采取措施避免 SYNFlood 攻击的影响。

为防范 SYN 攻击,Windows 2000 系统的 TCP/IP 协议栈内嵌了 SynAttackProtect 机制,Win 2003 系统也采用此机制。SynAttackProtect 机制是通过关闭某些 socket 选项,增加额外的连接指示和减少超时时间,使系统能处理更多的 SYN 连接,以达到防范 SYN 攻击的目的。默认情况下,Win 2000 操作系统并不支持 SynAttackProtect 保护机制,需要在注册表以下位置增加 SynAttackProtect 键值:

HKLM\SYSTEM\CurrentControlSec\Services\Tcpip\Parameters

当 SynAttackProtect 值(如无特别说明,本文提到的注册表键值都为十六进制)为 0 或不设置时,系统不受 SynAttackProtect 保护。当 SynAttackProtect 值为 1 时,系统通过减少重传次数和延迟未连接时路由缓冲项(route cache entry)防范 SYN 攻击。

对于个人用户,可使用一些第三方的个人防火墙;对于企业用户,购买企业级防火墙硬件,都可有效地防范针对 TCP 三次握手的拒绝式服务攻击。

第7章 防火墙技术

7.1 防火墙概述

7.1.1 防火墙的功能

目前保护网络安全的最主要手段之一是构筑防火墙。防火墙的概念起源于中世纪的城堡防卫系统,那时人们为了保护城堡的安全,在城堡的周围挖一条护城河,每一个进入城堡的人都要经过吊桥,并且还要接受城门守卫的检查。人们借鉴了这种防护思想,设计了一种网络安全防护系统,这种系统被称为防火墙(Fire Wall)。

在网络中,防火墙是指在两个网络之间实现控制策略的系统(软件、硬件或者是两者并用),用来保护内部的网络不易受到来自 Internet 的侵害。因此,防火墙是一种安全策略的体现。如果内部网络的用户要上 Internet,必须首先连接到防火墙上,从那儿使用 Internet。同样,Internet 要访问内部网络,也必须先通过防火墙。这种做法对于来自 Internet 的攻击有较好的免疫作用,如图 7-1 所示。

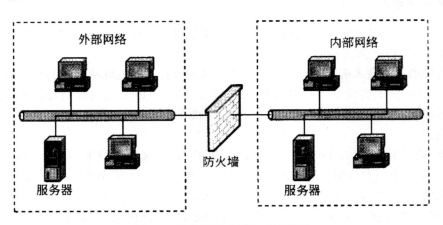

图 7-1 防火墙的位置与功能模型

作为网络安全的第一道防线,防火墙的主要功能如下所示。

1)访问控制功能。这是防火墙最基本和最重要的功能,通过禁止或允许特定用户访问特定资源,保护内部网络的资源和数据。防火墙定义了单一阻塞点,它使得未授权的用户无法进入网络,禁止了潜在的、易受攻击的服务进入或是离开网络。

2)内容控制功能。根据数据内容进行控制,例如过滤垃圾邮件、限制外部只能访问本地 Web 服务器的部分功能等。

3)日志功能。防火墙需要完整地记录网络访问的情况,包括进出内部网的访问。一旦网络发生了入侵或者遭到破坏,可以对日志进行审计和查询,查明事实。

4）集中管理功能。针对不同的网络情况和安全需要，指定不同的安全策略，在防火墙上集中实施，使用中还可能根据情况改变安全策略。防火墙应该是易于集中管理的，便于管理员方便地实施安全策略。

5）自身安全和可用性。防火墙要保证自己的安全，不被非法侵入，保证正常地工作。如果防火墙被侵入，安全策略被破坏，则内部网络就变得不安全。防火墙要保证可用性，否则网络就会中断，内部网的计算机无法访问外部网的资源。

此外，防火墙还可能具有流量控制、网络地址转换（NAT）、虚拟专用网（VPN）等功能。

防火墙正在成为控制对网络系统访问的非常流行的方法。事实上，在 Internet 上的 Web 网站中，超过 1/3 的 Web 网站都是由某种形式的防火墙加以保护，这是对黑客防范最严，安全性较强的一种方式，任何关键性的服务器，都建议放在防火墙之后。

7.1.2　防火墙的类型及构成

防火墙系统所保护的对象是网络中有明确闭合边界的一个网块，它通过监测、限制、更改跨越防火墙的数据流，尽可能地对外部网络屏蔽有关被保护网络的拓扑结构、信息资源，实现对网络的安全保护。

（1）常见的防火墙

最常见的防火墙是按照它的基本概念工作的逻辑设备，用于在公共网上保护个人网络。配置一堵防火墙是很简单的，步骤如下：

1）选择一台具有路由能力的 PC。

2）加上两块网卡，例如以太网或串行卡等。

3）禁止 IP 转发。

4）打开一个网卡通向 Internet。

5）打开另一个网卡通向内部网。

防火墙的设计类型有好几种，但大体可分为两类：网络级防火墙和应用级防火墙。它们采用不同的方式提供相同的功能。任何一种都能适合站点防火墙的保护需要。而现在有些防火墙产品具有双重特效，因此应该选择最适合当前配置的防火墙类型来构建防火墙。

（2）网络级防火墙

这一类型的防火墙，通常使用简单的路由器，采用包过滤技术，检查个人的 IP 包并决定允许或不允许基于资源的服务、目的地址以及使用端口来构建。

最新式的防火墙较之前身更为复杂，它能监控通过防火墙的连接状态等等。这是一类快速且透明的防火墙，易于实现，且性价比最佳。

隔离式主机防火墙它是最流行的网络级防火墙之一。在该种设计中，路由器在网络级上运行，控制所有出入内部网的访问，并将所有的请求传送给堡垒主机。尽管它提供了良好的安全性，但仍需创建一个安全的子网来安置 Web 服务器。

（3）应用级防火墙

应用级防火墙通常是运行在防火墙之上的软件部分。这一类的设备称为应用网关，它是运用代理服务器软件的计算机。由于代理服务器在同一级上运行，故它对采集访问信息并加以控制是非常有用的，例如记录什么样的用户在什么时候连接了什么站点，这对识别网络间谍是有价值的。因此，此类防火墙能提供关于出入站点访问的详细信息，从而较之网络级防火墙，其安全性更强。

应用级防火墙也称为双宿主机（Dual-Homed）网关。双宿主机是一台由两块网络接口卡（NIC）组成的计算机。每块 NIC 有一个 IP 地址，如果网络上的一台计算机想与另一台计算机通信，它必须与双宿主机上能"看到"的 IP 地址联系，代理服务器软件查看其规则是否允许连接，如果允许，代理服务器软件通过另一块网卡（NIC）启动到其他网络的连接。

（4）动态防火墙

动态防火墙是解决 Web 安全的一种新技术。防火墙的某些产品，一般称为 OS 保护程序，安装在操作系统上。OS 保护程序通过包过滤结合代理的某些功能，如监控任何协议下的数据和命令流来保护站点，尽管这种方法在某种程度上已流行，但因为其配置，所以并不成功。原因是管理员无法看见配置，并且强迫管理员添加一些附加产品来实现服务器的安全。

动态防火墙技术（DFT）与静态防火墙技术主要区别是：

1）允许任何服务。

2）拒绝任何服务。

3）允许/拒绝任何服务。

4）动态防火墙技术适应于网上通信，动态比静态的包过滤模式要好，其优势是，动态防火墙提供自适应及流体方式控制网络访问的防火技术。即 Web 安全能力为防火墙所控制，基于其设置时所创建的访问平台，能限制或禁止静态形式的访问。

5）动态防火墙还能适应 Web 上多样连接提出的变化及新的要求。当需要访问时，动态防火墙就允许通过 Web 服务器防火墙进行访问。

（5）防火墙的各种变化和组合

1）内部路由器。内部路由器（有时也称为阻流路由器）的主要功能是保护内部网免受来自外部网与参数网络的侵扰。内部路由器完成防火墙的大部分包过滤工作，它允许某些站点的包过滤系统认为符合安全规则的服务在内外部网之间互传（各站点对各类服务的安全确认规则是不同的）。根据各站点的需要和安全规则，可允许的服务是以下这些外向服务中的若干种，如：Telnet、FTP、WAIS、Arehie、Gopher 或者其他服务。

内部路由器可以设定，使参数网络上的堡垒主机与内部网之间传递的各种服务和内部网与外部网之间传递的各种服务不完全相同。限制一些服务在内部网与堡垒主机之间互传的目的是减少在堡垒主机被侵入后而受到入侵的内部网主机的数目。

应该根据实际需要来限制允许在堡垒主机与内部网站点之间可互传的服务数目。如：SMTP、DNS 等。还能对这些服务作进一步的限定，限定它们只能在提供某些特定服务的主机与内部网的站点之间互传。比如，对于 SMTP 就可以限定站点只能与堡垒主机或内部网的邮件服务器通信。对其余可以从堡垒主机上申请连接到的主机就更得加以仔细保护。因为这些主机将是入侵者打开堡垒主机的保护后首先能攻击到的机器。

2）外部路由器。理论上，外部路由器（有时也称为接触路由器）既保护参数网络又保护内部网。实际上，在外部路由器上仅做一小部分包过滤，它几乎让所有参数网络的外向请求通过，而外部路由器与内部路由器的包过滤规则是基本上相同的。也就是说，如果安全规则上存在疏忽，那么，入侵者可以用同样的方法通过内、外部路由器。

由于外部路由器一般是由外界（如因特网服务供应商）提供，因此对外部路由器可做的操作是受限制的。网络服务供应商一般仅会在该路由器上设置一些普通的包过滤,而不会为设置特别的包过滤,或更换包过滤系统。因此,对于安全保障而言,不能像依赖内部路由器一样依赖于外部路由器。

外部路由器的包过滤主要是对参数网络上的主机提供保护。然而,一般情况下,因为参数网络上的主机的安全主要通过主机安全机制加以保障,所以由外部路由器提供的很多保护并非必要。

外部路由器真正有效地任务就是阻断来自外部网上伪造源地址进来的任何数据包。这些数据包自称是来自内部网,而其实它是来自外部网。

3)防火墙的各种变化和组合形式。建造防火墙时,一般很少采用单一的技术,通常是采用多种解决不同问题的技术的组合。这种组合主要取决于网管中心向用户提供什么样的服务,以及网管中心能接受什么等级风险。采用哪种技术主要取决于投资的大小、设计人员的技术、时间等因素。一般有以下几种形式:

- 使用多堡垒主机。
- 合并内部路由器与外部路由器。
- 合并堡垒主机与外部路由器。
- 合并堡垒主机与内部路由器。
- 使用多台内部路由器。
- 使用多台外部路由器。
- 使用多个参数网络。

7.1.3　防火墙的位置

1. 物理位置

防火墙是由硬件、软件组成的系统,即路由器、计算机或者配有适当软件的网络设备的多种组合。根据不同的需求,防火墙实现的方式也有所不同,作为内联网络与外联网络之间实现访问控制的一种硬件设备,防火墙通常安装在内联网络与外联网络的交界点上。防火墙通常位于等级较高的网关位置或者与外联网络相连接的节点处,这样做有利于防火墙对全网(内联网络)的信息流的监控,进而实现全面的安全防护。有时为某些有特殊要求的子系统或内联子网提供进一步的保护,也可以将防火墙部署在等级较低的网关位置或者与数据流交汇的节点上。图 7-2 所示为防火墙在网络中常见的位置。

从实现角度来看,防火墙由一个独立的进程或一组紧密联系的进程构成,运行于路由器或者任何提供网络安全的设备组合上。这些设备或设备组一边连接着受保护的网络,另一边连接着外联网络或者内联网络的其他部分。对于个人防火墙来说,防火墙一般是指安装在单台主机硬盘上的软件系统。防火墙在这些关键的数据交换节点或者网络接口上控制着经过它们的各种各样的数据流,并详细记录有关安全管理的系统活动。在很多中、小规模的网络配置方案中,为降低成本,防火墙服务器还经常被当作公共 WWW 服务器、FTP 服务器或者 E-mail 服务器来使用。

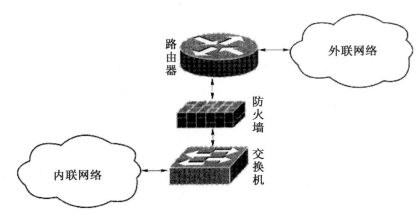

图 7-2   防火墙在网络中常见的位置

2. 逻辑位置

所谓防火墙的逻辑位置主要是指防火墙与网络协议相对应的逻辑层次关系,处于不同网络层次的防火墙实现不同级别的网络过滤功能,表现出的特性也不同。

由于防火墙技术是一种集成式的网络安全技术,涉及网络与信息安全等多方面内容,故需要统一的规范化描述,为此国际标准化组织的计算机专业委员会依据网络开放系统互连模型制定了一个网络安全体系结构:信息处理系统开放系统互连基本参考模型第 2 部分—安全体系结构,即 ISO 7498—2,它解决了网络信息系统中的安全与保密问题。

安全服务是由网络的某一层所提供的服务,主要是为了加强系统的安全性及对抗攻击。安全服务与 ISO OSI/RM 网络层次模型的对应关系如表 7-1 所示。

表 7-1   ISO OSI/RM 网络安全体系结构

网络层次 安全服务	物理层	数据链路层	网络层	传输层	会话层	表示层	应用层
对等实体鉴别			√	√			√
访问控制	√	√	√	√			√
连接保密	√	√	√	√		√	√
选择字段保密						√	√
报文流安全	√		√				√
数据的完整性			√	√		√	√
数据源鉴别							√
禁止否认服务							√

安全机制可分为实现安全服务和安全管理两类。该结构提供的 8 类安全机制分别为:加密机制、数据签名机制、访问控制机制、数据完整性机制、认证交换机制、防业务填充机制、路由控制机制和公证机制。

按照 ISO OSI/RM 模型及表 7-1 的安全要求，防火墙可以设置在 ISO OSI/RM 7 层模型中的 5 层，如表 7-2 所示。

表 7-2　防火墙与网络层次关系

ISO OSI/RM 7 层模型	防火墙级别
应用层	网关级
表示层	—
会话层	—
传输层	电路级
网络层	路由器级
数据链路层	网桥级
物理层	中继器级
物理层	中继器级

7.1.4　防火墙的局限性

防火墙技术是内部网络最重要的安全技术之一，得到了高度关注和广泛应用，目前防火墙产品集成的功能也越来越多，人们甚至开始认为有了防火墙就有了安全保障。而事实上，安装防火墙并不能做到绝对的安全，防火墙也存在其局限性，还有许多防范不到的地方。

1. 防火墙不能防御不经由防火墙的攻击

防火墙能够有效地检查经由其进行传输的信息，但不能防御绕过它进行传输的信息。

例如，如果允许从受保护网络的内部不受限制地向外拨号，于是网络内部一些用户便可形成与 Internet 的直接连接，从而绕过防火墙，这就可能造成一个潜在的后门攻击渠道。

2. 防火墙不能防范恶意的内部威胁

通常，防火墙的安全控制只能作用于外对内或内对外，即对外可屏蔽内部网的拓扑结构，封锁外部网上的用户连接到内部网上的重要站点或某些端口；对内可屏蔽外部危险站点，但它并不能控制内部用户对内部网络的越权访问。若网络内部人员了解内部网络的结构，从内部入侵内部主机，或进行一些破坏活动，例如窃取数据、破坏硬件和软件，而由于该通信没有通过防火墙，于是防火墙无法阻止。可见，网络安全最大的威胁是内部用户的攻击。据权威部门统计表明，网络上的安全攻击事件有 70% 以上来自内部。也就是说，防火墙基本上是防外不防内。

3. 防火墙不能防止感染了病毒的软件或文件进出内网

随着计算机各种技术的发展，越来越多的恶意程序出现，病毒可以依附于共享文档进行传播，也可通过 E-mail 附件的形式在 Internet 上迅速蔓延。此外，许多站点都可以下载病毒程序甚至源码，进一步加剧了病毒的传播。另外，病毒的类型、隐藏和传输方式太多，操作系统种类也有很多，想要对每一个进出内部网络的文件进行扫描，查出潜在的病毒不太可能，也是无法实现的,否则,防火墙将成为网络中最大的瓶颈。对此,通常只能选择在每台主机上安装反病毒软件。

4. 防火墙不能防止数据驱动式攻击

一些表面看起来无害的数据通过电子邮件发送或者其他方式复制到内部主机上,一旦被执行就会形成攻击。这一类型的攻击,很有可能会导致主机修改与安全相关的文件,使入侵者轻易获得对系统的访问权。

5. 防火墙难于管理和配置,易造成安全漏洞

由于防火墙的管理及配置非常复杂,若要成功地维护防火墙,防火墙管理员对网络安全攻击的手段及其与系统配置的关系必须有着相当深刻的了解。而防火墙的安全策略通常是无法集中管理的,一般来说,由多个系统(路由器、过滤器、代理服务器、网关、堡垒主机)组成的防火墙,难免在管理上有所疏忽。

6. 无法提供一致的安全策略

由于防火墙对用户的安全控制主要是基于用户所用机器的 IP 地址而不是用户身份,这就是决定了很难为同一用户在防火墙内外提供一致的安全控制策略,从而限制网络的物理范围。

7. 防火墙不能防范不断更新的攻击方式

由于防火墙的安全策略是在已知的攻击模式下制定的,故只能防御已知的威胁,对于全新的攻击方式则无能为力。

总之,防火墙不是万能的,不能解决所有网络安全问题,它只是网络安全策略中的一个重要组成部分。

7.1.5 防火墙的发展趋势

自从 1986 年美国 Digital 公司在 Internet 上安装了全球第一个商用防火墙系统并提出了防火墙的概念后,直到现在,防火墙技术已经得到了飞速的发展。目前有几十家公司推出了功能不同的防火墙系统产品。

第一代防火墙,称为包过滤防火墙,它主要通过数据包源地址、目的地址、端口号等参数来决定是否允许该数据包通过,并对其进行转发,但这种防火墙很难抵御 IP 地址欺骗等攻击,而且审计功能比较欠缺。

第二代防火墙,称为代理服务器,它用来提供网络服务级的控制,起到外部网络向被保护的内部网络申请服务时中间转接的作用,这种防火墙可以有效地防止对内部网络的直接攻击,安全性较高。

第三代防火墙,称为状态监控功能防火墙,它有效地提高了防火墙的安全性,可以对每一层的数据包进行检测和监控。

随着网络攻击手段和信息安全技术的发展,新一代功能更强大、安全性更强的防火墙已经问世,这个阶段的防火墙已超出了传统意义上防火墙的范畴,演变成一个全方位的安全技术集成系统,称为第四代防火墙,它可以抵御目前常见的网络攻击手段,如 IP 地址欺骗、特洛伊木马攻击、Internet 蠕虫、口令探寻攻击和邮件攻击等。

鉴于 Internet 技术的快速发展,可以从产品功能上对防火墙产品进行初步展望,未来的防火墙技术应该是会全面考虑网络的安全、操作系统的安全、应用程序的安全、用户的安全以及数据安全等方面的内容。可能会结合一些网络前沿技术,如 Web 页面超高速缓存、虚拟网络和带宽管理等。总的来说应该有以下发展趋势:

(1)优良的性能

未来的防火墙系统不仅应该能够更好地保护内部网络的安全,而且还应该具有更为优良的整体性能。

目前而言,代理型防火墙能够提供较高级别的安全保护,但同时又限制了网络带宽,极大地制约了其实际应用。而支持 NAT 功能的防火墙产品虽然可以保护的内部网络的 IP 地址不暴露给外部网络,但该功能同时也对防火墙的系统性能有所影响等。总之,未来的防火墙系统将会有机结合高速的性能及最大限度的安全性,有效地消除制约传统防火墙的性能瓶颈。

(2)安装与管理便捷

防火墙产品的配置与管理,对于防火墙成功实施并发挥作用是很重要的因素之一。若防火墙的配置和管理过于困难,则可能会造成设定上的错误,反而不能达到安全防护的作用。

未来的防火墙将具有非常易于进行配置的图形用户界面,NT 防火墙市场的发展充分证明了这种趋势。

(3)充分的扩展结构和功能

防火墙除了应考虑其基本性能外,还应考虑用户的实际需求与未来网络的升级扩展。未来的防火墙系统应是一个可随意伸缩的模块化解决方案。传统防火墙一般都设置在网络的边界位置,如内部网络的边界或内部子网的边界,以数据流进行分隔,形成安全管理区域。这种设计的最大问题是,恶意攻击的发起不仅来自于外网,内网环境同样存在着很多安全隐患,而对于内部的安全隐患,利用边界式防火墙来处理就比较困难,所以现在越来越多的防火墙产品也开始体现出一种分布式结构。以分布式结构设计的防火墙,以网络节点为保护对象,可以最大限度地覆盖需要保护的对象,大大提升安全防护强度,这不仅仅是单纯的产品形式的变化,而是象征着防火墙产品防御理念的升华。

(4)防病毒与黑客

目前很多防火墙都具有内置的防病毒与防黑客的功能。防火墙技术下一步的走向和选择,也可能会包含以下几个方面。

1)将检测和报警网络攻击作为防火墙的重要功能之一。

2)不断完善安全管理工具,集成可疑活动的日志分析工具为防火墙的一个组成部分。

3)防火墙将从目前对子网或内部网络管理的方式向远程上网集中管理的方式发展。

4)利用防火墙建立专用网 VPN 是较长一段时间的主流,IP 的加密需求会越来越强,安全协议的开发是一大热点。

5)过滤深度不断加强,从目前的地址、服务过滤,发展到 URL(页面)过滤、关键字过滤和对 ActiveX、Java 小应用程序等的过滤,并逐渐有病毒清除功能。

伴随计算机技术的发展和网络应用的普及,防火墙作为维护网络安全的关键设备,在目前的网络安全的防范体系中,占据着重要地位。多功能、高安全性的防火墙可以让用户网络更加无忧,但前提是要确保网络的运行效率,因此,在防火墙发展过程中,必须始终将高性能放在主要位置。

由于计算机网络发展的迅猛和防火墙产品的更新迅速,要全面展望防火墙技术的发展几乎是不可能的,以上的发展方向只是防火墙众多发展方向中的一部分,随着新技术和新应用的出现,防火墙必将出现更多新的发展趋势。

7.2 防火墙体系结构

7.2.1 相关概念

1. 非军事区

为了配置和管理方便,通常将内部网中需要向外部提供服务的服务器设置在单独的网段,这个网段被称为非军事区(DMZ)。DMZ 是防火墙的重要概念,在实际应用中经常用到。DMZ 是周边网络,位于内部网之外,使用与内部网不同的网络号连接到防火墙,并对外提供公共服务。DMZ 隔离内外网络,并为内外网之间的通信起到缓冲作用。图 7-3 是 DMZ 的示意图。

Internet　　　　　　　　　堡垒主机　非军事区　　　　　　内部网络

图 7-3　DMZ 示意图

2. 堡垒主机

在防火墙体系结构中,经常提到堡垒主机,如图 7-3 所示。堡垒主机得名于古代战争中用于防守的坚固堡垒,它位于内部网络的最外层,像堡垒一样对内部网络进行保护。在防火墙体系结构中,堡垒主机要高度暴露,是在 Internet 上公开的,是网络上最容易遭受非法入侵的设备。所以防火墙设计者和管理人员需要致力于堡垒主机的安全,而且在运行期间对堡垒主机的安全要给予特别的注意。

在构建堡垒主机需要注意的问题主要有下列几个方面的内容:

1)选择合适的操作系统,它需要可靠性好、支持性好、可配置性好。

2)堡垒主机提供的服务。堡垒主机需要提供内部网络访问 Internet 的服务,内部主机可以通过堡垒主机访问 Internet,同时内部网络也需要向 Internet 提供服务。

3)堡垒主机的安装位置。堡垒主机应该安装在不传输保密信息的网络上,最好处于一个独立网络中,如 DMZ。

4)保护系统日志。作为一个安全性举足轻重的主机,堡垒主机必须有完善的日志系统,而且必须对系统日志进行保护。

5)进行监测和备份。

7.2.2 屏蔽路由器体系结构

屏蔽路由器可以由厂家专门生产的路由器实现，也可以用主机来实现。屏蔽路由器作为内外连接的唯一通道，要求所有的报文都必须在此通过检查，如图 7-4 所示。路由器上可以安装基于 IP 层的报文过滤软件，实现报文过滤功能。许多路由器本身带有报文过滤配置选项，但一般比较简单。

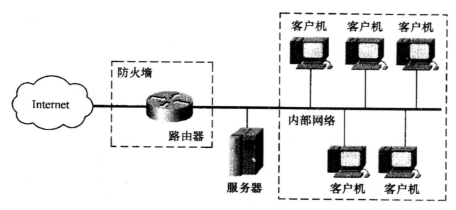

图 7-4 屏蔽路由器体系结构

单纯由屏蔽路由器构成的防火墙的危险包括路由器本身及路由器允许访问的主机。屏蔽路由器的缺点是一旦被攻击后很难发现，而且不能识别不同的用户。

7.2.3 双宿主机体系结构

双宿主机网关是用一台装有两块网卡的堡垒主机做防火墙。两块网卡分别与受保护网和外部网相连。堡垒主机上运行着防火墙软件，可以转发应用程序、提供服务等，如图 7-5 所示。

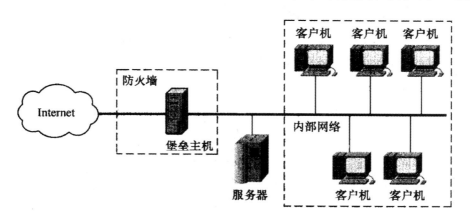

图 7-5 双宿主机体系结构

双宿主机防火墙优于屏蔽路由器的地方是：堡垒主机的系统软件可用于维护系统日志、硬件复制日志或远程日志。这对于日后的检查很有用，但这不能帮助网络管理者确认内网中哪些主机可能已被黑客入侵。

双宿主机防火墙的一个致命弱点是：一旦入侵者侵入堡垒主机并使其只具有路由功能，则网上任何用户均可以自由访问内网。

7.2.4 屏蔽主机体系结构

屏蔽主机体系结构类似于双宿主机结构,它们的主要区别是在屏蔽主机体系结构中,防火墙和 Internet 之间添加了一个路由器来执行包过滤,如图 7-6(a)和图 7-6(b)所示分别为单地址堡垒主机和双地址堡垒主机的体系结构。

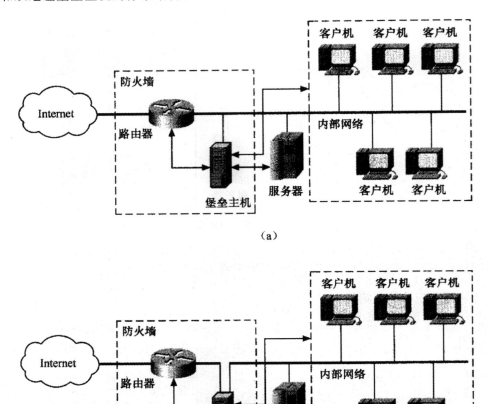

(a)

(b)

图 7-6　屏蔽主机体系结构

路由器对进入防火墙主机的通信流量进行了筛选,而防火墙主机可以专门用于其他安全的防护。因此,屏蔽主机体系结构比双宿主机体系结构更能够提供更高层次的安全保护,但是,如果攻击者攻破了路由器后面的堡垒主机,则攻击者就可以直接进入内部网络。为了进一步增强屏蔽主机体系结构的安全性,可以将堡垒主机构造为一台应用网关或者代理服务器,使可用的网络服务经过代理服务器。

在图 7-6 中,堡垒主机位于内部的网络上,是外部网络上的主机连接到内部网络上的系统的桥梁。即使这样,也仅有某些确定类型的连接被允许,任何外部的系统试图访问内部的系统或者服务将必须连接到这台堡垒主机上。因此,堡垒主机需要拥有高等级的安全。

数据包过滤也允许堡垒主机开放可允许的连接(什么是"可允许"将由用户站点的安全策略决定)到外部网络。

在该结构的路由器中数据包过滤配置可以按下列方法执行。

1)允许其他的内部主机为了某些服务与 Internet 上的主机连接(即允许那些已经由数据包过滤的服务)。

2)不允许来自内部主机的所有连接(强迫那些主机经由堡垒主机使用代理服务)。用户可以针对不同的服务混合使用这些手段;某些服务可以被允许直接经由数据包过滤,而其他服务仅仅可以被允许间接地经过代理。这完全取决于用户实行的安全策略。

7.2.5　屏蔽子网体系结构

屏蔽子网体系结构添加额外的安全层到屏蔽主机体系结构,即通过添加周边网络更进一步地把内部网络与 Internet 隔离开。

堡垒主机是用户的网络上最容易受侵袭的计算机。任凭用户尽最大的力气去保护它,它仍是最有可能被侵袭的计算机,因为它的本质决定了它是最容易被侵袭的。在屏蔽主机体系结构中,堡垒主机是非常诱人的攻击目标,因为它一旦被攻破,则被保护的内部网络就会在外部入侵者面前门户洞开,在堡垒主机与内部网络的其他内部计算机之间没有其他的防御手段(除了它们可能有的通常非常少的主机安全之外)。如果有人成功地侵入屏蔽主机体系结构中的堡垒主机,那就毫无阻挡地进入了内部系统。

通过用周边网络隔离堡垒主机,能减少堡垒主机被入侵造成的影响。可以说,它只给入侵者一些访问的机会,但不是全部。屏蔽子网体系结构的最简单的形式为两个屏蔽路由器,每一个都连接到周边网。一个位于周边网与被保护的内部网络之间,另一个位于周边网与外部网络之间(通常为 Internet),其结构如图 7-7 所示。

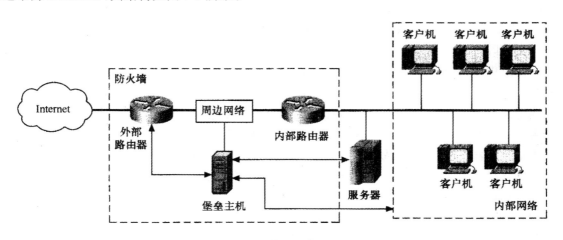

图 7-7　屏蔽子网体系结构

为了侵入用这种类型的体系结构保护的内部网络,侵袭者必须要通过两个路由器。即使侵袭者设法侵入堡垒主机,他将仍然必须通过内部路由器。

下面介绍在这种结构里所采用的组件。

（1）周边网络

周边网络是另一个安全层，是在外部网络与受保护的内部网络之间附加的网络。如果攻击者成功地入侵用户的防火墙的外层领域，周边网络在攻击者与用户的内部系统之间提供附加的保护层。而在许多网络结构中，如以太网、令牌环网、FDDI 等，用给定网络上的任何机器来查看这个网络上的每一台机器的通信是可能的。侦听者可以侦听 Telnet、FTP 及 Rlogin 会话期间使用过的口令，偷看敏感信息等，从而可以完全监视是谁在使用网络。

对于周边网络，如果攻击者侵入周边网上的堡垒主机，他仅能探听到周边网上的通信。因为所有周边网上的通信仅从周边网络来往于外部网络或者从周边网络来往于堡垒主机，因为没有严格的内部通信（即在两台内部主机之间的通信，这通常是敏感的或者专有的）能越过周边网。因此，如果堡垒主机被损害，内部的通信仍将是安全的。

通常来说，来往于堡垒主机或者外部世界的通信，仍然是可监视的。防火墙设计工作的一部分就是确保上述信息流的暴露不至于影响到整个内部网络的安全。

（2）堡垒主机

在屏蔽子网体系结构中，用户把堡垒主机连接到周边网络上，这台主机便是接受来自外部连接的主要入口。它为内部网络服务的功能如下所示。

1）对于进来的电子邮件（SMTP）会话，堡垒主机传送电子邮件到站点。

2）对于进来的 FTP 连接，堡垒主机将其转接到站点的匿名 FTP 服务器。

3）对于进来的域名服务（DNS），堡垒主机提供站点查询。

而从内部网络的客户端到 Internet 上的服务器的出站服务的处理方法如下。

1）在外部网络和内部网络的路由器上设置数据包过滤，以允许内部的客户端直接访问外部的服务器。

2）设置代理服务器在堡垒主机上运行来允许内部的客户端间接地访问外部的服务器。当然，用户也可以设置数据包过滤来允许内部的客户端堡垒主机同代理服务器之间的交互，反之亦然。但是，禁止内部网络的客户端与外部网络之间直接通信。

（3）内部路由器

内部路由器（在有关防火墙著作中有时被称为阻塞路由器）保护内部的网络使之免受外部网和周边网的侵犯。

内部路由器完成防火墙的大部分数据包过滤工作。它允许从内部网到外部网的有选择的外连服务。这些服务是根据内部网络的需要和安全规则选定的，如 Telnet、FTP 或 Gopher 等。

内部路由器可以设定，使周边网上的堡垒主机与内部网之间传递的各种服务不同于内部网和外部网之间传递的各种服务。限制堡垒主机和内部网之间服务的理由是减少在堡垒主机被入侵后而受到侵袭的内部网主机的数量。

（4）外部路由器

外部路由器也称为访问路由器，它保护周边网络和内部网络免受来自外部网络的侵犯。其实，外部路由器倾向于允许几乎任何东西从周边网络出站，并且它们通常只执行非常少的数据包过滤。保护内部主机的数据包过滤规则在内部路由器和外部路由器上基本是一样的，如果在规则中有允许攻击者访问的错误，错误就有可能出现在两个路由器上。

由于外部路由器一般由外部服务提供商（如用户的 Internet 供应商）提供，同时用户对它的访问被限制。外部服务提供商可能愿意设置一些通用型数据包过滤规则来维护路由器,但不愿意使用维护复杂或者频繁变化的规则组。外部路由器能有效执行的安全任务之一是阻止从外部网络上伪造源地址进来的任何数据包。这样的数据包自称来自内部的网络,但实际上是来自外部网络。

7.2.6　防火墙体系结构的组合形式

建造防火墙时,一般很少采用单一的技术,通常是使用多种解决不同问题的技术组合。这种组合主要取决于网管中心向用户提供什么样的服务,以及网管中心能接受什么等级的风险。采用哪种技术主要取决于经费,投资的大小或技术人员的技术、时间等因素。一般有以下几种形式:

(1)使用多堡垒主机

理想情况下,堡垒主机应该只提供一种服务,因为提供的服务越多,在系统上安装服务而导致安全隐患的可能性也就越大。这就意味着,如果在网络边界上拥有一个防火墙程序、一台Web服务器、一台DNS服务器和一台FTP服务器,则需要配置4台独立的堡垒主机。

使用多堡垒主机,可以改善网络安全性能、引入冗余度以及隔离数据和服务器。

(2)合并内部路由器与外部路由器

通常屏蔽子网体系结构要求在子网两侧各使用一个路由器分别充当内部和外部路由器,在每个接口上设置入站和出站的过滤规则。其优点是节约了路由器的开支,最主要的缺点是黑客只要攻破该路由器就可以进入内部网络。

(3)合并堡垒主机与外部路由器

使用一个配有双网卡的主机,既做堡垒主机又充当外部路由器。在这种体系结构中,堡垒主机没有外部路由器的保护,直接暴露给了Internet,安全性不好。

这种方案的唯一保护是堡垒主机自己提供的包过滤功能。当网络只有一个到Internet的拨号PPP连接,并且堡垒主机上运行了PPP数据包时,也可以选择这种设置方法。

(4)合并堡垒主机与内部路由器

使用一个配有双网卡的主机,既做堡垒主机又充当内部路由器。此时,堡垒主机与内部网通信,以便转发从外部网获得的信息。

(5)使用多台外部路由器

如果内部网络既要连接到Internet,同时还要并行地连接到分支机构或者合作伙伴的网络,就可以放置多台外部路由器,它们的工作方式与单台路由器相同。

当有两台外部路由器时,黑客攻入任一个路由器的机会就增加了一倍,多台亦然。

(6)使用多个周边网络

如果内部网络与分支机构及合作伙伴之间的网络有任务紧急的应用连接,需要并发处理,就可以使用多个周边网络,以确保高可靠性和高安全性。

这种结构的优点是,提高了网络的冗余度,在数据传输中将不同的网络隔离开,增加了数据的保密性。其缺点是,存在多个路由器,它们都是进入内部网的通道。如果不能严格地监控和管理这些路由器,就会给入侵者提供更多的机会。

7.3　防火墙的实现技术

7.3.1　包过滤技术

包过滤技术基于路由器技术,因而包过滤防火墙又称包过滤路由器防火墙。图 7-8 给出了包过滤路由器结构示意图。

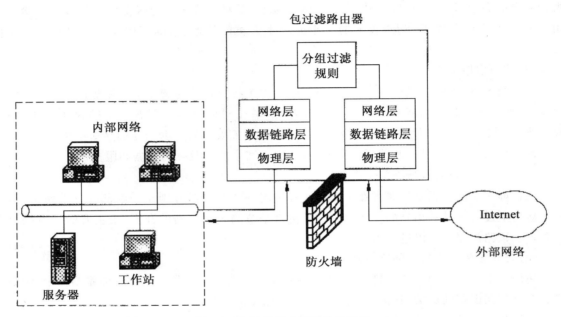

图 7-8　包过滤路由器结构示意图

1. 包过滤技术原理

包过滤技术的原理在于监视并过滤网络上流入流出的 IP 包,拒绝发送可疑的包。基于协议特定的标准,路由器在其端口能够区分包和限制包的能力称为包过滤(Packet Filtering)。由于 Internet 与 Intranet 的连接多数都要使用路由器,所以路由器成为内外通信的必经端口,过滤路由器也可以称为包过滤路由器或筛选路由器(Packet Filter Router)。

防火墙常常就是这样一个具备包过滤功能的简单路由器,这种防火墙应该是足够安全的,但前提是配置合理。然而,一个包过滤规则是否完全严密及必要是很难判定的,因而在安全要求较高的场合,通常还配合使用其他的技术来加强安全性。

路由器逐一审查数据包以判定它是否与其他包过滤规则相匹配。每个包有两个部分:数据部分和包头。过滤规则以用于 IP 顺行处理的包头信息为基础,不理会包内的正文信息内容。包头信息包括:IP 源地址、IP 目的地址、封装协议(TCP、UDP 或 IP Tunnel)、TCP/UDP 源端口、ICMP 包类型、包输入接口和包输出接口。如果找到一个匹配,且规则允许此包,这个包则根据路由表中的信息前行。如果找到一个匹配,且规则拒绝此包,这个包则被舍弃。如果无匹配规则,一个用户配置的缺省参数将决定此包是前行还是被舍弃。

包过滤规则允许路由器取舍以一个特殊服务为基础的信息流,因为大多数服务检测器驻留于众所周知的 TCP/UDP 端口。如 Web 服务的端口号为 80,如果要禁止 http 连接,则只要路由器丢弃端口值为 80 的所有的数据包即可。

在包过滤技术中定义一个完善的安全过滤规则是非常重要的。通常,过滤规则以表格的形式表示,其中包括以某种次序排列的条件和动作序列。每当收到一个包时,则按照从前至后的顺序与表格中每行的条件比较,直到满足某一行的条件,然后执行相应的动作。

2. 包过滤路由器的优缺点

(1)包过滤路由器的优点

包过滤防火墙逻辑简单,价格低廉,易于安装和使用,网络性能和透明性好。它通常安装在路由器上,而路由器是内部网络与 Internet 连接必不可少的设备,因此,在原有网络上增加这样的防火墙几乎不需要任何额外的费用。包过滤防火墙的优点主要体现在以下几个方面。

1)不用改动应用程序。包过滤防火墙不用改动客户机和主机上的应用程序,因为它工作在网络层和传输层,与应用层无关。

2)一个过滤路由器能协助保护整个网络。包过滤防火墙的主要优点之一,是一个单个的、恰当放置的包过滤路由器有助于保护整个网络。如果仅有一个路由器连接内部与外部网络,则不论内部网络的大小、内部拓扑结构如何,通过那个路由器进行数据包过滤,在网络安全保护上就能取得较好的效果。

3)数据包过滤对用户透明。数据包过滤是在 IP 层实现的,Internet 用户根本感觉不到它的存在;包过滤不要求任何自定义软件或者客户机配置;它也不要求用户经过任何特殊的训练或者操作,使用起来很方便。

较强的"透明度"是包过滤的一大优势。

4)过滤路由器速度快、效率高。过滤路由器只检查报头相应的字段,一般不查看数据包的内容,而且某些核心部分是由专用硬件实现的,因此,其转发速度快、效率较高。

总之,包过滤技术是一种通用、廉价、有效的安全手段。通用,是因为它不针对各个具体的网络服务采取特殊的处理方式,而是对各种网络服务都通用;廉价,是因为大多数路由器都提供分组过滤功能,不用再增加更多的硬件和软件;有效,是因为它能在很大程度上满足企业的安全要求。

(2)包过滤路由器的不足

1)定义包过滤器规则是一项复杂的工作。网络管理员需要详细地了解 Internet 各种服务、包头格式和他们在希望每个域查找的特定的值;如果必须支持复杂的过滤要求,过滤规则将是一个冗长而复杂、不易理解和管理的集合,同样也很难测试规则的正确性。

2)路由器包的吞吐量随过滤数目的增加而减少。可以对路由器进行这样的优化抽取每个数据包的目的 IP 地址,进行简单的路由表查询,然后将数据包转发到正确的接口上去传输。如果打开过滤功能,路由器不仅必须对每个数据包做出转发决定,还必须将所有的过滤器规则施用给每个数据包。这样就消耗了 CPU 时间并影响系统的性能。

3)不能彻底防止地址欺骗,大多数包过滤路由器都是基于源 IP 地址、目的 IP 地址而进行过滤的,而 IP 地址的伪造是很容易、很普遍的。

4)一些应用协议不适合于数据包过滤,即使是完美的数据包过滤,也会发现一些协议不很适合于经由数据包过滤的安全保护。如 RPC、X-Window 和 FTP,而且服务代理和 HTTP 的连接,大大削弱了基于源地址和源端口的过滤功能。

5)正常的数据包过滤路由器无法执行某些安全策略。例如,数据包说它们来自什么主机,而不是来自什么用户,因此,我们不能强行限制特殊的用户。同样地,数据包说它到什么端口,而不是到什么应用程序,当我们通过端口号对高级协议强行限制时,不希望在端口上有别的指定协议之外的协议,而不怀好意的知情者能够很容易地破坏这种控制。

6)一些包过滤路由器不提供任何日志能力,直到闯入发生后,危险的数据包才可能检测出来,它可以阻止非法用户进入内部网络,但也不会告诉我们究竟都有谁来过,或者谁从内部进入了外部网络。

7)面对复杂的过滤需求,任何直接经过路由器的数据包都有被用作数据驱动式攻击的潜在危险。数据驱动式攻击从表面上看是由路由器转发到内部主机上没有害处的数据。该数据包括了一些隐藏的指令,能够让主机修改访问控制和与安全有关的文件,使得入侵者能够获得对系统的访问权。

8)IP 包过滤难以进行行之有效的流量控制,因为它可以许可或拒绝一个特定的服务,但无法理一个特定服务的内容或数据。

7.3.2　应用代理技术

代理服务(Proxy)技术是一种较新型的防火墙技术,它分为应用层网关和电路层网关。

1. 代理服务原理

代理服务器是指代表客户处理连接请求的程序。当代理服务器得到一个客户的连接意图时,它将核实客户请求,并用特定的安全化的 Proxy 应用程序来处理连接请求,将处理后的请求传递到真实的服务器上,然后接收服务器应答,并进行进一步处理后,将答复交给发出请求的最终客户。代理服务器在外部网络向内部网络申请服务时发挥了中间转接和隔离内、外部网络的作用,因此,又称为代理防火墙。

代理防火墙工作于应用层,且针对特定的应用层协议。代理防火墙通过编程来弄清用户应用层的流量,并能在用户层和应用协议层间提供访问控制;而且还可用来保持一个所有应用程序使用的记录。记录和控制所有进出流量的能力是应用层网关的主要优点之一。代理防火墙的工作原理如图 7-9 所示。

从图 7-9 中可以看出,代理服务器作为内部网络客户端的服务器,拦截住所有请求,也向客户端转发响应。代理客户机负责代表内部客户端向外部服务器发出请求,当然也向代理服务器转发响应。

2. 应用层网关防火墙

(1)工作原理

应用层网关(Application Level Gateways,ALG)防火墙是传统代理型防火墙,在网络应用层上建立协议过滤和转发功能。它针对特定的网络应用服务协议使用指定的数据过滤逻辑,并在过滤的同时对数据包进行必要的分析、登记和统计,形成报告。

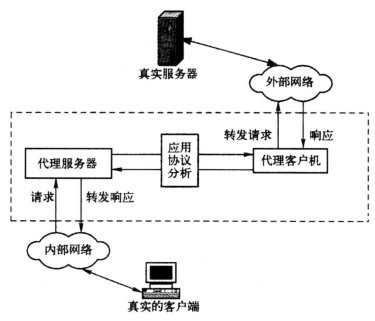

图 7-9 代理防火墙的工作原理

应用层网关防火墙的工作原理如图 7-10 所示。

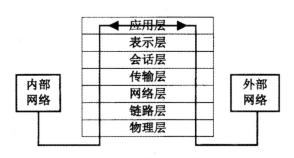

图 7-10 应用层网关防火墙的工作原理

应用层网关防火墙的核心技术就是代理服务器技术,它是基于软件的,通常安装在专用工作站系统上。这种防火墙通过代理技术参与到一个 TCP 连接的全过程,并在网络应用层上建立协议过滤和转发功能,因此,又称为应用层网关。

当某用户(不管是远程的还是本地的)想和一个运行代理的网络建立联系时,此代理(应用层网关)会阻塞这个连接,然后在过滤的同时对数据包进行必要的分析、登记和统计,形成检查报告。如果此连接请求符合预定的安全策略或规则,代理防火墙便会在用户和服务器之间建立一个"桥",从而保证其通信。对不符合预定安全规则的,则阻塞或抛弃。换句话说,"桥"上设置了很多控制。

同时,应用层网关将内部用户的请求确认后送到外部服务器,再将外部服务器的响应回送给用户。这种技术对 ISP 很常见,通常用于在 Web 服务器上高速缓存信息,并且扮演 Web 客户和 Web 服务器之间的中介角色。它主要保存 Internet 上那些最常用和最近访问过的内容,在 Web 上,代理首先试图在本地寻找数据;如果没有,再到远程服务器上去查找。为用户提供了更快的访问速度,并提高了网络的安全性。

(2)优缺点

应用层网关防火墙,其最主要的优点就是安全,这种类型的防火墙被网络安全专家和媒体公认为是最安全的防火墙。由于每一个内外网络之间的连接都要通过代理的介入和转换,通过专门为特定的服务编写的安全化的应用程序进行处理,然后由防火墙本身提交请求和应答,没有给内外网络的计算机以任何直接会话的机会,因此,避免了入侵者使用数据驱动类型的攻击方式入侵内部网络。从内部发出的数据包经过这样的防火墙处理后,可以达到隐藏内部网结构的作用;而包过滤类型的防火墙是很难彻底避免这一漏洞的。

应用层网关防火墙同时也是内部网与外部网的隔离点,起着监视和隔绝应用层通信流的作用,它工作在 OSI 模型的最高层,掌握着应用系统中可用作安全决策的全部信息。

代理防火墙的最大缺点就是速度相对比较慢,当用户对内外网络网关的吞吐量要求比较高时,代理防火墙就会成为内外网络之间的瓶颈。幸运的是,目前用户接入 Internet 的速度一般都远低于这个数字。在现实环境中,也要考虑使用包过滤类型防火墙来满足速度要求的情况,大部分是高速网之间的防火墙。

3. 电路级网关防火墙

电路级网关(Circuit Level Gateway,CLG)或 TCP 通道(TCP Tunnels)防火墙。在电路级网关防火墙中,数据包被提交给用户的应用层进行处理,电路级网关用来在两个通信的终点之间转换数据包,原理图如图 7-11 所示。

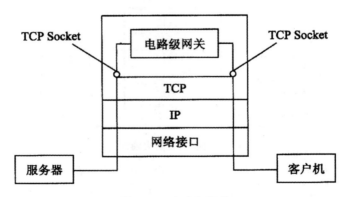

图 7-11　电路级网关

电路级网关是建立应用层网关的一个更加灵活的方法。它是针对数据包过滤和应用网关技术存在的缺点而引入的防火墙技术,一般采用自适应代理技术,也称为自适应代理防火墙。

在电路层网关中,需要安装特殊的客户机软件。组成这种类型防火墙的基本要素有两个,即自适应代理服务器(Adaptive Proxy Server)与动态包过滤器(Dynamic Packet Filter)。在自适应代理与动态包过滤器之间存在一个控制通道。

在对防火墙进行配置时,用户仅仅将所需要的服务类型和安全级别等信息通过相应 Proxy 的管理界面进行设置就可以了。然后,自适应代理就可以根据用户的配置信息,决定是使用代理服务从应用层代理请求还是从网络层转发数据包。如果是后者,它将动态地通知包过滤器增减过滤规则,满足用户对速度和安全性的双重要求。因此,它结合了应用层网关防火墙的安全性和包过滤防火墙的高速度等优点,在毫不损失安全性的基础之上将代理型防火墙的性能提高 10 倍以上。

电路层网关防火墙的工作原理如图 7-12 所示。

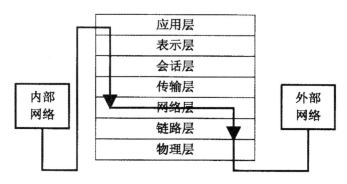

图 7-12　电路级网关防火墙的工作原理

电路级网关防火墙的特点是将所有跨越防火墙的网络通信链路分为两段。防火墙内外计算机系统间应用层的"链接"由两个终止代理服务器上的"链接"来实现,外部计算机的网络链路只能到达代理服务器,从而起到了隔离防火墙内外计算机系统的作用。

此外,代理服务也对过往的数据包进行分析、注册登记,形成报告,同时当发现被攻击迹象时会向网络管理员发出警报,并保留攻击痕迹。

4. 代理服务技术的优缺点

(1)代理服务技术的优点

1)代理易于配置。由于代理是一个软件,因此,它较过滤路由器更易配置,配置界面十分友好。如果代理实现得好,可以对配置协议要求较低,从而避免配置错误。

2)代理能生成各项记录。由于代理工作在应用层,它检查各项数据,因此,可以按一定准则,让代理生成各项日志、记录。这些日志、记录对于流量分析、安全检验是非常重要的。当然,也可以用于记费等应用。

3)代理能灵活、完全地控制进出流量和内容。通过采取一定的措施,按照一定的规则,可以借助代理实现一整套的安全策略。例如,可以控制"谁"和"什么",还有"时间"和"地点"。

4)代理能过滤数据内容。用户可以把一些过滤规则应用于代理,让它在高层实现过滤功能,如文本过滤、图像过滤、预防病毒或扫描病毒等。

5)代理能为用户提供透明的加密机制。用户通过代理进出数据,可以让代理完成加/解密的功能,从而方便用户,确保数据的机密性。这点在虚拟专用网中特别重要。代理可以广泛地用于企业外部网中,提供较高安全性的数据通信。

6)代理可以与其他安全手段集成。目前的安全问题解决方案很多,如认证、授权、账号、数据加密、安全协议(SSL)等。如果把代理与这些手段联合使用,将大大增加网络安全性。

(2)代理服务技术的缺点

1)代理速度较路由器慢。路由器只是简单查看 TCP/IP 报头,检查特定的几个域,不作详细分析、记录。而代理工作于应用层,要检查数据包的内容,按特定的应用协议进行审查、扫描数据包内容,并进行代理(转发请求或响应),因此,其速度较慢。

2)代理对用户不透明。许多代理要求客户端作相应改动或安装定制客户端软件,这给用户增加了不透明度。为庞大的互联网络的每一台内部主机安装和配置特定的应用程序既耗费时间,又容易出错,原因是硬件平台和操作系统都存在差异。

3)对于每项服务代理可能要求不同的服务器。可能需要为每项协议设置一个不同的代理服务器,因为代理服务器不得不理解协议以便判断什么是允许的和不允许的,并且还装扮一个对真实服务器来说是客户、对代理客户来说是服务器的角色。挑选、安装和配置所有这些不同的服务器也可能是一项工作量较大的工作。

4)代理服务通常要求对客户、对过程或两者进行限制。除了一些为代理而设的服务,代理服务器要求对客户、对过程或两者进行限制,每一种限制都有不足之处,人们无法经常按他们自己的步骤使用快捷可用的工作。由于这些限制,代理应用就不能像非代理应用运行那样好,它们往往可能曲解协议的说明,并且一些客户和服务器比其他的要缺少一些灵活性。

5)代理服务不能保证免受所有协议弱点的限制。作为一个安全问题的解决方法,代理取决于对协议中哪些是安全操作的判断能力。每个应用层协议,都或多或少存在一些安全问题,对于一个代理服务器来说,要彻底避免这些安全隐患几乎是不可能的,除非关掉这些服务。

此外,代理取决于在客户端和真实服务器之间插入代理服务器的能力,这要求两者之间交流的相对直接性,而且有些服务的代理是相当复杂的。

6)代理不能改进底层协议的安全性。由于代理工作于 TCP/IP 之上,属于应用层,因此,它就不能改善底层通信协议的能力。如 IP 欺骗、SYN 泛滥、伪造 ICMP 消息和一些拒绝服务的攻击。而这些方面,对于一个网络的健壮性是相当重要的。

许多防火墙产品软件混合使用包过滤与代理服务这两种技术。对于某些协议如 Telnet 和 SMTP 用包过滤技术比较有效,而其他的一些协议如 FTP、Archie、Gopher、WWW 则用代理服务比较有效。

7.3.3 状态检测技术

相较于前面的包过滤技术,状态包检测(Stateful Inspection)技术增加了更多的包和包之间的安全上下文检查,以达到与应用级代理防火墙相类似的安全性能。状态包检测防火墙在网络层拦截输入包,并利用足够的企图连接的状态信息作出决策,如图 7-13 所示为状态检测防火墙。

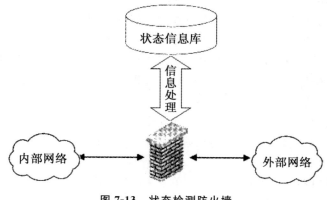

图 7-13　状态检测防火墙

1. 状态检测技术的原理

基于状态检测技术的防火墙也称为动态包过滤防火墙。它通过一个在网关处执行网络安全策略的检测引擎而获得非常好的安全特性。检测引擎在不影响网络正常运行的前提下,采用抽取有关数据的方法对网络通信的各层实施检测。它将抽取的状态信息动态地保存起来作为以后执行安全策略的参考。检测引擎维护一个动态的状态信息表并对后续的数据包进行检查,一旦发现某个连接的参数有意外变化,就立即将其终止。

状态检测防火墙监视和跟踪每一个有效连接的状态,并根据这些信息决定是否允许网络数据包通过防火墙。它在协议栈底层截取数据包,然后分析这些数据包的当前状态,并将其与前一时刻相应的状态信息进行比较,从而得到对该数据包的控制信息。

检测引擎支持多种协议和应用程序,并可以方便地实现应用和服务的扩充。当用户访问请求到达网关操作系统前,检测引擎通过状态监视器要收集有关状态信息,结合网络配置和安全规则做出接纳、拒绝、身份认证及报警等处理动作。一旦有某个访问违反了安全规则,则该访问就会被拒绝,记录并报告有关状态信息。

状态检测防火墙试图跟踪通过防火墙的网络连接和包,这样,防火墙就可以使用一组附加的标准,以确定是否允许和拒绝通信。它是在使用了基本包过滤防火墙的通信上应用一些技术来做到这点的。

在包过滤防火墙中,所有数据包都被认为是孤立存在的,不关心数据包的历史或未来,数据包的允许和拒绝的决定完全取决于包自身所包含的信息,如源地址、目的地址和端口号等。状态检测防火墙跟踪的则不仅仅是数据包中所包含的信息,而且还包括数据包的状态信息。为了跟踪数据包的状态,状态检测防火墙还记录有用的信息以帮助识别包,如已有的网络连接、数据的传出请求等。

状态检测技术采用的是一种基于连接的状态检测机制,将属于同一连接的所有包作为一个整体的数据流看待,构成连接状态表,通过规则表与状态表的共同配合,对表中的各个连接状态因素加以识别。

2. 跟踪连接状态的方式

状态检测技术跟踪连接状态的方式取决于数据包的协议类型,具体如下。

(1)TCP 包

当建立起一个 TCP 连接时,通过的第一个包被标有包的 SYN 标志。通常来说,防火墙丢弃所有外部的连接企图,除非已经建立起某条特定规则来处理它们。对内部主机试图连到外部主机的数据包,防火墙标记该连接包,允许响应及随后在两个系统之间的数据包通过,直到连接结束为止。在这种方式下,传入的包只有在它是响应一个已建立的连接时,才会被允许通过。

(2)UDP 包

UDP 包比 TCP 包简单,因为它们不包含任何连接或序列信息。它们只包含源地址、目的地址、校验和携带的数据。这种信息的缺乏使得防火墙确定包的合法性很困难,因为没有打开的连接可利用,以测试传入的包是否应被允许通过。

但是,如果防火墙跟踪包的状态,就可以确定。对传入的包,如果它所使用的地址和 UDP 包携带的协议与传出的连接请求匹配,则该包就被允许通过。与 TCP 包一样,没有传入的 UDP

包会被允许通过,除非它是响应传出的请求或已经建立了指定的规则来处理它。对其他种类的包,情况与 UDP 包类似。防火墙仔细地跟踪传出的请求,记录下所使用的地址、协议和包的类型,然后对照保存过的信息核对传入的包,以确保这些包是被请求的。

3. 状态检测技术的优缺点

(1)状态检测技术的优点

状态检测防火墙结合了包过滤防火墙和代理服务器防火墙的长处,克服了两者的不足,能够根据协议、端口,以及源地址、目的地址的具体情况决定数据包是否允许通过。状态检测技术具有如下几个优点。

1)高安全性。状态检测防火墙工作在数据链路层和网络层之间,它从这里截取数据包,因为数据链路层是网卡工作的真正位置,网络层是协议栈的第一层,这样防火墙确保了截取和检查所有通过网络的原始数据包。

防火墙截取到数据包就处理它们,首先根据安全策略从数据包中提取有用信息,保存在内存中;然后将相关信息组合起来,进行一些逻辑或数学运算,获得相应的结论,进行相应的操作,如允许数据包通过、拒绝数据包、认证连接和加密数据等。

状态检测防火墙虽然工作在协议栈较低层,但它检测所有应用层的数据包,从中提取有用信息,如 IP 地址、端口号和上层数据等,通过对比连接表中的相关数据项,大大降低了把数据包伪装成一个正在使用的连接的一部分的可能性,这样安全性得到很大提高。

2)高效性。状态检测防火墙工作在协议栈的较低层,通过防火墙的所有数据包都在低层处理,而不需要协议栈的上层来处理任何数据包,这样减少了高层协议栈的开销,从而提高了执行效率。此外,在这种防火墙中一旦一个连接建立起来,就不用再对这个连接做更多工作,系统可以去处理别的连接,执行效率明显提高。

3)伸缩性和易扩展性。状态检测防火墙不像代理防火墙那样,每一个应用对应一个服务程序,这样所能提供的服务是有限的,而且当增加一个新的服务时,必须为新的服务开发相应的服务程序,这样系统的可伸缩性和可扩展性降低。

状态检测防火墙不区分每个具体的应用,只是根据从数据包中提取的信息、对应的安全策略及过滤规则处理数据包,当有一个新的应用时,它能动态产生新的应用的规则,而不用另外写代码,因此,具有很好的伸缩性和扩展性。

4)针对性。它能对特定类型的数据包中的数据进行检测。由于在常用协议中存在着大量众所周知的漏洞,其中一部分漏洞来源于一些可知的命令和请求等,因而利用状态包检查防火墙的检测特性使得它能够通过检测数据包中的数据来判断是否是非法访问命令。

5)应用范围广。状态检测防火墙不仅支持基于 TCP 的应用,而且支持基于无连接协议的应用,如 RPC 和基于 UDP 的应用(DNS、WAIS 和 NFS 等)。对于无连接的协议,包过滤防火墙和应用代理对此类应用要么不支持,要么开放一个大范围的 UDP 端口,这样暴露了内部网,降低了安全性。

状态检测防火墙对基于 UDP 应用安全的实现是通过在 UDP 通信之上保持一个虚拟连接来实现的。防火墙保存通过网关的每一个连接的状态信息,允许穿过防火墙的 UDP 请求包被记录,当 UDP 包在相反方向上通过时,依据连接状态表确定该 UDP 包是否是被授权的,若已被授权,则通过,否则拒绝。如果在指定的一段时间响应数据包没有到达,则连接超时,该连接被阻塞,这样所有的攻击都被阻塞,UDP 应用安全实现了。

状态检测防火墙也支持 RPC,因为对于 RPC 服务来说,其端口号是不固定的,因此,简单的跟踪端口号是不能实现该种服务的安全的,状态检测防火墙通过动态端口映射图记录端口号,为验证该连接还保存连接状态与程序号等,通过动态端口映射图来实现此类应用的安全。

(2)状态检测技术的缺点

在带来高安全性的同时,状态检测防火墙也存在着不足,主要体现在:

1)由于检查内容多,对防火墙的性能提出了更高的要求。

2)主要工作在网络层和传输层,对报文的数据部分检查很少,安全性还不足够高。

不过,随着硬件处理能力的不断提高,这个问题变得越来越不易察觉。

7.3.4 地址转换技术

地址转换技 NAT 能透明地对所有内部地址作转换,使外部网络无法了解内部网络的内部结构,同时使用 NAT 的网络,与外部网络的连接只能由内部网络发起,极大地提高了内部网络的安全性。

NAT 最初设计目的是用来增加私有组织的可用地址空间和解决将现有的私有 TCP/ IP 网络连接到互联网上的 IP 地址编号问题。私有 IP 地址只能作为内部网络号,不能在互联网主干网上使用。NAT 技术通过地址映射保证了使用私有 IP 地址的内部主机或网络能够连接到公用网络。NAT 网关被安放在网络末端区域(内部网络和外部网络之间的边界点上),并且在把数据包发送到外部网络之前,将数据包的源地址转换为全球唯一的 IP 地址。

由此可见,NAT 在过去主要是被应用在进行处理的动态负载均衡以及高可靠性系统的容错备份的实现上,为了解决当时传统 IP 网络地址紧张的问题。它在解决 IP 地址短缺的同时提供了如下功能:

1)内部主机地址隐藏。

2)网络负载均衡。

3)网络地址交叠。

正是由于地址转换技术提供了内部主机地址隐藏的技术,使其成为防火墙实现中经常采用的核心技术之一。

NAT 技术中具体的 IP 地址复用方法是在内部网中使用私有的虚拟地址,即由 Internet 地址分配委员会(IANA)所保留的几段 Private Network IP 地址。以下是预留的 Private Network 地址范围:

10.0.0.0~10.255.255.255

172.16.0.0~172.31.255.255

192.168.0.0~192.168.255.255

由于这部分地址的路由信息被禁止出现在 Internet 骨干网络中,所以如果在 Internet 中使用这些地址是不会被任何路由器正确转发,因而也就不会因大家都使用这些地址而相互之间发生冲突。在边界路由器中设置一定的地址转换关系表并维持一个注册的真实 IP 地址池,通过路由器中的转换功能将内部虚拟地址映射为相应的注册地址,使得内部主机可以与外部主机间透明地进行通信,如图 7-14 所示。

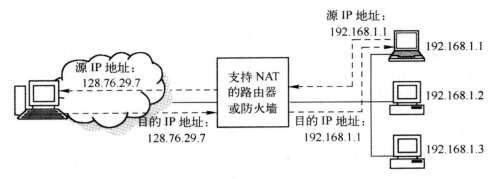

图 7-14　地址转换

NAT 技术一般的形式为 NAT 网关依据一定的规则,对所有进出的数据包进行源与目的地址识别,并将由内向外的数据包中的源地址替换成一个真实地址(注册过的合法地址),而将由外向内的数据包中的目的地址替换成相应的虚地址(内部用的非注册地址)。NAT 技术既缓解了少量合法 IP 地址和大量主机之间的矛盾,有对外隐藏了内部主机的 IP 地址,提高了安全性。因此,NAT 经常用于小型办公室、家庭等网络,让多个用户分享单一的 IP 四肢,并能为 Internet 连接提供一些安全机制。

7.4　防火墙的指标与选择

7.4.1　防火墙的功能指标

防火墙主要功能类指标项,如表 7-3 所示。

表 7-3　防火墙主要功能类指标项

防火墙功能指标项	功能描述
网络接口	防火墙所能够能保护的网络类型,如以太网、快速以太网、千兆以太网、ATM、令牌环及 FDDI 等
协议支持	支持的非 IP 协议:除 IP 协议外,又支持 AppleTalk、DECNnetIPX 及 NETBEUT 等协议 建立 VPN 通道的协议:IPSec、PPTP、专用协议等
加密支持	防火墙所能够支持的加密算法,如 DES、RC4、IDEA、AES 以及国内专用的加密算法
认证支持	防火墙所能够支持的认证类型,如 Radius、Kerberos、TACACS/TACACS＋、口令方式、数字证书等
访问控制	防火墙所能够支持的访问控制方式,如包过滤、时间、代理等
安全功能	防火墙能够支持的安全方式,如病毒扫描、内容过滤等
管理功能	防火墙所能够支持的管理方式,如基于 SNMP 管理、管理的通信协议、带宽管理、负载平衡管理、失效管理、用户权限管理、远程管理和本地管理
审计和报表	防火墙所能够支持的设计方式和分析处理审计数据表达形式,如远程审计、本地审计

7.4.2　防火墙的性能指标

性能指标对于防火墙而言是很重要的一个方面,许多用户仅仅通过并发连接数等指标考察产品性能,这其实是一个很大的误区。吞吐且、丢包率和延迟等才是衡量一个防火墙的性能的重要指标参数。一个千兆防火墙系统要达到千兆线速,必须在全速处理最小的数据封包(64B)转发时可达到 100%吞吐率。

然而根据赛迪评测对国内外千兆防火墙的评测数据可以看到,还没有一款千兆防火墙在 64B 帧长时可以达到 100%的吞吐率(最好的测试数据仅为 72.58%)。因此,号称"千兆线速"的防火墙也仅仅是在帧长在 128B 以上时可能达到 100%,然而根据 RFC 定义,这样的设备并不能成为"线速"。

因此,用户在考察防火墙设备的性能指标时,必须从吞吐量、延迟、丢包率等数据确定产品的性能。换句话说,无论防火墙是采用何种方式实现的,上述指标仍然是判断防火墙性能的主要依据。在选择购买防火墙的时候,可以考虑以下一些性能指标。

1. 吞吐量

吞吐量是防火墙的第一个重要指标,该参数体现了防火墙转发数据包的能力。它决定了每秒钟可以通过防火墙的最大数据流量,通常用防火墙在不丢包的条件下每秒转发包的最大数目来表示。该参数以位每秒(bit/s)或包每秒(p/s)为单位。以位每秒为单位时,数值从几十兆到几百兆不等,千兆防火墙可以达到几个吉的性能。

2. 时延

时延参数是防火墙的一个重要指标,直接体现了在系统重载的情况下,防火墙是否会成为网络访问服务的瓶颈。时延指的是在防火墙最大吞吐量的情况下,数据包从到达防火墙到被防火墙转发出去的时间间隔。时延参数的测定值应与防火墙标称的值相一致。

3. 丢包率

丢包率参数指明防火墙在不同负载的情况下,因为来不及处理而不得不丢弃的数据包占收到的数据包总数的比例,这是一个服务的可用性参数。不同的负载量通常在最小值到防火墙的线速值(防火墙的最高数据包转发速率)之间变化,一般选择线速的 10%作为负载增量的步长。

4. 背对背

防火墙的背对背指的是从空闲状态开始,以达到传输介质最小合法间隔极限的传输速率发送相当数量的固定长度的帧,当出现第一个帧丢失时,发送的帧数。

背对背包的技术指标结果能体现出被测防火墙的缓冲容量,网络上经常有一些应用会产生大量的突发数据包(如 NFS、备份、路由更新等),而且这样的数据包的丢失可能会产生更多的数据包,强大缓冲能力可以减小这种突发对网络造成的影响,因此,背对背指标体现防火墙的数据缓存能力,描述了网络设备承受突发数据的能力,即对突发数据的缓冲能力。

5. 最大位转发率

防火墙的位转发率指在特定负载下每秒钟防火墙将允许的数据流转发至正确的目的接口的位数。最大位转发率指在不同的负载下反复测量得出的位转发率数值中的最大值。

6. 最大并发连接数

最大并发连接数指穿越防火墙的主机之间或主机与防火墙之间能同时建立的最大连接数。这项性能可以反映一定流量下防火墙所能顺利建立和保持的并发连接数及一定数量的连接情况下防火墙的吞吐量变化。

并发连接数主要反映了防火墙建立和维持 TCP 连接的性能，同时也能通过并发连接数的大小体现防火墙对来自于客户端的 TCP 连接请求的响应能力。

7. 最大并发连接建立速率

在此项测试中，分别测试防火墙的每秒所能建立起的 TCP/HTTP 连接数及防火墙所能保持的最大 TCP/HTTP 连接数。测试在一条安全规则下打开和关闭 NAT（静态）对 TCP 连接的新建能力和保持能力。

8. 有效通过率

根据 RFC 2647 对防火墙测试的规范中定义的一个重要的指标：goodput（防火墙的真实有效通过率）。由于防火墙在使用过程中，总会有数据包的丢失和重发，因此，简单测试防火墙的通过率是片面的，goodput 从应用层测试防火墙的真实有效的传输数据包速率。简单地说，就是防火墙端口的总转发数据量（bit/s）减去丢失的和重发的数据量（bit/s）。

9. 其他性能指标

防火墙的其他性能指还包括最大策略数、平均无故障间隔时间、支持的最大用户数等。

7.4.3　防火墙的选择原则

一般认为，没有一个防火墙的设计能够适用于所有的环境，所以应根据网站的特点来选择合适的防火墙。选购防火墙时应考虑以下几个因素。

1. 防火墙的安全性

安全性是评价防火墙好坏最重要的因素，这是因为购买防火墙的主要目的就是为了保护网络免受攻击。但是，由于安全性不太直观、不便于估计，因此，往往被用户所忽视。对于安全性的评估，需要配合使用一些攻击手段进行。

防火墙自身的安全性也很重要，大多数人在选择防火墙时都将注意力放在防火墙如何控制连接以及防火墙支持多少种服务上，而往往忽略了防火墙的安全问题，当防火墙主机上所运行的软件出现安全漏洞时，防火墙本身也将受到威胁，此时任何的防火墙控制机制都可能失效。因此，如果防火墙不能确保自身安全，则防火墙的控制功能再强，也不能完全保护内部网络。

2. 防火墙的高效性

用户的需求是选购何种性能防火墙的决定因素。用户安全策略中往往还可能会考虑一些特殊功能要求,但并不是每一个防火墙都会提供这些特殊功能的。用户常见的需求可能包括以下几种。

(1)双重域名服务 DNS

当内部网络使用没有注册的 IP 地址或是防火墙进行 IP 地址转换时,DNS 也必须经过转换,因为同样的一台主机在内部的 IP 地址与给予外界的 IP 地址是不同的,有的防火墙会提供双重 DNS,有的则必须在不同主机上各安装一个 DNS。

(2)虚拟专用网络 VPN

VPN 可以在防火墙与防火墙或移动的客户端之间对所有网络传输的内容进行加密,建立一个虚拟通道,让两者感觉是在同一个网络上,可以安全且不受拘束地互相存取。

(3)网络地址转换功能 NAT

进行地址转换有两个优点,即一是可以隐藏内部网络真正的 IP 地址,使黑客无法直接攻击内部网络,这也是要强调防火墙自身安全性问题的主要原因;二是可以使内部使用保留的 IP 地址,这对许多 IP 地址不足的企业是有益的。

(4)杀毒功能

大部分防火墙都可以与防病毒软件搭配实现杀毒功能,有的防火墙甚至直接集成了杀毒功能。两者的主要差别只是后者的杀毒工作由防火墙完成,或由另一台专用的计算机完成。

(5)特殊控制需求

有时企业会有一些特别的控制需求,例如,限制特定使用者才能发送 E-mail;FTP 服务只能下载文件,不能上传文件等,依需求不同而异。

最大并发连接数和数据包转发率是防火墙的主要性能指标。购买防火墙的需求不同,对这两个参数的要求也不同。例如,一台用于保护电子商务 Web 站点的防火墙,支持越多的连接意味着能够接受越多的客户和交易,因此,防火墙能够同时处理多个用户的请求是最重要的;但是对于那些经常需要传输大的文件且对实时性要求比较高的用户,高的包转发率则是关注的重点。

3. 防火墙的适用性

适用性是指量力而行。防火墙也有高低端之分,配置不同,价格不同,性能也不同。同时,防火墙有许多种形式,有的以软件形式运行在普通计算机之上,有的以硬件形式单独实现,也有的以固件形式设计在路由器之中。因此,在购买防火墙之前,用户必须了解各种形式防火墙的原理、工作方式和不同的特点,才能评估它是否能够真正满足自己的需要。

此外,用户选购防火墙时,还应该考虑自身的因素,如下所示。

1)用户网络受威胁的程度。

2)其他已经用来保护网络及其资源的安全措施。

3)若入侵者闯入网络,或由于硬件、软件失效,将要受到的潜在损失。

4)站点是否有经验丰富的管理员。

5)希望能从 Internet 得到的服务以及可以同时通过防火墙的用户数目。

6)今后可能的要求,如要求新的 Internet 服务、要求增加通过防火墙的网络活动等。

4. 防火墙的可管理性

防火墙的管理是对安全性的一个补充。目前,有些防火墙的管理配置需要有很深的网络和安全方面的专业知识,很多防火墙被攻破不是因为程序编码的问题,而是管理和配置错误导致的。对管理的评估,应从以下几个方面进行考虑。

(1)远程管理

允许网络管理员对防火墙进行远程干预,并且所有远程通信需要经过严格的认证和加密。例如,管理员下班后出现入侵迹象,防火墙可以通过发送电子邮件的方式通知该管理员,管理员可以以远程方式封锁防火墙的对外网卡接口或修改防火墙的配置。

(2)界面简单、直观

大多数防火墙产品都提供了基于 Web 方式或图形用户界面 GUI 的配置界面。

(3)有用的日志文件

防火墙的一些功能可以在日志文件中得到体现。防火墙提供灵活、可读性强的审计界面是很重要的。例如,用户可以查询从某一固定 IP 地址发出的流量、访问的服务器列表等,因为攻击者可以采用不停地填写日志以覆盖原有日志的方法使追踪无法进行,所以防火墙应该提供设定日志大小的功能,同时在日志已满时给予提示。

因此,最好选择拥有界面友好、易于编程的 IP 过滤语言及便于维护管理的防火墙。

5. 完善的售后服务

只要有新的产品出现,就会有人研究新的破解方法,所以好的防火墙产品应拥有完善且及时的售后服务体系。防火墙和相应的操作系统应该用补丁程序进行升级,而且升级必须定期进行。

7.4.4 典型的防火墙产品

在信息技术迅速发展的今天,防火墙产品很多,下面介绍常见的防火墙产品。

1. Check Point Firewall-1

Check Point(http://www.checkpoint.com)公司推出的 Firewall-1 共支持两个平台,即一个是 UNIX 平台;另一个是 Windows NT 平台。Firewall-1 具有一种很特别的结构,称为多层次状态监视结构。这种结构使 Firewall-1 可以对复杂的网络应用软件进行快速支持。也因为这个功能,使得 Check Point 在防火墙产品的厂商中位居领先地位。有很多第三方厂商对它进行支持。而 Check Point 也提供了一套 APL 供开发者使用,以便开发更多的辅助工具。

Firewall-1 提供了最佳权限控制、最佳综合性能及简单明了的管理。除了 NAT 外,它具有用户认证功能。对于 FTP,可以根据 put、set 以及文件名加以限制。对于 SMTP,它可以丢弃超过一定大小的邮件,对邮件进行病毒扫描以及改写邮件头信息。Firewall-1 还可以防止有害 SMTP 命令(如 debug)的执行。Firewall-1 的用户界面是网络控制中心,定义和实施复杂的安全规则非常容易。每个规划还有一个域用于文档记录,如为什么制定这条规则,何时制定及由谁制定。

2. AXENT Raptor

总体来说 AXENT Raptor 防火墙是代理型防火墙中最好的。它的界面易读、易操作,在实时日志方面,仅次于 Firewall。Raptor 的优势在于其代理的深度和广度。它还具有 SQL＊NET 代理功能,可控制对 Oracle 数据库的访问。Raptor 在 SMTP 方面做得很好,而且它是唯一可防止缓存溢出的防火墙,可以代理网络新闻传输协议和网络时间协议。Raptor 还提供 IPSec 兼容的 VPN,但由于没有硬件辅助卡,因此,在建立多个使用加密的连接时,CPU 可能难以承受。

3. CyberGuard Firewall

CyberGuard Firewall 是由 CyberGuard 公司制作的,其主要结构是基于 CX/SX 多层式安全操作系统,它的操作相当容易上手。CyberGuard Firewall 与其他防火墙产品不同的地方就在于,它提供一种可以安装在防火墙上的界面卡。通过界面卡,可以进行硬件加密。这对于整体效果有显著的提高。此外,它还有网络地址转译、支持 Sock、分割式的 DNS 等特点。

4. Cisco Secure PIX

PIX 的处理性能是最好的,其核心是提供面向静态连接防火墙功能的自适应安全算法(ASA)。静态安全性虽然较简单,但与包过滤相比,功能却更强;与应用层代理防火墙相比,其性能更高、扩展性更强。ASA 可以跟踪源和目的地址、传输控制协议(TCP)序列号、端口号和每个数据包的附加 TCP 标志。只有存在已确定连接关系的正确连接时,访问才被允许通过 Cisco Secure PIX 防火墙。

此外,该防火墙在使用 NAT 时不影响其他性能。它可以防止有害的 SMTP 命令,但对 FTP,它不能对 get 和 put 进行限制。PIX 的管理风格和 Cisco 路由器命令接口风格类似。PIX 的管理需要有一台 NT/2K 服务器专门运行该软件,通过 Web 来访问,但使用 Web 界面管理 PIX 只能进行简单的配置改变。它的日志和监控能力较弱,所有日志需送到另一台运行 syslog 的机器上。

5. Netscreen

Netscreen 防火墙可以说是硬件防火墙领域内的领导者。2004 年 2 月,Netscreen 防火墙被网络设备巨头 Juniper 收购,成为 Juniper 的安全部,两公司合并后与 Cisco 展开了激烈的竞争。Netscreen 防火墙使用专用的 ASIC 芯片,能提供高性能的防火墙,既便宜又易于安装。安装后可通过 Netscape 或 IE 来进行所有的管理。Netscreen 不进行路由而让包通过,因此,在防火墙内的主机或路由器仍使用 Internet 路由器的网关地址进入外部网络,这免去了在防火墙和外部路由器之间增加子网的需要。它的网络权限控制功能很弱,除了 URL 过滤及 FTP,它只能做简单的包过滤。

另外,Netscreen-Global Security Management(集群防火墙集中管理软件)提供了服务提供商和企业所需要的用来管理所有 Netscreen 产品的特性,并与防毒领袖厂商 Trend Micro 公司合作推出的 Netscreen-5GT 集防火墙/VPN/DoS 保护功能于一体,且还提供了内置的病毒扫描功能。

6. Net Guard Guardian

尽管它的界面简单,但其权限控制功能优于 Netscreen。它的独特之处在于监视无效的 Tel-net。在权限控制方面,虽然优于 Netscreen,但它却只能基于 IP 和端口号进行简单控制。它的性能比较低,启用 NAT 后,其性能严重下降。

7. 东软 NetEye

东软 NetEye 防火墙基于专门的硬件平台,使用专有的 ASIC 芯片和专有的操作系统,基于状态包过滤的"流过滤"体系结构。围绕流过滤平台,东软构建了网络安全响应小组、应用升级包开发小组、网络安全实验室,不仅带给用户高性能的应用层保护,还包括新应用的及时支持、特殊应用的定制开发、安全攻击事件的及时响应等。

第8章 入侵检测技术

8.1 入侵检测技术概述

8.1.1 入侵检测系统的任务及意义

随着网络安全风险系数不断提高,人们对网络安全的需求越来越强。作为对防火墙极其有益的补充,入侵检测系统能够帮助网络系统快速发现攻击的发生,扩展了系统管理员的安全管理能力,提高了信息安全基础结构的完整性。它通过实时地收集和分析计算机网络或系统中的信息,来检查是否出现违反安全策略的行为和遭到袭击的迹象,进而达到防止攻击、预防攻击的目的。

入侵检测就是检测并响应针对计算机系统或网络的入侵行为的学科。它包括对系统的非法访问和越权访问的检测;监视系统运行状态,以发现各种攻击企图、攻击行为或者攻击结果;针对计算机系统或网络的恶意试探的检测等。而上述各种入侵行为的判定,即检测的操作,是通过在计算机系统或网络的各个关键点上收集数据并进行分析来实现的。

入侵检测在不影响网络性能的情况下能对网络进行监测,从而提供实时保护。这些可以通过执行以下任务来实现:

1)监视、分析用户和系统活动。

2)异常行为模式的统计分析。

3)评估关键系统和数据文件的完整性。

4)审计系统的配置和弱点。

5)识别反映已知进攻的活动模式并向相关人士报警。

6)操作系统的审计跟踪管理,并识别用户违反安全策略的行为。

入侵检测技术的意义可以总结为:

1)识别并阻断系统用户的违法操作行为或越权操作行为,防止用户对受保护系统有意或无意的破坏。

2)识别并阻断系统活动中存在的已知攻击行为,防止入侵行为对受保护系统造成损害。

3)记录并分析用户和系统的行为,描述这些行为变化的正常区域,进而识别异常的活动。

4)审计并弥补系统中存在的弱点和漏洞,尤其是审计并纠正错误的系统配置信息。

5)通过技术手段记录入侵者的信息,分析入侵者的目的和行为特征,优化系统安全策略。

6)加强组织或机构对系统和用户的监督与控制能力,提高管理水平和管理质量。

8.1.2 入侵检测系统的发展趋势

入侵检测从最初的实验室研究到目前的商业产品,已经有 20 多年的发展史,随着入侵检测系统的研究和应用的不断深入,近年来入侵检测系统的发展趋势主要偏向于以下几个方面。

1. 更新体系结构

IDS 是包括技术、人、工具 3 方面因素的一个整体,如何建立一个良好的体系结构,合理组织和管理各种实体,以杜绝在时间上和实体交互中产生的系统脆弱性,是当前 IDS 研究中的主要内容,也是保护系统安全的首要条件。

传统的集中式 IDS 的基本模型是在网络的不同网段放置多个探测器,收集当前网络状态的信息,然后将这些信息传送到中央控制台进行处理分析。这种方式存在明显的缺陷:

1)对于大规模的分布式攻击,中央控制台的负荷将会超过其处理极限,这种情况会造成大量信息处理的遗漏,导致漏警率的增高。

2)多个探测器收集到的数据在网络上的传输会在一定程度上增加网络负担,导致网络系统性能的降低。

3)由于网络传输的时延问题,中央控制台处理的网络数据包中所包含的信息只反映了探测器接收到它时网络的状态,不能实时反映当前的网络状态。

为解决上述问题,需要发展分布式入侵检测技术与通用入侵检测架构。第一层含义,即针对分布式网络攻击的检测方法;第二层含义,即使用分布式的方法来检测分布式的攻击,其中的关键技术为检测信息的协同处理与入侵攻击的全局信息的提取。

2. 应用层入侵检测

许多入侵的语义只有在应用层才能理解,而目前的 IDS 仅能检测诸如 Web 之类的通用协议,不能处理诸如 Lotus Notes、数据库系统等其他的应用系统。许多基于客户、服务器结构与中间件技术及对象技术的大型应用需要应用层的入侵检测保护。Stilerman 等人已经开始对 CORBA 的 IDS 研究。

3. 智能入侵检测

随着入侵方法越来越多样化与综合化,传统的入侵检测分析方法还存在着很多不足,智能化是未来入侵检测技术的发展趋势。

智能入侵检测是指利用神经网络、遗传算法、模糊技术、免疫原理等新技术对入侵特征的辨识进行分析的方法。

目前,尽管已经有智能体、神经网络与遗传算法在入侵检测领域应用研究,但这只是一些尝试性的研究工作,仍需对智能化的 IDS 加以进一步的研究以解决其自学习与自适应能力。

4. 自适应入侵检测

由于入侵方法及其特征不断变化,IDS 必须不断自学习,以便更新检测模型。为了适应这种需要,提出了一种具有自适应模型生成特性的 IDS。该系统的体系结构中包含 3 个组件,即代理、探测器(Detector)及自适应模型生成器(Adaptive Model Generator,AMG)。代理向探测器提供收集到的各种数据,而探测器则用来分析和响应已经发生的入侵。代理同时还向自适应模型生成器(AMG)发送数据,供其学习新的检测模型。

5. 全面的安全防御方案

即使用安全工程风险管理的思想与方法来处理网络安全问题,将网络安全作为一个整体工程来处理。从网络结构、病毒防护、加密通道、防火墙、入侵检测等多方位全面地对所关注的网络作出评估,然后提出可行的解决方案。

6. 分布式智能化入侵检测

针对分布式网络攻击的检测方法,使用分布式的方法来检测分布式的攻击。同时,使用智能化的方法与手段来进行入侵检测。现阶段常用的智能化方法有神经网络、遗传算法、模糊技术、免疫学原理等,常用于入侵特征的辨识与泛化。利用专家系统的思想来构建入侵检测系统实现了知识库的不断更新与扩展,使设计的入侵检测系统的防范能力不断增强,具有更广泛的应用前景。

7. 高层统计与决策

操作系统的日益复杂和网络数据流量的急剧增加,导致了审计数据以惊人的速度剧增,如何在海量的审计数据中提取出具有代表性的系统特征模式,以对程序和用户行为做出更精确的描述,是实现入侵检测的关键。现在已经开始研究数据挖掘技术在 IDS 中的应用,对收集的数据进一步分析,从零碎数据中找出内在的联系,从而在宏观上发现网络和系统的不足之处,提出决策建议。

数据挖掘技术是一项通用的知识发现技术,其目的是要从海量数据中提取对用户有用的数据。将该技术用于入侵检测领域,利用数据挖掘中的关联分析、序列模式分析等算法提取相关的用户行为特征,并根据这些特征生成安全事件的分类模型,应用于安全事件的自动鉴别。一个完整的基于数据挖掘的入侵检测模型要包括对审计数据的采集、数据预处理、特征变量选取、算法比较、挖掘结果处理等一系列过程。目前,数据挖掘技术用于入侵检测的研究,总体上来说还处于理论探讨阶段,离实际应用还有相当距离。

8. 响应策略与恢复研究

IDS 是识别出入侵后的响应策略维护系统安全性、完整性的关键。IDS 的目标是实现实时响应和恢复。实现 IDS 的响应包括向管理员和其他实体发出报警,进行紧急处理;对攻击的追踪、诱导和反击,对于攻击源数据的聚集以及 ID 部件的自学习和改进。IDS 的恢复研究包括系统状态一致性检测、系统数据的备份、系统恢复策略和恢复机制。

9. 建立入侵检测系统评价体系

设计通用的入侵检测测试、评估方法和平台,实现对多种入侵检测系统的检测,已成为当前入侵检测系统的另一重要研究与发展领域。评价入侵检测系统可从检测范围、系统资源占用、自身的可靠性等方面进行。评价指标有:能否保证自身的安全、运行与维护系统的开销、报警准确率、负载能力以及可支持的网络类型、支持的入侵特征数、是否支持 IP 碎片重组、是否支持 TCP流重组等。

从未来的研究方向来看,目前还没有正式的对所有入侵检测系统作出的全面合理的测试,研究一个标准的测试方法、制定标准的测试数据集、制定入侵检测系统的基准等仍是今后的主要任务。

10. 与其他安全技术的结合

随着黑客入侵手段的提高,尤其是分布式、协同式、复杂模式攻击的出现和发展,传统的缺乏协作的单一 IDS 已经不能满足需求,需要有充分的协作机制。所谓协作,主要包括两个方面:事件检测、分析和响应能力的协作,各部件所掌握的安全相关信息的共享。尽管现在最好的商业产品和研究项目中也只有简单的协作,例如,ISS 公司的 RealSecure 入侵检测产品可以与防火墙协作联动,AAFID 中同一主机上各主机型代理之间可进行简单的信息共享,但协作是一个重要的发展方向。协作的层次主要有以下几种:

1)同一系统中不同入侵检测部件之间的协作,尤其是主机型和网络型入侵检测部件之间的协作,以及异构平台部件的协作。

2)不同安全工具之间的协作。

3)不同厂商的安全产品之间的协作。

4)不同组织之间预警能力和信息的协作。

此外,单一的入侵检测系统并非万能,因此,需要结合身份认证、访问控制、数据加密、防火墙、安全扫描 PKI 技术、病毒防护等众多网络安全技术,来提供完整的网络安全保障。总之,入侵检测系统作为一种主动的安全防护技术,提供了对内部攻击、外部攻击和误操作的实时保护。随着网络通信技术对安全性的要求越来越高,为给电子商务等网络应用提供可靠服务,入侵检测系统的发展,必将进一步受到人们的高度重视。

未来的入侵检测系统将会结合其他网络管理软件,形成入侵检测、网络管理、网络监控三位一体的工具。强大的入侵检测软件的出现极大地方便了网络管理,其实时报警为网络安全增加了又一道保障。尽管在技术上仍有许多未克服的问题,但正如攻击技术不断发展一样,入侵检测也会不断更新、成熟。

8.2 入侵检测系统的模型及原理

8.2.1 入侵检测系统的模型

入侵检测系统的模型有多种,其中最有影响的是以下几种。

1. 早期入侵检测系统模型

入侵检测系统在结构上可划分为数据收集和数据分析两部分。早期入侵检测系统采用了单一的体系结构,在一台主机上收集数据和进行分析,或在邻近收集的节点上进行分析。最早的入侵检测模型是由 Dorothy Denning 于 1987 年提出的,该模型虽然与具体系统和具体输入无关,但是对此后的大部分实用系统都有很大的借鉴价值。它采用主机上的审计记录作为数据源,根据它们生成有关系统的若干轮廓,并监测系统轮廓的变化更新规则,通过规则匹配来发现系统的入侵。如图 8-1 所示。

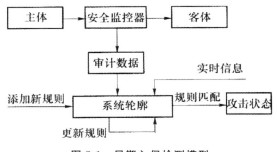

图 8-1　早期入侵检测模型

2. Denning 的通用入侵检测模型

Denning 于 1987 年提出通用入侵检测模型,如图 8-2 所示。该模型假设:入侵行为明显区别于正常的活动,入侵者使用系统的模式不同于正常用户的使用模式,通过监控系统的跟踪记录,可以识别入侵者异常使用系统的模式,从而检测出入侵者违反系统安全性的情况。

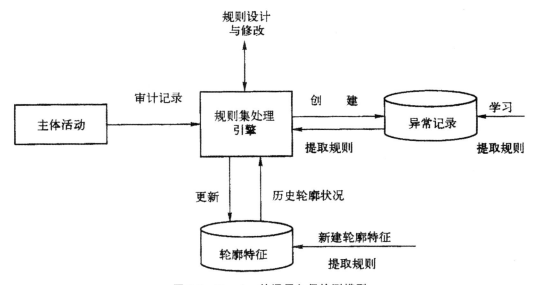

图 8-2　Denning 的通用入侵检测模型

Denning 的模型中由 6 个主要部分构成,即主体、客体、审计记录、轮廓特征、异常记录和行为规则。

1)特征轮廓表示主体的行为特色,也是模型检测方面的关键。

2)行为规则描述系统验证一定条件后抽取的行为,检测异常行为,能把异常和可能的入侵关联起来并提出报告。

3)审计记录由一个行为触发,而且记录主体尝试的行为、行为本身、行动对准的目标、任何可能导致例外的情况以及行为消耗的资源和独特的时间戳标记。

审计记录会和范型进行比较(使用适当的规则),那些符合异常条件的事件将被识别出来。

这个模型独立于特定的系统平台、应用环境、系统弱点以及入侵的类型，也不需要额外的关于安全机制、系统脆弱性或漏洞攻击方面的知识，它为构建入侵监测系统提供了一个通用的框架。

3. SRI/CSL 的 IDES 模型

SRI/CSL 的 Tersa Lunt 等人于 1988 年改进了 Denning 的入侵检测模型，并开发了一个 IDES(Instrusion-Detection Expert System)。IDES 模型基于这样的假设：有可能建立一个框架来描述发生在主体(通常是用户)和客体(通常是文件、程序或设备)之间的正常的交互作用。这个框架由一个使用规则库(规则库描述了已知的违例行为)的专家系统支持。

该系统包括一个异常检测器和一个专家系统，分别用于统计异常模型的建立和基于规则的特征分析检测，如图 8-3 所示。

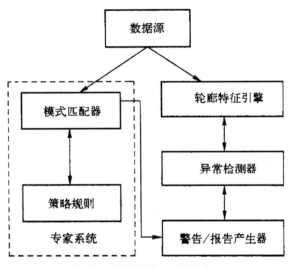

图 8-3 SRI/CSL 的 IDES 模型

4. P²DR 模型

随着计算机理论研究与安全技术的不断深入，人们对计算机安全技术的认识也越来越深刻，并且逐步勾画出各种更加细致和精确的安全模型作为计算机安全技术应用与发展的指导。在这些安全模型中，P²DR 模型由于具有动态、自适应的特性，符合计算机安全运行和发展的特点，被越来越多的人所接受。图 8-4 所示为这种 P²DR 模型。

P²DR 是策略(Policy)、防护(Protection)、检测(Detection)和响应(Response)的缩写。其中，策略是整个模型的核心，规定了系统的安全目标及具体安全措施和实施强度等内容；防护是指具体的安全规则、安全配置和安全设备；检测是对整个系统动态的监控；响应是对各种入侵行为及其后果的及时反应和处理。在这个安全模型中，明确定义了入侵检测技术的位置和重要作用，可以说是入侵检测技术的理论基础。

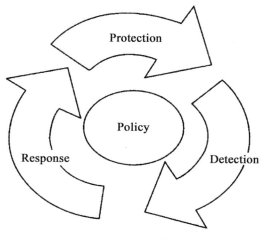

图 8-4　P^2DR 模型

5. CIDF 模型

公共入侵检测框架(Common Intrusion Detection Framework,CIDF)是为了解决不同入侵检测系统的互操作性和共存问题而提出的入侵检测的框架。因为目前大部分的入侵检测系统都是独立研究与开发的,不同系统之间缺乏互操作性和互用性。一个入侵检测系统的模块无法与另一个入侵检测系统的模块进行数据共享,在同一台主机上两个不同的入侵检测系统无法共存,为了验证或改进某个部分的功能就必须重构整个入侵检测系统,而无法重用现有的系统和构件。

CIDF 是一个通用的入侵检测系统模型,如图 8-5 所示,它将一个入侵检测系统分为 4 个基本组件,即事件产生器 E 盒、时间分析器 A 盒、事件数据库 D 盒和响应单元 R 盒。

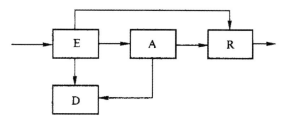

图 8-5　CIDF 模型

事件:入侵检测系统需要分析的数据统称为事件。可以是基于网络的入侵检测系统中网络中的数据,也可以是从系统日志或其他途径得到的信息。

4 个组件只是逻辑实体,一个组件可能是某台计算机上的一个线程或进程,也可能是多个计算机上的多个进程,它们以统一入侵检测对象(Generalized Intrusion Detection Objects,GIDO)格式进行数据交换。GIDO 是对事件进行编码的标准通用格式。此格式是由 CIDF 描述语言 CISL 定义的。GIDO 数据流可以是发生在系统中的审计事件,也可以是对审计事件的分析结果。

1)事件产生器 E 盒(Event generators)。事件产生器的任务是从入侵检测系统之外的计算环境中收集事件,并将这些事件转换成 CIDF 的 GIDO 格式传送给其他组件。

2）事件分析器 A 盒（Event analyzers）。事件分析器分析从其他组件收到的 GIDO，并将产生的新 GIDO 再传送给其他组件。

3）事件数据库 D 盒（Event databases）。用于存储 GIDO，以备系统需要的时候使用。

4）响应单元 R 盒（Response units）。处理收到的 GIDO，并据此采取相应的措施。

E 盒通过传感器收集事件数据，并将信息传送给 A 盒，A 盒检测误用模式；D 盒存储来自 A,E 盒的数据，并为额外的分析提供信息；R 盒从 A、E 盒中提取数据，D 盒启动适当的响应。A、E、D 及 R 盒之间的通信都基于 GIDO 和通用入侵规范语言（Common Intrusion Specification Language，CISL）。如果想在不同种类的 A、E、D 及 R 盒之间实现互操作，需要对 GIDO 实现标准化并使用 CISL。

入侵检测技术是其基础性的关键内容，渗透到模型的所有部分。入侵检测技术不但要根据安全策略对系统进行配置，还要根据入侵行为的变化动态地改变系统各个模块的参数，协调各个安全设备的工作，以优化系统的防护能力，实现对入侵行为的更好的响应。

8.2.2 入侵检测系统的原理

入侵检测和其他检测技术基于同样的原理，即从一组数据中，检测出符合某一特点的数据。攻击者进行攻击的时候会留下痕迹，这些痕迹和系统正常运行的数据混合在一起。入侵检测系统的任务是从这些混合的数据中找出是否有入侵的痕迹，并给出相关的提示或警告。

根据上节介绍的内容，我们从误用检测和异常检测两方面讨论入侵检测系统的基本原理。

1. 误用入侵检测原理

误用入侵检测原理是指根据已经知道的入侵方式来检测入侵。入侵者常常利用系统和应用软件中的弱点或漏洞来攻击系统，而这些弱点或漏洞可以编成一些模式，如果入侵者的攻击方式恰好与检测系统模式库中的某种方式匹配，则认为入侵即被检测到了，如图 8-6 所示。

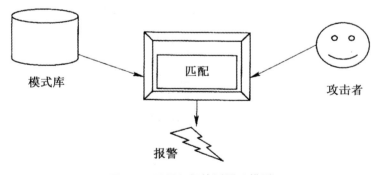

图 8-6 误用入侵检测原理模型

从图 8-6 中可以看出，误用入侵检测依赖于模式库，若模式库中没有最新出现的模式，则 IDS 就不能检测到该类入侵。与异常检测相反，误用入侵检测能直接检测出模式库中已涵盖的入侵行为或不可接受的行为，而异常入侵检测是发现同正常行为相违背的行为。由于误用检测需要根据一组事件的签名进行匹配，每一种攻击的行为都要用一个独立的事件签名去描述，因而，误用检测又称为基于签名的检测。

误用入侵检测的主要假设是具有能够被精确地按某种方式编码的攻击。通过捕获攻击及重新整理,可确认入侵活动是基于同一弱点进行攻击的入侵方法的变种。从理论上讲,以某种编码有效地捕获独特的入侵并不都有可能。某些模式的估算具有固有的不准确性,这样会造成 IDS 误报警和漏检。误用入侵检测主要的局限性是仅仅可检测已知的弱点,对检测未知的入侵可能用处不大。

2. 异常入侵检测原理

异常入侵检测原理指的是根据非正常行为(系统或用户)和使用计算机资源非正常情况检测出入侵行为,如图 8-7 所示。

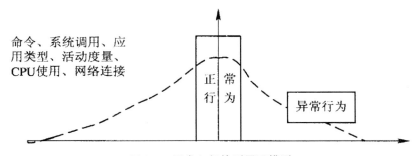

图 8-7　异常入侵检测原理模型

从图 8-7 可以看出,异常入侵检测原理根据假设攻击与正常的(合法的)活动有很大的差异来识别攻击。异常检测首先收集一段时期正常操作活动的历史记录,再建立代表用户、主机或网络连接的正常行为轮廓,然后收集数据并使用一些不同的方法来决定所检测到的事件活动是否偏离了正常行为模式。

异常检测试图用定量的方式来描述常规或可接受的行为,也就相当于标记了非常规、潜在的入侵行为。早期,在研究如何识别"异常"行为这个问题上,将入侵行为分为 3 种类型,即外部闯入、内部渗透和不当行为。外部闯入是指未经授权的计算机系统用户的入侵;内部渗透是指已授权的计算机系统用户访问未经授权的数据和信息资源;不当行为指的是用户虽经授权,但对授权数据和资源的使用不合法和滥用授权。

异常入侵检测的主要前提是将入侵性活动看作是异常活动的子集。在这种情况下,若外部用户闯入了内部计算机系统,尽管没有危及用户资源使用的倾向,但这种活动存在入侵的可能性,因而入侵检测系统还是将其视为异常来处理。但是,入侵性活动经常是由单个活动组合起来执行的,单个活动却与异常性独立无关。

在理想的条件下,异常活动集合等同于入侵性活动集合,即识别所有的异常活动就等同于识别了所有的入侵性活动,就不会造成错误的判断。但是,入侵性活动并不总是与异常活动相符合,而是存在着 4 种可能性,如下所示。

1)入侵性而非异常。具有入侵性却因为不是异常而导致不能检测到,这就造成了漏检,结果就是 IDS 不报告入侵。

2)非入侵性且异常。该类活动不具有入侵性,但因为它是异常的,IDS 报告入侵,这时候造成虚报。

3)非入侵性非异常。活动不具有入侵性,IDS 没有将活动报告为入侵,这属于正确的判断。

4)入侵性且异常。活动具有入侵性并因为活动是异常的,IDS 将其报告为入侵,这也属于正确的判断。

此外,若设置异常的门槛值不当,往往会导致 IDS 许多误报警或者漏检的现象。漏检对于重要的安全系统来说是相当危险的,因为 IDS 给安全管理员造成了系统安全假象。同时,误报警会增加安全管理员的负担,导致 IDS 的异常检测器计算开销增大。异常检测器的各个测量值和使用的度量值是不断修改更新的,因而不能保证所使用的当前所定义的度量可以表示出所有的异常行为模式。

8.3　入侵检测技术的实现

8.3.1　入侵检测的实现过程

信息收集、信息分析以及告警与响应这三个步骤共同构成了入侵检测技术的实现过程。

1. 信息收集

入侵检测的基础即为信息收集,收集的是信息源中的信息,信息源的信息来源非常广,入侵检测平台上的所有系统信息、网络信息、数据信息以及用户活动状态及行为都是收集的对象。所搜集的范围不是所有的信息源,而是来自整个网络系统的关键节点的信息。入侵检测系统的检测范围是由信息收集的范围所决定的。大多数情况下,由于攻击者的伪装或使用的技术,想要以一个从一个信息源收集到的信息判断其是否可疑,几乎是不可能的,这时,就需要对比分析从多个信息源收集到的信息。

信息收集是进行入侵检测的前提,若无法保证信息收集的可靠性和正确性的话,后期的工作的开展就无法正常进行,这就需要使用相关软件来报告这些信息。黑客在对网络进行攻击的时候,可通过替换被调用相关应用程序和工具对实现对系统的控制,黑客在操作过程中,不是没有留下痕迹的,被替换后的应用功能跟之前的还是看起来一样,不过还是或多或少存在一定差异的。针对这一点,为了尽可能地防止入侵检测系统被篡改而收集到不是预先设定的信息,就需要保证入侵检测系统软件的完成性、坚固性。

2. 信息分析

入侵检测系统的关键环节是信息分析,对信息的分析能力如何直接决定了信息分析系统的性能。信息收集的工作完成之后,在收集到的海量数据中,可以看出入侵行为的数据仅仅是一少部分,除此之外的信息都是正常的,这就需要将代表入侵行为的数据中海量数据中分析过滤出来。

截止到目前,可以进行信息分析的方法很多,具体内容将会在下面有所涉及。

3. 告警与响应

在完成前期信息收集和信息分析后,就需要对分析出的入侵行为按照预先设置的规则,做出相关的告警与响应。通常来讲,网络管理员会收到系统正在遭受入侵的一个通知,或者是按照预先设置的规则,系统直接对入侵进行处理。截止到目前,常见的告警与响应方式包括以下几种:

1）终止攻击。

2）切断用户连接。

3）禁止用户账号的接入系统中。

4）对于攻击的源地址重新配置使其无法进行访问系统。

5）针对发生的实践向管理控制台发出警告。

6）向网络管理平台发出 SNMP 陷阱。

7）将事件涉及的信息存储下来，如事件发生的日期、时间、源 IP 地址以及目的 IP 地址等其他与事件相关的原始数据。

8）执行一个用户自定义程序。

9）向安全管理人员发出提示性的电子邮件。

8.3.2　入侵检测的信息源

入侵检测系统的信息源随着网络规模的不断扩大也有着一定的变化。

网络初期阶段，系统中所有用户都是在本地的，能够对系统进行攻击的也就是本地用户，此时的入侵检测系统面向的基本上都是主机系统，入侵检测的信息源也就是本地主机系统提供的审计信息。随着网络的发展，在分布式网络环境中，机器之间的跳转是用户可以通过使用不同的用户标识实现的，有了机器之间的跳转就能够实现对网络的分散攻击。为了应对分散攻击，就需要进行信息交换了，信息交换是发上在入侵检测系统之间的，具体来说就是部署在本地的入侵检测系统和部署在网络中的其他入侵检测系统之间的。在不同的入侵检测系统中交换的信息包括各自的原始审计数据以及本地检测系统的相关报警结果。不管交换的是原始审计信息还是本地检测系统的报警结果，系统都会受到一定的影响。在信息交换过程中，交换的数据信息量非常大，会耗费大量的网络资源，网络的通信就不会那么顺畅。如果说，信息分析处理是在本地进行的话，且提供局部的报警结果，就会占用工作站的资源，就会影响到工作站的性能。

随着 Internet 应用范围的不断扩大，攻击者的攻击行为层出不穷，常见的网络攻击行为如拒绝服务、域名系统欺骗等等，这就需要将研究重点集中到如何实现对网络的攻击行为的检测。还像之前那样，对网络攻击行为的检测基于网络中主机的审计数据来实现这种行为模式完全行不通。为了有效解决该问题，就需要专门的工具来完成这类攻击的检测。目前，比较常用的工具包括实时分析、检测数据包来实现攻击的检测，这些工具的功能非常强大，是常见的网络攻击的克星。针对服务器的经典型攻击不会被攻击者得逞，会被入侵检测系统通过对网络数据包的内容进行分析即可及时地检测出来。在实际应用中，不会仅仅使用某一种信息源，还是两种甚至多种信息源的组合，比较常见的方法是基于主机和基于网络的相结合。

1. 基于主机的信息源

基于主机的信息源的信息总类不是单一的，常见的如系统日志、操作系统审计迹以及其他应用程序的日志都可以作为入侵检测系统的信息源，这些信息都是从主机系统上获取的。想要对给定用户信息进行收集的话，审计数据不失为一个行之有效的办法，且也是唯一的办法。在系统受到攻击的情况下，攻击者修改审计迹数据的可能性非常大。针对这一点，实时性条件的满足对于基于主机的入侵检测系统非常重要。所谓的实时性，就是攻击者在接管机器实现对审计迹数据或实现对网络的入侵攻击之前，对审计迹数据的分析以及告警和响应事宜这些都是检测系统需要完成的,这样的话才能有效抵制攻击。

(1)系统运行状态信息

在 UNIX 环境中,可通过 ps、vmstat、pstat 等相关命令获取到系统运行的状态信息,其他操作系统也可通过相关的命令获得系统运行状态信息。这些命令之所以能够准确无误地提供系统运行状态信息,是因为系统内核的存储区是他们检查的对象,这样一来信息的不准确性就可以被有效避免。这些命令无法满足入侵检测系统连续的进行审计数据收集的需求,由于这些命令检查的数据来自系统内核的存储区,且这些命令也不具备结构化的方法来实现审计数据的收集和审计。

(2)系统记账信息

记账系统在进行入侵检测原型设计时可以采用,这是因为记账系统可以为入侵检测系统提供系统审计数据源。记账系统是为了方便用户收费而设计出来的,对用户进行收费的依据是他使用了多少共享资源来判定的,具体涉及处理器时间、存储空间及网络的使用情况等。记账系统在主机系统、网络设备及一些工作站中比较常用。

记账系统的优势体现在以下几个方面:

1)所有记账信息记录的格式都是一致的,与 UNIX 系统的版本关系不大。

2)记账信息系统消耗的硬件资源非常小。

3)为了节省磁盘空间,可压缩记账信息,记账信息不会因为压缩而受到任何影响。

4)记账系统能够平滑地与现代操作系统集成,方便使用。

记账系统对于入侵检测系统要求数据源的可靠性无法做到,其缺点主要体现在以下几点:

1)记账系统无法只是针对指定用户进行记账。

2)记账系统会一直运行,直到磁盘分区的使用率达到 90% 以上,这是因为,在可操作的磁盘分区内有时会存放着记账文件,用户在进行简单的填充该分区的时候,磁盘分区的使用率就会有所提高。

3)"特洛伊木马"攻击有时候会被基于知识的入侵检测系统漏掉,这是因为记账记录的来自用户发出的命令名非常少,仅仅是前 8 个字符,精确命令识别的功能是不具备的,譬如一些重要的路径信息和其他的命令行参数没有被记录存储下来。

4)记账系统记录的信息,实时性不够强,在一个应用终止之后记账信息才会将其写入到文件,这时,说不定入侵活动已经完成了。

5)无法对记账系统发出的命令按照其实际发出的时间进行排序,由于命令序列对于一些常见的入侵检测系统是比较常见的检测信息,其时间戳信息也就不具备了。

6)在记账系统中记录的信息对于入侵检测系统是远远不够的,记账系统记录的信息局限于运行终止的相关信息,对于系统守护程序没有任何记录,例如没有对 sendmail 进行任何记录。

(3)系统日志(Syslog)

操作系统为系统应用提供的一项审计服务即为系统日志。系统日志能够在系统应用提供的文本串形式的信息前面添加运行的系统名和时间戳信息,相应的本地或远程归档处理可在此基础上得以进行。系统日志具体操作起来非常容易,很多系统应用、网络服务以及安全类工具都可以利用系统日志来作为自身的审计迹。鉴于于系统日志安全性方面差强人意,在入侵检测系统中使用的不是特别多,缓冲区溢出的攻击在是一些 UNIX 的系统日志守护程序中非常容易遭受到。

（4）C2 级安全性审计信息

系统中全部潜在的安全相关事件的所有信息都会被系统的安全审计记录下来。在 UNIX 系统中，用户启动的全部进程执行的系统调用序列，都可以被审计系统记录下来。在审计迹中，不是所有的系统调用序列都出现，审计迹仅仅是对系统调用序列的一个抽象。这不失为将审计事件映射为调用序列的行之有效的方法。用于识别用户、系统调用执行的参数（包含路径的文件名、命令行参数等）、组的详细信息（登录身份、用户相关的程序调用）及系统程序执行的返回值、错误码等信息都包含在用户识别用户、UNIX 的安全审计记录中。在大多数的入侵检测系统级检测工具中 C2 级安全审计都是主要的审计信息源，因为它是目前唯一能够对信息系统中的活动的详细信息进行收集的机制。C2 安全审计的优势主要体现在以下几点：

1）能够对用户身份证的真实性和有效性进行验证。

2）详细的参数信息可通过用户类别、系统调用成功与否以及审计事件来获得。

3）能够有效进行对审计事件的分类。

4）机器会根据当前审计系统的状态来关闭系统，特别是遇到错误状态的情况下，一个常见的错误状态为磁盘空间的耗尽。

C2 安全审计的劣势主要体现在以下几点：

1）安全审计会造成拒绝服务攻击的情况，这是在填充审计系统的磁盘空间的情况下出现的。

2）在进行安全审计过程中，会占用大量的硬件资源，这点体现在使得处理器的性能无法得到保障，同时大量的磁盘空间还会被占用。

3）在不同的网络环境中，进行 C2 安全审计的话，得到的审计数据构成非常复杂，这是由不同操作系统的审计记录格式和审计系统接口之间的异构性所导致的。数据量的庞大及构成的复杂使得在利用安全审计数据进行检测时难度非常的大。

2. 基于网络的信息源

（1）SNMP 信息

用于网络管理的信息库是由管理信息库（MIB）来实现的，管理信息库是简单网络管理协议（SNMP）的一部分。管理信息库中存储的信息量非常的庞大，且这些信息结构也比较复杂，如网络配置信息（路由表、地址以域名等）、性能/记账数据（不同网络接口和不同网络层的业务测量的计数器）可以被储存在管理信息库中，在 SecureNet，可以由 SNMP 1.0 版管理信息库中的计数器信息来替代基于行为的入侵检测系统的输入信息。可以在网络接口层实现计数器的检查。信息发送回操作系统内部一般有两种方式来实现，一种是发送到网线一种是通过回路接口来实现，具体信息是通过哪种方式实现的发送回操作系统，可通过网络接口来对其进行区分。

（2）网络通信包

攻击者在攻击系统中，为了获取有用的系统信息，网络数据包的截取可由网络嗅探器来实现。截止到目前，攻击者为了捕获口令或全部内容，会通过监控、查看出入系统的网络数据包的形式来实现，这些都是基于网络来实现的。只有在网络的帮助下，才能对拒绝服务进行有效检测的，这是因为基于主机的入侵检测系统无法获取关于网络数据传输的信息，而且所有的拒绝服务都是在有网络的存在下才能进行的。在入侵检测系统中，网络通信包也可以作为进行入侵检测的基础——数据源，同时，入侵检测系统还具有过滤路由器的功能的话，在利用签名分析、模式匹配或其他方法实现对 TCP 或 IP 报文的原始内容的分析的话，分析速度就会非常快。若入侵检测系统不是作为过滤路由器而是作为一个应用网关来分析相关原始数据报文时,消耗非常大,之所以会出现这样的情况,是因为这种方式进行的数据分析更加彻底。网络通信包作为进行入侵检测系统的数据源的话,可以解决以下安全问题。

1)只有通过分析网络业务,入侵检测系统才能检测出网络攻击行为,例如 DoS 攻击。

2)在这种方法中,之前的入侵检测系统的异构性的问题不会出现。在这种方法中无须考虑采集、分析的数据格式的异构性,这种方法是以 TCP/IP 的网络协议标准为基础的。

3)这种方法对整个网络的处理性能不会产生影响,因为这种方法是在一个单独的机器上实现对信息的收集的。

4)针对主机的攻击,可通过一定的工具实现对它的检测,这些工具的实现原理是,对报文载荷内容或报文的头信息进行签名分析。

入侵检测系统利用网络通信包作为分析的数据源的方法,以下缺点还是无法避免的:

1)检测出入侵时,针对入侵者身份的确定比较有难度。之所以会有这种情况发生,是因为报文信息和发出命令的用户的联系性不大。

2)基于商用的操作系统受到攻击的可能性非常大,之所以会出现这样的情况,是因为入侵检测系统利用网络通信包作为分析的数据源的方法不是凭空得来的,而是基于商用的操作系统的基础上来获取网络信息。在商用的操作系统中,受到来自堆栈拒绝服务的攻击的可能性非常大。

3)随着技术的不断发展,对报文载荷的分析越来越困难,尤其是加密技术的出现,这样一来检测工具将会失去大量有用的信息。

3. 应用程序的日志文件

应用程度的日志文件在入侵检测系统的分析数据源重要地位的提升得益于系统应用的服务器化。应用程序的日志文件的优势主要体现在以下几点:

1)准确性。在 C2 审计数据或网络包中,它们必须经过数据预处理,入侵检测系统想要了解应用程序相关的信息的前提条件是它们需要经过数据预处理,如果这个前提条件不存在的话,入侵检测系统就无法了解应用程度的相关信息。数据预处理基于的解释和应用程序开发者的解释无法保证绝对的一致,以至于对安全信息理解的偏差就不得不存在。在入侵检测系统中,想要尽可能地保证所获取信息的准确性的话,可以从应用程序日志中直接提取信息。

2)完整性。在 C2 级安全审计中,想要重建应用层的会话的话,就不得不调用多个审计或重组网络通信包。鉴于目前工具的局限性,即使是最简单的重组需求,业务无法得到满足的。在应用程序日志文件时,日志文件中保存着应用程序的全部信息,即使应用程序是位于分布式系统中。除此之外,审计迹或网络数据包中没有的内部数据信息也能够被应用程序日志提供。

3)性能。应用程序日志文件相对于安全审计迹来说,对于系统的性能造成的影响非常小,应用程序日志是通过应用程序选择与安全相关的信息。

应用程序日志文件的劣势体现在以下几个方面:

1)实现对系统的攻击行为的检测是有前提条件的,需要保证系统能够正常写应用程序日志文件,如果系统无法正常写应用程序日志文件的话,入侵检测系统就无法正常工作。

2)在程序的日志文件中,在攻击行为不利用应用程序代码的情况下,就无法入侵行为有一个完整的记录,记录的仅仅是攻击的结果。而这种不利用应用程序代码的进行攻击的情况还是比较普遍的,入侵攻击只是针对 IP 协议、网络驱动程度等系统软件系统协议进行的,因为这些协议存在安全漏洞。

4. 其他入侵检测系统的检测结果

随着网络的不断发展,为了满足网络技术和分布式系统的对入侵检测系统的需求,基于网络的入侵检测系统、基于分布式网络环境的入侵检测系统也相继出现。分层结构的出现,使得基于网络、分布式网络环境的检测系统有效弥补了不同检测系统之间的异构性。在分层结构下,局部的入侵检测系统能够仅能实现对局部网络的检测,在局部入侵检测系统完成检测之后,会把检测结果上传到上层的检测系统中,此外,为了方便其他局部检测系统,检测结果会上传到其他局部检测系统,以供参考。不难得出,其他检测系统的检测结果也是入侵检测系统不可忽视的数据来源。典型的系统有 DIDS、GRIDS 等。

8.3.3 入侵分析

入侵检测技术涉及的学科比较广,如计算机、数据库、通信、网络等,一个入侵检测系统的有效性不仅局限于可以正确无误地检测出系统的入侵行为,系统本身的安全也是需要考虑的问题,除此之外,入侵检测系统如何满足网络环境发展的需要也是无法忽略的一个方面。不难看出,一个性能优良的入侵检测系统,同时也是一个复杂的数据处理系统,所涉及的问题域中的各种关系的复杂性也是非常高的。

入侵保护系统所处的系统的运行状态和活动记录是由数据源来提供的。对原始数据的同步、整理、组织、分类以及各种类型的细致分析就是审计数据,此外,原始数据中所包含的系统活动特征或模式也可以被审计出来,方便了对异常和正常行为做出判断。

1. 入侵分析的概念

入侵分析是指针对用户和系统活动数据进行有效的组织、整理并提取特征,查找出系统感兴趣的行为。入侵分析没有时间限制,实时、非实时均可,在很多情况下,非实时的入侵分析是以寻找入侵行为的责任人为目的的。

2. 入侵分析的功能

对于入侵行为的检测是入侵分析的基本目的,此外,入侵分析还具有以下功能:

(1)获取入侵证据

针对入侵者责任的追踪,可做到有据可考,涉及入侵行为详细的、可信的证据可以在被入侵分析获得。

(2)威慑力

使用 IDS 进行入侵分析的目标系统,发现、跟踪攻击行为的可能性非常大,对于入侵者来说具有很大的威慑力。

(3)安全规划和管理

入侵分析的结果可以被安全管理员作为对系统进行重新配置的参考依据,系统安全规划和管理中被忽视或无法避免的漏洞会在分析过程中体现出来。

3. 进行入侵分析的出发点

进行入侵分析的出发点：

（1）需求

一般情况下，入侵检测系统有两个基本需求。

1）可说明性，它是指连接一个活动与人的能力，也可以是连接该活动或负责它的实体的能力。能够将系统中的所有用户都能够无差异地、可靠地识别和鉴别出来为可说明性的要求。更加理想的是，能够可靠地联系用户及其活动的审计记录或其他事件记录。

在商业环境中，可说明性理解起来非常容易，但它们在网络中的实现起来难度却相当大，在网络中一个用户在不同的系统中可能会有不同的身份，就用户本地身份而言，用户的活动可由主机级审计跟踪来反映出来，然而在网络中，跟踪用户活动中的身份需要进行额外的处理。

2）实时检测和响应。实时检测和响应体现在能够快速识别与攻击相关的事件链，阻断攻击或将系统隐藏起来，使得受到攻击者的影响降到最低或者是没有。例如，通过对攻击者发出的命令进行跟踪，可以将任何被更改的文件或目标恢复到攻击前的状态。

（2）目标划分

在目标和要求被计算之后，它们应该按照优先顺序区分开来，这种划分在决定子系统的结构方面是必须的。优先权可以按进度表划分，也可以按系统划分，例如，系统 X 相关的所有需求比其他系统的需求的优先权高。当然，也可以按照其他属性来划分优先权。

（3）子目标

子目标在分析中也用得到，例如，用户可能需要在表格中保留信息，用于支持系统和网络上的法庭分析。也可能是保留一些系统执行的情况或识别影响系统性能的问题，归档和保护事件日志的完整性等也可能包括在内。

（4）平衡

系统的需求可能和目标需要得到有效的平衡。例如，一个分析目标可能是将分析对目标系统的性能和资源消耗的影响降到最小。然而，为了法律的需求可能需要保存日志，这两个目标就相互冲突，因此需要进行适当的平衡。

8.3.4 告警与响应

在完成信息收集、入侵分析，将系统中存在的问题确定下来之后，就需要将存在的入侵攻击行为的相关信息提交该用户，仅仅是提交信息还是无法完全满足用户的需求的，另外采取行动也是非常有必要的。在性能良好的入侵检测系统中，告警与响应应该有丰富的响应功能，在安全管理小组中，根据每位成员所扮演的角色不同，其会得到不同的告警与响应。

在入侵检测系统中，对所检测出的问题做出响应可以是被动响应或者是主动响应。从字面上就可看出，被动响应，相对要简单一些，仅涉及检测出的问题的记录和报告；主动响应，相比被动响应要复杂得多，会涉及对系统在成阻塞或影响进程的行为采取行动。

1. 对响应的需求

在设计入侵检测系统的响应特性时，需要综合考量。响应要设计得符合通用的安全管理或事件处理标准，除此之外，也不可完全抛弃本地管理的关注点和策略，也要有一定程度的体现。

在为商业化产品设计响应特性时,为了照顾到用户对特定环境的需求,最好是为用户提供裁定响应机制。

在早期阶段,设计人员对于响应部分关注度不够,监视和分析入侵行为是工作重点,相应部分抛给用户,让用户自己来设定。尽管,用户真正关心的响应部件中的问题有过讨论,但仅有这些还是远远不够的,人们对于要装载和入侵检测系统所要部署的操作环境没有办法在事先有个清楚的认识和把握。

首先,需要考虑到"用户",具体如何定义究竟谁是一个入侵检测系统的标准用户,根据实际情况,可以把入侵检测系统的用户分成三类。

1)网络安全专家或管理员。一般情况下,安全专家仅是作为系统管理小组的咨询顾问。因为这些安全专家不会是某一个具体入侵检测系统的用户,也不一定总是非常熟悉对他们正在测试的网络系统。他们的精力主要集中在对市面上流行的所有商业性的入侵检测系统比较熟悉,尤其是入侵检测工具。

2)系统管理员。入侵检测系统的核心用户即为系统管理员,在入侵坚持系统的帮助下,系统管理员要保证整个网络的安全性。无论是检测工具,还是保护的网络环境技术性,系统管理员对这些理解能力都比较强。鉴于企业内部网络的特殊性以及对网络安全要求的独特性,相应地,入侵检测系统也要有其独特的性能,才能够满足企业内部网络的安全需求。

3)安全调查员。安全调查员是安全部门的工作人员,为了监视系统运行合法与否,或者是为了协助某一项调查,他们就会使用入侵检测产品。这些用户在入侵检测工具方面或正在运行的系统的技术理论基础理解程度不是特别高。在对入侵检测系统进行设计时,安全调查员可以提供知识来源,这些知识来源非常重要,因为安全调查员对调查一个问题的过程十分熟悉。

(1)操作环境

在设计一种响应机制时,首先要考虑的因素即为操作环境的特性。安装在基于家庭办公的桌面系统的入侵检测的报警和通知与有很多控制台并直接连接于网络运行中心的入侵检测系统的报警和通知有很大的区别。

作为通知的一部分,入侵检测系统所提供的信息形式跟谁扮演着用户的角色有很大关系。

当一个人同时要负责监视多个入侵检测系统时,可以考虑安装声响告警器。而这种告警模式对于从单一控制台来管理一个复杂网络的多个操作而言就相当不合适了。

对于全天候守在系统控制台前的操作员,实用价值更高的是可视化告警和行动图表的安装。当监视其他安全设施的部件在管理区域不可见时,这种可视化告警和行动图表意义也特别大。

(2)规则或法令的需求

为了满足入侵检测系统方面的规章或法令的需要,会产生特殊响应性能。在对安全性能要求比较高的系统中,即能使某些类型的处理过程发生这一性能,需要该系统具备。在一些要求比较高的系统中,入侵检测系统的操作是由规则来控制的,入侵检测系统在运行结果的表达和传送时间的安排着两个方面是由事件报告来控制的。规则规定指定秘密级别的信息在系统上的运行是建立在入侵检测系统运行基础之上的。

(3)系统目标和优先权

所监控的系统功能也是推动响应需求的因素之一。对为用户提供关键数据和业务的系统,有针对性地提供主动响应机制,对被确认为攻击源的用户能终止其网络连接。例如,在淘宝、当当、京东这些高流量、高交易收入的电商的 Web 服务器。这种情况下,一次成功的拒绝服务攻击造成的影响是无法想象的。不难看出,要将保持系统服务的可用性作为系统目标和优先权,这么做比以入侵检测系统中提供主动响应机制为系统目标和优先权意义要大得多。

(4)给用户传授专业技术

通常情况下,入侵检测产品会忽略随同检测响应或作为检测响应的一部分为用户提供指导的需求。意思就是,条件允许的话,系统就应该将检测结果连同解释说明和建议一起呈现给用户,方便用户采取适当的行动。入侵检测产品之间在这个方面存在巨大差异。一套设计良好的响应机制能构筑好信息和解释说明,指导用户进行一系列的决策,用户想要正确合理地解决相关问题,就需要采用合适的命令来进行引导。

这种响应机制也允许针对不同用户对检测结果的表现形式进行剪裁。在对用户的分类描述时也应提到注释,不同的入侵检测系统用户对信息的需求也存在或多或少的差异。系统管理员可能能明白网络服务请求序列或原始数据包的含义,安全专家也许能理解"端口扫描"与"邮件发送缓冲区溢出"两者之间的区别。调查员可能需要这样一种性能:能追踪一个特别用户所操作的命令序列,以及这些操作给系统带来的影响。

鉴于以上几点,在开发、设计入侵检测系统时开发设计人员应该充分考虑最大程度地使其产品适应各种不同用户的能力和专业技术水平。在这样一个快速成长的市场里,专家型的用户可能会越来越少。

2. 响应的类型

入侵检测系统的响应可分为主动响应和被动响应两种类型。

在入侵检测系统中,系统可以阻塞攻击或影响从而达到攻击的进程,这就是主动响应;系统仅仅是对检测出的问题简单地报告或记录,就是被动响应。

在入侵检测系统中,总能够以日志的形式将检测结果记录下来,这是一个不可忽略的部分,与采用哪种响应类型没有直接关系。

在设计入侵检测系统时,具体选择主动响应还是被动响应非常关键。

(1)主动响应

主动响应有多种选择方案,这些方案不外乎以下几种:

· 对入侵者直接采取反击行动。

· 修正系统环境,使系统的强壮性得以增强。

· 收集尽可能多的信息。

在主动响应方式中,虽然对入侵者采取反击行动被用户采用的比较多,但它这种主动响应方式不是被所有用户都接受的。这种响应方式之所以不是主流的主动响应,这是以重要法规和现实问题为出发点进行的。

1)对入侵者采取反击行动。许多信息仓库管理小组的成员都认为对入侵者采取反击行动这种方案最主要的方式是:追踪入侵者的源IP地址和源端口,入侵者的机器或网络的连接。截止到目前,那些长期受到安全困惑的安全管理员会面对很多黑客的拒绝服务式攻击,这种方法对他们来说效果还是非常明显的。

这一方案具有其两面性的,它会给系统埋下很大的安全隐患。这种方式的危险性包括以下几点。

· 被确认为攻击用户的系统的源头系统极有可能是黑客攻击的另一个牺牲品,这是黑客比较常用的攻击方法。黑客在进行攻击的第一步是，先黑掉一个系统，将其作为攻击其他系统的切入点。针对这种攻击，在进行反击的时候，很有可能一个无辜的同伴也会受到伤害。

· 攻击者会使用 IP 伪装的手段，将自己伪装成合法控制的系统，在进行反击时，可能会伤及攻击者伪装成的源 IP 地址的真正用户。

· 不难想象，有些时候，反击行为有可能无意中会攻击到无辜的一方，该方可能要控告你，并要求赔偿其损失。更进一步，你的反击本身可能违反了计算机法令法规，这就要受到法律的制裁。最后，如果你在政府部门或军事组织工作，你可能在违反策略，并且会受到纪律处分或被解雇。执法部门的官员们建议，碰到此类事情，要在权威部门的协助下，来对付和处理攻击者。

· 有时候，简单地反击不会使得攻击者就此罢手，反而会惹起对手更大的攻击，使得整个网络处于危险之中。

通过前面的阐述，不难看出，强硬的方式尤其劣势，这就不得不考虑以温和的方式对入侵者采取反击。例如，在入侵检测系统中，以重新安排 TCP 连接来终止网络会话这不失为一种理想的温和响应方式。系统也可以设置防火墙或路由器阻塞来自看起来像另一种响应方式是自动地向入侵者可能来自的系统的管理员发 E-mail，并且请求协助确认入侵者和处理相关问题。此种响应方式能够产生多种用途，尤其是在黑客通过拨号连接进入系统的情况下。这种响应可以借助电话系统的特性来协助建立入侵者的档案，这是为了满足整个通信基础设施中跟踪能力的不断加强以及用户的不同需要而产生的。

通常情况下，主动采取反击行动由用户驱动和由系统本身自动执行这两种方式。

大多数情况下，主动响应性能源自超级安全管理者手忙脚乱地执行响应的时候。虽然响应中的性能能实时地自动处理攻击，然而这并不意味着它就是一种理想的响应方式。例如，假设攻击者发现你的系统对拒绝服务式攻击的自动响应是避开表面的攻击源，即终止目前的连接并拒绝以后该源 IP 地址的 TCP 连接，一旦被攻击者发现这层用意，攻击者可以使用 IP 地址欺骗工具来对你的系统进行拒绝服务式攻击，攻击好像来自你一些最重要的客户，从而导致那些客户被拒绝访问你的关键资源。严格地讲是你的入侵检测系统使系统拒绝服务这就是最糟糕的情况了。

另一方面，由于攻击在短时间内以很快的速度进行的，因此使一些基本的主动响应自动执行是很有必要的。绝大多数来自网络的攻击通常是基于攻击软件和脚本。这些攻击以阻止手工干预的条件下进行的。单独一个主动响应能否用手工处理这一点也是入侵检测的设计者们所要考虑的问题。如果干预必须自动进行，应该采取衡量措施以使主动响应机制对付攻击带来的风险最小。

2) 修正系统环境，增强系统的强壮性。主动响应的第二种方案是修正系统环境。就目前来看，在与提供调查支持的响应有效结合在一起的情况下，修正系统环境可以说是最佳的响应方案，它能够有效地增强系统的强壮型。修正系统环境以堵住入侵检测系统中存在的漏洞的观念与很多专家所提出的关键系统耦合的观点不谋而合。例如，在"自愈"系统中装备跟人体免疫系统比较类似的防卫设备，大多数情况下，该设备具有可以准确识别出问题所处位置、将产生问题的因素隔离起来的功能，除此之外对该问题的处理能够产生一个适当的响应。

3) 收集额外信息。收集额外信息是主动响应的第三种方案。当被保护的系统比较重要并且系统的主人想进行法则矫正时，收集额外信息不失为理想的办法。这种日志响应不是单独使用的，是和一个特殊的服务器结合在一起配套使用的，该服务器能够通过营造环境的方法使得入侵者被转向。这种服务器最常用的称呼是"蜜罐"和"诱饵"等。这些服务器之所以能够似的入侵者转向,是因为他们装备着文件系统以及其他带有欺骗性的系统属性,通过对系统属性的设置,能够将关键系统的外在表象和内容有效模拟下来。

"诱饵"服务器具有一定的参考和利用价值,尤其是正收集关于入侵者的威胁信息的安全管理人员,对于采取法律行动的证据也有利用价值。在"诱饵"服务器的帮助下,入侵的系统没有遭到破坏的情况下,可以对入侵者入侵行为的详细信息进行记录。这些信息对于构造用户检测信号很有价值。

以这种方式收集的信息对那些从事网络安全威胁趋势分析的人来说也是有价值的。这种信息对那些必须在有敌意威胁的环境里运行或易遭受大量攻击的系统意义重大。

(2)被动响应

仅仅是向用户提供信息,采取下一步行动不是系统自发进行的而是由用户进行的响应就是被动响应。早期阶段,在入侵检测系统中,唯一的响应方式即为被动响应。

1)告警和通知。一般情况下,为了满足用户在入侵检测系统中对告警生成方式的不同需求,会有多种形式的告警生成方式。这种弹性的设置告警生成方式非常有人性化,使用户的需求在很大程度上达到满足。

截止到目前,常见的告警和通知方式为屏幕告警或在入侵检测系统控制台上弹出窗口告警消息。根据用户的需求不同,不同的入侵检测系统提供的信息翔实也有一定的差异,信息范围不再局限于一个简单的"一个入侵已经发生",攻击目标的信息有时候会根据用户的不同需求被记录下来。甚至告警消息的内容也是由用户来设定的。

按时钟协调运行多系统的组织使用另一种告警、警报形式。在使用这种告警、警报形式情况下,通过电话、短信的形式,入侵检测系统能向相关人员发出告警和警报消息。在发出告警和警报消息的时候 E-mail 消息是不主张采用的方式,因为在连续攻击的情况下这种方法会使得攻击者可能会读取 E-mail 消息,有时候,他们甚至会阻塞 E-mail 消息。

2)SNMP Trap 和插件。为了方便管理,有时候入侵检测系统会与网络管理工具集成在一起。集成之后的系统在通过网络管理基础设施传送告警的同时,也能够在网络管理平台将告警和警报信息显示出来。一些产品可依附不同的工具来作为告警选项,例如简单网络管理协议(SNMP)的消息或 SNMP Trap。

就目前而言,在一些商业化产品里还提供有这个选项,但许多人相信入侵检测系统和网络管理系统能够集成的更加彻底。这种集成带来了很多好处,如使用常用通信信道的能力以及在考虑网络环境时对安全问题提供主动响应的能力。

(3)按策略配置响应

策略和支持的有效结合在是一个安全管理计划成功与否的标志。为优化入侵检测系统,也可以考虑组织的安全策略和程序。开展这项工作的前提条件是,哪一种行动对应着哪一种被检测出的入侵或安全破坏的详细清单需要提供出来。这些行动可分为:立即行动、适时行动、本地长期行动以及全局长期行动 4 种类型。

1)立即行动。立即行动要求系统管理员立即跟踪一个入侵或攻击。这些行动可通过以下四个方面来实现:

· 初始化事件处理进程。

· 执行损失控制和侵入围堵。

- 通知执法部门或其他组织。
- 恢复受害系统服务。

立即行动的响应时间跨度可能由本地的策略来决定，并且能够随着攻击的激烈程度进一步改进。

2）适时行动。适时行动要求系统安全管理员跟踪检测到的攻击或安全破坏。距离问题出现时刻的时间范围是不确定的，一般是从几个小时到几天，并且这些行动通常紧随于立即行动之后。应该适时发生的行动涉及以下七个方面：

- 人工调查非常规的系统使用模式。
- 调查和隔离检测到的问题的根源。
- 条件允许的话，通过向开发商申请补丁或重新配置系统来改正或纠正这些问题。
- 向适当的权威组织报告事故的详细细节。
- 在入侵检测系统中改变或修正检测信号。
- 通过法律手段对付入侵者，让入侵者接受法律的裁决。
- 处理与攻击相关的公共问题，并且把此事通知股东、规则制定者和其他有合法报警需求的人员。

3）本地的长期行动。与立即行动和适时行动比较起来，本地长期行动涉及问题的紧急性没有那么高，但对安全管理过程来说一直不失为关键的系统管理行动。这些行动的影响对本组织来讲是局部的或本地的。这些行动可能会作为规则调整的一部分。

这类行动包括以下两个方面：

- 编制统计报表并进行趋势分析。
- 追踪发生过的入侵模式。

应该对这些入侵和安全破坏的模式进行评估，以确定他们对需要修改或改进的程度有一个整体把控。例如，许多以已经被修改过的脆弱性为目标的攻击可能会导致的安全策略需求是：系统软件应该定期修补。许多的错误告警可能表明需要重新评估入侵检测系统的检测信号或配置，有时候就需要另一个可替代的入侵检测产品来更换现有入侵检测产品。最后，由于用户的错误而导致的大量问题则表明需要对用户进行额外的培训。

4）全局的长期行动。全局的长期行动涉及那些对整个社会的安全状态虽不关键但也很重要的系统管理行动。这些行动的影响范围是无法事先确定的。这些行动很可能要由一个组织或社团协调一致地指导进行。

这类行动包括如下三个方面：

- 要让相关入侵检测产品的商家知道由于他们产品中的安全问题而使本组织遭受该问题的困扰。
- 向执行部门或其他维护统计资料的组织报告关于安全事故的统计报表。
- 与立法者和政府部门沟通使之对系统安全威胁进行附加的法律修补。

许多系统安全中的关键问题想要在本地或局部就能简单地解决几乎是无法实现的，这就要靠全社会的行动和努力。

（4）联动响应机制

理想状态下，用户想要入侵检测能够通过检查主机日志或网络传输内容，将潜在的网络攻击暴露出来，然而一般情况下，这些需求都是入侵检测系统无法满足的，能做到的仅仅是简单的响应,如通过发 RST 包终止可疑的 TCP 连接就是比较常用的简单响应方式。对于比较常见的非法访问,简单的响应还是无法达到理想效果。因此,在响应机制中,要结合各种不同网络安全技术,尽可能地提高网络的安全性能。在这种需求下,入侵检测系统的联动响应机制应运而生。

目前,能够可以与入侵检测系统进行联动响应的安全技术包括很多种。其中,比较常用和关键的是防火墙的联动,即当入侵检测系统检测到潜在的网络攻击后,将相关信息传输给防火墙,由防火墙采取相应措施,由防火墙和入侵检测系统来共同维护网络信息系统的安全。

入侵检测系统与防火墙的联动机制中,入侵检测系统能够不间断地紧密监测网络的动态信息,如果检测到异常情况或攻击行为的话,在联动代理的作用下,能够将报警信息转换成为统一的安全报警编码,在采取加密、认证等相关技术的情况下,能够将安全报警编码传输到联动控制台,对报警信息的分析处理是由联动控制台来实现的,系统会按照预先的设置,向防火墙或是与入侵检测系统联动的其他安全产品发出响应命令,尽可能地做到在攻击企图未能到达目的之前的情况下做出正确响应,从而保证系统被非法入侵。这种联动机制,能够充分利用入侵检测系统、其他安全产品的安全性能,使得联动产品的能够结合对方的优势,使网络的安全性得到保证。

以联动为出发点,安全设备可以分为以下两类:具有发现能力和响应能力的设备,具有发现能力的设备典型代表是入侵检测系统,具有响应能力的设备典型代表为防火墙。入侵检测系统一般是通过报警通知管理人员,它产生的事件称为报警事件,入侵检测系统的发现能力也是有它来体现的。防火墙、路由器等可以通过更改配置来阻止攻击流量,它们对应的操作事件称为响应事件,这就看出了防火墙、路由器的响应能力。因此,在联动响应系统中,要对报警事件进行分类,同时要对响应事件进行分类,并将报警事件分类结果与响应事件关联起来,这样才能进行报警与响应的联动。可见,联动响应系统的基础为对两类安全事件进行分类。

通过入侵检测系统的联动响应机制,其他网络安全产品的优势可以有效地发挥出来,入侵检测系统与其他安全产品的集成,对于提高网络信息系统的整体防卫能力作用显著。入侵检测系统的联动响应机制不失为一种理想的入侵检测系统响应机制。

8.4　入侵检测系统技术的架构与部署

8.4.1　大规模分布式入侵检测系统

下面以大规模分布式入侵检测系统为入手点来介绍一下入侵检测技术的结构。

随着网络环境日益复杂,在分布式网络环境中,要求入侵检测系统能够从分布式网络子网所发生的入侵迹象,对网络可能发生的分布式入侵程度进行判断,按照依据判断对入侵迹象做出实时检测、及时预警和提出应对措施等。遗憾的是,现有的入侵检测系统在大规模网络环境下还有一定的局限性。现有的入侵坚持系统对复杂的分布式网络的被入侵现象还是能力不足,对大规模的分布式网络的安全需求很难满足。一种适应大规模分布式网络环境的入侵检测系统的体系结构就应运而生,它需要以明晰大规模分布式入侵检测系统的功能,增强对入侵检测产品开发的指导性。

根据大规模分布式入侵本身的特点,大规模分布式入侵检测需要整个网络中的安全部件协同工作,由单个的入侵检测系统是无法独自完成的,入侵检测的有效施行,需要由不同区域内的入侵检测系统来协同完成。

依据分布式网络的拓扑结构特点,可以用一个树状的结构来有效表现网络中的各种行为。在这个结构中,每个节点负责子节点之间的行为描述,更高层次中的节点代表更大的网络范围,更低层次中的节点代表更小的网络范围,所有子节点网络都包括在父节点中。

相应地,每个节点的设计必须是在四层设计思想指导下完成的。根据这种四层设计思想构建大规模分布式入侵检测系统。在分布式入侵检测系统中,每个节点也可以看作是独立的入侵检测系统,依据工作流程可以分为不同的功能模块。这些功能模块都是入侵检测系统不可或缺的部分。如果在设计中缺少其中任何一个模块,最基本的入侵检测功能就无法实现。

为了分析整个网络可以用树状拓扑结构来进行。树状的结构充分体现出了分布式检测的思想,该种结构灵活性非常高,使得系统具有良好的扩展性,这种结构与网络规模没有任何关系。

不难看出,对于大规模分布式入侵检测系统(LDIDS)的设计来说,大规模和分布式是需要主要考虑的因素和针对的问题。

"大规模"不仅仅是指网络由多个主机组成,而且跨越多个子网或不同网络的大范围网络领域,通常具有 10 000 个以上的节点。能够对 100Mb/s 以上高速网络进行实时检测可以说是大规模的另一层含义。

跟"大规模"一样,由以下两个方面体现出了"分布式":①针对分布式网络攻击的检测方法。②检测分布式的攻击要使用分布式的方法来对待,在攻击的检测过程,检测信息的协同处理与入侵攻击的全局信息的提取是要用到的技术;有效地脱离了以往分别采集并集中分析的简单模式可以不再使用,取而代之的是分布式采集并协调分析的模式。

图 8-8 为分布式入侵检测系统分层结构图。在分层结构中依据既定的规则将需要监控的网络分为不同的分区,图中的每个叶节点就是一个基本的分区,多个子节点的集合就是上层节点,整个网络中的活动需要根节点来进行监控。

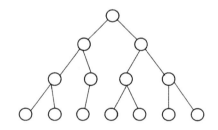

图 8-8　分布式入侵检测系统分层结构图

叶节点能够收集系统日志、网络数据报和各种安全部件的告警等基本分区内的各种数据,告警的发出是在对这些数据进行分析和融合之后进行的,在此之后才会对本地确定已经发生的攻击做出相关的响应,对无法处理的数据和告警进行的进一步的分析和关联是由上层节点实现的,上层节点还可以完成更大范围内的入侵行为的判断。

子节点送出的数据和告警是由中层节点接收的。子节点分区内安全部件的告警和数据也是由中层节点来收集的。通过对中层节点收集来的数据进行分析,判断所监控网络是否有入侵行为的发生。中层节点是基于子节点的,子节点做了大量的工作,所以导致中层节点的要处理的信息量因子有所减少。针对大规模的分布式网络环境的分布式入侵行为来说,采集数据并对采集到的数据进行过滤,将关键的需要分析的数据按照之前设定的格式或告警送往中层节点,以上这些体现了叶节点的工作重点;数据的分析并融合是在中层节点完成的,中层节点还可以做出更高层次的判断并将无法确定的告警继续向上传送,以便由更高层次的节点对其进行分析处理。

一个节点不可能扮演的角色永远是固定的,会随着网络规模的扩大而发生变化,叶节点不可能永远是叶节点,根节点不可能永远是根节点,此时的根节点会在下一刻变成中层节点。

在树状分层结构中,每个节点都是特定网络及其入侵检测系统都一个有机整合体,不再是简单的几台主机集合或子网的概念。完整的网络架构和完善的入侵检测系统时每个节点都拥有的。单独看任何将任何一个分支,都具有完整的分布式入侵检测系统的功能。

在这个模型中,随着网络规模的扩大可能会发生以下几种变化:

1)基本分区内主机的数目增加,这些主机有效添加到分区内的前提条件是需要向负责该分区的入侵检测系统进行登记注册。如果登记注册成功的话,这些主机将加入该分区;否则的话,这些主机需要建立新的入侵检测系统并申请新的分区。

2)在新的入侵检测系统检验过其所在分区是否存在其他同级入侵检测系统之后,才能够加入该分布式入侵检测系统。如果同级入侵检测系统存在的话,就同其他入侵检测系统协同工作,完成登记注册工作;否则的话,该入侵检测系统需要向上级节点提出申请,申请加入整个入侵检测系统框架,在上级节点准许其加入之后,就会产生新的节点。

3)为了提高网络的安全性,新的防火墙或其他安全部件的增加在所难免,向该层次分区内的入侵检测系统进行注册是这些安全部件相互协同工作的前提,只有完成注册才能开展后期的工作。

这种结构的弹性非常大,可以在网络规模发生任何改变的时候随时更改结构,注册或注销整个分区的方式对于整个网络的入侵检测工作提供了很大的便利性。但是结构还不够完善,它对通信的机密性要求比较高,假冒的注册和注销信息或错误的信息是无法从根本上避免的,这些情况一旦发生将导致严重后果。

网络中的攻击行为在遇到这种树状体系结构的入侵监测系统时大多数都会被检测出来。节点需要处理的数量随着其位置越来越靠上而逐渐减少。当入侵行为攻击的范围不断扩大时,还是采用之前的结构而不采用分层结构的话,从海量的数据中找出攻击行为难度非常大,这就使得系统的漏报率非常的高。使用分层结构的话,可以有效解决漏报率高的问题。分层结构的使用,无论网络规模如何扩大,系统所需处理的数据量也会有所减少,只需对下层精简后的数据和告警进行分析和响应即可。

在实际应用过程中,树状拓扑结构的深度并不会很大,而广度却可能非常大。因此,树状拓扑结构并不会因为深度过大对分析和响应的速度造成影响。通常子节点与父节点之间具有持续的高速安全连接,保证了上下层之间的数据传输的实时性和完整性。

1. 树状结构

树状结构的集成方式是自下而上,逐层实现。底层分区首先建立本地入侵检测系统,按照四层分层结构的标准来实现,这种标准对采集方式和分析方式以及针对分布式入侵的数据融合方式没有一个清晰的定义。因此,本地入侵检测系统的配置需要根据本地分区的网络的实际情况来定,基于不同技术实现的入侵检测系统(前提是这些入侵检测系统满足四层分层结构标准,并且具有可以标准的通信方式与其他入侵检测系统通信的标准接口)也不例外。

入侵检测系统的构建已经完成是底层分区要作为叶节点加入到树状拓扑结构的前提条件。节点完成注册需要以下 2 个步骤,首先要向节点所在的区域的直接上级入侵检测节点提出请求,其次，响应的做出是在系统坚定该请求合法的基础上完成的。叶节点与上级几点之间的安全通信链路的建立是在完成注册之后产生的。子节点用该链路向父节点传送告警和上层进行处理的数据以及心跳信息，父节点通过该链路向子节点发送响应和控制信息等相关操作。

（1）注册

新节点合法加入入侵检测系统可通过注册来实现。使用注册功能使得新节点的合法性得到了保证，保证了入侵检测系统的整体安全性，注册功能具有以下优点：①非法的伪造节点能够有效防止其进入系统；②攻击者伪造通信情况也可以防止其发生。

鉴于注册过程对速度和效率的要求不是很高这一点，可以使用 CA 完成注册。CA 是数字认证证书中心的简称，该机构具有对数字证书的申请者发放、管理、取消数字证书职能。证书持有者身份的合法性与否就是通过 CA 来验证的，证书的签发也是由 CA 来完成的，有了 CA 证书伪造或篡改的情况就会有所减少。

1）叶节点的注册。当新的节点要加入入侵检测系统时，需要向上级节点发出注册请求。基于注册的安全性以及网络并不多变的拓扑结构基础上，为了方便起见，向网络添加叶节点时，假定已知上层节点已经存在。

所有节点必须使用 CA 证书才能够加入入侵检测系统框架的叶节点，因此，叶节点想要获得上层节点的 CA 证书的话，需要先向 CA 中心发出请求。叶节点加入入侵检测系统进行注册时使用单向鉴别协议。

2）上层节点的注册。随着网络规模的不断扩大，叶节点的数目会有所增加，不是所有节点都能够找到合适的上层节点，对没有找到合适的上层节点的节点，新的中层节点的添加就非常有必要；网络规模扩大时，根节点有可能变为中层节点，将会有新的根节点加入整个入侵检测系统框架。这个时候，添加新节点就非常有必要了。

网络拓扑的特点，新添节点的下层节点的数目是一定且已知的，因此新添节点加入入侵检测系统框架之前，所有子节点都在系统的掌控范围之内，都是已知的。在上层节点注册中，需要使用 CA 双向鉴别协议，使父节点和所有的子节点分别进行注册，这么做的出发点是父节点对子节点并不完全信任。

完成上层节点的注册之后，可作为入侵检测系统框架的组成部分正常工作。此后，上层节点对子节点的注册将不会再主动进行。

（2）建立安全会话

叶节点进行分布式入侵的检测工作是在注册完成之后。叶节点检测本地的入侵行为并做出响应，向父节点进行的报告跨越了本地的入侵行为和本地产生的告警。子节点与父节点之间建立安全会话之后才能完成这个操作。

需要在安全部件的互动协议（SCXP）的基础上完成父、子节点之间的通信。

SCXP 的设计是在可扩展交换协议（BEEP）的基础上完成的。BEEP 之所以能够为应用层协议的设计提供一套公用的服务，是因为它是一个 RFC 标准。在 BEEP 出现之前，所有的协议设计者在设计一种新的协议都无法逃脱这些问题的困扰：连接的建立、消息交换的形式、QoS、消息的初始化、异步通信、报告错误等。自从 BEEP 出现以后，以上问题得到了根本上的解决，协议设计者只需完成余下的 10% 或 20% 的工作即可。

从某种程度上说，SCXP 可以看作是 BEEP 的一个配置文件。SCXP 将和 BEEP 一起，保证入侵检测系统内部组件之间以及入侵检测系统和其他安全部件之间的通信服务的有效性。

可以把使用 SCXP 通信的双方称为 SCXP 对等体,之所以这么说,是因为 BEEP 是一个对等协议,通信双方可以被称作 BEEP 对等体,而 SCXP 对等体是否为入侵检测系统内部组件或者是其他安全部件没有直接关系。

在进行数据交换过程中,客户机(Client)和服务器(Server)的角色可由 SCXP 对等体来分别扮演。客户机是指发起数据交换的一方,另一方则是服务器。简单的客户机和服务器通信模型如图 8-9 所示。

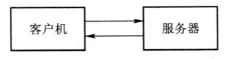

图 8-9 简单的客户机和服务器通信模型

在数据交换过程中,通信是在父节点和子节点作为 SCXP 对等体的情况下进行的。只有 BEEP 会话建立起来之后,一个 SCXP 对等体才能够与另一个 SCXP 对等体建立链接。父节点发起 BEEP 链接是比较首选的方式。安全性问题(譬如身份验证和加密)的协商需要利用 BEEP 的安全配置文件来进行。只有协商完成之后,对等体双方才可以互相交换"hello"信息,建立 SCXP 信道,进一步的数据交换才能够有效开展。

SCXP 信道建立的过程如图 8-10 所示。

图 8-10 SCXP 信道建立过程

(3)会话控制

父、子节点之间通信的安全性的保证得益于安全回话。子节点处于工作状态可以说是维持 BEEP 会话的有意义的前提条件。父、子节点之间的通信被迫中断的情况只有在没有任何通信的情况下就关闭会话的情形下才会发生,因此系统就需要在父、子节点之间采用 Heartbeat 信息。

在会话中,子节点想要父节点表明它们的当前状态可通过使用 Heartbeat 信息来实现,相邻的节点想要进行时间同步的话还可以利用 Heartbeat 中的时间戳来进行。Heartbeat 信息不是一成不变的,是一种周期性发送的信息,会在一定的时间内发送一次。子节点正在工作与否可通过父节点是否接收到子节点的信息来表明;子节点失效或者它的网络连接出现了异常可通过 Heartbeat 信息的缺少或者是连续的 Heartbeat 信息无法接收到来表明。

除了叶节点之外的任何上层节点都必须支持接收 Heartbeat 信息,但是对于 Heartbeat 信息的使用所有节点都要支持。管理器软件的开发者应该允许软件能够配置 Heartbeat 信息的时间间隔等信息。

Heartbeat 信息在父、子节点之间一条专用的 IDIP 信道一直存在着,与父、子节点之间是否存在真正的数据传输关系不大,只要子节点能够正常工作的话,Heartbeat 信道的存在会使得 BEEP 会话一直保持,从而有效保证了相邻节点之间会话的持续性。

（4）注销

系统中,没有有效设定注销消息。父节点将自动切断 BEEP 链接并注销该子节点的前提条件是,在规定的时间内父节点没有接收到来自子节点的 Heartbeat 消息。根据 Heartbeat 的间隔长度可以设定规定的时间长度。在注销的时候,通知管理员或产生安全日志的工作是由父节点入侵检测系统来完成的。入侵检测系统框架的安全性可通过注销来提高。

在注销完成之后,再次完成注册并重新建立新的 BEEP 会话是子节点再次与父节点进行通信的前提。

2. 运作机制

树状结构的安全由 CA 和 Heartbeat 信息保证,父子节点之间的通信安全由 IDIP 和 BEEP 保证。这些安全机制保证树状拓扑结构中各个节点都在无需考虑安全的前提下通信和工作,使得系统的效率和响应速度在很大程度上得到提高。

下面就通过一个例子来阐述一下系统的运作机制。

假设 A、B、C 以及 D 构成一个简单的树状结构,A 与 B 是叶节点,同时是 C 的子节点,C 是 D 的子节点,也就是说,D 是根节点。A 与 B 对本地全部网络业务进行监控,能够完成普通入侵检测系统所应完成的全部工作,除此之外,还需要将可疑的本地行为数据和告警向上发送给 C。A 与 B 送来的各种数据的接收是由 C 来完成的,A 与 B 构成的大区域内的全部网络行为也是由 C 来监控的,C 能够对整个网络中的所有行为有一个全面的把控,对于分布式攻击能够及时发现。

如果有 E 区域内的分支入侵检测系统想要加入整个系统的话,E 需要作为叶节点加入。使用单向鉴别协议完成与 C 之间的注册的前提条件是 E 区域在 C 的区域内,如图 8-11 所示。否则的话,申请加入其他区域内就非常有必要了,E 就需要相上节点进行查询询问,直到找到根节点 D 为止。若 E 刚好在根节点 D 管辖区域内的话,E 就可以直接作为 D 的子节点加入整个系统,如图 8-12 所示。

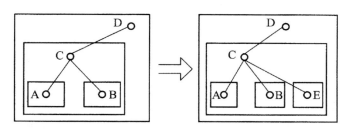

图 8-11　E 区域在 C 的管辖区域内

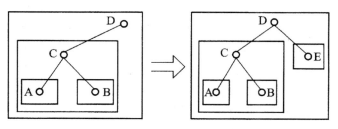

图 8-12　E 区域在 D 的管辖区域内

如果 E 不包含在 D 内的话,就说明需要加入新的根节点 F,作为 D 和 E 的父节点。这时需要使用双向鉴别协议完成 F 的注册,如图 8-13 所示。

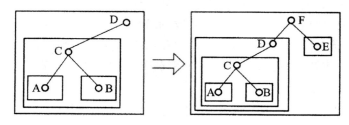

图 8-13　E 区域在 D 的管辖区域外

当整个入侵检测系统框架建好后,父节点接收子节点的 Heartbeat 信息来维持它们之间的安全信道。若 Heartbeat 无法正常工作的话就会完成注销工作。需要注意的是,当某个非叶节点注销时,会整体注销以该节点为根的整个分支。

3. 功能模块

一般情况下,一个入侵检测系统由采集器、分析器、管理器、数据库和响应器共同组成。以下 6 个功能是典型的安全管理要实现的功能。

1)数据收集和确认整理。大量数据的提取以及初步的有效性确认也包括在内。

2)统一化。为了针对后期的分析做好准备工作,将收集来的海量数据进行统一化处理非常有必要。

3)信息分类。按照所属的信息类型将收集来的海量数据进行分类,网络已经进行过信息分类可以说是实现这一步的前提条件。这点不可忽视,它能够在很大程度上提高数据的可利用性,降低误报的发生概率,从而降低人力浪费,这样的话,管理员的工作重心就会集中在关键的信息类型,使管理员的精力不用浪费在不必要的环节上。企业想要进行信息分类的话,可以由当前专门的信息安全顾问服务帮它完成这项工作。

4)与风险评估系统输出的弱点信息能够进行关联处理。能够有效地鉴别有效、无效、误报,对海量事件数据进行优先级排序是按照弱点和资产来实现的。这一步和信息分类的顺序可以进行调换。

5)分析。这一步是入侵检测系统的核心,也是安全管理产品的重要部分。

6)响应。响应不拘泥于某一种特定的格式,各种告警、日志、实时阻断等响应方式也会包括在内。

作为一个完整的大规模分布式入侵检测系统以下基本功能模块是必须具备的。

1)数据采集模块。该模块能够完成入侵检测系统进行分析各种数据的收集工作,根据采集数据类型的不同,数据采集模块还可分为日志采集模块、数据报采集模块和其他信息源采集模块三种模块。在完成数据的采集之后,需要将数据送往相应的分析模块。

2)分析模块。针对来自三种不同数据采集模块的数据,相应地就要有三种类型的数据分析模块,它们分别为:日志分析模块、数据报分析模块和其他信息源分析模块。

在数据分析过程中,数据过滤、数据分类以及初级告警的生成是日志分析模块和数据报分析模块的工作重心。为了提高分析的针对性,分析模块可将由数据采集模块收集到的大量的原始数据中安全的数据去除;对各种数据作进一步分类的操作,根据分析方式的不同存在一定的差异,此时的数据可以直接进行分析;分析结果将会在经过对各种不同的情况下的数据组合做分析操作之后才能够得到,需要将分析结果作为初级告警向上报告。

其他入侵检测系统和安全部件送往本地入侵检测系统的告警、日志和数据报是由其他信息源分析模块来处理的,在这些数据中,告警为占大多数。针对这些告警,将不符合标准格式的告警标准化即为所做工作的重点。对日志和数据报的处理同与前两种分析模块保持一致。

3)聚集模块。告警簇是由分析模块送出的初级告警形成的。告警簇的功能体现在能够对不同入侵检测系统的告警进行聚集,对其他安全部件产生告警进行聚集也是告警簇所要实现的主要功能之一。不同入侵检测系统对同一个攻击的告警的检测和聚集也是通过告警簇来实现的。实际上,聚集模块对低级告警的分类可以产生告警簇,会被直接送往上层决策模块的数据是那些属于跨越本分区的告警和数据。

4)合并模块。合并模块对由聚集模块产生的告警簇,能够进行有效地合并,从而产生一个中级告警,条件允许的话,中级告警会被合并模块发送给决策模块。

5)关联模块。对本地的分布式攻击的判定关联模块的作用非常强大,在关联模块的帮助下,本地全部的中级报警都可以进行融合进而发出本地高级告警,使得分布式攻击只得"缴械投降"。与此同时,也会将分析结果作为本地高级告警向上级报告。

在所有模块中,聚集模块、合并模块和关联模块三个模块最能直接体现大规模分布式入侵检测思想。想要更好地检测分布式入侵系统需要具有这些模块,然而这些模块对于入侵检测系统不是必须的,在没有这些模块的情况下仍然可以系统仍然能够正常完成入侵检测工作。

6)决策模块。对聚集模块、合并模块或关联模块上报的告警(和数据)做出决策是由决策模块来完成的,响应策略的选择根据入侵的情况来定,是否需要向上级节点发出告警也是由决策模块决定的。

7)协调模块。本地系统中各种安全问题(如果本地系统采用代理机制,协调模块还需负责对代理的分配和协调)的处理;本地节点与父节点和子节点之间的工作的协调,也就是拓扑结构的协调,主要包括涉及注册、注销等相关操作。以上两点体现了协调模块的主要功能。

8)响应模块。根据决策模块送出的策略,响应模块会采取相应的响应措施。忽略、向管理员报警、终止连接等是常见的措施。

9)管理平台。管理员与入侵检测系统交互的管理界面就是管理平台。在管理平台的帮助下,管理员可以手动处理响应,做出最终决策,实现对系统的配置、权限管理,对入侵特征库的手工维护等相关工作也可以在管理平台上完成。数据打印等辅助功能也是管理平台可以提供的。

10)互动接口。入侵检测系统与其他入侵检测系统之间的互动,入侵检测系统与防火墙之间的互动、入侵检测系统与响应部件之间的互动,都是通过互动接口实现的。数据和控制信息的互通可通过互动接口来有效实现。互动接口主要用于相邻节点之间的交互,这是以网络分层拓扑结构为出发点的。

11)数据存储模块。入侵特征、入侵事件等相关数据的存储可通过数据存储模块来实现,将信息存储之后对将来系统做进一步分析和取证等非常有帮助。

可以作为树状结构的节点之一检测网络中的攻击行为的入侵检测系统,需要具有以上模块。事实上,这些模块的定义在实际操作中意义不大,每个模块可能是由一个或多个具体的模块构成,能够在系统中有多处实现,每处的实现也有一定的差异。

4. 分层结构

在入侵检测系统设计中,虽然在各种入侵检测系统的表现形式各不相同,但是最终都可以归纳为这些模块依据层次结构进行交互,从而完成分析数据的工作,并对入侵行为进行相关处理。

想要降低入侵检测系统设计的复杂性的话,采用分层结构来进行入侵检测系统的设计是可以考虑的一个方向。在不同的入侵检测系统中,层次的数量、各层的名称、内容和功能均有一定的出入。然而,在所有的入侵检测系统中,每一层的目的都是完成一定的功能,向它的上一层提供一定的服务,而如何实现这一服务的细节对上层来说是不可知的。

如图 8-14 所示,大规模分布式入侵检测系统结构模型包括采集、分析、融合和协调管理这四层。在这个四层模型中,采集层主要采集入侵检测系统进行分析的数据;分析层对各种原始数据进行过滤、分类并产生低级告警;融合层对低级告警进一步分析,通过融合层能够发现分布式攻击,这一层明显地体现了系统针对分布式的特点;协调管理层的工作是对整个系统进行统筹管理,响应本地入侵行为,上报高级告警,并与管理员交互。

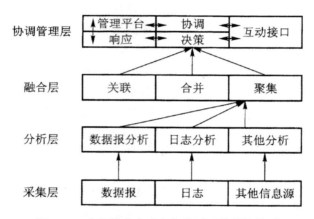

图 8-14 大规模分布式入侵检测系统结构模型

采集层与分析层构成入侵检测系统的检测引擎,也就是所谓的传感器;协调管理层构成入侵检测系统的管理控制台;而融合层具有分布式特点,此处融合的概念不局限于数据融合,主要是对告警的融合分析并得出高级告警的融合方式。因此,一般情况下,只要拥有采集层、分析层和协调管理层,完整意义上的入侵检测系统就可以被有效构建。

分层结构表示各个模块协调工作,分析入侵的情况,数据从底层向上层传送的过程中,经过相关的分析依次得出低级告警、中级告警和高级告警。数据在整个层次中的流动过程如图 8-15 所示。

依据分布式的特点,我们根据网络的拓扑结构来详细描述网络的层次结构,可通过一个类似树状的结构来有效表示网络中的各种行为。在树状结构中,每个节点负责子节点之间的行为描述,较高层次的节点代表较大的网络范围,较低层次的节点代表较小的网络范围,父节点包括所有子节点网络。

另外,在每个节点的设计实现必须依照四层设计思想来完成,根据这种四层设计思想构建大规模分布式入侵检测系统。每个节点在作为分布式 IDS 的一部分的同时,也是独立的 IDS,依据工作流程可以分为不同的功能模块。这些功能模块在 IDS 是不可或缺的组成部分。如果在设计中缺少了其中任何一个模块,基本的入侵检测功能就无法被完成。

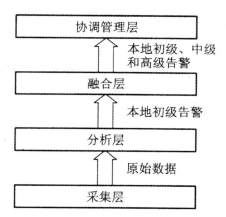

图 8-15　数据在大规模分布入侵检测系统层次间的流动

通过前面的阐述可以看出,用树状拓扑结构来分析整个网络,这种树状的结构最大程度上体现了分布式检测的思想,并具有的灵活性也是非常好的,使得整个系统缩放自如,系统不会因为网络规模的扩大而受到任何受到限制。根据四层结构标准来构架 IDS 系统,进行入侵检测的工作,使各层的设计以及各层次之间的通信更加简单统一。

8.4.2　入侵检测技术的部署

截止到目前,用户网络环境中常见的网络拓扑结构有:总线拓扑、星形拓扑、树形拓扑以及混合型拓扑。针对以上常见的网络拓扑,入侵检测技术通常采用两种部署方式:独立式部署和分布式部署。

1. 单一内网环境部署策略

在一个典型的网络环境中部署了三个网络引擎,具体部署如图 8-16 所示。DMZ 区和外网中的网络引擎以被动方式运行(即控制台主机主动发起连接从中"拉"数据),而网络引擎 1 可以配置为主动方式和被动方式两种方式中的一种。控制台主机可以同时监控位于三个不同区域网络引擎的状态并处理传送回来的实时信息。

2. 多内网环境部署策略

每个内部子网通过单独的防火墙与外网进行连接,公开网段是控制台主机所处的位置,它对位于各个内网的网络引擎能够有效监控,如图 8-17 所示。

3. DMZ 区重点监控

在 DMZ 区中通过分接器给每个关键应用服务器连接一个专门的网络引擎,使得关键主机的重点监控得到保证,这在一定程度上加强了监测的针对性引擎,给过滤策略和检测策略的定制提供了方便,如图 8-18 所示。

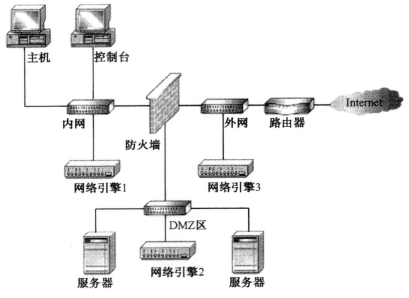

图 8-16　入侵检测系统单一内网环境部署示意图

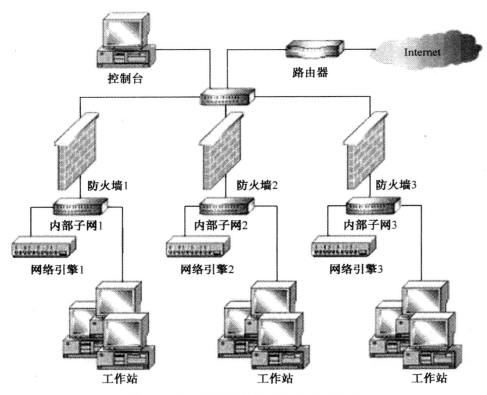

图 8-17　入侵检测系统多内网环境部署示意图

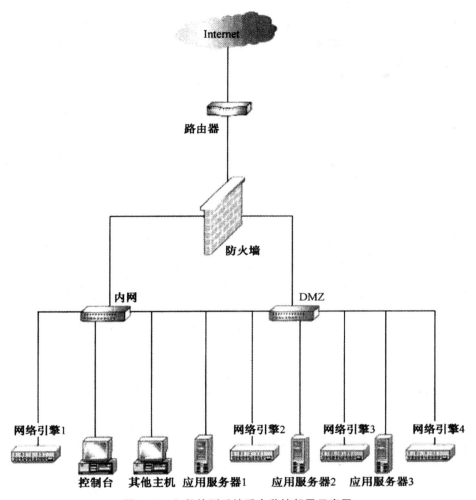

图 8-18　入侵检测系统重点监控部署示意图

4. 多网段监控

网络中划分多个网段时,通常每个网段需要配置一个入侵检测引擎,使得系统的成本不断增加。对于网络流量不是很高,同时又划分多个网段的网络,入侵检测系统提供了一个引擎同时监控多个网段的功能。在图 8-19 所示的多网段监控应用方案中,通过一个入侵检测引擎可以同时监听 2～7 个网段,可以监控内部网内 2～7 个节点内的所有主机,减少引擎个数,方便管理,对设定策略的提供了方便;使网络部署成本有了有效的降低。

5. 透明部署模式

通常情况下,入侵检测是以混杂模式工作来监听网络上的数据包,在一些特殊的网络环境中这样的工作方式适用性比较差。入侵检测引擎工作能够在网桥模式下,这样,路由器与防火墙之间无需再接出一个 HUB 或交换机用于接入引擎,部署方便简洁,如图 8-20 所示。

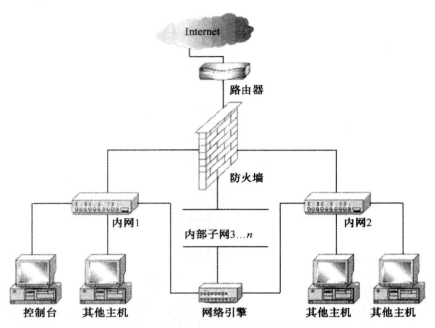

图 8-19　入侵检测系统多网段监控部署示意图

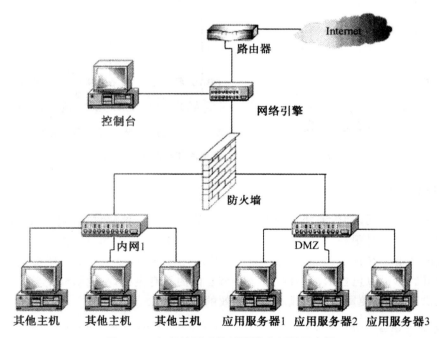

图 8-20　入侵检测系统透明模式部署示意图

6. 网络分级监控

在网络分级监控部署中,网络引擎 1 检测从外部网来的攻击;网络引擎 2 检测经过防火墙的攻击,网络引擎 3 检测内部网的攻击及异常行为,具体实现如图 8-21 所示。

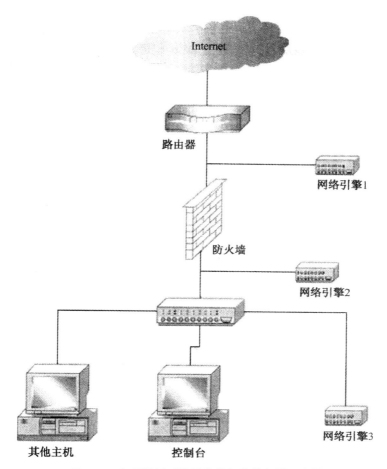

图 8-21 入侵检测系统网络分级监控部署示意图

8.5 入侵防护系统

在网络安全防护中,防火墙和入侵检测系统都是非常重要的。防火墙的作用是实施访问控制策略,检测流经防火墙的流量,拦截不符合安全策略要求的数据包。入侵检测系统则是通过监视网络和系统中的数据流,检测是否存在有违反安全策略的行为或攻击迹象,若有则发出报警通知管理员采取应对措施。

网络流量是传统的防火墙可以仅能够组织的,但对于入侵行动却无能为力。绝大多数的入侵检测系统仅能发现存在的异样数据流,却无法提前预测即将发送的入侵行为。随着入侵技术的发展,软件和网络受到的攻击现象日益增多,传统的防火墙和入侵检测技术对攻击行为的响应越来越迟缓,为了应对日益增长的威胁,安全厂商纷纷推出不同的 IPS 产品。

IPS(Intrusion Prevention System)称为入侵防护系统,是一种积极主动的防范入侵和阻止攻击的系统设备。当 IPS 检测到有异常流量时,不仅能自动发送警报信息,还会自动丢弃危险包或阻断连接,并能提前拦截入侵行为,阻止攻击性网络流量。IPS 检测入侵的方式和 IDS 比较相似,但它改变了大多数 IDS 的被动的特点,采取的是一种实时检测和主动防御的工作方式。

8.5.1　入侵防护系统的工作原理

IPS 直接嵌入到网络流量中对数据流进行检测,它通过一个网络端口接收网络上传输的流量,数据流量经过 IPS 处理引擎被并行进行深层次检测,会通过另外一个端口传送出去正常的数据流,异常数据包及其后续部分则会在 IPS 设备中被删除掉。

传统的防火墙能检测网络层和传输层的数据,应用层的内容无法被检测,且其多采用包滤技术,不会针对每一个字节进行细致检查,因而无法发现攻击活动。IPS 对传统软件串行过滤检测技术进行改进,在过滤器引擎集合了大规模并行处理硬件,能够同时执行数千次的数据包过滤检查,并确保数据包不间断地快速通过系统,加快了处理速度,在检测大量数据流时避免成为网络中的"塞车点"。

如图 9-15 所示,IPS 数据包处理引擎是定制的一个专业化集成电路,许多种类的过滤器都包含在里面,每种过滤器负责分析相对应类型的数据包,这些过滤器采用并行处理检测和协议重组分析的手段深层细致地检测数据包的详细内容,如图 9-15 中 A 处,在一个时钟周期内能遍历所有数据包过滤器,将数据包逐一字节地检查,并将这些数据包依据报头信息(例如,源 IP 地址、目的 IP 地址、端口号和应用域等)和信息参数来分类,如图 9-15 中 B 处,然后根据确定的具体应用协议对数据包进行筛选,若任何数据包都符合匹配要求,则标志为命中,如图 9-15 中 C 处。检测结果为命中的数据包会被丢弃,与之相关的流状态信息也被更新来指示。IPS 丢弃该流中剩余的所有内容,如图 8-22 中 D 处。检测结果为安全的数据包可以继续前进,如图 9-15 中 E 处。

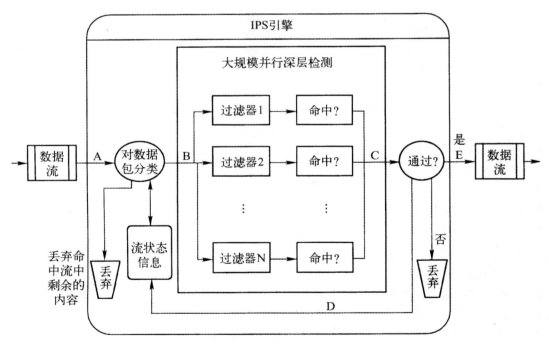

图 8-22　IPS 工作原理

针对不同的攻击行为,IPS 有不同的过滤器。若有攻击者利用从数据链路层到应用层的漏洞发起攻击,IPS 都能从数据流中检查出并加以阻止。IPS 具有自学习和自适应的能力,当新的攻击手段被发现后,能根据所在网络的通信环境和被入侵的情况,分析和抽取新型攻击特征来更新特征库,使新的安全防御策略被有效制定出来,创建一个新的过滤器来加以阻止。IPS 依靠过滤器中定义得非常广泛的过滤规则,提高了自身的过滤准确性。

8.5.2　入侵防护系统的优点

入侵防护系统也有两种主要的实现方式,一种是基于主机的入侵防护(HIPS),它依靠软件系统直接部署在关键主机系统中;另一种是基于网络的入侵防护(NIPS),它依靠软件或专门的硬件系统,直接嵌入网段中,保护网段中的所有系统。其中,NIPS 使用最为广泛。

基于网络的入侵防护系统通常会集成多种检测机制,降低误测率,提高检测效果。NIPS 对实时性和系统性能要求很高,故通常被设计成特定的硬件平台,类似于交换机、路由器等网络设备,能提供多个网络端口,实现千兆级及以上网络流量的深层次数据包检测功能。

NIPS 具有以下优点。

(1)嵌入式运行

IPS 嵌入式运行不仅可实时阻拦可疑的数据包,还能对拦截和丢弃可疑数据流的剩余部分。

(2)深入分析能力

IPS 能根据攻击类型、策略等来确定哪些入侵流量应该被拦截,哪些已经被拦截。

(3)高质量的入侵特征库

IPS 拥有一个高质量的入侵特征库,这是高效运行的必备前提,同时 IPS 具有自学习的能力,入侵特征库会被定期升级更新,并高速应用到所有传感器。

(4)高效处理能力

IPS 的并行处理引擎具有高效处理数据包的能力,对整个网络性能几乎不会造成影响。

(5)平台易部署

HIPS 对操作系统和应用程序有要求。主机只能安装对应操作系统的 HIPS 版本。NIPS 对网段中所有设备提供防护策略时,防护对象的操作系统及应用程序版本问题是其可以不用考虑的。

(6)保护范围广

并非所有的攻击行为都是针对主机的。NIPS 工作于网络层,它探测的范围更加广泛,在保护主机的同时,还能保护网段中的其他网络设备,如路由器、打印机等。

(7)扩展性强

一个探测器就能够保护其所在网段中的大部分主机系统,部署几个探测器就能监控整个网络的流量,而且可以根据网络体系结构的变化灵活地扩展安全防护的范围。

(8)主动应对攻击

对于网络 DDoS、SYN 等利用大量数据包阻塞网络流量,造成服务器瘫痪、网络带宽资源耗尽、网络性能低下等情况,NIPS 均能主动采取防御措施,而不是被动地"坐以待毙"。

除上述特点外,虚拟补丁、反间谍、流量过滤等功能是有些 IPS 可以提供的。IPS 自动拦截针对主机的有害行为,给这些主机提供安装补丁的时间缓冲。它可以发现并及时阻断间谍软件,保护网络中的机密数据。它能过滤正常流量中的入侵流量或消耗型下载流量,让网络回归正常、高速、干净的环境。

8.5.3 入侵防护系统的主要应用

近年来,企业、学校所面临的安全问题越来越复杂,安全威胁日益增多,例如,病毒木马、DDoS攻击、垃圾邮件等,入侵防护系统的应用,给企业、校园网络安全又增加了一个保护层。

1. IPS在企业网络中的应用

传统企业的业务系统体系比较封闭,多是采用物理隔离模式来控制网络,近年来,很多企业的系统业务与外界的接触逐渐增多,特别是随着网络技术的普及,类似三网融合、与银行联网合作、网络服务平台建设等需求发展迅速,很多企业的业务系统的跨网运行已经得以顺利实现。

就在这些企业开始利用网络技术构建各种适应现代化发展需要的网络运营模式时,网络安全隐患和风险也随之而来,这些来自于网络内、外的威胁包括:DDoS攻击、木马蠕虫攻击等。来自外部应用层的攻击,或占用带宽、内部信息泄露等影响工作效率和企业机密的内部安全威胁。企业防火墙只能起到部分控制访问的作用,传统的检查手段对员工的上网行为也无法做到有效监管。针对上述需求,采用IPS与原有的防火墙技术相结合,能为企业业务系统提供更完善的防护方案。

IPS拥有统一检测引擎、深度内容检测和集成电路硬件检查等技术,各种应用层的攻击得以被有效防御。同时,IPS拥有上网行为管理功能。IPS既注重外部控制又注重内部管理,企业的网管员借助IPS,既防范了来自外部的恶意攻击行为,又优化了内部网络资源,为企业信息系统的稳定运行提供了有力保障。

2. IPS在校园网络中的应用

随着网络的日益普及,几乎所有的高校都建立有自己的校园网,随之也带来了各种各样的安全问题。目前,校园网的主要功能一般集中在网络教学和互联网的使用两方面,出于对校园网的保护,许多校园网对校园内部访问互联网做了许多的限制。例如,各种P2P软件在校园内部应用十分广泛,大量无限制的P2P连接占用了较多的网络带宽,给校园网络正常运行带来极大的干扰,同时也埋下了安全隐患——校园网内部的私人计算机较多,增加了校方统一管理的难度,更无法统一安装防病毒软件,阻止校园网内部的病毒传播也是维护校园网络安全的重要方面。

校园网防火墙可控制网络访问,但对于利用防火墙允许通过的协议发起的攻击行为却无能为力,对于类似邮件传播的蠕虫病毒也无法阻挡,而杀毒软件也仅能检测出已知病毒,属于被动防御,主动防御的能力目前只能依靠IPS提供。校园网中串行部署IPS,不仅可作为实时的深层的防御产品,又能保持正常校园网较高的可用性,从而保证校园网的安全运行。

第9章　信息隐藏与数字水印技术

9.1　信息隐藏概述

随着安全技术和网络多媒体技术的发展，近年来国际信息技术领域出现了一个新的研究方向——信息隐藏技术（Information Hiding Techniques）。该技术与密码技术的区别在于：前者隐藏信息的"内容"，后者则隐藏信息的"存在性"。该技术的出现，将会给网络多媒体信息的安全保存和传送开辟一条全新的途径。

9.1.1　信息隐藏的特点

信息隐藏的目的不在于限制正常的资料存取，而在于保证隐藏数据不被侵犯和发现。因此，信息隐藏技术必须考虑正常的信息操作所造成的威胁，即要使机密资料对正常的数据操作技术具有免疫能力。这种免疫力的关键是要使隐藏信息部分不易被正常的数据操作所破坏。根据信息隐藏的目的和技术要求，该技术具有以下一些特点。

（1）安全性（Security）

指隐藏算法有较强的抗攻击能力，即它必须能够承受一定程度的人为攻击，而使隐藏信息不会被破坏。

（2）自恢复性（self-recovery）

由于经过一些操作或变换后，可能会使原图产生较大的破坏，如果只从留下的片段数据仍能恢复隐藏信号，而且恢复过程不需要宿主信号，这就是所谓的自恢复性。

（3）鲁棒性（Robustness）

指不因数据文件的某种改动而导致隐藏信息丢失的能力。这里所谓"改动"包括传输过程中的信道噪音、滤波操作、重采样、有损编码压缩、D/A 或 A/D 转换等。

（4）不可检测性（Undetectability）

指隐蔽载体与原始载体具有一致的特性。如具有一致的统计噪声分布等，使非法拦截者无法判断是否有隐蔽信息。

（5）透明性（Invisibility）

利用人类视觉系统或人类听觉系统属性，经过一系列隐藏处理，使目标数据没有明显的降质现象，而隐藏的数据却无法看见或听见。

信息隐藏不同于传统的加密，因为其目的不在于限制正常的资料存取，而在于保证隐藏数据不被侵犯和发现。因此，信息隐藏技术必须考虑正常的信息操作所造成的威胁，即要使机密资料不易被正常的数据操作（如通常的信号变换操作或数据压缩）所破坏。

尽管信息隐藏技术起源于保密通信，但近几年来，由于互联网市场的迫切需求，数字多媒体水印技术及其应用已成为信息隐藏技术研究的重点。对于某一特定的信息隐藏算法来讲，它不可能在上述的衡量准则下同时达到最优。显然，数据的嵌入量越大，签字信号对原始主信号感知效果的影响也会越大；而签字信号的鲁棒性越好，其不可检测性也会随之降低，反之亦然。

9.1.2 信息隐藏的分类

从总的方面来说，信息隐藏技术可以分为几类：

1）按密钥分类。如果嵌入和提取隐藏信息采用相同密钥（$K_1 = K_2$），则称其为对称隐藏算法，否则称为非对称（公钥）隐藏算法。

2）载体类型分类。有文本、数据、语言、视频和图像等信息隐藏技术。

3）按嵌入域分类。可分为空域（或时域）方法和变换域方法。空域替换方法采用待隐藏的信息替换给定载体信息中的冗余部分来实现。目前，多数信息隐藏技术采用变换域技术，即把待隐藏的信息嵌入到载体的一个变换域空间（如频域）中。后者优点要比前者更多。

4）按提取形式分类。无需利用原始载体 C 来提取隐藏信息，则称为盲隐藏；否则称为非盲隐藏。

5）按保护对象分类。主要分为隐写术和水印技术。前者主要用于保密通道，保护对象为隐藏的信息；后者主要用于版权保护及真伪鉴别之类。最终保护的仍然是载体。

9.1.3 信息隐藏的基本过程

1. 信息隐藏嵌入过程

1）对原始主信号作信号变换。

2）对原始主信号作感知分析。

3）在步骤 2）的基础上，基于事先给定的关键字，在变换域上将隐藏信息嵌入主信号，得到带有隐藏信息的主信号。

2. 信息隐藏检测过程

1）对原始主信号作感知分析。

2）在步骤 1）的基础上，基于事先给定的关键字，在变换域上将原始主信号和可能带有隐藏信息的主信号作对比，判断是否存在隐藏信息。

9.1.4 信息隐藏技术的应用

信息隐藏技术作为一种新兴的信息安全技术已经被许多应用领域所采用。并且，不同的应用背景对其技术要求也不尽相同。

1. 版权保护

到目前为止，信息隐藏技术的绝大部分研究成果都是在这一领域中取得应用的。信息隐藏技术在应用于版权保护时，所嵌入的签字信号通常被称作"数字水印"。版权保护所需嵌入的数据量最小，但对签字信号的安全性和鲁棒性要求也最高，甚至是十分苛刻的。为明确起见，应用于版权保护的信息隐藏技术一般称作"鲁棒型水印技术"，而所嵌入的签字信号则相应的称作"鲁棒型水印"，从而与下文将要提到的"脆弱型水印"区别开来。一般所提到的"数字水印"则多指鲁棒型水印。

由于鲁棒型数字水印用于确认原始信号的原作者或版权的合法拥有者,因此,它必须保证对原始版权的准确无误的标识。因为数字水印时刻面临着用户或侵权者无意或恶意的破坏,所以,鲁棒型水印技术必须保证在原始信号可能发生的各种失真变换下,以及各种恶意攻击下都具备很高的抵抗能力。与此同时,由于要求保证原始信号的感知效果尽可能不被破坏,因此,对鲁棒型水印的不可见性也有很高的要求。如何设计一套完美的数字水印算法,并伴随以制定相应的安全体系结构和标准,从而实现真正实用的版权保护方案,是信息隐藏技术最具挑战性也极具吸引力的一个课题。目前,尚无十分有效地应用于实际版权保护的鲁棒水印算法。

2. 数据篡改验证

当数字作品被用于法律、医学、新闻及商业领域,常常需要确定其内容是否被修改、伪造或进行过某些特殊的处理,"脆弱型水印技术"为数据篡改验证提供了一种新的解决途径。该水印技术在原始真实信号中嵌入某种标记信息,通过鉴别这些标记信息的改动,达到对原始数据完整性检验的目的。

与鲁棒型水印不同的是,脆弱型水印应随着主信号的变动而做出相应的改变,即体现出脆弱性。但是,脆弱型水印的脆弱性并不是绝对的,对主信号的某些必要性操作,如修剪或压缩,脆弱型水印也应体现出一定的鲁棒性,从而将这些不影响主信号最终可信度的操作与那些蓄意破坏操作区分开来。另一方面,对脆弱型水印的不可见性和所嵌入数据量的要求与鲁棒型水印是近似的。

3. 扩充数据的嵌入

扩充数据包括对主信号的描述或参考信息、控制信息,以及其他媒体信号等。描述信息可以是特征定位信息、标题或内容注释信息等,而控制信息的嵌入则可实现对主信号的存取控制和监测。例如,一方面针对不同所有权级别的用户,可以分别授予不同的存取权限。另一方面,也可通过嵌入一类通常被称作"时间戳"的信息。以跟踪某一特定内容对象的创建、行为以及被修改的历史。这样,利用信息隐藏技术可实现对这一对象历史使用操作信息的记录,而无需在原信号上附加头文件或历史文件,因为使用附加文件,一是容易被改动或丢失,二是需要更多的传输带宽和存储空间。与此同时,在给定的主信号中还可嵌入其他完整而有意义的媒体信号,如在给定视频序列中嵌入另一视频序列。因此,信息隐藏技术提供了这样一种非常有意义的应用前景,它允许用户将多媒体信息剪裁成他们所需要的形式和内容。例如,在某一频道内收看电视,可以通过信息隐藏方法在所播放的同一个电视节目中嵌入更多的镜头以及多种语言跟踪,使用户能够按照个人的喜好和指定的语言方式播放。这在一定意义上实现了视频点播(Video on Demand,VOD)的功能,而其最大的优点在于它减少了一般 VOD 服务所需的传输带宽和存储空间。

9.2　信息隐藏的方法

隐藏算法的结果应该具有较高的安全性和不可察觉性,并要求有一定的隐藏容量。隐写术和数字水印在隐藏的原理和方法等方面基本上是相同的,不同的是它们的目的。隐写术是为了秘密通信,而数字水印是为了证明所有权,因而数字水印技术在健壮性方面的要求更严格一些。

信息隐藏的方法主要分为两类:空间域算法和变换域算法。空间域算法通过改变载体信息的空间域特性来隐藏信息；变换域算法通过改变数据（主要指图像、音频、视频等）变换域的一些系数来隐藏信息。

9.2.1 基于空间域算法的信息隐藏方法

基于空域的信息隐藏方法是指在图像和视频的空域上进行信息隐藏，通过直接改变宿主图像/视频的某些像素的值来嵌入标志信息（水印）。较早的信息隐藏算法从本质上说都是空间域上的，隐藏信息直接加载在数据上，载体数据在嵌入信息前不需要经过任何处理。

（1）空间域算法的视觉理论基础

由于受灰度分辨率的限制，尽管 HVS（视觉系统）在比较两个物体的不同亮度时有较好的分辨能力，但在决定物体的绝对亮度上比较困难。在感觉一个物体的亮度时，不但受物体的客观照度的影响，还受物体周围的亮度的影响。因此，对图像灰度值一定范围内的改变，HVS 可能察觉不到。简而言之，HVS 只可能辨别超过一定门限（阈值）的灰度变化，而这个门限受图像的信息和频率特性的影响，这就是 HVS 的对比度特性。

Weber 定律对 HVS 的对比度特性所作的定量的描述如下。

Weber 定律是指假设物体背景的亮度是均匀的，表示为 B，则刚好可以被 HVS 识别的物体亮度应为 $B+\Delta B$，且 ΔB 满足：$\Delta B/B \approx 0.2$。

其中，ΔB 为恰好识别的亮度差（JND），$\Delta B/B$ 称为 Weber 比。

Weber 定律说明，物体要能被 HVS 识别，其亮度与背景必须存在一个亮度差，但是，该亮度差与背景亮度无关。

近年来的一些对 HVS 的进一步研究表明，对比度的敏感门限与背景亮度的关系更接近指数规律，因此人们提出了一些更准确的对比度敏感函数。对比度敏感门限可表示为：

$$\Delta B = B_0 \max\{1, B/B_0\}^a$$

式中，B_0 为当 $B=0$ 时的对比度敏感门限；a 为常数，根据视觉生理实验，其值为 0.6～0.7。

从 HVS 的对比度特性，我们可以看到这样的一个事实：可以对图像的像素灰度值做一定程度的改变而不为 HVS 所察觉。所允许改变的量来自于 HVS 亮度分辨率有限，对绝对亮度分辨率能力较低；HVS 对某个像素区域的亮度分辨能力受周围背景亮度的影响。通常，空域信息隐藏算法就是利用这些特性来改善数据的健壮性，以达到隐藏秘密信息的目的。

（2）基于替换最低有效位（LSB）算法的空域信息隐藏方法

基于替换 LSB 的空域信息隐藏是空域信息隐藏方法中最简单和最典型的一种，LSB（Least Significant Bit）算法是空间域水印算法的代表算法，该算法是利用原数据的最低几位来隐藏信息，也就是说图像部分像素的最低一个或多个位平面的值被隐藏数据所替换。即载体像素的 LSB 平面先被设置为"0"，然后根据需要隐藏的数据改变为"1"或不变，以达到隐藏数据的目的。由于图像都存在着一定的噪声，LSB 的变化可以被噪声掩盖，这就是替换 LSB 来隐藏信息的依据。对于数字图像，就是通过修改表示数字图像颜色（或者颜色分量）的较低位平面，即通过调整数字图像中对感知不重要的像素低比特位来表达水印的信息，达到嵌入水印信息的目的。改变 LSB 主要是因为不重要数据的调整对原始图像的视觉效果影响较小。

大量的实践证明，将隐藏数据嵌入至最低位比特，对宿主图像的图像品质影响最小，其嵌入容量最多为图像文件大小的 1/8，但是需要注意的问题是嵌入隐藏信息后，宿主图像的品质会变差。

　　LSB 算法的优点是算法简单,嵌入和提取时不需耗费很大的计算量,计算速度通常比较快,而且很多算法在提取信息时不需要原始图像。但采用此方法实现的水印是很脆弱的,无法经受一些无损和有损的信息处理,不能抵抗如图像的几何变形、噪声污染和压缩等处理。

　　(3)基于调色板图像的信息隐藏方法

　　为了节省存储空间,将一幅彩色图像最具有代表性的颜色组选取出来,利用 3 个字节分别记录每个颜色,将其存放在文件头部,这就是调色板;然后针对图像中的每个像素的 RGB 值,在调色板中找到最接近的颜色,记录其索引值(Index)。调色板的颜色总数若为 256,则需要用 1 个字节来记录每个颜色在调色板中的索引值;最后,再使用非失真压缩技术,如 LZW 将这些索引值压缩后存储在文件中。在这类图像文件的存储格式中,最具有代表性的就是 GIF 格式文件。

　　在早些时候,信息是被隐藏在彩色图像的这个调色板中,利用调色板中的颜色排列次序来表示嵌入的信息,由于这种方法并没有改变每个像素的颜色值,只是改变了调色板中颜色的排列号,因此嵌入信息后的图像(宿主信息)与原始图像是一模一样的。但是,该方法嵌入的信息量小,无论宿主图像的尺寸有多大,可嵌入的信息量最多为调色板颜色的总数,因此嵌入信息量小是该方法的缺点之一。再加上有些图像处理软件在产生调色板时,为了减少搜寻调色板的平均时间,会根据图像本身的特性去调整调色板颜色的排列次序,所以在嵌入秘密信息时,改变调色板颜色的次序,自然会暴露嵌入的行为。后来研发出来的技术就不再将秘密信息隐藏在调色板中,而是直接嵌入到每个像素的颜色值上,这些嵌入的秘密信息的容量和图像的大小成正比,而不再局限于调色板的大小。

　　另外一种秘密信息嵌入法是将秘密信息嵌入在每个像素的索引值中。由于调色板中相邻颜色的差异可能很大,因此直接在某个索引值的最低比特上嵌入信息。虽然索引值的误差仅仅为 1,但是像素的颜色也可能变化很大,使整张图像看起来极不自然,增加了暴露嵌入行为的风险。为了弥补这个缺陷,一种直觉的做法是先将调色板中的颜色排序,使其相邻的颜色差异缩小。但是如前所述,如果更改调色板中颜色的次序,也有暴露嵌入行为的风险。Romana Machado 提出了一种改进方法,其秘密信息嵌入过程如下所列:

　　1)复制一份调色板,依颜色的亮度排序,使得在新调色板中,相邻颜色之间的差异减至最小。

　　2)找出预嵌入秘密信息的像素颜色值的新索引值。

　　3)在预嵌入的秘密信息中取出一个比特的信息,将其嵌入至新索引值的最低比特位。

　　4)取出嵌入秘密信息后索引值的 RGB 值。

　　5)找出这个 RGB 值在原始调色板中的索引值。

　　6)将这个像素索引值改成步骤 5)找到的索引值。

　　而提取秘密信息时的步骤如下:

　　1)复制一个调色板,并依颜色的亮度排序;

　　2)取出一个像素,在旧调色板中根据索引值取出其颜色的 RGB 值。

　　3)找出这个 RGB 值在新调色板中的索引值。

　　4)取出这个索引值的 LSB,即得到所需要的秘密信息。

　　(4)其他空域信息隐藏方法

　　许多研究者还提出了其他一些空域信息隐藏方法,例如 Schndel R. G. Van 等提出的利用一个扩展的 m 序列作为秘密信息并把其嵌入到图像的每行像素的 LSB 中,其主要缺点是抗 JPEG 压缩的健壮性不好,且由于所有像素的 LSB 全部改变和利用 m 序列而易受到攻击;Wolfgang

等在此基础上做了改进,把 m 序列扩展成二维,并应用互相关函数改进了检测过程,从而提高了健壮性。Bruyndoncky 等提出了一种基于空域分块的方法,通过改变块均值来嵌入秘密信息。Nikolaidis 等根据一个二进制伪随机序列,把图像中的所有像素分为两个子集,改变其中一个子集的像素值来嵌入秘密信息。

9.2.2 基于变换域的信息隐藏方法

基于变换域的信息隐藏方法是借助于信号在进行正交变换后能量重新分布的特点,在变换域中进行信息隐藏,这可以较好地解决不可感知性和健壮性的矛盾。它是在宿主图像的显著区域隐藏信息,例如压缩、裁减及其他一些图像处理,这样该方法不仅能够更好地抗击各种信号的干扰,而且还保持了人类器官对其的不可觉察性。因此,目前基于变换域的信息隐藏方法在信息隐藏的研究中占主流。

目前有许多基于变换域的信息隐藏方法,包括离散余弦变换(DCT)、小波变换(WT)、傅氏变换(FT),以及哈达马变换(HT)等,其中 DCT 是最常用的变换之一。

(1)基于变换域的信息隐藏技术

以余弦变换的 JPEG 图像文件隐藏为例,JPEG 图像压缩属于一种分块压缩技术,每个分块大小为 8 像素×8 像素,由左而右、由上而下依序对每个分块分别去做压缩。以灰阶图像模式为例,它的压缩步骤为:

1)分块中每个像素灰阶值都减去 128。

2)将这些值利用 DCT 变换,得到 64 个系数。

3)将这些系数分别除以量化表中对应的值,并将结果四舍五入。

4)将二维排列的 64 个量化值,使用 Zigzag 次序表(表 9-1)转化成一维排序。

5)将一串连续的 0 配上一个非 0 的量化值,当成一个符号,并用 Huffman 码来编码。

表 9-1 Zigzag 次序表

0	1	5	6	14	15	27	28
2	4	7	13	16	26	29	42
3	8	12	17	25	30	41	43
9	11	18	24	31	40	44	53
10	19	23	32	39	45	52	54
20	22	33	38	46	51	55	60
21	34	37	47	50	56	59	61
35	36	48	49	57	58	62	63

在整个压缩过程中,用系数分别除以量化表中对应的值会造成失真,因为量化表中的值越大,则压缩倍率就越大,而图像品质也就越差。在 JPEG 标准规范中,并没有强制限定量化中的值为什么,只是提供了一个参考的标准量化表(表 9-2)。一般的图像软件在压缩前都会让用户选定压缩品质等级,然后再根据下列计算公式计算出新的量化表。

表 9-2　JPEG 标准量化表

16	11	10	16	24	40	51	61
12	12	14	19	26	58	60	55
14	13	16	24	40	57	69	56
14	17	22	29	51	87	80	62
18	22	37	56	68	109	103	77
24	35	55	64	81	104	113	92
49	64	78	87	103	121	120	101
72	92	95	98	112	110	103	99

$$scalefactor = \begin{cases} 5000/quality, & quality \leqslant 50 \\ 200 - quality \times 2, & quality > 50 \end{cases}$$

$$quantization[i,j] = (staquantization[i,j] \times scalefactor + 50)/100$$

式中各变量的含义分别如下：

- quality 表示用户设定的压缩品质等级。
- stdquantization$[i,j]$ 表示标准化量化表中的第 (i,j) 个值。
- quantization$[i,j]$ 表示计算出来的信量化表。

为了确保嵌入的秘密信息不会遭受破坏，嵌入秘密信息必须在量化之前进行。若直接将秘密信息嵌入在四舍五入后整数系数的最低比特位，那么嵌入所造成的最大可能误差为 1，再加上前面四舍五入产生的最大可能误差，这样最大可能误差达到 1.5。

如图 9-1 所示是一个针对每一个分块的嵌入与取出的流程图。从图中可以看出在取出嵌入的秘密信息时，并不需要将整张图像解压缩，只要将 Huffman 码解码后，即可检查每一个非 0 系数的最低比特，也即可以取出所嵌入的秘密信息了。

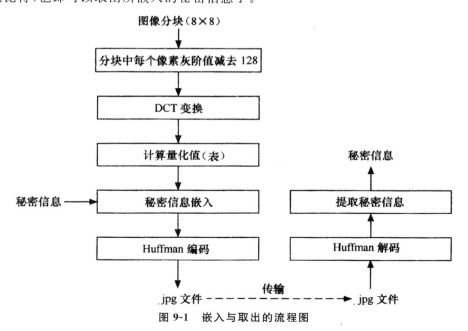

图 9-1　嵌入与取出的流程图

事实上,要将秘密信息嵌入到 JPEG 压缩文件中并不容易,这是因为图像中许多容易嵌入信息的地方,都已经被压缩掉了,压缩的倍率越高,嵌入越不容易,而且嵌入的信息越多,图像的品质越来越差。

(2)基于压缩的信息隐藏方法

通常,由于数据量巨大,图像与视频在很多场合下是以压缩的形式存储和传输的。如果是需要对宿主信息压缩后的信息进行处理,则需要经过下列过程(图 9-2)。

$$压缩码流 \longrightarrow \boxed{解压缩} \longrightarrow \boxed{处理} \longrightarrow \boxed{压缩} \longrightarrow 压缩码流$$

图 9-2　压缩码流的处理流程

从图中可以看出,需要经过一个解压缩和再压缩的过程,增加计算复杂度,但这却是压缩域信息隐藏方法的一个优点。在信息隐藏中,压缩域的嵌入方法还有一个优势,由于压缩对于隐藏信息相当于一次攻击,压缩过程总是或多或少影响隐藏信息的健壮性,因此直接在压缩域中嵌入秘密信息,有利于改善其健壮性。

(3)基于变换域的信息隐藏方法的优缺点

基于变换域的信息隐藏方法与基于空间域的信息隐藏方法相比,具有如下优点:

1)变换域中嵌入秘密信息,能量可以较均匀地分布到空域/时域的所有像素上,有利于保证可见性。

2)在变换域中,HVS(视觉系统)/HAS(听觉系统)的某些特性(如频率特性)可以更方便地结合到嵌入过程中,有利于健壮性的提高。

3)变换域的信息隐藏方法与国际压缩数据标准兼容,从而便于实现在压缩域内的信息隐藏算法。

其具有的缺点如下:

1)一般而言,基于变换域的信息隐藏方法隐藏的信息量比空域要小。

2)计算量大于基于空域/时域的信息隐藏方法。

3)在正变换/反变换的计算过程中,由于数据格式的转换,通常会造成信息的丢失,这将等效为依次轻微的攻击,对于信息隐藏量较大的情况是不利的。

9.3　信息隐藏分析的方法及分类

9.3.1　信息隐藏分析的方法

隐藏分析,需要在载体对象、伪装对象和可能的部分秘密消息之间进行比较。隐藏的信息可以加密也可以不加密,如果隐藏的信息是加密的,那么即使隐藏信息被提取出来,还需要使用密码破译技术,才能得到秘密信息。

信息隐藏分析的目的有三个层次。第一,要回答在一个载体中是否隐藏有秘密信息。第二,如果藏有秘密信息,提取出秘密信息。第三,如果藏有秘密信息,不管是否能提取出秘密信息,都不想让秘密信息正确到达接收者手中,因此,第三步就是将秘密信息破坏,但是又不影响伪装载体的感官效果(视觉、听觉、文本格式等),也就是说使得接收者能够正确收到伪装载体,但是又不能正确提取秘密信息,并且无法意识到秘密信息已经被攻击。

（1）发现隐藏信息

信息隐藏技术主要分为这样几大类,一个是时域替换技术,它主要是利用了在载体固有的噪声中隐藏秘密信息;另一个是变换域技术,主要考虑在载体的最重要部位隐藏信息;另外还有一些其他常用的技术,如扩频隐藏技术、统计隐藏技术、变形技术、载体生成技术等。在信息隐藏分析中,应该根据可能的信息隐藏的方法,分析载体的变化,来判断是否隐藏了信息。

1）对于在时域（或空间域）的最低比特位隐藏信息的方法,主要是用秘密信息比特替换了载体的量化噪声和可能的信道噪声。在对这类方法的隐藏分析中,如果在仅知伪装对象的情况下,那么只能是从感官上感觉载体有没有降质,如看图像是不是出现明显的质量下降,对声音信号,听是不是有附带的噪声,对视频信号,要观察是不是有不正常的画面跳动或者噪声干扰等。如果还能够得到原始载体（即已知载体攻击的情况下）,可以对比伪装对象和原始载体之间的差别,这里应该注意,应区别正常的噪声和用秘密信息替换后的噪声。正常的量化噪声应该是高斯分布的白噪声,而用秘密信息替换后（或者秘密信息加密后再替换）,它们的分布就可能不再满足高斯分布了,因此,可以通过分析伪装对象和原始载体之间的差别的统计特性,来判断是否存在信息隐藏。

2）在带调色板和颜色索引的图像中,调色板的颜色一般按照使用最多到使用最少进行排序,以减少查寻时间以及编码位数。颜色值之间可以逐渐改变,但很少以一比特增量方式变化。灰度图像颜色索引是以 1 比特增长的,但所有的 RGB 值是相同的。如果在调色板中出现图像中没有的颜色,那么图像一般是有问题的。如果发现调色板颜色的顺序不是按照常规的方式排序的,那么也应该怀疑图像有问题。对于在调色板中隐藏信息的方法,一般是比较好判断的。即使无法判断是否有隐藏信息,对图像的调色板进行重新排序,按照常规的方法重新保存图像,也有可能破坏掉用调色板方法隐藏的信息,同时对传输的图像没有感官的破坏。

3）对于用变换域技术进行的信息隐藏,其分析方法就不那么简单了。首先,从时域（或空间域）的伪装对象与原始载体的差别中,无法判断是否有问题,因为变换域的隐藏技术,是将秘密信息嵌入在变换域系数中,也就是嵌入在载体能量最大的部分中,而转换到时域（或空间域）后,嵌入信息的能量是分布在整个时间或空间范围内的,因此通过比较时域（空间域）中的伪装对象与原始载体的差别,无法判断是否隐藏了信息。因此,要分析变换域信息隐藏,还需要针对具体的隐藏技术,分析其产生的特征。这一类属于已知隐藏算法、载体和伪装对象的攻击。

4）对于以变形技术进行的信息隐藏,通过细心的观察就可能发现破绽。如在文本中,注意到一些不太规整的行间距和字间距,以及一些不应该出现的空格或其他字符等。对于通过载体生成技术产生的伪装载体,通过观察可以发现与正常文字的不同之处。比如用模拟函数产生的文本,尽管它符合英文字母出现的统计特性,尽管能够躲过计算机的自动监控,但是人眼一看就会发现那根本不是一个正常的文章。对于用英语文本自动生成技术产生的文本,尽管它产生的每一个句子都是符合英文语法的,但是通过阅读就会发现问题,比如句与句之间内容不连贯,段落内容混乱,通篇文章没有主题,内容晦涩不通等,它与正常的文章有明显的不同。因此通过人的阅读就会发现问题,意识到有隐藏信息存在。

5）另外还有一些隐藏方法,是在文件格式中隐藏信息的。比如说声音文件（＊.wav）图像文件（＊.bmp）等,在这些文件中,先有一个文件头信息,主要说明了文件的格式、类型、大小等数据,然后是数据区,按照它定义的数据的大小存放声音或图像数据。而文件格式的隐藏就是将要隐藏的信息粘贴在数据区之后,与载体文件一起发送。任何人都可以用正常的格式打开这样的文件,因为文件头没有变,而且数据尺寸是根据文件头定义的数据区大小来读入的,因此打开的文件仍然是原始的声音或图像文件。这种隐藏方式的特点是隐藏信息的容量与载体的大小没有任何关系,而且隐藏信息对载体没有产生任何修改。它容易引起怀疑的地方就是,文件的大小与载体的大小不匹配,比如一个几秒钟的声音文件以一个固定的采样率采样,它的大小应该是可以计算出来的,如果实际的声音文件比它大许多,就说明可能存在以文件格式隐藏的信息。

另外,计算机磁盘上未使用的区域也可以用于隐藏信息,可以通过使用一些磁盘分析工具,来查找未使用区域中存在的信息。

(2)提取隐藏信息

如果觉察到载体中有隐藏信息,那么接下来的任务就是试图提取秘密信息。提取信息是更加困难的一步。首先,在不知道发送方使用什么方法隐藏信息的情况下,要想正确提取出秘密信息是非常困难的。即使知道发送方使用的隐藏算法,但是对伪装密钥、秘密信息嵌入位置等仍然是未知的,其困难可以说是等同于前一情况。再退一步,即使能够顺利地提取出嵌入的比特串,但是如果发送方在隐藏信息前进行了加密,那么要想解出秘密信息,还需要完成对密码的破译工作。一般情况下,为了保证信息传递的安全,除了用伪装的手段掩盖机密信息传输的事实外,还同时采用了密码技术对信息本身进行保护。可以想见,要想从一个伪装对象中提取出隐藏的秘密信息,其难度有多大。

(3)破坏隐藏信息

在信息监控时,如果发现有可疑的文件在传输,但是又无法提取出秘密信息,无法掌握确凿的证据证明其中确实有问题,这时可以采取的对策就是,让伪装对象在信道上通过,但是破坏掉其中有可能嵌入的信息,同时对伪装载体不产生感官上的破坏,使得接收方能够收到正常的载体,但是无法正确提取出秘密信息。这样也能够达到破坏非法信息秘密传递的目的。

1)对于以变形技术在文本的行间距、字间距、空格和附加字符中隐藏的信息,可以使用文字处理器打开,将其格式重新调整后再保存,这样就可以去掉有可能隐藏的信息。在第二次世界大战中,检查者截获了一船手表,他们担心手表的指针位置隐含了秘密信息,因此对每一个手表的指针都做了随机调整,这也是一个类似的破坏隐藏信息的方法。

2)对于时域(或空间域)中的 LSB 隐藏方法,可以采用叠加噪声的方法破坏隐藏信息,还可以通过一些有损压缩处理(如图像压缩、语音压缩等)对伪装对象进行处理,由于 LSB 方法是隐藏在图像(或声音)的不重要部分,经过有损压缩后,这些不重要的部分很多被去掉了,因此可以达到破坏隐藏信息的目的。

3)对于采用变换域方法的信息隐藏技术,要破坏其中的信息就困难一些。因为变换域方法是将秘密信息与载体的最重要部分"绑定"在一起,比如在图像中的隐藏,是将秘密信息分散嵌入在图像的视觉重要部分,因此,只要图像没有被破坏到不可辨认的程度,隐藏信息都应该是存在的。对于用变换域技术进行的信息隐藏,采用叠加噪声和有损压缩的方法一般是不行的。可以采用的有效的方法包括图像的轻微扭曲、裁剪、旋转、缩放、模糊化、数字到模拟和模拟到数字的转换(图像的打印和扫描,声音的播放和重新采样)等,还可以采用变换域技术再嵌入一些信息等,将这些技术结合起来使用,可以破坏大部分的变换域的信息隐藏。

这里讨论破坏隐藏信息的方法,不是有意提倡非法破坏正常的信息隐藏,它主要有两个方面的作用。一方面,国家安全机关对违法犯罪分子的信息监控过程中,为了对付犯罪分子利用信息隐藏技术传递信息,可以采用破坏隐藏信息的手段。另一方面,作为合法的信息隐藏技术研究的辅助手段,来研究一个隐藏算法的健壮性。当我们研究信息隐藏算法时,为了证明其安全性,必须有一个有效的评估手段,检查其能否经受各种破坏,需要了解这一算法的优点何在,能够经受哪几类破坏,其弱点是什么,对哪些攻击是无效的,根据这些评估,才能确定一个信息隐藏算法适用的场合。因此,研究信息隐藏的破坏是研究安全的信息隐藏算法所必须的。

9.3.2　信息隐藏分析的分类

1. 根据已知的消息进行分类

(1)仅知伪装对象分析

在研究时,只能得到伪装对象作为进行检测的条件。这是最主要的检测方式,检测是否存在秘密信息。

(2)已知载体分析

可以获得原始的载体和伪装对象。可以利用原始的载体和伪装对象进行对比,从而得出伪装对象是否含有秘密消息。这种类型的分析相对较容易,但是能够得到原始载体的场合不多。

(3)已知消息分析

攻击者可以获得隐藏的消息。即使这样,分析同样是非常困难的,甚至可以认为难度等同于仅知伪装对象分析。许多时候通过这些分析,可以为其他未知秘密消息情况的检测提供一些基础。

(4)选择伪装对象分析

知道被怀疑的对象所常用的隐藏工具(算法)和该对象的一些媒体信息,利用已知的隐藏工具(算法)对该对象作适当操作,从而推导出该对象是否含有秘密信息。

(5)选择消息攻击

攻击者可以用某个隐藏算法对一个选择的消息产生伪装对象,然后分析伪装对象中产生的模式特征。它可以用来指出在隐藏中具体使用的隐藏算法。

(6)已知隐藏算法、载体和伪装对象攻击

已知隐藏算法和伪装对象,并且能得到原始载体情况下的攻击。

2. 根据隐藏算法进行分类

(1)空域信息隐藏的分析

对于利用文件格式法进行的信息隐藏,首先要分析每种媒体文件格式,利用文件结构块之间的关系,或根据块数据和块大小之间的关系等,来判断是否存在不正常的信息。

最低有效位(LSB)信息隐藏算法是通过修改较低比特位来进行信息隐藏的,它是一种常见的信息隐藏方式,在商业隐藏软件中得到大量应用。一般认为,数字载体中总存在噪声,不容易检测 LSB 上的变化。但是,自然噪声与人为替换后的噪声还是有细微的差别的,利用这一点可以进行信息隐藏的分析。

(2)频域信息隐藏的分析

空间域的信息隐藏由于涉及的技术简单、计算量小且隐藏的信息量大,仍是主要的信息隐藏方式。但随着科技进步,变换域信息隐藏的不足也逐渐克服,而且人们对短信息传递的需求也在增长,同时变换域信息隐藏也较为健壮。变换域信息隐藏较空间域信息隐藏涉及的技术要复杂得多。变换域信息隐藏的方法千变万化,其复杂性表现在变换域可包括 FFT 域、DCT 域、小波变换域等,并且在变换域的基础上,其隐藏算法也千差万别,如有修改低频系数进行信息隐藏的,也有修改中频系数进行信息隐藏的,有利用相邻变换域系数之间关系来隐藏信息的,也有利用与原图像的变换域系数之间关系来隐藏信息的,等等。针对变换域的信息隐藏分析较难,但针对一些具体的隐藏算法,仍可能研究出适当的信息隐藏分析方法。

3. 根据分析方法分类

(1)感官分析

为了能够抵抗攻击,一般在载体比较敏感的区域隐藏信息,但同时也可能产生感官痕迹,从而暴露隐藏信息。感官分析利用人类感知和清晰分辨噪音的能力来对数字载体进行分析检测。在数字载体的失真和噪声中,人类可感知的失真或模式最易被检测到。辨别这种模式的一个方法是比较原始载体和携密载体,注意可见的差异。如果没有原始载体,这种噪声就会作为载体的一个有机部分而不被注意,感官检测的思想是移去载体信息部分,这时人的感官就能区分剩余部分是否有潜在的信息或仍然是载体的内容。当然,因为人的感知有一定的冗余度,感官检测并不表示单纯的用人的感官感知,而信息隐藏的首要要求就是不能超出人类感觉的冗余度,但是即使人类感官系统不易觉察到,这种变形和降质确实存在,可以配合对载体的处理,使得感官检测达到一定的功效。

(2)统计分析

这种分析方法是将原始载体的理论期望频率分布和从可能是隐密的载体中检测到的样本分布进行比较,从而找出差别的一种检测方法。信息隐藏改变载体数据流的冗余部分虽然不改变感觉效果,但是却经常改变了原始载体数据的统计性质,通过判定给定载体的统计性质是否属于非正常情况,从而可以判断是否含有隐藏信息。统计分析的关键问题是如何得到原始载体数据的理论期望频率分布,在大多数应用情况下,我们无法得到原始信号的频率分布。

(3)特征分析

特征分析的依据是:由于进行隐藏操作使得载体产生变化,由这些变化产生特有的性质——特征,这种特征可以是感官的、统计的或可以度量的。广义地来说,进行分析所依赖的就是特征,这种特征必须根据具体的应用情况通过分析发现,进而利用这些特征进行分析。感官上的、格式上的特征一般来说较明显,也较容易,如基于文件格式中空余空间的隐藏分析,磁盘上未使用区域的信息隐藏分析,TCP/IP 协议包头中隐藏信息的分析,这些都比较直观。其他较复杂的隐藏特征则要根据隐藏算法进行数学推理分析,确定原始载体和隐密载体的度量特征差异。通过度量特征差异分析信息隐藏往往还需要借助对特征度量的统计分析。

9.4　信息隐写术

9.4.1　信息隐写术概述

所谓隐写术,是指将秘密消息隐藏在其他消息中,掩盖或隐藏真正存在的秘密,以避免被发现或破译。实际上,"隐写术"一语和密码学一词一样,早在 17 世纪中叶的希腊语中齐名过,隐写术主要用于信息的安全通信。比如,历史上用隐形墨水隐藏信息,用熔化蜡烛封存密件,用极小针眼刺出秘密字符,二战中德国人发明的微粒胶片技术等,无不铭刻隐写术的烙印,即使最常见的信鸽传递秘密消息至今也仍有使用。随着现代电子技术的应用和发展,隐写术概念也发生了质的变化,利用图像技术隐藏秘密消息已司空见惯,通过扩频通信把信息隐藏在宽频伪随机噪声中的通信方式已成现实。可以说,隐写术古老但有新意,现实生活中仍在使用和演变。

信息隐写术的主要分类如图 9-3 所示。

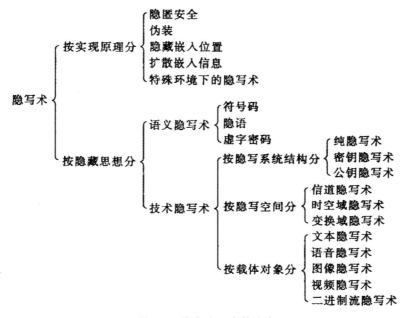

图 9-3　信息隐写术的分类

9.4.2　语义隐写术

语义隐写术利用了语言文字自身及其修辞方面的知识和技巧,通过对原文进行一定规则下的重新排列或剪裁,从而隐藏和提取密文。语义隐写术包括符号码、隐语以及虚字密码等。

1. 符号码

符号码是指一次非书面形式的秘密通信。从实现思想上看,符号码属于基于隐匿安全的隐写术。在 16、17 世纪,涌现了许多关于隐写术的著作,其中许多新颖的方法依赖于信息编码。Schott(1608—1666 年)在著作《Schola Steganographica》中阐述了如何在音乐乐谱中隐藏信息,每个音符对应于一个字符。Schott 还扩展了 Trithemius(1462—1516 年)在《Steganographice》一书中提出的"Ave Maria"码。扩展码使用 40 个表,每个表有 24 个入口。其中每个入口对应于当时字母表中的一个字母。这些入口包括四种语言:拉丁文、德文、意大利文和法文。纯文本中的每个字母,被相应入口内的词或短语所替代,最终隐秘文本看上去像是祈祷词或者咒语。在第二次世界大战中,曾有人利用图片中草的长叶片作为莫尔斯码的划线,短叶片作为圆点来传递秘密信息,该方式也属于语义隐写术中的符号码。

需要注意的是,语义隐写术要达到不引人注意的目的,在载体对象的选择上应该注意一定的技巧。

2. 隐语

隐语所利用的则是错觉或代码字。从实现思想上看,隐语属于基于隐匿安全的隐写术。例如,在第一次世界大战中,德国间谍使用雪茄的假订单来代表不同类型的英国军舰——巡洋舰和驱逐舰,朴次茅斯需要 5000 根雪茄就代表着朴次茅斯有 5 艘巡洋舰等。另外,在第二次世界大战期间,一个名叫 Valer Dickinson 的妇女使用玩偶作为代码字表示美国在纽约的船只数目来向日本发送信息,她使用小玩偶代表驱逐舰,而用大玩偶代表航空母舰或战舰。

3. 虚字密码

虚字密码使用每个单词的相同位置的字母来拼出一条消息。但是这样的载体消息很难构造并且听起来会比较奇怪。若构造者有足够的时间和空间,则可以通过精心的设计来减少一些奇异性。

以隐藏形式表示的虚字密码最著名的实例是 1499 年的《Hypnerotomachia Poliphili》一书,该书被认为是当时已印刷的书中最美的。这本由佚名士写的令人费解的书揭示了一个修道士和一个女人之间罪恶的爱情,将其 38 章标题的第一个字母拼起来得到"Poliam frater Franciscus Columnaperamavlt"。在 Kahn 的《The Codebreakers》一书中,他列举了一个修道士是如何写下一本书,并把他的心上人的名字设计为连续章节标题的第一个字母的拼接结果。另外,我国古代经常使用的"藏头诗"也是虚字密码的一种形式。在一首诗中,将各行的首字母连接起来代表一条秘密消息。通常来说,在使用连续单词的被选定字母来拼成一个单词,或使用连续句子的被选定单词来拼成一个句子时,所构成的文本总是听起来有些古怪,这样比较容易引起怀疑。

9.4.3 技术隐写术

技术隐写术是隐写术中的主要分支。毫无疑问,技术隐写术的发展是伴随着科技,尤其是信息科技的发展而发展的。在过去几年中,人们已提出了许多不同的信息隐写术,其中许多技术都是基于替换方法的。即用一个秘密信息替换另一个信号中的冗余部分,其主要缺点是对载体对象修改的鲁棒性相对较弱。近年来,鲁棒数字水印技术的发展带动了鲁棒和安全信息隐写系统的发展。下面按照不同的分类方法分别介绍各种技术隐写术的基本原理。

1. 按隐写系统结构分

(1)纯隐写术

纯隐写术就是不需要预先交换秘密信息的隐写术。纯隐写术可定义为四元体 $\{X,M,D,E\}$,其中 X 是所有载体对象的集合, M 是所有可能信息的集合,满足 $|X| \geqslant |M|$,即载体对象数目应该大于所有可能消息的数目。其嵌入过程 E 可用映射 $X \times M \to X$ 来描述,提取过程 D 可用映射 $X \to M$ 来描述,且满足对所有的 $m \in M$ 和 $x \in M$ 有 $D[E(x,m)]=m$。收发双方都必须掌握嵌入和提取算法,且算法不公开。

在纯隐写术中,除函数 E 和 D 之外不需要其他信息即可启动通信过程,系统的安全性完全取决于隐写过程本身的安全性。

(2)密钥隐写术

纯隐写术违反了 Kerckhoff 原理(即隐写术和密码术的安全性必须依赖于密钥的安全性,其算法必须公开)，因而并不十分安全。与对称加密系统相类似，发送方选择一个载体对象 c 并利用密钥 K 将秘密信息嵌入到 c 中。若接收方知道嵌入过程中所使用的密钥，则他能进行逆过程以提取信息。其他任何不知密钥的人都不能获取秘密信息。

密钥隐写术可定义成五元体：$\{X, M, K, D, E\}$，其中 X 为载体对象集合，M 为秘密信息集合，且满足 $|X| \geqslant |M|$，K 是密钥集合。$E: X \times M \times K \to X$ 和 $D: X \times K \to M$ 具有下列性质：对所有的 $m \in M, x \in M$ 和 $K \in K$ 有 $D(E(x, m, K), K) = m$。

与密码术一样，密钥隐写术存在密钥交换问题，通常假设通信各方能通过安全信道传送密钥。

（3）公钥隐写术

公钥隐写术不依赖于密钥的交换。公钥隐写系统需要用到两种密钥，即私钥和公钥，其中公钥存放在公钥数据库中。公钥用于嵌入过程，而私钥则用于提取秘密信息。假定 A 和 B 在入狱前就交换了某一公钥加密算法的公开密钥，且加密算法和嵌入函数都是公开的。A 用 B 的公钥对信息加密，得到外表随机的信息，然后嵌入到 B 知道的载体中（当然 W 也知道）。B 用私钥对收件进行提取和解密。即使 W 能提取出 A 发送给 B 的密文信息。但是，由于加密过程中所产生的密文看上去是随机的，使得 W 没有理由怀疑它不是随机数据，除非他想到去攻破而且能够攻破该密码系统。但是，一个严重问题是 B 必须对 A 发来的每一份载体对象进行解码，甚至他可能并不知道 A 是否发送信息给他。若嵌入对象不是专发给某人的，则问题会更糟糕。

可以设想，当有恶意的中间人存在时，无论公钥隐写术或纯隐写术都行不通。W 可能以 A 的名义启动一个公钥隐写方案来欺骗 B，这种情况和需要验证公钥的公钥加密术是一样的。在纯隐写术中，B 无法区分信息是来自 A 还是 W。

2. 按隐写空间分

（1）信道隐写术

利用信道的一些固有特性进行信息隐写的方法称为信道隐写术。目前发展起来的信道隐写术主要有两类：基于网络模型的信道隐写术和扩频隐写术。

1）网络模型中的信道隐写术。网络中易失数据的信息隐写指利用网络中报文的控制数据和时序特性来隐藏信息数据，即秘密信道可存在于网络模型结构中。其特点如下：

·数据是易失的。与在数据文件中进行隐写不同，它们分别利用网络的控制信号或通信协议等媒介，在通信进行过程中"夹带"隐秘通信。一旦通信结束，秘密信息随之消失。因此，不知情的第三方无法发觉隐秘通信的存在。

·从隐秘方法来看，利用网络的控制信号或通信协议等媒介中的一些固定空闲位置或信号进行秘密信息传送，要使这种隐秘通信不为他人所发觉，需使出现在那些位置的数据呈良好的随机或伪随机特性。因此，在发送前对秘密信息进行（伪）随机调制不失为一种好办法，以增加通信隐秘性。

2）扩频隐写术。扩频通信技术为人们提供了一种低检测概率、抗干扰的通信手段。Pickholtz 等人把扩频技术定义为"一种传输手段，信号的带宽超过发送信息所需的最小要求。宽频是通过与数据无关的编码实现的，接收方同步地接收该码以用于解扩及随后的数据恢复"。尽管传输的信号功率很大，但每一个频段的信噪比比较低。即使几个频带的部分信号被去除，其他频带中仍有足够的信息用以恢复信号。因此，扩频通信技术使得检测和去除信号变得困难。

信息隐藏中通常使用的两种扩频方法为直接序列方法和跳频方法。在直接序列方法中,秘密消息由一个称为片率的常值扩散,与一个伪随机信号调制,再加入到载体对象中。而在跳频方法中,载波信号的频率快速地从一个频率跳到另一个频率。扩频通信技术在数字水印和信息隐写方面的算法是相似的。

(2)时空域隐写术

时空域隐写术多采用替换法,即用秘密消息位替换载体对象中的最不重要位。接收方只要知道秘密信息嵌入的位置就能提取信息。由于在嵌入过程中只作了很小的修改,发送方可假定被动攻击者是无法觉察到的。时空域隐写术主要包括以下几种:不重要位(LSB)替换和利用位平面工具;伪随机置换;图像降质;利用隐秘区域和奇偶位;利用调色板;量化和抖动;二值图像中的信息隐藏;失真技术;统计隐写术。

(3)变换域隐写术

现有的多数鲁棒隐写系统都是在某个变换域中进行的。变换域方法把消息隐藏在载体对象重要的变换系数中。与时空域方法相比,变换域方法对攻击如压缩、修剪等的鲁棒性更强。当然,它们仍然是人类感官系统无法觉察到的。

目前变换域隐写术受到学术界广泛关注,已在以下几个方面取得了很多研究结果:DCT 域中的信息隐写;小波域中的信息隐写;数字音频的相位编码;数字音频的回波隐藏。

9.5　数字水印技术概述

数字水印(Digital Watermarking)技术是一种信息隐藏技术,基本思想是在数字载体当中如数字图像、音频和视频等数字产品中嵌入秘密信息以便保护数字产品的版权、证明产品的真实可靠性、跟踪盗版行为或者提供产品的附加信息。也可以间接表示(修改特定区域的结构),且不影响原载体的使用价值,也不容易被探知和再次修改。其中的秘密信息可以是版权标志、用户序列号或者是产品相关信息。通常经过适当变换再嵌入到数字产品中,一般将变换后的秘密信息称为数字水印。数字水印是信息隐藏技术的一个重要研究方向。数字水印是当前实现版权保护的很有效的办法,是信息隐藏技术研究领域的重要分支。

随着各种研究的深入,数字水印技术与其他学科的结合也日益密切,如通信与信息理论、图像与语音处理、信号检测与估计、数据压缩技术、人类视觉与听觉系统、计算机网络与应用、电波传播等。从国内外对数字水印的研究现状来看,变换域数字水印技术是当前数字水印技术的主流。总体来说水印技术的研究已经取得了一定的成绩,但是在水印技术进一步的研究和应用方面还需要更为深入的研究。

9.5.1　数字水印的需求背景

自从 1993 年 11 月因特网上出现了 Marc Andreessen 的 Mosaic 网页浏览器,人们很快便开始喜欢从因特网上下载图片、音乐和视频。对数字媒体而言,因特网成了最出色的分发系统,因为它不但便宜,而且不需要仓库存储,又能实时发送。因此,数字媒体很容易借助 Internet 或 CD-ROM 被复制、处理、传播和公开。这样就引发出数字信息传输的安全问题和数字产品的版权保护问题。如何在网络环境中实施有效的版权保护和信息安全手段,已经引起了国际学术界、企业界以及政府有关部门的广泛关注。其中,如何防止数字产品被侵权、盗版和随意篡改,已经成为世界各国急需解决的热门课题。

　　数字产品的实际发布机制的详细描述是相当复杂的,它包括原始制作者、编辑、多媒体集成者、重销者和国家官方等。它的一个简单的发布模型如图 9-4 所示。

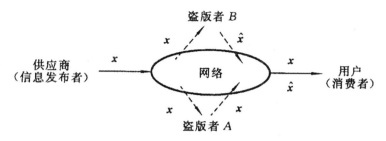

图 9-4　数字产品网络发布的简单模型

　　图 9-4 中的"供应商"是版权所有者、编辑和重销者的统称,他们试图通过网络发布数字产品 x。图 9-4 中的"用户"也可称为消费者(顾客),他们希望通过网络接收到数字产品 x 而图中的"盗版者"是未授权的供应者,他们未经合法版权所有者的许可重新发送产品 x 或有意破坏原始产品并重新发送其不可信的版本 $\hat{x}$。从而消费者难免间接收到盗版的副本 x 或 $\hat{x}$。盗版者对数字多媒体产品的非法操作行为,一般包括以下几种情况。

　　1)非法访问:未经版权所有者的允许从某个网站中非法复制或翻印数字产品。

　　2)故意篡改:盗版者恶意地修改数字产品以抽取或插入特征并进行重新发送,从而使原始产品的版权信息丢失。

　　3)版权破坏:盗版者收到数字产品后未经版权所有者的允许将其转卖。

　　为了解决信息安全和版权保护问题,数字产品所有者首先想到加密和数字签名等技术。基于私用或公共密钥的加密技术可以用来控制数据访问,它将明文消息变换成旁人无法理解的密文消息。加密后的产品是可以访问的,但只有那些具有正确密钥的人才能解密。此外,还可以通过设置密码,使得数据在传输时变得不可读,从而可以为处于从发送到接收过程中的数据提供有效的保护。数字签名是用"0""1"字符串来代替书写签名或印章,它可以分为通用签名和仲裁签名两种方式。数字签名技术已经用于检验短数字信息的真实可靠性,并已形成了数字签名标准(DSS)。但这种数字签名在数字图像、视频或音频中的应用并不实际,因为在原始数据中需要加入大量的签名。另外,随着计算机软硬件技术的迅速发展以及基于网络的具有并行计算能力的破解技术的日渐成熟,这些传统系统的安全性已经受到质疑。单靠通过密钥增加长度以增强保密系统的可靠性已不再是唯一可行的办法。因此,需要寻求一种更加有效的手段,来保障数字信息的安全传输和保护数字产品的版权。

　　为了弥补密码技术的缺陷,人们开始寻求另一种技术来对加密技术进行补充,从而使解密后的内容仍能受到保护。数字水印技术有希望成为这样一种补充技术,因为它在数字产品中嵌入的信息不会被常规处理操作去除。数字水印技术一方面弥补了密码技术的缺陷,因为它可以为解密后的数据提供进一步的保护。另一方面,数字水印技术也弥补了数字签名技术的缺陷,因为它可以在原始数据中一次性嵌入大量的秘密信息。人们可设计某种水印,它在解密、再加密、压缩、数/模转化以及文件格式变化等操作下保持完好。

9.5.2　数字水印的特性

针对不同的应用,水印系统应具备以下几种特性。每种特性的相对重要性取决于应用要求和水印所起的作用,甚至对水印特性的解释也会随着应用场合变化。

(1)逼真度

通常来说,水印系统的逼真度是指原始作品同其嵌入水印版本之间的相似度。但如果含水印作品在被人们观赏之前,在传输过程中质量有所退化,则应该使用另一种逼真度定义。人们可以将其定义为在消费者能同时得到含水印作品和不含水印作品的情况下,这两件作品之间的相似度。在使用 NTSC 广播标准传输含水印视频或者使用 AM 广播传输音频时,由于广播质量相对较差,经过信道质量退化后的原始作品与其含水印版本之间的差异几乎无法让人察觉。但在 HDTV 和 DVD 的视频和音频中,信号质量非常高,因此,需要高逼真度的含水印作品。

(2)鲁棒性

鲁棒性是指在经过常规信号处理操作后能够检测出水印的能力。嵌入了水印的数字产品经过各种正常的操作或恶意的攻击后,水印信息仍然能够存在。正常操作包括传输过程中的信道噪声、滤波、增强、有损压缩、几何变换、D/A 或 A/D 转换等。针对图像的常规操作包括空间滤波、有损压缩、打印与复印、几何变形等。在某些情况下,鲁棒性毫无用处甚至被极力避免,如水印研究的另一个重要分支就是脆弱水印,它具有和鲁棒性相反的特点。在另一类极端应用中,水印必须对任何不至于破坏含水印作品的畸变都具有鲁棒性。

(3)虚检率

虚检是指在实际不含水印的作品中检测到水印的情况。关于这个概率有两种定义,区别在于作为随机变量的是水印还是作品。在第一种定义下,虚检概率是指给定一件作品和随机选定的多个水印的情况下,检测器报告作品中发现水印的概率。在第二种定义下,虚检概率是指在给定一个水印和随机选定的多个作品的情况下,检测器报告作品中发现水印的概率。在许多的应用中,人们对第二种定义的虚检概率更为感兴趣。但在少数应用中,第一种定义也同样重要,如在交易跟踪的场合,在给定作品的情况下,检测一个随机水印,常会发生虚假的盗版指控。

(4)安全性

安全性表现为水印抵抗恶意攻击的能力。恶意攻击指任何意在破坏水印功用的行为。攻击类型可归纳为:非授权去除、非授权嵌入和非授权检测。非授权去除和非授权嵌入会改动含水印作品,因而可看成主动攻击;而非授权检测不会改动含水印作品,可看成被动攻击。非授权去除是指通过攻击可以使作品中的水印无法检测。非授权嵌入也指伪造,即在作品中嵌入本不该含有的非法水印信息。非授权检测可以按严重程度分为三个级别,即最严重级别为对手检测并破译了嵌入的消息;次严重攻击为对手检测出水印,并辨认出每一点印记,但却不能破译这些印记的含义;非严重攻击为对手可以确定水印的存在,但却不能够对消息进行破译,也无法分辨出嵌入点。

(5)密码与水印密钥

在现代加密算法中,安全性只取决于密钥的安全性,而不是整个算法的安全性理想情况下,若密钥未知,即使水印算法已知,则也不可能检测出作品中是否有水印。甚至在部分密钥被对手得知时,也不可能在完好保持含水印作品感官质量的前提下成功去除水印。由于在嵌入和检测过程中使用的密钥同密码术中的密钥所提供的安全性不同,人们经常在水印系统中使用两种密钥。消息编码时使用一个密钥,嵌入过程中则使用另一个密钥。为区分两种密钥,分别称为生成密钥和嵌入密钥。

（6）数据容量

水印系统的数据容量是指在单位时间或一幅作品中能嵌入水印的比特数。对一幅照片来说,数据容量是指嵌入在此幅图像中的比特数。对音频来说,数据容量是指在一秒钟的传输过程中所嵌入的比特数。对视频来说,数据容量既可指每一帧中嵌入的比特数,也可指每一秒内嵌入的比特数。一个以 N 比特编码的水印称为 N-比特水印。这样的系统可以用来嵌入 2^N 个不同的消息。许多场合要求检测器能执行两个功能。首先确定水印是否存在,若存在,则继续确定被编码的是 2^N 个消息中的哪一个。这种检测器有 2^N+1 个可能的输出值;2^N 个消息和"不存在水印"。

（7）嵌入有效性

若把一件作品输入水印检测器得到一个肯定结果,人们就可以将这件作品定义为含水印作品。根据这个定义,水印系统的有效性是指嵌入器的输出含有水印的概率。换句话说,有效性是指在嵌入过程之后马上检测得到肯定结果的概率。在某些情况下,水印系统的有效性可以通过分析确定,也可以根据在大型测试图像集合中嵌入水印的实际结果确定。只要集合中的图像数目足够大而且同应用场合下的图像分布类似,输出图像中检测出水印的百分比就可以近似为有效性的概率。

（8）明检测与盲检测

我们将需要原始不含水印的拷贝参与的检测器称为明检测器。它也可指那些只需要少量原始作品的遗留信息而不需要整件原始作品参与的检测器。而我们把那些不需要原始作品任何信息的检测器称为盲检测器。水印系统使用明检测器还是盲检测器决定了它是否适合某一项具体应用。明检测器只能够用于那些可以得到原始作品的场合。

（9）内容修改与多重水印

当水印被嵌入到作品中时,水印的传送者可能会关心水印的修改问题。在一些应用场合不希望水印能够被轻易修改,但在另一些场合修改水印又是必须的。在拷贝控制中,广播内容会被标明"一次拷贝",经过录制后,则被标明"禁止再拷贝"。在一件作品中嵌入多重水印的场合是交易跟踪领域。内容在被最终用户获得之前,通常要通过多个中间商进行传播。拷贝标记上首先包括版权所有者的水印。之后作品可能会分发到一些音乐网站上,每份作品的拷贝都可能会嵌入唯一的水印来标识每个分发者的信息。最后,每个网站都可能会在每件作品中嵌入唯一的水印用来标识对应的购买者。

（10）耗费

对水印嵌入器和检测器的部署作经济考虑是件很复杂的事情,它主要取决于所涉及的商业模式。从技术观点看,两个主要问题是水印嵌入和检测过程的速度以及需要用到的嵌入器和检测器的数目。其他一些问题还包括嵌入器和检测器是作为特定用途的硬件设备实现还是作为软件应用程序实现,或者是作为一个插件来实现。

9.5.3　数字水印的基本原理

以数字信号处理的角度来看,嵌入数字信号中的水印信号可以视为在强背景下叠加一个弱信号,只要叠加的水印信号强度低于人的视觉系统（HVS）或者听觉系统（HAS）的感知门限,人就无法感知到水印信号的存在。由于 HVS 或 HAS 受空间、时间和频率特性的影响,因此,通过对原始信号作一定的调整,就有可能在不改变视觉或听觉效果的情况下嵌入一些水印信息。

从数字通信的角度看,水印嵌入可理解为在一个宽带信道上用扩频通信技术传输一个窄带的水印信号。尽管水印信号具有一定的能量,但分布到信道中任何频率上的能量是难以检测到的。水印检测则是一个在有噪声信道中进行弱信号检测的问题。

数字水印一般包括三个方面的内容:水印的生成、水印的嵌入和水印的提取或检测。数字水印技术实际上是通过对水印载体媒质的分析、嵌入信息的预处理、信息嵌入点的选择、嵌入方式的设计、嵌入调制的控制等几个相关技术环节进行合理优化,寻求满足不可感知性、安全可靠性、稳健性等诸条件约束下的准最优化设计问题。而作为水印信息的重要组成部分——密钥,则是每个设计方案的一个重要特色所在。往往可以在信息预处理、嵌入点的选择和调制等不同环节入手来完成密钥的嵌入。

数字水印一般过程基本架构如图 9-5 和图 9-6 所示。图 9-5 示意了水印的嵌入过程。该系统的输入是水印信息 W、原始载体数据 I 和一个可选的私钥/公钥 K。其中水印信息可以是任何形式的数据,如随机序列或伪随机序列,字符或栅格,二值图像、灰度图像或彩色图像,3D 图像等。水印生成算法 G 应保证水印的唯一性、有效性、不可逆性等属性。水印的嵌入算法很多,总的来看可分为空间域算法和变换域算法。水印信息 W 可由伪随机数发生器生成,另外,基于混沌的水印生成方法也具有很好的保密特性。密钥 K 可用来加强安全性,以避免未授权的恢复和修复水印。所有的实用系统必须使用一个密钥,有的甚至需要使用多个密钥的组合。

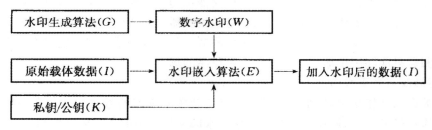

图 9-5　水印嵌入的过程框图

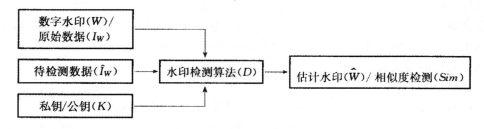

图 9-6　水印检测的过程框图

水印嵌入的过程的表达式为:

$$I_W = E(I, W, K)$$

其中,I_W 表示嵌入水印后的数据(即水印载体数据),I 表示原始载体数据,W 表示水印集合,K 表示密钥集合。这里密钥 K 是可选项,一般用于水印信号的再生。

在某些水印系统中,水印可以被精确地提取出来,这一过程被称为水印的提取。对于有些水印系统,由于受到某种数字处理或攻击的隐藏对象,不可能精确地从中提取出嵌入的原始水印,此时就需要一个水印检测过程。通常来说,水印检测中首先是进行水印的提取,然后是水印的判决。水印判决的通行做法是相关性检测。图 9-6 是水印的检测过程框图,可以用如下的表达式来描述:

1)有原始载体数据 I 时:

$$\hat{W}=D(\hat{I}_w,I,K)$$

2)有原始水印 W 时:

$$\hat{W}=D(\hat{I}_w,W,K)$$

3)没有原始信息时:

$$\hat{W}=D(\hat{I}_w,K)$$

其中,$\hat{W}$ 表示估计水印,D 为水印检测算法,$\hat{I}_w$ 表示在传输过程中受到攻击后的水印载体数据。

检测水印的手段有两种:一种是在有原始信息的情况下,可以做嵌入信号的提取或相关性验证;另一种是在没有原始信息情况下,必须对嵌入信息做全搜索或分布假设检验等。若信号为随机信号或伪随机信号,则证明检测信号是水印信号的方法一般就是做相似度检验。水印相似度检验的通用公式为:

$$\text{Sim}=\frac{W*\hat{W}}{\sqrt{W*W}} \text{ 或 } \text{Sim}=\frac{W*\hat{W}}{\sqrt{W*W}\sqrt{\hat{W}*\hat{W}}}$$

式中,$\hat{W}$ 表示估计水印,W 表示原始水印,Sim 表示不同信号的相似度。

9.5.4　数字水印及处理技术的分类

数字水印是加在数字图像、音频或视频等媒体中的信号,这个信号使人们能够建立产品所有权,辨识购买者或提供数字产品的一些额外信息。从含水印图像中的水印是否可见分为可见水印和不可见水印两大类。从水印生成是否依赖于原始载体来分,可分为非自适应水印(独立于原始载体的水印)和自适应水印。独立于原始载体的水印可以是随机产生的、用算法生成的,也可以是事先给定的,而自适应水印是考虑原始载体的特性而生成的水印。从含水印载体的抗攻击能力即鲁棒性来分,可分为易碎水印、半易碎水印和鲁棒水印。易碎水印对任何变换或处理都非常敏感,半易碎水印是对一部分特定的图像处理方法有鲁棒性而对其他处理不具备鲁棒性。鲁棒水印对常见的各种图像处理方法都具备鲁棒性。从水印检测是否需要原始图像参与来分,可分为明检测水印(私有水印)和盲检测水印(公有水印)。私有水印的检测需要原始图像的参与,而公有水印不需要原始图像的参与。根据水印的应用目的不同,可分为版权保护水印、篡改提示水印(内容认证水印)、版权跟踪水印(数字指纹)、拷贝控制水印、标注水印(用来注释载体的拍摄日期等)和隐藏通信(保密通信)水印等。相应地,水印处理算法也可以分为两大类:可见水印处理算法和不可见水印处理算法。不可见水印处理算法主要可以分为时空域、变换域和压缩域三种。时空域水印处理是用各种各样的方法直接修改载体的时空域采样(如直接修改像素的最低位)。这类算法的鲁棒性不高,且能够嵌入的水印信息不太多,否则从视觉上能看出来。而变换域水印处理是对原始载体进行各种各样的变换后嵌入水印,如离散余弦变换、离散傅里叶变换、小波变换,等等。压缩域水印处理是指在 JPEG 域、MPEG 域、VQ 压缩域和分形压缩域内进行的水印处理,这类算法对相应的压缩攻击具有鲁棒性。有些学者将公钥密码体制借鉴到水印系统中,使检测密钥与嵌入密钥不同,这种水印系统称为公钥水印系统,否则称为私钥水印系统。根据水印提取后原始载体能否无失真恢复可将水印系统分为可逆水印系统和不可逆水印系统两大类。根据原始载体的不同,可将水印处理分为音频水印处理、图像水印处理、视频水印处理、三维目标或三维图像水印处理、文档水印处理、数据库水印处理、集成电路水印处理和软件水印处理(在程序代码或可执行文件中加水印),等等。根据水印算法是否利用自适应技术(包括生成和嵌入过程以及嵌入参数和嵌入位置的自适应),可将数字水印系统分为自适应数字水印系统和非自适应数字水印系统两大类。

9.5.5　数字水印技术的应用

水印技术的应用极为广泛。主要有以下七种应用领域:广播监控、所有者识别、所有权验证、交易跟踪、真伪鉴别、拷贝控制,以及设备控制。下面具体介绍每一种应用,分析问题的特征以及水印作为其解决方案的理由。

(1)广播监控

广告商希望他们从广播商处买到的广告时段能够按时全部播放,广播者则希望从广告商处获得广告收入。为了实现广播监控,可雇佣监控人员对所播出的内容直接进行监视和监听,但这种方法不但花费昂贵而且容易出错。或者用动态监控系统将识别信息置于广播信号之外的区域,如视频信号的垂直空白间隔(Vertical Blanking Interval,VBI),但是该方法涉及兼容性问题。水印技术可以对识别信息进行编码,是替代动态监控技术的一个好方法。它利用自身嵌入在内容之中的特点,无需利用广播信号的某些特殊片段,因而能够完全兼容于所安装的模拟或数字的广播基础设备。

(2)所有者识别

文本版权声明用于作品所有者识别具有一些局限。首先,在拷贝时这些声明很容易被去除,有时甚至不是故意为之。例如,一位教授对一本书的某几页进行拷贝时,很可能会忽略复印主题页上的版权声明。另一个问题是它可能会占据一部分图像空间,破坏原图像的美感且易被剪切除去。由于水印既不可见,也同其嵌入的作品不可分离,故水印比文本声明更利于使用在所有者识别中。如果作品的用户拥有水印检测器,他们就能够识别出含水印作品的所有者,即使用能够将文本版权声明除去的方法来改动它,水印也依然能够被检测到。

(3)所有权验证

除了对版权所有者信息进行识别外,利用水印技术对其进行验证也是令人关注的一项应用。传统的文本声明极易被篡改和伪造,无法用来解决该问题。针对此问题的一个解决办法是建立一个中央资料库,对数字产品的拷贝进行注册,但人们可能会因费用高而打消注册念头。为了省去注册费用,人们可以使用水印来保护版权,而且为了使所有权验证达到一定安全级别,可能需要限制检测器的发放。攻击者没有检测器的话,清除水印是相当困难的。然而,即使水印不能被清除,攻击者也可以使用自己的水印系统,让人觉得数字产品里好像也具有攻击者的水印。因此,人们无须通过所嵌入的水印信息直接证明版权,而是要设法证明一幅图像从另一幅得来这个事实。这种系统能够间接证明有争议的这幅图像更有可能为版权所有者所有而不是攻击者所有,因为版权所有者拥有创作出含水印图像的原始图像。这种证明方式类似于版权所有者可以拿出底片,而攻击者却只能够伪造受争议图像的底片,而不可能伪造出原始图像的底片来通过测试。

（4）交易跟踪

利用水印可以记录作品的某个拷贝所经历的一个或多个交易。例如，水印可以记录作品的每个合法销售和发行的拷贝的接收者。作品的所有者或创作者可在不同的拷贝中加入不同水印。若作品被滥用（透露给新闻界或非法传播），所有者可找出责任人。

（5）真伪鉴别

如今以难以察觉的方式对数字作品进行篡改已经变得越来越容易。消息真伪鉴别问题在密码学中已有比较成熟的研究。数字签名是最常用的加密方法，它实际上是加密的消息概要。如果将经过篡改的消息同原始签名相对照，便会发现签名不符，说明消息被篡改过。这些签名均为源数据，须同它们所要验证的作品一同传送。一旦签名遗失，作品便无法再进行真伪鉴别。使用水印技术将签名嵌入作品中可能是一种比较好的解决方法。人们将这种被嵌入的签名称为真伪鉴别印记。如果极微小改动就能造成真伪鉴别印记失效，这种印记便可称为"脆弱水印"。

（6）拷贝控制

前面所述的绝大多数水印都只能在不合法行为发生之后起作用。例如，广播监控系统只能够在广播商没有播出客户付费广告的情况下被认定为不诚实，而交易跟踪系统也只能够在对手散发非法拷贝之后被识别出身份。显然，最好能够制止非法行为的发生。在拷贝控制的应用中，人们致力于防止他人对受版权保护的内容进行非法拷贝。防止非法拷贝的第一道防线就是加密。使用特定密钥对作品加密后，可以使没有此密钥的人完全无法使用该作品。然后可以将此密钥以难以复制或分发的方式提供给合法用户。但是，人们通常希望媒体数据可以被观赏，却不希望它被人拷贝。这时人们可以将水印嵌于内容中，与内容一同播放。如果每个录制设备都装有一个水印检测器，设备就能够在输入端检测到"禁止拷贝"水印的时候禁用拷贝操作。

（7）设备控制

拷贝控制实际上属于更大范围的一个应用——设备控制的范畴。设备控制是指设备能够在检测到内容中的水印时作出反应。例如，Digimarc 的"媒体桥"系统可将水印嵌入到经印刷、发售的图像中，如杂志广告、包裹、票据等。若这幅图像被数字摄像机重新拍照，那么 PC 机上的"媒体桥"软件和识别器便会设法打开一个指向相关网站的链接。

9.6　数字水印的攻击及相应对策

数字水印技术在实际应用中必然会遭到各种各样的攻击。人们对新技术的好奇、盗版带来的巨额利润都会成为攻击的动机（恶意攻击）；而且数字制品在存储、分发、打印、扫描等过程中，也会引入各种失真（无意攻击）。

所谓水印攻击分析，就是对现有的数字水印系统进行攻击，以检验其鲁棒性，通过分析它的弱点及其易受攻击的原因，以便在以后数字水印系统的设计中加以改进。攻击的目的在于使相应的数字水印系统的检测工具无法正确地恢复水印信号，或不能检测到水印信号的存在。

按照攻击原理可以将攻击分为以下几类：简单攻击、同步攻击、迷惑攻击和删除攻击。

9.6.1　简单攻击

简单攻击也称为波形攻击或噪声攻击，即只是通过对水印图像进行某种操作，削弱或删除嵌入的水印,而不是试图识别或分离水印。常见的攻击方法有线性或非线性滤波、基于波形的图像压缩(JPEG、MPEG)、添加噪声、图像裁减、图像量化、模数转换等。

简单攻击中的操作会给水印化数据造成类噪声失真,在水印提取和校验过程中将得到一个失真、变形的水印信号。抵抗这种类噪声失真可以采用增加嵌入水印的幅度和冗余嵌入的方法。通过增加嵌入水印幅度的方法,可以大大地降低攻击产生的类噪声失真现象,在大多数应用中是有效的。嵌入的最大容许幅度应该根据人类视觉特性决定,不能影响水印的不可感知性。冗余嵌入是一种更有效的对抗方法。在空间域上可以将一个水印信号多次嵌入,采用大多数投票制度实现水印提取。另外,采用错误校验码技术进行校验,可以更有效地根除攻击者产生的类噪声失真。实际应用中应该折中鲁棒性和增加水印数据嵌入比率两者之间的矛盾。

9.6.2　同步攻击

同步攻击也称检测失效攻击,即试图使水印的相关检测失效或使恢复嵌入的水印成为不可能。这类攻击的一个特点主要是水印还存在,但水印检测函数已不能提取水印或不能检测到水印的存在。同步攻击通常采用几何变换方法,如缩放、空间方向的平移、时间方向的平移、旋转、剪切、像素置换、二次抽样化、像素或者像素簇的插入或抽取等。

同步攻击比简单攻击更加难以防御。它的破坏水印化数据中的同步性,使得水印提取时无法确定嵌入水印的确切位置,造成水印很难被提取出来。比较可取的对抗同步攻击的对策是在载体数据中嵌入一个参照物。在提取水印时,首先对参照物进行提取,得到载体数据所有经历的攻击的明确判断,然后对载体数据依次进行反转处理。这样可以消除所有同步攻击的影响。

9.6.3　迷惑攻击

迷惑攻击是试图通过伪造原始图像和原始水印来迷惑版权保护,也称 IBM 攻击。一个例子是倒置攻击,虽然载体数据是真实的,水印信号也存在,但是由于嵌入了一个或多个伪造的水印,混淆了第一个含有主权信息的水印,失去了唯一性。

在迷惑攻击中,同时存在伪水印、伪源数据、伪水印化数据和真实水印、真实源数据、真实水印化数据。要解决数字作品正确的所有权,必须在一个数据载体的几个水印中判断出具有真正主权的水印。一种对策是采用时间戳技术。时间戳由可信的第三方提供,可以正确判断谁第一个为载体数据加了水印。这样就可以判断水印的真实性;另一种对策是采用不可逆水印技术。构造不可逆的水印技术的方法是使水印编码互相依赖。

9.6.4　删除攻击

删除攻击是针对某些水印方法通过分析水印数据,估计图像中的水印,然后将水印从图像中分离出来并使水印检测失效。常见的方法有:合谋攻击、去噪、确定的非线性滤波、采用图像综合模型的压缩。针对特定的加密算法在理论上的缺陷,也可以构造出对应的删除攻击。合谋攻击,通常采用一个数字作品的多个不同的水印化复制实现。针对这种基于统计学的联合攻击的对策是考虑如何限制水印化复制的数量。当水印化复制的数量少于四个时,基于统计学的合谋攻击将不成功,或者不可实现。

对于特定的水印技术采用确定的信号过滤处理,可以直接从水印化数据中删除水印。另外,若在知道水印嵌入程序和水印化数据的情况下,还存在着一种基于伪随机化的删除攻击。其原理是,首先根据水印嵌入程序和水印化数据得到近似的源数据,利用水印化数据和近似的源数据之间的差异,将近似的源数据进行伪随机化操作,最后可以得到不包含水印的源数据。为了对抗这种攻击,必须在水印信号生成过程中采用随机密钥加密的方法。

数字水印技术是一个新兴的研究领域,还有许多没有触及的研究课题,现有技术也需要进一步的改进和提高。

9.7　几种典型的数字水印技术

9.7.1　图像数字水印技术

自 20 世纪 90 年代起,数字水印和信息隐藏就已经引起了人们广泛的关注。数字图像水印技术是目前数字水印技术研究的重点,相关文章非常多,而且也取得了非常多的成就,但大部分水印技术采用的原理基本相同。即在空/时域或频域中选定一些系数并对其进行微小的随机变动,改变的系数的数目远大于待嵌入的数据位数,这种冗余嵌入有助于提高鲁棒性。实际上,许多图像水印方法是相近的,只是在局部有差别或只是在水印信号设计、嵌入和提取的某个方面域有所差别。也就是说图像水印可以在空域,也可以在变换域上实现,典型的嵌入过程如图 9-7 所示。

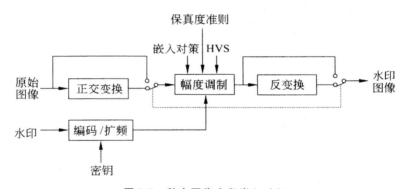

图 9-7　数字图像水印嵌入过程

作为信息隐藏的一个分支,图 9-7 所示的图像水印是信息隐藏模型的特例。对于数字水印,强调的不是隐藏的数据量,而是稳健性。因此,信源编码一般用得较少而纠错编码或扩频技术用得较多。为了达到好的稳健性,嵌入对策和 HVS 的特点在图像水印的研究中受到特别的注意。最后需要说明的一点是,尽管在空域也可以实现图像水印,但通常所实现的水印稳健性比变换域要差。因此变换域的图像水印才是主流。

(1)空域图像水印技术

空域图像水印技术是指在图像的空间域中嵌入水印的技术。最简单和有代表性的方案就是用水印信息代替图像的最低有效位(LSB)或者多个位平面的所有比特的算法,这里的水印信息指的是二值比特序列。图像的最低有效位也称为最不显著位,它是指数字图像的像素值用二进制表示时的最低位。1993 年,Tirkel 等人提出了数字图像水印的一种方法。该方法将 m 序列的伪随机信号以编码形式的水印嵌入到灰度图像数据的 LSB 中。为了能得到完整的 LSB 位平面而不引入噪声,图像通过自适应直方图处理,首先将每个像素值从 8b 压缩为 7b,然后将编码信息作为像素值的第 8 个比特,即嵌入了水印。这一方法是单个 LSB 编码方法的扩展,在单个

LSB 编码方法中,LSB 直接被编码信息所代替。

由于 LSB 位平面携带着水印,因此,在嵌入水印图像没有产生失真的情况下;水印的恢复很简单,只需要提取含水印图像的 LSB 位平面即可,而且这种方法是盲水印算法。但是,LSB 算法最大的缺陷是对信号处理和恶意攻击的稳健性很差,对含水印图像进行简单的滤波、加噪等处理后,就无法进行水印的正确提取。

但是,这种方法不仅对噪声非常敏感,而且容易被破坏掉。同时,这种方法不能容忍对图像的任何修改。这 Wolfgang 和 Delp 对 Schyndel 的方法进行了改进,采用称为 VW2D 的技术。即水印的添加是通过在空间域中加入 m 序列,水印的检测是通过相关检测器实现的。在嵌入和检测过程中,使用块结构实现了对于篡改的定位。

目前对于 LSB 算法提出了很多改进算法,Lippman 曾经提出将水印信号隐藏在原始图像的色度通道中。Bender 曾经提出了两种方法,一种是基于统计学的"patchwork"方法,另一种是纹理块编码方法。

空域水印算法以其简洁、高效的特性而在水印研究领域占有一席之地,在空域中,通常选择改变原始图像中像素的最低位来实现水印的嵌入和提取。

(2)变换域图像水印技术

为提高水印的稳健性,一些脆弱性水印算法采用了变换域方法。在许多脆弱性水印系统的应用场合是要求水印能抵抗有损压缩的,这在变换域中更容易实现,而且容易对图像被篡改的特征进行描述。变换域算法中有代表性的是基于 DCT 算法。

静止图像通用压缩标准 JPEG 的核心部分就是 DCT 变换,它根据人眼的视觉特性把图像信号从时域空间转换到频率域空间。由于低频信号是图像的实质而高频信号则是图像的细节信息,因此,人眼对于细节信息即高频信号部分的改变并不是很敏感,JPEG 压缩通过丢弃高频部分来最大程度的满足压缩和人眼视觉的需要。

9.7.2　视频数字水印技术

数字视频水印可理解为针对数字视频载体的主观和客观的时间冗余和空间冗余加入信息,既不影响视频质量,又能达到用于版权保护和内容完整性检验目的的水印技术。在现实生活中,数字视频(如 VCD、DVD、VOD)已成为大众生活中不可或缺的娱乐方式,而相应的版权保护技术尚未发展成熟,这就使得以数字视频水印为重要组成部分的数字产品版权保护技术的应用研究更为迫切。

作为信息隐藏技术的分支,各种数字视频水印技术都具有下列共同的基本特征。

1)透明性。视觉不可见并且不会使原信号有明显的失真现象。

2)不可检测性。统计不可见,非法拦截者无法用统计的方法发现和删除水印。

3)健壮性。水印能够承受各种不同的物理和几何失真。

4)安全性。有一定程度的抗攻击能力。

5)可恢复性。经过一些操作或变换后,仍能恢复隐藏信号。

视频水印技术是在静止图像水印技术的基础上逐渐发展起来的。视频数字水印技术的研究是目前数字水印技术研究中的一个热点和难点,热点是因为大量的消费类数字视频产品的推出,如 DVD、VCD,使得以数字水印为重要组成部分的数字产品版权保护更加迫切。难点是因为数字水印技术虽然近几年得到了发展,但方向主要是集中于静止图像的水印技术。然而在视频水印的研究方面,由于包括时间域掩蔽效应等特性在内的更为精确的人眼视觉模型尚未完全建立,使得视频水印技术相对于图像水印技术发展滞后,同时现有的标准视频编码格式又造成了水印技术引入上的局限性。另一方面,由于一些针对视频水印的特殊攻击形式,如帧重组、帧间组合等的出现,给视频水印提出了与静止图像水印相区别的独特要求。主要有以下几个方面:

1)随机检测性。可以在视频的任何位置、在短时间内(不超过几秒种)检测出水印。

2)实时处理性。水印嵌入和提取应该具有低复杂度。

3)与视频编码标准相结合。相对于其他的多媒体数据,视频数据的数据量非常大,在存储、传输中一般先要对其进行压缩,现在最常用到的标准是一组由国际电信联盟和国际标准化组织制定并发布的音、视频数据的压缩标准。若在压缩视频中嵌入水印,则应与压缩标准相结合;但若是在原始视频中嵌入水印,则水印的嵌入是利用视频的冗余数据来携带信息的,而视频的编码技术则是尽可能的除去视频中的冗余数据,若不考虑视频的压缩编码标准而盲目地嵌入水印,则嵌入的水印很可能丢失。

4)盲水印方案。若检测时需要原始信号,则此水印被称为非盲水印,否则称为盲水印。由于视频数据量非常大,所以采用非盲水印技术是很不现实的。因此,除了极少数方案外,当前主要研究的是盲视频水印技术。

通过分析现有的数字视频编解码系统,可以将当前的视频水印分为以下几种视频水印的嵌入与提取方案,如图 9-8 所示。

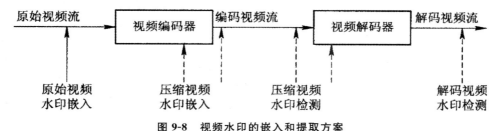

图 9-8　视频水印的嵌入和提取方案

(1)嵌入方案一

水印直接嵌入在原始视频流中。该方案的优点是水印嵌入的方法比较多,原则上数字图像水印方案均可以应用于此。缺点是会增加视频码流的数据比特率;经 MPEG-2 压缩后会丢失水印;降低视频质量;对于已压缩的视频,需先进行解码,然后嵌入水印后,再重新编码。

(2)嵌入方案二

水印嵌入在编码阶段的离散余弦变换(DCT)域中的量化系数中。该方案的优点是水印仅嵌入在 DCT 系数中,不会增加视频流的数据比特率;很容易设计出抵抗多种攻击的水印。缺点是会降低视频的质量,因为一般它也有一个解码、嵌入、再编码的过程。

(3)嵌入方案三

水印直接嵌入在 MPEG-2 压缩比特流中。此该方案的优点是没有解码和再编码的过程,因而不会造成视频质量的下降,同时计算复杂度低。缺点是由于压缩比特率的限制,所以限定了嵌入水印的数据量的大小。

视频水印最初是为了保护数字视频产品(如 VCD、DVD、VOD 等)的版权,但因为其具有不可感知性、健壮性和安全性等特点,近年来其应用领域得到不断地扩展。总的说来,视频水印有以下一些主要应用领域。

（1）电视监视

如果在数字电视节目的内容中，嵌入标记电视台的数字水印信息，通过监测设备的实时检测，判断节目内容的来源，便可有效地用于电视监视，防止电视台之间的大规模的侵权行为。

（2）版权保护

目前，版权保护可能是水印最主要的应用，为了表明对数字视频作品内容的所有权，数字视频作品所有者用密钥产生水印，并将其嵌入原始载体对象中，然后就可公开发布嵌入水印的数字视频作品。如果该作品被盗版或出现版权纠纷时，所有者可利用从盗版作品或水印作品中提取水印信号作为依据，保护所有者的权益。

（3）复制控制

在数字视频作品发行体系中，人们希望有一种复制保护机制，即不允许未授权的媒体复制。这种应用的一个典型的例子是 DVD 防复制系统，即将水印信息加入 DVD 数据中，这样 DVD 播放机即可通过检测 DVD 数据中的水印信息而判断其合法性和可复制性，从而保护制造商的商业利益。1997 年夏天，版权保护技术工作组（CPTWG）专门成立了数据隐藏子工作组（DHSG）来评价当前的水印技术应用于防复制系统的先进性和可靠性。

（4）内容认证

目前许多视频编辑和处理软件可以轻易地修改数字视频的内容，使得视频内容不再可靠。利用视频水印进行内容认证和完整性校验的目的是检测对数字视频作品的修改，其优点在于：认证和内容是密不可分的，简化了处理过程。

（5）安全隐蔽通信

视频水印同样可用于军事保密或商业保密，其属于信息隐藏的范畴。发送者可以将秘密信息，如软件、图像、数据、文本、音频、视频等嵌入到公开的视频中，只有指定的接收方才能根据事先约定的密钥和算法提取出其中的信息，而其他人无法觉察到隐藏的水印，从而实现秘密信息的安全传输。

（6）数字指纹

为了避免未经授权的复制和分发数字视频，数字视频作品的所有者可在其发行的每个备份中嵌入不同的水印（数字指纹）。如果发现了未经授权的备份，则通过检索指纹来追踪其来源。例如，在 VOD 的应用中，在媒体公司的压缩视频节目销售之前，把每个备份都加上特定水印，用以对非法复制者和传播者进行跟踪监督；在付费电视节目系统里，采用给每个收看者一个私有水印的方案，接收者用一个装置（机顶盒）提取水印，在得到权限确认后才能进行视频解码，这种系统的好处是在接收方进行身份认证，从而大大降低了视频销售商的工作负担，节约的各种资源反过来又可以进行更好的服务。典型的 VOD 视频系统框图 9-9 所示。

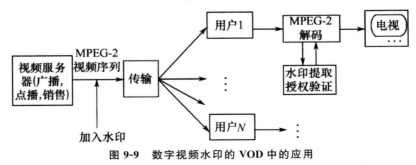

图 9-9　数字视频水印的 VOD 中的应用

9.7.3　音频数字水印技术

随着数字多媒体技术及互联网技术的迅猛发展,数字化音像制品和音乐制品的大量制作、存储和传输都变得极为便利。但是,Internet 上肆无忌惮地复制和传播盗版音乐制品,使得艺术作品的作者和发行者的利益受到极大损害。在这种背景下,音频数据的版权保护也显得越来越重要,能够有效地实行版权保护的数字音频水印技术应运而生。

数字音频水印技术就是在不影响原始音频质量的条件下,向其中嵌入具有特定意义且易于提取的信息的过程。根据应用目的不同,被嵌入的信息可以是版权标记符、作品序列号、文字,例如艺术家和歌曲的名字,甚至是一个小的图像或一小段音频等。水印与原始音频数据紧密结合并隐藏在其中,通常是不可听到的,而且能够抵抗一般音频信号处理和盗版者的某些恶意攻击。

相对图像水印而言,对音频水印的研究还较少。但由于数字音频信号在人们生活中的普遍性,特别是近年来 MP3 应用的日益广泛,使得工业界对音频作品的版权保护有越来越迫切的需要。虽然对音频水印的要求与图像水印类似,而且一些图像或视频的水印算法的原理也可以应用到音频水印中,但音频水印也有自身独有的特点和要求:

1)人耳对声音变化的感觉要比人眼对图像视频变化的感觉敏感,因此对音频水印的嵌入必须充分利用 HAS 特性;对于水印的预处理也相对复杂。

2)现代音频压缩利用 HAS 特性已经压缩掉音频信号中的大部分冗余信息,因此如何直接在压缩域中嵌入水印成为一个极具挑战性的课题。

3)音频信号的持续时间一般较长,在许多情况下无法像图像水印那样得到完整的图像后再进行水印的嵌入和检测。此外,由于语音信号是时间轴上的函数,剪裁等攻击会引起严重的同步错误。因此,对水印的同步有较高要求。

在实际的应用中,含有水印的音频信号从编码到解码之间大致有下列几种传播途径。

1)声音文件从一台机器复制到另一台机器,其中没有任何形式的改变。也就是说,编码方和解码方的采样率完全一样。

2)信号依旧保持数字的形式,但是采样率发生变化。也就是说保持信号的幅度和相位值,但是改变信号的时域特征。

3)信号被转换为模拟形式,通过模拟线路进行传播,在终端被重新采样。在此过程中,信号的幅度、量化方式和时域采样率都得不到保持。通常,这种情形下信号的相位值可以得到保持。

4)信号在空气中传播,经过麦克风接收后重新采样。此时,信号受到未知的非线性改变,会导致相位改变、幅度改变、不同频率成分的漂移和产生回声等。

在选择水印嵌入算法时,需要考虑信号的表述和传输路径。如果音频信号在传输中没有改变,则对水印算法的约束最小。如果音频信号在传输中发生很大改变,则对水印算法的约束很大,要求算法有很强的稳健性。

音频水印的稳健性通常是要求能抵抗下列攻击的。

1)D/A、A/D 变换。计算机上的数字音频信号要输出到磁带机或扬声器等外设时,需要经过 D/A 过程;模拟的音频信号要输入计算机则需要进行 A/D。

2)抽样频率转换。为适应不同的硬件播放条件,或者与不同抽样频率的音频合成为同一个音频文件,都需要变换抽样频率。例如,32kHz 通过插值变换为 44.1kHz。

3)量化精度变换。例如,每抽样点 16b 精度变换为 8b 精度。

4)声道数改变。例如,双声道改变为单声道。

5)线性或非线性滤波。在某些场合,需要滤波以去除不需要的频率成分或改善信号质量。例如,低通滤波。

6)时域上的裁剪或拉伸。例如,对音频信号进行编辑、伸展(缩短)音频信号以适应播放时间、恶意裁剪等。

7)加性或乘性噪声。音频在有噪信道中传输,或者在传输中受到幅度修改,都可看作引入噪声。

8)有损压缩/解压缩。例如,使用 MPEG Layer 3,Dolby AC-3 等,而播放时则义需要经过相应的解压缩过程。

而在理论上,一个成功的数字音频水印算法需要达到以下几方面的要求:

1)对数据变换处理操作的稳健性。要求水印本身应能经受得住各种有意无意的攻击。典型的攻击有添加噪声、数据压缩、滤波、重采样、A/D-D/A 转换、统计攻击等。

2)听觉透明性。数字水印是在音频载体对象中嵌入一定数量的掩蔽信息,为使得第三方不易察觉这种嵌入信息,需谨慎选择嵌入方法,使嵌入信息前后不产生听觉可感知的变化。

3)数据提取误码率。数据提取误码率也是音频水印方案中的一个重要技术指标。因为一方面存在来自物理空间的干扰,另一方面信道中传输的信号会发生衰减和畸变,再加上人为的数据变换和攻击,都会使数据提取的误码率增加。

4)是否需要原始数据进行信息提取。原则上水印的检测不应需要原始音频,即实现盲检测,因为寻找原始音频是非常困难的。

5)嵌入数据量指标。根据用途的不同,在有些应用场合中必须保证一定的嵌入数据量,如利用音频载体进行隐蔽通信。

6)安全性依赖因素。水印算法应该公开,安全性最好依赖于密钥而不是算法的秘密性。

通常,在音频文件中嵌入数据的方法利用了人类听觉系统的特性。人类听觉系统对音频文件中附加的随机噪声敏感,并能察觉出微小的扰动。人的听觉系统作用于很宽的动态范围之上。HAS 能察觉到大于 100 000 000∶1 的能量,也能感觉到大于 1 000∶1 的频率范围,对加入的随机干扰也同样敏感。可以测出音频文件中低于 1/10 000 000 的干扰。

在音频文件中嵌入数据最简单的方法就是加入噪声,这种方法是在载体的最不重要位中引入秘密数据,该方法对原始信号质量降低的程度必须低于 HAS 可以感知的程度。较好的方法是在信号中较重要的区域里隐藏数据,在这种情况下,改动应当是不可感知的,因此可以抵御一些有损压缩算法的强攻击手段。

与图像水印算法类似,音频水印算法也可以分为空间域的算法和变换域的算法。

(1)最不重要位(LSB)算法

最不重要位(LSB)方法是将秘密数据嵌入到载体数据中去的最简单的一种方法,它是在空域中隐藏数据。任何的秘密数据都可以看作是一串二进制位流,而音频文件的每一个采样数据也是用二进制数来表示。这样,我们可以将部分采样值的最不重要位用代表秘密数据的二进制位替换掉,达到在音频信号中编码加入秘密数据的目的。为了加大对秘密数据攻击的难度,可以用一段伪随机序列来控制嵌入秘密二进制位的位置。

采用这种算法时,在音频文件嵌入水印的过程大致如下:

1)以二进制数的形式读取载体音频数据,得到原始信号。

2) 将秘密数据转换为二进制位流的形式, 并计算秘密数据位的总数。

3) 将上一步中得到的数据流作置乱变换, 得到待隐藏的数据流。

4) 将秘密数据位的总数首先嵌入到载体文件中。

5) 循环操作上一步, 直至秘密信息全部被嵌入。

通过上述的过程, 我们就可以得到含有数字水印的音频文件。由于水印数据是在载体数据的最低一位被嵌入的, 因此保证了数字水印的不可见性。

而在音频文件中对数字水印的提取过程大致为:

1) 提出秘密数据位的总数。

2) 提取水印信息的数据位。

3) 循环上一步的操作, 直至所有的秘密二进制位全部被提取出来。

4) 根据嵌入过程使用的置乱变换, 采取逆变换, 得到我们所需要的数据水印信息。

通过上述分析, 可以知道最不重要位(LSB)方法具有以下的一些优点:

1) 方法简单易行。

2) 音频信号里可编码的数据量大。

3) 信息嵌入和提取算法简单, 速度快。

在具有上述优点的同时, 它还具有对信道干扰及数据操作的抵抗力很差;信道干扰、数据压缩、滤波、重采样等等都会破坏编码信息等缺点。

为了提高健壮性, 我们也可以将秘密数据位嵌入到载体数据的较高位, 但这样带来的结果是大大降低了数据隐藏的隐蔽性。当然, 在变化域进行数字水印的嵌入能获得更好的健壮性。

（2）小波变换算法

随着小波水印技术日益受到重视。小波水印的健壮性强, 在经历了各种处理和攻击后, 如加噪、滤波、重采样、剪切、有损压缩和几何变形等, 仍可以保持很高的可靠性。对于水印的嵌入而言, 小波变换的类型、水印的种类、水印添加的位置以及水印的强度, 这四大要素决定了水印添加算法的类型。其中水印的类型一般是预先就确定的。小波变换的类型也可以进行选择, 因此也可以说决定算法类型的是水印添加的位置和水印的强度两大要素, 同时也决定了算法的性能。而在水印的提取过程中, 要求上述各要素与添加的过程保持一致, 否则就无法将水印提取出来。

在嵌入时对语音信号序列按下式进行 Harr 小波分解:

$$c_{j+1,k} = \sum_m h_{0(m-2k)c_{j,m}}$$

$$d_{j+1,k} = \sum_m h_{1(m-2k)c_{j,m}}$$

式中, $h_1 = 0.7071, 0.7071, h_2 = -0.7071, 0.7071$.

在提取水印信息时, 数据按下列式子进行重构:

$$c_{j-1,m} = \sum_k c_{j,k} h_0(m-2k) + \sum_k d_{j,k} h_1(m-2k)$$

式中, $h_1 = 0.7071, 0.7071, h_2 = -0.7071, 0.7071$.

在音频文件中水印信息的嵌入和提取过程分别如图 9-10、图 9-11 所示。

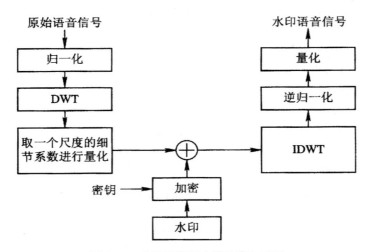

图 9-10　小波域音频水印的嵌入过程

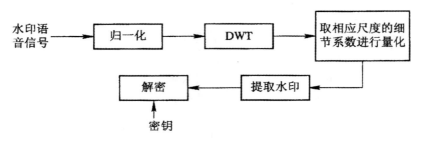

图 9-11　小波音频水印的提取过程

随着音频素材在互联网上的指数级增加,数字音频水印技术有着广泛的应用前景,其典型应用如下。

1)为了便于对音频素材进行查找和检索,可以用水印技术实现元数据(描述数据的数据)的传输,就是用兼容的隐藏的带内方式传送描述性信息。

2)在广播领域中,可以用水印技术执行自动的任务,比如广播节目类型的标识、广告效果的统计分析、广播覆盖范围的分析研究等。其优点是不依赖于特定的频段。

3)用水印技术实现知识产权的保护,包括所有权的证明、访问控制、追踪非法复制等。这也是水印技术最初的出发点。

9.7.4　文本数字水印技术

当前数字水印的研究大多数集中在图像视频和音频方面,文本数字水印的研究很有限。

最原始的文档,包括 ASCII 文本文件或计算机原码文件,是不能被插入水印的,因为这种类型的文档中不存在可插入标记的可辨认空间。然而,一些高级形式的文档通常都是格式化的,对这些类型的文档可以将一个水印藏入版面布局信息或格式化编排中。可以将某种变化定义为1,不变化定义为 0,这样嵌入的数字水印信号就是具有某种分布形式的伪随机序列。

一个英文文本文件一般由单词、行和段落等有规律的结构组合而成,对它作一些细微的改动难以察觉。这种方式既可以修改文档的图像表示,也可以修改文档格式文件。后者是一个包含文档内容及其格式的文件,基于此可以产生出可供阅读的文字(图像)。而图像表示则是将一个文本页面数字化为二值图像,其结果是一个二维数组:

$$f(x,y)＝0 \text{ 或 } 1 \quad x=0,1,\cdots,W;y=0,1,\cdots,L$$

其中,$f(x,y)$表示在坐标(x,y)处的像素强度;W 和 L 的取值取决于扫描解析度,分别表示一页的宽度和长度。

轮廓是文本图像的一维投影,单个文本行的水平轮廓表示为:

$$h(y)=\sum_{x=0}^{W}f(x,y) \quad y=t,t+1,\cdots,b$$

其中,t 和 b 分别是图像中处于该文本行最上方和最下方的像素行坐标。

使用这种方法可以只修改第 2、4、6、⋯行,而使第 1、3、5、⋯行保持不变。这种方法能够防止在传输过程中出现的意外或故意的图像损坏。

数据隐藏需要一个编码器和一个解码器。如图 9-12 所示,编码器的输入是原始文件,输出是加了标记的文件。首先对原始文档进行预处理,将所得到的图像页按照从码本中选取的码字进行修改。编码器的输出即为修改过的文件并被分送出去。解码器输入修改过的文件,输出其中所嵌入的数据信息,图 9-13 表示解码过程。

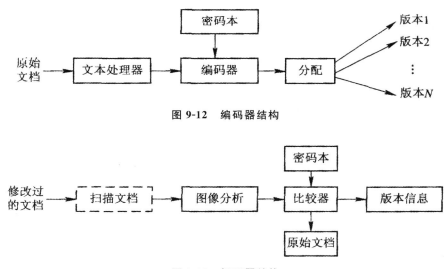

图 9-12　编码器结构

图 9-13　解码器结构

在图像中隐藏信息主要有三种方法:行移编码、字移编码和特征编码。

(1)行移编码的嵌入方法

数字水印的标记插入是通过将文本的某一整行垂直移动。通常,当一行被上移或下移时,与其相邻的两行或其中的一行保持不动。不动的相邻行被看做是解码过程中的参考位置。大部分文档的格式有一个特点,一段内的各行的间距是均匀的。

根据视觉区分不均衡的经验,当垂直位移量≤1/300 英寸时,我们将无法辨认。这种方法的主要特点体现于解码过程中。既然一个文本最初的行间距是均匀的,则一个被接收文档是否被作为标记,可以通过分析行间距来判断,而不需要任何有关这个文档最初未被作标记时的附加信息。

（2）字移编码的嵌入方法

数字水印的标记插入是通过将文本的某一行中的一个单词水平移位。通常在编码过程中，某一个单词左移或右移，而与其相邻的单词并不移动。这些单词被看做是解码过程中的参考位置。

对于格式化的文档，一般使用变化的单词间距，这样使得文本在外观上吸引人。读者可以接受文本中单词间距在一行上的广泛变化，因为人眼无法辨认 1/150 英寸以内的单词的水平位移量。由于在最初的文档中单词间距是不均匀的，检测一个单词的位移量，需要对最初文档的单词间距有所了解，所以提取隐藏信息时必须掌握未作标记文档的单词位置。因此，只有拥有最初文档的组织或其代理人，可以读到隐藏信息。

（3）特征编码的嵌入方法

数字水印的标记插入是通过改变某个单个字母的某一特殊特征来实现的。例如，改变字母的高度特征等。同样，总有一些字母特征未作改变以帮助解码。

例如，一个检测算法可能会将那些被认为发生变化的字母，与该页中其他地方没有变化的相同字母的高度进行比较。通过字母变化在文本中插入不易辨认的标记必须非常细心，以不改变该字母和上下文的结合关系。若有一个发生变化的字母，又有与其相邻而未作变化的相同字母，则读者就易于识别出该字母的变化。检测一个标记是否存在，需不需要掌握最初的未作标记的原文，由标记技术以及选择将要被变化的字母的规律共同决定。

通过上述分析，我们可以看到文本水印在将来必定会有非常广阔的应用前景。它不仅可以推动期刊、报纸、杂志等的网络发行，而且还可以通过网络发行的方式，大大提高生产和流通速度，降低出版成本，发行的范围更广，覆盖面更宽。随着网络化办公的发展，在政府上网工程中将有更多的文本文档文件在互联网上传送，如果不采取有效的版权保护措施，一旦出现恶意篡改，而又无法证明真伪，后果是无法设想的。对于电子商务中的、一些经济合同文本等也存在着这些问题。

文本水印现在还是一个不完全成熟的技术，还有下列一些问题需要解决。

1）算法的健壮性问题，目前还没有一种方法可以抵抗各种攻击，都是在有限的范围内具有鲁棒性。

2）本文件的格式和传播方式也很多，要提出一种可以处理所有格式的文本的算法也很难；

3）文本文件的批处理问题，要针对批量文本文件嵌入水印提出解决方案。

基于自然语言的文本水印技术为文本水印技术指出了新的方向，在信息传播的过程中提供了更大的安全性、保密性，在国防、国民经济、日常生活等领域有着广泛的应用前景和重要的应用价值。

第 10 章　访问控制与安全审计技术

10.1　访问控制概述

访问控制（Visit Control）是指对网络中的某些资源访问进行的控制，是在保障授权用户能获取所需资源的同时拒绝非授权用户的安全机制。只有被授予不同权限的用户，才有资格访问特定的资源、程序或数据。为了保护数据的安全性，还可限定一些数据资源的读写范围。网络的访问控制技术是通过对访问的申请、批准和撤销的全过程进行有效的控制，从而确保只有合法用户的合法访问才能给予批准，而且相应的访问只能执行授权的操作。

访问控制是系统保密性、完整性、可用性和合法使用性的基础，是网络安全防范和保护的主要策略。其主要任务是保证网络资源不被非法使用和非法访问，也是维护网络系统安全、保护网络资源的重要手段。

10.1.1　访问控制的有关概念

访问控制是信息安全保障机制的重要内容，它是实现数据保密性和完整性机制的主要手段之一。访问控制是为了限制访问主体（或称为发起者，是一个主动的实体，如用户、进程、服务等）对访问客体（需要保护的资源）的访问权限，从而使计算机系统在合法范围内使用。访问控制机制决定用户及代表一定用户利益的程序能做什么，以及做到什么程度。

访问控制由以下两个过程组成：一，通过认证来检验主体的合法身份；二，通过授权（Authorization）来对用户的资源的访问级别进行限制。访问包括读取数据、更改数据、运行程序、发起连接等。

下面介绍几个访问控制的最基本概念。

（1）主体（Subject）

主体是指主动的实体，是访问的发起者，它造成了信息的流动和系统状态的改变，人、进程和设备都可以是主体。根据主体权限不同可以分为四类：

1）特殊用户：系统管理员，具有最高级别的特权，可以访问任何资源，并具有任何类型的访问操作能力。

2）一般用户：最大的一类用户，他们的访问操作受到一定的限制，由系统管理员分配。

3）审计用户：负责整个安全系统范围内的安全控制与资源使用情况的审计。

4）作废的用户：被系统拒绝的用户。

（2）客体（Object）

客体是指包含或接受访问的被动实体，客体在信息流动中的地位是被动的，是处于主体的作用之下，对客体的访问其实就是对其中所包含信息的访问。客体通常包括文件和文件系统、磁盘和磁带卷标、远程终端、信息管理系统的事务处理及其应用、数据库中的数据、应用资源等。

（3）访问（Access）

访问是使信息在主体（Subject）和客体（Object）之间流动的一种交互方式。

（4）访问许可（Access Permissions）

访问控制决定了谁能够访问系统、能访问系统的何种资源以及如何使用这些资源。适当的访问控制能够阻止未经允许的用户有意或无意地获取数据。用户识别代码、口令、登录控制、资源授权（例如，用户配置文件、资源配置文件和控制列表）、授权核查、日志和审计等这些都是访问控制的手段。

（5）控制策略（Control Policy）

控制策略是主体对客体的访问规则集，这个规则集直接定义了主体对客体的作用行为和客体对主体的条件约束。访问策略体现了一种授权行为，也就是客体对主体的权限允许，这种允许不超越规则集中的定义。

访问控制在信息系统中得到了广泛应用，例如对用户的网络接入过程进行控制、操作系统中控制用户对文件系统和底层设备的访问。另外，当需要提供更细粒度的数据访问控制时，可以在应用程序中实现基于数据记录或更小的数据单元访问控制。例如大多数数据库（如 Oracle）都提供独立于操作系统的访问控制机制，Oracle 使用其内部用户数据库，且数据库中的每个表都有自己的访问控制策略来支配对其记录的访问。

10.1.2　访问控制系统的基本功能组件

在 GB/T18793.3（等同于 ISO/IEC10181-3）中对访问控制系统设计时所需的一些基本功能组件进行了详细定义，并且描述了各功能组件之间的通信状态。

访问控制功能组件包括以下几个部分：发起者（Initiator）、访问控制实施功能（Access Control Enforcement Function，AEF）、访问控制决策功能（Access Control Decision Function，ADF）以及目标（Target），如图 10-1 所示。

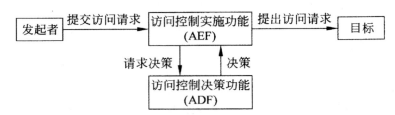

图 10-1　访问控制模型的基本组成

发起者是指信息系统中系统资源的使用者或是计算机程序等属于系统实体中主动的部分；目标是指被发起者所访问或试图访问的实体 AEF 的功能是负责建立发起者与目标之间的通信桥梁，它必须依照 ADF 的授权查询指示来实施上诉动作，也就是说，当发起者对目标提出执行操作要求（Access Request）时，AEF 会将这个请求信息通知 ADF，并由 ADF 做出授权准许的判决；ADF 根据 AEF 传输来的操作要求，以及访问控制决策信息（Assess Control Decision Information，ADI），作为判断访问控制的决策工作。

在信息系统中，访问控制的核心即为 ADF。当 ADF 对发起者所传输的判断请求进行查核验证时，是根据不同来源端所送入的 ADI 以及其他附属作为判断的依据。这些不同来源的 ADI 包括以下内容。

1）发起者 ADI：描述了发起者被赋予的执行权限。

2）目标 ADI：描述了目标可被操纵的权限范围。

3）访问请求 ADI（Access Request ADI）：是附带于访问控制请求时的决策信息。

4）访问控制策略规则（Access Control Policy Rules）：是根据 ADF 所属的安全域机构，将所规范的政策转换为具体可被信息系统执行的规则。

5）上下文信息（Contextual Information）：发起者的位置、访问时间或使用的特殊通信路径都包括在内。

6）保留的 ADI：是上次获准执行的相关信息，用于协助系统完成当前的核查任务。

10.1.3　访问控制组件的分布

在各种系统环境下，AEF 的部署可以依照本身所制定的信息安全策略来做决定。例如，在分布式系统中，AEF 所提供的功能可以独立成一个功能组件，称为 AEF Component（AEC）。同样地，ADF 所提供的功能也可以独立成一个功能组件，称为 ADF Component（ADC）。AEC 和 ADC 可以有不同的组合方式，如图 10-2 所示。

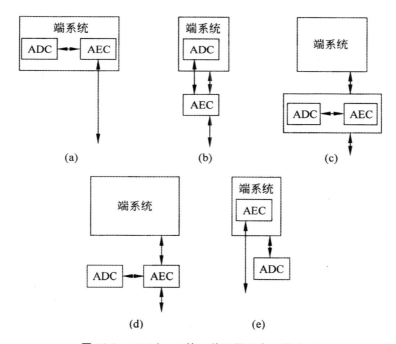

图 10-2　ADC/AEC 的 5 种不同组合配置方式

1）在图 10-2（a）中，将 AEC 和 ADC 部署于端系统中，并授权其进行访问控制的查核工作，由端系统负责来负责访问管理权。

2）在图 10-2（b）中，将 AEC 独立于外部的服务器，端系统内的 ADC 根据外部 AEC 所传输来的执行要求来做执行权限的核查验证。端系统的系统管理者对其所属的信息资源有绝大部分的访问管理权限。

3）在图 10-2（c）中，将 AEC、ADC 两个功能组件独立于外部，但同属于一个可信赖的服务器所管辖。端系统必须根据外部的 ADC 所做出的决策判断来开放所属信息资源的使用权限。

4）在图 10-2(d)中，将 ADC、AEC 两个功能组件独立并分属两个可信赖的服务器管辖，访问控制的许可要同时经过两个以上的服务器判断后才能实施。

5）在图 10-2(e)中，将 ADC 独立于外部的服务器，端系统接收了发起者传输来的执行要求后，决策判断是由外部的 ADC 来做的，并将查核结果通知端系统中的 AEC。端系统的系统管理者对其所属的信息资源有部分的访问管辖权。

若 AEC 和 ADC 采取紧密连接的配置方式时，由于同在一个组件内因而减缓了通信的延迟，能够使得访问控制的时效性得以大幅度提高，而且可以避免 ADF 与 AEF 通信之间提供安全防护的负担。若是一个 ADC 支持多个 AEC，这种情况就像在分布式环境下，授权管制信息以集中方式存储在 ADC 中，各端系统除了不必存储访问控制的信息外，也可以减少权限审查组件的设置。

ADF 能由一个或多个 ADF 组件实现，且 AEF 能由一个或多个 AEF 组件实现。图 10-3 给出了访问控制组件间的关系示例。这里描述的关系只适用于单个发起者和单个目标，其他示例可能包括使用多于一个 ADC 和 AEC。

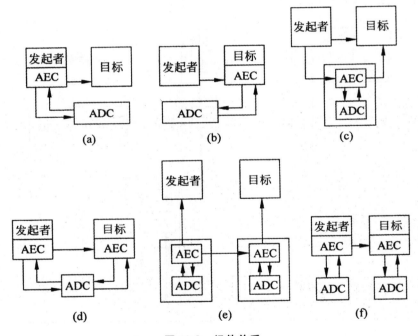

图 10-3　组件关系

1）在图 10-3(a)中，发起者直接向发起者的 AEC 提交它请求的访问，要求 ADC 批准访问请求。若访问被批准，AEC 通报给请求的目标。

2）在图 10-3(b)中，发起者向目标的 AEC 直接提交请求的访问，随后 AEC 将它提交给 ADC 批准。若访问被批准，AEC 通报给请求的目标。

3）图 10-3 的(a)和(b)在功能和位置上相互对应。AEC 形成出或入访问控制，或者两者都形成，因此，AEC 可被称为发起者 AEC，或目标 AEC，或被插入的 AEC。

4）在图 10-3(c)中，发起者将请求的访问提交给插入的 AEC，随后 AEC 将它提交给 ADC 批准。若访问被批准，AEC 通报给请求的目标。

5）在图 10-3（d）中，交互是（a）图和（b）图与同一 ADC 的合成，而该 ADC 批准发起者和目标 AEC 的访问请求。发起者将其请求的访问提交给发起者的 AEC，AEC 请求 ADC 批准。若访问被批准，发起者的 AEC 将此请求的访问出示给目标的 AEC，随后该 AEC 将其出示给 ADC 批准。若请求被批准，则 AEC 通报给请求的目标。

6）图 10-3 的（e）和（f）中，分离的 AEC 强制实施出或入访问控制。在（e）图中，除了双方 AEC 都必须批准请求的访问外，交互就接近于（c）图。在（f）图中，交互是（a）图与（b）图的合成，但使用分离的 AEC。

10.1.4 访问控制与其他安全措施的关系

目前，信息安全受到前所未有的挑战，单一的安全服务机制无法真正保证系统的真正安全，与其他安全技术结合将成为访问控制技术的趋势之一。这些安全服务机制包括认证、数据完整性、数据机密性、安全审计。

1. 身份认证

身份认证是最基本的措施，也是信息安全保密防范的第一道线，目的是对通信双方身份的真实性进行验证，防止非法用户假冒合法用户窃取敏感数据。在安全的通信中，涉及的通信各方必须通过某种形式的身份认证机制来证明身份，验证用户的身份与所宣称的是否一致，然后才能实现对于不同用户的访问控制和记录。

身份认证与访问控制尽管有某些共性和相互联系，但服务却有一定的差异。身份认证是判断访问者是否具有其声称的身份的处理过程。访问控制是信息安全保密防范的第二道防线，它是在身份认证成功的基础上取得用户身份，根据身份信息和授权数据库决定是否能够访问某个资源。

在某些系统中用于身份认证的验证设施与 ADF 搭配在一起。在分布式系统中，这些功能是没有必要搭配的，并且可使用分离的发起者 ACI，因此身份信息仅被简单地当作发起者绑定 ACI 的一部分。

2. 数据完整性

在访问控制组件内或组件之间输入和输出的完整性是由数据完整性服务来确保的，例如防止 ACI 以及存储或传输中的上下文信息被修改。

3. 数据机密性

在一些安全策略控制下，可要求数据机密性服务以便对访问控制组件或访问控制组件之间的某些输入和某些输出实现机密性，例如防止收集敏感信息。

4. 安全审计

安全审计技术是一种事后追查手段。审计系统根据审计设置将用户的请求和行为一一记录下来，同时入侵检测系统实时或非实时地检测是否有入侵行为。身份认证系统提供的用户身份信息在访问控制和审计系统中都有所涉及。

ACI 可用来审计一个特定发起者的访问请求，这需要收集若干审计线索，以便能够准确地识别哪个发起者执行了哪些访问请求。

审计策略可以要求将某些或所有访问企图记录下来,因此要求有一个用于访问控制机制的可靠记录机制。访问控制策略可以要求不进行审计就不能进行访问,在这种情况下访问控制机制将在功能上依赖于可靠的记录服务。

在要求发起者具有可确认性的情况下,发起者总是在访问前受到身份鉴别。身份和访问控制尽管经常紧密相关,但并不总是由同一机构控制下的功能来执行,也无须搭配这些功能。用于身份认证的信息可能需要用来获取发起者绑定 ACI。

总之,确保合法使用者对系统信息的使用权限即为访问控制的目的所在。与身份认证机制的配合,使访问控制在实施上更有效;与数据完整性配合可确保执行的要求在授权管理功能单元之间传输时不会被非法使用者任意修改;而与数据机密性机制配合,可以确保授权管理信息的机密性,也就是在传输过程中不会被他人获取或破解,即使有黑客侵入授权管理信息库,也无法获得授权管理信息。

10.2 访问控制的实现机制与管理模式

10.2.1 访问控制的实现机制

实现访问的控制不仅能保证授权用户使用的权限与其所拥有的权限对应,制止非授权用户的非授权行为,而且也能保证敏感信息的交叉感染。在实际工作中,除了建立访问控制的抽象模型以外,还要建立访问控制的实现机制。

1. 访问控制表

访问控制表(Access Control List,ACL)是以文件为中心建立的访问权限表。目前,大多数主机、服务器都使用 ACL 作为访问控制的实现机制。访问控制表的优点在于实现简单,任何得到授权的主体都可以有一个访问表。

2. 访问控制矩阵

访问控制矩阵(Access Control Matrix,ACM)是通过矩阵形式表示访问控制规则和授权用户权限的方法。也就是说,对每个主体而言,都拥有对哪些客体的哪些访问权限;而对客体而言,又有哪些主体对它可以实施访问;将这种关联关系加以阐述,就形成了控制矩阵。其中,特权用户或特权用户组可以修改主体的访问控制权限。访问控制矩阵的实现很易于理解,但是查找和实现起来有一定的难度,而且,如果用户和文件系统要管理的文件很多,那么控制矩阵将会成几何级数增长,这样对于增长的矩阵而言,会有大量的空余空间。

3. 访问控制能力列表

能力是访问控制中的一个重要概念,它是指请求访问的发起者所拥有的一个有效标签(ticket),它授权标签表明的持有者可以按照何种访问方式访问特定的客体。访问控制能力表(Access Control Capabilitis Lists)是以用户为中心建立访问权限表,定义能力的重要作用在于能力的特殊性,如果赋予哪个主体具有一种能力,事实上说明了这个主体具有了一定对应的权限。能力的实现有两种方式：传递的和不可传递的。一些能力可以由主体传递给其他主体使用，另一些则不能。

4. 访问控制安全标签列表

安全标签是限制和附属在主体或客体上的一组安全属性信息。安全标签的含义比能力更为广泛和严格，因为它实际上还建立了一个严格的安全等级集合。访问控制安全标签列表（Access Control Security Labels Lists）是限定一个用户对一个客体目标访问的安全属性集合。安全标签能对敏感信息加以区分，这样就可以对用户和客体资源强制执行安全策略，因此，强制访问控制经常会用到这种实现机制。

10.2.2　访问控制的管理模式

目前，常见的有以下 3 种基本的访问管理模式，每种管理模式都有各自的优缺点，应根据实际情况选择合适的管理模式。

1. 集中式管理模式

集中式管理模式是由一个管理者设置的访问控制。当用户对信息的需求发生变化时，只能由这个管理者改变用户的访问权限。由于只有极少数人有更改访问权限的权力，因此，这种控制是比较严格的。每个用户账户都可以被集中监控，当用户离开时，其所有的访问权限很容易被终止。由于管理者少，所以整个执行过程和执行标准的一致性就容易达到，但当需要快速而大量修改访问权限时，管理者的工作负担和压力就会增大。

2. 分布式管理模式

分布式管理模式是把访问控制权交给文件的拥有者和创建者，通常是职能部门的管理者。这等于把控制权交给了对信息直接负责、对信息的使用最熟悉、最有资格判断谁需要信息的管理者手中。但这也同时造成了在执行访问控制的过程和标准上的不一致性。在任一时刻，很难准确确定整个系统中所有用户的访问控制情况。

此外，不同的管理者在实施访问控制时的差异也会造成控制的相互冲突，以致于无法满足整个系统的需求，同时，也有可能出现员工调动和离职时访问权不能被有效地清除的情况。

3. 混合式管理模式

混合式管理模式是集中式和分布式管理模式的结合。其特点是：由集中管理负责整个系统中基本的访问控制，而由职能管理者就其所负责的资源对用户进行具体的访问控制。混合管理模式的缺点是难以划分哪些访问控制应集中控制，哪些应在本地控制。

10.3　访问控制模型

10.3.1　自主访问控制

自主访问控制（Discretionary Access Control，DAC）允许合法用户以用户或用户组的身份访问规定的客体,同时阻止非授权用户访问客体,某些用户还可以自主地把自己所拥有的客体的访问权限授予其他用户。自主访问控制又称为任意访问控制。在实现上,首先要对用户的身份进行鉴别,然后就可以按照访问控制列表所赋予用户的权限允许和限制用户使用客体的资源。主体控制权限的修改通常由特权用户或是特权用户(管理员)组实现。

自主访问控制的特点是授权的实施主体(可以授权的主体、管理授权的客体或授权组)自主负责赋予和回收其他主体对客体资源的访问权限。DAC 模型一般采用访问控制矩阵和访问控制列表来存放不同主体的访问控制信息,从而达到对主体访问权限的限制目的。

1. 基于行的自主访问控制

基于行的访问控制是在每个主体上都附加一个该主体可访问的客体的明细表。

(1)权限字

权限字是一个提供给主体对客体具有特定权限的不可伪造的标志。主体可以建立新的客体,并指定这些客体上允许的操作。它作为一张凭证,允许主体对客体完成特定类型的访问。仅在用户通过操作系统发出特定请求时才建立权限字,每个权限字也标识可允许的访问,例如,用户可以创建文件、数据段、子进程等新客体,并指定它可接收的操作种类(读、写或执行),也可以定义新的访问类型(如授权、传递等)。

权限字必须存放在内存中不能被普通用户访问的地方,如系统保留区、专用区或者被保护区域内。在程序运行期间,只有被当前进程访问的客体的权限字能够很快得到,这种限制提高了对访问客体权限字检查的速度。由于权限字可以被收回,操作系统必须保证能够跟踪应当删除的权限字,彻底予以回收,并删除那些活跃的用户的权限字。

(2)前缀表

前缀表包含保护的文件名(客体名)及主体对它的访问权限。当系统中有某个主体欲访问某个客体时,访问控制机制将检查主体的前缀是否具有它所请求的访问权。这种方式存在一些问题:前缀大小有限制;当生成一个新客体或者改变某个客体的访问权时,如何对主体分配访问权;如何决定可访问某客体的所有主体。

当用户生成新客体并对自己及其他用户授予对此客体的访问权时,相应的前缀修改操作必须用安全的方式完成,不应由用户直接修改。有的系统由系统管理员来承担,还有的系统由安全管理员来控制主体前缀的更改。但是这种方法也很不便,特别是在一个频繁更迭对客体访问权的情况下,更加不适用。访问权的撤销一般也很困难,除非对每种访问权系统都能自动校验主体的前缀。当删除一个客体时,需要判断在哪些主体前缀中有该客体。

(3)口令字

每个客体或每个客体的不同访问方式都对应一个口令,用户只有知道口令才能访问。这种方法也有其内在的缺点:口令多,用户难于记忆;为保证安全,口令需经常更换,这都给用户的使用带来不便,而且哪些用户享有口令很难受到控制。

2. 基于列的自主访问控制

基于列的访问控制是指按客体附加一份可访问它的主体的明细表。

(1)保护位

保护位方式不能完备地表达访问控制矩阵。保护位对所有的主体、主体组(用户、用户组)以及该客体(文本)的拥有者,规定了一个访问模式的集合。

用户组是具有相似特点的用户集合。生成客体的主体称为该客体的拥有者。它对客体的所有权仅能通过超级用户特权来改变。拥有者(超级用户除外)是唯一能够改变客体保护位的主体。一个用户可能不只属于一个用户组,但是在某个时刻,一个用户只能属于一个活动的用户组。用户组及拥有者都体现在保护位中。

(2)存取控制表

存取控制表可以决定任何一个特定的主体是否可对某一个客体进行访问,它是利用都在客体上附加一个主体明细表的方法来表示访问控制矩阵的。表中的每一项包括主体的身份以及对该客体的访问权。

10.3.2　强制访问控制

强制访问控制(Mandatory Access Control,MAC)最开始是为了实现比 DAC 更为严格的访问控制策略,美国政府和军方开发了各种各样的控制模型,这些方案和模型都有比较完善和详尽的定义。随后,逐渐形成强制访问控制模型,并得到广泛的商业关注和应用。

在 MAC 访问控制中,用户和客体资源都被赋予了一定的安全级别,用户不能改变自身和客体的安全级别,只有管理员才能确定用户和组的访问权限。MAC 对主体和客体都分为 4 级:绝密级(Top Secret,TS)、机密级(Secret,S)、秘密级(Confidential,C)、无密级(Unclassified,U),等级关系为 TS>S>C>U。客体的安全属性反映了其中信息的敏感性,即对信息未经许可的访问将导致的损害;主体的安全属性反映了主体的可靠性,凭借这种可靠性,该主体不会把敏感信息泄露给不允许获得该信息的主体。

与 DAC 模型不同的是,MAC 是一种多级访问控制策略,它的主要特点是系统对访问主体和客体实行强制访问控制,系统事先给访问主体和客体分配不同的安全级别属性,在实施访问控制时,系统先对访问主体和客体的安全级别属性进行比较,再决定访问主体能否访问该客体。强制访问控制还可以阻止某个进程共享文件,并阻止通过一个共享文件向其他进程传递信息。

在 MAC 中,主体对客体的访问主要有 4 种方式:

1)下读(read down):即主体安全级别高于客体信息资源的安全级别时,允许查阅的读操作。

2)上读(read up):即主体安全级别低于客体信息资源的安全级别时,允许的读操作。

3)下写(write down):即主体安全级别高于客体信息资源的安全级别时,允许执行的动作或是写操作。

4)上写(write up):即主体安全级别低于客体信息资源的安全级别时,允许执行的动作或是写操作。

由于 MAC 通过分级的安全标签实现了信息的单向流通,因此它一直被军方采用,其中最著名的是 Bell-LaPadula 模型和 Biba 模型。Bell-LaPadula 模型具有只允许向下读、向上写的特点,可以有效地防止机密信息向下级泄露;Biba 模型则具有不允许向下读、向上写的特点,可以有效地保护数据的完整性。

下面对 MAC 模型中的几种主要模型进行简单的阐述。

1. Bell-LaPadula 模型

Bell-LaPadula (BLP)模型是典型的信息保密性多级安全模型,主要应用于军事系统。Bell-

LaPadula 模型通常是处理多级安全信息系统的设计基础,客体在处理绝密级数据和秘密级数据时,要防止处理绝密级数据的程序把信息泄露给处理秘密级数据的程序。Bell-LaPadula 模型的出发点是维护系统的保密性,有效地防止信息泄露,这与后面讨论的维护信息系统数据完整性的 Biba 模型正好相反。

Bell-LaPadula 模型可以有效防止低级用户和进程访问安全级别比他们高的信息资源,此外,安全级别高的用户和进程也不能向比他安全级别低的用户和进程写入数据。上述 Bell-LaPadula 模型建立的访问控制原则可以用以下两点简单表示:①无向上读;②无向下写。

Bell-LaPadula 模型的安全策略包括强制访问控制和自主访问控制两部分:强制访问控制中的安全特性要求对给定安全级别的主体,仅被允许对相同安全级别和较低安全级别上的客体进行“读”;对给定安全级别的主体,仅被允许向相同安全级别或较高安全级别上的客体进行“写”;任意访问控制允许用户自行定义是否让个人或组织存取数据。

显然 Bell-LaPadula 模型只能“向下读、向上写”的规则忽略了完整性的重要安全指标,使非法、越权篡改成为可能。

Bell-LaPadula 模型为通用的计算机系统定义了安全性属性,即以一组规则表示什么是一个安全的系统,尽管这种基于规则的模型比较容易实现,但是它不能更一般地以语义的形式阐明安全性的含义,因此,这种模型不能解释主—客体框架以外的安全性问题。

2. Biba 模型

Biba 模型在研究 Bell-LaPadula 模型的特性时发现,Bell-LaPadula 模型只解决了信息的保密问题,其在完整性定义方面存在有一定缺陷。Bell-LaPadula 模型没有采取有效的措施来制约对信息的非授权修改,因此使非法、越权篡改成为可能。

考虑到上述因素,Biba 模型模仿 Bell-LaPadula 模型的信息保密性级别,定义了信息完整性级别,在信息流向的定义方面不允许从级别低的进程到级别高的进程,也就是说用户只能向比自己安全级别低的客体写入信息,从而防止非法用户创建安全级别高的客体信息,避免越权、篡改等行为的产生。Biba 模型可同时针对有层次的安全级别和无层次的安全种类。

Biba 模型的两个主要特征如下:

1)禁止向上“写”,这样使得完整性级别高的文件一定是由完整性高的进程所产生的,从而保证了完整性级别高的文件不会被完整性低的文件或完整性低的进程中的信息所覆盖。

2)Biba 模型没有下“读”。Biba 模型是和 Bell-LaPadula 模型相对立的模型,Biba 模型改正了被 Bell-LaPadula 模型所忽略的信息完整性问题,但在一定程度上却忽视了保密性。

MAC 访问控制模型和 DAC 访问控制模型属于传统的访问控制模型,对这两种模型的研究也比较充分。在实现上,MAC 和 DAC 通常为每个用户赋予对客体的访问权限规则集,考虑到管理的方便,在这一过程中还经常将具有相同职能的用户聚为组,然后再为每个组分配许可权。用户自主地把自己所拥有的客体的访问权限授予其他用户的这种做法,其优点是显而易见的。

但是,如果企业的组织结构或是系统的安全需求处于变化的过程中时,那么就需要进行大量烦琐的授权变动,系统管理员的工作将变得非常繁重,更主要的是容易发生错误,造成一些意想不到的安全漏洞。考虑到上述因素,引入新的机制加以解决,即基于角色的访问控制模型。

10.3.3　基于角色的访问控制

在传统访问控制中,主体始终是和特定的实体捆绑对应的。例如,用户以固定的用户名注册,系统分配一定的权限,该用户将始终以该用户名访问系统,直至销户。其间,用户的权限可以变更,但必须在系统管理员的授权下才能进行。然而在现实社会中,这种访问控制方式表现出很多弱点,不能满足实际需求,主要问题在于:

1)同一用户在不同的场合需要以不同的权限访问系统,按传统做法,变更权限必须经系统管理员授权修改,因而很不方便。

2)当用户量大量增加时,按每用户一个注册账号的方式将使得系统管理变得复杂、工作量急剧增加,也容易出错。

3)传统访问控制模式不容易实现层次化管理。即按每用户一个注册账号的方式很难实现系统的层次化分权管理,尤其是当同一用户在不同场合处在不同的权限层次时,系统管理很难实现。除非同一用户以多个用户名注册。

基于角色的访问控制模式(Role Based Access Control,RBAC)就是为克服以上问题而提出来的。在基于角色的访问控制模式中,用户不是自始至终以同样的注册身份和权限访问系统,而是以一定的角色访问,不同的角色被赋予不同的访问权限,系统的访问控制机制只看到角色,而看不到用户。用户在访问系统前,经过角色认证而充当相应的角色。

用户获得特定角色后,系统依然可以按照自主访问控制或强制访问控制机制控制角色的访问能力。

1. 角色的概念

在基于角色的访问控制中,角色(role)定义为与一个特定活动相关联的一组动作和责任。系统中的主体担任角色,完成角色规定的责任,具有角色拥有的权限。一个主体可以同时担任多个角色,它的权限就是多个角色权限的总和。基于角色的访问控制就是通过各种角色的不同搭配授权来尽可能实现主体的最小权限(最小授权指主体在能够完成所有必需的访问工作基础上的最小权限)。

基于角色的访问控制可以看做是基于组的自主访问控制的一种变体,一个角色对应一个组。

2. 基于角色访问控制的基本思想

基于角色的访问控制(Role-based Access,RBAC)的基本思想是将访问许可权分配给一定的角色,用户通过饰演不同的角色获得角色所拥有的访问许可权。这是因为在很多实际应用中,用户并不是可以访问的客体信息资源的所有者(这些信息属于企业或公司),这样,访问控制应该基于员工的职务而不是基于员工在哪个组或谁是信息的所有者,即访问控制是由各个用户在部门中所担任的角色来确定的,例如,一个学校可以有教工、老师、学生和其他管理人员等角色。

RBAC从控制主体的角度出发,根据管理中相对稳定的职权和责任来划分角色,将访问权限与角色相联系,这点与传统的自主访问控制和强制访问控制将权限直接授予用户的方式不同;通过给用户分配合适的角色,让用户与访问权限相联系。角色成为访问控制中访问主体和受控对象之间的一座桥梁。

角色可以看做是一组操作的集合,不同的角色具有不同的操作集,这些操作集由系统管理员分配给角色。在下面的实例中,假设 Tch 1,Tch 2,Tch 3,…,Tch j 是对应的教师,Stud 1,Stud 2,Stud 3,…,Stud j 是相应的学生,Mng 1,Mng 2,Mng 3,…,Mng k 是教务处管理人员,那么老师的权限为 $TchMN=$｛查询成绩、上传所教课程的成绩｝;学生的权限为 Stud $MN=$｛查询成绩、反映意见｝;教务管理人员的权限为 Mng $MN=$｛查询、修改成绩、打印成绩清单｝。那么,依据角色的不同,每个主体只能执行自己所规定的访问功能。用户在一定的部门中具有一定的角色,其所执行的操作与其所扮演的角色的职能相匹配,这正是基于角色的访问控制(RBAC)的根本特征,即依据 RBAC 策略,系统定义了各种角色,每种角色可以完成一定的职能,不同的用户根据其职能和责任被赋予相应的角色,一旦某个用户成为某角色的成员,则此用户可以完成该角色所具有的职能。

在该例中,系统管理员负责授予用户各种角色的成员资格或撤销某用户具有的某个角色。例如,学校新进一名教师 Tch ,那么系统管理员只需将 Tch 添加到教师这一角色的成员中即可,而无需对访问控制列表做改动。同一个用户可以是多个角色的成员,即同一个用户可以扮演多种角色,例如,一个用户可以是老师,同时也可以作为进修的学生。同样,一个角色可以拥有多个用户成员,这与现实是一致的,一个人可以在同一部门中担任多种职务,而且担任相同职务的可能不止一人。因此,RBAC 提供了一种描述用户和权限之间的多对多关系,角色可以划分成不同的等级,通过角色等级关系来反映一个组织的职权和责任关系,这种关系具有反身性、传递性和非对称性特点,通过继承行为形成了一个偏序关系,比如 Mng $MN>$ Tch $MN>$ Stud MN。RBAC 中通常定义不同的约束规则来对模型中的各种关系进行限制,最基本的约束是"相互排斥"约束和"基本限制"约束,分别规定了模型中的互斥角色和一个角色可被分配的最大用户数。

RBAC 中引进了角色的概念,用角色表示访问主体具有的职权和责任,灵活地表达和实现了企业的安全策略,使系统权限管理在企业的组织视图这个较高的抽象集上进行,从而简化了权限设置的管理,从这个角度看,RBAC 很好地解决了企业管理信息系统中用户数量多、变动频繁的问题。

3. 基于角色访问控制的特点

(1)便于授权管理

RBAC 的最大优势在于它对授权管理的支持。通常的访问控制实现方法是将用户访问权限直接相联系,当组织内人员变化时,或者用户的职能发生变化时,需要进行大量授权更改工作。而在 RBAC 中,角色是沟通用户和资源的桥梁,对用户的访问授权转变为对角色的授权,然后再将用户与特定的角色联系起来。RBAC 系统一经建立,主要的管理工作即为授权或取消用户的角色。用户的职责变化时,改变授权给他们的角色,也就改变了用户的权限。当组织的功能变化时,只需删除旧功能、增加新功能,或定义新角色,而不必更新每一个用户的权限设置。这些都大大简化了对权限的理解和管理。

RBAC 的另一个优势在于,系统管理员在一种比较抽象且与企业通常的业务管理相类似的层次上控制访问。通过定义、建立不同的角色,角色的继承关系,角色之间的联系以及相应的限制,管理员可动态或静态地规范用户的行为。这种授权使管理员从访问控制底层的具体实现机制中脱离出来,十分接近日常的组织管理规则。

(2)便于角色划分

RBAC 以角色作为访问控制的主体,用户以什么样的角色对资源进行访问,决定了用户拥有的权限以及可执行何种操作。为了提高效率，避免相同权限的重复设置，RBAC 采用了"角色继承"的概念，定义了这样的一些角色，它们有自己的属性，但可能还继承其他角色的属性和权限。角色继承把角色组织起来，能够很自然地反映组织内部人员之间的职权、责任关系。角色继承可以用祖先关系来表示，如图 10-4 所示，角色 2 是角色 1 的"父亲"，它包含角色 1 的属性与权限。在角色继承关系图中，处于最上面的角色拥有最大的访问权限，越下端的角色拥有的权限越小。

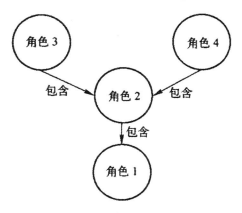

图 10-4　RBAC 角色继承示意图

（3）便于实施最小特权原则

在访问控制中应遵循的一条很重要的安全原则是"最小特权原则"或称为"知所必需"，也就是说对于任何一个主体来说，他只应该具有为完成他的工作职责需要的最小的权力。最小特权原则对于满足完整性目标是非常重要的，这一原则的应用还可限制事故、错误、未授权使用带来的损害。

最小特权原则要求用户只具有执行一项工作所必需的权限，他所拥有的权力不能超过他执行工作时所需的权限。要保证最小特权就要求验证用户的工作是什么，要确定执行该项工作所要求的权限最小集合，并限制用户的权限域。系统管理员可以根据组织内的规章制度、职员的分工等设计拥有不同权限的角色，只有角色需要执行的操作才授权给角色，当一个主体要访问某资源时，如果该操作不在主体当前活跃角色的授权操作之内，该访问将被拒绝。若拒绝了不是主体职责的事务，则那些被拒绝的权限就不能绕过阻止安全性策略。通过使用 RBAC，很容易满足一般系统的用户执行最小权限。

（4）便于职责分离

职责分离是指有些许可不能同时被同一用户获得，以避免安全上的漏洞。例如，收款员、出纳员、审计员应由不同的用户担任。在 RBAC 中，职责分离可以有静态和动态两种实现方式。静态职责分离只有当一个角色与用户所属的其他角色彼此不互斥时，这个角色才能授权给该用户。动态职责分离只有当一个角色与一主体的任何一个当前活跃角色都不互斥时该角色才能成为该主体的另一个活跃角色。角色的职责分离也称为角色互斥，是角色限制的一种。职责分离是保障安全的一个基本原则，对于反欺诈行为是非常有效的，它是在真实系统中最重要的想法。

（5）便于客体分类

RBAC 可以根据用户执行的不同操作集划分不同的角色，即对主体分类。同样的，客体也可以实施分类。通过分类使得授权管理更加方便，容易控制。

相比较而言,RBAC是实施面向企业的安全策略的一种有效的访问控制方式,其具有灵活性、方便性和安全性的特点,目前在大型数据库系统的权限管理中得到普遍应用。角色由系统管理员定义,角色成员的增减也只能由系统管理员来执行,即只有系统管理员有权定义和分配角色。用户与客体无直接联系,它只有通过角色才享有该角色所对应的权限,从而访问相应的客体。因此,用户不能自主地将访问权限授给别的用户,这是RBAC与DAC的根本区别所在。RBAC与MAC的区别在于MAC是基于多级安全需求的,而RBAC则不是。

10.3.4 基于任务的访问控制

上述几种访问控制都是从系统的角度出发去保护资源(控制环境是静态的),在进行权限的控制时没有考虑执行的上下文环境。随着数据库、网络和分布式计算的发展,组织任务进一步自动化,与服务相关的信息进一步计算机化,这促使人们将安全问题方面的注意力从独立的计算机系统中静态的主体和客体保护,转移到随着任务的执行而进行动态授权的保护上。此外,上述访问控制不能记录主体对客体权限的使用,权限没有时间限制,只要主体拥有对客体的访问权限,主体就可以无数次地执行该权限。

考虑到上述原因,可以引入工作流的概念加以阐述。工作流是为完成某一目标而由多个相关的任务(活动)构成的业务流程。工作流所关注的问题是处理过程的自动化,对人和其他资源进行协调管理,从而完成某项工作。当数据在工作流中流动时,执行操作的用户在改变,用户的权限也在改变,这与数据处理的上下文环境相关。传统的DAC和MAC访问控制技术,则无法予以实现,RBAC模型也需要频繁地更换角色,且不适合工作流程的运转。这就迫使我们必须考虑新的访问控制模型。

基于任务的访问控制(Task-based Access Control,TBAC)是从应用和企业层角度来解决安全问题,以面向任务的观点,从任务(活动)的角度来实现安全机制,在任务处理的过程中提供动态实时的安全管理。

在TBAC中,对象的访问权限控制并不是静止不变的,而是随着执行任务的上下文环境发生变化。TBAC首要考虑的是在工作流的环境中对信息的保护问题:在工作流环境中,数据的处理与上一次的处理相关联,相应的访问控制也如此,因而TBAC是一种上下文相关的访问控制。其次,TBAC不仅能对不同工作流实行不同的访问控制策略,而且还能对同一工作流的不同任务实例实行不同的访问控制策略。从这个意义上说,TBAC是基于任务的,这也表明,TBAC是一种基于实例(Instance-based)的访问控制。

TBAC模型由工作流、授权结构体、受托人集、许可集四部分组成。

任务(Task)是工作流程中的一个逻辑单元,是一个可区分的动作,与多个用户相关,也可能包括几个子任务。授权结构体是任务在计算机中进行控制的一个实例。任务中的子任务,对应于授权结构体中的授权步。

授权结构体(Authorization Unit)是由一个或多个授权步组成的结构体,它们在逻辑上是联系在一起的。授权结构体分为一般授权结构体和原子授权结构体。一般授权结构体内的授权步依次执行,原子授权结构体内部的每个授权步紧密联系,其中任何一个授权步失败都会导致整个结构体的失败。

授权步(Authorization Step)表示一个原始授权处理步,是指在一个工作流程中对处理对象的一次处理过程。授权步是访问控制所能控制的最小单元,由受托人集(Trustee Set)和多个许可集(Permissions Set)组成。

受托人集是可被授予执行授权步的用户的集合,许可集则是受托集的成员被授予授权步时拥有的访问许可。当授权步初始化以后,一个来自受托人集中的成员将被授予授权步,称这个受托人为授权步的执行委托者,该受托人执行授权步过程中所需许可的集合称为执行者许可集。授权步之间或授权结构体之间的相互关系称为依赖(Dependency),依赖反映了基于任务的访问控制的原则。授权步的状态变化一般自我管理,依据执行的条件而自动变迁状态,但有时也可以由管理员进行调配。

一个工作流的业务流程由多个任务构成。而一个任务对应于一个授权结构体,每个授权结构体由特定的授权步组成。授权结构体之间以及授权步之间通过依赖关系联系在一起。在TBAC 中,一个授权步的处理可以决定后续授权步对处理对象的操作许可,上述许可集合称为激活许可集。执行者许可集和激活许可集一起称为授权步的保护态。

TBAC 模型一般用五元组(S,O,P,L,AS)来表示,其中 S 表示主体,O 表示客体,P 表示许可,L 表示生命期(Lifecycle),AS 表示授权步。由于任务都是有时效性的,所以在基于任务的访问控制中,用户对于授予他的权限的使用也是有时效性的。因此,若 P 是授权步 AS 所激活的权限,那么 L 则是授权步 AS 的存活期限。在授权步 AS 被激活之前,它的保护态是无效的,其中包含的许可不可使用。当授权步 AS 被触发时,它的委托执行者开始拥有执行者许可集中的权限,同时它的生命期开始倒计时。在生命期期间,五元组(S,O,P,L,AS)有效。生命期终止时,五元组(S,O,P,L,AS)无效,委托执行者所拥有的权限被回收。

TBAC 的访问政策及其内部组件关系一般由系统管理员直接配置。通过授权步的动态权限管理,TBAC 支持最小特权原则和最小泄露原则,在执行任务时只给用户分配所需的权限,未执行任务或任务终止后用户不再拥有所分配的权限。而且在执行任务过程中,当某一权限不再使用时,授权步自动将该权限回收。另外,对于敏感的任务需要不同的用户执行,这可通过授权步之间的分权依赖实现。

TBAC 从工作流中的任务角度建模,可以依据任务和任务状态的不同,对权限进行动态管理。因此,TBAC 非常适合分布式计算和多点访问控制的信息处理控制以及在工作流、分布式处理和事务管理系统中的决策制定。

10.3.5　基于对象的访问控制

DAC 或 MAC 模型的主要任务都是对系统中的访问主体和受控对象进行一维的权限管理,当用户数量多、处理的信息数据量巨大时,用户权限的管理任务将变得十分繁重,并且用户权限难以维护,这就降低了系统的安全性和可靠性。对于海量的数据和差异较大的数据类型,需要用专门的系统和专门的人员加以处理,要是采用 RBAC 模型的话,安全管理员除了维护用户和角色的关联关系外,还需要将庞大的信息资源访问权限赋予有限个角色。当信息资源的种类增加或减少时,安全管理员必须更新所有角色的访问权限设置,而且,如果受控对象的属性发生变化,同时需要将受控对象不同属性的数据分配给不同的访问主体处理时,安全管理员将不得不增加新的角色,并且还必须更新原来所有角色的访问权限设置以及访问主体的角色分配设置,这样的访问控制需求变化往往是不可预知的,造成访问控制管理的难度和工作量巨大。在这种情况下,有必要引入基于受控对象的访问控制模型。

基于对象的访问控制(Object-based Access Control,OBAC)是一种基于受控对象的访问控制方法。它将访问控制列表与受控对象或受控对象的属性相关联,并将访问控制选项设计成为用户、组或角色及其对应权限的集合;同时允许对策略和规则进行重用、继承和派生操作。这样,不仅可以对受控对象本身进行访问控制,对受控对象的属性也可以进行访问控制,而且派生对象可以继承父对象的访问控制设置,这对于信息量巨大、信息内容更新变化频繁的管理信息系统非常有益,可以减轻由于信息资源的派生、演化和重组等带来的分配、设定角色权限等的工作量。

OBAC 从信息系统的数据差异变化和用户需求出发,有效地解决了信息数据量大、数据种类繁多、数据更新变化频繁的大型管理信息系统的安全管理问题。

OBAC 从受控对象的角度出发,将访问主体的访问权限直接与受控对象相关联,一方面定义对象的访问控制列表,增加、删除、修改访问控制项易于操作;另一方面,当受控对象的属性发生改变,或者受控对象发生继承和派生行为时,无需更新访问主体的权限,只需要修改受控对象的相应访问控制项即可,从而减少了访问主体的权限管理,降低了授权数据管理的复杂性。

10.4　访问控制的安全策略

10.4.1　基于身份的安全策略

基于身份的安全策略是过滤对数据或资源的访问,只有通过认证的那些主体才有可能正常使用客体的资源。基于身份的安全策略包括基于个人的策略和基于组的策略,主要有两种基本的实现方法,分别为能力表和访问控制表。

(1)基于个人的策略

基于个人的策略是指以用户个人为中心建立的一种策略,由一些列表组成。这些列表针对特定的客体,限定了哪些用户可以实现何种安全策略的操作行为。

(2)基于组的策略

基于组的策略是基于个人的策略的扩充,指一些用户被允许使用同样的访问控制规则访问同样的客体。

10.4.2　基于规则的安全策略

基于规则的安全策略中的授权通常依赖于敏感性。在一个安全系统中,数据或资源应该标注安全标记。代表用户进行活动的进程可以得到与其原发者相应的安全标记。在实现上,由系统通过比较用户的安全级别和客体资源的安全级别来判断是否允许用户进行访问。

10.4.3　综合访问控制策略

访问控制技术的目标是防止对任何资源的非法访问。所谓非法访问,是指未经授权的使用、泄露、销毁以及发布等。应用方面的访问控制策略包括以下几个方面。

(1)入网访问控制

入网访问控制为网络访问提供了第一层访问控制。它控制哪些用户能够登录到服务器并获取网络资源,控制准许用户入网的时间和登录入网的工作站。用户的入网访问控制分为:用户名和口令的识别与验证、用户账号的默认限制检查。只要其中任何一个步骤未通过,该用户便不能进入该网络。

（2）网络的权限控制

网络的权限控制是针对网络非法操作所提出的一种安全保护措施。用户和用户组被分为以下 3 类：

1）特殊用户：指具有系统管理权限的用户。

2）一般用户：系统管理员根据他们的实际需要为他们分配操作权限。

3）审计用户：负责网络的安全控制与资源使用情况的审计。

用户对网络资源的访问权限可以用一个访问控制表来描述。

（3）目录级安全控制

网络应允许控制用户对目录、文件、设备的访问，用户在目录一级指定的权限对所有文件的目录有效，用户还可进一步指定对目录下的子目录和文件的权限。例如，在网络操作系统中常见的对目录和文件的访问权限：系统管理员权限、读权限、写权限、创建权限、删除权限、修改权限、文件查找权限、制权限等，一个网络系统管理员应当为用户指定适当的访问权限，这些访问权限控制着用户对服务器的访问，各种访问权限的有效组合可以让用户有效地完成工作，同时又能有效地控制用户对服务器资源的访问，从而加强了网络和服务器的安全性。

（4）属性安全控制

当用文件、目录和网络设备时，网络系统管理员给文件、目录指定访问属性。属性安全控制可以将给定的属性与网络服务器的文件、目录网络设备联系起来。属性安全在权限安全的基础上提供更进一步的安全性。网络上的资源都应预先标出一组安全属性，用户对网络资源的访问权限对应一张访问控制表，用以表明用户对网络资源的访问能力。

属性往往能控制的权限包括：向某个文件写数据、复制一个文件、删除目录或文件、查看目录和文件、执行文件、隐含文件、共享、系统属性等。网络的属性可以保护重要的目录和文件，防止用户对目录和文件的显示、误删除、执行修改等。

（5）网络服务器安全控制

网络允许在服务器控制台执行一系列操作：用户使用控制台可以装载和卸载模块，可以安装和删除软件等。操作网络服务器的安全控制包括可以设置口令锁定服务器控制台，以防止非法用户修改、删除重要信息或破坏数据。此外，还可以设定服务器登录时间限制、非法访问者检测和关闭的时间间隔等。

（6）网络监测和锁定控制

网络管理员应对网络实施监控，服务器要记录用户对网络资源的访问。如有非法的网络访问，服务器应以图形、文字或声音等形式报警，以引起网络管理员的注意。如果入侵者试图进入网络，网络服务器会自动记录企图尝试进入网络的次数，当非法访问的次数达到设定的数值，该用户账户就自动锁定。

（7）网络端口和结点的安全控制

网络中服务器的端口往往使用自动回复设备、静默调制解调器加以保护，并以加密的形式来识别结点的身份。自动回复设备用于防止假冒合法用户，静默调制解调器用以防范黑客的自动拨号程序对计算机进行攻击。

网络还常对服务器端和用户端采取控制，用户必须携带证实身份的验证器，如智能卡、磁卡、安全密码发生器等。在对用户的身份进行验证之后，才允许用户进入用户端。然后，用户端和服务器再进行相互验证。

(8)防火墙控制

防火墙是一种用于限制访问出入内部网络的计算机软硬件系统,能达到保护内部网资源和信息的目的。

10.5 安全审计技术

安全审计是在传统审计学、信息管理学、计算机安全、行为科学、人工智能等学科相互交叉基础上发展的一门新学科,和传统的审计概念不同的是,安全审计应用于计算机网络信息安全领域,是对安全控制和事件的审查评价。

通常来说,安全审计是指根据一定的安全策略,通过记录和分析历史操作事件及数据,发现能够改进系统性能和系统安全的地方。确切地说,安全审计就是对系统安全的审核、稽查与计算,即在记录一切(或部分)与系统安全有关活动的基础上,对其进行分析处理、评价审查,发现系统中的安全隐患,或追查造成安全事故的原因,并作出进一步的处理。

由于不存在绝对安全的系统,因此,安全审计系统作为和其他安全措施相辅相成、互为补充的安全机制,是非常必要的。CC 准则特别规定了信息系统的安全审计功能需求。

10.5.1 安全审计的现状

安全审计是实现安全管理的最重要的因素,国际上相关的标准定义了信息系统的安全等级以及评价方法。TCSEC(Trusted Computer System Evalution Criteria)俗称橙皮书,是美国国防部发布的一个准则,用于评估自动信息数据处理系统产品安全措施的有效性。TESEC 通常被用来评估操作系统或软件平台的安全性。

在 TCSEC 中定义了一些基本的安全需求,如 Policy、Accountability、Assurance 等。在 TC-SEC 中定义的 Accountability 其实已经提出了所谓的"安全审计"的基本要求。Accountability 需要中指出:审计信息必须被有选择地保留和保护,与安全有关的活动能够被追溯到负责方,系统应能够选择哪些与安全有关的信息被记录,以便将审计的开销降到最小,这样可以进行有效的分析。在 C2 等级中,审计系统必须实现如下的功能:系统能够创建和维护审计数据,保证审计记录不被删除、修改和非法访问。因此,一个网络是否具备审计的功能将是评估这个网络是否安全的重要尺度。

1998 年,国际标准化组织(ISO)和国际电工委员会(IEC)发表了《信息技术安全性评估通用规则 2.0 版》(ISO/IEC15408),简称 CC 准则或 CC 标准(Common Criteria for Information Technology Security Evalution)。CC 准则是信息技术安全性通用评估准则,用来评估信息系统或信息产品的安全性。

虽然在很多的国际规范以及国内对重要网络的安全规定中都将安全审计放在重要的位置,然而大部分的用户和专家对安全审计这个概念的理解都认为是"日志记录"的功能。如果仅仅是日志功能就满足安全审计的需求,那么目前绝大多数的操作系统、网络设备、网管系统都有不同程度的日志功能,大多数的网络系统也就都满足了安全审计的需要。但是,实际上这些日志根本不能保障系统的安全,而且也无法满足事后侦查和取证的应用。另一部分的集成商则认为安全审计只需在原来各个产品的日志功能上进行一些改进即可。还有一部分厂商将安全审计和入侵检测产品等同起来。

因此，目前对于安全审计这个概念的理解还不统一，安全领域对于什么样的产品才属于安全审计产品还没有一个普遍接受的认识。因此，在市场上虽然有不同的厂商打出的安全审计产品，但是无论是功能和性能都有很大的差别。

10.5.2　安全审计的功能

对于安全审计的功能，在 CC 准则中有较为具体的定义，主要包括安全审计自动响应、安全审计数据生成、安全审计分析、安全审计浏览、安全审计事件存储、安全审计事件选择等功能，目前该标准已被广泛地用于评估一个系统的安全性。

（1）安全审计自动响应

安全审计自动响应是指当审计系统检测出一个安全违规事件（或者是潜在的违规）时采取的自动响应措施。CC 准则中只定义了一种响应措施——安全报警，但在实际中可以自己定义多种的响应措施。一个系统实现了安全审计自动响应将会实时通加管理员网络上发生的事件，某些自动响应措施还可以实时地降低损失。

（2）安全审计数据生成

该功能要求记录与安全相关事件的出现，包括鉴别审计层次、列举可被审计的事件类型以及鉴别由各种审计记录类型提供的相关审计信息的最小集合。系统可定义可审计事件清单，每个可审计事件对应于某个事件级别，如低级、中级、高级。产生的审计数据有对于敏感数据项（如口令等）的访问、目标对象的删除、访问权限或能力的授予和废除、改变主体或目标的安全属性、标识定义和用户授权认证功能的使用、审计功能的启动和关闭。每一条审计记录中至少应该包含以下信息：事件发生的日期、时间、事件类型、主题标识、执行结果（成功、失败）、引起此事件的用户的标识，以及对每一个审计事件与该事件有关的审计信息。

（3）安全审计分析

此部分功能定义了分析系统活动和审计数据来寻求可能的或真正的安全违规操作。它可以用于入侵检测或对违规的自动响应。当一个审计事件集出现或累计出现一定次数时，可以确定一个违规的发生，并执行审计分析。事件的集合能够由经授权的用户进行增加、修改或删除等操作。审计分析分为潜在攻击分析、基于模板的异常检测、简单攻击试探和复杂攻击试探等几种类型：

1）潜在攻击分析：系统能利用一系列的规则监控审计事件，并根据规则指示系统的潜在攻击。

2）基于模板的异常检测：检测系统不同等级用户的行动记录，当用户的活动等级超过其限定的登记时，应指出此举为一个潜在的攻击。

3）简单攻击试探：当发现一个系统事件与一个表示对系统潜在攻击的特征事件匹配时，应指出此举为一个潜在的攻击。

4）复杂攻击试探：当发现一个系统事件或事件序列与一个表示对系统潜在攻击的特征事件匹配时，应指出此举为一个潜在的攻击。

（4）安全审计浏览

安全审计浏览主要是指经过授权的管理人员对于审计记录的访问和浏览。审计系统需要提供审计浏览的工具。通常审计系统对审计数据的浏览有授权控制，审计记录只能被授权的用户浏览，并且对于审计数据也是有选择地浏览。有些审计系统提供数据解释和条件搜寻等功能，帮助管理员方便地浏览审计记录。

（5）安全审计事件存储

安全审计事件存储主要是指对审计记录的维护，如何保护审计，如何保证审计记录的有效性，以及如何防止审计数据的丢失。审计系统需要对审计记录、审计数据进行严密保护，防止未授权的修改，还需要考虑在极端情况下保证审计数据有效性，如存储介质失效、审计系统受到攻击等。审计系统在审计事件存储方面通常遇到的问题是存储空间用尽。单纯采用的覆盖最老记录的方法是不足的，审计系统应当能够在审计存储发生故障时或者在审计存储即将用尽时采取相应的动作。

（6）安全审计事件选择

安全事件选择是指管理员可以选择接受审计的事件。一个系统通常不可能记录和分析所有的事件，因为选择过多的事件将无法实时处理和存储，所以安全审计事件选择的功能可以减少系统开销，提高审计的效率。

此外，因为不同场合的需求不同，所以需要为特定场合配置特定的审计事件选择。审计系统应能够维护、检查或修改审计事件的集合，能够选择对哪些安全属性进行审计，例如，与目标标识、用户标识、主体标识、主机标识或事件类型有关的属性。

10.5.3 安全审计系统的构成

一般而言，一个完整的安全审计系统如图 10-5 所示，包括事件探测及数据采集引擎、数据管理引擎和审计引擎等重要组成部分，每一部分实现不同的功能。

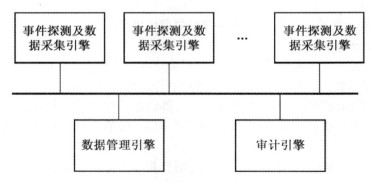

图 10-5 安全审计系统的组成

（1）事件探测及数据采集引擎

事件探测及数据采集引擎主要全面侦听主机及网络上的信息流，动态监视主机的运行情况以及网络上流过的数据包，对数据包进行检测和实时分析，并将分析结果发送给相应的数据管理中心进行保存。

（2）数据管理引擎

数据管理引擎一方面负责对事件探测及数据采集引擎传回的数据以及安全审计的输出数据进行管理；另一方面，数据管理引擎还负责对事件探测及数据采集引擎的设置、用户对安全审计的自定义、系统配置信息的管理。它一般包括 3 个模块，即数据库管理、引擎管理、配置管理。

数据库管理模块设置数据库连接信息；引擎管理程序设置事件探测及数据采集引擎的信息；配置管理可以对被审计对象进行客户化自定义，协议和设定异常端口审计，如制定黑白名单、自定义审计等。

(3)审计引擎

审计引擎包括两个应用程序,即审计控制台和用户管理。审计控制台可以实时显示网络审计信息,流量统计信息,并可以查询审计信息历史数据,并且对审计事件进行回放;用户管理程序可以对用户进行权限设定,限制不同级别的用户查看不同的审计内容。同时还可以对每一种权限的使用人员的操作进行审计记录,可以由用户管理员进行查看,具有一定的自身安全审计功能。

10.5.4 安全审计的分析方法

安全审计的分析方法如下:

(1)基于数理统计的安全审计方法

数理统计方法就是首先给对象创建一个统计量的描述,如一个网络流量的平均值、方差等,统计出正常情况下这些特征量的数值,然后用来对实际网络数据包的情况进行比较,当发现实际值远离正常数值时,就可以认为是有潜在的攻击发生。

例如,对于著名的 SYN flooding 攻击来说,攻击者的目的是不想完成正常的 TCP 三次握手所建立起来的连接,从而让等待建立这一特定服务的连接数量超过系统所限制的数量,这样就可以使被攻击系统无法建立关于该服务的新连接。很显然,要填满一个队列,一般要在一段时间内不停地发送 SYN 连接请求,根据各个系统的不同,一般在每分钟 10～20 个或者更多。显然,在 1min 内从同一个源地址发送来 20 个以上的 SYN 连接请求是非常不正常的,我们完全可以通过设置每分钟同一源地址的 SYN 连接数量这个统计量来判别攻击行为的发生。

数理统计的最大问题在于如何设定统计量的"阈值",也就是正常数值和非正常数值的分界点,而这往往取决于管理员的经验,因此会不可避免地产生误报和漏报。

(2)基于规则库的安全审计方法

基于规则库的安全审计方法就是将已知的攻击行为进行特征提取,把这些特征用脚本语言等方法进行描述后放入规则库中;当进行安全审计时,将收集到网络数据与这些规则进行某种比较和匹配操作(关键字、正则表达式、模糊近似度等),从而发现可能的网络攻击行为。

该方法与大多数防火墙和防病毒软件的技术原理类似,检测的准确率相当高,可以通过最简单的匹配方法过滤掉大量的网络数据信息,对于使用特定黑客工具进行的网络攻击特别有效。但是,其不足之处就在于这些规则一般只针对已知攻击类型或者某类特定的攻击软件,当出现新的攻击软件或者攻击软件进行升级之后,就容易产生漏报。

虽然对于大多数黑客来说,一般都只使用网络上别人写的攻击程序,但是越来越多的黑客已经开始学会分析和修改别人写的一些攻击程序,这样一来,同一个攻击程序就会出现很多变种,其简单的通用特征就变得不十分明显,特别规则库的编写也变得非常困难。因此,基于规则库的安全审计方法也有其自身的局限性。对于某些特征十分明显的网络攻击数据包,该技术的效果非常好,但是对于其他一些非常容易产生变种的网络攻击行为,规则库就很难完全满足要求了。

(3)基于数据挖掘的安全审计方法

前面两种安全审计方法已经得到了广泛应用,而且也获得了比较大的成功,但是它们最大的缺陷在于已知的入侵模式必须被手工编码,不能动态的进行规则更新,也不适用于任何未知的入侵模式。因此,最近人们开始越来越关注带有学习能力的数据挖掘方法,该方法目前已经在一些安全审计系统中得到了应用。这是由于数据挖掘是一种通用的知识发现技术,其目的是要从海量数据中提取人们感兴趣的数据信息。实际上这与网络安全审计的现实完全相吻合。

基于数据挖掘的安全审计方法的主要思想是从系统使用或网络通信的"正常"数据中发现系统中"正常"的运行模式,并和常规的一些攻击规则进行关联分析,并用以检测系统的攻击行为。

目前,操作系统的日益复杂化和网络数据流量的急剧膨胀导致了安全审计数据同样以惊人的速度递增。而实际上,数据激增的背后隐藏着许多重要的信息,人们希望能够对这些信息进行更抽象层次的分析,以便更好、更合理的使用这些数据。将数据挖掘技术应用于对审计数据的分析,可以从包含大量冗余的信息中提取尽可能多的隐藏的安全信息,抽象出更利于判断和比较的特征模型。根据这些特征向量模型和行为模型,可以由计算机用相应的算法判断当前的网络行为。与网络安全审计系统相比,基于数据挖掘的网络安全审计具有检测率高、快速、自适应能力强等优点。

(4)基于神经网络的安全审计方法

基于神经网络的安全审计方法的基本思想是用一系列单元来训练神经单元,在神经网络中输入包括当前信息单元序列和以往信息单元序列的集合,神经网络经过推理、分析,进行判断,并能预测输出。与概率统计方法相比,神经网络方法能更好地表达变量之间的复杂(非线性)关系,并能自动学习和更新。

(5)基于遗传算法的安全审计方法

这是一种进化算法,在多维优化问题处理方面已经得到普遍的认可,而且遗传算法在异常检测的准确率和速率上都有较大的优势。其不足之处在于不能在审计跟踪中精确定位攻击,这与神经网络面临的问题相似。

随着网络及信息技术的飞速发展,攻击者的攻击方法日新月异,安全审计也会随着实际的应用背景不断推出新的分析方法

10.5.5 安全审计系统的工作流程

安全审计系统的工作流程如图 10-6 所示。事件采集模块进行事件的采集,并将采集到的事件发送至事件辨别与分析模块进行事件辨别与分析;策略定义模块将策略定义的危险时间发送至报警处理部件,进行报警或响应;对所有需要审计的事件,产生审计信息并发送至结果汇总模块进行汇总,进行数据备份或报告的生成。

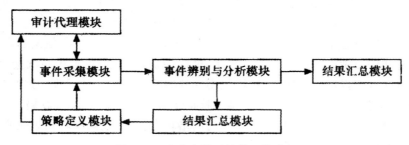

图 10-6　安全审计系统的工作流程

需要注意的是,以上各阶段之间并没有明显的时间相关性,它们之间可能有时间上的交叉。此外,从审计系统的角度来看,一个设备可以同时承担多个任务。

（1）策略定义

安全审计应在一定的审计策略下进行，审计策略规定哪些信息需要采集、哪些事件是危险事件，以及对这些事件应如何处理等。因此，审计前应制定一定的审计策略，并下发到各审计单元。在事件处理结束后，应根据对事件的分析处理结果来检查策略的合理性，必要时应调整审计策略。

（2）事件采集

事件采集主要包括以下行为：

1）按照预定的审计策略对客体进行相关审计事件的采集，形成的结果交由事件辨别与分析模块处理。

2）将事件其他各阶段提交的审计策略分发至各审计代理，审计代理依据策略进行客体事件的采集。

注：审计代理是安全审计系统中完成审计数据采集、鉴别并向审计跟踪记录中心发送审计消息的功能部件，包括软件代理和硬件代理。

（3）事件辨别与分析

事件辨别与分析主要包括以下行为：

1）安全预定策略，对采集到事件进行事件辨析，以决定是否忽略该事件、产生审计信息、产生审计信息并报警或产生审计信息且进行响应联动等。

2）按照用户定义与预定策略，将事件分析结果生成审计记录，并形成审计报告。

（4）事件响应

事件响应是根据事件分析的结果采用相应的响应行动，主要包括以下行为：

1）对事件分析阶段产生的报警信息、响应请求进行报警与响应。

2）按照预定策略，生成审计记录并写入审计数据库，将各类审计分析报告发送到指定的对象。

3）按照预定策略对审计记录进行备份。

（5）结果汇总

结果汇总是负责对事件分析及响应结果进行汇总，主要包含以下行为：

1）将各类审计报告进行分类汇总。

2）对审计结果进行适当分析，并形成分析报告。

3）根据用户需求和事件分析处理结果形成审计策略修改意见。

第 11 章　网络操作系统安全原理与技术

11.1　操作系统安全概述

操作系统的安全是信息安全的基础。在计算机网络信息系统中，系统的安全性依赖于网络中各主机系统的安全性，而各主机系统的安全性则是由操作系统的安全性所决定的。操作系统作为各种安全技术的底层，信息交换都是通过操作系统提供的服务来实现的，可以说任何脱离操作系统的应用软件的高安全性都是不可能实现的。

由于安全的领域非常广泛繁杂，一个最简单的安全需求，也可能会涉及密码学、代码重用等实际问题。而安全策略则提供一种恰当的、符合安全需求的整体思路，使得安全问题变得容易，也更加有明确的方向。

操作系统的安全策略实质上是明确：当设计所涉及的那个系统在进行操作时，必须明确在安全领域的范围内，即何种操作是明确允许的，何种操作是一般默认允许的，什么操作又是明确不允许的，什么操作是默认不允许的。安全策略通常不会有具体的措施规定或确切说明通过何种方式能够达到预期的结果，但会指出在当前的前提下，什么因素和风险才是最重要的。建立安全策略是实现安全最重要的工作，也是实现安全技术管理与规范的第一步。

11.1.1　操作系统安全面临的威胁

在分析计算机网络体系的安全威胁时，可将其根源归纳为以下几个方面：一是计算机结构上的安全缺陷；然后是网络协议的不安全性；还有就是操作系统的不安全性。目前国际上流行的可信计算技术就是为了弥补计算机结构上的安全缺陷而提出的，可信计算机的核心和基础就是安全的操作系统。而新的 IPv6 网络协议也已经更多地考虑了安全性方面的要求，但安全的网络协议只有在安全的操作系统之上运行才能体现其安全价值。由此可见，操作系统安全在整个信息安全领域的重要性。

由于计算机安全是建立在保密性、完整性和可用性之上的，破坏了信息的保密性、完整性或可用性，也就破坏了信息的安全性。故可将操作系统所受到的安全威胁分为保密性威胁、完整性威胁和可用性威胁。

1. 保密性威胁

信息的保密性主要是指信息的隐藏性，该特性是对非授权的用户不可见。这一特性主要应用于敏感领域如军事、政治应用，商业机密等。有时信息的保密性也指保护数据的存在性。

而操作系统所受到的保密性威胁种类就非常多，如对信息的非法拦截的嗅探，这是一种常见的信息泄露，通过这种形式能够获得大量敏感信息，甚至是用户的应用服务的账号密码或相关操作记录等重要信息。

在保密性威胁中，由于木马和后门的隐蔽性非常强，所以特别容易造成损失泄密，危害很严重。随着互联网各种应用的不断增加,木马程序所引起的计算机数据的失窃和被控等结果越来越严重。此外,还有一类用于监视用户和系统活动、窃取用户敏感信息,包括用户名、密码、银行卡和信用卡信息等,然后将窃取到的信息以加密的方式发送给攻击者的程序,这就是间谍软件。这些间谍软件向服务器汇报搜集到的信息,从服务器读取关键字、下载更新版本,对于用户信息的保密性造成了极大的破坏。还有一种不易被察觉的数据泄密途径,即隐蔽通道,它是一种允许违背合法的安全策略的方式进行操作系统进程间通信(IPC)的通道。这种通道可进一步分为隐蔽存储通道与隐蔽时间通道。

2. 完整性威胁

所谓信息的完整性主要是指信息的可信程度,包括信息内容的完整性和信息来源的完整性。若信息被非法篡改,则就破坏了信息的内容完整性,使其内容的可信程度受到质疑。同样,信息的来源也可能会涉及来源的准确性和可信性,涉及了人们对此信息所赋予的信任性。完整性要同时也包括数据的正确性和可信性、信息的来源(即如何获取信息和从何处获取信息)、信息在到达当前机器前所受到的保护程度,以及信息在当前机器中所受到的保护程度等,这些都会影响信息的完整性。

通常可将信息的完整性威胁可以分为两类:破坏和欺骗。其中,破坏是指中断或妨碍正常操作。在信息遭到破坏后,其内容可能就会发生非正常改变,从而破坏信息的内容完整性。欺骗指接受虚假数据,常见的如冒牌钓鱼网站等。

此外,最常见的影响操作系统安全的威胁就是计算机病毒,计算机病毒具有寄生性、潜伏性、隐蔽性、传染性等特点,是一可执行的程序代码,通过网络它能在极短的时间内迅速感染数以万计的计算机,并且难以根除,所造成的后果更是无法估量的严重问题。没有一个使用多台计算机的机构或组织能够对病毒免疫。因此,如何有效地减少计算机病毒对操作系统的安全威胁,是安全操作系统设计过程中所要考虑的一个很重要的问题。

3. 可用性威胁

所谓可用性是指对信息或资源的期望使用能力,它是系统可靠性与系统设计中的一个重要方面,一个不可用的系统还不如没有系统。

可用性之所以与安全相关,是因为有人可能会蓄意地使数据或服务失效,以此来拒绝对数据或服务的访问。通常将试图破坏系统的可用性的攻击称为拒绝服务攻击,这种攻击的目的是使计算机或网络无法提供正常的服务。可能会发生在服务器的源端,阻止服务器取得完成任务所需的资源;也可能发生在服务器的目的端,阻断来自服务器的信息;或者发生在中间路径,即丢弃从客户端或服务器端传来的信息,或者同时丢弃这两端传来的信息。

另外一个操作系统可用性威胁源之于计算机软件设计实现中的漏洞。无论怎样的系统,通常都会存在 5~50 个之间的 Bug。即便是一个经过了严格质量认证测试的系统每千行仍然大约会有 5 个 Bug 存在。绝对安全的操作系统是不存在的,只有在操作系统设计时就以安全理论作指导,并且始终贯穿正确的安全原则,这样才有可能尽量地减少操作系统本身的漏洞。

目前随着各种技术的日益发展成熟,操作系统所面临的威胁也越来越复杂,各种类型的威胁汇集一起而难以分辨,这些威胁对操作系统造成了多方面综合性的影响,所以,操作系统安全性问题有待进一步研究。

11. 1. 2　操作系统安全的定义及发展

1. 操作系统安全的定义

目前,对操作系统安全构成威胁的主要因素主要有:计算机病毒、木马、隐蔽通道、系统漏洞、系统后门。操作系统安全的主要目标如下:

1)按系统安全策略对用户的操作进行访问控制,防止用户对计算机资源的非法使用,如窃取、篡改和破坏等。

2)标识系统中的用户,并对身份进行鉴别。

3)监督系统运行的安全性。

4)保证系统自身的安全性和完整性。

实现上述的目标,需要采取相应的安全策略。安全策略是用来描述人们如何存取文件或其他信息的。对于给定的计算机主体和客体,必须有一套严格而科学的规则来确定一个主体是否被授权对客体的访问。在对安全策略进行研究时,人们将安全策略抽象成安全模型,以便用形式化的方法来证明该模型是安全的。安全模型中精确定义了安全的状态、访问的基本模型和保证主体对客体访问的特殊规则。

通常在进行操作系统安全设计的时候,操作系统的安全部分是按照安全模型进行设计的,但在实现过程中由于各种原因,而产生了一些设计者意图之外的性质,这些被称为操作系统的缺陷。近年来,随着各种系统入侵和攻击技术的不断发展,操作系统的各种缺陷不断被发现,其中最为典型是缓冲区溢出缺陷,几乎所有操作系统都不同程度的存在这个缺陷。因此,在使用操作系统安全这个概念时,通常具有以下两层含义:

1)操作系统在设计时,提供的权限访问控制、信息加密性保护、完整性鉴定等安全机制所实现的安全。

2)操作系统在使用过程中,通过系统配置,以确保操作系统尽量避免由于实现时的缺陷和具体应用环境因素而产生的不安全因素。

只有通过这两个方面的同时努力,才能最大可能地保证系统的安全。

2. 安全操作系统的发展

为了更好地满足现代技术对操作系统的安全需求,使安全操作系统的发展符合现代政治、军事以及商业等方面的需要,有必要对安全操作系统的发展规律和方向加以了解。

可将安全操作系统的发展历程大致划分为如表 11-1 所示的 4 个时期。

表 11-1　安全操作系统的发展

时期	标志	特点
开始时期	1967 年以安全 Adept-50 项目启动为标志,第 1 个安全操作理念产生	安全操作系统经历了从无到有的探索过程,安全操作系统的基本思想、理论、技术和方法逐步建立
发展时期	1983 年美国的 TCSEC[DOD1983]标准颁布	人们以 TCSEC 为蓝本研制安全操作系统

续表

时期	标志	特点
多安全策略时期	1993 年在 TCSEC 中实现多种安全策略	人们超越 TCSEC 的范围,在安全操作系统中实现多种安全策略
动态策略时期	1999 年在 TCSEC 中实现安全政策的多样性	使安全操作系统支持多种安全政策的动态变化

Adept-50 运行于 IBM360 硬件平台,它以一个形式化的安全模型——高水标模型(High-watermark Model)为基础,实现了一个军事安全系统模型,为给定的安全问题提供了一个比较形式化的解决方案。

TCSEC 又称橘皮书,由美国国防部修订,是历史上第一个计算机安全评价标准。TCSEC 提供了 D、C1、C2、B1、B2、B3 和 A1 等七个等级的可信系统评价标准,每个等级对应有确定的安全特性需求和保障需求,高等级的需求建立在低等级的需求基础之上。

11.1.3　操作系统安全的设计

由于计算机操作系统不仅要处理多种任务、各种终端事件,还要对低层的文件进行操作,所以在要求其尽可能少的系统开销的基础上,还要为用户提供高响应速度的时候,必须有一个好的安全体系结构设计。在经过了大量的实践后,人们在总结经验、分析原型系统开发失败的原因后,提出了一些操作系统安全设计的基本原则。

1. 操作系统设计应当考虑的因素

一般地通用操作系统除了实现基本的内存保护、文件保护、存取控制和用户身份鉴别外,还需考虑诸如共享约束、公平服务、通信与同步等因素。

(1)共享约束

操作系统的系统资源必须对相应的用户开放,具有完整性和一致性要求。

(2)公平服务

操作系统通过硬件时钟和调度分配,保证所有用户都能得到相应服务,没有用户处于永久等待。

(3)通信与同步

操作系统当进程通信和资源共享时提供协调,推动进程并发运行。

这样,从存取控制的基点出发,就在常规操作系统中建立了基本的安全机制。

2. 操作系统的安全性设计原则

操作系统的设计是异常复杂的,它要处理多种任务、各种终端事件,并对低层的文件进行操作,又要求尽可能少的系统开销,为用户提供高响应速度。若在操作系统中再考虑安全的因素,更增加了操作系统的设计难度。在操作系统的设计方面,Saltzer 和 Schroder 提出了以下一些操作系统的安全设计原则。

(1)最小特权原则

最小特权的基本特点就是:无论在系统的什么部分,只要是执行某个操作,执行该操作的进程主体除能获得执行该操作所需的特权外,不能获得其他的特权。分配给系统中的每一个程序和每一个用户的特权应该是它们完成工作所必须享有的特权的最小集合。也就是说,让每个用户和程序使用尽可能少的权限工作。通过实施该原则,可以限制因错误软件或恶意软件造成的危害,将由入侵或者恶意攻击所造成的损失降至最低。POXIS.1e 中的分析表明,要想在获得系统安全性方面达到合理的保障程度,在系统中必须严格实施最小特权原则。

(2)机制的经济性原则

保护机制的设计应小型化、简单、明确。保护系统应该是经过完备测试或严格验证的。

(3)开放系统设计原则

保护机制应该是公开的,不应该把保护机制的抗攻击能力建立在设计的保密性的基础之上。如果以为用户不具有软件手册和源程序清单就不能进入系统,是一种很危险的观点。当然,没有上述信息,渗透一个系统会增加一定难度。为了安全,最保险的假定是认为入侵者已经了解了系统的一切。其实,设计保密也不是许多安全系统(即使是高度安全系统)的需求。将必要的机制加入系统后,应使得即便是系统开发者也不能侵入这个系统。

(4)完整的存取控制原则

对每一个客体的每一次访问都必须经过检查,以确认是否已经得到授权。

(5)失败-保险(Fail-Safe)默认原则

访问判定应建立在显式授权而不是隐式授权的基础上,显式授权指定的是主体该有的权限,隐式授权指定的是主体不该有的权限。在默认情况下,没有明确授权的访问方式,应该视为不允许的访问方式,如果主体欲以该方式进行访问,结果将是失败,这对于系统来说是保险的。

(6)权限分离原则

该原则要求对实体的存取应当基于多个条件。这样,入侵者就不能对全部资源进行存取。例如一个保险箱设有两把钥匙,由两个人掌管,仅当两个人都提供钥匙时,保险箱才能打开。特权的分离必须适度,不能走极端。高度的分离可以带来安全性的提高,但也导致效率的大幅下降,因此安全效率往往要折中考虑。

(7)最少公共机制原则

把由两个以上用户共用和被所有用户依赖的机制的数量减少到最小。每一个共享机制都是一条潜在的用户间的信息通路,要谨慎设计,避免无意中破坏安全性,系统为防止这种潜在通道应采取物理或逻辑分离的方法。应证明为所有用户服务的机制能满足每一个用户的要求。

(8)心理可接受性原则

为了使用户习以为常地、自动地正确运用安全机制,建立合理的默认规则并把用户界面设计得易于使用和友好是设计之根本。

3. 设计操作系统

为了能够实现上述原则,在设计操作系统时可从以下三个方面进行。

(1)内核机制

能够解决最少权限及经济性的问题。由于内核是操作系统中完成最底层功能的部分。在通用操作系统中,内核操作包含了进程调度、同步、通信、消息传递及中断处理等。安全内核则是负责实现整个操作系统安全机制的部分,提供硬件、操作系统及系统其他部件间的安全接口。安全内核通常包含在系统内核中,但它又与系统内核逻辑分离。安全内核在系统内核中增加了用户程序和操作系统资源间的一个接口层,它的实现会在某种程度上降低系统性能,且不能保证内核包含所有安全功能。

安全内核具有以下几个特性:分离性、均一性、灵活性、紧凑性、验证性和覆盖性。

(2)隔离性

能够解决最少通用机制问题。进程间彼此隔离的方法有物理分离、时间分离、密码分离和逻辑分离。一个安全操作系统可以使用所有这些形式的分离。最常见的隔离方法是虚拟存储和虚拟机方式。

虚拟存储的最初设计是为了解决编址和内存管理的灵活性问题,但它同时也提供了一种安全机制,即提供逻辑分离。每个用户的逻辑地址空间通过存储机制与其他用户的分隔,用户程序看似运行在一个单用户的机器上。

后来,人们将虚拟存储的概念扩充,操作系统通过给用户提供逻辑设备、逻辑文件等多种逻辑资源,就形成了虚拟机的隔离方式。虚拟机提供给用户使用的是一台完整的虚拟计算机,这样就实现了用户与计算机硬件设备的隔离,减少了系统的安全漏洞,当然同时也增加了这个层次上的系统开销。

(3)分层结构

能够解决开放式设计及整体策划等问题。分层结构是一种较好的操作系统设计方法,每层设计为外层提供特定的功能和支持的核心服务,安全操作系统的设计也可采用这种方式,在各个层次中考虑系统的安全机制。在进行系统设计时,可先设计安全内核,再围绕安全内核设计操作系统。在安全分层结构时,最敏感的操作位于最内层,进程的可信度及存取权限由其邻近的中心裁定,更可信的进程更接近中心。

因为用户认证在安全内核之外实现,所以,这些可信模块必须提供很高的可信度。可信度和存取权限是分层的基础,单个安全功能可在不同层的模块中实现,每层上的模块完成具有特定敏感度的操作。已实现的操作系统最初可能并未考虑某种安全设计,需要将安全功能加入到原有的操作系统模块中。这种加入可能会破坏已有的系统模块化特性,而且使加入安全功能后内核的安全验证很困难。折中的方案是从已有的操作系统中分离出安全功能,建立单独的安全内核。

11.1.4　操作系统安全的评估

为了适应我国信息安全发展的需求,我国在计算机信息安全方面也制定了相关的安全标准。我国的操作系统安全分为 5 个级别,即用户自主保护级、系统审计保护级、安全标记保护级、结构化保护级、访问验证保护级。如表 11-2 所示,是我国制定的操作系统安全标准及其功能。

表 11-2　我国制定的操作系统安全标准及其功能

功能 \ 标准	第一级	第二级	第三级	第四级	第五级
自主访问控制	＊	＊	＊	＊	＊
身份鉴别	＊	＊	＊	＊	＊
数据完整性	＊	＊	＊	＊	＊
客体重用		＊	＊	＊	＊
审计		＊	＊	＊	＊

续表

功能＼标准	第一级	第二级	第三级	第四级	第五级
强制性访问控制			＊	＊	＊
标记			＊	＊	＊
隐蔽信道分析				＊	＊
可信路径				＊	＊
可信恢复					＊

我国的这一标准类似于可信计算机安全评估标准（TCSEC）。可信计算机安全评估标准（Trusted Computer System Evaluation Criteria，TCSEC）又称为橘皮书，它是计算机安全评估的第一个正式标准。TCSEC 将计算机系统的安全分为 4 个等级，每个等级又分为若干个子级别。如表 11-3 所示是 TCSEC 安全级别划分。

表 11-3　TCSEC 安全级别划分

安全级别	定义
A1	验证设计
B3	安全域
B2	结构化保护
B1	标记安全保护
C2	受控的存取保护
C1	自主安全保护
D1	最小保护

1）A 类安全级。最高级别的安全级，目前只有 A1 级别，具有系统化顶层设计说明，并且形式化地证明与形式化模型的一致性，用形式化技术解决系统隐蔽通道问题。

由于 A1 级系统的要求极高，因此，真正达到这种要求的系统很少，目前已获得承认的这类系统有 Honeywell 公司的 SCOMP 系统。在我国的标准中去掉了 A1 机标准。

2）B 类安全级。该安全等级具有强制性保护功能，也就是说，如果用户没有与安全等级相连，系统就不允许用户存取对象。该类安全等级分为 B1（安全标记保护级）、B2（结构化保护级）和 B3（访问验证保护级）3 个级别。

3）C 类安全级。该类安全等级能为用户的行为和责任提供审计功能。C 类安全等级可划分为 C1（用户自主保护级）和 C2（系统审计保护级）两个级别。

4）D 类安全级。该类安全等级只有一个级别 D1，安全级最低，只对文件和用户提供安全保护，适合于本地操作系统或者一个完全没有保护的网络。保留 D 级的目的是为了将一切不符合更高标准的系统，全部归于 D 类。例如，DOS 系统就是操作系统中典型的例子。它具有操作系统的基本功能，如文件系统、进程调度等，但是，在安全性上，它几乎没有任何保护机制。

在 TCSEC 的基础上，国外各国也都有自己的安全评价标准。

欧洲的安全评价标准(ITSCE)是西欧四国(英、法、荷、德)于 20 世纪 90 年代提出的信息安全评价标准。该标准适用于军队、政府和商业等多个领域。该标准将安全分为功能和评估两部分内容。其中,功能分为 10 级(F1~F10),其 1~5 级相当于 TCSEC 的 D 到 A,6~10 级对应于数据和程序的完整性、系统的可用性、数据通信的完整性、数据通信的保密性以及网络安全的机密性和完整性。评估准则分为测试、配置控制和可控的分配、可访问的详细设计和源码、详细的脆弱性分析、设计与源码明显对应以及设计与源码在形式上的一致性共 6 级。

同时,在 ITSCE 标准中,提出了一种评价系统安全的新观点——被评价的系统应当是一个整体,而不仅仅是一个平台。这个整体包括硬件、操作系统、数据库管理系统和应用系统。在系统安全性上,一个系统的安全性可能比组成系统的各部分的安全性高,也可能更低;而一个系统的安全性是分布在组成系统的不同组成部分上的,不需要系统的每个组成部分都重复这些安全功能,只要整个系统能实现安全级别即可。

美国联邦准则(FC)则是对 TCSEC 的升级,在该标准中引入了"保护轮廓"(PP)的概念,其每个保护轮廓包括功能、开发保证和评价。这个标准在美国政府、民间和商业领域广泛使用。

加拿大的评价标准(CTCPEC)是仅适用于政府部门的评价标准。该标准与 ITSCE 相似,将安全分为功能性需求的安全和保证性需求的安全两部分。其中,功能性需求分为机密性、完整性、可用性和可控性 4 类,每类安全需求又分为 0~5 级。

虽然,各国都有自己的标准,但是,并没有一个是各国通用的准则,因此,为了统一国际标准,1996 年 6 月发布了国际通用准则(CC),它是国际标准化组织对现行多种安全标准统一的结果,是目前最全面的安全评估标准。1999 年 6 月又发布第 2 版,1999 年 10 月发布了 CC V2.1 版,并成为 ISO 标准。该标准的主要思想和框架结构取自 ITSEC 和 FC,并重点突出"保护轮廓"的思想。CC 将评估过程分为功能和保证。评估等级分为 EAL1~EAL7。每一级分别对配置管理、分发和操作、开发过程、指导性文档、生命周期的技术支持、测试和脆弱性等 7 个部分进行评估。

由于 CC 标准的发布及不断更新,我国也在 2001 年发布了 GB/T 1836 标准,这一标准采用了 ISO/IEC 15408-3 1999《信息技术安全性评估准则》中的相关准则,主要提供了保护轮廓和安全目标。评估保证级(EAL)提供了一个递增的尺度,该尺度的确定权衡了所获得的保证以及达到该保证程度所需的代价和可行性。EAL 可用表 11-4 表示,其中行表示的是保证子类,列表示的是一组按级排序的 EAL,在行、列交叉处的每一个数字表示与此适宜的一个保证组件。

表 11-4　评估保证级的描述

保证类	保证子类		评估保证级依据的保证组件						
			EAL1	EAL2	EAL3	EAL4	EAL5	EAL6	EAL7
配置管理	ACM_AUT	CM 自动化				1	1	2	2
	ACM_CAP	CM 能力	1	2	3	4	4	5	5
	ACM_SCP	CM 范围			1	2	3	3	3
交付和运	ADO_DEL	交付		1	1	2	2	2	3
	ADO_IGS	安装、生成和启动	1	1	1	1	1	1	1

保证类	保证子类		评估保证级依据的保证组件						
			EAL1	EAL2	EAL3	EAL4	EAL5	EAL6	EAL7
开发	ADV_FSP	功能规范	1	1	1	2	3	3	4
	ADV_HLD	高层设计		1	2	2	3	4	5
	ADV_IMP	实现表示				1	2	3	3
	ADV_INT	TSF 内部					1	2	3
	ADV_LLD	低层设计				1	1	2	3
	ADV_RCR	表示对应性	1	1	1	1	2	2	3
	ADV_SPM	安全策略模型				1	3	3	3
指导性文档	AGD_ADM	管理员指南	1	1	1	1	1	1	1
	AGD_USR	用户指南	1	1	1	1	1	1	1
生命周期支持	ALC_DVS	开发安全			1	1	1	2	2
	ALC_FLR	缺陷纠正							
	ALC_LCD	生命周期				1	2	2	3
	ALC_TAT	工具和技术				1	2	3	3
测试	ATE_COV	覆盖范围		1	2	2	2	3	3
	ATE_DPT	深度			1	1	1	2	3
	ATE_FUN	功能测试		1	1	1	1	2	2
	ATE_IND	独立性测试	1	2	2	2	2	2	3
脆弱性评定	AVG_CCA	隐蔽信道分析					1	2	2
	AVG_MSU	误用			1	2	2	3	3
	AVG_SOF	TOE 安全功能强度		1	1	1	1	1	1
	AVG_VLA	脆弱性分析		1	1	2	3	4	4

11.2　操作系统的安全模型

通常人们在设计和开发安全操作系统时,一般都会参考系统的安全需求。而通过形式化或非形式化的方法将系统的安全需求用表达出来,便是安全模型。

11.2.1　安全模型基础

首先了解安全策略和安全模型两个概念,所谓安全策略是指有关管理、保护和发布敏感信息的法律、规定和实施细则。可从不同的角度去定义,如可以将安全策略定义为:系统中的用户和信息被划分为不同的层次,一些级别比另一些级别高;当且仅当主体的级别高于或等于客体的级别,主体才能读访问客体;当且仅当主体的级别低于或等于客体的级别,主体才能写访问客体。安全策略将系统的状态分成两个集合：安全状态集合（已授权的）和不安全的状态集合（未授权的）。

安全模型是对安全策略所表达的安全需求的简单、抽象和无歧义的描述，它为安全策略和安全策略实现机制的关联提供了一种框架。安全模型描述了对某个安全策略需要用哪种机制来满足，而模型的实现则描述了如何把特定的机制应用于系统中，从而实现某一特定安全策略所需的安全保护。在系统的设计之前，必须对操作系统的安全需求进行分析，然后根据安全需求建立一个安全模型，以便围绕安全模型研究如何实现安全性的要求。

可归纳安全模型特点如下：

1）抽象、本质的。

2）精确、无歧义的。

3）简单、清晰的，只描述安全策略，不要求具体实现的细节。

目前大多安全模型是以状态机模拟系统状态的。模型用状态机语言将安全系统描述成抽象的状态机，用状态变量表示系统的状态，用转换函数或者操作规则来描述状态变量的变化过程。通常来说，状态机安全模型只能描述数量有限的与操作系统安全相关的主要的一些状态变量。

11.2.2　主要安全模型

常见的主要安全模型有 Bell-LaPadula 模型、Biba 模型、Clark-Wilson 模型和中国墙模型。前两种模型前面已有简要介绍，此处着重介绍一下 Clark-Wilson 模型和中国墙模型。

1. Clark-Wilson 模型

Clark-Wilson 模型是 1987 年由 David Clark 和 David Wilson 共同开发的数据完整性模型。该模型同时考虑了数据一致性和事务处理完整性的安全模型，其主要思想就是利用良性事务处理机制和任务分离机制来保证数据的一致性和事务处理的完整性。良性事务处理机制指的是用户不能任意地处理数据，而必须以确保数据完整性的受限的方式来对数据进行处理，即使是授权用户要修改数据，也必须要满足数据一致性的要求。

Clark-Wilson 模型中，为了保证主体只能以良性事务处理的方式对客体进行访问，规定了所有对客体的访问必须通过特定的程序集合来进行，同时这些程序必须保证自身的有效性。任务分离机制将任务分成多个子集，不同的子集由不同的用户来完成。若完成任务的每个子集都由不同的用户来完成，且各用户之间无串通，则便可确保任务的安全性。可见若要实施欺骗只要所有这些子集均由一个人来完成即可，因此，规定任务分离机制最基本的规则就是任何一个验证行为正确性的人不能同时也是被验证行为的执行人。Clark-Wilson 模型为了保证任务分离机制，规定每个主体只能被允许使用特定的程序集，通过指定主体可以使用的程序集和分配主体对选定程序的执行权限来保证数据的完整性。

2. 中国墙模型

中国墙模型是由 Brewer 和 Nash 于 1989 年提出的安全模型，也被称为 BN 模型。相对于 BLP 模型侧重保密性策略，Biba 模型和 Clark-Wilson 模型侧重完整性策略，中国墙模型则同时兼顾保密性和完整性。该模型主要用于解决商业中的利益冲突问题，目标就是防止利益冲突的发生。这种模型可以动态地改变访问权限,常用于股票交易所或者投资公司的经济活动等环境中。

中国墙模型中的简单安全规则:①被访问的客体属于已经被访问的利益冲突中的同一个机构;②被访问的客体属于其他的利益冲突。星状特征规则:①所有按照访问规则可以被访问的客体都可以被更改;②请求进行更改操作的其他机构中任何客体都不能被访问。

中国墙模型和 BLP 模型很有多相似之处,实际上是 Bell-LaPadula 模型的星状特征规则在"中国城墙"策略中的具体应用。

11.3 Windows 2000 操作系统安全

11.3.1 Windows 2000 系统的安全漏洞

Microsoft 公司开发的 Windows 2000 操作系统主要存在着以下几个方面的安全漏洞。

(1)资源共享漏洞

通过资源共享,可以轻松地访问远程计算机,如果其"访问类型"是被设置为"完全"的话,就可以任意地上传、下载,甚至是删除远程计算机上的文件。此时,只需上传一个设置好的木马程序,并设法激活它,就可以得到远程计算机的控制权。

若想解决该问题,只要关闭资源共享或者将"访问类型"设置为"根据密码访问"即可。

(2)资源共享密码漏洞

通常资源共享的密码是存放在注册表中的,具体位置在:一般存储在 HKEY_ LOCAL_ MA-CHINE/Software/Microsoft/Windows/CurrentVersion/Network/LanMan 下,右栏的 Parmlenc 列出的为完全共享密码,Parm2enc 列出的为只读共享密码。

若想解决该问题,就要做到不随意让人使用自己的计算机。

(3)CONCON 漏洞

这是 Windows 9x 中的一个很老的漏洞了。在 Windows 9x 中有三个设备驱动程序(CON、NUL、AUX),其中,CON 为输入及输出设备驱动程序;NUL 为空设备驱动程序;AUX 为辅助设备驱动程序。这三个程序只要被运行,就会引起系统的死机,更严重的是,该漏洞可以通过资源共享来远程执行。

而解决该问题的最有效的方法是将系统升级至 Windows Me 及以上版本;或下载安装补丁程序 conconfix 并添加到"启动"组中或者安装网络防火墙。

(4)Windows 2000 的全拼输入法漏洞

该漏洞可以让任何人绕过身份验证程序,将\WINNT\System32\cmd. exe 保存到\inetpub\scripts\目录下,通过 IE 来远程执行命令,例如运行\\192. 168. 0. 2/scripts/cmd. exe/c dir 命令。可以通过此漏洞任意添加账号,并将其设置到 Administrators 组中,同时激活,这样就可以以管理员身份来远程登录了。

解决该问题的最根本的方法是删除全拼输入法。

(5)Windows 2000 的账号泄露问题

在 Windows 2000 中,通过"控制面板"中的"用户和密码"及"管理工具"下的"计算机管理"都可以轻松地得到系统的所有账号及组信息,还可以使用\WINNT\System32\lusrmgr. msc 来管理账户和组。这些账号及组信息也有可能被远程获取，不过这需要对方存在输入法或 IIS 漏洞。

解决该问题的最有效的方法是删除 \WINNT\System32\compmgmt.msc/s 和 \WINNT\System32\lusrmgr.msc 两个文件，删除后不会影响 Windows 2000 的正常运行。

（6）空登录问题

如果用户不小心忘记了密码，造成无法登录 Windows 2000 时，只需用启动盘启动计算机或引导进入另一操作系统，找到文件夹 Windows 2000 所在磁盘的盘符下的 \Documents and Settings\Administrator，并将此文件夹下的"Cookies"文件夹删除，然后重新启动计算机，即可以空密码快速登录 Windows 2000。

如果要想解决该问题，只需要使用 NTFS 文件格式安装 Windows 2000。

11.3.2　Windows 2000 系统的安全机制

微软在 Windows 2000 中提供的是一个安全性框架，并不偏重于任何一种特定的安全特性。新的安全协议、加密服务提供者或者第三方的验证技术，可以方便地结合到 Windows 2000 的安全服务提供者接口（Security Service Provider Interface，SSPI）中，供用户选用，满足移动办公、远程工作和随时随地接入 Internet 进行通信和电子商务的需要，并且完全无缝地对 Windows NT 网络提供支持，提供对 Windows NT 中采用的 NTLM（NT LAN Manager）安全验证机制的支持。用户可以选择迁移到 Windows 2000 中替代 NTLM 的 Kerberos 安全验证机制。

通过安全服务提供者接口（Security Service Provider Interface，SSPI），Windows 2000 实现了应用协议和底层安全验证协议的分离。

此外，Kerberos 加强了 Windows 2000 的安全特性，具体表现在更快的网络应用服务验证速度、允许多层次的客户/服务器代理验证、同跨域验证建立可传递的信任关系等。

最终，Windows 2000 实现了如下的特性：数据安全性、企业间通信的安全性、企业网和 Internet 的单点安全登录，以及易管理性和高扩展性的安全管理。

1. 数据安全性

数据安全性方面，Windows 2000 保证数据保密性和完整性的特性，主要表现在以下三个方面：

（1）用户登录时的安全性

对于数据的保密性和完整性的保护从用户登录网络时就开始了，Windows 2000 通过 Kerberos 和 PKI 等验证协议提供了强有力的口令保护和单点登录。

（2）网络数据的保护

数据保护包括在本地网络数据的保护和在网络上传输的数据的保护。本地网络的数据是由验证协议来保证其安全性的。若需要更高的安全性，可以在一个站点（Site，通常指一个局域网或子网）中，通过 IP 加密（IP Security，IPSec）的方法，提供点到点的数据加密安全性。而在网络上传输的数据，则可采用如下几个机制来加强安全性：

1）Proxy Server：为一个站点与外界的交流提供防火墙或代理服务。

2）Windows 2000 路由和远程访问服务：配置远程访问的协议和路由以保证安全性。

3）IP Security：为一个或多个 IP 节点（服务器或者工作站）加密所有的 TCP/IP 通信。

（3）存储数据的保护

对于存储数据的保护可以采用数字签名来签署软件产品（防范运行恶意的软件），或者加密文件系统。加密文件系统基于 Windows 2000 中的 CryptoAPI 架构，实施 DES 加密算法，对每个文件都采用一个随机产生的密钥来加密。加密文件系统不仅可加密本地的 NTFS 文件/文件夹，还可以加密远程的文件，且不影响文件的输入输出。

2. 各企业通信的安全性

对于企业间的通信安全，Windows 2000 提供了多种安全协议和用户模式的内置集成支持，一般可通过三种方式来实现：

1）建立各域之间的信任关系。用户可以在 Kerberos 或公钥体制得到验证之后，远程访问已经建立信任关系的域。

2）在目录服务中创建专用的企业通信用户账号。通过 Windows 2000 的活动目录，可以设定组织单元、授权或虚拟专用网等方式，并对它们进行管理。

3）公钥体制。用户可以通过电子证书对提供用户身份进行确认和授权，企业也可以把通过电子证书验证的外部用户映射为目录服务中的一个用户账号。

3. 企业网和 Internet 的单点安全登录

在用户成功地登录到网络后，Windows 2000 将会透明地管理一个用户的安全属性（Security Credentials），无论这种属性是以何种方式来体现的。而其他先进的应用服务器都应该能从用户登录时所使用的安全服务提供者接口（SSPI）获得用户的安全属性，从而使用户做到单点登录，访问所有的服务。

4. 易管理性和高扩展性

管理员通过在活动目录中使用组策略，便可集中地把所需要的安全保护加强到某个容器（SDOU）的所有用户/计算机对象上。Windows 2000 包括了一些安全性模板，既可以针对计算机所担当的角色来实施，也可以作为创建定制的安全性模板的基础。

Windows 2000 中的安全性配置工具为安全性模板和安全性配置/分析，它们是两个 Microsoft 管理控制台（MMC）插件。安全性模板提供了针对十多种角色的计算机管理模板，这些角色包括从基本工作站、基本服务器一直到高度安全的域控制器，它们之间各个安全性要求是不同的。安全性模板通过安全性配置/分析 MMC，管理员可以创建针对当前计算机的安全性策略。当然通过对加载模板的设置，该插件就会智能地运行配置或分析功能，并产生报告。

安全性管理的扩展性表现为，在活动目录中可以创建非常巨大的用户结构，用户可以根据需要访问目录中存储的所有信息。

11.3.3 Windows 2000 系统的安全架构

Windows 2000 的安全架构主要体现在系统的安全组件上。Windows 2000 通过五个构成金字塔状的安全组件来保障系统的安全性，如图 11-1 所示。

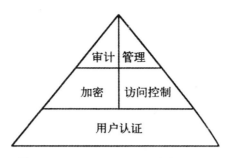

图 11-1　Windows 2000 系统安全架构

分析图 9-3 可知,下层安全组件的重要性要高于上层组件,因为它支撑着整个安全架构的是完整定义的安全策略。Windows 2000 安全组件的功能主要体现在下列的几个方面。

1)访问控制的判断。允许对象所有者控制谁被允许访问该对象及访问的方式。

2)对象重用。当资源被某个应用访问时,Windows 禁止所有的系统应用访问该资源,这也就是为什么无法恢复已经被删除文件的原因。

3)强制登录。要求所有的用户必须登录,通过认证后才可以访问资源。

4)对象的访问控制。不允许有直接访问系统的某些资源。必须是该资源允许被访问,然后才是用户或应用通过第一次认证后再访问。

5)审核。在控制用户访问资源的同时,也可以对这些访问进行相应的记录。

6)安全标识符。每当创建一个用户或一个组的时候,系统会分配给该用户或组一个唯一SID。当重新安装系统后,也会得到一个唯一的 SID。SID 永远都是唯一的,由计算机名、当前时间及当前用户态线程的 CPU 耗费时间的总和三个参数共同决定,以保证其唯一性。

7)访问令牌。用户通过验证后,登录进程会给用户一个访问令牌,该令牌相当于用户访问系统资源的凭证。访问令牌是用户在通过验证时由登录进程提供,因而改变用户的权限需要注销后再登录系统,以重新获取访问令牌。

8)安全描述符。Windows 2000 中任何对象的属性都有安全描述符部分,用于保存对象的安全配置。

9)访问控制列表。是为审核服务的,它包含了对象被访问的时间。

10)访问控制项。访问控制项包含了用户或组的 SID 及对象的权限。

11.4　Windows NT 操作系统安全

Windows NT 是 Microsoft 推出的面向工作站、网络服务器和大型计算机的网络操作系统,也可用作 PC 机操作系统。它与通信服务紧密集成,提供文件和打印服务,能运行客户机/服务器应用程序,内置了 Internet/Intranet 功能。Windows NT 操作系统继承了 Windows 友好易用的图形用户界面,又具有很强的网络功能与安全性,适用于各种规模的网络系统。

11.4.1　Windows NT 系统的安全漏洞

Windows NT 提供了两种不同类型的软件,即 Windows NT 工作站和 Windows NT 服务器,它们之间除了服务器提供额外的网络特征外,并无大的差别。Windows NT 安全的中常见的漏洞问题如下：

(1)建立域别名的安全漏洞

域用户可以不断地建立新的用户组直到系统资源枯竭。虽然 Windows NT 能够方便地建立用户组，但这个特性也很容易遭到拒绝服务的攻击。因此，微软公司推出了补丁程序，但用户发现该程序与注册表的设置有冲突。

(2)PPTP 协议的缺口的安全漏洞

PPTP 协议的缺口可使 Windows NT 虚拟专用网络的默认口令被破解。

(3)紧急修复盘产生的安全漏洞

每次紧急修复盘在更新时，整个安全账号管理数据库被复制到注册表的％system％\repair\sam._分支中，在默认的权限设置下，每个人对该文件都有读的访问权。所以，黑客可以利用 SAM 数据库的这个注册表拷贝信息，通过某些工具来破解口令。除非在每次紧急修复盘后，确保该文件对所有人不可读。

(4)被无限制地尝试连接的安全漏洞

由于没有定义尝试注册的失败次数，导致可以被无限制地尝试连接系统管理的共享资源。这样的系统设置相当危险，它无异于授权给黑客们进行连续不断地连接尝试。建议：限制远程管理员访问 Windows NT 平台。

(5)最近登录的用户名显示的安全漏洞

在 Windows NT 在注册对话框中总是显示最近一次注册的用户名。Windows NT 的这个特征，实际是一种风险，无疑给黑客提供了信息。用户可以在域控制器上，修改注册表中 Win Logon 的设置，关闭该功能。

(6)打印机的安全漏洞

打印操作员组中的任何一个成员对打印驱动程序都具有系统级的访问权。黑客可以利用这个安全漏洞，用木马程序替换任何一个打印驱动程序；或者在打印驱动程序中插入恶意病毒，具有相同效果。为了避免该类事件的发生，在赋予打印操作员权限时，要采取谨慎态度，还要限制人数等。

11.4.2　Windows NT 的安全机制

Windows NT 操作系统不仅通过新的网络技术来协助组织扩展其操作，同时也通过增强的安全性服务来协助组织保护其信息及网络资源。Windows NT 操作系统的安全级别为 C2，即自由控制的访问权限（Discretionary Access Control，AC），主要包含安全策略、用户验证、访问控制、加密、审计和管理这六大安全机制。Windows NT 安全系统的逻辑结构如图 11-2 所示，其中最主要的是身份验证机制和访问控制机制。

Windows NT 的安全模型包括用户身份验证，这种身份验证赋予用户登录系统访问网络资源的能力。在这种身份验证模型中，安全性系统提供了两种类型的身份验证：交互式登录和网络身份验证。为了完成这两种类型的身份验证，Windows NT 安全系统涵盖了 Kerberos V5、公钥证书和 NTLM（NT LAN Manager）3 种不同的身份验证机制。

通过用户身份验证后，Windows 允许管理员控制网上资源或对象的访问。管理员通过对存储在活动目录中的对象进行安全设置还可以实现对网上资源的访问控制。文件、打印机和服务等在活动目录中的都是对象的实例。通过管理对象的属性，管理员可以设置权限，分配所有权以及监视用户访问。管理员不仅可以控制对特殊对象的访问，也可以控制对该对象特定属性的访问。

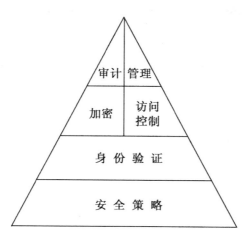

图 11-2　Windows NT 安全系统的逻辑结构

11.4.3　Windows NT 的安全策略

Windows NT 提供了安全性模板和安全性配置分析，两个微软管理界面 MMC 的插件作为安全性配置工具，安全性模板提供了针对 10 多种角色的计算机的管理模板，不同角色对于安全性的要求也是不同的。通过安全性配置，管理员可以创建针对当前计算机的安全性策略。

（1）数据的安全性

Windows NT 所提供的保证数据保密性和完整性的特性，具体可从以下几个方面来看。

1）网络数据的保护。通常本地网络中的数据是由验证协议来保证其安全性的。还可以通过 IPSec 的方法提供点到点的数据加密安全性。

2）用户登录的安全性。从用户登录网络开始，Windows NT 通过 Kerberos 和 PKI 等验证协议提供了强有力的口令保护和单点登录。

3）存储数据的保护。可通过数字签名来签署软件产品或者加密文件系统。不仅可以加密本地的 NTFS 文件或文件夹，还可以加密远程的文件，而不影响文件的输入/输出。

（2）安全管理的易操作性和良好扩展性

在活动目录中使用组策略，管理员可集中地把所需要的安全保护加强到某个计算机对象上。Windows NT 包括了一些安全性模板，既可以针对计算机所担当的角色来实施，也可以作为创建定制的安全性模板的基础。

（3）通信的安全性

Windows NT 为不同企业之间的通信提供了多种安全协议和用户模式的内置的集成支持。

1）在目录服务中创建特定的外部企业用户账号，通过 Windows NT 的活动目录，可设定组织单元、授权或 VPN 等方式，并对它们进行管理。

2）可以建立各域之间的信任关系。用户可在 Kerberos 认证或 PKI 得到验证之后，远程访问已经建立信任关系的域。

3）通过公用密钥体制及电子证书提供用户身份确认和授权，可以把通过电子证书的外部用户映射为目录服务中的一个用户账号。

（4）企业和 Internet 的单点安全登录

当用户成功地登录到网络之后，Windows NT 会透明地管理一个用户的安全属性，而不管这种安全属性是通过用户账号和用户组的权限规定来体现的，还是通过数字签名和电子证书来体现的。

11.4.4 Windows NT 的安全技术

1. 活动目录和域

所谓活动目录主要是指用于存储整个网络上资源的目录信息，便于用户快速、准确地查找、管理和使用相关资源。活动目录提供包括集中组织、管理和控制网络资源访问的方法，能够使物理网络拓扑和协议透明化，使网络上的用户也可以访问资源，而不用了解资源具体在什么地方，或物理上是如何连接到网络上的，网络资源的集中控制，允许用户只登录一次就可以访问整个活动目录的资源。

域作为活动目录中逻辑结构的核心单元，具有很重的作用。一个域包含许多台计算机，它们由管理者设定并共用一个目录数据库。每一个域都有一个唯一的名称。在 Windows NT 网络中，域的管理者只能在该域内有必要的管理权限，除非管理者获得其他域的明确授权。每个域都有自己的安全策略和与其他域的安全联系方式。

域与域之间建立的连接关系即信任关系，可以执行对经过委托的域内用户的登录审核工作。域之间经过委托后，用户只要在某一个域内有一个用户账户，就可以使用其他域内的网络资源了。

Windows NT 的 4 种基本域模型为：单域模型、主域模型、多主域模型和完全信任域模型。

1）单域模型：网络中只有一个域，就是主域，域中有一个主域控制器和一个或多个备份域控制器。这种模型较适用于用户较少的网络。

2）主域模型：网络中至少有两个域，但只在其中一个域（主域）中创建所有用户并存储这些用户信息。其他域则称为资源域，负责维护文件目录和打印机资源，但不需要维护用户账户。资源域都信任主域，使用主域中定义的用户和全局组。该模型适用于用户不太多，但又必须将资源分组的情况。

3）多主域模型：网络中有多个主域和多个资源域，其中主域作为账户域，所有的用户账户和组都在主域之上创建。各主域都相互信任，其他的资源域都信任主域，但各资源域之间不相互信任。这种模型对于大型网络的统一管理较为方便，且有较好的伸缩性。适用于用户数很多且有一个专门管理机构的网络。

4）完全信任域模型：网络中有多个主域，且这些域都相互信任；所有域在控制上地位都是平等的，每个域都执行各自的管理。这种模型适用于各部门管理各自的网络。

2. 加密文件系统 EFS

Windows NT 提供了数据加密，而数据加密则使用一种称为"加密文件系统（Encrypting File System，EFS）"的功能。在 Windows NT 的 NTFS 文件系统中内置了 EFS 加密系统，利用 EFS 加密系统可以对保存在硬盘上的文件进行加密。EFS 加密系统作为 NTFS 文件系统的一个内置功能,对 NTFS 卷上的文件和数据,都可以进行直接的操作系统加密保存,能在很大程度上提高数据的安全性。并且其加密和解密过程对应用程序和用户是完全透明的。此外,Windows NT 内置的数据恢复功能,可由管理员恢复被另一个用户加密的数据,确数据在需要使用时一直可用。

EFS 加密是基于公钥策略的。在使用 EFS 加密一个文件或文件夹时,系统首先会生成一个由伪随机数组成的文件加密钥匙(File Encryption Key,FEK),然后将利用 FEK 和数据扩展标准 DES 算法创建加密后的文件,并将其存储到硬盘上,同时删除未加密的原始文件。接着系统通过用户的公钥加密 FEK,把加密后的 FEK 存储在同一个加密文件中。而在访问被加密的文件时,系统首先利用当前用户的私钥解密 FEK,然后利用 FEK 解密出文件。在第一次使用 EFS 时,若用户还没有公钥/私钥对(统称为密钥),则会首先生成密钥,然后加密数据。如果用户登录到了域环境中,则密钥的生成就依赖于域控制器,否则它就依赖于本地机器。

EFS 加密系统对用户是透明的,若用户加密了一些数据,那么该用户对这些数据的访问将是完全允许的,不会受到任何限制。而其他非授权用户访问加密过的数据时,就会出现"访问拒绝"的错误提示。而 EFS 加密的用户验证过程则是在登录 Windows 时进行的,只要成功登录到 Windows 便可对任意被授权的加密数据进行访问。

3. 安全性支持——Windows IP Security

信息化程度高度发达的今天,人们对网络安全性的考虑不再仅仅局限于企业网络外部,越来越多的人开始关注来自企业内部网络的那些攻击。这主要是由于企业雇员、技术支持人员或临时合同工从内部侵入公司网络而造成的重要机密信息的泄露与遗失等。针对这一问题,Windows NT 5.0 推出了一种新的网络安全性方案——IP Security,简称 IPSec。IPSec 的主要目的是为 IP 数据包提供保护,该技术的基础是端—端的安全性模型,即只有发送者和接收者这两台主机知道有关 IPSec 保护的情况。各计算机都在各自的一端处理安全性。IP Security 存在于传输层之下,透明于应用程序和用户。两计算机在进行数据交换之前,先相互验证计算机,建立安全性协作关系,并在传输数据之前加密要传输的数据。鉴别或者加密数据时,采用标准的 IP 数据包格式。

在数据保护方面 Windows NT 除了使用 NTFS 文件系统保护数据并通过文件加密系统来提高数据安全性外,还可使用磁盘阵列来保护数据安全。

Windows NT 网络系统的系统容错是建立在标准化的独立磁盘冗余阵列 RAID 基础上的,采用软件解决方案,提供了 3 种 RAID 容错手段——RAID0、RAID1 和 RAID5。

1)带区集 RAID0。带区集是指将多个磁盘上的可用空间组合成一个大的逻辑卷,数据将按系统规定的数据段为单位依次写入不同的磁盘上。多个读/写操作可以相互重叠进行。RAID0 能够提供较好的磁盘读写性能,但不具备容错功能。

2)镜像集 RAID1。镜像集由主磁盘和副磁盘两个磁盘组成,主要用于提供存储数据的可靠性,但必须以较大的磁盘空间冗余为代价。RAID1 中所有写入主磁盘的数据也同时写入副磁盘,当主磁盘发生故障,则系统将会使用副磁盘中的数据。RAID1 通过两个磁盘互为备份,从而保证数据安全。

3)带奇偶校验的带区集 RAID5。在带奇偶校验的带区集中,阵列内所有磁盘的大块数据呈带状分布,数据和奇偶校验信息将存放在磁盘阵列中不同的磁盘上,以提高数据读写的可靠性。

RAID5 具有较好的数据读取性能,但写入性能较差,通常需要消耗 3 倍读取操作的时间,因为写入操作时要进行奇偶校验计算。因此,RAID5 主要用于以读取操作为主的应用系统。

4. 其他安全措施

此外,Windows NT 一般采取下列一些安全管理措施。

1)物理安全。将存有重要数据的服务器、存储设备等放置在安装了监视器的隔离房间内,并且保留近期的监控录像记录;将重要的设备加密上锁,并将钥匙由专人保管;保证机房的物理安全等。

2)安装策略。采用自定义安装,设置系统文件格式为 NTFS,选择必要的系统组件和服务。

3)用户账户策略。保护用户账户的方法有如下几种:首先是为用户设置密码,可以将受到伤害的可能性降到最低,有效地避免攻击者获得受保护信息的访问权、在计算机中放入木马程序或是进行其他的破坏活动。其次是保护默认的管理员账户。再次是设置用户锁定,可以有效地避免自动猜解工具的攻击,同时对于手动尝试者的耐心和信心也可造成很大的打击。最后是限制用户登录。在 Windows NT 系统中,可以限制用户登录的时间和地点。

4)系统权限与安全配置。对系统设置,有一句话颇具代表性,即"最小的权限+最少的服务=最大的安全"。因此,在进行系统设置时,要始终设置用户所能允许的最小目录和文件的访问权限,还要关闭服务器上不必要的服务及端口。

5)系统监控策略。尽管不断地对系统进行修补,但由于软件系统的复杂性与多样性,总是会有新的安全漏洞出现。因此,除了对安全漏洞进行修补外,还要对系统的运行状态进行实时监控,以便及时发现利用各种漏洞的入侵行为。

6)改进登录服务器。将系统的登录服务器移到一个单独的机器中,会提高系统的安全级别;使用一个更安全的登录服务器取代 Windows 自身的登录工具,也可以进一步增强安全性。

7)正确使用登录脚本。通过活动目录中的组策略制定系统策略和用户登录脚本,可以对网络用户的行为进行适当的限制。利用组策略编辑器为用户指定登录脚本,可以为用户设定工作环境,控制用户在桌面上进行的操作、执行的程序以及登录时间和地点等。

8)应用系统的安全。

9)及时备份。为了防止系统在使用的过程中发生意外情况而影响正常运行,应该对 Windows NT 完好的系统进行备份,最好是在完成 Windows NT 系统的安装任务后就对整个系统进行备份,以后可以根据这个备份来验证系统的完整性,这样就可以发现系统文件是否被非法修改过。

11.5　UNIX/Linux 操作系统安全

UNIX 系统是当今著名的多用户分时操作系统,以其优越的技术和性能,得到了迅速发展和广泛应用。

11.5.1　UNIX/Linux 系统的安全漏洞

Linux 系统涵盖 UNIX 的全部功能,具有多任务、多用户和开放性等众多优秀特性,有关部门更是将基于 Linux 开发具有自主版权的操作系统提高到保卫国家信息安全的高度来看待。通常在 UNIX/Linux 系统中存在以下一些安全漏洞：Sendmail 漏洞、Passwd 命令漏洞、Ping 命令问题、telnet 问题、网络监听和 yppasswd 漏洞。

11.5.2　UNIX/Linux 系统的安全特征

由于 UNIX 与 Linux 的安全结构相似，因此，UNIX/Linux 系统具有下列安全特征：

(1)访问控制

系统通过访问控制表 ACL，使用户可以自行改变文件的安全级别和访问权限。系统管理员可用 umask 命令为每个用户设置默认的权限值，用户也可以通过 chmod 命令来修改自己拥有的文件或目录权限。

(2)身份标识与认证

UNIX/Linux 系统为了确定用户的真实身份，在用户登录时采用扩展的 DES 算法对输入的口令进行加密，然后把口令的密文与存放在/etc/passwd 中的数据进行比较，如果二者的值完全相同，则允许用户登录到系统中，否则将禁止用户的登录。

(3)对象的可用性

当一个对象不再使用时，在它回到自由对象之前，系统将会清除它，以备下次需要时使用。

(4)审计记录

UNIX/Linux 系统能够对很多事件进行记录，例如文件的创建和修改以及系统管理的所有操作和其他有关的安全事件。通过这些记录，系统管理员就可以对安全问题进行跟踪。

(5)操作的可靠性

操作的可靠性是指 UNIX/Linux 系统用于保证系统完整性的能力。UNIX/Linux 系统通过对用户的分级管理、运行级别的划分，以及访问控制机制加上自带的一些工具，能够很好地保证系统操作的可靠性。

11.5.3　UNIX/Linux 系统的安全机制

1. 用户账户安全管理

每个账户都是具有不同用户名、不同口令和不同访问权限的一个单独实体，用户也就有权授予或拒绝任何用户、用户组和所有用户的访问。用户可以生成自己的文件，安装自己的程序等。为了确保次序，防止一般用户的活动影响其他文件系统，为每个用户提供一定程度的保密等系统会分配好用户目录，每个用户都会得到一个主目录和一块硬盘空间，并与其他用户占用的区域分割开来。当用户登录到系统中时，需要输入用户名标识其身份。当该用户的账户创建时，系统管理员便为其分配一个唯一的标识号—UID。系统中的/etc/Passwd 文件含有全部系统需要知道的关于每个用户的信息，如用户的登录名、经过加密的口令、用户号、用户组号、用户注释、用户主目录和用户所用的 Shell 程序。其中用户号 UID 和用户组号 GID 用于 UNIX 系统唯一地标识用户和同组用户及用户的访问权限。系统中，超级用户 root 的 UID 为 0。每个用户可以属于一个或多个用户组，每个组由 GID 唯一标识。

超级用户 root 的安全管理，在 UNIX/Linux 系统中 root 用户具有无限的权力，能够进行任何操作，如读写所有文件，创建新文件；添加/删除系统中的设备；或在局域网中探测网络通信，获取其他系统的用户名和密码或更改系统中所有的日志，删除所有超级用户访问的记录等。虽然其中很多操作是合理合法的,但若不法分子获得 root 权限,则结果将不堪设想。对此,人们通常会使用一个难以猜测的 root 密码以防止授权用户获取 root 权限。

2. 用户口令安全管理

用户名是个标识,用来确认计算机该用户;口令是个确认证据,用户登录系统时,便需要输入口令来鉴别用户身份。当用户输入口令时,UNIX/Linux 使用改进的 DES 算法对其进行加密,并将结果与存储在/etc/passwd 或 NIS 数据库中的加密用户口令进行比较。若两相匹配,则说明该用户的登录合法;否则拒绝用户登录。为防止口令被非授权用户盗用,一般以复杂、不可猜测为准,通常一个好的口令应当至少有 8 个字符长度。用户最好应定期改变口令。通常口令以加密的形式表示。由于/etc/passwd 文件对任何用户可读,故常成为口令攻击的目标。所以系统中常用 shadow 文件来存储加密口令,并使其对普通用户不可读。

3. 文件和目录的安全

UNIX/Linux 文件系统能够控制文件和目录中的信息在磁盘及其他辅助存储介质上的存储方式,以及用户访问相关信息的方式。通常是通过一组存取控制规则来实现的。

文件的权限是 UNIX/Linux 系统安全的第一道防线。UNIX/Linux 权限的基本类型有读、写和执行,各种权限的具体含义如表 11-5 所示。

表 11-5　UNIX/Linux 各种权限的具体含义

权　限	应用于目录	应用于任何其他类型的文件
读(r)	授予读取目录或子目录内容的权限	授予查看文件的权限
写(w)	授予创建、修改或删除文件或子目录的权限	授予写入的权限,允许一个经过授权的实体修改文件
执行(x)	授予进入目录的权限	允许用户运行程序
—	无权限	无权限

一般每个文件的权限都是用左起第 2～10 个字符来记录的,第 1 个字符表示文件类型。权限分成 3 组,每组有 3 个字符,组中的每个位置对应一个指定的权限,其顺序为读、写、执行。前3 个字符(2～4)表示文件所有者的权限;第 2 组的 3 个字符(5～7)表示文件所属组的权限;最后一组的 3 个字符(8～10)表示其他任何人的权限。

若想要修改文件或目录权限,则可使用 chmod(change mode)命令。文件权限的第一个集合用字母 u 来表示,代表用户;第二个集合(字符 5～7)用 g 来表示,代表组;最后一个集合(字符8～10)用 o 来表示,代表其他任何人(其他)。并且还可使用—a 选项同时对所有 3 个组进行授权或者删除其权限。

以文件 testfile1 为例,该文件的原始权限为 rwxrwxr—,通过表 11-6 所示的各操作符的含义来添加、删除或指定权限集合。

表 11-6　chmod 操作符

Chmod 操作符	含　　义	示　　例	结　　果
＋	为一个文件或目录添加指定的权限	Chmod o＋x testfile1	为 testfile1 文件的其他用户添加执行权限
－	从一个文件或目录中删除指定的权限	Chmod u-x testfile1	删除文件所有者执行 testfile1 的权限
＝	设置指定的权限	Chmod g＝r-testfile1	为组设置 testfile1 的读取权限,不能写入和执行

11.5.4　UNIX/Linux 系统的安全防范措施

面对于来自网络外部黑客的攻击和网络内部合法用户的越权使用等问题,UNIX/Linux 系统为了保证网络系统的安全,在制定了有效的安全策略的基础上,一般还会采用下列一些防范措施。

(1)充分利用防火墙机制

如果内部网络要进入 Internet,必须利用 UNIX/Linux 系统的防火墙机制在内部网络与外部网络的接口处设置防火墙,以确保内部网络中的数据安全。

(2)定期对 UNIX/Linux 网络进行安全检查

UNIX/Linux 网络系统的运转是动态变化的,因此对它的安全管理也必须适应这种变化。UNIX/Linux 系统管理员在为系统制定安全防范策略后,应该定期对系统进行安全检查,利用入侵检测工具随时进行检测,如果发现安全机制中的漏洞应立即采取措施补救。

(3)充分利用日志安全机制

利用日志安全机制记录所有网络访问。日志文件可以发现入侵者试图进行的攻击。

(4)严格限制 Telnet 服务的权限

在 UNIX/Linux 系统中,一般情况不要开放 Telnet 服务,这是因为黑客可以利用 Telnet 登入系统,如果他又获取了超级用户密码,将会给整个系统带来致命的危险。

(5)完全禁止 finger 服务

在 UNIX/Linux 系统中,网络外部人员仅需简单地利用 finger 命令就能知道众多系统信息,如用户信息、管理员何时登录,以及其他有利于黑客猜测用户口令的信息。黑客可利用这些信息,增大侵入系统的机会。

(6)禁止系统对 Ping 命令的回应

禁止 UNIX/Linux 系统对 Ping 请求做出反应,可以减少黑客利用 TCP/IP 协议自身的弱点,把传输正常数据包的通道用来秘密传送其他数据的危险,同时可迷惑网络外部的入侵者,使其认为服务器已经关闭,从而打消攻击念头。

(7)禁止 IP 源路径路由

IP 源路径路由是指在 IP 数据包中包含到达目的地址的详细路径信息,这是非常危险的安全隐患,因为根据 RFC1122 规定,目的主机必须按源路径返回这样的 IP 数据包。如果黑客能够伪造源路径路由的信息包,那么他就可能截取返回的数据包,并且进行信任关系欺骗。

(8)禁止所有控制台程序的使用

如果黑客侵入系统并启动控制台命令,就会使系统正在提供的服务立刻中断。因此在系统配置完毕后,应该禁止使用上述控制台程序。

采用上述安全机制、安全策略和安全措施,可以极大地降低 UNIX/Linux 系统的安全风险。但是,由于计算机网络系统的特殊性和网络安全环境的复杂性,不可能彻底消除网络系统的所有安全隐患,这就要求 UNIX/Linux 系统管理员需要经常对系统进行安全检查,建立和完善 UNIX/Linux 系统的网络安全运行模型。

11.6　NetWare 操作系统安全

NetWare 系统是一种非常优秀的系统平台,因为对该系统服务器的任意访问控制是很难的,并且有基于时间的约束。同时,系统对于用户的口令有一些限制,比如对口令长度过短或者是使用过的口令都会给予拒绝。由于该系统的良好安全性能,系统已经受到了越来越多的人的欢迎。尽管如此,人们还需要做一些工作以加强它的安全性。

11.6.1　NetWare 系统的安全漏洞

尽管 NetWare 系统符合 C2 级的安全标准,但它还是存在漏洞。NetWare 操作系统主要存在下列几个方面的安全漏洞。

(1)获取账号

在新安装的 NetWare 操作系统中,通常存在着 SUPERVISOR 和 GUEST 两个缺省账号。所有的账号在初始阶段都没有设置口令。因此,通常在安装系统的时候,管理员会马上给 supervisor 和 admin 加上口令,但是却往往忽视了 GUEST 和 USER_TEMPLATE。如果黑客能使用一台已经和服务器连上的工作站,他就可以给 GUEST 或 USER_TEMPLATE 加口令,得到这两个账号后,使用 GUEST 或 USER_TEMPLATE 就可以把自己隐藏起来。

(2)查阅合法账号

黑客可能通过运行 SYSCON 命令或使用 CHKNULL. exe 程序在 Novell NetWare 中查阅合法账号。

(3)获得超级用户的账号

通常人们认为,NetWare 服务器应该是一个很安全的存放文件的地方,只有知道口令的人才能进入文件的存放处。而超级用户的密码更是公司的绝密,因为任何人一旦知道了口令,他就可进入系统随心所欲的做任何事。

但是并非如人们想象的那样,在刚安装完 NetWare 系统的时候,安全系统还没有建立,此时,supervisor 的口令是空的,可以随便登录,因此,黑客可以不必知道超级用户的口令而取得所有的权限。

而使服务器认为系统是新安装的,事实上并不是真正地重装系统删掉所有的数据,常用的方法有删除包含系统安全信息的文件。但是如果不能进入系统,要想删掉这些文件也是可以的。虽然 Novell 公司在口令加密的工作上做得很好,但是他们忽略了一点,如果能直接接触到服务器的硬盘,只要用很普通的磁盘编辑工具,例如 Norton's Disk Edit 就能很容易地找到所有目录的信息并可以修改它。

11.6.2　NetWare 系统的安全性机制

NetWare 操作系统为用户提供了一整套安全性机制，允许管理员使用这些安全机制建立安全可靠的网络环境，以满足用户对网络安全保密性的要求。这些安全机制从以下几个方面来控制哪些用户是合法用户，可以入网；合法用户可以在任何时候任何站点入网；用户入网后可以对哪些资源进行访问；对这些资源能访问到何种程度等。

（1）NetWare 系统目录服务的安全性

NetWare 系统的目录服务是 NetWare 系统的重要特征之一。在访问控制方面，NetWare 系统使用 NDS 提供了详尽的用户对网络资源访问的分级控制，即层次式分配和管理网络访问权限的问题。NetWare 系统可以使用一个控制台对整个网络进行管理。NDS 采用了面向对象的思想，将所有的网络用户和网络资源都作为对象处理。在 NDS 目录库中，数据一般不是根据对象的物理位置进行组织的，而是根据机构单位的组织结构将对象组织成层次（树形）结构，这就形成了网络的目录树。管理员可以根据需要对目录树进行扩充或删减。

（2）设置权限的安全性

访问权限可控制用户能访问哪些资源以及对这些资源进行哪些操作。NetWare 系统的用户访问权限由受托者指定和继承权限过滤两种方式来实现的。受托者指定和继承权限过滤的组合就可以建立一个用户访问网络资源的有限权限，从而控制用户对网络资源的访问。

（3）设置属性的安全性

对文件和目录以及打印机等资源设置某些属性，这样可以通过设置资源属性以控制用户对资源的访问。属性是直接设置给文件、目录的，它对所有用户都具有约束力；一旦目录、文件具有某些属性，用户（包括超级用户）都不能超出这些属性规定的访问权，也即不论用户的访问权限如何，只能按照资源自身的属性实施访问控制。

（4）接入网络的安全性

NetWare 系统的入网安全性包括身份验证、用户名/口令限制、入网时间限制、入网站点限制、入网次数限制和封锁入侵者等。网络管理员根据需要，在服务器的账号数据库中为每个要使用网络的用户建立一个账号，一个用户账号包括用户名和用户口令。

NetWare 系统为保证网络系统工作的可靠性、硬盘数据的完整性和安全性提供了系统容错技术、事物跟踪系统和 UPS 监控技术。NetWare 系统还提供了完善的数据备份和恢复功能，以保证数据的完整性和可恢复性。

第 12 章　数据库与数据安全技术

12.1　数据库系统安全概述

随着计算机技术的高速发展,数据库在各个领域都得到了广泛的应用,越来越多的部门和机构依赖于计算机网络传输、存储数据信息,但随之而来的数据安全问题变得日益突出。各种系统的数据库中大量数据的安全问题、敏感数据的防窃取和防篡改问题,越来越引起人们的高度重视。数据库系统作为信息的聚集体,是计算机信息系统的核心部件,其安全性至关重要,关系到企业兴衰、国家安全。

12.1.1　数据库管理系统及其特性

在了解数据库管理系统以前,首先需要知道什么是数据库系统。

1. 数据库系统

数据库系统主要由数据库和数据库管理系统两部分组成。数据库部分是按照一定的方式存取数据;而数据库管理系统部分则是为用户及应用程序提供数据访问,并具有对数据库进行管理、维护等多种功能。

数据库实际上就是若干数据的集合体。数据库要由数据库管理系统进行科学的组织和管理,以确保数据库的安全性和完整性。

数据库管理系统就是对数据库进行管理的软件系统,为用户或应用程序提供了访问数据库中的数据和对数据的安全性、完整性、保密性、并发性等进行统一控制的方法。

数据库系统是指以数据库方式管理大量共享数据的计算机系统,一般简称为数据库。数据库系统是由外模式、模式和内模式组成的多级系统结构。作为管理大量的、持久的、可靠的、共享的数据工具,数据库系统通常由数据库、数据库管理系统、硬件和软件支持系统以及用户 4 个部分构成。

2. 数据库管理系统的基本功能

数据库管理系统(DBMS)主要是实现对共享数据有效的组织、存储、管理和存取。它是专门负责数据库管理和维护的计算机软件系统,是数据库系统的核心,不仅负责数据库的维护工作,还负责数据库的安全性和完整性。DBMS 是与文件系统类似的软件系统,通过 DBMS,应用程序和用户可以取得所需的数据。与文件系统不同的是,DBMS 除了定义了所管理的数据之间的结构和约束关系外,还提供了一些基本的数据管理和安全功能。

DBMS 应具有的基本功能如下。

(1)数据库定义和创建

创建数据库主要是数据定义语言 DDL 定义和创建数据库外模式、模式、内模式等数据库对象;还有创建用户、数据库完整性定义、安全保密定义以及存取路径等。

（2）数据存取

提供用户对数据的操作功能，以便实现数据库对数据进行的增删改查等动作。

（3）数据库事务管理与运行管理

数据库事务管理与运行管理就是 DBMS 运行控制和管理功能。其包括多用户环境下的事务管理功能和安全性完整性控制功能。主要内容包括事务管理、自动恢复、并发控制、死锁检测或防止、安全性检查、存取控制、完整性检查、日志记录等。这些功能保证了数据库系统的正常运行，保证了事务的 ACID 特性。

（4）数据组织、存储和管理

DBMS 要分类组织、存储和管理各种数据，主要包括数据字典、用户数据、存取路径的组织存储和管理等，以便提高存储空间利用率、方便存取。数据组织和存储的基本目标是提高存储空间利用率和方便存取，提供多种存取方法提高存储效率。

（5）数据库的建立和维护

数据库的建立和维护主要包括数据转换、数据库新建、转储、恢复、重组、重构以及性能检测等功能。

（6）其他功能

网络通信、数据转换、异构数据库互访等。

3. 数据库管理系统的特性

（1）数据的安全性

数据的安全性主要是指保护数据库以防止不合法的使用所造成的数据泄露、更改和破坏。保证数据存储处的安全和数据在访问或传输过程中不被窃取或恶意破坏，因此需要对数据进行一些安全控制，如将数据加密，以密码的形式存于数据库内，并将数据库中需要保护的部分与其他部分隔离；使用授权规则鉴别用户身份，阻止非法主体的访问等。

（2）数据的结构化

与在文件系统相比，对于数据的整体来说是没有结构的，但是，数据库系统常常分成许多单独的文件，并且文件内部也具有完整的数据结构，不同于文件系统的是，它更注重同一数据库中各文件之间的相互联系，故特别能适应大量数据管理的客观需要。

（3）数据共享

数据共享是数据库系统的目的，也是其重要特点。一个数据库中的数据，不仅可以为同一企业或组织内部的各部门共享，还可以为不同组织、地区甚至不同国家的用户所共享。

（4）数据独立性

在文件系统中，数据结构和应用程序是相互依赖的，任何一方的改变总是要影响另一方的改变。在数据库系统中，这种相互依赖性是很小的，数据和程序具有相对的独立性。

（5）可控冗余度

数据库系统是面对整个系统的数据共享而建立的，各个应用的数据集中存储、共同使用，因而尽可能地避免了数据的重复存储，减少了数据的冗余。

12.1.2 数据库安全的含义

数据库安全是指数据库的任何部分都没受到侵害，或未经授权的存取和修改。数据库安全主要包括两方面的内容：①数据库系统的安全性；②数据库数据的安全性。也可以认为是系统运行安全和系统信息安全两个方面的安全问题，系统运行安全包括法律、政策保护，物理控制安全，操作系统安全等。而系统信息安全则可包括用户口令鉴别，存取权限控制，存取方式控制，审计及跟踪以及数据加密。

1. 系统运行安全

系统运行安全是指对系统通常在运行时会受到一些网络不法分子通过利用网络、局域网等途径通过入侵电脑使系统无法正常启动，或超负荷让机子运行大量算法，并关闭 CPU 风扇，使 CPU 过热烧坏等一系列的破坏性活动的保护措施。系统运行安全的内容包括法律、政策的保护，如用户是否有合法权限、政策是否允许等；物理控制安全，如机房是否加锁等；硬件运行安全；操作系统安全，如数据文件是否受保护等；灾害、故障恢复；死锁的避免和解除；防止电磁信息泄漏等。

2. 系统信息安全

系统信息安全是指对系统安全通常受到黑客对数据库入侵，并盗取想要的资料等威胁的保护措施。系统信息安全的内容包括用户口令鉴别；用户存取权限控制；数据存取方式控制；审计跟踪；数据加密等。

12.1.3　数据库面临的安全问题

1. 数据库配置复杂，且安全维护很难

由于数据库是个极为复杂的系统，因此很难进行正确的配置和安全维护。数据库服务器的应用一般都非常复杂。例如，Oracle、Sybase、Microsoft SQL Server 等服务器都具有以下特征：用户账号及密码、校验系统、优先级模型和控制数据库目标的特别许可、内置式命令、唯一的脚本和编程语言、Middle Ware、网络协议、补丁和服务包、强有力的数据库管理实用程序和开发工具。许多数据库管理员都忙于管理复杂的系统，所以很可能未及时检查出严重的安全隐患和不当的配置，甚至根本没有进行检测。正是由于传统的安全体系在很大程度上忽略了数据库安全这一问题，而导致数据库专业人员未对安全问题加以足够的重视。

2. 系统敏感信息和数字资产的非法访问

在信息化高度发达的现代社会，很多公司的主要电子数字资产都存储在现代的关系型数据系统中。商业机构和政府组织等不同机构团体都是利用这些数据库服务器了解到相关人事信息，如员工的信息资料、工资表、医疗记录等。这些隐私信息都需要进行保护。此外，数据库服务器还存有敏感的金融数据，在这种情况下更是要加以保护，防止非法访问的信息。

3. 对数据库服务器防护不够

人们总是只注重网络和服务器的防护，认为一旦保护和修补了关键的网络服务器和操作系统的漏洞，服务器上的所有应用程序就能得到了安全保障。

但现代数据库系统具有多种特征和性能配置方式，在使用时有可能会被误用，危及数据的保

密性、有效性和完整性。如,所有现代关系型数据库系统都是"可从端口寻址的",这就是说,只要有合适的查询工具任何人都可能与数据库进行连接,并且避开操作系统的安全机制。并且大多数数据库还使用默认账号和空密码。常见的如利用 TCP/IP 协议从 1521 端口和 1526 端口访问 Oracle 8.0 数据库。

4. 较低的数据库安全级别导致整个网络受到攻击

若数据库的安全优先级别较低,则即使运行在安全状况良好的操作系统中,攻击者也可能通过"扩展入驻程序"等强有力的内置数据库特征,利用对数据库的访问,获取对本地操作系统的访问权限。这些程序可以发出管理员级的命令,访问操作系统及其全部的资源。如果这个特定的数据库系统与其他服务器有信用关系,则将会导致整个网络域的安全受威胁。入侵者也可以通过合谋、拼凑等方式,从合法获得的低安全等级信息及数据中推导出受高安全等级保护的内容,并进一步估计数据推理的准确度。

通常人们都只是较为侧重于用户账户和对特定数据库目标的操作许可,而容易忽略掉很多其他数据库安全问题,因而必须对数据库系统做范围更广的安全分析,找出所有可能的潜在漏洞问题。常见的有以下几个方面:

1)软件风险:软件的 Bug、缺少操作系统补丁、脆弱的服务和选择不安全的默认配置。

2)用户活动风险:密码长度不够、对重要数据的非法访问,以及窃取数据库内容等恶意行动。

3)管理风险:可用的但并未正确使用的安全选项、危险的默认设置、给用户更多的不适当的权限,对系统配置的未经授权的改动。

有时人们会把实现数据库安全各个功能的技术划分为三大主要类型:存取管理技术、安全管理技术和数据库加密技术,事实上这些技术都是对各种安全机制、安全功能的泛指。

12.1.4　数据库管理系统的缺陷和威胁

随着计算机技术的快速发展,计算机的安全问题也层出不穷,各种应用系统的数据库中大量数据的安全问题、敏感数据的防窃取和防篡改问题,越来越引起人们的高度重视。

1. 数据库管理系统的缺陷

目前市场上流行的关系型数据库管理系统的安全性较差,从而导致数据库系统的安全性存在一定的威胁。常见数据库的安全漏洞和缺陷有:

1)人们对数据库安全的忽视。

2)安全特性缺陷。

3)操作系统后门及木马威胁。

4)部分数据库机制威胁网络低层安全。

5)数据库账号、密码容易泄漏。

6)数据库应用程序通常都同操作系统的最高管理员密切相关。

2. 数据库管理系统受到的威胁

发现威胁数据库安全的因素和采取相应的措施是解决数据库安全问题的两个方面,二者缺一不可。安全本身是从不断采取管理措施过程中得到的。但是,"安全",甚至用繁琐的措施加以保证的"安全"也很有可能由于小小的疏忽而失去，这是经常会发生的事情。在关注安全问题的同时，首先要认识到威胁安全因素的客观存在，但遗憾的是大多数的威胁源是看不到的。为了防患于未然，必须在威胁成为现实之前，对造成数据库安全威胁要有一个清晰的认识。数据库管理系统的威胁主要有篡改、损坏和窃取等。

（1）篡改

篡改是指对数据库中的数据未经授权地进行修改，使其失去原来的真实性。虽然篡改的形式是多样的，但是，它的共同点是在造成影响之前很难发现的。

篡改是一种人为的主动攻击，进行这种人为攻击的原因可能是个人利益驱动、隐藏证据、恶作剧或无知。

（2）损坏

损坏往往都带有明显的作案动机，解决起来相对比较困难。损坏表现为数据库中的数据表和整个数据库部分或全部被删除、移走或破坏。产生损坏的原因主要有人为破坏、恶作剧和病毒。

最简单、有效的防范措施是限制来自外部的数据源、磁盘或在线服务的访问，并采用性能好的病毒检查程序对所有引入的数据进行强制性的检查。

（3）窃取

窃取一般只针对敏感数据，被窃取的数据可能具有很高的价值，窃取的手法可能是将数据复制到可移动的介质上带走或把数据打印后取走，窃取数据的对象一般是内部员工和军事及工商业间谍等。

数据库安全的威胁主要来自以下几个方面：

1）物理和环境的因素。

2）事务内部故障。

3）人为破坏。

4）系统故障。

5）介质故障。

6）并发事件。

7）病毒与黑客。

12.2 数据库的安全特性分析

数据库保护主要包括数据独立性、数据安全性、数据的完整性、并发控制和故障恢复四大方面。

12.2.1 数据库的安全性与安全机制

1. 数据库安全性

由于数据库的一大重要特点是数据可共享，而数据共享又必然带来数据库的安全性问题，因此，数据库系统中的数据共享不能是无条件的共享。数据库中数据的共享是在 DBMS 统一严格的控制之下的共享，只允许拥有合法使用权限的用户访问允许他存取的数据。数据库系统的安全保护措施是否有效是数据库系统主要的性能指标之一。

广义上来说，数据库的安全性包括很多方面，如防火、防盗、防震、防掉电等，这些都是保证数据库安全的措施，但此处着重讲在数据库管理系统的控制之下，保护数据库，防止因非法使用数据库造成数据泄露、更改或破坏。

通常，引发数据库安全性问题的因素主要有以下几种：

1）数据库系统本身的安全性问题。

2）硬件安全控制问题。如 CPU 是否具备安全性方面的特性。

3）物理安全控制问题。如计算机服务器或终端所在房间是否上锁或受到保护。

4）操作系统支持问题。如底层操作系统在退出后是否会清除主存储器和磁盘上文件的内容。

5）可操作性问题。若某个密码方案被采用，则密码自身的安全性如何保证。

6）法律、社会和伦理问题。如请求者是否拥有对所请求信息的合法权限。

7）政策问题。如拥有系统的企业内部确定数据存取原则，只允许指定用户存取指定数据。

数据库的安全机制是用于实现数据库的各种安全策略的功能集合，是执行安全策略的方法、工具和过程。正是由这些安全机制来实现安全模型，进而实现保护数据库系统安全的目标。

2. 数据库安全机制

（1）用户标识和鉴别

通常数据库系统不允许一个未经授权的用户对数据库进行操作。用户标识和鉴别是系统提供的最外层的安全保护措施。在数据库管理系统中注册时，每个用户都有一个用户标识符。通常这种用户标识符仅是用户公开的标识，不足以成为鉴别用户身份的凭证。为了鉴别用户身份，一般采用以下几种方法：

1）利用只有用户知道的专门知识、信息。使用用户的专门知识来识别用户是最常用的一种方法，使用这类方法需要注意以下几点：

• 内容的简易性。口令或密码要长短合适，问答过程不要太繁琐。

• 标识的有效性。口令、密码或问题答案要尽可能准确地标识每一个用户。

• 本身的安全性。为了防止口令、密码或问题答案的泄露或失窃，需经常更改。

通常这种方法需要专门的软件来进行用户 ID 及其口令的登记、维护与检验等方式来实现，但不需要额外专门的硬件设备，其主要的缺点是口令、密码或问题答案被泄密（无意或故意），没有任何痕迹，不易被发觉，所以存在安全性隐患。

2）利用只有用户具有的特有东西。利用这种方法识别时，是将特有的徽章、磁卡等插入一个"阅读器"，它读取其面上的磁条中的信息。该方法是目前一些安全系统中较常用的一种方法，但用在数据库系统中要考虑以下几个问题：

• 需要专门的阅读装置。

• 要求自阅读器抽取信息及与 DBMS 接口的软件。

相较于个人特征识别这种方法更简单、有效，且代价/性能比更好，当然同时也存在易忘记带徽章、磁卡或钥匙等，或可能丢失甚至被人窃取。有时在无这种特有的物件情况下，用户为了及时完成他的任务，就临时采用替代的方法，而这本身又危及系统安全。

3）利用只有用户具备的个人特征。这种方法是当前最有效的方法。但是有以下几个问题需要解决：

- 专门设备：用来准确地记录、存储和存取这些个人特征。
- 识别算法：能够较准确地识别出每个人的声音、指纹或签名。

而关键是"有效性测度"，要让"合法者被拒绝"和"非法者被接受"的误判率达到实用的程度，或者达到应用环境可接受的程度。误判率为零几乎是不可能实现的。此外，还要考虑其实现代价，除了经济上的代价，还包括识别算法执行的时空代价。它影响整个安全子系统的代价/性能比。

（2）存取控制

存取控制是对用户的身份进行识别和鉴别，对用户利用资源的权限和范围进行核查，是数据保护的前沿屏障。它可以分为身份认证、存取权限控制、数据库存取控制等几个层次。

1）身份认证。身份认证的目的是确定系统和网络的访问者是否是合法用户。主要采用密码、代表用户身份的物品如磁卡、IC 卡等或反映用户生理特征的标识，如指纹、手掌纹理、语音、视网膜扫描等鉴别访问者的身份。

2）存取权限控制。存取权限控制主要是防止合法用户越权访问系统和网络资源，系统将会根据具体情况赋予用户不同的权限，如普通用户或有特殊授权的计算机终端或工作站用户、超级用户、系统管理员等。

3）数据库存取控制。对数据库信息按存取属性划分的授权有：允许或禁止运行，允许或禁止阅读、检索，允许或禁止写入，允许或禁止修改，允许或禁止清除等。

一般可将存取控制分为三个层次：内存层、过程层和逻辑层。

1）内存层。这一层的存取控制不一定是具体控制用户关于数据对象的存取权限，而是控制对象的存储容器，即控制内存单元不被未授权的用户存取。在容器中的对象受到与容器同一级别的控制保护，使在被保护的容器中的内容都是安全的。具体可以通过物理的方法采用地址界限寄存器、存储钥匙等；或通过逻辑的方法，即虚拟空间来实现。其中，物理方法借助于操作系统的功能即可实现；逻辑的方法则依其存取控制方案不同而异，仅靠操作系统的"保护圈"已不能满足要求，如要建立"存取控制矩阵"，则必须要 DBMS 提供支持。

2）过程层。过程存取控制就是程序存取控制。程序被授权的用户执行，并依其创建者的存取权来操作数据。过程存取控制就是按照程序的调用、返回和参数传递来监控其执行。在过程存取控制中，还有过程之间相互调用问题，通常都以同心圆机制来控制，凡处于更外层的过程就会比更内层的过程具有更少的特权。而外层的过程要与内层的过程通信，必须通过一个或多个"安全门"（Security Gate），但内层对外层通信则不需要。所谓安全门就是权限检查。

3）逻辑层。逻辑存取控制就是控制存取对象的逻辑结构，如文件、记录、字段等，不管对象在何处、是实际存在的还是虚拟存储的结构。它将用户的存取权限和保护措施与逻辑结构相联。DBMS 主要是支持逻辑层的存取控制，一个逻辑存取控制主要有三个基本部件：

- 数据库。对其存取必须进行权限检验的数据对象集。
- 用户集。其对数据库的存取必须控制的各用户或用户类。
- 机构。用来执行/实现用户对数据库的存取权限的控制与管理。

一般来说要实现逻辑存取控制模型具体会涉及以下几个方面：

- 有效实现存取控制方案的方法学。
- 能确定谁对哪个对象能进行什么类型存取的数据，如存取控制矩阵。

- 用户对相关数据库逻辑元素所具有的存取类型的表示技术。
- 一种理念，用户可以根据它来指派或改变别的用户对相关数据对象的存取类型。
- 一种标识数据库各种逻辑元素的技术。逻辑元素可以是文件/关系、记录/元组、字段/属性等级别的数据对象，也可以是数据库模式、索引乃至应用程序等。

对于上述的各个方面，任何一个 DBMS 都提供了 DDL 和 DML 语言，既是数据库建立和处理的工具，也同时为存取控制目的给予了强有力的支持。

（3）授权机制

DBMS 提供了功能强大的授权机制，可以给用户授予各种不同对象的不同使用权限。

用户权限是由两个要素组成的，即数据库对象和操作类型。定义一个用户的存取权限就是要定义这个用户可以在哪些数据库对象上进行哪些类型的操作。在数据库系统中，定义存取权限称为授权。

用户级别可以授予的数据库模式和数据操作方面的权限有创建和删除索引、创建新关系、添加或删除关系中的属性、删除关系、查询数据、插入新数据、修改数据、删除数据等。

在数据库对象级别上，可将上述访问权限应用于数据库、基本表、视图和列等。

（4）数据库角色

如果要给成千上万个雇员分配许可，将面临很大的管理难题，如每次有雇员到来或者离开时，就得有人分配或去除可能与数百张表或视图有关的权限，费时费力不说，还容易出错。数据库角色是被命名的一组与数据库操作相关的权限，角色是权限的集合。一个相对简单有效的解决方法就是定义数据库角色。数据库角色是被命名的一组与数据库操作相关的权限，即一组相关权限的集合。可以为一组具有相同权限的用户创建一个角色。使用角色来管理数据库权限，可以简化授权的过程。

（5）视图机制

几乎所有的 DBMS 都提供视图机制。视图不同于基本表，它不存储实际数据。当用户通过视图访问数据时，是从基本表中获得数据。视图提供了一种灵活而简单的方法，以个人化方式授予访问权限，能够起到很好的安全保护作用。在授予用户对特定视图的访问权限时，该权限只用于在该视图中定义的数据项，而不是用于视图对应的完整基本表。

视图机制间接地实现支持存取谓词的用户权限定义。例如，在某大学中假定小王老师只能检索计算机系学生的信息，系主任张老师具有检索和增删改计算机系学生信息的所有权限。这就要求系统能支持"存取谓词"的用户权限定义。在不直接支持存取谓词的系统中，可以先建立计算机系学生的视图 CS_Student，然后在视图上进一步定义存取权限。

（6）审计

对数据库管理员（DBA）来说，审计就是记录数据库中正在做什么的过程。审计记录可以告诉 DBA 某个用户正在使用哪些系统权限，使用频率是多少，多少用户正在登录，会话平均持续多长时间，正在特殊表上使用哪些命令，以及其他有关事实。

由于任何系统的安全保护措施都不是完美的，蓄意盗窃、破坏数据的人总是想方设法打破控制。审计功能把用户对数据库的所有操作自动记录下来放入审计日志中。DBA 可以利用审计跟踪的信息，重现导致数据库现有状况的一系列事件，找出非法存取数据的人、时间和内容等。

审计通常是非常浪费时间和空间的，所以 DBMS 往往都将其作为可选特征，允许 DBA 根据应用对安全性的要求，灵活地打开或关闭审计功能。审计功能一般主要用于安全性要求较高的部门。

审计一般可以分为用户级审计和系统级审计两级。任何用户均可设置用户级审计，主要是针对自己创建的数据库或视图进行审计，记录所有用户对这些表或视图的一切成功和不成功的访问要求，以及各种类型的 SQL 操作；系统级审计只能由 DBA 设置，用来监测成功或失败的登录请求、监测 Grant 和 Revoke 操作以及其他数据库级权限下的操作。

通过审计功能可将用户对数据库的所有操作自动记录下来，放入审计日志中。通常，审计设置以及审计内容一般都存放在数据字典中。必须把审计开关打开，才可以在系统表 SYS_AU-DITTRAIL 中查看审计信息。

12.2.2　数据库的完整性

数据库的完整性是指数据的正确性和相容性，防止不合语义的数据进入数据库最终造成无效操作和错误结果。可以从预防和恢复两个方面入手，来保证数据完整性，预防主要是指防范影响数据完整性的事件发生，恢复则指恢复数据的完整性及预防数据丢失。数据库完整性由各种各样的完整性约束来保证，因此可以说数据库的完整性设计就是数据库完整性约束的设计。

数据库的完整性包括：

1)实体完整性：指数据库中的表和其对应的实体是一致的。

2)域完整性：指某一数据项的值是合理的。

3)参照(引用)完整性：在一个数据库的多个表中保持一致性。

4)用户定义完整性，由用户自定义。

5)分布式数据完整性。

通常可将数据库的完整性主要包括物理完整性和逻辑完整性。物理完整性是指保证数据库中的数据不受物理故障的影响，并有可能在灾难性毁坏时重建和恢复数据库；逻辑完整性是指对数据库逻辑结构的保护，包括数据语义与操作完整性。前者主要指数据存取在逻辑上满足完整性约束；后者主要指在并发事务中保证数据的逻辑一致性。影响数据完整性的因素有：硬件故障、软件故障、网络故障、人为因素和意外灾难事件等。而保证数据完整性的措施有：镜像、负载平衡、容错技术、空闲备件、冗余存储系统和冗余系统配件等。

数据库的完整性可通过数据库完整性约束机制来实现。这种约束是一系列预先定义好的数据完整性规划和业务规则，这些数据规则存放于数据库中，防止用户输入错误的数据，以保证所有数据库中的数据是合法的、完整的。完整性约束包括实体完整性、参照完整性、静态约束和动态约束等，静态约束是指对静态对象的约束主要反映数据库状态合理性；动态约束是反映数据库状态变迁，新值与旧值之间的约束条件。完整性约束条件作用的对象为：

1)列，对属性的取值类型、范围、精度等的约束条件。

2)元组，对元组中各个属性列间的联系的约束。

3)关系，对若干元组间、关系集合上以及关系之间的联系的约束。

数据库完整性约束可分为 6 类：列级静态约束、元组级静态约束、关系级静态约束、列级动态约束、元组级动态约束、关系级动态约束。动态约束通常由应用软件来实现。不同 DBMS 支持的数据库完整性基本相同。

通常，数据库完整性约束可以通过 DBMS 或应用程序来实现，基于 DBMS 的完整性约束作为模式的一部分存入数据库中。为了维护数据库的完整性，DBMS 必须能够做到以下几点：

1）提供定义完整性约束条件的机制。完整性约束条件即完整性规则，是数据库中的数据必须满足的语义约束条件。包括关系模型的实体完整性、参照完整性和用户定义完整性。在 SQL 中，这些完整性一般由 DDL 语句来实现。它们作为数据库模式的一部分存入数据字典中。

2）提供完整性检查的方法。DBMS 中检查数据是否满足完整性约束条件的机制称为完整性检查。一般在 INSERT、UPDATE、DELETE 语句执行后开始检查，也可以在事务提交时检查。检查这些操作执行后数据库中的数据是否违背了完整性约束条件。

3）违约处理。DBMS 若发现用户的操作违背了完整性约束条件，就采取一定的动作，如拒绝（NO ACTION）执行该操作，或级联（CASCADE）执行其他操作，进行违约处理以保证数据的完整性。

数据库完整性对于数据库应用系统非常关键，其作用主要体现在以下几个方面。

1）数据库完整性约束能够防止合法用户使用数据库时向数据库中添加不合语义的数据。

2）利用基于 DBMS 的完整性控制机制来实现业务规则，易于定义，容易理解，而且可以降低应用程序的复杂性，提高应用程序的运行效率。同时，基于 DBMS 的完整性控制机制是集中管理的，因此，比应用程序更容易实现数据库的完整性。

3）合理的数据库完整性设计，能够同时兼顾数据库的完整性和系统的效能。例如在装载大量数据时，只要在装载之前临时使基于 DBMS 的数据库完整性约束失效，此后再使其生效，就既能保证不影响数据装载的效率又能保证数据库的完整性。

4）在应用软件的功能测试中，完善的数据库完整性有助于尽早发现应用软件的错误。

通常，实现数据库完整性的一个重要方法是触发器。触发器是定义在关系表上的由事件驱动的特殊过程。它的功能非常强，不仅可以用于数据库完整性的检查，也可以用来实现数据库系统的其他功能，包括数据库安全性，以及更加广泛的应用系统的一些业务流程和控制流程，基于规则的数据和业务控制功能。

12.2.3　数据库的并发控制

在任一时刻只允许一个用户使用的数据库系统称为单用户数据库系统，允许多个用户同时使用的数据库系统称为多用户数据库系统。而数据库的主要特点就是数据资源共享，可见多数数据库系统都是多用户系统，这样就可能会发生多个用户并发存取同一数据块的情况，如果不对并发操作加以控制就可能会产生不正确的数据，破坏数据库的完整性。而并发控制就是要解决这类问题，保持数据库中数据的一致性的。

通常情况下，同一数据库系统中往往有多个事务并发执行，如果不进行控制，就会产生数据的不一致性，出现 3 类常见的问题：

1）丢失修改（lost update），即两个事务 T1 和 T2 读入同一数据并修改，T2 提交的结果破坏了 T1 提交的结果，导致 T1 的修改被丢失。

2）不可重复读（non-repeatable read），即事务 T1 读取数据后，事务 T2 执行更新操作，使 T1 无法再现前一次读取的结果。

3）读"脏"数据（dirty read），事务 T1 修改某一数据，并将其写回磁盘，事务 T2 读取同一数据后，T1 由于某种原因被撤销，这时 T1 已修改过的数据恢复为原值，T2 读到的数据就与数据库中的不一致，则 T2 读到的数据就为"脏"数据。

1. 基于封锁的并发控制技术

基于封锁的并发控制思想是：事务对数据进行操作前必须先向系统发出请求，对该数据加锁，完成操作后在适当时候释放锁；在事务释放它的锁之前，其他事务不能更新此数据对象；当得不到锁时，事务将处于等待状态。封锁是实现并发控制的一个非常重要的技术。

（1）封锁的类型

DBMS 通常提供了多种类型的封锁。一个事务对某个数据对象加锁后拥有什么样的控制都是由封锁的类型决定的。基本封锁类型有：排他锁（Exclusive Locks，简称 X 锁）和共享锁（Share Locks，简称 S 锁）两种。

1）排他锁：又可称为写锁。如果事务 T 对数据对象 A 加上 X 锁，则只允许 T 读取和修改 A，其他任何事务都不能再对 A 加任何类型的锁，直到 T 释放 A 上的锁。这就保证了其他事务在 T 释放 A 上的锁之前不能再读取和修改 A。

2）共享锁：又可称为读锁。如果事务 T 对数据对象 A 加上 S 锁，则事务 T 可以读 A 但不能修改 A，其他事务只能再对 A 加 S 锁，而不能加 X 锁，直到 T 释放 A 上的 S 锁。这就保证了其他事务可以读 A，但在 T 释放 A 上的 S 锁之前不能对 A 做任何修改。

在运用 X 锁和 S 锁这两种基本封锁对数据对象加锁时，还需要约定一些规则，例如何时申请 X 锁或 S 锁、持锁时间、何时释放等。称这些规则为封锁协议。对封锁方式规定不同的规则，就形成了各种不同的封锁协议。数据的丢失更新和不可重读等数据不一致问题等，都可以通过三级封锁协议在不同程度上得到解决。

（2）活锁和死锁

与操作系统一样，封锁的方法可能引起活锁和死锁。

1）活锁：如果事务 T1 封锁了数据 R，事务 T2 又请求封锁 R，于是 T2 等待。T3 也请求封锁 R，当 T1 释放了 R 上的封锁之后系统首先批准了 T3 的请求，T2 仍然等待。然后 T4 又请求封锁 R，当 T3 释放了 R 上的封锁之后系统又批准了 T4 的请求……T2 有可能永远等待，这就是活锁。

2）死锁：如果一个事务如果申请锁未获准，则须等待其他事务释放锁，这就形成了事务之间的等待关系。当事务中出现循环等待时，如果不加以干预，就会一直等待下去，这种状态称为死锁。

（3）死锁的检测、处理和预防

基于封锁的并发控制技术需要解决死锁问题，即如何检测、处理和预防死锁。

死锁的检测和处理方法，一般有以下两种。

1）超时法：如果一个事务的等待时间超过了规定的时限，就认为发生了死锁。超时法实现简单，但其不足也很明显。一是有可能误判死锁，事务因为其他原因使等待时间超过时限，系统会误认为发生了死锁。二是时限若设置得太长，死锁发生后不能及时发现。

2）等待图法：等待图是一个有向图，其成图规则是：如果事务 T1 需要的数据已经被事务 T2 封锁，就从 T1 到 T2 画一条有向线段。有向图中出现回路，即表明出现了死锁。发现死锁后，靠事务本身无法打破死锁，必须由数据库管理系统进行干预。

通常情况下，死锁的预防和检测都需要一定的开销，因此，要尽量避免死锁的发生。而在数据库系统中预防死锁常用的方法有以下两种：

1)一次封锁法:它要求每个事务必须一次将所有要使用的数据全部加锁,否则就不能继续执行。一次封锁法虽然可以有效地防止死锁的发生,但也存在着一定的问题。首先,一次就将以后要用到的全部数据加锁,势必扩大了封锁的范围,从而降低了系统的并发度。其次,数据库中数据是不断变化的,原来不要求封锁的数据,在执行过程中可能会变成封锁对象,所以很难事先精确地确定每个事务所要封锁的数据对象,为此只能扩大封锁范围,将事务在执行过程中可能要封锁的数据对象全部加锁,这就进一步降低了并发度。

2)顺序封锁法:它是对所有可能封锁的数据对象按序编号,规定一个加锁顺序,每个事务都按此顺序加锁,释放时则按逆序进行。

虽然,顺序封锁法可以有效地防止死锁,但也同样存在问题。首先,数据库系统中封锁的数据对象极多,并且随数据的插入、删除等操作而不断地变化,要维护这样的资源的封锁顺序非常困难,成本很高。其次,事务的封锁请求可以随着事务的执行而动态地决定,很难事先确定每一个事务要封锁哪些对象,因此也就很难按规定的顺序去施加封锁。

由上述分析可知,在操作系统中广为采用的预防死锁的策略并不适合数据库的特点,因此DBMS 在解决死锁的问题上普遍采用的是诊断并解除死锁的方法。

2. 基于时间戳的并发控制技术

为区别事务执行的先后,每个事务在开始执行时,都由系统赋予一个唯一的、随时间增长的整数,称为时间戳 TS(Time Stamp)。其控制思想是:以时间戳的顺序处理冲突,使一组事务的交叉执行等价于一个由时间戳确定的串行序列,其目的是保证冲突的读操作和写操作按照时间戳的顺序执行。若两个事务 T1 和 T2,如果 TS(T1)<TS(T2),则称 T1 比 T2"年老"或 T2 比T1"年轻"。

该方法遵循以下准则:

1)事务开始时,赋予事务一个时间戳。

2)事务的每个读操作或写操作都带有该事务的时间戳。

3)对每个数据项 R,记录读过和写过 R 的所有事务的最大时间戳值分别为 RTM(R)和WTM(R)。

4)当事务对数据项 R 请求读操作时,若对 R 进行读操作的时间戳为 TS,且 S<WTM(R),则拒绝该读操作,并用新的时间戳重新启动该事务;否则,执行读操作,并把 RTM(R)设置成RTM(R)的最大值。

5)当事务对数据项 R 请求写操作时,若 TS<RTM(R)或 TS<WTM(R),则拒绝该写操作,并用新的时间戳重新启动该事务;否则,执行写操作,并把 WTM(R)设置为 TS。

通过这种方法,若一旦发现冲突,则便会重启事务,因而不会发生死锁,但是以重启事务为代价的,为避免事务重启出现了保守时间戳法和乐观的并发控制法等改进方法。

保守时间戳法的基本思想是不拒绝任何操作,故可以不重启事务。当操作不能执行,则缓冲较年轻事务的操作,直到所有较老的操作执行完为止。此时,系统需要知道何时不会再有较老的操作存在,并且缓冲事务的操作可能会造成较老事务等待较年轻事务的情况而造成死锁,实施较为困难。

乐观的并发控制法是基于事务间的冲突操作很少,因此事务的执行可以不考虑冲突。

但为解决冲突写操作,需将其暂时保存,待事务结束后由专门的机构检测是否可以将数据写到数据库中。若不能则重启该事务。

12.2.4 数据库的备份、恢复与容灾

数据库故障是不可避免的，而减少损失的唯一方法是对数据库和数据库运行日志进行备份。在发生意外的系统故障时，可以使用事务日志和备份数据库共同恢复数据库。事务日志反映的是自上次对数据库进行备份以来数据库所发生的变化。备份是恢复数据最为简单和有效的方法，通常应该定期备份并对有效数据进行管理。恢复数据库时，首先装入备份数据库，然后再把事务日志中记载的增量装入，从而实现数据库的恢复。

1. 数据库的备份

防止数据失效发生，有多种途径，但最根本的方法还是建立完善的备份制度。数据备份是指将计算机磁盘上的原始数据复制到可移动媒体上，如磁带、光盘等。在出现数据丢失或系统灾难时将复制在可移动媒体上的数据恢复到磁盘上，从而保护计算机的系统数据和应用数据。

在日常生活中，人们都在不自觉地使用备份。其实备份就是保留一套后备系统。这套后备系统或者是与现有系统一模一样，或是能够替代现有系统的功能。

备份工具是为操作系统或数据库提供的简单备份软件模块，如 Oracle 的 Export/Import。在传统的备份方式下配合单个磁带机能够完成基本的备份工作，但对于企业级分布式网络的数据存储管理来讲，备份工具不能实现网络的、跨平台的、高效率的和可靠的存储管理，这部分工作最好是交给专门的数据存储管理软件来完成。

在对数据库进行备份之前，制定相应的备份策略也是很有必要的。如下所列是在进行备份时需要考虑的几方面因素，同时，也是制定备份的策略。

1）备份周期是按月、周、天还是小时。

2）使用冷备份的类型还是热备份。

3）使用增量备份还是全部备份，或者两者同时使用。

4）使用什么介质进行备份，备份到磁盘、磁带，还是移动存储介质等。

5）是人工备份还是设计一个程序定期自动备份。

6）备份介质的存放是否防窃、防磁、防火。

常用的数据库备份的类型有冷备份、热备份和逻辑备份三种。

（1）冷备份

冷备份是指在没有终端用户访问数据库的情况下，关闭数据库对其进行的备份方式，也称脱机备份。这种方法在保持数据完整性方面很有保障，但对于那些必须保持每天 24 小时、每周 7 天全天候运行的数据库服务器来说，较长时间地关闭数据库进行备份是不现实的。

（2）热备份

热备份是指当数据库正在运行时进行的备份，又称为联机备份。因为数据备份需要一段时间，而且备份大容量的数据库也需要较长的时间，那么在此期间发生的数据更新就有可能使备份的数据不能保持完整性。这个问题的解决依赖于数据库日志文件。在备份时，日志文件将需要进行数据更新的指令"堆起来"，并不进行真正的物理更新，因此数据库能被完整地备份。备份结束后，系统再按照被日志文件"堆起来"的指令对数据库进行真正的物理更新。可见，被备份的数据保持了备份开始时刻前的数据一致性状态。

热备份的优点在于：

1）可在表空间或数据库文件级备份，备份的时间短。

2）备份时数据库仍可使用。

3）可达到秒级恢复（恢复到某一时间点上）。

4）可对几乎所有数据库实体做恢复。

5）恢复是快速的，大多数情况下在数据库仍工作时恢复。

但是，热备份也存在着以下一些缺点：

1）不能出错，否则后果严重。如果系统在进行备份时崩溃，则堆在日志文件中的所有事务都会被丢失，即造成数据或更新的丢失。

2）如果热备份不成功，则所得结果不可用于时间点的恢复。在进行热备份的过程中，如果日志文件占用的系统资源过大，例如，将系统存储空间占用完，会造成系统不能接收业务请求的局面，对系统运行产生影响。

3）因难于维护，所以要特别仔细小心，不允许"以失败告终"。热备份本身要占用相当一部分系统资源，使系统的运行效率下降。

（3）逻辑备份

逻辑备份是指使用软件技术从数据库中导出数据并写入一个输出文件，该文件的格式一般与原数据库的文件格式不同，只是原数据库中数据内容的一个映像。因此，逻辑备份文件只能用来对数据库进行逻辑恢复，即数据导入，而不能按数据库原来的存储特征进行物理恢复。逻辑备份一般用于增量备份，即备份那些在上次备份以后改变的数据。

按照备份的数据量来说，可以分为完全备份、增量备份、差分备份和按需备份。

1）完全备份。完全备份是指备份系统中的所有数据，这种备份所需要的时间最长，但其恢复时间最短，效率最高，操作最方便，也是最可靠的一种方式。

2）增量备份。增量备份是指只备份上次全备份或增量备份后产生变化的数据，特点是没有重复备份数据，数据量不大，备份所需时间较短，占用的空间也比较少，但对应恢复所用的时间较长。

3）差分备份。差分备份是指只备份上次完全备份后发生变化的数据，特点是备份时间较长，所占用的空间较多，但恢复时间较快。

4）按需要备份。这种备份是指根据临时需要有选择地进行数据的备份。

此外，还可按备份的地点来划分，分为本地备份和异地备份；从数据备份的层次上可划分为硬件冗余和软件备份等。

2. 数据库的恢复

与备份对应的概念是恢复，恢复是备份的逆过程，就是利用保存的备份数据还原出原始数据的过程。在发生数据失效时，计算机系统无法使用，但由于保存了一套备份数据，利用恢复措施就能够很快将损坏的数据重新建立起来。

数据库备份后，一旦系统发生崩溃或者执行了错误的数据库操作，就可以从备份文件中恢复数据库。而数据库恢复是指将数据库备份加载到系统中的过程，数据库恢复又称重载或重入。系统在恢复数据库的过程中，会自动执行安全性检查、重建数据库结构以及完整数据库内容。

当数据库已被破坏。如磁盘损坏等，此时的数据库已经不能用了，则就要装入最近一次的数据库备份,然后利用"日志"库执行"重做"(redo)操作,将这两个数据库状态之间的所有修改重新做一遍,于是也就建立了新的数据库,同时也没丢失对数据库的更新操作。若"日志"库也被破坏了,则更新操作就会丢失。

当数据库未被破坏时,此时的某些数据就会不可靠。只要通过"日志"库执行"撤销"(undo)操作,即可撤销所有不可靠的修改,而把数据库恢复到正确的状态即可。

常见的数据库恢复技术有:基于备份的恢复、基于运行时日志的恢复和基于镜像数据库的恢复。

(1)基于备份的恢复

基于备份的恢复是指通过周期性地备份数据库,当数据库失效时,就将最近一次的数据库备份来恢复数据库,具体就是把备份的数据复制到原数据库所在的位置上。通过这种方法,数据库只能恢复到最近一次备份的状态,而从最近备份到故障发生期间的所有数据库更新都会丢失,也就是说备份的周期越长,丢失的更新数据越多。

(2)基于运行时日志的恢复

在数据库运行时,可通过日志文件来记录对数据库的每一次更新。且对日志的操作优于对数据库的操作,从而确保记录数据库的更改。当系统发生故障时,就可重新装入数据库的副本,把数据库恢复到上一次备份时的状态。然后系统自动正向扫描日志文件,将故障发生前所有提交的事务放到重做队列,将未提交的事务放到撤销队列中执行,通过这样的操作就可以把数据库恢复到故障前某一时刻的数据一致性状态。

(3)基于镜像数据库的恢复

数据库镜像就是在另一个磁盘上复制数据库作为实时副本。当主数据库发生更新时,DBMS就自动把更新后的数据复制到镜像数据库,使镜像数据和主数据库保持一致性。当主数据库发生故障时,可继续使用镜像磁盘上的数据,并且DBMS会自动利用镜像磁盘数据进行数据库恢复。这种镜像策略可使数据库的可靠性大为提高,但由于数据镜像通过复制数据实现,频繁的复制会降低系统的运行效率,因此为兼顾可靠性和可用性,一般需有选择性地镜像关键数据。通常对于时间要求很高,要求立即恢复数据库(如证券业、银行业和其他实时场合等,系统停止运行将造成巨大损失),应该选择磁盘镜像技术。磁盘镜像技术可以选择把数据库映射到多个磁盘驱动器上,这可以有效地把数据库应用与硬盘的介质故障隔离开来。如果发生了某个介质故障,另外介质上的镜像即刻去接替。

作为一个完善的数据库系统数据库的备份和恢复是其不可缺少的一部分,目前这种技术已经被广泛应用于数据库产品中。例如,Oracle数据库提供对联机备份、脱机备份、逻辑备份、完全数据恢复及不完全数据恢复的全面支持。在一些大型的分布式数据库应用中,多备份恢复和基于数据中心的异地容灾备份恢复等技术也越来越广泛地被应用于各种系统。

3. 数据库容灾

数据库的备份和恢复是一个完善的数据库系统必不可少的一部分,目前这种技术已经被广泛应用于数据库产品中。例如,Oracle数据库提供对联机备份、脱机备份、逻辑备份、完全数据恢复及不完全数据恢复的全面支持。据预测,以"数据"为核心的计算将逐渐取代以"应用"为核心的计算。在一些大型的分布式数据库应用中,多备份恢复和基于数据中心的异地容灾备份恢复等技术正在得到越来越多的应用。

容灾在广义上讲是一个系统工程,它包括支持用户业务的方方面面。而容灾对于 IT 而言,就是提供一个能防止用户业务系统遭受各种灾难影响破坏的计算机系统,容灾还表现为一种"未雨绸缪"的主动性,并非是在灾难发生后的一种"亡羊补牢"的被动性。

从狭义的角度看,容灾是指除了生产站地以外,用户另外建立的冗余站点,当灾难发生时,生产站点受到破坏时,冗余站点可以接管用户正常的业务,达到业务不间断的目的。为了达到更高的可用性,许多用户甚至建立多个冗余站点。

从容灾的范围讲,容灾可以分为本地容灾、近距离容灾和远距离容灾。

从容灾的层次讲,容灾可以分成数据容灾和应用容灾两大类。其中,数据容灾是指建立一个备用的数据系统,该备用系统对生产系统的关键数据进行备份;应用容灾是指在数据容灾之上,建立一套与生产系统相当的备份应用系统。在灾难发生后,将应用迅速切换到备用系统,备用系统承担生产系统的业务运行。

国际标准 SHARE 78 将容灾系统定义成 7 个层次,如表 12-1 所示。

表 12-1　容灾的 7 个级别

级别	名称	描述
等级 6	零数据丢失	零数据丢失,自动系统故障切换
等级 5	实时数据备份	两个活动的数据中心,确保数据一致性的两个阶段传输承诺
等级 4	定时数据备份	活动状态的备份中心
等级 3	在线数据恢复	电子链接
等级 2	热备份站点备份	PTAM 卡车运送访问方式,热备份中心
等级 1	实现异地备份	PTAM 卡车运送访问方式
等级 0	无异地备份	仅在本地进行备份,没有异地备份

容灾的主要技术指标如下:

1)RPO(Recovery Point Objective)恢复点目标,是以时间为单位。也就是说在灾难发生时,系统和数据必须恢复到时间点要求。RPO 标志系统能够容忍的最大数据丢失量。系统容忍丢失的数据量越小,RPO 的值越小。

2)RTO(Recovery Time Objective)恢复时间目标,同样是以时间为单位的。在灾难发生后,信息系统或业务功能从停止到必须恢复的时间要求。RTO 标志系统能够容忍的服务停止的最长时间。系统服务的紧迫性要求越高,RTO 的值越小。

从上述分析可知,RPO 针对的是数据丢失,RTO 针对的是服务丢失,两者没有必然的联系,并且两者的确定必须在进行风险分析和业务影响分析之后根据业务的需求来确定。

容灾技术的核心是数据复制,常见的几种技术有:

(1)SAN 技术

SAN(Storage Area Network)存储区域网,提供一个存储系统、备份设备和服务器相互连接的架构。各自之间的数据不再在以太网络上流通。

SAN 是一种采用光纤接口将磁盘阵列和前端服务器连接起来的高速专用子网。SAN 结构允许服务器连接任何存储设备,即 SAN 将多个存储设备通过光交换网络与服务器互联,使存储系统有更好的可靠性和扩展性。

SAN 结构以一种共享存储系统的方式支持异构服务器的集群,保证了系统的高可用性。且其支持所有服务器和存储设备的硬件互联,服务器增加存储容量变得非常简单。

(2)NAS 技术

NAS(Network Attached Storage)网络附加存储,使用了传统以太网和 IP 协议,进行小文件级的共享存取。

(3)远程镜像技术

远程镜像技术是在主数据中心和备援数据中心之间的数据备份,包括一个主镜像系统和一个从镜像系统。

(4)快照技术

快照是通过软件对要备份的磁盘子系统的数据快速扫描,建立一个要备份数据的快照逻辑单元号 LUN 和快照 cache。在正常业务进行的同时,利用快照实现对原数据的一个完全备份。可以通过镜像把数据备份到远程存储系统中,再用快照技术把远程存储系统中的信息备份到磁带库、光盘库中。

(5)互连技术

早期的主数据中心和备援数据中心之间的数据备份,主要是基于 SAN 的远程复制(镜像),即通过光纤通道,把两个 SAN 连接起来,进行远程镜像(复制)。目前,出现了基于 IP 的 SAN 的远程数据容灾备份技术。

(6)虚拟存储技术

虚拟存储是把多个存储介质模块通过一定的手段集中管理起来。这种技术允许异构系统和应用程序共享存储设备,无论其在哪。系统将不再需要在每个分部的服务器上都连接一台磁带设备。

12.3　数据库的安全保护策略

12.3.1　数据库的安全保护层次

通常,数据库安全作为信息系统安全的一个子集,必须在遵循信息安全总体目标(即保密性、完整性和可用性)的前提下,建立安全模型,构建体系结构,确定安全机制。

一般来说,数据库安全涉及以下五个层次。

1. 物理层

必须物理地保护计算机系统所处的所有节点,以防入侵者强行闯入或暗中潜入。

2. 人员层

要谨慎用户授权,以减少授权用户接受贿赂而给入侵者提供访问机会的可能。

3. 操作系统层

操作系统安全性方面的弱点总是可能成为对数据库进行未授权访问的手段。操作系统是大型数据库系统的运行平台,为数据库系统提供了一定程度的安全保护。目前操作系统平台大多数集中在 Windows NT 和 UNIX 上,安全级别通常为 C1、C2 级;主要安全技术包括操作系统安全策略、安全管理策略、数据安全等。

而操作系统安全策略则主要用于配置本地计算机的安全设置,包括密码策略、账户锁定策略、审核策略、IP 安全策略、用户权限指派、加密数据的恢复代理以及其他安全选项,具体可以体现在用户账户、口令、访问权限、审计等。

4. 网络层

由于几乎所有数据库系统都允许通过终端或网络进行远程访问,因此,网络层安全性和物理层安全性一样重要。

随着 Internet 的发展和普及,越来越多的公司将其核心业务向互联网转移,各种基于网络的数据库应用系统如雨后春笋般涌现出来,面向网络用户提供各种信息服务。可以说,网络系统是数据库应用的外部环境和基础,数据库系统要发挥其强大作用离不开网络系统的支持,数据库系统的用户也要通过网络才能访问数据库中的数据。

通常,计算机网络系统在开放式环境中所面临的威胁主要有:欺骗、重发、报文修改、拒绝服务、陷阱门、特洛伊木马、攻击等。这些安全威胁是无时不在、无处不在的,因此,必须采取有效的措施来保障系统的安全。

5. 数据库系统层

数据库中有重要程度和敏感程度不同的各种数据,并为拥有不同授权的用户所共享,数据库系统必须遵循授权限制。虽然通过操作系统层和网络层的防护,数据库系统的安全性得到了一定程度上的保障,但是这并不意味着危险的解除。一旦数据库的操作系统层和网络层的防护被破坏,就需要数据库管理系统层次安全技术来解决问题。这就要求数据库管理系统必须有一套有效的安全机制。解决这一问题的有效方法之一是数据库管理系统对数据库文件进行加密处理,使得即使数据被泄露或丢失,也难以被人破译和阅读。

为了保证数据库安全,必须在上述所有层次上进行安全性保护。如果较低层次上安全性存在缺陷,则即使是很严格的高层安全性措施也可能被绕过。当然,对数据库系统安全性来说,数据库系统层的安全性最为重要。

12.3.2　数据库的加密保护策略

数据库加密是对敏感数据进行安全保护的有效手段,数据库的加密处理对保护数据的安全性具有非常重要的意义。由于标准安全技术无法防范绕过系统访问数据的侵扰,这就需要采取其他保护措施来加强系统安全。加密技术提供了附加保护,数据库中的数据是可以被加密的,加密数据是不可能被读出的。加密也构成了鉴定数据库用户身份良好机制的基础。

数据加密的基本思想是根据一定的算法将原始数据,也就是明文加密成不可直接识别的格式,即密文,数据以密文的形式存储和传输。数据加密后,对不知道解密算法和密钥的人,即使通过非法手段访问到数据,也只是一些无法辨认的二进制代码。

通常情况下,对数据进行加密,主要有系统中加密、服务器端(DBMS 内核层)加密、客户端(DBMS 外层)加密三种形式。

1. 系统中加密

由于在系统中无法辨认数据库文件中的数据关系,将数据先在内存中进行加密,然后文件系统把每次加密后的内存数据写入到数据库文件中,读出时再逆向进行解密。因此,这种加密方法相对简单,只要妥善管理密钥就可以了。但是,其缺点在于对数据库的读写都比较麻烦,每次都要进行加/解密的工作,对程序的编写和读/写数据库的速度都会有所影响。

2. 服务器端加密

在服务器端(DBMS 内核层)实现加密(图 12-1 所示)需要对数据库管理系统本身进行操作。这种加密需要数据在物理存取之前完成加/解密工作。这种加密方式的优点是加密功能强,并且加密功能几乎不会影响 DBMS 的功能,可以实现加密功能与数据库管理系统之间的无缝耦合。其缺点在于加密运算在服务器端进行,加重了服务器的负载,而且这种加密需要对数据库管理系统本身进行操作,如果没有数据库开发商的配合,则其实现难度相对较大。

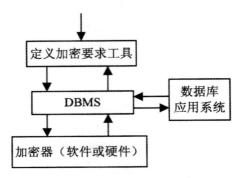

图 12-1　服务器端加密关系

3. 客户端加密

在客户端(DBMS 外层)实现加密(图 12-2 所示)的好处是不会加重数据库服务器的负载,并且可实现网上的传输。这种加密比较实际的做法是将数据库加密系统做成 DBMS 的一个外层工具,根据加密要求自动完成对数据库中数据的加/解密处理。对那些希望通过 ASP 获得服务的企业来说,只有在客户端实现加/解密,才能保证其数据的安全可靠。

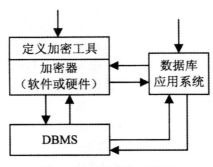

图 12-2　客户端加密关系

在这种数据库加密系统中有两个功能独立的重要部件,即一个是加密字典管理程序,另一个是数据库加/解密引擎,其体系结构如图 12-3 所示。

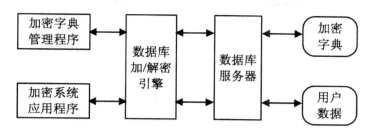

图 12-3　数据库加密系统体系结构

数据库加密系统将用户对数据库信息具体的加密要求以及基础信息保存在加密字典中,通过调用数据加/解密引擎实现对数据库表的加密、解密及数据转换等功能。数据库信息的加/解密处理是在后台完成的,对数据库服务器是透明的。

这种数据库加密系统的优点在于系统对数据库的最终用户是完全透明的,管理员可以根据需要进行明文和密文的转换工作;加密系统完全独立于数据库应用系统,无需改动数据库应用系统就能实现数据的加密功能;加/解密处理在客户端进行,不会影响数据库服务器的效率。

12.4　数据安全相关技术

12.4.1　数据完整性

数据完整性包括数据的正确性、有效性和一致性。

1)正确性。保证数据的输入值与数据表对应域的类型一样。

2)一致性。不同用户使用的同一数据应该是一样的。

3)有效性。数据库中的理论数值满足现实应用中对该数值段的约束。

通常影响数据完整性有 5 大因素:硬件故障,如磁盘故障、电源故障、芯片和主板以及存储器故障等;软件故障,如软件错误、文件损坏、数据交换错误、操作系统错误等;网络故障,如辐射问题、网络连接问题、网卡和驱动程序问题等;人为因素,常见的有误操作、意外事故、通信不畅、蓄意破坏和窃取等;意外灾难事件,如自然灾害、工业事故、蓄意破坏和恐怖活动等。

为保证数据完整性可从两方面出发:

1)预防。防范影响数据完整性的事件发生。

2)恢复。恢复数据的完整性和防止数据的丢失。保证数据完整性最强有力的就是容错技术,如常见的空闲备份、镜像、冗余系统配件和存储系统等。

12.4.2　数据备份技术

1. 对备份的认识误区

对计算机系统进行全面的备份,不只是简单复制文件。一个完整的系统备份方案应包括硬件备份、软件备份、日常备份制度和灾难恢复制度四个部分。然而,人们对备份存在着很多误区:

（1）用硬件冗余容错设备代替系统的全面数据备份

这种做法完全背离了数据备份的宗旨，在管理上有巨大的漏洞且很不完善。用户应该认识到任何程度的硬件冗余也无法完全保证单点的数据安全性，磁盘阵列技术、镜像技术，甚至双机备份都无法替代数据备份。

（2）忽视数据备份介质管理的统一通用性

这会造成恢复时由于介质不统一的问题，包括磁带或光盘的标识命名混乱，也给恢复工作带来不必要的麻烦。

（3）应用数据备份替代系统全备份

这种错误会极大影响恢复时的时间和效率，而且很可能由于系统无法恢复到原程度而造成应用无法恢复，数据无法再次使用。同时，还会因为客户不能真正了解应用数据存放的位置而造成用户应用数据备份不完整，恢复时出现问题。

（4）用人工操作进行简单的数据备份代替专业备份工具的完整解决方案

这会带来许多管理和数据安全方面的问题，如人工操作将人的疏忽引入，备份管理人员的更换交接不清可能造成备份数据的混乱，造成恢复时的错误，人工操作恢复使恢复可能不完全且恢复的时间无法保证，也可能造成重要的数据备份遗漏，无法保证数据恢复的准确和高效率。

（5）忽视数据异地备份的重要性

数据异地备份在客户计算机应用系统遭遇到单点突发事件或自然灾难时显得非常重要和有效。

（6）忽视制定完整的备份和恢复计划及维护计划并测试的重要性

忽视制定测试、维护数据备份和恢复计划会造成实施上的无章可循和混乱。

2. 数据备份的方案

数据备份的具体方案为：

（1）磁盘备份

磁盘备份就是把重要的数据备份到磁盘上，其主要方式包括以下两种：

1）磁盘镜像。磁盘镜像是一种原始的设备虚拟技术。其原理是系统产生的每个 I/O 操作都在两个磁盘上执行，而这一对磁盘看起来就像一个磁盘一样。

当镜像磁盘对其中一个磁盘失败时，就需要替换它。一旦新的磁盘被安装，就要把另一工作磁盘上的数据复制过来，这可以是一个自动的过程，如果拥有了娴熟的镜像技术，也可以手工操作。但当系统正在运行时，如果不能保证不影响系统运行，千万不要草率地插入或撤去磁盘，这样很可能导致系统崩溃或者数据损坏。

镜像技术也可能带来一些问题，如无用数据占据存储空间。由于从属驱动器是主驱动器的镜像，保存了所有主驱动器的内容，有些数据和文件可能都是无用的，浪费了磁盘资源。

目前，有三种方式可以实现磁盘镜像，分别是运行在主机系统的软件镜像、外部磁盘子系统中的镜像和主机 I/O 控制器镜像。第一种是软件方式，而后两种主要是硬件实现方式。

在这三种方法的比较中，很重要的一项衡量指标是，对失败磁盘驱动器进行更换的难易程度。对于磁盘驱动器来说，服务器一般不考虑用作即插即用系统。当服务器负荷很重时，它所产生的结果并不完全是所希望的。但支持热插拔的外部磁盘子系统除外，它能提供安全的磁盘即插即用功能。

2)磁盘阵列。磁盘阵列包括两个基本的技术,即磁盘延伸和磁盘或数据分段。

磁盘延伸(Disk Spanning)的结构如图 12-4 所示,磁盘阵列控制器连接了四个磁盘。它们形成一个阵列(Array),而磁盘阵列的控制器(RAID Controller)是将此四个磁盘视为单一的磁盘,如 DOS 环境下的 C 盘。磁盘延伸是把小容量的磁盘延伸为大容量的单一磁盘,用户不必规划数据在各磁盘的分布,提高了磁盘空间的使用率。

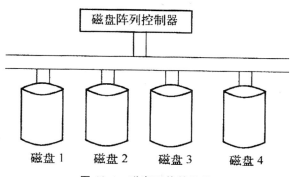

图 12-4　磁盘延伸的结构

由于磁盘阵列是将同一阵列的多个磁盘视为单一的虚拟磁盘(Virtual Disk),因此其数据是以分段(Block or Segment)的方式顺序存放在磁盘阵列中的。

数据按需要分段,从第一个磁盘开始放,放到最后一个磁盘再回到第一个磁盘放起,直到数据分布完毕。至于分段的大小视系统而定,但除非数据小于一个扇区(Sector,即 521B),否则其分段应是 512B 的倍数。因为磁盘的读写是以一个扇区为单位,若数据小于 512B,系统读取该扇区后,还要进行组合或分组)的动作,浪费时间。数据以分段分布在不同的磁盘,整个阵列的各个磁盘可同时进行读写,因此数据分段使数据的存取有最好的效率,理论上本来读一个包含四个分段的数据所需要的时间,现在只要一次就可以完成。

磁盘阵列针对不同应用使用的不同技术,称为 RAID level。每个 level 代表一种技术,目前公认的标准是 RAID0~RAID5。level 并不代表技术的高低,至于要选择哪一种 RAID level 的产品,完全根据用户的操作环境和应用需要。

RAID0 也称 Disk Striping,没有安全的保障,但其快速,因此适合高速 I/O 的系统。RAID1 使用磁盘镜像的技术,适用于需安全性又要兼顾速度的系统。它的磁盘以磁盘延伸的方式形成阵列,而数据以数据分段的方式进行储存,因而在读取时,几乎和 RAID0 有同样的性能。RAID2 的设计是使用共轴同步的技术,其安全采用内存阵列技术;RAID3 的数据储存和存取方式都类似于 RAID2,但其安全是以奇偶校验取代海明码进行错误校正及检测。两者都适用于大型计算机及影像、CAD/CAM 等处理。RAID5 多用于联机交易处理(OLTP),因有金融机构及大型数据处理中心的迫切需要,故使用较多且知名,但也因此形成很多人对磁盘阵列的误解,以为磁盘阵列非要 RAID5 不可。RAID4 较少使用,和 RAID5 有其共同之处,但更适合大量数据的存取。

(2)双机备份

双机热备份(Hot Standby)是指以一台主机为工作机(Primary Server),另一台主机为备份机(Standby Server),在系统正常情况下,工作机为信息系统提供支持,备份机监视工作机的运行情况。

当工作机出现异常,不能支持信息系统运营时,备份机主动接管工作机的工作,继续支持信息的运营,从而保证信息系统能够不间断地运行。当工作机修复正常后,系统管理员通过管理命令或经由以人工或自动的方式将备份机的工作切换回工作机;也可以激活监视程序,监视备份机的运行情况,这时,原来的备份机就成了工作机,而原来的工作机就成了备份机。

目前,双机热备份运用比较广泛,它可以保证信息系统能够不间断地运行。现在普遍的解决方案有五种,分别是纯软件、灾难备份、共享磁盘阵列、双机单柜以及双机双柜方案。

（3）网络备份

网络备份系统是指在分布式网络环境下,通过专业的数据存储管理软件,结合相应的硬件和存储设备来对全网络的数据备份进行集中管理,从而实现自动化的备份、文件归档、数据分级存储及灾难恢复等。

网络备份系统的核心是备份管理软件,通过备份软件的计划功能,可为整个企业建立一个完善的备份计划及策略,并可借助备份时的呼叫功能,让所有的服务器备份都能在同一时间进行。备份软件也提供完善的灾难恢复手段,能够将备份硬件的优良特性完全发挥出来,使备份和灾难恢复时间大大缩短,实现网络数据备份的全自动智能化管理。

网络备份系统在网络上选择一台应用服务器作为网络数据存储管理服务器,安装网络数据存储管理服务器端软件,作为整个网络的备份服务器。在备份服务器上连接一台大容量存储设备。在网络中其他需要进行数据备份管理的服务器上安装备份客户端软件,通过局域网将数据集中备份管理到与备份服务器连接的存储设备上。

目前,网络备份使用的相关技术包括分级存储管理技术、存储区域网技术等。

3. 数据备份的策略

数据备份的策略是指确定需备份的内容、备份时间及备份方式。各个单位要根据自己的实际情况来制定不同的备份策略。目前被采用最多的备份策略主要有以下三种:

（1）完全备份（Full Backup）

即每天对自己的系统进行完全备份。例如,星期一用一盘磁带对整个系统进行备份,星期二再用另一盘磁带对整个系统进行备份,依此类推。其好处在于当发生数据丢失的灾难时,只要用一盘磁带就可以恢复丢失的数据。然而不足之处是由于每天都对整个系统进行完全备份,造成备份的数据大量重复。这些重复的数据占用了大量的磁带空间,这对用户来说就意味着增加成本。同时,由于需要备份的数据量较大,备份所需的时间也就较长。对于那些业务繁忙、备份时间有限的单位来说,选择这种备份策略是不明智的。

（2）增量备份（Incremental Backup）

增量备份就是星期天进行一次完全备份,在接下来的六天里只对当天新的或被修改过的数据进行备份。这种备份策略节省了磁带空间,缩短了备份时间。但其缺点在于,当灾难发生时,数据的恢复比较麻烦。例如,系统在星期三的早晨发生故障,丢失了大量的数据,那么现在就要将系统恢复到星期二晚上时的状态。这时系统管理员就要首先找出星期天的那盘完全备份磁带进行系统恢复,然后再找出星期一的磁带来恢复星期一的数据,然后找出星期二的磁带来恢复星期二的数据。很明显,这种方式很繁琐,备份的可靠性也很差。

（3）差分备份（Differential Backup）

差分备份就是管理员先在星期天进行一次系统完全备份,在接下来的几天里,再将当天所有与星期天不同的数据(新的或修改过的)备份到磁带上。差分备份策略在避免了以上两种策略的缺陷的同时,又具有了它们的所有优点。首先,它无需每天都对系统做完全备份,因此备份所需时间短,并节省了磁带空间,其次,它的灾难恢复也很方便。系统管理员只需两盘磁带,即星期一磁带与灾难发生前一天的磁带,就可以将系统恢复。

全备份所需时间最长,但恢复时间最短,操作最方便,当系统中数据量不大时,采用全备份最可靠。但随着数据量的不断增大,将无法每天进行全备份,而只能在周末进行全备份,其他时间采用所用时间更少的增量备份或采用介于两者之间的差分备份。各种备份的数据量不同:全备份最多,增量备份最少。在备份时要根据它们的特点灵活使用。

在实际应用中,备份策略通常是以上三种的结合。例如,每周一至周六进行一次增量备份或差分备份,每周日进行全备份,每月底进行一次全备份,每年底进行一次全备份。

数据备份系统的建成,对保障系统的安全运行,保障各种系统故障及时排除和数据库系统的及时恢复起到关键作用。通过自动化带库及集中的运行管理,保证数据备份的质量,加强数据备份的安全管理。同时,近线磁带库技术的引进,无疑对数据的恢复和利用提供了更加方便的手段。希望更多的单位能够更快地引进这些技术,让数据得到充分保护。

12.4.3　灾难恢复策略

数据备份就是为了当数据遭到破坏时,进行灾难恢复。灾难恢复措施在整个备份制度中占有相当重要的地位,因为它关系到系统在经历灾难后能否迅速恢复。灾难恢复操作通常可以分为几种:

(1)全盘恢复

全盘恢复又称为系统恢复,一般应用在服务器发生意外灾难导致数据全部丢失、系统崩溃或是有计划的系统升级、系统重组等。

(2)个别文件恢复

由于操作人员的水平不高,个别文件恢复可能要比全盘恢复常见得多,利用网络备份系统的恢复功能,很容易恢复受损的个别文件。只需浏览备份数据库或目录,找到该文件,触动恢复功能,软件将自动驱动存储设备,加载相应的存储媒体,然后恢复指定文件。

(3)重定向恢复

重定向恢复是将备份的文件恢复到另一个不同的位置或系统上去,而不是进行备份操作时它们当时所在的位置。

重定向恢复可以是整个系统恢复,也可以是个别文件恢复。重定向恢复时需要慎重考虑,要确保系统或文件恢复后的可用性。

12.4.4　网络备份系统

当网络中业务主机较多,且需要实施备份操作的系统平台和数据库版本不同时,通过网络备份服务器对局域网中的不同业务主机数据进行备份是个不错的选择。所谓网络备份是指通过在网络备份服务器上安装备份服务器端软件,在需要进行数据备份的业务主机上安装网络备份客户端软件,客户端软件将备份的数据通过网络传到备份服务器进行备份的过程。网络备份不仅可备份系统中的数据,而且还可以备份系统中的应用程序、数据库系统、用户设置、系统参数等信息,以便迅速恢复整个系统。网络备份使每台服务器负担减轻,备份操作安全性高,而且通过一台网络备份服务器可备份多台业务主机和服务器。可以说网络系统备份是全方位多层次的备份,包括了整个网络系统的一套备份体系:文件备份和恢复、数据库备份和恢复、系统灾难恢复和备份任务管理等,是局域网中的数据备份的高效备份管理手段。

网络备份系统的组成为:

1)目标。被备份或恢复的任何系统。

2)工具。执行备份任务的系统。

3)设备。备份信息的存储介质。

4)通道。将设备和备份工具连接在一起的部件。

通常来说,一个完整的网络备份和灾难恢复方案,应包括备份硬件、备份软件、备份计划和灾难恢复计划四个部分。备份硬件包括硬盘、光盘等,备份软件一般是指系统自带或专门的备份软件,备份计划是指系统备份方案的具体实施细则如备份方式、周期和使用介质等,灾难恢复是确保数据遭遇灾难后能快速恢复。

网络备份技术的明显缺点是占有大量网络资源,也占有一定的主机资源,同时备份时间较长。

第 13 章　IP 安全与 VPN 技术

13.1　IP 安全与 VPN 技术概述

13.1.1　IP 协议概述

IP 具有良好的网络互连功能,无论是 X.25 这样的低速网络,还是 ATM、FDDI 等高速网络,无论是以太网等广播网,还是 DDN 点到点通信网,直至无线信道,IP 协议都能很好地适应,并正常运行。正是 IP 协议这种良好的适应性,使得 IP 协议得到广泛使用,成为支撑 Internet 的基础。

IP 协议位于 ISO 七层协议中的网络层,实现了 Internet 中自动路由的功能,即寻径的功能。IP 维系着整个 TCP/IP 协议的体系结构。除了数据链路层外,TCP/IP 协议栈的所有协议都是以 IP 数据报的形式传输的。IP 允许主机直接向数据链路层发送数据包,这些数据包最终会进入物理网络,然后可能通过不同的网络传送到目的地。IP 提供无连接的服务,每个数据报都包含完整的目的地址并且路由相互独立。使用无连接的服务时,数据报到达目的地的顺序可能与发送方发送的顺序不同。

TCP/IP 协议有两种 IP 版本:版本 4(IPv4)和版本 6(IPv6)。我们现在使用的是 IPv4,最新的 IPv6 可以解决地址紧缺的问题。

1. IPv4 数据报格式

IP 数据报是 IP 协议的基本处理单元,由数据报首部和数据两部分组成。传输层的数据交给 IP 层后,IP 协议要在前面加上首部,用于控制数据报的转发和处理。IPv4 数据报的格式如图 13-1 所示。

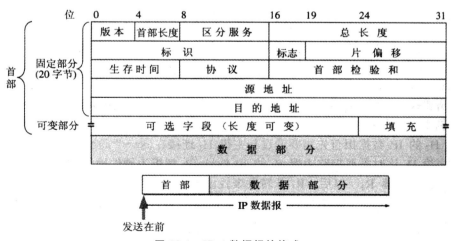

图 13-1　IPv4 数据报的格式

下面介绍首部各字段的含义：

（1）版本号

首部的第一项就是用于建立 IP 分组的版本号，占 4 位，表明是 IPv4 数据报。此字段用来确保发送者、接收者和相关路由器使用一致的 IP 数据报格式。

（2）首部长度

这个字段占 4 位，所表示数的单位是 32 位字（1 个 32 位字长是 4 字节），因此，当 IP 的首部长度为 15 时，首部长度就达到最大值 60 字节。当 IP 分组的首部长度不是 4 字节的整数倍时，必须利用最后的填充字段加以填充。因此数据部分永远在 4 字节的整数倍时开始，这样在实现 IP 协议时较为方便。最常用的首部长度就是 20 字节，这时不使用任何选项。

（3）区分服务

这个字段占 8 位，在旧标准中称为服务类型，用来获得更好的服务。只有在使用区分服务时，这个字段才起作用。在一般的情况下都不使用这个字段。

（4）总长度

这个字段表示整个 IP 数据报的长度（既包括首部又包括数据部分）。总长度字段占用 16 位，以字节为单位，这就限定了 IP 数据报最长为 64K 字节。由于 IP 数据报中没有关于数据报结束的字符或序列，这个字段是必要的。网络主机可以使用数据报长度来确定一个数据报的结束和下一个数据报的开始。

（5）标识

数据报 ID 是一个无符号整型值，ID 占 16 位，它是 IP 协议赋予报文的标识，属于同一个报文的分段具有相同的标识符。标识符的分配绝不能重复，IP 协议每发送一个 IP 报文，则要把该标识符的值加 1，作为下一个报文的标识符。当数据报由于长度超过网络的最大传送单元（MTU）而必须分片时，这个标识字段的值就被复制到所有的数据报片的标识字段中。相同的标识字段的值使分片后的各数据报片最后能正确地重装成为原来的数据报。

（6）标志

这个字段占 3 位，但只有低两位比特有效。字段的最低位记为 MF（More Fragment）。MF＝1 表示后面"还有分片"的数据报；MF＝0 表示这已是若干数据报片中的最后一个。字段中间的一位记为 DF（Don't Fragment），即"不能分片"。只有当 DF＝0 时才允许分片。

（7）片偏移

这个字段占 13 位，以 8 字节为单位表示当前数据报相对于初始数据报的开头位置。即数据报的第一个分段偏移值为 0；如果第二个分段中的数据从初始数据报开头的第 800 字节开始，该偏移值将是 100。

为了重组分段的 IP 数据报，目的结点必须有足够的缓冲空间。随着带有相同标识符数据段的到达，它们的数据字段被插入在缓冲器中的正确位置，直到重组完这一 IP 数据报。从分段偏移为 0 的分段开始到更多数据标识位字段为"假"的分段结束，所有相邻数据都存在时，重组就完成了。分段可以在任何必要的中间路由器上进行，而重组仅在目的结点中进行。接收结点把标识位和分段偏移一起使用，以重组被分段的数据报。

（8）生存时间（TTL）

这个字段占 8 位，表明数据报在网络中的寿命，用于防止无法交付的数据报无限制地在因特网中兜圈子。原本 TTL 是以秒为单位的。每经过一个路由器时，就把 TTL 减去数据报在路由器所消耗掉的一段时间。然而,路由器处理数据报所需的时间一般都远远小于 1 秒钟,因此就把 TTL 字段的功能改为"跳数限制"。显然,数据报能在因特网中经过的路由器的最大数值是 255。路由器在转发数据报之前就把 TTL 值减 1。若 TTL 值减小到零,就丢弃这个数据报,不再转发。因此,TTL 的单位不再是秒,而是跳数。TTL 的意义是指明数据报在因特网中至多可经过多少个路由器。

（9）协议

这个字段占 8 位,指出 IP 报文中的数据部分使用何种协议,以便使目的主机的 IP 层知道应将数据部分交给哪个上层协议去处理。

（10）首部校验和

首部校验和字段占 16 位,用于保证首部数据的正确性。IPv4 中不提供任何可靠服务,此校验和只针对报文头。计算校验和时,把报文头作为一系列 16 位二进制数字(校验和本身在计算时被设为 0),与报头校验和做补码加法,并取结果的补码。如果加法产生了进位,那么补码加法包括一个普通的加法和一个总和的增量。这比无符号的加法更实用,因为对于普通加法,最重要位(MSB)中的两位错误会被取消,而对于补码加法,MSB 中的进位将移到最不重要位(LSB)。

（11）源地址和目的地址

在 IP 数据报的首部,有 32 位的源 IP 地址和目的 IP 地址两个字段,分别表示 IP 数据报的发送方及接收方的 IP 地址。在传输过程中,这两个字段保持不变。

（12）可变部分

IP 首部的可变部分是一个选项字段,用来支持排错、测量以及安全等措施。该字段的长度可变,从 1 个字节到 40 个字节不等,取决于所选择的项目。某些选项项目只需要 1 个字节,它只包括 1 个字节的选项代码。但还有些选项需要多个字节,这些选项一个个拼接起来,中间不需要有分隔符,最后用全 0 的填充字段补齐成为 4 字节的整数倍。

增加首部的可变部分是为了增加 IP 数据报的功能,但这同时也使得 IP 数据报的首部长度成为可变的。这就增加了每一个路由器处理数据报的开销。实际上这些选项很少被使用。IPv6 就把 IP 数据报的首部长度做成固定的。

2. IPv6 数据格式

随着计算机网络规模的不断扩大,IPv4 的缺陷和不足越来越明显,如地址空间匮乏、路由表过于庞大并且不能很好地支持实时业务等,使得它不能适应 Internet 的高速发展。针对这种情况,IETF 制定了用来取代 IPv4 的新一代 Internet 协议,即 IPv6。

IPv6 的首部为 8 字节对齐(即首部长度必须是 8 字节的整数倍)。在基本首部(base header)的后面允许有零个或多个扩展首部(extension header),再后面是数据,如图 13-2 所示。值得注意的是,所有的扩展首部都不属于 IPv6 数据报的首部,所有的扩展首部和数据合起来叫做数据报的有效载荷或净负荷。

IPv6 的基本首部长度是固定的(40 字节),并且取消了许多 IPv4 的首部字段,如图 13-3 所示。

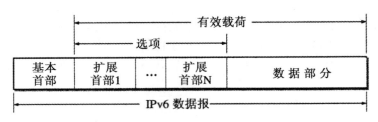

图 13-2　IPv6 数据报的一般形式

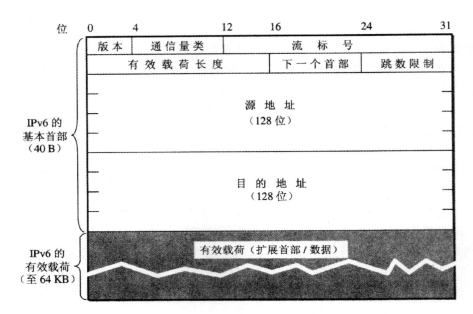

图 13-3　IPv6 基本首部的格式

下面介绍首部各字段的含义:

(1)版本号

占 4 位,对于 IPv6,该字段为 6。

(2)通信量类

占 8 位,指明为该报文提供某种"区分服务",目前正在进行不同的通信量类性能的实验,暂未定义类别值。该字段的默认值是全 0。

(3)流标号

占 20 位,用于标识属于同一业务流的报文。一个结点可以同时作为多个业务流的发送源。流标号和源结点地址唯一标识了一个业务流。IPv6 的流标号把单个报文作为一系列源地址和目的地址相同的报文流的一部分,同一个流中的所有报文具有相同的流标号。IPv6 中定义的流的概念将有助于解决把特定的业务流指定到较低代价的链路上的问题。

(4)有效载荷长度

占 16 位,指明 IPv6 数据报除基本首部以外的字节数(所有扩展首部都算在有效载荷之内)。

(5)下一个首部

占 8 位,相当于 IPv4 的协议字段或可选字段。

当 IPv6 数据报没有扩展首部时，下一个首部字段的作用和 IPv4 的协议字段一样，它的值指出了基本首部后面的数据应交付给 IP 上面的哪一个高层协议。当出现扩展首部时，下一个首部字段的值就标识后面第一个扩展首部的类型。

（6）跳数限制

占 8 位，用于限制报文在网络中的转发次数。每当一个结点对报文进行一次转发之后，这个字段值就会减 1。若该字段值达到 0，这个报文就将被丢弃。与 IPv4 中的生存时间字段类似，不同之处是不再由协议定义一个关于报文生存时间的上限，也就是说对过期报文进行超时判断的功能由高层协议完成。

（7）源地址

占 128 位，是数据报的发送端的 IP 地址。

（8）目的地址

占 128 位，是数据报的接收端的 IP 地址，可以是单播、多播或任意点播地址。

（9）IPv6 扩展首部

IPv6 把原来 IPv4 首部中选项的功能都放在扩展首部中，并把扩展首部留给路径两端的源点和终点的主机来处理，而数据报途中经过的路由器不对这些扩展首部进行处理，这就大大提高了路由器的处理效率。

IPv6 的扩展首部有六种：逐跳选项、路由选择、分片、鉴别、封装安全有效载荷，以及目的站选项。每一个扩展首部都由若干个字段组成，它们的长度也各不同。但所有扩展首部的第一个字段都是 8 位的"下一个首部"字段。此字段的值指出了在该扩展首部后面的字段是什么。当使用多个扩展首部时，应按以上的先后顺序出现。高层首部总是放在最后面。图 13-4 所示为 IPv6 扩展首部的情况。

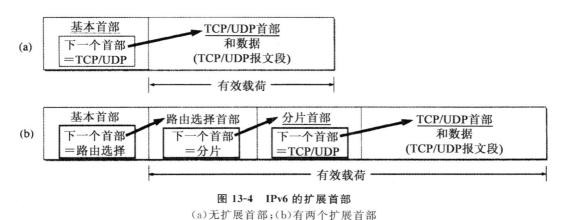

图 13-4　IPv6 的扩展首部
(a)无扩展首部；(b)有两个扩展首部

13.1.2　VPN 的概念及特点

1. VPN 的概念

虚拟专用网（Virtual Private Network，VPN）是通过一个公用网络（通常是因特网）建立一个临时的、安全的连接，是一条穿过混乱的公用网络的安全、稳定的隧道。通常，VPN 是对企业内部网的扩展，通过它可以帮助远程用户、公司分支机构、商业伙伴及供应商同公司的内部网建立可信的安全连接,并保证数据的安全传输。

VPN 可用于不断增长的移动用户的全球因特网接入,以实现安全连接;可用于实现企业网站之间安全通信的虚拟专用线路,用于经济有效地连接到商业伙伴和用户的安全外联网虚拟专用网。

VPN 架构中采用了多种安全机制,如隧道技术、加解密技术、密钥管理技术、身份认证技术等,通过上述的各项网络安全技术,确保资料在公众网络中传输时不被窃取,或是即使被窃取了,对方亦无法读取数据包内所传送的资料。

VPN 是一种"基于公共数据网,给用户一种直接连接到私人局域网感觉的服务"。VPN 极大地降低了用户的费用,而且提供了比传统方法更强的安全性和可靠性。

2. VPN 的特点

在实际应用中,用户所需要的一个高效、成功的 VPN 应具有安全保障、服务质量(QoS)保证、可扩充性和灵活性、可管理性 4 个特点。

(1)安全保障

虽然实现 VPN 的技术和方式很多,但所有的 VPN 均应保证通过公用网络平台传输数据的专用性和安全性。在公用 IP 网络上建立一个逻辑的、点对点的连接,称之为建立一个隧道。可以利用加密技术对经过隧道传输的数据进行加密,以保证数据仅被指定的发送者和接收者了解,从而保证数据的专用性和安全性。

由于 VPN 直接构建在公用网上,实现简单、方便、灵活,其安全问题也更为突出。企业必须确保其 VPN 上传送的数据不被他人窥视和篡改,并且能防止非法用户对网络资源或专用信息的访问。Extranet VPN 将企业网扩展到合作伙伴和客户,对安全性提出了更高的要求。

(2)服务质量(QoS)保证

VPN 应当能够为企业数据提供不同等级的服务质量保证。不同的用户和业务对服务质量(QoS)保证的要求差别较大。例如,对于移动办公用户来说,网络能提供广泛的连接和覆盖性是保证 VPN 服务质量的一个主要因素;而对于拥有众多分支机构的专线 VPN,则要求网络能提供良好的稳定性;其他一些应用(如视频等)则对网络提出了更明确的要求,如网络时延及误码率等。所有网络应用均要求 VPN 根据需要提供不同等级的服务质量。

在网络优化方面,构建 VPN 的另一重要需求是充分、有效地利用有限的广域网资源,为重要数据提供可靠的带宽。广域网流量的不确定性使其带宽的利用率很低,在流量高峰时可能会引起网络阻塞,产生网络瓶颈,使实时性要求高的数据得不到及时发送;而在流量低谷时又造成大量的网络带宽闲置。QoS 通过流量预测与流量控制策略,可以按照优先级分配带宽资源,实现带宽管理,使各类数据能够被合理地有序发送,并预防阻塞的发生。

(3)可扩充性和灵活性

VPN 必须能够支持通过内域网(Intranet)和外联网(Extranet)的任何类型的数据流、方便增加新的节点、支持多种类型的传输媒介,可以满足同时传输语音、图像和数据对高质量传输及带宽增加的需求。

(4)可管理性

不论用户角度还是运营商,都应方便地对 VPN 进行管理和维护。在 VPN 管理方面,VPN 要求企业将其网络管理功能从局域网无缝地延伸到公用网,甚至是客户和合作伙伴处。虽然可以将一些次要的网络管理任务交给服务提供商去完成,企业自己仍需要完成许多网络管理任务。所以,一个完善的 VPN 管理系统是必不可少的。

VPN 管理系统的设计目标为是降低网络风险,在设计上应具有高扩展性、经济性和高可靠性。事实上,VPN 管理系统的主要功能包括安全管理、设备管理、配置管理、访问控制列表管理、QoS 管理等内容。

13.1.3　VPN 的原理与分类

1. VPN 的原理

通常情况下,两台具有独立 IP 并连接上互联网的计算机,只要知道对方的 IP 地址就可以进行直接通信。但是,位于这两台计算机之下的网络是不能直接互连的。因为这些私有网络和公用网络使用了不同的地址空间或协议,它们之间是不兼容的。

VPN 的原理就是在这两台直接和公网连接的计算机之间建立一条专用通道。私有网络之间的通信内容经过发送端计算机或设备打包,通过公用网络的专用通道进行传输,然后在接收端解包,还原成私有网络的通信内容,转发到私有网络中。这样,公用网络就像普通的通信电缆,而接在公用网络上的两台私有计算机或设备则相当于两个特殊的节点。由于 VPN 连接的特点,私有网络的通信内容会在公用网络上传输,出于安全和效率的考虑,一般通信内容需要加密或压缩。而通信过程的打包和解包工作则必须通过一个双方协商好的协议进行,从而在两个私有网络之间建立 VPN 通道将需要一个专门的过程,依赖于一系列不同的协议。这些设备和相关的设备和协议组成了一个 VPN 系统。

一个完整的 VPN 系统一般包括以下三个部分:

1)VPN 服务器端。VPN 服务器端是能够接收和验证 VPN 连接请求,并处理数据打包和解包工作的一台计算机或设备。VPN 服务器端的操作系统可以选择 Windows XP/Windows 2003,相关组件为系统自带,要求 VPN 服务器已经接入 Internet,并且拥有一个独立的公网 IP。

2)VPN 客户机端。VPN 客户机端是能够发起 VPN 连接请求,并且也可以进行数据打包和解包工作的一台计算机或设备。VPN 客户机端的操作系统可以选择 Windows XP/Windows 2003,相关组件为系统自带,要求 VPN 客户机已经接入 Internet。

3)VPN 数据通道。VPN 数据通道是一条建立在公用网络上的数据链接。实际上,服务器端和客户机端在 VPN 连接建立之后,在通信过程中扮演的角色是一样的,区别仅在于连接是由谁发起的而已。

2. VPN 的分类

VPN 既是一种组网技术,又是一种网络安全技术。可以从不同的角度划分为不同的类型。

(1)按 VPN 服务类型分类

按服务类型,VPN 业务大致分为 3 类,即远程接入 VPN(Access VPN)、内联网 VPN(Intranet VPN)和外联网 VPN(Extranet VPN)。通常情况下内联网 VPN 是专线 VPN。

1)远程接入 VPN:这是企业员工或企业的小分支机构通过公网远程访问企业内部网络的 VPN 方式。远程用户一般是一台计算机,而不是网络,因此,组成的 VPN 是一种主机到网络的拓扑模型。

2)内联网 VPN:这是企业的总部与分支机构之间通过公网构筑的虚拟网,这是一种网络到网络以对等的方式连接起来所组成的 VPN。

3)外联网 VPN:这是企业在发生收购、兼并或企业间建立战略联盟后,使不同企业间通过公网来构筑的虚拟网。这是一种网络到网络以不对等的方式连接起来所组成的 VPN。

(2)按隧道协议分类

按隧道协议的网络分层,VPN 可划分为第二层隧道协议和第三层隧道协议。

1)第二层隧道协议:这包括点到点隧道协议(PPTP)、第二层转发协议(L2F),第二层隧道协议(L2TP)、多协议标记交换(MPLS)等。

2)第三层隧道协议:这包括通用路由封装协议(GRE)、IP 安全(IPSec),这是目前最流行的两种三层协议。

第二层和第三层隧道协议的区别主要在于用户数据在网络协议栈的第几层被封装。第二层隧道协议可以支持多种路由协议,也可以支持多种广域网技术,还可以支持任意局域网技术。

(3)按接入方式分类

在 Internet 上组建 VPN,用户计算机或网络需要建立到 ISP 的连接。与用户上网接入方式相似,按接入方式,可分为以下两种类型。

1)专线 VPN:它是为已经通过专线接入 ISP 边缘路由器的用户提供的 VPN 解决方案。这是一种"永远在线"的 VPN,可以节省传统的长途专线费用。

2)拨号 VPN:简称 VPDN,它是向利用拨号 PSTN 或 ISDN 接入 ISP 的用户提供的 VPN 业务。这是一种"按需连接"的 VPN,可以节省用户的长途电话费用。

(4)按 VPN 隧道建立方式分类

按 VPN 隧道建立方式,可以划分为自愿隧道和强制隧道。

1)自愿隧道:又称为基于用户设备的 VPN,是指用户计算机或路由器可以通过发送 VPN 请求配置和创建的隧道。它是目前最普遍使用的 VPN 组网类型。VPN 的技术实现集中在 VPN 客户端,VPN 隧道的起始点和终止点都位于 VPN 客户端,隧道的建立、管理和维护都由用户负责。ISP 只提供通信线路,不承担建立隧道的业务。这种方式的技术实现容易,不过对用户的要求较高。

2)强制隧道:又称为基于网络的 VPN,是指由 VPN 服务提供商配置和创建的隧道。VPN 的技术实现集中在 ISP,VPN 隧道的起始点和终止点都位于 ISP,隧道的建立、管理和维护都由 ISP 负责。VPN 用户不承担隧道业务,客户端无需安装 VPN 软件。这种方式便于用户使用,增加了灵活性和扩展性,不过技术实现比较复杂,一般由电信运营商提供,或由用户委托电信运营商实现。

(5)按 VPN 网络结构分类

按 VPN 网络结构,可以划分为基于 VPN 的远程访问、基于 VPN 的点对点通信和基于 VPN 的网络互连。

1)基于 VPN 的远程访问:即单机连接到网络,又称点到站点、桌面到网络。用于提供远程移动用户对公司内联网的安全访问。

2)基于 VPN 的点对点通信:即单机到单机,又称端对端。用于企业内联网的两台主机之间的安全通信。

3)基于 VPN 的网络互连:即网络连接到网络,又称站点到站点、路由器(网关)到路由器(网关)或网络到网络。用于企业总部网络和分支机构网络的内部主机之间的安全通信;还可用于企业的内联网与企业合作伙伴网络之间的信息交流,并提供一定程度的安全保护,防止对内部信息的非法访问。

(6)按 VPN 发起方式分类

这是客户和 IPS 最为关心的 VPN 分类。VPN 业务可以是客户独立自主实现的,也可以是由 ISP 提供的。

1)发起:也称基于客户的,VPN 服务提供的其始点和终止点是面向客户的,其内部技术构成、实施和管理对 VPN 客户可见。需要客户和隧道服务器(或网关)方安装隧道软件。客户方的软件发起隧道,在公司隧道服务器处终止隧道。此时,ISP 不需要做支持建立隧道的任何工作。经过对用户身份符(ID)和口令的验证,客户方和隧道服务器极易建立隧道。双方也可以用加密的方式通信。隧道一经建立,用户就会感觉 ISP 不再参与通信。

2)服务器发起:也称客户透明方式或基于网络的,在公司中心部门或 ISP 处安装 VPN 软件,客户无需安装任何特殊软件。主要为 ISP 提供全面管理的 VPN 服务,服务提供的起始点和终止点是 ISP 的 POP,其内部构成、实施和管理对 VPN 客户完全透明。

(7)按承载主体分类

营运 VPN 业务的企业既可以自行建设他们的 VPN 网络,也可以把此业务外包给 VPN 商。这是客户和 ISP 最关心的问题。

1)自建 VPN:这是一种客户发起的 VPN。企业在驻地安装 VPN 的客户端软件,在企业网边缘安装 VPN 网关软件,完全独立于营运商建设自己的 VPN 网络,运营商不需要做任何对 VPN 的支持工作。企业自建 VPN 的优点是它可以直接控制 VPN 网络,与运营商独立,并且 VPN 接入设备也是独立的。但缺点是 VPN 技术非常复杂,这样组建的 VPN 成本很高,QoS 也很难保证。

2)外包 VPN:企业把 VPN 服务外包给运营商,运营商根据企业的要求规划、设计、实施和运维客户的 VPN 业务。企业可以因此降低组建和运维 VPN 的费用,而运营商也可以因此开拓新的 IP 业务增值服务市场,获得更高的收益,并提高客户的保持力和忠诚度。

(8)按路由管理方式分类

按路由管理方式,VPN 分为叠加模式与对等模式。

1)叠加模式(Overlay Model):也译为“覆盖模式”。目前大多数 VPN 技术都基于叠加模式,如 IPSec、GRE。采用叠加模式,各站点都有一个路由器通过点到点连接到其他站点的路由器上。叠加模式难以支持大规模的 VPN,可扩展性差。

2)对等模式(Peer Model):是针对叠加模式固有的缺点推出的。它通过限制路由信息的传播来实现 VPN。这种模式能够支持大规模的 VPN 业务。采用这种模式,相关的路由设备很复杂,但实际配置却非常简单,容易实现 QoS 服务,扩展更加方便。

(9)按 VPN 业务层次模型分类

按 ISP 向用户提供的 VPN 服务工作在第几层来分类,可分为以下几种类型。

1)拨号 VPN 业务(VPDN):这是第一种划分方式中的 VPDN(事实上是按接入方式划分的,因为很难明确 VPDN 究竟属于哪一层)。

2)虚拟租用线(VLL):这是对传统的租用线业务的仿真,用 IP 网络对租用线进行模拟,而从两端的用户看来这样一条虚拟租用线等价于过去的租用线。

3)虚拟专用路由网(VPRN)业务:这是对第三层 IP 路由网络的一种仿真。可以把 VPRN 理解成第三层 VPN 技术。

4)虚拟专用局域网段(VPLS):这是在 IP 广域网上仿真 LAN 的技术。可以把 VPLS 理解成一种第二层 VPN 技术。

13.2 IPSec 协议

IPSec 协议是为了弥补 TCP/IP 协议簇的安全缺陷,为 IP 层及其上层协议提供保护而设计的,它是一个开放的、不断发展的安全协议簇,由一系列协议及文档组成。

13.2.1 IPSec 的体系结构

IPSec 是 IETF 以 RFC 形式公布的一组安全 IP 协议集,是在 IP 包级为 IP 业务提供保护的安全协议标准,其基本目的就是把安全机制引入 IP 协议,通过使用现代密码学方法支持机密性和认证性服务,使用户能有选择地使用,并得到所期望的安全服务。IPSec 将几种安全技术结合形成一个比较完整的安全体系结构,描述了 IPSec 的工作原理、系统组成以及各组件是如何协同工作提供上述安全服务的,是关于 IPSec 协议簇的概述。

IPSec 主要由认证头(AH)协议、封装安全载荷(ESP)协议以及负责密钥管理的 Internet 密钥交换(IKE)协议组成,各协议之间的关系如图 13-5 所示。

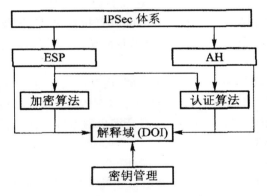

图 13-5 IPSec 的体系结构

下面介绍一下其主要组成部分:

(1)IPSec 体系

它包含了一般的概念、安全需求、定义和定义 IPSec 的技术机制。

(2)AH 协议和 ESP 协议

它们是 IPSec 用于保护传输数据安全的两个主要协议,都能增加 IP 数据报的安全性。我们将在后面详细讲述。

(3)解释域(DOI)

为了使 IPSec 通信双方能够进行交互,它们必须理解 AH 协议和 ESP 协议载荷中各字段的取值,因此通信双方必须保持对通信消息相同的解释规则,即应持有相同的解释域(DOI)。IPSec 至少已给出了两个解释域:IPSec DOI 和 ISAKMP DOI,它们各有不同的使用范围。解释域定义了协议用来确定安全服务的信息、通信双方必须支持的安全策略、规定所提议的安全服务时采用的句法、命名相关安全服务信息时的方案，包括加密算法、密钥交换算法、认证机构和安全策略特性等。

（4）加密算法和认证算法

AH 涉及认证算法，ESP 涉及这两种算法。加密算法和认证算法在协商过程中，通过使用共同的 DOI，具有相同的解释规则。ESP 和 AH 所使用的各种加密算法和认证算法由一系列 RFC 文档规定，而且随着密码技术的发展，不断有新的算法可以用于 IPSec，因此，有关 IPSec 中加密算法和认证算法的文档也在不断增加和发展。

（5）密钥管理

IPSec 密钥管理主要由 IKE 协议完成。IKE 过程是一种 IETF 标准的安全关联和密钥交换解析的方法。

Internet 密钥交换（IKE）是一种混合协议，它为 IPSec 提供实用服务（IPSec 双方的鉴别、IKE 和 IPSec 安全关联的协商），以及为 IPSec 所用的加密算法建立密钥。它使用了三个不同协议的相关部分：Internet 安全关联和密钥交换协议（ISAKMP）、Oakley 密钥确定协议和 SKEME。

IKE 实行集中化的安全关联管理，并生成和管理授权密钥，授权密钥是用来保护要传送的数据的。此外，IKE 还使得管理员能够定制密钥交换的特性。IKE 为 IPSec 双方提供用于生成加密密钥和认证密钥的密钥信息。同样，IKE 使用 ISAKMP 为其他 IPSec（AH 和 ESP）协议协商 SA（安全关联）。

总之，IPSec 可以在主机或网关上实现，使系统能选择所需要的安全机制、决定使用的算法和密钥以及使用的方式，在 IP 层提供所要求的安全服务。IPSec 能在主机之间、安全网关之间或主机与安全网关之间对一条或多条路径提供保护。IPSec 提供的安全功能包括访问控制、无连接完整性、数据起源认证、抗重放攻击和机密性。由于这些安全服务是在 IP 层提供的，所以可为任何高层协议，如 TCP、UDP、ICMP、BGP 等使用。

13.2.2　IPSec 的安全协议

IPSec 定义了两种新的安全协议 AH 和 ESP，并以 IP 扩展头的方式增加到 IP 包中，以支持 IP 数据项的安全性。

1. 认证头（AH）

设计认证头（AH）协议的目的是用来增加 IP 数据报的安全性。AH 协议提供无连接的完整性、数据源认证和防重放保护服务。不过，AH 不提供任何保密性服务，它不加密所保护的数据包。AH 为 IP 数据流提供高强度的密码认证，以确保被修改过的数据包可以被检查出来。

由于 AH 没有提供机密性，因此 AH 头比 ESP 头要简单得多。AH 的格式如图 13-6 所示。

1）下一负载头：占 8 位，标识 AH 后下一个有效负载的类型。在传输模式下，它是处于保护中的上层协议的值，比如 UDP 或 TCP 协议的值。在隧道模式下，它是值 4，表示 IP—inIP（IPv4）封装或 IPv6 封装的值 41。

2）有效负载长度：占 8 位，指明了 AH 的长度。AH 头是一个 IPv6 扩展头，按照 RFC2460 规定，它的长度是从 64 位字表示的头长度中减去一个 64 位字而来的。但 AH 采用 32 位字来计算。

下一个负载头	有效负载长度	保留
安全参数索引(SPI)		
序列号		
认证数据		

图 13-6 AH 的格式

3)保留:占 16 位,供将来使用。AH 规范 RFC2402 规定这个字段应被置为 0。

4)安全参数索引:占 32 位,它与目的 IP 地址、安全协议结合在一起唯一地标识用于此数据项的安全联盟。

5)序列号:占 32 位,是一个无符号单向递增的计算器,是一个单调增加的 32 位无符号整数计数值,主要作用是提供抗重放攻击服务。

6)认证数据:包含数据报的认证数据,该认证数据被称为数据报的完整性校验值(ICV),其字段是一个不固定的长度字段。

AH 使用消息验证码(MAC)对 IP 进行认证。MAC 是一种算法,它接收一个任意长度的消息和一个密钥,生成一个固定长度的输出,成为消息摘要或指纹。如果数据报的任何一部分在传送过程中被篡改,那么当接收端运行同样的 MAC 算法,并与发送端发送的消息摘要值进行比较时,就会被检测出来。

AH 被应用于整个数据包,除了任何在传输中易变的 IP 报头域。AH 的工作步骤如下:

1)IP 报头和数据负载用来生成 MAC。

2)MAC 被用来建立一个新的 AH 报头,并添加到原始的数据包上。

3)新的数据包被传送到 IPSec 对端路由器上。

4)对端路由器对 IP 报头和数据负载生成 MAC,并从 AH 报头中提取出发送过来的 MAC 信息,且对两个信息进行比较。MAC 信息必须精确匹配,即使所传输的数据包有一个比特位被改变,对接收到的数据包的散列计算结果都将会改变,AH 报头也将不能匹配。

2. 封装安全载荷(ESP)

设计 ESP 协议的主要目的是提高 IP 数据包的安全性。ESP 提供机密性保护、有限的流机密性保护、无连接的完整性保护、数据源认证和抗重放攻击等安全服务。和 AH 一样,通过 ESP 的进入和外出处理还可提供访问控制服务。事实上,ESP 提供和 AH 类似的安全服务,只是增加了数据机密性保护和有限的流机密性保护等额外的安全服务。机密性保护服务通过使用密码算法加密 IP 数据包的相关部分来实现,流机密性保护服务由隧道模式下的机密性保护服务提供。

ESP 可以单独应用,也可以以嵌套的方式使用,或者和 AH 结合使用。ESP 一般不对整个数据报加密,而是只加密 IP 数据报的有效载荷部分,不包括 IP 报头。但在端对端的隧道通信中,ESP 需要对整个数据报加密。ESP 的格式如图 13-7 所示。

1)安全参数索引:占 32 位,作为一个 IPSec 头,ESP 头中会包含一个 SPI 字段,它包括目的地址和安全协议(ESP),用于标识这个数据所属的安全联盟。SPI 经过验证却未被加密。

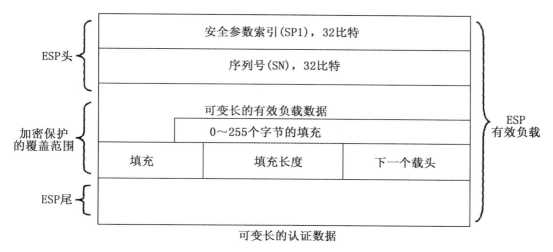

图 13-7　ESP 的格式

2）序列号：占 32 位，从 1 开始的 32 单增序列号，不允许重复，唯一地标识每一个发送数据报，为安全关联提供反重播保护。

3）有效负载数据：ESP 保护的实际数据包含在有效负载数据中，其长度由数据长度来决定，因此是可变长的数据。数据类型由下一负载头字段来表示。若定义了加密算法，则需要加密且在保护数据字段中包含一个加密算法可能需要用到的初始化向量。

4）填充：根据加密算法的需要填满一定的边界，从而保证边界的正确。有些加密算法模式要求密码的输入是其块大小的一倍，填充可用来完成此任务。填充的内容与提供机密性的加密算法有关，如果算法在填充中定义了一个特定值，则只能采用这个值；如果算法没有指定需要填充的值，ESP 将指定填充的第一个字节的值是 1，后面的所有字节值都单向递增。

5）填充长度：8 位，表明填充项字段中填充以字节为单位的长度。填充长度字段是硬性规定的，因此，即使没有填充，填充长度字段仍会将它表示出来。

6）下一负载头：8 位，指示载荷中封装的数据类型。

7）认证数据：长度不固定，存放的是完整性校验值（ICV），它是对除认证数据字段以外的 ESP 包进行计算获得的。这个字段的实际长度取决于采用的认证算法。

ESP 中用来加密数据报的密码算法都使用了对称密钥体制。公钥密码算法采用计算量非常大的大整数模指数运算，大整数的规模超过 300 位十进制数字。而对称密码算法主要使用初级操作（异或、逐位与、位循环等），无论以软件还是硬件方式执行都非常有效。所以相对公钥密码系统而言，对称密钥系统的加、解密效率要高得多。ESP 通过在 IP 层对数据包进行加密来提供保密性，它支持各种对称的加密算法。对于 IPSec 的缺省算法是 56 比特的 DES。该加密算法必须被实施，以保证 IPSec 设备间的互操作性。ESP 通过使用消息认证码（MAC）来提供认证服务。

13.2.3　安全关联

安全关联（Security Association，SA）的概念是 IPSec 的基础。IPSec 使用的 AH 和 ESP 协议均使用 SA。SA 是指由 IPSec 提供安全服务的业务流的发送方到接收方的一个单向逻辑关系,用来表示 IPSec 为 SA 所承载的数据通信提供安全服务。由于 SA 是单向的,所以两个系统之间的双向通信需要两个 SA,每个方向一个。

通常,SA 由以下参数定义:

1)AH 使用的认证算法和算法模式。

2)AH 认证算法使用的密钥。

3)认证算法使用的认证密钥。

4)IP ESP 使用的加密算法、算法模式和变换。

5)ESP 加密算法使用的密钥。

6)ESP 变换使用的认证算法和模式。

7)加密算法的密码同步初始化向量字段的存在性和大小。

8)密钥的生存期。

9)SA 的生存期。

10)SA 的源地址等。

SA 不能同时对 IP 数据包提供 AH 和 ESP 保护,如果需要提供多种安全保护,就需要使用多个 SA。当把一系列 SA 应用于 IP 数据包时,称这些 SA 为 SA 集束。SA 集束中各个 SA 应用于始自或到达特定主机的数据。多个 SA 可以用传输邻接和嵌套隧道两种方式联合起来组成 SA 集束。

SA 用一个<安全参数索引,目的 IP 地址,安全协议>的三元组唯一标识。这样,IPSec 就将传统的 Internet 无连接的网络层转换为具有逻辑连接的层。

(1)安全参数索引(SPI)

赋值给该 SA 的比特串,其位置在 AH 和 ESP 报头中,作用是使接收系统对收到的数据报能够选择在哪个 SA 下进行处理。所以 SPl 只具有本地意义。

(2)目的 IP 地址

SA 中接收方的 IP 地址。该地址可以是终端用户系统或防火墙、路由器等网络互连设备的地址。目前的 SA 管理机制只支持单目标传送地址(即仅指定一个用户或网络互连设备的地址)。

(3)安全协议标识符

表示 SA 使用的协议是 AH 协议还是 ESP 协议。

对任何 IP 数据报,通过 IPv4 或 IPv6 报头中的目的地址以及封装扩展报头(AH 或 ESP)中的 SPI,可以对 SA 唯一地识别。

SA 管理的两大任务是追寻与删除。SA 的创建既可人工进行,也可通过一个 Internet 标准密钥管理协议来完成。其创建分两步进行:首先是进行 SA 参数的协商,其次是用 SA 更新 SD-AB。例如,SA 有效期已过或密钥遭到破坏或有一通信方要求删除这个 SA 时,将要进行 SA 的删除,可人工进行或通过 IKE 来完成。

IPSec 的实现还需要维护两个与 SA 相关的数据库:安全策略数据库(SPD)和安全关联数据库(SAD)。SPD 指定了应用在到达或者来自某特定主机或者网络的数据流的策略。SAD 包含每一个 SA 的参数信息。对于外出包,SPD 决定对一个特定的数据包使用什么 SA;对于进入包,SAD 决定怎样对特定的数据包做处理。

13.2.4　IPSec 的工作模式

IPSec 协议(AH 和 ESP)支持传输模式和隧道模式两种运行模式。AH 和 ESP 头在传输模式和隧道模式中不会发生变化,两种模式的区别在于它们保护的数据不同,一个是 IP 包,一个是 IP 的有效载荷。

下面我们详细探讨一下这两种模式:

(1)传输模式

传输模式中,AH 和 ESP 保护的是 IP 的有效载荷,如图 13-8 所示。

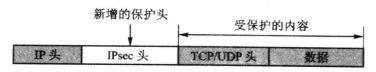

图 13-8　传输模式数据包格式

在这种模式中,AH 和 ESP 会拦截从传输层到网络层的数据包,流入 IPSec 组件,由 IPSec 组件增加 AH 或 ESP 头,或两个头都增加,然后调用网络层的一部分,为其增加网络层的头。

这种模式具有以下优点:

1)各主机分担了 IPSec 处理负荷,避免了 IPSec 处理的瓶颈问题。

2)即使是内网中的其他用户,也不能理解在主机 A 和主机 B 之间传输的数据的内容。

同时,该模式也暴露出了一些缺点:

1)显现了子网内部的拓扑结构。

2)内网中的各个主机只能使用公有 IP 地址,而不能使用私有 IP 地址。

3)由于每一个需要实现传输模式的主机都必须安装并实现 IPSec 协议,因此不能实现对端用户的透明服务。用户为了获得 IPSec 提供的安全服务,必须消耗内存、花费处理时间。

(2)隧道模式

隧道模式中,AH 和 ESP 保护的是整个 IP 包,如图 13-9 所示。

图 13-9　隧道模式数据包格式

隧道模式首先为原始的 IP 包增加一个 IPSec 头,然后再在外部增加一个新的 IP 头。因此,IPSec 隧道模式的数据包有两个 IP 头,即内部头和外部头。其中,内部头由主机创建,而外部头由提供安全服务的设备添加。原始 IP 包通过隧道从 IP 网的一端传递到另一端,沿途的路由器只检查最外面的 IP 头。

当安全保护能力需要由一个设备来提供,而该设备又不是数据包的始发点时,或数据包需要保密传输到与实际目的地不同的另一个目的地时,需要采用隧道模式。

这种模式具有以下优点:

1)子网内部的各个主机可以使用私有的 IP 地址,而无需公有的 IP 地址。

2)保护了子网内部的拓扑结构。

3）保护子网内的所有用户都可以透明地享受安全网关提供的安全保护。

同时，该模式也暴露出了一些缺点：

1）因为子网内部通信都以明文的方式进行，所以无法控制内部发生的安全问题。

2）IPSec 主要集中在安全网关，增加了安全网关的处理负担，容易造成通信瓶颈。

13.2.5 IPSec 的服务

我们知道，IPSec 提供了认证和加密两种安全机制。IPSec 规定了如何在对等层之间选择安全协议、确定安全算法和密钥交换，向上提供了访问控制、数据源认证、数据加密等网络安全服务。下面我们从几个方面探讨一下 IPSec 的服务。

（1）安全性

IPSec 的安全性主要体现在以下几个方面：

1）不可否认性。不可否认性可以证实消息发送方是唯一可能的发送方，发送方不能否认发送过消息。它是采用公钥技术的一个特征，但不是基于认证的共享密钥技术的特征。

2）数据完整性。IPSec 利用 Hash 函数为每个数据报产生一个加密校验和，接收方在打开数据报前先计算校验和，若包遭篡改导致校验和不相符，数据报即被丢弃。从而防止传输过程中数据被篡改，确保发出数据和接收数据的一致性。

3）加密。在传输前对数据进行加密，可以保证在传输过程中即使数据报遭截取，信息也无法被读。

4）认证。数据源发送信任状，由接收方验证信任状的合法性，只有通过认证的系统才可以建立通信连接。

（2）公钥加密

IPSec 的公钥加密用于身份认证和密钥交换。公钥加密又称"不对称加密法"，即加解密过程需要两把不同的密钥，一把用来产生数字签名和加密数据，另一把用来验证数字签名和对数据进行解密。

（3）加密算法

IPSec 使用的数据加密算法是 DES。此外，IPSec 还支持 3DES 算法，可以提供更高的安全性，但计算速度会慢一些。

（4）Hash 函数

Hash 信息验证码（HMAC）验证接收消息和发送消息的完全一致性（完整性）。这在数据交换中非常关键，尤其当传输媒体如公共网络中不提供安全保证时更显其重要性。HMAC 结合 Hash 算法和共享密钥提供完整性。

（5）密钥管理

IPSec 策略允许专家级用户自定义密钥生命周期。如果没有设置该值，则按默认时间间隔自动生成新密钥。

IPSec 策略使用"动态密钥更新"来决定在一次通信中新密钥产生的频率。这可以保证万一攻击者中途截取了部分通信数据流和相应密钥后，也不会危及所有其余通信信息的安全。

（6）基于电子证书的公钥认证

一个架构良好的公钥体系，在信任状态的传输中不会造成任何信息外泄，能解决很多安全问题。IPSec 与特定的公钥体系相结合，可以提供基于数字证书的认证。

（7）预置共享密钥认证

IPSec 也可以使用预置共享密钥进行认证。预置共享意味着通信双方必须在 IPSec 策略设置中对共享的密钥达成一致。之后在安全协商过程中，信息在传输前使用共享密钥加密，接收方使用同样的密钥解密，如果接收方能够解密，即被认为可以通过认证。

13.2.6　IPSec 的应用

IPSec 是一种功能极强、包容极广的 IP 安全协议，实现了 IP 包级安全，并为上层协议提供覆盖式的安全保护，这使都它具有广泛的应用领域与发展前景。

1）IPSec 几乎能与任何类型的 IP 协议设备协同工作，通过其与远程主机、防火墙、安全网关、路由器的结合，可以构造出各种网络安全解决方案。

2）IPSec 能与其他协议结合提供更强的安全性。

3）IPSec 是下一代 IP 协议 IPv6 的基本组成部分，是 IPv6 必须支持的功能。

4）IPSec 能使企业把他们的 Extranet 扩展到贸易伙伴，进行安全的电子商务，能使他们的 Intranet 连接到远程场所而不用担心安全协议的兼容性。

5）IPSec 能使企业在他们已有的 IP 网络上建造一个安全的基础设施。

目前，IPSec 最主要的应用是构建安全虚拟专用网（VPN），下一节我们会详细介绍 VPN。

13.3　VPN 安全技术

VPN 是在 Internet 中进行通信，存在着不安全因素，而通信内容可能涉及企业的机密数据，因此其采用一系列的安全技术确保安全性就显得尤为重要。VPN 的安全技术包括加解密技术、密钥管理技术、身份认证技术、隧道技术、访问控制等。

13.3.1　加解密技术

为了保证重要的数据在公共网上传输时的安全，VPN 采用了加密机制。加解密技术在数据通信中是一项较成熟的技术。

在现代密码学中，加密算法被分为对称加密算法和非对称加密算法。对称加密算法采用同一密钥进行加密和解密，优点是速度快，但密钥的分发与交换难于管理。而采用非对称加密算法进行加密时，通信各方使用两个不同的密钥，一个是只有发送方知道的专用密钥 d，另一个则是对应的公用密钥 e，任何人都可以获得公用密钥。专用密钥和公用密钥在加密算法上相互关联，一个用于数据加密，另一个用于数据解密。非对称加密还有一个重要用途是进行数字签名。

13.3.2　密钥管理技术

密钥管理技术主要任务是如何在公共数据网中安全地传输密钥而不被盗取。它包括，从密钥的产生到密钥的销毁的各个方面。主要表现于管理体制、管理协议和密钥的产生、分配、更换和注入等。对于军用计算机网络系统，由于用户机动性强，隶属关系和协同作战指挥等方式复杂，因此，对密钥管理提出了更高的要求。

现行密钥管理技术又分为 SKIP 与 ISAKMP/OAKLEY 两种。SKIP（Simple Key Exchange Internet Protocol，因特网简单密钥交换协议）主要是利用 Diffie-Hellman 的演算法则，在

网络上传输密钥；ISAKMP(Internet Security Association and Key Management Protocol，因特网安全关联和关密钥的管理协议)定义了程序和信息包格式来建立、协商、修改和删除安全连接(SA)。SA 包括了各种网络安全服务执行所需的所有信息，这些安全服务包括 IP 层服务(如头认证和负载封装)、传输或应用层服务，以及协商流量的自我保护服务等。ISAKMP 定义包括交换密钥生成和认证数据的有效载荷。Oakley 协议(Oakley Key Determina-tion)，其基本的机理是 Diffie-Hellman 密钥交换算法。OAKLEY 协议支持完整转发安全性，用户通过定义抽象的群结构来使用 Diffie-Hellman 算法，密钥更新，及通过带外机制分发密钥集，并且兼容用来管理 SA 的 ISAKMP 协议。在 ISAKMP 中，双方都有两把密钥，分别用于公用、私用。

13.3.3　身份认证技术

VPN 需要解决的首要问题就是网络上的设备与用户身份验证，以便系统安全的实施资源控制或对用户授权。其常用的身份验证技术有三种：安全口令、PPP 认证协议和使用认证机制的协议。下面我们分别的介绍以下

(1)安全口令

我们经常使用口令来认证用户和设备，为了口令不被破解，需要经常改变口令或加密口令。S/key 一次性口令系统是一种基于 MD4 和 MD5 的一次性口令生成方案，基于客户机/服务器。客户机发送初始包来启动 S/key 交换，服务器用一个序列号和种子来响应。另一种认证是令牌认证，令牌认证系统通常要求使用一个特殊的卡，叫做"智能卡"或"令牌卡"，但有些地方可以用软件实现。

(2)PPP 认证协议

点对点协议(Point to Point Protocol，PPP)是最常用的借助于串行线或 ISDN 建立拨入连接的协议。也正是由于这点它常被用于 VPN 技术中。PPP 认证机制包括：口令认证协议(Password Authentication Protocol，PAP)、质询握手协议(Challenge Handshake Protocol，CHAP)和可扩展认证协议(Extensible Authentication Protocol，EAP)。它们用于认证对等设备，而不是认证设备的用户。

(3)使用认证机制的协议

许多协议在给用户或设备提供授权和访问权限之前需要认证校验。在 VPN 环境中经常使用 TACACS+和 RADIUS 协议，它们提供可升级的认证数据库，并采用不同的认证方法。

13.3.4　隧道技术

隧道技术是 VPN 的基本技术，类似于点对点连接技术。它在公用网上建立一条数据通道(隧道)，让数据包通过这条隧道进行传输。隧道是由隧道协议构建的，常用的有第二、三层隧道协议。第二层隧道协议首先把各种网络协议封装到 PPP 中，再把整个数据包装入隧道协议中。这种双层封装方法形成的数据包靠第 2 层协议进行传输。第二层隧道协议有 L2F、PPTP、L2TP 等。L2TP 是由 PPTP 与 L2F 融合而成，目前 L2TP 已经成为 IETF 的标准。

第三层隧道协议把各种网络协议直接装入隧道协议中，形成的数据包依靠第 3 层协议进行传输。第三层隧道协议有 GRE，VTP，IPSec 等。IPSec(IP Security)是由一组 RFC 文档描述的安全协议，它定义了一个系统来选择安全协议和安全算法，确定服务所使用密钥等服务，从而在 IP 层提供安全保障。

13.3.5　访问控制

访问控制决定了谁能访问系统、能访问系统的何种资源以及如何使用这些资源。采取适当的访问控制措施能够防止未经允许的用户有意或无意地获取数据，或者非法访问系统资源等。

13.4　隧道协议与 VPN 实现

13.4.1　PPTP VPN

PPTP(Point to Point Tunneling Protocol，点到点隧道协议)是由多家公司专门为支持 VPN 而开发的一种技术。PPTP 是一种通过现有的 TCP/IP 连接(称为"隧道")来传送网络数据包的方法。VPN 要求客户端和服务器之间存在有效的互联网连接。一般服务器需要与互联网建立永久性连接，而客户端则通过 ISP 连接互联网，并且通过拨号网(Dial-Up Networking，DUN)入口与 PPTP 服务器建立服从 PPTP 协议的连接。这种连接需要访问身份证明和遵从的验证协议。RRAS 为在服务器之间建立基于 PPTP 的连接及永久性连接提供了可能。

只有当 PPTP 服务器验证客户身份之后，服务器和客户端的连接才算建立起来了。PPTP 会话的作用就如同服务器和客户端之间的一条隧道，网络数据包由一端流向另一端。数据包在起点处(服务器或客户端)被加密为密文，在隧道内传送，在终点将数据解密还原。因为网络通信是在隧道内进行，所以数据对外而言是不可见的。隧道中的加密形式更增加了通信的安全级别。一旦建立了 VPN 连接，远程的用户可以浏览公司局域网 LAN，连接共享资源，收发电子邮件，就像本地用户一样。

PPTP 提供改进的加密方式。原来的版本对传送和接收通道使用同一把密钥，而新版本则采用种子密钥方式，对每个通道都使用不同的密钥，这使得每个 VPN 会话更加安全。要破坏一个 VPN 对话的安全，入侵者必须解密两个唯一的密钥，即一个用于传送路径，一个用于接收路径。更新后的版本还封堵了一些安全漏洞，这些漏洞允许某些 VPN 业务根本不以密文方式进行。

PPTP 的最大优势是 Microsoft 公司的支持。NT 4.0 已经包括了 PPTP 客户机和服务器的功能，并且考虑了 Windows 95 环境。另一个优势是它支持流量控制，可保证客户机与服务器间不会拥塞，改善通信性能，最大限度地减少包丢失和重发现象。

PPTP 把建立隧道的主动权交给了客户，但客户需要在其 PC 机上配置 PPTP，这样做既会增加用户的工作量，又会造成网络的安全隐患。另外，PPTP 仅工作于 IP，不具有隧道终点的验证功能，需要依赖用户的验证。

13.4.2　L2F VPN

L2F(Level 2 Forwarding Protocol，第二层转发协议)用于建立跨越公共网络(如因特网)的安全隧道来将 ISP POP 连接到企业内部网关。这个隧道建立了一个用户与企业客户网络间的虚拟点对点连接。

L2F 允许在 L2F 中封装 PPP/SLIP 包。ISP NAS 与家庭网关都需要共同了解封装协议，这样才能在因特网上成功地传输或接收 SLIP/PPP 包。

L2F 是 Cisco 公司提出的,可以在多种介质(如 ATM、FR、IP)上建立多协议的安全 VPN 的通信方式。它将链路层的协议(如 HDLC、PPP、ASYNC 等)封装起来传送,因此,网络的链路层完全独立于用户的链路层协议。该协议 1998 年提交给 IETF,成为 RFC2341。

L2F 远端用户能够通过任何拨号方式接入公共 IP 网络。首先,按常规方式拨号到 ISP 的接入服务器(NAS),建立 PPP 连接;NAS 根据用户名等信息发起第二次连接,呼叫用户网络的服务器,这种方式下,隧道的配置和建立对用户是完全透明的。

L2F 允许拨导服务器发送 PPP 帧,并通过 WAN 连接到 L2F 服务器。L2F 服务器将数据包去掉封装后,把它们接入到企业自己的网络中。与 PPTP 和 L2F 所不同的是,L2F 没有定义客户。L2F 的主要缺陷是没有把标准加密方法包括在内,因此,它基本上已经成为一个过时的隧道协议。

设计 L2F 协议的初衷是出于对公司职员异地办公的支持。一个公司职员若因业务需要而离开总部,在异地办公时往往需要对总部某些数据进行访问。如果按传统的远程拨号访问,职员必须与当地 ISP 建立联系,并具有自己的账户,然后由 ISP 动态分配全球注册的 IP 地址,才可能通过因特网访问总部数据。但是,总部防火墙往往会对外部 IP 地址进行访问控制,这意味着该职员对总部的访问将受到限制,甚至不能进行任何访问,因此,使得职员异地办公极为不便。

使用 L2F 协议进行虚拟拨号,情况就不一样了。它使得封装后的各种非 IP 协议或非注册 IP 地址的分组能在因特网上正常传输,并穿过总部防火墙,使得诸如 IP 地址管理、身份鉴别及授权等方面与直接本地拨号一样可控。

通过 L2F 协议,用户可以通过因特网远程拨入总部进行访问,这种虚拟拨入具有如下几个特性。

1)无论是远程用户还是位于总部的本地主机都不必因为使用该拨号服务而安装任何特殊软件,只有 ISP 的 NAS 和总部的本地网关才安装有 L2F 服务,而对远程用户和本地主机,拨号的虚拟连接是透明的。

2)对远程用户的地址分配、身份鉴别和授权访问等方面,对总部而言都与专有拨号一样可控。

3)ISP 和用户都能对拨号服务进行记账(如拨号起始时间、关闭时间、通信字节数等)以协调费用支持。

13.4.3　L2TP VPN

L2TP (Layer Two Tunneling Protocol,第二层隧道协议)是 PPTP 和第二层转发(L2F)两种技术的结合。为了避免 PPTP 和 L2F 两种互不兼容的隧道技术在市场上彼此竞争从而给用户带来不方便,IETF 要求将两种技术结合在单一隧道协议中,并在该协议中综合 PPTP 和 L2F 两者的优点,由此产生了 L2TP。

L2TP 是由 Cisco、Ascend、Microsoft、3Com 和 Bay 等厂商共同制订的,1999 年 8 月公布了 L2TP 的标准 RFC2661。上述厂商现有的 VPN 设备已具有 L2TP 的互操作性。

L2TP 将 PPP 帧封装后,可通过 TCP/IP、X.25、帧中继或 ATM 等网络进行传送。目前,仅定义了基于 IP 网络的 L2TP。在 IP 网络中 L2TP 采用 UDP 封装和传送 PPP 帧。L2TP 隧道协议可用于 Internet,也可用于其他企业专用 Intranet 中。

IP 网上的 L2TP 不仅采用 UDP 封装用户数据,还通过 UDP 消息对隧道进行维护。PPP 帧的有效载荷即用户传输数据,可以经过加密、压缩或两者的混合处理。L2TP 隧道维护控制消息和隧道化用户传输数据具有相同的包格式。

与 PPTP 类似,L2TP 假定在 L2TP 客户机和 L2TP 服务器之间有连通且可用的 IP 网络。因此,如果 L2TP 客户机本身已经是某 IP 网络的组成部分,则可通过该 IP 网络与 L2TP 服务器取得连接;而如果 L2TP 客户机尚未连入网络,譬如在 Internet 拨号用户的情形下,L2TP 客户机必须首先拨打 NAS 建立 IP 连接。这里所说的 L2TP 客户机即使用 L2TP 的 VPN 客户机,而 L2TP 服务器即使用 L2TP 的 VPN 服务器。

创建 L2TP 隧道时必须使用与 PPP 连接相同的认证机制,如 EAP、MS-CHAP、CHAP、SPAP 和 PAP。基于 Internet 的 L2TP 服务器即使用 L2TP 的拨号服务器,它的一个接口在外部网络 Internet 上,另一个接口在目标专用网络 Intranet 上。

L2TF 结合了 L2F 和 PPTP 的优点,可以让用户从客户端或接入服务器端发起 VPN 连接。L2TP 定义了利用公共网络设施封装传输链路层 PPP 帧的方法。目前,用户拨号访问因特网时,必须使用 IP 协议,并且其动态得到的 IP 地址也是合法的。L2TP 的优点就在于支持多种协议,用户可以保留原来的 IPX、AppleTalk 等协议或企业原有的 IP 地址,企业在原来非 IP 网上的投资不至于浪费。另外,L2TP 还解决了多个 PPP 链路的捆绑问题。

L2TP 主要由 LAC(接入集中器)和 LNS(L2TP 网络服务器)构成。LAC 支持客户端的 L2TP,用于发起呼叫、接收呼叫和建立隧道。LNS 是所有隧道的终点。在传统的 PFP 连接中,用户拨号连接的终点是 LAC,L2TP 使得 PPP 的终点延伸到 LNS。

在安全性考虑上,L2TP 仅仅定义了控制包的加密传输方式,对传输中的数据并不加密。因此,L2TP 并不能满足用户对安全性的需求,如果需要安全的 VPN,则依然需要 IPSec。

13.4.4　IPSec VPN

1. IPSec VPN 概述

IPSec (Security Architecture for IP Network)是在 IPv6 的制定过程中产生,用于提供 IP 层的安全性。由于所有支持 TCP/IP 协议的主机在进行通信时都要经过 IP 层的处理,所以提供了 IP 层的安全性就相当于为整个网络提供了安全通信的基础。鉴于 IPv4 的应用仍然很广泛,所以后来在 IPSec 的制定中也增添了对 IPv4 的支持。

IPSec 标准最初由 IETF 于 1995 年制定,但由于其中存在一些未解决的问题,从 1997 年开始 IETF 又开展了新一轮的 IPSec 标准的制定工作,1998 年 11 月,主要协议已经基本制定完成。由于这组新的协议仍然存在一些问题,IETF 将来还会对其进行修订。

IPSec 所涉及的一系列 RFC 标准文档如下:
- RFC 2401:IPSec 系统结构。
- RFC 2402:认证首部协议(AH)。
- RFC 2406:封装净荷安全协议(ESP)。
- RFC 2408:Internet 安全联盟和密钥管理协议(ISAKMP)。
- RFC 2409:Internet 密钥交换协议(IKE)。
- RFC 2764:基本框架文档。
- RFC 2631:Diffie-Hellman 密钥协商方案。
- RKEME。

虽然 IPSec 是一个标准,但它的功能却相当有限。它目前还支持不了多协议通信功能或者某些远程访问所必须的功能,如用户级身份验证和动态地址分配等。为了解决这些问题,供应商们各显神通,使 IPSec 在标准之外多出了许多种专利和许多种因特网扩展提案。微软公司走的是另外一条完全不同的路线,它只支持 L2TP over IPSec。

即使能够在互操作性方面赢得一些成果,可要想把多家供应商的产品调和在一起还是困难重重——用户的身份验证问题、地址的分配问题及策略的升级问题,每一个都非常复杂,而这些还只是需要解决的问题的一小部分。

尽管 IPSec 的 ESP 和报文完整性协议的认证协议框架已趋成熟,IKE 协议也已经增加了椭圆曲线密钥交换协议,但由于 IPSec 必须在端系统的操作系统内核的 IP 层或网络节点设备的 IP 层实现,因此,需要进一步完善 IPSec 的密钥管理协议。

2. IPSec 的工作模式

IPSec 由 AH 和 ESP 提供了两种工作模式,即传输模式和隧道模式,都可用于保护通信。

(1)传输模式

传输模式用于两台主机之间,保护传输层协议头,实现端到端的安全性。当数据包从传输层传送给网络层时,AH 和 ESP 会进行拦截,在 IP 头与上层协议之间需插入一个 IPSec 头。当同时应用 AH 和 ESP 到传输模式时,应该先应用 ESP,再应用 AH。

(2)隧道模式

隧道模式用于主机与路由器或两部路由器之间,保护整个 IP 数据包,即将整个 IP 数据包进行封装(称为内部 IP 头),然后增加一个 IP 头(称为外部 IP 头),并在外部与内部 IP 头之间插入一个 IPSec 头。

3. IPSec 中的主要协议

(1)AH 协议

AH(Authentication Header)协议用来防御中间人攻击。RFC 2401 将 AH 服务定义如下:

· 非连接的数据完整性校验。

· 数据源点认证。

· 可选的抗重放服务。

验证头不提供机密性保证,所以它不需要加密器,但是它依然需要身份验证器提供数据完整性验证。下面给出了 AH 的格式,如图 13-10 所示。

下一个负载头	有效负载长度	保 留
安全参数索引(SPI)		
序列号		
认证数据		

图 13-10　AH 的格式

· 下一负载头:占 8 位,标识 AH 后下一个有效负载的类型。在传输模式下,它是处于保护中的上层协议的值,比如 UDP 或 TCP 协议的值。在隧道模式下,它是值 4,表示 IP-in-IP(IPv4)封装或 IPv6 封装的值 41。

- 有效负载长度:占 8 位,指明了 AH 的长度。AH 头是一个 IPv6 扩展头,按照 RFC 2460规定,它的长度是从 64 位字表示的头长度中减去一个 64 位字而来的。但 AH 采用 32 位字来计算。
- 保留:占 16 位,供将来使用。AH 规范 RFC 2402 规定这个字段应被置为 0。
- 安全参数索引(SPI):占 32 位,它与目的 IP 地址、安全协议结合在一起唯一地标识用于此数据项的安全联盟。
- 序列号:占 32 位,是一个无符号单向递增的计算器,是一个单调增加的 32 位无符号整数计数值,主要作用是提供抗重放攻击服务。
- 认证数据:包含数据报的认证数据,该认证数据被称为数据报的完整性校验值(ICV),其字段是一个不固定的长度字段。

(2)ESP 协议

ESP(Encapsulating Security Payload)协议主要用于对 IP 数据包进行加密,此外也对认证提供某种程度的支持。ESP 独立于具体的加密算法,几乎可以支持各种对称密钥加密算法,如DES、TripleDES 和 RC5 等。为了保证各种 IPSec 实现之间的互操作性,目前要求 ESP 必须支持 56 位密钥长度的 DES 算法。ESP 的格式如图 13-11 所示。

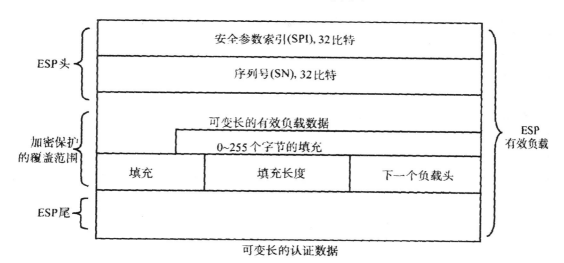

图 13-11　ESP 的格式

- 安全参数索引:占 32 位,作为一个 IPSec 头,ESP 头中会包含一个 SPI 字段,它包括目的地址和安全协议(ESP),用于标识这个数据所属的安全联盟。SPI 经过验证却未被加密。
- 序列号:占 32 位,从 1 开始的 32 单增序列号,不允许重复,唯一地标识每一个发送数据报,为安全关联提供反重播保护。
- 有效负载数据:ESP 保护的实际数据包含在有效负载数据中,其长度由数据长度来决定,因此是可变长的数据。数据类型由下一负载头字段来表示。如果定义了加密算法,则需要加密且在保护数据字段中包含一个加密算法可能需要用到的初始化向量。
- 填充:根据加密算法的需要填满一定的边界,从而保证边界的正确。有些加密算法模式要求密码的输入是其块大小的一倍,填充可用来完成此任务。填充的内容与提供机密性的加密算法有关,如果算法在填充中定义了一个特定值,则只能采用这个值;如果算法没有指定需要填充的值,则 ESP 将指定填充的第一个字节的值是 1,后面的所有字节值都单向递增。

· 填充长度:8 位,表明填充项字段中填充以字节为单位的长度。填充长度字段是硬性规定的,因此,即使没有填充,填充长度字段仍会将它表示出来。

· 下一负载头:8 位,指示载荷中封装的数据类型。

· 认证数据:长度不固定,存放的是完整性校验值(ICV),它是对除认证数据字段以外的 ESP 包进行计算获得的。这个字段的实际长度取决于采用的认证算法。

(3)IKE 协议

Internet 密钥交换协议(Internet Key Exchange,IKE)用于动态建立安全关联(Security Association,SA)。由 RFC 2409 描述的 IKE 属于一种混合型协议。它汲取了 ISAKMP、Oakley 密钥确定协议及 SKEME 的共享密钥更新技术的精华,从而设计出独一无二的密钥协商和动态密钥更新协议。

此外,IKE 还定义了两种密钥交换方式。IKE 使用两个阶段的 ISAKMP,即在第一阶段,通信各方彼此间建立一个已通过身份验证和安全保护的通道,即建立 IKE 安全关联;在第二阶段,利用这个既定的安全关联为 IPSec 建立安全通道。

IKE 定义了两个阶段,即阶段 1 交换和阶段 2 交换。Oakley 定义了三种模式,分别对应 ISAKMP 的三个阶段:快速模式、主模式和野蛮模式。在阶段 1 交换,IKE 采用的是身份保护交换("主模式"交换),以及根据 ISAKMP 文档制定的"野蛮模式"交换;在阶段 2 交换,IKE 则采用了一种"快速模式"交换。

ISAKMP 通过 IKE 对以下几种密钥交换机制提供支持:

· 预共享密钥(PSK)。

· 公钥基础设施(PKI)。

· IPSec 实体身份的第三方证书。

预共享密钥(Preshared Secret Key,PSK)机制实质上是一种简单的口令方法。在 IPSec VPN 网关上预设常量字符串,通信双方据此共享秘密实现相互认证。

总之,IKE 可以动态地建立安全关联和共享密钥。IKE 建立安全关联的实现极为复杂。一方面,它是 IPSec 协议实现的核心;另一方面,它也很可能成为整个系统的瓶颈。进一步优化 IKE 程序和密码算法是实现 IPSec 的核心问题之一。

13.4.5 MPLS VPN

MPLS(Multiprotocol Label Switch,多协议标签交换)吸收了 ATM 的一些交换的思想,无缝地集成了 IP 路由技术的灵活性和二层交换的简捷性。在面向无连接的 IP 网络中增加了 MPLS 这种面向连接的属性,通过采用 MPLS 建立"虚连接"的方法为 IP 网增加了一些管理和运营的手段。

1. 基本概念

MPLS 由 Cisco 的标签交换技术演变而来,已成为 IETF 的标准协议,是标签转发的典范。与传统的网络层技术相比,它引入了以下一些新概念。

（1）转发等价类

MPLS 作为一种分类转发技术，将具有相同转发处理方式的分组归为一类，称为转发等价类（Forwarding Equivalence Class，FEC）。相同转发等价类的分组在 MPLS 网络中将获得完全相同的处理。

转发等价类的划分方式非常灵活，可以是源地址、目的地址、源端口、目的端口、协议类型、VPN 等的任意组合。

（2）标签

标签是一个长度固定、只具有本地意义的短标志符，用于唯一标志一个分组所属的转发等价类（FEC）。在某些情况下，例如，要进行负载分担，对应一个 FEC 可能会有多个标签，但是一个标签只能代表一个 FEC。

标签由报文的头部所携带，不包含拓扑信息，只具有局部意义。标签的长度为 4 个字节，标签共有 4 个域。

标签与 ATM 的 VPI/VCI 以及 Frame Relay 的 DLCI 类似，是一种连接标志符。如果链路层协议具有标签域，则标签封装在这些域中；如果不支持，则标签封装在链路层和 IP 层之间的一个垫层中。这样，标签能够被任意的链路层所支持。

（3）标签交换路由器

标签交换路由器（Label Switching Router，LSR）是 MPLS 网络中的基本元素，所有 LSR 都支持 MPLS 协议。

LSR 由两部分组成，即控制单元和转发单元。控制单元负责标签的分配、路由的选择、标签转发表的建立、标签交换路径的建立、拆除等工作；而转发单元则依据标签转发表对收到的分组进行转发。

（4）标签交换路径

一个转发等价类在 MPLS 网络中经过的路径称为标签交换路径（Label Switched Path，LSP）。LSP 在功能上与 ATM 和 Frame Relay 的虚电路相同，是从入口到出口的一个单向路径。LSP 中的每个节点由 LSR 组成。

（5）标签发布协议

标签发布协议是 MPLS 的控制协议，它相当于传统网络中的信令协议，负责 FEC 的分类、标签的分配以及 LSP 的建立和维护等一系列操作。

2. MPLS VPN 的工作原理

MPLS VPN 的工作原理如下：

1）网络自动生成路由表。标记分配协议（LDP）使用路由表中的信息建立相邻设备的标记值、创建标记交换路径（LSP）、预先设置与最终目的地之间的对应关系。

2）将连续的网络层数据包看做"流"，MPLS 边界节点可以首先通过传统的网络层数据转发方式接收这些数据包；边缘 LSR 通过一定的标记分配策略来决定需要哪种第三层服务，如 QoS 或带宽管理。基于路由和策略的需求，有选择地在数据包中加入一个标记，并把它们转发出去。

3）当加入标记的链路层数据包在 MPLS 域中转发时，就不再需要经过网络层的路由选择，而由标记交换路径（LSP）上的 MPLS 节点在链路层通过标记交换进行转发。LSR 读取每一个数据包的标记，并根据交换表替换一个新值，直至标记交换进行到 MPLS 边界节点。

4）加入标记的链路层数据包在将要离开此 MPLS 域时，有以下两种情况：

①MPLS 边界节点的下一跳为非 MPLS 节点。此时带有标记的链路层数据包将采用传统的网络层分组转发方法，先经过网络层的路由选择，再继续向前转发，直至到达目的节点。

②MPLS 边界节点的下一跳为另一 MPLS 域的 MPLS 边界节点。此时可以采用"标记栈"（Label Stack）技术，使数据包仍然以标记交换方式进行链路层转发，进入邻接的 MPLS 域。

3. MPLS VPN 的优点

MPLS 能够充分利用公用骨干网络强大的传输能力构建 VPN，它可以大大降低政府和企业建设内部专网的成本，极大地提高用户网络运营和管理的灵活性，同时能够满足用户对信息传输安全性、实时性、宽频带和方便性的需要。与其他基于 IP 的虚拟专网相比，MPLS 具有很多优点。

1）降低了成本：MPLS 简化了 ATM 与 IP 的集成技术，使第二层和第三层技术有效地结合起来，降低了成本，保护了用户的前期投资。

2）提高了资源利用率：由于在网内使用标签交换，企业各局域子网可以使用重复的 IP 地址，提高了 IP 资源利用率。

3）提高了网络速度：由于使用标签交换，缩短了每一跳过程中搜索地址的时间及数据在网络传输中的时间，提高了网络速度。

4）提高了灵活性和可扩展性：由于 MPLS 使用了"任意到任意"的连接，提高了网络的灵活性和可扩展性。灵活性是指用户可以制定特殊的控制策略，以满足不同用户的特殊需求，实现增值业务；扩容性是指同一网络中可以容纳的 VPN 的数目很容易得到扩充。

5）方便了用户：MPLS 技术将被更广泛地应用在各个运营商的网络中，这给企业用户建立全球的 VPN 带来了极大的便利。

6）安全性高：采用 MPLS 作为通道机制实现透明报文传输，MPLS 的 LSP 具有与帧中继和 ATM VCC（Virtual Channel Connection，虚通道连接）类似的高安全性。

7）业务综合能力强：网络能够提供数据、语音、视频相融合的能力。

8）MPLS 的 QoS 保证：用户可以根据自己的不同业务需求，通过在 CE 侧的配置来赋予 MPLS VPN 不同的 QoS 等级。这种 QoS 技术既能保证网络的服务质量，又能减少用户的费用。

9）适用于城域网（PAN）这样的网络环境。另外，有些大型企业分支机构众多，业务类型多样，业务流向流量不确定，也特别适合使用 MPLS。

MPLS VPN 既具有交换机的高速度与流量控制能力，又具备路由器的灵活性；能够与 IP/ATM 很好地结合，使 ATM 设备的投资得到充分利用。MPLS 技术将交换机与路由器的优点完美地结合在一起。

IPSec VPN 和 MPLS VPN 之间的一个关键差异是 MPLS 厂商在性能、可用性以及服务等级上提供了 SLA（Service Level Agreement）。而它对于建立在 IPSec 设备上的 VPN 来说则是不可用的，因为 IPSec 设备利用 Internet 接入服务直接挂接在 Internet 上。

13.4.6 SSL VPN

SSL（Secure Sockets Layer，安全套接字层），它是网景（Netscape）公司提出的基于 Web 应用的安全协议，当前版本为 3.0。SSL 协议指定了一种在应用程序协议（如 HTTP、Telenet、

NMTP 和 FTP 等)和 TCP/IP 协议之间提供数据安全性分层的机制,它为 TCP/IP 连接提供数据加密、服务器认证、消息完整性以及可选的客户机认证。它已被广泛地用于 Web 浏览器与服务器之间的身份认证和加密数据传输。SSL 协议位于 TCP/IP 协议与各种应用层协议之间,为数据通信提供安全支持。

1. TLS VPN 原理

TLS VPN 的实现主要依靠以下三种协议的支持。

(1)握手协议

握手协议建立在可靠的传输协议之上,为高层协议提供数据封装、压缩和加密等基本功能的支持。这个协议负责被用于协商客户机和服务器之间会话的加密参数。当一个 SSL 客户机和服务器第一次通信时,它们首先要在选择协议版本上达成一致,选择加密算法和认证方式,并使用公钥技术来生成共享密钥。具体协议流程如下:

1)SSL 客户端连接至 SSL 服务器,并要求服务器验证它自身的身份。

2)服务器通过发送它的数字证书证明其身份。这个交换还可以包括整个证书链,直到某个根证书颁发机构(CA)通过检查有效日期并确认证书包含可信任 CA 的数字签名来验证证书的有效性。

3)服务器发出一个请求,对客户端的证书进行验证。由于缺乏公钥体系结构,当前大多数服务器不进行客户端认证。但是,完善的 SSL VPN 安全体系是需要对客户端的身份进行证书级验证的。

4)双方协商用于加密消息的加密算法和用于完整性检查的 HASH 函数,通常由客户端提供它支持的所有算法列表,然后由服务器选择最强大的加密算法。

5)客户端和服务器通过以下步骤生成会话密钥。

· 客户端生成一个随机数,并使用服务器的公钥(从服务器证书中获取)对它加密,送到服务器上。

· 服务器用更加随机的数据(客户端的密钥可用时则使用客户端密钥,否则以明文方式发送数据)响应。使用 HASH 函数从随机数据中生成密钥,使用会话密钥和对称算法(通常是 RC4、DES 或 3DES)对以后的通信数据进行加密。

需要注意的是,在 SSL 通信中,服务器一般使用 443 端口,而客户端的端口是任选的。

(2)记录协议

SSL 记录协议建立在 TCP/IP 之上,用于在实际数据传输开始前通信双方进行身份认证、协商加密算法和交换加密密钥等。发送方将应用消息分割成可管理的数据块,然后与密钥一起进行杂凑运算,生成一个消息认证代码(Message Authentication Code,MAC),最后将组合结果进行加密并传输。接收方接收数据并解密,校验 MAC,并对分段的消息进行重新组合,把整个消息提供给应用程序。SSL 记录协议如图 13-12 所示。

(3)警告协议

警告协议用于提示何时 TLS 协议发生了错误,或者两个主机之间的会话何时终止。只有在 SSL 协议失效时告警协议才会被激活。

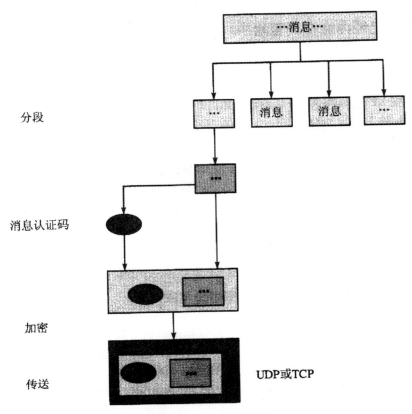

图 13-12　SSL 记录协议

2. SSL VPN 的优点

与其他类型的 VPN 相比,TLS VPN 有独特的优点,主要体现在以下几个方面。

1)无需安装客户端软件:只需要标准的 Web 浏览器连接 Internet,即可以通过网页访问企业总部的网络资源。

2)适用于大多数设备:浏览器可以访问任何设备,如可上网的 PDA 和蜂窝电话等设备。Web 已成为标准的信息交换平台,越来越多的企业开始将 ERP、CRM、SCM 移植到 Web 上。TLS VPN 起到为 Web 应用保驾护航的作用。

3)适用于大多数操作系统,如 Windows、Macintosh、UNIX 和 Linux 等具有标准浏览器的系统。

4)支持网络驱动器访问。

5)LLS 不需要对远程设备或网络做任何改变。

6)较强的资源控制能力:基于 Web 的代理访问,可对远程访问用户实施细粒度的资源访问控制。

7)费用低且具有良好的安全性。

8)可以绕过防火墙和代理服务器进行访问,而 IPSec VPN 很难做到这一点。

9)TTL 加密已经内嵌在浏览器中,无需增加额外的软件。

3. SSL VPN 的发展

随着技术的进步和客户需求的进一步成熟的推动,当前主流市场的 SSL VPN 和几年前面市的仅支持 Web 访问的 SSL VPN 已经发生很大的变化。主要表现在以下几个方面。

（1）对应用的支持更广泛

最早期的 SSL VPN 仅仅支持 Web 应用。但目前几乎所有的 SSL VPN 都支持使用插件的形式将 TCP 应用的数据重定向到 SSL 隧道中，从而支持绝大部分基于 TCP 的应用。SSL VPN 可以通过判断来自不同平台请求，从而自动安装不同的插件。

（2）对网络的支持更加广泛

早期的 SSL VPN 还无法支持服务器和客户端间的双向访问以及 UDP 应用；更不支持给移动接入用户分配虚拟 IP，从而实现按 IP 区分的安全审计功能。但现在多数优秀的 SSL VPN 都能通过用户可选的客户端插件形式为终端用户分配虚拟 IP，并通过 SSL 隧道建立层三（Level 3）隧道，实现与传统 IPSEC VPN 客户端几乎一样强大的终端网络功能。

（3）对终端的安全性要求更严格

原来的 SSL VPN 设计初衷是只要有浏览器就能接入，但随着间谍软件和钓鱼软件的威胁加大，在不安全的终端上接入内部网络，将可能造成重要信息从终端泄漏。因此，很多 SSL VPN 加入了客户端安全检查的功能：通过插件对终端操作系统版本，终端安全软件的部署情况进行检查，来判断其接入的权限。

4. SSL VPN 的接入方式

SSL VPN 有两种接入方式，即无客户端方式和瘦客户端方式。

（1）无客户端方式

无客户端是指通过 IE 浏览器实现内容重写和应用翻译。实现机制有以下 4 个方面：

1）通过动态翻译 Web 内容中内嵌的 URL 连接，使之指向 SSL VPN 网关虚拟门户。

2）重写内嵌在 HTML 页面中 JavaScript、Cookie 的 URL 连接。

3）重写 Web Server 的回应，使之符合 Internet 标准格式。

4）扩展到一些非 Web 应用，如文件共享访问。

无客户端方式支持的应用类型可以是 Web 方式也可以是文件共享。通过 Web 方式可以访问企业的 Web 应用、Web 资源如 Outlook Web Access 等。文件共享是指可以通过浏览器访问内部文件系统，浏览目录、下载和上传文件 UNIX(NFS) 文件、Windows(SMB/CIFS) 文件等。

（2）瘦客户端方式

瘦客户端方式是指客户端作为代理实现端口转发，但是 SSL VPN 客户端是自动下载的，所以对客户而言是透明的。瘦客户端支持的应用类型是所有基于固定端口的 TCP 应用，如 Exchange/Lotus Notes、E-mail、Telnet 等。

13.5　VPN 的组网方式及安全问题

13.5.1　VPN 的组网方式

VPN 在企业中的组网方式如下：

（1）远程接入 VPN：客户端到网关

远程接入 VPN(Access VPN) 用于实现移动用户或远程办公室安全访问企业网络，可大幅度降低电话费用。SOCKS v5 协议适合这类连接。

远程接入 VPN 通过一个拥有与专用网络相同策略的共享基础设施，提供对企业内部网或外部网的远程访问。它能使用户随时随地以其所需的方式访问企业资源。Access VPN 包括模拟、拨号、ISDN、数字用户线路（xDSL）、移动 IP 和电缆技术，能够安全地连接移动用户、远程用户或分支机构。

远程接入 VPN 的优点主要表现在以下几个方面：

1）减少用于相关的调制解调器和终端服务设备的资金及费用，简化网络。

2）极大的可扩展性，简便地对加入网络的新用户进行调度。

3）远程验证拨入用户服务（RADIUS）是基于标准，基于策略功能的安全服务。

4）实现本地拨号接入的功能来取代远距离接入或 800 电话接入，显著降低了远距离通信的费用。

5）将工作重心从管理和保留运作拨号网络的工作人员转到公司的核心业务上来。

（2）Intranet VPN：网关到网关

Intranet VPN 用于组建跨地区的企业内联网络。利用 Internet 的线路可以保证网络的互联性，而利用隧道、加密等 VPN 特性可以保证信息在整个 Intranet VPN 上安全传输。IPSec 隧道协议可满足所有网关到网关的 VPN 连接，因此，在这类组网方式中用得最多。如果要进行企业内部各分支机构的互联，使用 Intranet VPN 是很好的方式。

Intranet VPN 的优点主要表现在以下几个方面：

1）减少了 WAN 带宽的费用。

2）新的站点能更快、更容易地被连接。

3）能使用灵活的拓扑结构，包括全网络连接。

4）通过设备供应商 WAN 的连接冗余，可以延长网络的可用时间。

（3）Extranet VPN：与合作伙伴企业网构成外联网

Extranet VPN 用于企业与用户、合作伙伴之间建立互联网络。它通过一个使用专用连接的共享基础设施，将客户、供应商、合作伙伴或兴趣群体连接到企业内部网。企业拥有与专用网络相同的策略，包括安全、服务质量（QoS）、可管理性和可靠性。

Extranet VPN 的优点主要表现在以下几个方面：

1）能方便地对外部网进行部署和管理。

2）外部网可以使用与内部网相同的架构和协议进行部署。

3）严格的许可认证机制，外部网的用户被许可只有一次机会连接到其合作人的网络。

13.5.2　VPN 的安全问题

安全问题是 VPN 的核心问题。目前，VPN 的安全保证主要是通过防火墙技术、路由器配置隧道技术、加密协议和安全密钥来实现的，可以保证企业员工安全地访问公司网络。

在专用网络与因特网之间，防火墙可以提供有效的隔离。防火墙可以设置开放端口数，还可以监控通过数据包的类型，决定哪些协议可以通过。鉴别服务器要执行认证、授权和为从远程安全接入的有关计费问题。当一个会话请求进入后，有服务器对该请求进行处理。该服务器首先检查时谁发送来的数据包（认证），哪些操作是被允许的（授权），以及实际上都做些什么（计费和账单）。

大多数公司认为,公司网络处于一道网络防火墙之后就是安全的,员工可以拨号进入系统,而防火墙会将一切非法请求拒之门外。还有的认为,为网络建立防火墙,并为员工提供 VPN,使他们可以通过一个加密的隧道拨号进入公司网络就是安全的,因而并没有对远距离工作的安全性予以足够的重视。这些看法都是不对的。

从安全的观点来看,在家办公是一种极大的威胁,因为公司使用的大多数安全软件并没有为个人计算机提供保护。一些员工所做的仅仅是打开一台个人计算机,使用它通过一条授权的连接进入公司网络系统。虽然,公司的防火墙可以将侵入者隔离在外,并保证主要办公室和家庭办公室之间 VPN 的信息安全。但问题在于,侵入者可以通过一个受信任的用户进入网络。因此,虽然加密的隧道是安全的,连接也是正确的,但这并不意味着个人计算机是安全的。

为了防止黑客侵入员工的个人计算机,必须有良好的解决方案堵住远程访问 VPN 的安全漏洞,使员工与网络的连接既能充分体现 VPN 的优点,又不会成为安全的威胁。在个人计算机上安装个人防火墙是极为有效的解决方法,可以阻止非法侵入者进入公司网络。

以下是提供给远程工作人员的实际解决方法:

1)所有远程工作人员需要有个人防火墙,它不仅防止计算机被侵入,还能记录连接被扫描了多少次。

2)所有的远程工作人员应具有入侵检测系统,提供对黑客攻击信息的记录。

3)所有远程工作人员必须被批准才能使用 VPN。

4)监控安装在远程系统中的软件,并将其限制为只能在工作中使用。

5)安装要求输入密码的访问控制程序,如果输入密码错误,则通过 modem 向系统管理员发出警报。

6)外出工作人员应对敏感文件进行加密。

7)IT 人员需要对这些系统进行与办公室系统同样的定期性预期检查。

8)当选择 DSL 供应商时,应选择能够提供安全防护功能的供应商。

13.6　VPN 的应用及发展趋势

由于中、小企业逐渐成为 IT 产业新的消费热点,而且随着整合安全风潮的盛行,VPN 技术的发展速度将得到延续。由于 VPN 体系的复杂性和融合性,VPN 服务的成长速度将超越 VPN 产品,成为 VPN 发展的新动力。目前,大部分的 VPN 市场份额仍由 VPN 产品销售体现。而在未来的若干年里,VPN 服务所占的市场份额将超过 VPN 产品,这也体现了信息安全服务成为竞争焦点的趋势。

VPN 技术发展的另一趋势是在无线领域中的应用。随着 CPU 生产厂商 Intel 公司把无线通信芯片集成到新一代的 CPU 中,无线通信技术得到了进一步的发展,在办公室、宾馆等架设无线局域网的项目也越来越多。第三代无线通信系统的发展也由纯理论发展到了使用阶段,但是由于无线网络特有的开放性,给无线网络的发展带来了一定的安全隐患,而 VPN 技术可以很好地解决这一技术难题,因此,无线网络的发展也推动了 VPN 技术的发展和应用。

由于在未来的几年里,网络应用的 Web 化趋势将得到延续,因此,SSL VPN 的发展势头将得到延续。加之移动办公人员和在家办公人员的增加,SSL VPN 很可能在不久的将来成为现 IPSec VPN、MPLS VPN 分庭抗礼的 VPN 架构。IPSec VPN 和 MPLS VPN 仍将保持稳定的成长率,但是与 SSL VPN 阵营的差距仍将被不断缩小。

IPSec/MPLS VPN 和 SSL VPN 阵营的技术各有特色,而且所面向的用户群体各有不同。在短期内这两者还不会形成互相侵蚀的局面,但是 SSL VPN 的易用性将吸引很多用户投向该产品,这必然将引起这两种 VPN 架构面对面的竞争。这两种架构会在互相学习对手优势的同时不断地融合其他的功能特征,以提供更全面的服务来吸引用户。

由于承载 VPN 流量的非专用网络通常不提供 QoS(服务质量)保障,因此,VPN 解决方案必须整合 QoS 解决方案才能够提供具有足够的可用性。目前,IETF 已经提出了支持 QoS 的 RSVP(带宽资源预留)协议,而 IPv6 协议也提供了处理 QoS 的能力。这为 VPN 的进一步普及提供了足够的保障。随着 IPv6 网络的主流化进程,将会产生更具统治力的 VPN 架构,VPN 技术将向着 IP 这类基础协议的形式发展。在不久的将来,VPN 将会作为更加基础的技术被内嵌到各种系统当中,从而实现完全透明化的 VPN 基础设施。

第14章 其他网络安全技术

14.1 蜜网技术

14.1.1 蜜网技术的基本概念与核心需求

蜜网(Honeynet)出现于1999年,是在蜜罐技术的基础上发展起来的一个新的概念,又可称为诱捕网络。蜜网技术实质上还是一类研究型的高交互蜜罐技术,收集黑客的攻击信息是其主要目的。但与传统蜜罐技术的差别体现在,蜜网构成了一个黑客诱捕网络体系架构,在这个架构中,可以包含一个或多个蜜罐,同时保证了网络的高度可控性以及提供多种工具以方便对攻击信息的采集和分析。

蜜网通过建立一个标准产品系统的网络,将该网络置于某种访问控制设备(如防火墙)之后,并进行观察。蜜网中的系统提供完整的操作系统和应用软件,攻击者可以与其交互,进行探测、攻击和利用。蜜网中的系统可以是任何一种系统,如运行Oracle数据库的Solaris服务器、运行IIS Web Server的Windows XP服务器,或Cisco路由器。

由于蜜网不是实际的运营系统,因此它本身也没有授权的服务。所有与蜜网进行的交互都不能放过,任何进入蜜网的连接都是探测、扫描或攻击,任何从蜜网发出的连接都表示已经有人进入系统,并向外发起攻击活动。因此可以认为所有从蜜网捕获的信息都是与攻击有关的,通过蜜网捕获的信息更有价值。

此外,虚拟蜜网通过应用虚拟操作系统软件(如VMware和User Mode Linux等)使得可以在单一的主机上实现整个蜜网的体系架构。虚拟蜜网的引入使得架设蜜网的代价在很大程度上得以降低,部署和管理起来也比较容易,但同时也带来了更大的风险,黑客有可能识别出虚拟操作系统软件的指纹,也可能攻破虚拟操作系统软件,从而获得对整个虚拟蜜网的控制权。

蜜网有三大核心需求,即数据控制、数据捕获和数据分析。数据控制和数据捕获遵循蜜罐的基本原理,而数据采集是蜜网独特的关键功能元素,适用于那些在分布式环境中设置了多个蜜网的组织,通过将采集到的数据集中并存储在一个点,然后对这些数据进行综合,可以使蜜网的研究价值得以提高。通过数据控制能够确保黑客不能利用蜜网危害第三方网络的安全,以减轻蜜网架设的风险;数据捕获技术能够检测并审计黑客攻击的所有行为数据;而数据分析技术则帮助安全研究人员从捕获的数据中分析出黑客的具体活动、使用工具及其意图。以下结合"蜜网项目组"(Honeynet Project)及其推出的第二代蜜网技术方案对蜜网的核心需求进行分析。

"蜜网项目组"是一个非赢利性的研究组织,其目标为学习黑客社团所使用的工具、战术和动机,并将这些学习到的信息共享给安全防护人员。"蜜网项目组"前身为1999年由Spitzner L等人发起的一个非正式的蜜网技术邮件组,到2000年6月,此邮件组演化成"蜜网项目组",开展对蜜网技术的研究。为了联合和协调各国的蜜网研究组织共同对黑客社团的攻击进行追踪和学习,2002年1月成立了"蜜网研究联盟"(Honeynet Research Alliance),该联盟专注于对蜜网技术的提高和进一步开发,促进不同研究组织对蜜网的研究和部署。截至 2007 年 1 月初,已经加入该联盟的不同国家和地区的组织个数达到了 23 个之多。北大计算机研究所信息安全工程研究中心于 2004 年组建了狩猎女神蜜网项目组,并在 2005 年加入了"蜜网研究联盟",成为中国大陆地区加盟的唯一团队,被命名为"中国蜜网项目组"(The Honeynet Project Chinese Chapter)。狩猎女神项目组多年来一直专注于蜜网技术及其应用研究,承担了国家"863"计划、国家"242"信息安全计划等多项国家科研课题,并对科研成果进行积极转化和应用,为国家计算机网络应急技术处理协调中心(CNCERT/CC)构建了分布于全国各个省份的 Matrix 中国分布式蜜网系统,实际发现并协助处置了黛蛇蠕虫爆发、Mocbot 僵尸网络等重要互联网安全事件,为改善中国互联网安全水平做出了积极贡献。2009 年 4 月,"蜜网研究联盟"对旗下分布于全球的 32 支加盟团队的 2008 年度工作进行了评估,狩猎女神蜜网项目组被评为 3 支最佳团队之一。

"蜜网项目组"目前的规划分为 4 个阶段。第一个阶段即 1999—2001 年,主要针对蜜网技术进行一些原理证明性(ProofofConcept)的实验,提出了第一代蜜网架构;第二阶段为 2001—2003 年,对蜜网技术进行发展,并提出了第二代蜜网架构,开发了其中的关键工具——HoneyWall 和 Sebek。第三阶段为 2003—2004 年,其任务重点集中在将所有相关的数据控制和数据捕获工具集成到一张自启动的光盘中,使得比较容易地部署第二代蜜网,并规范化所搜集到的攻击信息格式。第四阶段为 2004—2005 年,主要目标为将各个部署的蜜网项目所采集到的黑客攻击信息汇总到一个中央管理系统中,并提供容易使用的人机交互界面,使得研究人员能够比较容易地分析黑客攻击信息,并从中获得一些价值。从 2005 年至今,蜜网项目组研究的重点转移到数据捕获和数据分析上,并且一直致力于提高蜜网的易用性,同时随着研究的深入提出了第三代蜜网结构模型。目前,对蜜罐及蜜网技术的研究重点集中在以下 3 个方面:动态蜜罐(Dynamic Honey-pot)技术,能自动配置一些虚拟蜜罐,并根据网络状态,动态地进行自适应;蜜场(Honey Farm)技术,用于大型分布式网络,蜜场是安全操作中心,控制操作所有的蜜罐;蜜标(Honeytoken)技术,蜜罐概念的扩展,使用一些正常情况下永远都不会使用的信息内容作为诱饵。在国内,中国蜜网项目组推出了一系列开放课题供有兴趣和能力的组织或个人参与研究,如恶意代码的壳识别和脱壳技术研究与实现、网页木马的脱壳和解密技术研究与实现等。目前,中国蜜网项目组部署了将第三代蜜网框架、Honey 虚拟蜜罐系统、mwcollect 和 nepenthes 恶意软件自动捕获软件融为一体的蜜网,并提供了虚拟蜜网作为学生的网络攻防对抗技术实验平台。

下面对已经开发出较为完善的第二代蜜网架构(如图 14-1 所示)进行介绍。

第二代蜜网方案的整体架构中最为关键的部件为称为 HoneyWall 的蜜网网关,它共有以下部分组成:网络接口、eth0 接入外网、eth1 连接蜜网,而 eth2 作为一个秘密通道,连接到一个监控网络。HoneyWall 是一个对黑客不可见的链路层桥接设备,作为蜜网与其他网络的唯一连接点,所有流入流出蜜网的网络流量都将通过 HoneyWall,并受其控制和审计。同时由于 Honey-Wall 是一个工作在链路层的桥接设备,不会对网络数据分组进行 TTL 递减和网络路由,也不会提供本身的 MAC 地址,因此对黑客而言,HoneyWall 是完全不可见的,因此黑客不会识别出其所攻击的网络是一个蜜网。

首先,HoneyWall 实现了蜜网的第一大核心需求—数据控制。HoneyWall 对流入的网络分组不进行任何限制,使得黑客能攻入蜜网,但对黑客使用蜜网对外发起的跳板攻击进行严格控制。控制的方法包括攻击分组抑制和对外连接数限制。

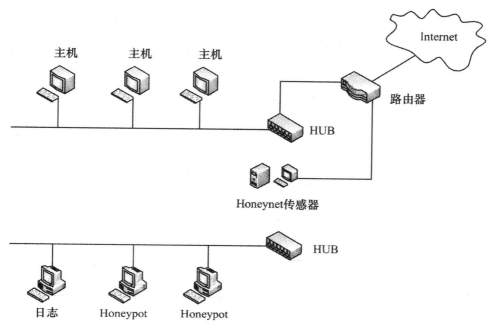

图 14-1 第二代蜜网的体系结构

攻击分组抑制主要针对使用少量连接即能奏效的已知攻击(如权限提升攻击等),在 Honey-Wall 中使用了 snort inline 网络入侵防御系统(NIPS)作为攻击分组抑制器,检测出从蜜网向外发出的含有的攻击特征的攻击数据分组,发出报警信息并对攻击数据分组加以抛弃或修改,使其不能危害到第三方网络。而对外连接数限制则主要针对网络探测和拒绝服务攻击。HoneyWall 通过在 IPTables 防火墙中设置规则,当黑客发起的连接数超过预先设置的阈值时,则 IPTables 将其记录到日志,并阻断其后继连接,从而避免蜜网中被攻陷的蜜罐作为黑客的跳板对第三方网络进行探测或拒绝服务攻击。

14.1.2 蜜网技术的分类

与蜜罐技术类似,蜜网技术也可按照以下不同标准进行相应分类。

(1)根据交互级别的不同

根据蜜网与攻击者之间进行的交互对蜜网进行分类,蜜网可以进一步分为低交互蜜网、中交互蜜网和高交互蜜网。

低交互蜜网仅提供一些简单的虚拟服务,例如监听某些特定端口。该类蜜网风险最低,但会在一定程度上存在着一些容易被黑客所识别的指纹(Fingerpriming)信息。

中交互蜜网提供了更多的可交互信息,它能够预期一些活动,并可以给出一些低交互蜜网无法给予的响应,但是仍然没有为攻击者提供一个可使用的操作系统。同时诱骗进程变得更加复杂,对特定服务的模拟变得更加完善的同时,风险性也更大了。

高交互蜜网为攻击者提供一个真实的支撑操作系统。此类蜜网复杂度和甜度大大增加,收集攻击者信息的能力也大大增强。但蜜网也具有高度危险性,攻击者的最终目标就是取得 root 权限,并自由存取目标机上的数据,然后利用已有资源继续攻击其他机器。究竟使用何等交互级别的蜜网是由所要实现的目标来决定的。

(2)根据部署目的的不同

按照部署目的不同分为产品型蜜网和研究型蜜网两类。

产品型蜜网为一个组织的网络提供安全保护,包括检测攻击、防止攻击造成破坏及帮助管理员对攻击做出及时正确的响应等功能。较具代表性的产品型蜜网包括 DTK、honeyd 等开源工具和 KFSensor、ManTraq 等一系列的商业产品。

研究型蜜网则是专门用于对黑客攻击进行捕获和分析,通过部署研究型蜜网,追踪和分析黑客的攻击,能够捕获黑客的击键记录,了解黑客所使用的攻击工具及攻击方法。

14.1.3 虚拟蜜网

虚拟蜜网可以说是蜜罐领域最让人兴奋的发展成果之一。虚拟蜜网是通过应用虚拟操作系统软件(如 VMware 和 User Mode Linux 等)使得可以在单一的主机上实现整个蜜网的体系架构。虚拟系统使用户可以在单一主机系统上运行几台虚拟计算机(通常是 4~10 台)。虚拟蜜网大大降低了成本、机器占用空间以及管理蜜罐的难度。但同时更大的风险也是无法避免的,黑客有可能识别出虚拟操作系统软件的指纹,也可能攻破虚拟操作系统软件,从而获得整个蜜网的控制权。此外,虚拟系统通常支持"悬挂"和"恢复"功能,这样就可以冻结安全受危及的计算机,分析攻击方法,然后打开 TCP/IP 连接及系统上的其他服务。

对较大的单位和组织的首席安全官(CSO)来说,能够发现内部不怀好意的人可以说是运行蜜网最充分的理由之一。

14.1.4 蜜网技术的应用

上面讲到了蜜网技术的概念、分类以及虚拟蜜网技术等,那么,蜜网技术究竟能用来做什么呢?

(1)抗蠕虫病毒

蠕虫的一般传播过程为扫描、感染、复制 3 个步骤。经过大量扫描,当探测到存在漏洞的主机时,蠕虫主体就会迁移到目标主机。然后在被感染的主机上生成多个副本,实现对计算机监控和破坏。利用蜜网技术,可以在蠕虫感染的阶段检测非法入侵行为,对于已知蠕虫病毒,可以通过设置防火墙和 IDS 规则,直接重定向到蜜网的蜜罐中,拖延蠕虫的攻击时间;对于全新的蠕虫病毒,可以采取办法延缓其扫描速度,在网络层用特定的、伪造数据分组来延迟应答,同时利用软件工具对日志进行分析,使相应的对抗措施得以确定下来。

(2)捕获网络钓鱼

网络钓鱼是通过大量发送声称来自于银行或其他知名机构的欺骗性垃圾邮件,意图引诱收信人给出敏感信息的一种攻击方式。目前的反网络钓鱼工作组等机构寄希望于发觉网络钓鱼攻击的用户向他们报告,通过报告再进行分析。这种途径只能在网络钓鱼攻击发生后从受害者的角度观察,网络钓鱼攻击的全过程并无法获知。而蜜网技术则提供了捕获整个过程中攻击者发起攻击行为的能力,在蜜网中的蜜罐都是初始安装的没有打漏洞补丁的系统,一旦部署的蜜网被网络钓鱼者以进行网络钓鱼攻击,安全分析人员就能及时在蜜网捕获的丰富日志数据的基础上,对网络钓鱼攻击的整个生命周期建立起一个完整的理解,并深入剖析各个步骤钓鱼者所使用的技术手段和工具。

（3）捕获僵尸网络

僵尸网络是近年来兴起的危害 Internet 的重大威胁之一,发动分布式拒绝服务攻击、发送垃圾邮件以及窃取僵尸主机内的敏感信息等这些都是它的危害。因此,可以考虑利用在网络中部署恶意软件收集器,对收集到的恶意软件样本采用蜜网技术对其进行分析,确认是否僵尸程序,并对僵尸程序所要连接的僵尸网络控制信道的信息进行提取,最后通过客户端蜜罐技术,伪装成被控制的僵尸工具,进入僵尸网络进行观察和跟踪。

14.2　蜜罐技术

对网络、计算机系统、应用和数据进行有效的防护是信息网络安全技术的核心问题。信息网络安全防护涉及面很广,从技术层面上讲主要包括防火墙技术、入侵检测技术、病毒防护技术、数据加密和认证技术等。在这些安全技术中,大多数技术都是在攻击者对网络进行攻击时对系统进行被动的防护,而蜜罐技术可以采取主动的方式。顾名思义,就是用特有的特征吸引攻击者,同时对攻击者的各种攻击行为进行分析并找到有效的对付办法。

作为一种网络主动防御技术,蜜罐技术通过构建模拟的系统,达到欺骗攻击者、增加攻击代价、减少对实际系统安全威胁的目的,同时可了解攻击者所使用的攻击工具和攻击方法,用于增强安全防范措施。

14.2.1　蜜罐概念

美国 Spizner L 是一个著名的蜜罐技术专家。他曾对蜜罐做了这样的一个定义:蜜罐(Honeypot)是一种资源,被攻击或攻陷就是它的价值所在。这就意味着蜜罐是用来被探测、被攻击甚至最后被攻陷的,蜜罐不会修补任何东西,这样就为使用者提供了额外的、有价值的信息。蜜罐不会直接提高计算机网络安全,但是它却是其他安全策略所不可替代的一种主动防御技术。

由上述定义可知,带有欺骗、诱捕性质的网络、主机和服务等均可以看成是一个蜜罐。除了欺骗攻击者,蜜罐没有其他正常的业务用途,因此任何访问蜜罐的行为都是可疑的,这是蜜罐的工作基础。

具体的来讲,蜜罐系统最为重要的功能是对系统中所有操作和行为进行监视和记录,网络安全专家可以通过精心的伪装,使得攻击者在进入目标系统后仍不知道自己所有的行为已经处于系统的监视下。为了吸引攻击者,通常在蜜罐系统上留下一些安全后门以吸引攻击者上钩,或者放置一些网络攻击者希望得到的敏感信息,当然这些信息是虚构的。另外一些蜜罐系统对攻击者的聊天内容进行记录,管理员通过研究和分析这些记录,能够获得攻击者采用的攻击工具、攻击手段以及攻击者的攻击目的和攻击水平等信息,还能对攻击者的活动范围以及下一个攻击目标进行了解。同时在某种程度上,这些信息将会成为对攻击者进行起诉的证据。不过,它仅仅是一个对其他系统和应用的仿真,可以创建一个监禁环境将攻击者困在其中,也可以是一个标准的产品系统。无论使用者如何建立和使用蜜罐,只有它受到攻击时其作用才能发挥出来。

蜜罐本身对网络提供的安全保护功能有限,它的主要作用是通过吸引入侵来搜集信息。如果将蜜罐和现有的安全防御手段(如入侵检测系统、防火墙和杀毒软件等)结合使用,可以有效地提供系统安全性。

14.2.2　蜜罐的分类及其安全价值

自从计算机首次互联以来,研究人员和安全专家就一直使用着各种各样的蜜罐工具,根据不同的标准可以对蜜罐技术进行不同的分类,前面已经提到,基于安全价值上的考虑才使用蜜罐技术的。但是,可以肯定的就是,蜜罐技术并不会替代其他安全工具,例如防火墙、系统侦听、入侵检测与防御等。

1. 蜜罐的分类

按照设计的最终目的进行分类,蜜罐分为产品型蜜罐和研究型蜜罐。

(1)产品型蜜罐

指由网络安全厂商开发的商用蜜罐,一般用来作为诱饵把黑客的攻击尽可能长时间地捆绑在蜜罐上,从而赢得时间以保护实际的网络环境,也可用于网络犯罪取证。产品型蜜罐运用于商业组织的网络中,其目的是减轻组织将受到的攻击的威胁,蜜罐加强了受保护组织的安全措施,它们所做的工作就是检测并且对付恶意的攻击者。其特点如下:

1)这类蜜罐在防护中所做的贡献很少,蜜罐不会将那些试图攻击的入侵者拒之门外,因为蜜罐设计的初衷就是妥协,实际上,蜜罐是希望有人闯入系统,从而进行各项记录和分析工作。

2)虽然蜜罐的防护功能很弱,但是它的检测功能却非常强大,对于许多组织而言,想要从大量的系统日志中检测出可疑的行为难度是非常大的。虽然,有入侵检测系统的存在,但其发生的误报和漏报,让系统管理员疲于处理各种警告和误报。而蜜罐的作用体现在误报率远远低于大部分 IDS 工具,也无须当心特征数据库的更新和检测引擎的修改。因为蜜罐没有任何有效行为,从原理上来讲,任何连接到蜜罐的连接都应该是侦听、扫描或者攻击的一种,这样就可以极大地降低误报率和漏报率,从而简化检测的过程。从某种意义上来讲,蜜罐已经成为一个越来越复杂的安全检测工具了。

3)如果组织内的系统已经被入侵,那些发生事故的系统就无法进行正常的脱机工作,这样的话,将导致系统所提供的所有产品服务都将被停止,同时,系统管理员就无法进行合适的鉴定和分析,而蜜罐可以对入侵进行响应,它提供了一个具有低数据污染的系统,并且该系统可以随时进行脱机工作。此时,系统管理员将可以对脱机的系统进行分析,并且把分析的结果和经验运用于以后的系统中。

(2)研究型蜜罐

专门以研究和获取攻击信息为目的而设计。这类蜜罐在特定组织的安全性增强方面并没有出多大的力,恰恰相反,蜜罐要做的是让研究组织面对各类网络威胁,并寻找能够对付这些威胁更好的方式,它们所要进行的工作就是收集恶意攻击者的信息。因此,研究型蜜罐对于编写新的入侵检测系统特征库、发现系统漏洞和分析分布式拒绝服务攻击等是很有价值的。它一般运用于军队和安全研究组织。

按蜜罐与攻击者之间进行的交互程度分类,蜜罐分为低交互蜜罐、中交互蜜罐和高交互蜜罐3 种。

(1)低交互蜜罐

低交互蜜罐的最大的特点是模拟,一般通过模拟操作系统和服务来实现蜜罐的功能。蜜罐在特定的端口上监听并记录所有进入的数据分组,在检测非授权扫描和连接方面使用得比较多。

低交互蜜罐结构简单，易部署，为攻击者展示的所有攻击弱点和攻击对象都不是真正的产品系统，而是对各种系统及其提供的服务的模拟。由于它的服务都是模拟的行为，所以蜜罐可以获得的信息非常有限，只能对攻击者进行简单的应答，因此风险程度低，它是最安全的蜜罐类型。另外，由于低交互蜜罐模拟操作系统和服务的功能，很容易被攻击者使用指纹识别技术发现。

（2）中交互蜜罐

它是对真正的操作系统的各种行为的模拟，提供了更多的交互信息，同时也可以从攻击者的行为中获得更多的信息。在这个模拟行为的系统中，蜜罐可以看起来和一个真正的操作系统没有区别。它们是比真正系统的攻击目标还要吸引攻击者们的注意力。

（3）高交互蜜罐

高交互蜜罐是一个比较复杂的解决方案，通常必须由真实的操作系统来构建，提供给黑客真实的系统和服务。高交互蜜罐一般位于受控环境中（如防火墙之后），借助于这些访问控制设备来控制攻击者使用该蜜罐启动对外的攻击。

采用高交互蜜罐有两个优点：一是可以获得大量的有用信息，通过给黑客一个真实的操作系统，能够获知黑客运行的全部动作；二是提供了一个完全开放的环境来获取所有的攻击行为，这使得被攻击者可能获取一些无法预期的动作，包括完全不了解的新的网络攻击方式。

当然，正因为高交互蜜罐给黑客提供了一个完全开放的系统，从而也就带来了更高的风险，即黑客可能通过这个开放的真实系统去攻击其他的系统，这种类型的蜜罐配置和维护代价较高，部署起来难度比较大。

按照实现方式的不同分类，蜜罐分为物理蜜罐和虚拟蜜罐。

高交互蜜罐通常是一台或多台拥有独立 IP 地址和真实操作系统的物理机器，它提供部分或完全真实的网络服务来吸引攻击，把这种蜜罐称为物理蜜罐。低交互蜜罐可以是虚拟的机器虚拟的操作系统或虚拟的服务，构造虚拟出来的蜜罐，就是所谓的虚拟蜜罐技术。

配置高交互性的物理蜜罐往往成本很高，因为每个蜜罐都是由一台拥有自己的 IP 地址的真实机器，要有它自己的操作系统和相应的硬件。虚拟蜜罐是由一台机器模拟而成的，在蜜罐主机上，甚至可以构造一个拥有不同操作系统的多个主机所构成的网络，并对所有发送到虚拟蜜罐的网络数据做出回应。相对而言，虚拟蜜罐需要较少的计算机资源，也会降低维护费用。

2. 蜜罐的安全价值

蜜罐本身并没有替代其他的安全防护工具，如防火墙、入侵检测等，而是提供了一种可以了解黑客常用工具盒攻击策略的有效手段，在现有安全性增强方面能够做出巨大贡献。

以下几个方面体现了蜜罐的安全价值：

（1）防护

蜜罐提供的防护功能较弱，并不能将那些试图攻击的入侵者拒之门外。事实上，蜜罐设计的初衷就是诱骗，希望入侵者进入系统，从而进行各项记录和分析工作。当然，诱骗也是一种对攻击者进行防护的方法，因为诱骗使攻击者花费大量的时间和资源对蜜罐进行攻击，这样可以防止或减缓对真正系统和资源进行攻击。

（2）检测

蜜罐本身没有任何主动行为，所有于蜜罐相关的连接都被认为是可疑的行为而被记录，因此蜜罐具有很强的检测功能。利用蜜罐可以大大降低误报率和漏报率，也使得检测的过程得以有效简化。

现在主要使用入侵检测系统来检测攻击。然而面对大量的正常通信与可疑攻击行为想混合的网络,想要从海量的网络行为中检测出攻击行为难度非常的大,即使想检测出哪些系统已经被攻陷也十分困难。入侵检测系统中发生的误报使系统管理员的工作变得极其繁重,每天必须处理大量或真或假的警告,以至于有时并不能即使发现和处理真正的攻击行为。高误报率往往使入侵检测系统失去有效告警的作用,而蜜罐的误报率跟大部分入侵检测系统相比都要低得多。

另一方面,目前大部分入侵检测系统还不能够有效地对新型攻击方法进行检测,无论是基于特征匹配的还是基于协议分析的,都有可能遗漏新型的或未知的攻击,即发生漏报。蜜罐可以有效地解决漏报问题,实际上,检测新的或未知的攻击是使用蜜罐的首要目的。蜜罐的系统管理员无须担心特征数据的更新和检测引擎的修订,因为蜜罐的主要功能就是发现攻击是如何进行的。

(3)响应

蜜罐检测到入侵后也可以进行一定的响应,包括模拟响应来引诱黑客进一步的攻击,发出报警通知系统管理员,让管理员适时地调整入侵检测系统和防火墙配置,以加强真实系统的保护等。

此外,蜜罐可以为安全专家们提供一个学习各种攻击的平台,可以全程观察入侵者的行为,一步步记录他们的攻击直至整个系统被攻陷。特别是在系统被入侵之后攻击者的行为,如他们与其他攻击者之间进行通信或者上传后门工具包,这些信息将会有更大的价信。

14.2.3　蜜罐的配置模式

蜜罐的配置模式包括诱骗服务、弱化系统、强化系统和用户模式服务器,具体如下:

(1)诱骗服务(Deception Service)

诱骗服务是指在特定的 IP 服务端口侦听并像应用服务程序那样对各种网络请求进行应答的应用程序。DTK 就是这样的一个服务性产品。DTK 吸引攻击者的诡计就是可执行性,但是它与攻击者进行交互的方式是模仿那些具有可攻击弱点的系统进行的,所以可以产生的应答非常有限。在这个过程中对所有的行为进行记录,同时提供较为合理的应答,并给闯入系统的攻击者带来系统并不安全的错觉。例如,将诱骗服务配置为 FTP 服务的模式,当攻击者连接到 TCP/21 端口的时候,就会收到一个由蜜罐发出的 FTP 的标识。如果攻击者认为诱骗服务就是他要攻击的 FTP,他就会采用攻击 FTP 服务的方式进行系统。这样,系统管理员即可将攻击的细节一一记录下来。

(2)弱化系统(Weakened System)

只要在外部互联网上有一台计算机运行没有打补丁的 Windows 或者 Red Hat Linux 就可以作为一个弱化系统。这样的特点使攻击者进入系统的难度更低,系统可以收集有效的攻击数据。由于黑客可能会设陷阱,以获取计算机的日志和审查功能,因此需要运行其他额外记录系统,实现对日志记录的异地存储和备份。弱化系统的缺点是"高维护低收益",因为获取已知的攻击行为毫无意义。

(3)强化系统(Hardened System)

强化系统同弱化系统一样,提供一个真实的环境。不过此时的系统已经武装成看似足够安全的。当攻击者闯入时,蜜罐就开始收集信息,它能够在尽可能短的时间内收集最多有效数据。用这种蜜罐要求系统管理员具有更高的专业技术。如果攻击者具有更高的技术,那么,他很可能取代管理员对系统的控制,从而对其他系统进行攻击。

(4)用户模式服务器(User Mode Server)

用户模式服务器实际上是一个用户进程,它运行在主机上,并且模拟成一个真实的服务器。在真实主机中,每个应用程序都当作一个具有独立 IP 地址的操作系统和服务的特定实例。而用户模式服务器这样一个进程就嵌套在主机操作系统的应用程序空间中,当 Internet 用户向用户模式服务器的 IP 地址发送请求,主机将接受请求并且转发到用户模式服务器上。这种模式的成功与否是由攻击者的进入程度和受骗程度所决定的。系统管理员对用户主机有绝对的控制权是其优点所在。即使蜜罐被攻陷,由于用户模式服务器是一个用户进程,那么管理员只要关闭该进程就可以了。另外就是可以将防火墙、入侵检测系统集中于同一台服务器上。当然,其局限性是不适用于所有的操作系统。

14.2.4　蜜罐的信息收集

当察觉到攻击者已经进入蜜罐的时候,接下来的任务就是数据的收集了。数据收集是设置蜜罐的另一项技术挑战。蜜罐监控者只要记录下进出系统的每个数据分组,就能够对黑客的所作所为一清二楚。蜜罐本身上面的日志文件也是很好的数据来源。但攻击者很容易就会删除日志文件,所以通常的办法就是让蜜罐向在同一网络上但防御机制较完善的远程系统日志服务器发送日志备份(务必同时监控日志服务器,如果攻击者用新手法闯入了服务器,那么蜜罐无疑会证明其价值)。

信息收集是为了捕获攻击者的行为,其使用的技术和工具按照获取信息的位置的不同可以分为以下两类:

(1)基于主机的信息收集

在蜜罐所在的主机上几乎可以捕获攻击者行为的所有信息,如连接情况、远程命令、系统日志信息和系统调用序列等,但存在风险大、容易被攻击者发现等缺点。典型工具如 Sebek,可在蜜罐上通过内核模块捕获攻击者的各种行为,然后以隐蔽的通信方式将这些信息发送给管理员。

(2)基于网络的信息收集

在网络上捕获蜜罐的信息,风险小、难以被发现。目前基于网络的信息收集可收集防火墙日志、入侵检测系统日志和蜜罐主机系统日志等。防火墙可记录所有出入蜜罐的连接;入侵检测系统对蜜罐中的网络流量进行监控、分析和抓取;蜜罐主机除了使用操作系统自身提供的日志功能外,还可以采用内核级捕获工具,隐蔽地将收集到的数据传输到指定的主机进行处理。

近年来,由于黑帽子群体越来越多地使用加密技术,使得数据收集任务的难度得以加大。如今,他们接受了众多计算机安全专业人士的建议,改而采用 SSH 等密码协议,确保网络监控对自己的通信无能为力。蜜罐对付密码的计算就是修改目标计算机的操作系统,以便所有敲入的字符、传输的文件及其他信息都记录到另一个监控系统的日志里面。因为攻击者可能会发现这类日志,蜜罐计划采用了一种隐蔽技术。譬如说,把敲入字符隐藏到 NetBIOS 广播数据分组里面。

14.2.5　蜜罐和蜜网技术的发展趋势

目前来说,对蜜罐和蜜网技术的发展还处于初级极端,蜜罐和蜜网的部署和维护还比较复杂,同时能够提供的数据分析工具的功能也较为有限,因此还需要专业的网络安全研究人员投入相当多的时间和精力。当然,蜜网本身也有一些技术需要改进。

（1）提高蜜网的可移植性

目前的操作系统各种各样，大部分蜜网只能够在特定的操作系统下工作。因此，安全工作者关注的焦点集中在蜜网能够跨平台工作。如果蜜网可以在任何操作系统下生效，蜜网的适用范围变得更宽，使用者的范围就会不断增加。

（2）提高蜜网的交互性

在尽量降低风险的情况下，提高蜜网与入侵者之间的交互程度。蜜网如果仅仅支持简单的交互行为，就可能被入侵者很快发现并迅速全身而退。所以在蜜网技术不断进步的过程中，必须尽量提高与入侵者之间的交互程度，以便更好地了解入侵者行为并得出结论。

（3）降低蜜网的风险

如何降低蜜网引入的风险，一直都是蜜网使用者关注的问题之一，想要获得更多的有价值的信息和数据，又要系统保持足够的安全，这实现起来难度非常大。交互的程度越高，模拟得越像，自己陷入危险的概率就越大。

（4）提高蜜网的信息控制和记录功能

当前的蜜网技术在记录攻击者攻陷一台机器之后的情况方面还做得很不够。因为大规模分布式的攻击成为一种攻击"时尚"，了解攻击者在攻陷一台机器之后的所作所为，成为安全工作必不可少的一部分，也是蜜罐的重要工作。

除了"蜜网项目组"正在开发的数据分析工具外，Lance Spitzner 还给出了以下 3 个主要的研究方向：

（1）动态蜜罐

动态蜜罐能够通过被动监听其所处的网络中的流量，从而获得当前网络的部署状况，然后在无需人工干预的前提下自动地配置一些虚拟蜜罐，并隐藏在当前网络中，等待黑客的攻击。当网络的部署状况发生变化时（如操作系统版本更新），动态蜜罐技术能够在短时间内识别出这些变化，并动态地进行自适应，保证部署的虚拟蜜罐反映当前网络的典型配置。

（2）诱饵数据

诱饵数据概念提出的出发点是黑客社团的攻击目标不仅仅在于攻陷网络和主机本身，对信息内容的攻击往往是重点。由此，可以扩展蜜罐的概念，即使用一些正常情况下永远不会使用的信息内容作为诱饵（称为诱饵数据），一旦发现这些诱饵数据被访问，则预示黑客可能对信息内容发起攻击，从而可以发现并追踪黑客的攻击活动。较容易实施的诱饵数据分组包括数据库中的某些无用数据项以及伪装的用户账号和及其弱口令等。

（3）蜜场

为了在大型的分布式网络中方便地部署和维护一些蜜罐，对各个子网的安全威胁进行收集，提出了蜜场的概念。即所有的蜜罐均部署在蜜场中，而在各个内部子网中设置一系列的重定向器，若检测到当前的网络数据流是黑客攻击所发起时，通过重定向器将这些流量重定向到蜜场中的某台蜜罐主机上，并由蜜场中部署的一系列数据捕获和数据分析工具对黑客攻击行为进行收集和分析。

蜜场模型的集中性体现了其优越性，使得其部署变得较为简单，即蜜场可以作为了安全操作中心（Security Operations Center，SOC）的一个组成部分，由安全专业研究和管理人员进行部署和维护。蜜场模型的集中性也使得蜜罐的维护和更新、规范化管理及数据分析都变得较为简单。此外，将蜜罐集中部署在蜜场中还减少了各个子网内的安全风险，并有利于对引入的安全风险进行控制。

14.3　安全隔离技术

网络的安全威胁和风险主要存在于物理层、协议层和应用层这三个层面。网络线路被恶意切断或过高电压导致通信中断，属于物理层的威胁；网络地址伪装、Teardrop 碎片攻击、SYN-Flood 等则属于协议层威胁；非法 URL 提交、网页恶意代码、邮件病毒等均属于应用层攻击。从安全风险来看，基于物理层的攻击较少，基于网络层的攻击较多，而基于应用层的攻击最多，并且复杂多变，且防范的难度比较大。

面对新型网络攻击手段的不断出现和高安全网络的特殊需求，全新的安全防护理念——"安全隔离技术"应运而生。它的目标是，在确保把有害攻击隔离在可信网络之外，并在保证可信网络内部信息不外泄的前提下，使网络间信息的安全交换得以顺利完成。

隔离概念的出现，是为了保护高安全度网络环境，隔离技术发展至今共经历了 5 代。

第 1 代隔离技术是完全的隔离。采用完全独立的设备、存储和线路来访问不同的网络，做到了完全的物理隔离，但需要多套网络和系统，使得建设和维护成本处于较高的水平。

第 2 代隔离技术是硬件卡隔离。通过硬件卡控制独立存储和分时共享设备与线路来实现对不同网络的访问，它仍然存在使用不便、可用性差等问题，设计上也存在较大的安全隐患。

第 3 代隔离技术是数据转播隔离。利用转播系统分时复制文件的途径来实现隔离，切换时间较长，甚至需要手工完成，访问速度受到了很大程度的影响，且不支持常见的网络应用，只能完成特定的基于文件的数据交换。

第 4 代隔离技术是空气开关隔离。该技术使用单刀双掷开关，通过内外部网络分时访问临时缓存器来完成数据交换，但存在支持网络应用少、传输速度慢和硬件故障率高等问题，往往成为网络的瓶颈。

第 5 代隔离技术是安全通道隔离。此项技术通过专用通信硬件和专有交换协议等安全机制，使网络间的隔离和数据交换得以实现，不仅解决了以往隔离技术存在的问题，并且在网络隔离的同时实现高效的内外网数据的安全交换，它透明地支持多种网络应用，成为当前隔离技术的发展方向。

14.4　安全扫描技术

14.4.1　安全扫描技术简介

1. 安全扫描技术概述

安全扫描技术是网络安全领域的重要技术之一，是一种基于 Internet 远程检测目标网络或本地主机安全性脆弱点的技术，是为使系统管理员能够及时了解系统中存在的安全漏洞，并采取相应防范措施，致力于降低系统的安全风险而发展起来的一种安全技术。利用安全扫描技术，可以扫描局域网络、Web 站点、主机操作系统、系统服务及防火墙系统的安全漏洞，系统管理员可以了解在运行的网络系统中存在的不安全的网络服务，在操作系统上存在的可能导致遭受缓冲区溢出攻击或拒绝服务攻击的安全漏洞,还可以检测主机系统中是否被安装了窃听程序,防火墙系统是否存在安全漏洞和配置错误。安全扫描技术与防火墙、入侵检测系统互相配合,能够使得网络的安全性得以有效提高。如果说防火墙和网络监控系统是被动的防御手段,那么安全扫描就是一种主动的防范措施,可以有效避免黑客的攻击行为,做到防患于未然。

安全扫描技术主要分为两类:主机安全扫描技术和网络安全扫描技术。网络安全扫描技术主要针对系统中设置不合适的脆弱口令,以及针对其他与安全规则相抵触的对象进行检查等;而主机安全扫描技术则通过执行一些脚本文件模拟对系统进行攻击的行为并记录系统的反应,使其中的漏洞无处可逃。

2. 网络安全扫描步骤和分类

一次完整的网络安全扫描分为如下三个阶段。

1)发现目标主机或网络。

2)发现目标后进一步搜集目标信息,包括操作系统类型、运行的服务及服务软件的版本等。如果目标是一个网络,还可以进一步发现该网络的拓扑结构、路由设备及各主机的信息。

3)根据搜集到的信息判断或进一步测试系统是否存在安全漏洞。

网络安全扫描技术包括 Ping 扫射(Ping Sweep)、操作系统探测(Operating System Identification)、访问控制规则探测(Firewalking)、端口扫描(Port Scan)及漏洞扫描(Vulnerability Scan)等。这些技术在网络安全扫描的三个阶段中会有所涉及。

Ping 扫射用于网络安全扫描的第 1 阶段,它帮助我们识别系统是否处于活动状态。操作系统探测、访问控制规则探测和端口扫描用于网络安全扫描的第 2 阶段。其中,操作系统探测是对目标主机运行的操作系统进行识别;访问控制规则探测用于获取被防火墙保护的远端网络的资料;而端口扫描通过与目标系统的 TCP/IP 端口连接,查看该系统处于监听或运行状态的服务。网络安全扫描第 3 阶段采用的漏洞扫措通常是在端口扫描的基础上,对得到的信息进行相关处理,使得目标系统存在的安全漏洞能够被检查出来。

网络安全扫描技术的两种核心技术即为端口扫描技术和漏洞扫描技术,并且广泛运用于当前较成熟的网络扫描器中,如著名的 Nmap 和 Nessus。

14.4.2 端口扫描技术

一个端口就是一个潜在的通信通道,也是一个入侵通道。通过端口扫描,可以得到许多有用的信息,发现系统的安全漏洞。它使系统用户了解系统目前向外界提供了哪些服务,从而为系统用户管理网络提供一种手段。

1. 端口扫描技术的原理

端口扫描向目标主机的 TCP/IP 服务端口发送探测数据包,并将目标主机的响应一一记录下来。通过分析响应来判断服务端口是打开还是关闭,即可获知端口提供的服务或信息。端口扫描也可以通过捕获本地主机或服务器的流入/流出 IP 数据包来监视本地主机的运行情况,它只能对接收到的数据进行分析,帮助我们发现目标主机的某些内在的弱点,而不会提供进入一个系统的详细步骤。

2. 各类端口扫描技术

端口扫描主要有经典扫描器(全连接)及 SYN 扫描器(半连接)。

(1)全连接扫描

全连接扫描是 TCP 端口扫描的基础,现有的全连接扫描有 TCP Connect()扫描和 TCP 反向 Ident 扫描等。其中 TCP Connect()扫描的实现原理如下:扫描主机通过 TCP/IP 协议的三次握手与目标主机的指定端口建立一次完整的连接。连接由系统调用 Connect()开始。如果端口开放,意味着成功建立连接;否则,返回 -1,表示端口关闭,建立连接不成功。

(2)半连接扫描

若端口扫描没有完成一个完整的 TCP 连接,在扫描主机和目标主机的某指定端口建立连接时只完成了前两次握手,在第 3 步时,扫描主机在连接没有成功建立之前就中断了本次连接,这样的端口扫描称为半连接扫描(SYN),也称间接扫描。现有的半连接扫描有 TCP SYN 扫描和 IPID 头 Dumb 扫描等。

SYN 扫描的优点是,即使日志中对扫描有所记录,但是尝试进行连接的记录也要比全扫描少得多。其缺点是,在大部分操作系统下,需要构造适用于这种扫描的 IP 包并发送到主机,通常情况下,构造 SYN 数据包需要超级用户或授权用户访问专门的系统调用。

14.4.3　漏洞扫描技术

1. 漏洞扫描技术的原理

漏洞扫描主要通过以下两种方法来检查目标主机是否存在漏洞:①在端口扫描后得知目标主机开启的端口及端口上的网络服务,将这些相关信息与网络漏洞扫描系统提供的漏洞库进行匹配,查看是否有满足匹配条件的漏洞存在;②通过模拟黑客的攻击手法,对目标主机系统进行攻击性的安全漏洞扫描,如测试弱势口令等。如果说模拟攻击成功的话,则表明目标主机系统存在安全漏洞。

2. 漏洞扫描技术的分类和实现方法

基于网络系统漏洞库,漏洞扫描大体包括 CGI 漏洞扫描、POP3 漏洞扫描、FTP 漏洞扫描、SSH 漏洞扫描、HTTP 漏洞扫描等。这些漏洞扫描是基于漏洞库的,它将扫描结果与漏洞库相关数据匹配比较得到漏洞信息。没有相应漏洞库的各种扫描也包括在漏洞扫描中,如 Unicode 遍历目录漏洞探测、FTP 弱势密码探测、Openrelay 邮件转发漏洞探测等。这些扫描通过使用插件(功能模块)技术进行模拟攻击,将目标主机的漏洞信息一一测试出来。下面讨论漏洞库匹配和插件技术这两种扫描方法。

(1)漏洞库的匹配方法

基于网络系统漏洞库的漏洞扫描的关键部分是它所使用的漏洞库。通过采用基于规则的匹配技术,即根据安全专家对网络系统安全漏洞、黑客攻击案例的分析和系统管理员对网络系统安全配置的实际经验,形成一套标准的网络系统漏洞库,在此基础之上构成相应的匹配规则,由扫描程序自动进行漏洞扫描工作。

漏洞库信息的完整性和有效性决定了漏洞扫描系统的性能,漏洞库的修订和更新性能也会影响漏洞扫描系统运行的时间。因此,漏洞库的编制不仅要对每个存在安全隐患的网络服务建立对应的漏洞库文件,而且前面所提出的性能要求也是需要得到满足的。

(2)插件(功能模块)技术

插件是由脚本语言编写的子程序,扫描程序通过调用它来执行漏洞扫描,检测系统中存在的一个或多个漏洞。添加新插件就可以使漏洞扫描软件增加新的功能,以扫描出更多的漏洞。在插件编写规范化后,甚至用户自己都可以用 Perl,C 或自行设计的脚本语言编写插件来扩充漏洞扫描软件的功能。这种技术使漏洞扫描软件的升级维护相对简单,而专用脚本语言的使用也使新插件的编程工作得以简化,使漏洞扫描软件具有更强的扩展性。

3. 漏洞扫描中的问题及完善建议

现有的安全隐患扫描系统基本上采用上述两种方法实现漏洞扫描,但是这两种方法各有不足之处。下面就简要说明其不足之处,并针对这些问题给出完善建议。

(1)系统配置规则库问题

网络系统漏洞库是基于漏洞库的漏洞扫描技术的灵魂所在,而系统漏洞的确认是以系统配置规则库为基础的。但是,这样的系统配置规则库存在如下局限性:

1)如果规则库设计不准确,预报的准确度就无从谈起。

2)它是根据已知的安全漏洞安排策划的,而网络系统的很多威胁却是来自未知的漏洞,如果规则库不能及时更新,预报准确度的降低是在所难免的。

3)受漏洞库覆盖范围的限制,部分系统漏洞也可能不会触发任何一个规则,从而不能被检测到。

完善建议:系统配置规则库应不断得到扩充和修正,这也是对系统漏洞库的扩充和修正,目前来讲,仍需要专家的指导和帮助。

(2)漏洞库信息要求

漏洞库信息是基于网络系统漏洞库的漏洞扫描技术的主要判断依据。如果漏洞库信息不全面或得不到及时更新,不但不能发挥漏洞扫描的作用,还会给系统管理员以错误的引导,从而不能采取有效措施及时消除系统的安全隐患。

完善建议:漏洞库信息不但应具备完整性和有效性,简易性特点也是需要具备的,这样使用户自己易于添加配置漏洞库,从而实现漏洞库的及时更新。例如,漏洞库在设计时可以基于某种标准(如 CVE 标准)来建立,这样便于扫描者的理解和信息交互,使漏洞库具有较强的扩充性,更有利于以后对漏洞库的更新升级。

14.5 无线局域网安全技术

14.5.1 无线局域网安全性的影响因素

无线局域网的安全隐患主要集中在如下几个方面:

1. 无线通信覆盖范围问题

由于无线网络设计的基础是利用无线电波来实施传输,覆盖范围比较模糊,这样就会使网络攻击者对无线电波覆盖范围内的数据流进行侦听,如果无线用户没有对传输的信息实施加密的话,那么所有通信信息都会被网络攻击者轻易地窃取。

另外,无线网络只要在无线电波覆盖范围内就可以使用,因此对其管理和控制相比于传统有线网络要复杂得多。并且大多数无线局域网所使用的都是 ISM 频段,在该频段范围内工作的设备非常多,因此存在同信道和临信道以及其他设备相互之间的干扰问题。

2. 无线设备管理问题

对无线网络设备而言,在其出厂时会有一些预先设定的设定值,许多无线用户由于疏忽大意或者是不懂就没有对购买到的无线设备实施有效配置,这样网络攻击者就可以利用这些潜在的安全漏洞对网络实施攻击。

3. 密钥管理问题

在无线网络中并没有针对无线网络加密密钥的管理与分配机制,这样在无线网络中就会存在对密钥管理与分配的很大困难。

4. 缺少交互认证

状态机中用户和 AP 之间的异步性可以说是无线局域网设计的另一个缺陷。根据标准,仅当认证成功后认证端口才会处于受控状态。但对于用户端来说并不是这样的,其端口实际上总是处于认证成功后的受控状态。而认证只是 AP 对用户端的单向认证,攻击者可以处于用户和 AP 之间,对用户来说攻击者充当成 AP,而对于 AP 来讲攻击者则充当用户端。IEEE 802.1x 规定认证状态机只接收用户的 PPP 扩展认证协议(Extensible Authentication Protocol,EAP)响应,并且只向用户发送 EAP 请求信息。类似地,用户请求机不发送任何 EAP 请求信息,状态机只能进行单向认证。从这个设计中反映出来一个信任假设,即 AP 是受信的实体,这种假设是错误的。如果高层协议也只进行单向认证的话,则整个框架的安全性就令人堪忧。

5. 现有 WEP 协议安全漏洞

安全领域中的一个重要规则就是没有安全措施比拥有虚假安全措施更可怕。虽然 WEP 并不能算作虚假安全措施,但是在其设计过程中许多安全漏洞是无法避免的。

(1)缺少密钥管理

用户的加密密钥必须与 AP 的密钥相同,并且一个服务区内的所有用户都共享同一把密钥。WEP 标准中并没有规定共享密钥的管理方案,通常是手工进行配置与维护。由于同时更换密钥的费时费力,所以密钥通常长时间使用而很少更换,倘若一个用户丢失密钥,则将殃及整个网络。

(2)ICV 算法不合适

ICV 是一种基于 CRC-32 的用于检测传输噪音和普通错误的算法。CRC-32 是信息的线性函数,这意味着攻击者可以篡改加密信息,并且 ICV 的修改很容易实现,使信息表面上看起来是可信的。能够篡改加密数据包使各种各样的非常简单的攻击成为可能。

(3)RC4 算法存在弱点

在 RC4 算法中,人们发现了弱密钥。所谓弱密钥就是密钥与输出之间存在超出一个好密钥所应具有的相关性。在 24b 的 IV 值中有 9000 多个弱密钥。攻击者收集到足够的使用弱密钥的包后,就可以对它们进行分析,只需尝试很少的密钥就可以接入到网络中。

14.5.2 无线网络常见攻击

目前,由于大多数的 WLAN 默认设置为 WAP 不起作用,攻击者可以通过扫描找到那些允许任何人接入的开放式 AP 来得到免费的 Internet 使用权限,并能以此发动其他攻击。以下攻击形式是无线网络中比较常见的:

1. MAC 地址嗅探(MAC Sniffing)

WLAN 的检测非常容易,目前有一些工具可运行在 Windows 系统上或 GPS 接收器上来定位 WLAN,例如 NetStumbler、Kjsmet 可识别 WLAN 的 SSID 并判断其是否使用了 WEP,AP 和 MAC 地址也可以被识别出来。

2. AP 欺骗(Access Point Spoofing)和非授权访问

无线网卡允许通过软件更换 MAC 地址,攻击者嗅探到 MAC 地址后,通过对网卡的编程将其伪装成有效的 MAC 地址,进入并享有网络。

MAC 地址欺骗是很容易实现的,使用捕获包软件,攻击者能获得一个有效的 MAC 地址包。如果无线网卡防火墙允许改变 MAC 地址,并且攻击者拥有无线设备且在无线网络附近的话,攻击者就能进行欺骗攻击。欺骗攻击时,攻击者必须设置一个 AP,它处于目标无线网络附近或者在一个可被受攻击者信任的地点。如果假的 AP 信号比真的 AP 信号强的话,受攻击者的计算机将会连接到假的 AP 中。一旦受攻击者建立连接,攻击者就能偷窃他的密码,享有他的权限等。

因为 TCP/IP 协议的设计原因,MAC/IP 地址欺骗无法得到彻底根除。只有通过静态定义 MAC 地址表才能防止这种类型的攻击。但是因为巨大的管理负担,这种方案很少被采用。只有通过智能事件记录和监控日志才可以对付已经出现过的欺骗。当试图连接到网络上的时候,简单地通过让另外一个节点重新向 AP 提交身份验证请求就可以很容易地欺骗无线网身份验证。许多无线设备提供商允许终端用户通过使用设备附带的配置工具,重新定义网卡的 MAC 地址。使用外部双因子身份验证,例如 RADIUS 或 SecurID,可以防止非授权用户访问无线网及其连接的资源,并且在实现的时候应该对需要经过强验证才能访问资源的访问进行严格限制。

3. 窃听、截取

窃听是指偷听流经网络的计算机通信的电子形式,它是以被动和无法觉察的方式入侵检测设备的。无线网络最大的安全隐患在于入侵者可以访问某机构的内部网络,即使网络不对外广播网络信息,只要能够发现任何明文信息,攻击者仍然可以借助于一些网络工具,例如 Ethreal 和 TCP Dump 来窃听和分析通信量,从而将可以破坏的信息识别出来。使用虚拟专用网(VPN)、SSL(Secure Sockets Lave,安全套接层)和 SSH(Secure Shell)对防止无线拦截非常有帮助。

4. 网络接管与篡改

同样因为 TCP/IP 协议设计的原因,某些技术可供攻击者接管与其他资源建立的网络连接。

如果攻击者接管了某个 AP,那么所有来自无线网的通信量都会传到攻击者的机器上,包括其他用户试图访问合法网络主机时需要使用的密码和其他信息。接管 AP 可以让攻击者从有线网或无线网进行远程访问,而且这种攻击通常不会吸引用户的注意力,用户通常是在毫无防范的情况下输入自己的身份验证信息,甚至在接到许多 SSL 错误或其他密钥错误的通知之后,仍像是看待自己机器上的错误一样看待它们,这让攻击者可以继续接管连接,而无需担心被别人发现。

5. 拒绝服务攻击(DOS)

无线信号的传输特性和专门使用扩频技术,使得无线网络特别容易受到拒绝服务(Denial of Service,DoS)攻击的威胁。拒绝服务是指攻击者恶意占用主机或网络几乎所有的资源,使得合法用户无法获得这些资源。这类攻击最简单的实现办法是通过让不同的设备使用相同的频率,从而造成无线频谱内出现冲突。发送大量非法(或合法)的身份验证请求是另一个可能的攻击手段。第三种手段:如果攻击者接管 AP,并且不把通信量传输到恰当的目的地,那么所有的网络用户都将无法使用网络。无线攻击者可以利用高性能的方向性天线,从很远的地方攻击无线网。已经获得有线网访问权的攻击者,可以通过发送多达无线 AP 无法处理的通信量来攻击它。此外,为了获得与用户的网络配置发生冲突的网络,仅仅利用 NetStumbler 就可以做到。

6. 主动攻击

主动攻击比窃听的危害性更大。入侵者将穿过某机构的网络安全边界,而大部分安全防范措施(防火墙、入侵检测系统等)都安排在安全边界之外,界线内部的安全性相对薄弱。入侵者除了窃取机密信息外,还可利用内部网络攻击其他计算机系统。

7. WEP 攻击

WEP 最初的设计目的就是为了提供以太网所需要的安全保护,但其自身存在着一些致命的漏洞。在无线环境中,不使用保密措施是具有很大风险的,但 WEP 协议只是 IEEE 802.11 设备实现的一个可选项。WEP 中的 IV 由于位数太短和初始化复位设计,重用现象出现的可能性非常大,从而被他人破解密钥。而对用于进行流加密的 RC4 算法,在开始 256B 数据中的密钥存在弱点,目前这个缺陷还没有任何一种实现方案修正。此外用于对明文进行完整性校验的 CRC(Cyclic Redundancy Cheek,循环冗余校验)只能确保数据正确传输,并不能保证其未被修改,因而并不是安全的校验码。

IEEE 802.11 标准指出,WEP 使用的密钥需要接受一个外部密钥管理系统的控制。通过外部控制,IV 的冲突数量得以减少,使得无线网络难以攻破。但问题在于这个过程形式非常复杂,并且需要手工操作。因而很多网络的部署者更倾向于使用默认的 WEP 密钥,这使黑客为破解密钥所做的工作量大大减少了。另一些高级的解决方案需要使用额外资源,例如 RADIUS 和 Cisco 的 LEAP,其花费是很昂贵的。

14.5.3　无线局域网安全技术

无线局域网具有可移动性、安装简单、高灵活性和扩展能力,作为对传统有线网络的延伸,在许多特殊环境中得到了广泛的应用。随着无线数据网络解决方案的不断优化,"不论您在任何时间、任何地点都可以轻松上网"这一目标的实现已不再是问题。

由于无线局域网采用公共的电磁波作为载体,任何人都有条件窃听或干扰信息,因此对越权存取和窃听的行为也更不容易预防。在 2001 年拉斯维加斯国际黑客大会上,安全专家就指出,无线网络将成为黑客攻击的重点。一般黑客的工具盒包括一个带有无线网卡的微机和一个无线网络探测卡软件,被称为 NetStumbler。因此,我们在一开始应用无线网络时,其安全性就是我们应该重点考虑的。常见的无线网络安全技术有以下几种。

1. 服务集标识符

通过对多个无线接入点设置不同的服务集标识符(SSID),并要求无线工作站出示正确的 SSID 才能访问 AP,这样不同群组的用户接入就可以被允许,并对资源访问的权限进行区别限制。因此可以认为 SSID 是一个简单的口令,从而提供一定的安全,但如果配置 AP 向外广播其 SSID,那么安全程度的降低就是在所难免的了。由于一般情况下,用户自己配置客户端系统,所以很多人都知道该 SSID,共享给非法用户的可能性就非常高。目前有的厂家支持"任何(ANY)"SSID 方式,只要无线工作站在任何 AP 范围内,客户端都会自动连接到 AP,这将跳过 SSID 安全功能。

2. 物理地址过滤

由于每个无线工作站的网卡都有唯一的物理地址,因此可以在 AP 中手工维护一组允许访问的 MAC 地址列表,实现物理地址过滤。这种方式要求 AP 中的 MAC 地址列表必须随时更新,可扩展性就会变差;而且 MAC 地址在理论上可以伪造,因此这也是较低级别的授权认证。物理地址过滤属于硬件认证,而不是用户认证。这种方式要求 AP 中的 MAC 地址列表必须随时更新,目前都是手工操作;如果用户增加,则扩展能力很差,因此在小型网络规模比较适用,无法适用于其他规模的网络。

3. 连线对等保密

在链路层采用 RC4 对称加密技术,用户的加密密钥必须与 AP 的密钥相同时才能获准存取网络的资源,从而防止非授权用户的监听以及非法用户的访问。连线对等保密(WEP)提供了 40 位(有时也称为 64 位)和 128 位长度的密钥机制,但是它仍不够完善,例如,一个服务区内的所有用户都共享同一个密钥,一个用户丢失钥匙将会威胁到整个网络的安全。另外,40 位的密钥在现在很容易被破解;密钥是静态的,要手工维护,扩展能力差。目前为了提高安全性,理想的解决方案是采用 128 位加密密钥。

4. Wi-Fi 保护接入

Wi-Fi 保护接入(Wi-Fi Protected Access,WPA)是继承了 WEP 基本原理而又解决了 WEP 缺点的一种新技术。由于加强了生成加密密钥的算法,因此即便收集到分组信息并对其进行解析,通用密钥计算出来的难度仍然很大。其原理为根据通用密钥,配合表示计算机 MAC 地址和分组信息顺序号的编号,分别为每个分组信息生成不同的密钥,然后与 WEP 一样将此密钥用于 RC4 加密处理。通过这种处理,所有客户端的所有分组信息所交换的数据将由各不相同的密钥加密而成。无论收集到多少这样的数据,要想破解出原始的通用密钥根本是无法实现的。WPA 还追加了防止数据中途被篡改的功能和认证功能。由于具备这些功能,WEP 中此前的缺点得以全部解决。WPA 不仅是一种比 WEP 更为强大的加密方法，而且其内涵更加的丰富。作为 802.11i 标准的子集，由认证、加密和数据完整性校验共同构成了 WPA，是一个完整的安全性方案。

5. 国家标准

WAPI(WLAN Authentication Privacy Infrastructure)即无线局域网鉴别与保密基础结构，它针对 IEEE 802.11 中 WEP 协议安全问题，在中国无线局域网国家标准 GB15629.11 中提出的 WLAN 安全解决方案。同时本方案已由 ISO/IEC 授权的机构 IEEE Registration Authority 审查并获得认可。它的主要特点是采用基于公钥密码体系的证书机制，在此基础上移动终端(MT)与无线接入点间的双向鉴别得以真正实现。用户只要安装一张证书就可在覆盖 WLAN 的不同地区漫游，方便用户使用。与现有计费技术兼容的服务，可实现按时计费、按流量计费、包月等多种计费方式。AP 设置好证书后，无需再对后台的 AAA 服务器进行设置，安装、组网便捷，扩展起来比较容易，能够满足家庭、企业、运营商等多种应用模式。

6. 端口访问控制技术(802.1x)

访问控制的目标是防止任何资源(如计算资源、通信资源或信息资源)进行非授权的访问。非授权访问包括未经授权的使用、泄露、修改、销毁及发布指令等。用户通过认证，只是完成了接入无线局域网的第一步，还要获得授权，才能开始访问权限范围内的网络资源，授权主要通过访问控制机制来实现。访问控制也是一种安全机制，它通过访问 BSSID、MAC 地址过滤、访问控制列表等技术实现对用户访问网络资源的限制。访问控制可以基于下列属性进行：源 MAC 地址、目的 MAC 地址、源 IP 地址、目的 IP 地址、源端口、目的端口、协议类型、用户 ID、用户时长等。

端口访问控制技术(802.1x)技术也是用于无线局域网的一种增强性网络安全解决方案。当无线工作站与无线访问点关联后，是否可以使用 AP 的服务是由 802.1x 的认证结果来决定的。如果认证通过，则 AP 为 STA 打开这个逻辑端口，否则用户是无法上网的。802.1x 要求无线工作站安装 802.1x 客户端软件，无线访问点要内嵌 802.1x 认证代理，同时它还作为 RADIUS 客户端，将用户的认证信息转发给 RADIUS 服务器。802.1x 除提供端口访问控制功能之外，还提供基于用户的认证系统及计费，特别适合于公共无线接入解决方案。

7. 认证

认证提供了关于用户的身份的保证。用户在访问无线局域网之前，首先需要经过认证对其身份进行验证以决定其是否具有相关权限，再对用户进行授权，允许用户接入网络，访问权限内的资源。尽管不同的认证方式决定用户身份验证的具体流程不同，但认证过程中所应实现的基本功能是一致的。目前，PPPoE 认证、Web 认证和 802.1x 认证是无线局域网中采用的主要认证方式。

(1)基于 PPPoE 的认证

PPPoE 认证是出现最早也是最为成熟的一种接入认证机制，现有的宽带接入技术多数采用这种接入认证方式。在无线局域网中，采用 PPPoE 认证，只需对原有的后台系统增加相关的软件模块，就可以得到认证的目的，在一定程度上节省了投资，因此使用较为广泛。图 14-2 所示为基于 PPPoE 认证的无线局域网网络框架。

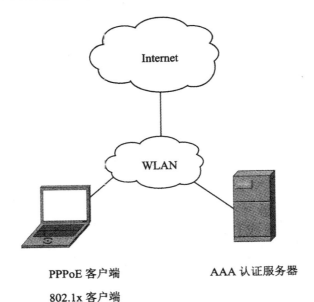

图 14-2　基于 PPPoE 认证的 WLAN 框架

　　PPPoE 认证实现方便。但是由于它是基于用户名/口令的认证方式，并只能实现网络对用户的认证，因此安全性有限；网络中的接入服务器需要终结大量的 PPP 会话，转发大量的 IP 数据包，在业务繁忙时，成为网络性能的瓶颈的可能性非常的大，因此使用 PPPoE 认证方式对组网方式和设备性能的要求较高；而且由于接入服务器与用户终端之间建立的是点到点的连接，因此即使几个用户同属于一个组播组，也要为每个用户单独复制一份数据流，才能够支持组播业务的传输。

　　（2）基于 Web 的认证

　　Web 认证相比于 PPPoE 认证的一个非常重要的特点就是客户端除了 IE 外不需要安装认证客户端软件，给用户免去了安装、配置与管理客户端软件的烦恼，也给运营维护人员减少了很多相关的维护压力。同时，Web 认证配合 Portal 服务器，还可在认证过程中向用户推送门户网站，对新增值业务的开展非常有帮助。图 14-3 所示为基于 Web 认证的无线局域网网络框架。

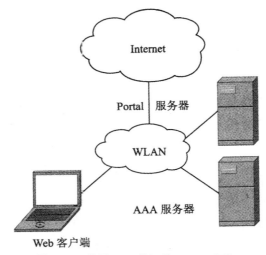

图 14-3　基于 Web 认证的 WLAN 框架

在 Web 认证过程中,用户首先通过 DHCP 服务器获得 IP 地址,使用这个地址可以与 Portal 服务器通信,也可访问一些内部服务器。在认证过程中,用户的认证请求被重定向到 Portal 服务器,由 Portal 服务器向用户推送认证界面。

(3)基于 802.1x 的认证

802.1x 认证是采用 IEEE 802.1x 协议的认证方式的总称。802.1x 协议由 IEEE 于 2001 年 6 月提出,是一种基于端口的访问控制协议(Port Based Network Access Control Protocol),能够实现对局域网设备的安全认证和授权。802.1x 协议的基础在于扩展认证协议(Extensible Authentication Protocol,EAP),即 IETF 提出的 PPP 协议的扩展。EAP 消息包含在 IEEE 802.1x 消息中,被称为 EAPoL(EAP over LAN)。IEEE 802.1x 协议的体系结构包括三个重要的部分:客户端、认证系统和认证服务器。三者之间通过 EAP 协议进行通信。

在一个 802.1x 的无线局域网认证系统中,认证是由一个专门的中心服务器完成的,不是由接入点来完成的。如果服务器使用 RADIUS 协议,则称为 RADIUS 服务器。用户可以通过任何一台 PC 登录到网络上,而且很多 AP 可以共享一个单独的 RADIUS 服务器来完成认证,这使得网络管理员在网络接入的控制方面更加容易。

802.1x 使用 EAP 来完成认证,但 EAP 本身不是一个认证机制,而是一个通用架构,用来传输实际的认证协议。EAP 的好处就是当一个新的认证协议发展出来的时候,基础的 EAP 机制没有必要做任何调整。目前有超过 20 种不同的 EAP 协议,而各种不同形态间的差异在于认证机制与密钥管理的不同。

14.5.4　无线局域网安全的管理机制

无线网络的安全措施中最薄弱的环节决定了其安全性,因此除了加强技术手段外,还应进行合理的物理布局及实施严格的管理。

(1)合理进行物理布局

进行网络布局时要考虑两方面的问题:一是限制信号的覆盖范围在指定范围内,二是保证在指定范围内的用户获得最佳信号。这样入侵者在范围外将搜寻不到信号或者是仅能搜索到微弱的信号,不利于进行下一步的攻击行为。因此,合理确定接入点的数量及位置是十分重要的,既要让其具有充分的覆盖范围,又要尽量避免无线信号受到其他无线电的干扰而减小覆盖范围或减弱信号强度。

(2)建立安全管理机制

无线网络信号在空气中传播,也就注定了它更脆弱、更易受到威胁,因此建立健全的网络安全管理制度至关重要。这应明确网络管理员和网络用户的职责和权限,在网络可能受到威胁或正在面临威胁时能及时检测、报警,在入侵行为得逞时能提供资料、依据及应急措施,以恢复网络正常运行。

(3)加强用户安全意识

现在的无线设备比较便宜,且易安装,如果网内的用户私自安装无线设备,往往他们采取的安全措施非常有限,这样极有可能将网络的覆盖范围超出可控范围,将内部网络暴露给攻击者。而这些用户通常也没有意识到私自安装接入点带来的危险,因此必然要让用户清楚自己的行为可能会给整个网络带来的安全隐患,加强网络安全教育,提高用户的安全意识。

14.5.5 IEEE 802.11 的安全性

1. IEEE 802.11 概述

作为全球公认的局域网权威,IEEE 802 工作组建立的标准在过去 20 多年里在局域网领域内独领风骚。这些协议包括 IEEE 802.3 Ethernet 协议、802.5 Token Ring 协议、802.3z 100BASE-T 快速以太网协议。在 1997 年,经过了 7 年的工作以后,IEEE 发布了 802.11 协议,这也是在无线局域网领域内的第一个国际上被认可的协议。在 1999 年 9 月,他们为了对 802.11 协议进行补充又提出了 802.11b High Rate 协议,802.11b 在 802.11 的 1Mbps 和 2Mbps 速率下又增加了 5.5Mbps 和 11Mbps 两个新的网络传输速率。

和其他 IEEE 802 标准一样,ISO 协议的最低两层是 802.11 协议工作的地方,也就是物理层和数字链路层。任何局域网的应用程序、网络操作系统或者像 TCP/IP、Novell NetWare 都能够在 802.11 协议上兼容运行,就像他们运行在 802.3Ethernet 上一样。802.11 协议的实现层次如图 14-4 所示。

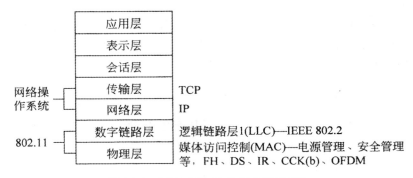

图 14-4 IEEE 802.11 协议的实现层次

(1)IEEE 802.11 物理层

在 IEEE 802.11 物理层主要定义了红外线(Infrared,IR)、直接序列扩频(DS)和跳频扩频(FH)3 种传输技术。

1)红外线传输技术。采用接近可见光的 850~950nm 信号,无须对准,通信是依靠反射和直视红外能量进行的。红外辐射不能穿透墙壁,穿过窗户时也有显著衰减。这种特性使 IR 仅限于单个物理房间中。使用 IR 的多个不同局域网可在仅有一墙之隔的相邻房间中毫无干扰地工作,且被窃听的可能性也得到了彻底避免。IR 传输一般采用基带传输方案,主要是脉冲调制方式。IR 定义了两种调制方式和数据速率:基本接入速率和增强接入速率。基本接入速率是基于 1Mb/s 的 16PPM(脉冲位置调制)调制;增强接入速率是基于 2Mb/s 的 4PPM 调制。

2)直接序列扩频技术。把要传输的信息直接由高码速的扩频码序列编码后,对载波进行伪随机的相位调制,以扩展信号的频谱。而在接收端,用相同的扩频码序列进行解扩,把展宽的扩频信号还原成原始信息。在扩频传输中,伪噪声码序列是使用的最多的扩频码序列,它具有伪随机的特点。DS 采用差分二进制相移键控(DBPSK)和差分四进制相移键控(DQPSK)来分别提供 1Mb/s 和 2Mb/s 的数据传输速率。

3)跳频扩频技术。它是用伪随机码序列去进行频移键控调制(FSK),使载波工作的中心频率不断地、随机地跳跃改变,而干扰信号的中心频率却不会改变。只要收、发信机之间按照固定的数字算法产生相同的伪随机码,就可以把调频信号还原成原始信息。FH 也有 1Mbps 和 2Mbps 两种数据传输速率,前者采用二值的高斯频移键控(2GFSK),后者采用四相高斯频移键控(4GFSK)。

(2)IEEE 802.11 数据链路层

IEEE 802.11 的数据链路层由逻辑链路层 LLC(Logic Link Control)和媒体控制层 MAC(Media Access Control)这两个子层构成。802.11 使用和 802.2 完全相同的 LLC 子层和 802 协议中的 48 位 MAC 地址,这使得无线和有线之间的桥接非常方便,但是 MAC 地址只对无线局域网唯一。

IEEE 802.11 无线媒体访问协议称为基于分布方式的无线媒体访问控制协议,它支持自组织结构(Ad-hoc)和基础结构(Infrastructure)两种类型的 WLAN。它有两种方式,即分布协调功能(Distributed Coordination Function,DCF)和点协调功能(Point Coordination Function,PCF)。

1)分布协调功能。DCF 是 IEEE 802.11 最基本的媒体访问方法,CSMA/CA 是其核心所在。它包括载波检测机制、帧间隔和随机退避规程。DCF 在所有站点(Station,STA)上都进行实现,用于 Ad-hoc 和 Infrastructure 网络结构中,提供争用服务。DCF 有两种工作方式:基本工作方式,即 CSMA/CA 方式和 RTS/CTS 方式。CSMA/CA 是基础,RTS/CTS 只是 CSMA/CA 之上的可选机制。

2)点协调功能。PCF 是可选的媒体访问方法,用于 Infrastructure 网络结构中。它使用集中控制的接入算法,一般在接入点 AP 实现集中控制,用类似轮询的方法将发送数据权轮流交给各个站,使碰撞的产生得以避免。对于时间敏感的业务,例如分组语音,就应使用提供无争用服务的点协调功能 PCF。

2. IEEE 802.11 的认证服务

IEEE 802.11 提供了两种类型的认证服务:开放系统认证和共享密钥认证。认证类型由认证管理帧的帧体指出,因此认证帧能自己识别认证算法。所有认证类型的管理帧应该是单播,因为认证是在对等的工作站间进行(不允许广播认证)。管理帧中的解除认证帧是报告性的,因此可以作为组地址帧发送。

两个工作站间在进行了一次成功的认证信息交换后即存在了互相认证关系。认证可以在一个基本服务集 BSS 中的工作站和 AP 间进行,也可以用在一个独立基本服务集 IBSS 中的两个工作站间进行。

(1)开放系统认证

开放系统认证是可用认证算法中简单的一种,本质上是一个空的认证算法。如果接收方的认证类型设为开放系统认证,那么用此算法请求认证的任何类型的工作站将成为已认证。但是开放系统认证请求不能保证一定会成功,因为一个工作站可以拒绝一些类型的工作站。默认的认证算法是开放系统认证。

开放系统认证由两步来完成:第一步用自己的标识请求认证;第二步是认证结果,如果结果是成功,那么工作站已相互认证了。

（2）共享密钥认证

共享密钥认证既支持知道共享密钥的工作站间的认证，也支持不知道共享密钥的工作站间的认证。IEEE 802.11共享密钥认证不需要明文传输密钥，它使用WEP加密机制。因此，共享密钥认证方案只有采用WEP选项时才能使用。另外，共享密钥认证算法也用于使用WEP作为认证算法的工作站。

假定共享密钥是通过一个独立于IEEE 802.11的安全渠道传输到指定工作站的，经过MAC管理路径，共享密钥包含在一个只写的MIB属性里，属性的只读保证密钥值仍旧是MAC内部的。

在共享密钥认证信息交换过程中不加密信息和加密信息都会被传输，这有利于让授权的用户发现用于密钥/初始化向量对交换的伪随机序列。因此在实现中要避免在后续帧中使用同一密钥/初始化向量对。一个工作站只有它的加密实现选项的属性为"真"时才进行共享密钥认证。

3. IEEE 802.11 的保密机制

（1）WLAN ESSID

首先在每一个接入点（Access Point）内都会写入一个服务区域认证ID（WLAN ESSID），每当端点要连上AP时，AP会检查其ESSID是否与其相同，如果不符该服务就会被拒绝。

（2）Access Control Lists

也可以将无线局域网络只设定为给特定的节点使用，因为每一张无线网卡都有一个唯一的MAC Address，只要将其分别输入AP即可。相反地，如果有网卡被偷或发觉有存取行为异样，也可以将这些MAC Address输入，禁止其再次使用。利用这个存取控制机制，如果有外来的不速之客得知WLAN ESSID也一样会被拒绝在外。

（3）Layer 2 Encryption

IEEE 802.11b WEP采用对称性加密算法RC4，在加密与解密端均使用40b长度的相同密钥（Secret Key）。这个密钥被输入每一个客户端和接入点之中。而所有资料的传输与接收，不管在客户端或存取端，都使用这个共享密钥（Share Key）来做加密与解密。WEP也提供客户端使用者的认证功能，当加密机制功能启用，客户端要尝试连接上接入点时，接入点会核发出一个测验挑战值封包（Challenge Packet）给客户端，客户端再利用共享密钥将此值加密后送回接入点以进行认证比对，如果无误才能获准存取网络的资源。

4. IEEE 802.11b 安全机制的缺点

纵使IEEE 802.11b标准能提供完整的保密机制给无线局域网络使用，以下缺点仍然是存在的。

（1）无线局域网络ESSID的安全性

利用特定接入点的ESSID来做存取控制，照理说是一个不错的保护机制，它强制每一个客户端都必须要有跟接入点相同的ESSID值。但是，如果在无线网卡上设定其ESSID为ANY时，它就可以自动地搜寻在信号范围内所有的接入点，并试图连接上它。

（2）WEP的安全性

IEEE802.11的WEP是为了克服无线信号的易受窃听攻击而设计的协议，所以WEP在安全上较弱，存在漏洞。WEP提供40b长度的加密密钥，对一般的黑客还是有一定防范能力的，但如果有专业的网络黑客刻意地要偷听及窃取用户数据传输期间的私密资料却是易如反掌。40b 的长度可以排列出 2^{40} 的 Keys,而现今 RSA 破解的速度可每秒尝试破解出 2.45×10^9 的 Keys, 也就是说 40b 长度的加密资料在 5min 之内就可以被破解出来。所以各家网络厂商便推出 128b 长度的加密密钥。

ISAAC(Internet Security Applications Authentication and Cryptography Group)列出了 4 种攻击 WEP 的方法:

1)截获 WEP 数据流,主要是通过分析明文和密文的对应关系。

2)主动攻击,例如插入非法的数据包。

3)主动攻击并获取 WEP 的数据内容和上层报文的头信息(如 IP 地址等)。

4)基于表的攻击,通过截获并记录 IV,可以推出 RC4 算法的密钥信息。

(3)用户身份认证方法的缺陷

IEEE 802.11 规定的开放系统认证机制中任何移动接入都可以加入 BSS,并可以与 AP 通信,所有未加密的数据都可以被监听到,可见这种方法是没有安全可言的。共享密钥认证是一种请求应认证机制,能提供较高的安全系数。但攻击者易获得 WEP 加密前后的询问信息,将二者进行异或运算就可以得到密钥序列,从而冒充合法身份介入 WLAN。

此外 IEEE 802.11 还缺少一种双向认证机制,接入点可以验证客户机的身份,而客户机无法验证接入点的身份。如果一个虚假接入点被放置在无线局域网中,它可以通过"劫持"合法客户机成为拒绝访问的平台。

14.6　电磁防泄漏技术

当今时代,信息技术迅猛发展及在网络中的广泛应用,使网络设备得到了较快发展的同时,它所产生的电磁泄漏也给网络安全带来了巨大的威胁。

14.6.1　电磁泄漏

电磁泄漏是指电子设备的杂散(寄生)电磁能量通过导线或空间向外扩散。任何处于工作状态的电磁信息设备,如计算机、打印机、传真机、电话机等,都存在不同程度的电磁泄漏。如果这些泄漏夹带着设备所处理的信息,就构成了所谓的电磁信息泄漏。事实上,几乎所有电磁泄漏都夹带着设备所处理的信息,只是程度不同而已。在满足一定条件的前提下,这些信息可以被特定的仪器接收并还原。有资料表明,普通计算机显示终端辐射的带信息电磁波可以在几百米甚至 1km 之外被接收和重现。普通打印机、传真机、电话机等信息处理和传输设备的泄漏信息,也可以在一定距离内通过特定手段截获和还原。这种电磁泄漏信息的接收和还原技术,目前已经成为许多国家情报机构用来窃取别国重要情报的手段。

14.6.2　电磁泄漏的基本途径

任何携带交变电流的导(线)体均可成为发射天线,导致装备通过辐射泄漏和传导泄漏两种途径向外传播电磁波。辐射泄漏是杂散电磁能量以电磁波形式透过设备外壳、外壳上的各种孔缝、连接电缆等辐射出去,并以电磁波的形式在空中传播。传导泄漏是杂散电磁能量通过各种线路(包括电源线、地线、信号传输线等)以电流的形式传导出去。二者存在"能量交换"现象,一方面,沿线传导的杂散电磁能量可以因导线的天线效应部分地转化为电磁波辐射出去;另一方面,辐射到空间的杂散电磁能量又可因导线的天线效应耦合到外连导线上。

电磁泄露也存在于计算机及其外部设备中。和其他电子设备一样,计算机及其外部设备(如主机、磁盘、终端、打印机、磁带机等所有设备),在工作时都会产生不同程度的电磁泄漏,如主机中各种数字电路电流的电磁泄漏、显示器视频信号的电磁泄漏、键盘按键开关引起的电磁泄漏、打印机的低频电磁泄漏等。这些电磁泄漏可被高灵敏度的接收设备接收并分析、还原,造成计算机的信息泄漏,对信息安全与保密构成威胁。1985 年,荷兰电信总局的一名工程师,在英国 BBC 电台的配合下,进行了一次窃取计算机终端辐射信息的实验,接收装置在马路上清晰地显示了数十米外一栋楼内正在工作的计算机屏幕上的内容。目前,宽带接收机和功能强大的分析处理软平台构成的截获还原系统,可在距未做防护措施的计算机或网络终端设备数百米至 1km 范围内,接收还原其显示器的信息内容。而且还可以从集中在一起的多台计算机中分辨出所感兴趣的单台机泄漏的信息内容,并进行还原。

14.6.3 电磁防泄漏的主要技术

电磁防泄漏除选用低辐射设备外,其涉及技术还包括电磁屏蔽技术、电磁相关干扰技术、滤波技术、隔离技术、软件 TEMPEST 技术、搭接技术等。

1. 电磁屏蔽技术

电磁屏蔽是抑制辐射源的电磁辐射、衰减外界电磁干扰的有效措施。屏蔽既可防止屏蔽体内的泄漏源产生的电磁波泄漏到外部空间去,又可使外来电磁波终止于屏蔽体。屏蔽是抑制辐射泄漏最有效的手段,屏蔽既达到了防止信息外泄的目的,同时又兼具了防止外来强电磁辐射,如"电磁炸弹"等对设备硬杀伤的作用。涉密技术设备或系统被放置在全封闭的电磁屏蔽室内(与外界联系的线路接口或门窗处均采用特殊处理的屏蔽隔离技术),其主要材料分别是不同导电特性的金属板和由稀有金属材料合成的网、布及不锈钢网等,从而使泄漏电磁波的传播路径被切断。无需对被保护设备进行任何修改,性价比较高,这两点是其主要特点。可根据不同防护需求采用不同属性的材料、形状和尺寸各异的电磁屏蔽室、屏蔽帐篷、屏蔽机桌、屏蔽机柜、屏蔽方舱等。近年来,国内外研究机构又新研发了电磁屏蔽水泥和水泥基复合板材等电磁泄漏防护建筑材料系列产品。由于在保持原有水泥特性的基础上增加了电磁屏蔽功能,且具有造价低、易于施工等特点,特别适用于日益增长的楼房和建筑物整体电磁泄漏防护的要求。

2. 电磁相关干扰技术

电磁相关干扰技术是针对计算机等终端设备视频信息泄漏采取的一种防护措施,现已形成系列产品。主要利用相关原理,通过不同技术途径实现与计算机等视频终端设备的信息相关、谱相关、行场频相关(同步)产生宽带的相关干扰信号,使信息泄漏得到有效的抑制。它具有造价低、移动方便灵活、体积小、重量轻等特点,是目前国际上应用最广泛的一种防泄漏措施。

干扰器是一种能辐射出电磁噪声的电子仪器。它通过增加电磁噪声降低辐射泄漏信息的总体信噪比,增大辐射信息被截获后破解还原的难度,从而达到"掩盖"真实信息的目的。这是一种低成本的防护手段。

3. 滤波技术

采用屏蔽方法,被屏蔽的设备和元器件并不能完全密封在屏蔽体内,仍有电源线、信号线和公共地线需要与外界连接。因此,电磁波还是可以通过传导或辐射从外部传到屏蔽体内,或者从屏蔽体内传到外部。通过滤波技术,传导干扰和传导泄漏能够得到有效地抑制,使屏蔽室更好地发挥作用。滤波器是由电阻、电容、电感等器件构成的一种无源网络。用它构成电路时,只允许某些频率的信号通过,而阻止其他频率范围的信号,从而起到滤波作用。从所限制的带宽种类看,滤波器可分为低通滤波器和高通滤波器,其中低通滤波器使用的比较多。

4. 隔离技术

隔离是另一种防止电磁干扰和信息泄漏的措施,是将信息系统中需要重点防护的设备从系统中分离出来,对其进行特别防护,并切断其与系统中其他设备间的电磁泄漏通路。通信装备中并不是所有电路都包含重要的电磁信息,如电源电路部分一般就不包含有用信息。在一个大的信息处理中心,也并不是所有设备都是重要的信息处理设备。所谓隔离,是将系统中的设备或设备中的不同器件实行电磁隔离。保护重点的思想就是由隔离体现出来的。例如,将涉密局域网中处理重要秘密信息的服务器或终端放置在屏蔽室内,并通过光纤与局域网连接来实现重点目标的电磁防护。

5. 软件 TEMPEST 技术

该技术是由英国剑桥大学的两位学者,于 1998 年在研究如何实现防软件盗版技术时发现并推广应用的一项防信息泄漏新技术,已分别在美国和英国申请了专利。它具有操作简便、价格低廉等优势,自公布后,引起了西方国家的高度重视,并开展了更深入的研究。目前,国外已有商业版防护软件面世。该项技术的基本原理是,通过给视频字符添加高频"噪声"并伴随发射伪字符,使敌方无法正确还原真实信息,而我方可正常显示,质量不会发生任何变化。它替代了过去由硬件完成的抑制干扰功能,成本也有了很大程度的降低。

6. 搭接技术

接地和搭接是抑制传导泄漏的有效方法,合理布局也是降低电磁泄漏的有效手段。将涉密信息系统中的涉密信息设备与普通设备分开放置,涉密信号的连线与电源线等非涉密连线分开走线并拉开一定距离,可达到减少相互耦合引起的传导泄漏的目的。良好的接地和搭接,可以给杂散电磁能量一个通向大地的低阻回路,在一定程度上分流掉可能经电源线和信号线传输出去的杂散电磁能量。将这一方法和屏蔽、滤波等技术配合使用,对抑制电子设备的电磁泄漏可起到的效果非常明显。

参考文献

[1]兰巨龙等.信息网络安全与防护技术[M].北京:人民邮电出版社,2014.

[2]叶忠信.计算机网络安全技术[M].第3版.北京:科学出版社,2013.

[3]彭飞,龙敏.计算机网络安全[M].北京:清华大学出版社,2013.

[4]耿杰.计算机网络安全技术[M].北京:清华大学出版社,2013.

[5]石淑华,池瑞楠.计算机网络安全技术[M].第3版.北京:人民邮电出版社,2012.

[6]陈波,于泠.防火墙技术与应用[M].北京:机械工业出版社,2012.

[7]刘京菊,王永杰等.网络安全技术及应用[M].北京:机械工业出版社,2012.

[8]鲁立,龚涛.计算机网络安全[M].北京:机械工业出版社,2011.

[9]张兆信,赵永葆,赵尔丹等.计算机网络安全与应用技术[M].北京:机械工业出版社,2011.

[10]王昭,袁春.信息安全原理与应用[M].北京:电子工业出版社,2010.

[11]葛彦强,汪向征.计算机网络安全实用技术[M].北京:中国水利水电出版社,2010.

[12]胡昌振.网络入侵检测原理与技术[M].第2版.北京:北京理工大学出版社,2010.

[13]闫宏生等.计算机网络安全与防护[M].第2版.北京:电子工业出版社,2010.

[14]雷渭侣.计算机网络安全技术与应用[M].北京:清华大学出版社,2010.

[15]马利,姚永雷.计算机网络安全[M].北京:清华大学出版社,2010

[16]宋西军.计算机网络安全技术[M].北京:北京大学出版社,2009.

[17]徐守志,陈怀玉,吴庆涛.网络与信息安全[M].北京:中国商务出版社,2009.

[18]杨佩璐等.网络信息安全与防护[M].北京:北京航空航天大学出版社,2009.

[19]熊平.信息安全原理及应用[M].北京:清华大学出版社,2009.

[20]雷建云,张勇,李海凤.网络信息安全理论与技术[M].北京:中国商务出版社,2009.

[21]刘建伟,毛剑,胡荣磊.网络安全概论[M].北京:电子工业出版社,2009.

[22]贾铁军.网络安全技术及应用[M].北京:机械工业出版社,2009.

[23]赵俊阁.信息安全概论[M].北京:国防工业出版社,2009.

[24]郭亚军,宋建华,李莉.信息安全原理与技术[M].北京:清华大学出版社,2008.

[25]刘功申.计算机病毒及其防范技术[M].北京:清华大学出版社,2008.

[26]陈性元,杨艳,任志宇.网络安全通信协议[M].北京:高等教育出版社,2008.

[27]李剑.入侵检测技术[M].北京:高等教育出版社,2008.

[28]马春光,郭方方.防火墙、入侵检测与VPN[M].北京:北京邮电大学出版社,2008.

[29]胡铮.网络与信息管理[M].北京:电子工业出版社,2008.

[30]梁亚声等.计算机网络安全教程[M].第2版.北京:机械工业出版社,2008.

［31］王群.计算机网络安全技术［M］.北京:清华大学出版社,2008.

［32］蒋睿,胡爱群,陆哲明等.网络信息安全理论与技术［M］.武汉:华中科技大学出版社,2007.

［33］刘晖,彭智勇.数据库安全［M］.武汉:武汉大学出版社,2007.

［34］贾春福,郑鹏.操作系统安全［M］.武汉:武汉大学出版社,2006.